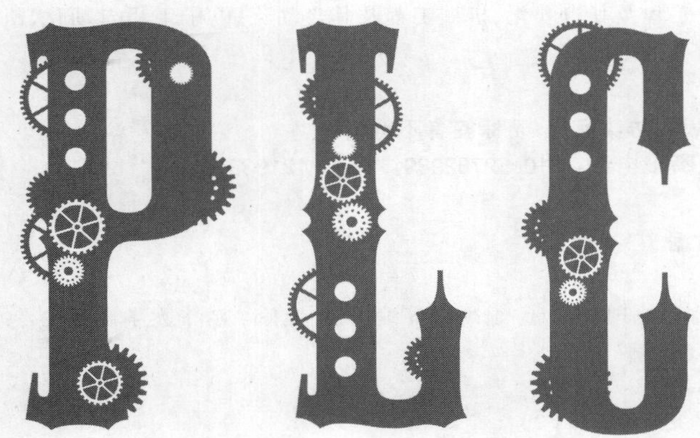

Principle and Developing of Mitsubishi Programmable Logic Controller

三菱可编程控制器（PLC）原理及设计

王阿根 王晰 宋玲玲 李小凡◎编著
Wang Agen Wang Xi Song Lingling Li Xiaofan

清華大學出版社
北京

内 容 简 介

本书以三菱 FX_{3U} 型可编程控制器为主，兼顾 FX_{2N} 型可编程控制器，从指令的应用和编程的技巧出发，详细介绍 PLC 的实际应用。书中精选出多个编程实例，详细讲解 PLC 的编程方法。这些实例均是从作者长年潜心研究、反复推敲的实例中精心挑选出来的，有很强的实用价值。实例设计时尽量考虑短小精悍，突出重点，每个编程实例都给出了较为详细的编程说明。很多实例给出了多种编程方法，细心阅读定可体验出其中的编程技巧和精妙之处。

本书适用于初学者及有一定可编程控制器基础知识的读者，可供相关机电工程技术人员参考，也可作为高等院校的自动化、电气工程及其自动化、机械工程及其自动化、电子工程自动化、机电一体化等相关专业的本、专科院校师生的参考书。

图书在版编目(CIP)数据

三菱可编程控制器(PLC)原理及设计/王阿根等编著. —北京：清华大学出版社，2020.8
(清华开发者书库)
ISBN 978-7-302-55285-7

Ⅰ. ①三… Ⅱ. ①王… Ⅲ. ①PLC 技术－高等学校－教材 Ⅳ. ①TM571.61

中国版本图书馆 CIP 数据核字(2020)第 057404 号

责任编辑：盛东亮 钟志芳
封面设计：李召霞
责任校对：时翠兰
责任印制：沈 露

出版发行：清华大学出版社
网 址：http://www.tup.com.cn，http://www.wqbook.com
地 址：北京清华大学学研大厦 A 座 **邮 编**：100084
社 总 机：010-62770175 **邮 购**：010-83470235
投稿与读者服务：010-62776969，c-service@tup.tsinghua.edu.cn
质量反馈：010-62772015，zhiliang@tup.tsinghua.edu.cn
课件下载：http://www.tup.com.cn，010-83470236
印 装 者：三河市龙大印装有限公司
经 销：全国新华书店
开 本：186mm×240mm **印 张**：27.25 **字 数**：606 千字
版 次：2020 年 9 月第 1 版 **印 次**：2020 年 9 月第1 次印刷
印 数：1～2500
定 价：79.00 元

产品编号：085305-01

前言

PREFACE

PLC控制已经在各行各业得到广泛应用。随着可编程控制器在各行各业的广泛应用，各种相关的书籍已大量涌现，但是不少读者看了很多书之后，在真正进行编程时往往还是束手无策，不知从何下手，其原因就是缺少一定数量的练习。如果只靠自己苦思冥想，则结果往往收效甚微。为了使读者能够熟练掌握PLC的应用和编程技巧，书中介绍了PLC的编程实例供参考。作者编写本书的目的就是为读者提供一个快速掌握PLC编程方法的学习捷径。

本书分3部分：PLC理论基础、PLC开发基础和PLC综合实例。一方面是考虑初学者的要求，需要一些基础知识；另一方面是作者对PLC基础的讲解方式与众不同。例如，本书中的上升沿常闭接点、比较型接点的画法是其他书中没有的。而实例中会用到，要有个基础说明。

为了突出编程的重点，在编程实例中尽量保证实例完整的前提下，省略部分枝节电路，例如，简单的电动机主电路、PLC的电源接线、控制电路的保护以及信号部分等。在未加说明的情况下，输入接点默认为常开接点。读者在实际应用中加以注意。书中的编程实例一般不给出指令表。

本书的编写思路与众不同，用实例展示编程方法和编程技巧既是本书的特点又是核心内容。可编程控制器分为三大类指令：基本指令、步进指令和应用指令(也称功能指令)，考虑一般书中基本指令介绍得比较多，应用指令介绍得比较少，所以在本书中加大了应用指令编程实例的介绍，以提高读者灵活掌握编程的方法和技巧。

书中实例尽量做到难易结合，便于读者自学，每个实例都给出说明，以提高读者的理解能力。由于任何一个编程实例的编程方法都不是唯一的，为了对比基本指令、步进指令和应用指令的编程特点，有些实例给出了几种不同的编程方法，以帮助读者比较不同指令的编程特点。

本书第1章和第7章由王阿根编写，第4章由李小凡编写，第2章和第5章由王晰编写，第6章由宋玲玲编写，第8章由李爱琴和姚志树编写，第9章由杨晓东和陈丽兵编写，第10章由吴帆编写，第3章由王军编写，PPT课件由王军制作，潘秀萍编写习题解答，全书由王阿根统稿。

由于作者水平有限，书中难免会有疏漏之处，敬请读者批评指正。

编著者

2020年6月

目录
CONTENTS

第1部分　PLC理论基础

第2部分 PLC开发基础

第1部分 PLC理论基础

可编程控制器(PLC)主要用于电气设备的控制，PLC 中的软元件基本上是模拟常用低压电器元件的控制原理来进行控制的，因此在学习本书时，应掌握一定的电气设备的控制技术。了解常用低压电器的功能和用途。熟悉基本控制电路的工作原理。

第 1 部分为 PLC 的理论基础，以日本三菱 FX_{3U} 型 PLC 为主要介绍对象，详细了解 FX 系列 PLC 基本结构和工作原理。介绍 PLC 的三大控制指令：基本逻辑指令、步进顺控指令和应用指令，这些指令只是一些工具，要想设计出好的控制程序，需要大量的电路控制设计的基础和设计经验。这些指令好比是纸和笔，控制程序(梯形图)好比是图画，要想画出精美的图画，需要长期的磨炼。

基本逻辑指令有 29 条，主要是模拟电器元件的接点和线圈，用这些模拟的接点和线圈来组成类似常规控制电路的控制程序(梯形图)，这是 PLC 的控制基础，应熟练掌握。

步进顺控指令有 2 条，主要是用于电气设备的顺序控制，步进顺控指令用于电气设备的顺序控制具有设计简单、方便直观的特点。

应用指令(也称为功能指令)有 218 条，主要用于数据处理，也能用于常规电气控制，并能使电路变得简单方便。由于篇幅所限，只介绍常用的一些指令，如需详细了解，可参阅作者编写的《PLC 应用指令编程实例与技巧》一书。

第 1 章

FX 系列 PLC 结构和工作原理

本书主要讲述三菱 FX 系列可编程控制器。FX 系列可编程控制器是日本三菱公司生产的超小型、小型系列产品，是进入我国市场最早的产品之一，在我国电气自动化控制系统中有较多的应用。到目前为止，已有 F、F_1、F_2、FX_2、FX_1、FX_{2C}、FX_0、FX_{0N}、FX_{0S}、FX_{2N}、FX_{2NC}、FX_{1S}、FX_{1N} 和最近推出的 FX_{3S}、FX_{3U}、FX_{3UC}、FX_{3G}、FX_{3GC}、FX_{5U}、FX_{5UC} 型等多种可编程控制器。日本三菱公司生产的可编程控制器发展很快，控制功能也在不断增强，早期的产品现在基本不再使用了，另外，日本三菱公司还生产有 A 系列和 Q 系列中、大型可编程控制器。

1.1 FX 系列可编程控制器的结构组成

1.1.1 概述

PLC 实质上是一种工业控制计算机，是专门为工业电气控制而设计的，其设计思想来自于常规的继电器、开关控制电路。所以，尽管 PLC 的控制原理与计算机密切相关，但是在初次学习 PLC 的控制原理时，先不必从计算机的角度上去理解，而是把它当作一个由各种控制功能的继电器、开关等控制元件组成的控制装置来看待。

1.1.2 FX_{3U} 型 PLC 基本单元的外形结构

FX_{3U} 型 PLC 是 FX_{2N} 型 PLC 的升级版，涵盖了 FX_{2N} 型 PLC 的几乎全部功能。如图 1-1 所示为 FX_{3U} 型 PLC 基本单元的外形，其主要是通过输入端子和输出端子与外部控制电器联系的。输入端子连接外部的输入元件，如按钮、控制开关、行程开关、接近开关、热继电器接点、压力继电器接点和数字开关等；输出端子连接外部的输出元件，如接触器、继电器线圈、信号灯、报警器、电磁铁、电磁阀和电动机等。

为了反映输入和输出的工作状态，PLC 设置了输入和输出信号灯，例如某输入端子连接的按钮闭合时，对应输入端子的输入信号灯亮，某输出端子连接的继电器线圈动作时，对应输出端子的输出信号灯亮，为观察 PLC 的输入、输出工作状态提供了方便。

一般来说，在常规电气控制电路中，输入元件和输出元件是通过导线连接的，这样不仅麻烦，而且容易出现接触不良、断线等故障，当控制电路复杂时，控制装置会很庞大，出现故障时也难以处理。如果控制功能发生变化，将不得不重新改接线。而PLC的输入元件和输出元件的连接不是通过导线连接，而是通过程序来连接，所以不会发生上述常规电气控制电路所出现的问题。

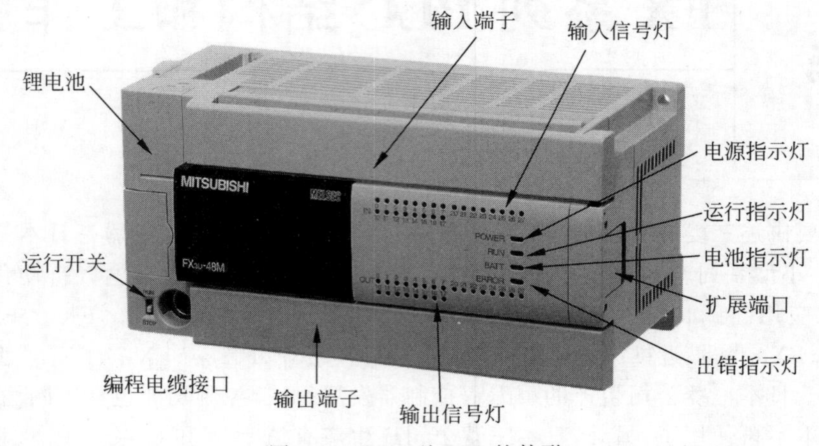

图 1-1　FX_{3U} 型 PLC 的外形

PLC的控制程序由编程器或计算机通过编程电缆输入PLC中，还可以对PLC内部控制的状态和参数进行监控和修改，十分方便。当控制功能发生变化时，不必重新改接线，只需改变程序即可。

FX_{3U} 型可编程序控制器上设置有4个指示灯，以显示PLC的电源、运行/停止、内部锂电池的电压、CPU和程序的工作状态。

FX_{3U} 型可编程序控制器是一种小型机，一般小型机多采用整体式，当输入/输出不够用时可以通过扩展端口增加输入/输出的扩展模块，通过扩展端口还可以连接各种特殊模块。

1.2 PLC的基本工作原理

1.2.1 PLC的等效电路

在PLC中有大量的、各种各样的继电器，如输入继电器(X)、输出继电器(Y)、辅助继电器(M)、定时器(T)及计数器(C)等。不过这些继电器不是真正的继电器，而是用计算机中的存储器来模拟的，通常称其为软继电器。存储器中的某一位就可以表示一个继电器，存储器有足够的容量来模拟成千上万个继电器，这种继电器也称为位继电器。

存储器中的一位有两种状态：0和1。通常用0表示继电器失电，用1表示继电器得电。把0或1写入存储器中的某一位就表示对应的继电器线圈失电或得电。读出该存储器某位的值为0时，表示对应继电器的常开接点断开；为1时，表示对应继电器的常开接点闭合。而常闭接点的值是对存储器位的取反。

由于读存储器的次数是不受限制的，所以一个位继电器的接点从理论上讲是无穷多的，而这是常规继电器无法相比的。

当然，用存储器来表示数据更是它的本能，如定时器的延时时间以及计数器的计数次数等。在 PLC 中还有专门处理数据的元件，如数据寄存器(D)。用数据对电路进行控制更是如虎添翼，它不仅能简化电路，而且还能完成常规控制电路无法实现的复杂控制功能。

为了区别常规控制电路和 PLC 控制电路，把 PLC 控制电路称为梯形图。PLC 一般用专用图形符号来表示，如表 1-1 所示，其中可编程序控制器的继电器线圈可有多种画法。

表 1-1 常规电器和可编程控制器的图形符号对照

名　　称	常 规 电 器	可编程控制器
常开接点		
常闭接点		
继电器线圈		

下面以自耦变压器降压起动控制电路为例，分析用 PLC 是如何进行控制的，如图 1-2 所示。根据逻辑关系将电气控制电路分成 3 个组成部分：输入部分元件、中间逻辑部分元件和输出执行部分元件。

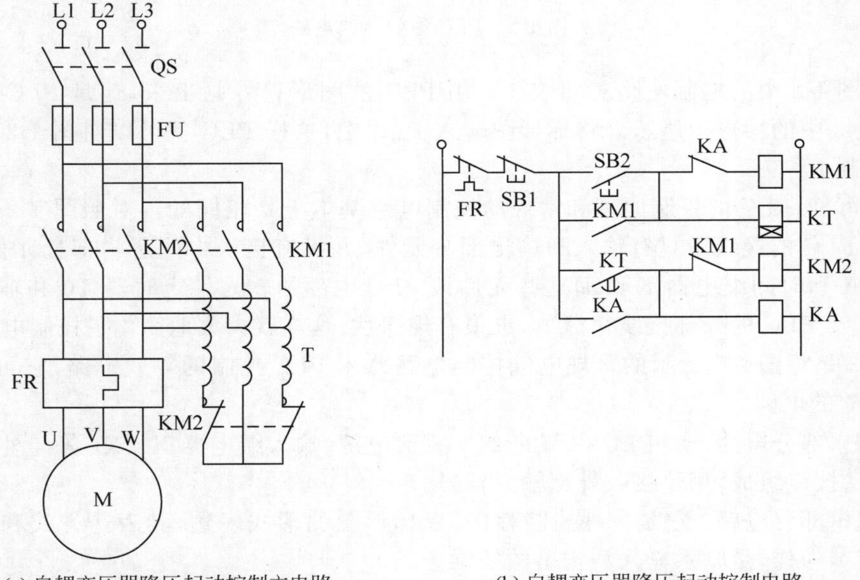

图 1-2 自耦变压器降压起动电路

在图 1-2 所示的控制电路中，输入部分元件有热继电器 FR、停止按钮 SB1 和起动按钮 SB2；中间逻辑部分元件有中间继电器 KA 和时间继电器 KT；输出执行部分元件有接触器 KM1 和 KM2。

现在把输入部分元件热继电器 FR、停止按钮 SB1 和起动按钮 SB2 全部以常开接点（也可以用常闭接点，其用法将在后续内容中进行介绍）的形式连接到 PLC 的输入端口，每个接点对应一个 PLC 的输入继电器，如图 1-3 中的 X0、X1、X2 所示。把输出执行部分元件接触器线圈 KM1 和 KM2 连接到 PLC 的输出端口，每个接触器线圈对应一个 PLC 的输出继电器，如图 1-3 中的 Y0 和 Y1 所示。这是 PLC 的硬件部分。

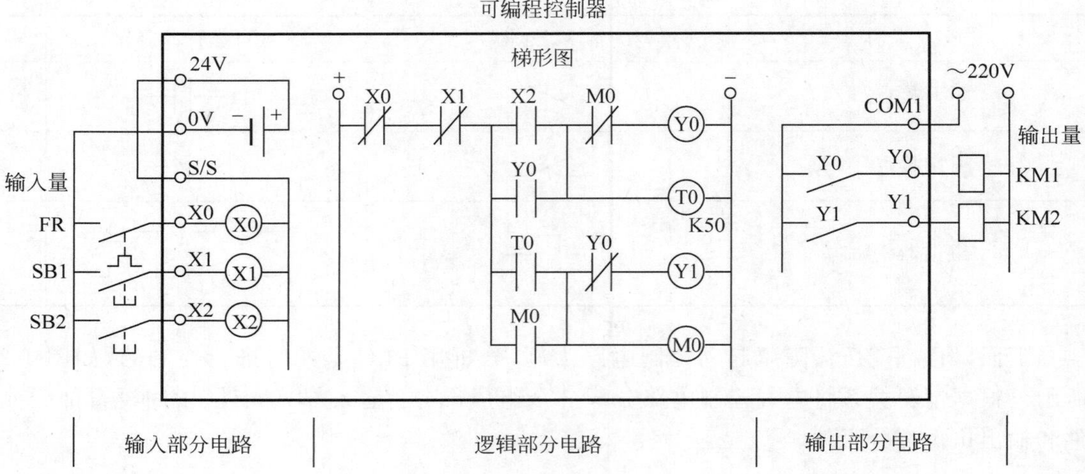

图 1-3　PLC 等效控制电路

再把图 1-2 中的控制电路对照表 1-1 用 PLC 的图形符号画出来，这是 PLC 的软件部分，如图 1-3 中的梯形图所示。将梯形图输入 PLC 中，这样 PLC 就可以对图 1-2 中的主电路进行控制了。

由此可见，PLC 的控制原理和常规的控制电路基本上是相同的。对照图 1-2 和图 1-3，可以看到 PLC 的接线中只有输入和输出部分元件，并没有接入中间逻辑部分元件，即中间继电器 KA 和时间继电器 KT，而这些元件被 PLC 内部的软元件定时器 T0 和辅助继电器 M0 所代替。PLC 的外部接线很简单，也很有规律性，这样就大大地简化了控制电路。

图 1-3 是将图 1-2 所示的常规电气控制电路改用 PLC 控制的等效电路，它可以分成 3 个相对独立的电路。

- 输入部分电路：由 PLC 内部的 24V 直流电源、输入继电器 X0、X1 等与外部输入按钮、接点组成，用于接收外部输入信号。
- 逻辑部分电路：它是一种控制程序，以梯形图的形式表达，其表达方式和控制电路基本一样，是联系输入和输出的桥梁。
- 输出部分电路：由 PLC 内部的输出继电器接点 Y0、Y1 等与外部的负载（接触器线圈）和外部电源组成，用于外部输出控制。

下面介绍用 PLC 对图 1-2 所示的自耦变压器降压起动控制主电路的控制过程。

如图 1-3，按下起动按钮 SB2，输入继电器线圈 X2 得电，梯形图中的 X2 常开接点闭合，输出继电器线圈 Y0 得电自锁，Y0 输出接点闭合，使外部接触器线圈 KM1 得电，图 1-2(a)所示为主电路中的 KM1 主触点闭合，接通自耦变压器 T，电动机 M 降压起动。

梯形图中的定时器 T0 延时 5s，T0 接点闭合使内部继电器 M0 得电并自锁，M0 常闭接点断开 Y0 线圈（接触器线圈 KM1 失电），Y1 线圈得电（接触器线圈 KM2 得电），主电路中的 KM2 主触点闭合，电动机 M 全压运行。

由以上所述内容可知，PLC 的控制原理和分析方法与常规控制电路基本上是相同的。

1.2.2 PLC 的工作过程

尽管 PLC 仿照了常规电器的控制原理，但它毕竟是一个计算机控制系统，有计算机控制的方式和特点。下面介绍 PLC 是如何完成图 1-3 的控制过程。PLC 除了正常的内部系统初始化及自诊断检查等工作外，完成上述梯形图的过程可分为以下 3 个阶段。

1. 输入采样阶段

在输入采样阶段，PLC 首先扫描所有输入端子，将各输入状态存入内存各对应的输入映像寄存器中（例如图 1-3 中按钮 SB1 接点闭合所示，就将 1 写入对应表示输入继电器 X1 的位上，SB1 接点断开，则写入 0），一旦写入之后，即使输入再有变化，其值也保持不变，直到下一个扫描周期的输入采样阶段，才重新写入扫描时的输入端的状态值。

2. 程序处理阶段

PLC 根据梯形图按先左后右、先上后下的次序（实际上是读梯形图的程序）逐行读入各接点的值，并进行逻辑运算。输入继电器接点的值是从输入映像寄存器中读出的，其他继电器接点的值是从各元件映像寄存器中读出的，而将各继电器线圈的状态值分别写入对应的元件映像寄存器中。

3. 输出刷新结果阶段

在执行 END 指令后，将元件映像寄存器中所有输出继电器（Y）的值转存到输出锁存器中，刷新上一阶段输出锁存器中的数据，通过一定的输出方式（图 1-3 为继电器接点输出）控制 PLC 输出端的负载（本例为接触器）。

PLC 完成上述 3 个阶段称为一个扫描周期。PLC 反复不断地执行上述过程。扫描周期的长短和 PLC 的运算速度及工作方式有关，但主要和梯形图的长度及指令的种类有关，一个扫描周期的时间大约在几毫秒到几百毫秒。

由于 PLC 执行梯形图（读程序）是一步步进行的，所以它的逻辑结果也是由前到后逐步产生的，是一种串行工作方式。而常规电器的控制电路中所有的控制电器都是同时工作的，在通电和得电顺序上不存在先后的问题，为并行工作方式。

1.2.3 PLC 的接线图和梯形图的绘制方法

以上为了说明 PLC 的工作原理和工作过程，将 PLC 的接线图和梯形图画在了一起，但一般情况下接线图和梯形图是分开画的。图 1-4 所示为自耦变压器降压起动控制电路采用 PLC 控制的接线图和梯形图，图 1-4(a)为 PLC 接线图，其中只画了输入继电器 X 和输出继电器 Y 的接线端子和符号。图 1-4(b)为 PLC 梯形图。

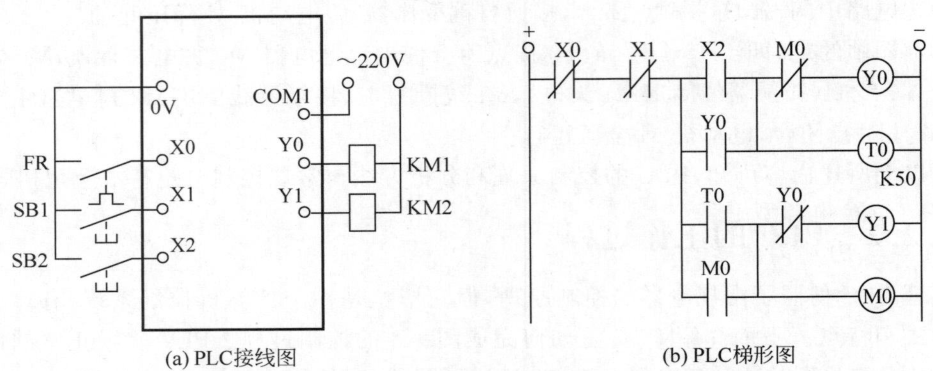

图 1-4　自耦变压器降压起动控制电路采用 PLC 控制的接线图和梯形图

图 1-4(a)输入公共端接 0V，为漏型输入接线。也可以接 24V，为源型输入接线。PLC 输出端一般是几个输出继电器共用一个输出公共端，以便使用不同电压等级。图 1-4(a)中的接触器线圈 KM1 和 KM2 的电压为 220V，公共端为 COM1。

1.3 PLC 的输入/输出接口电路

PLC 的输入/输出接口电路是与外部控制电路联络的主要通道。在前面，为了使初学者初步直观地了解 PLC 的控制原理，用等效的输入/输出继电器来描述 PLC 的输入/输出接口电路。在实际控制过程中的信号电平是多种多样的，外部执行机构所需的电平也是各不相同，而可编程控制器的 CPU 所处理的信号只能是标准电平，这样就需要有相应的输入/输出接口模块作为 CPU 与工业生产现场进行信号的电平转换。

这些模块在设计时采取了光电隔离、滤波等抗干扰措施，以提高 PLC 工作的可靠性，对于各种型号的输入/输出接口模块，可以把它们以不同形式进行归类。按照信号的种类归类有直流信号输入/输出、交流信号输入/输出；按照信号的输入/输出形式分有数字量输入/输出、开关量输入/输出和模拟量输入/输出。

下面通过开关量输入/输出模块来说明外部设备与 CPU 的连接方式。

1.3.1 开关量输入接线

PLC 的输入接口是以输入继电器的形式接收外部输入设备控制信号的，通常输入形式有两种：源型（公共端接正极）和漏型（公共端接负极）。我国一般采用漏型输入形式。

FX_{2N} 型可编程控制器的输入接成漏型输入，公共端 COM 接 PLC 内部电源负极。如图 1-5 所示。

FX_{3U} 型可编程控制器的输入根据外部接线，可以接成漏型输入，也可以接成源型输入。

漏型输入型的 S/S 端子连接在 DC24V 的“＋”极，输入电流从输入端流出，接近开关、编码器等传感器一般要采用 NPN 型，如图 1-6(a)和图 1-6(c)所示。

源型输入型的 S/S 端子连接在 DC24V 的“－”极，输入电流从输入端流入，接近开关、编码器等传感器一般要采用 PNP 型，如图 1-6(b)和图 1-6(d)所示。

对于 AC 电源型 PLC，有源开关(如接近开关等)可以连接在 PLC 内部提供的 24V 电源上，如图 1-6(a)和图 1-6(b)所示。也可以采用外接 24V 电源。

对于 DC 电源型 PLC，有源开关(如接近开关等)不要连接在 PLC 内部提供的 24V 电源端子上，如图 1-6(c)和图 1-6(d)所示。

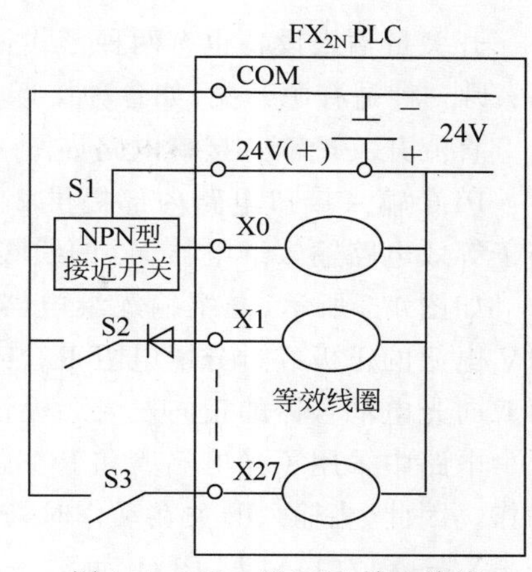

图 1-5　FX_{2N} 型 PLC 输入接线

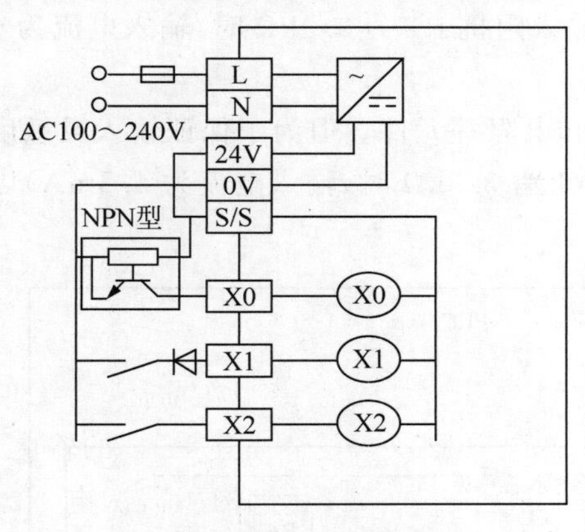

(a) AC电源型漏型输入接线

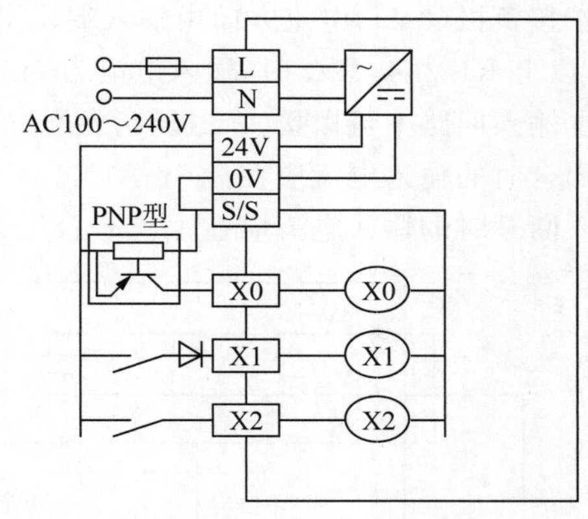

(b) AC电源型源型输入接线

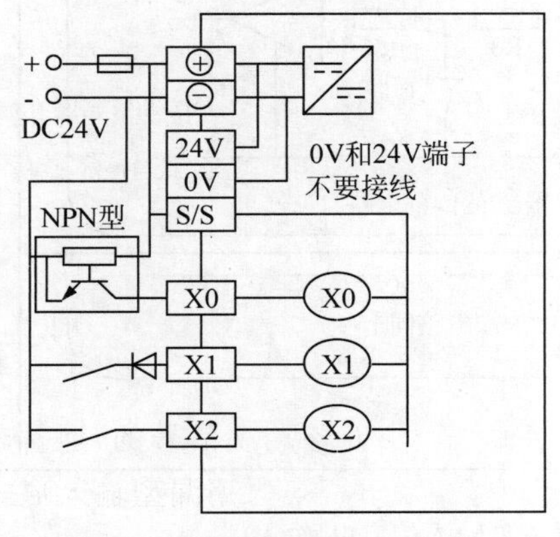

(c) DC电源型漏型输入接线

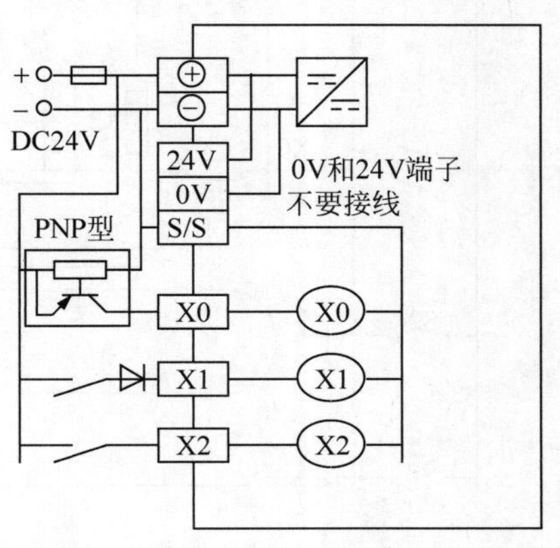

(d) DC电源型源型输入接线

图 1-6　FX_{3U} 型 PLC 输入接线

开关量输入设备也有两种形式：一种是无源开关，如各种按钮、继电器接点和控制开关等；另一种是有源开关，如各种接近开关、传感器、编码器和光电开关等。

直流开关量输入接口电路如图 1-7 所示。

PLC 输入接口电路内部提供 24V 电源，图中只画出了输入继电器 X0 的内部电路，相当于等效电路输入继电器 X0 的线圈，其他输入继电器(X)的内部电路与它相同。

如图 1-7 所示，介绍输入继电器 X0 的工作过程。当 X0 外部开关 S1 闭合时，由内部 24V 电源的正极经过分压电阻 R2、R1、开关 S1 回到输入公共端 0V(电源负极)形成回路，由双向光电耦合器的正向发光二极管传入输入开关的状态。

电路中采用了光电隔离和 RC 滤波器，以防止输入接点的振动和外部干扰而产生的误动作。因此，当输入开关在动作时，PLC 内部将会有 10ms 的响应滞后时间。

X0～X17(16M 型 PLC 为 X0～X7)输入继电器内装数字滤波器，可以用功能指令将输入响应时间调节在 0～60ms。

由图 1-7 可知，输入开关的信号是通过发光二极管传入 PLC 的，为漏型输入形式，输入公共端接负极(0V)，电流方向由输入端流出，当输入阻抗 R1 为 3.9kΩ 时，输入电流为 6mA(X10 以上 R1 为 4.3kΩ 时，输入电流为 5mA)。

在输入回路中可以接入二极管、发光二极管和电阻等元件。但为了保证输入灵敏度，在输入闭合时的输入电流应在 3.5mA(X6、X7 的 R1 为 3.3kΩ 时，输入电流为 4.5mA)以上，在输入断开时的输入电流应在 1.5mA 以下。

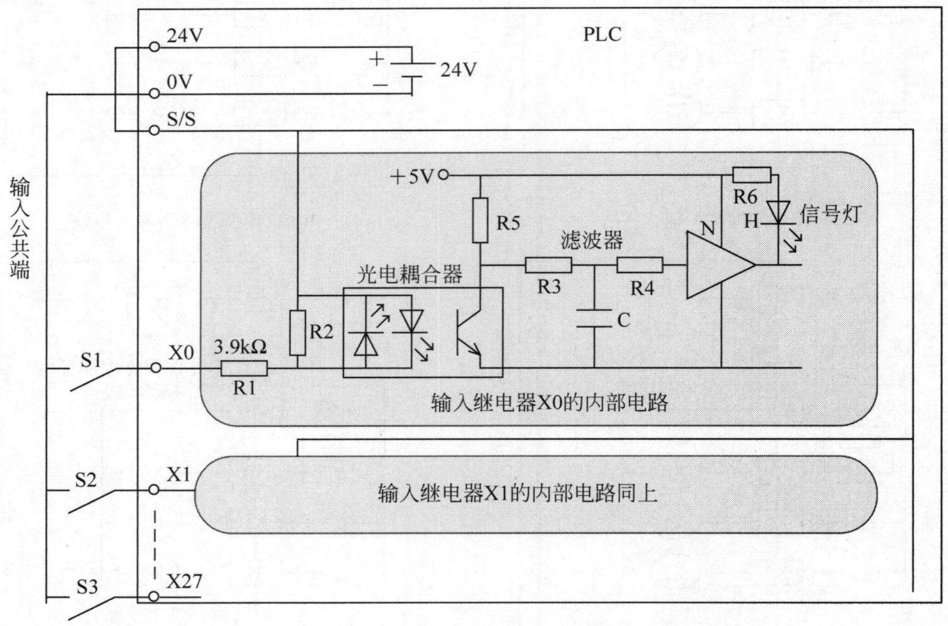

图 1-7 FX_{3U} 型 PLC 的开关量输入接口电路

如图 1-8 所示为 PLC 漏型输入的外部接线，图中给出了几种典型的输入接线形式。

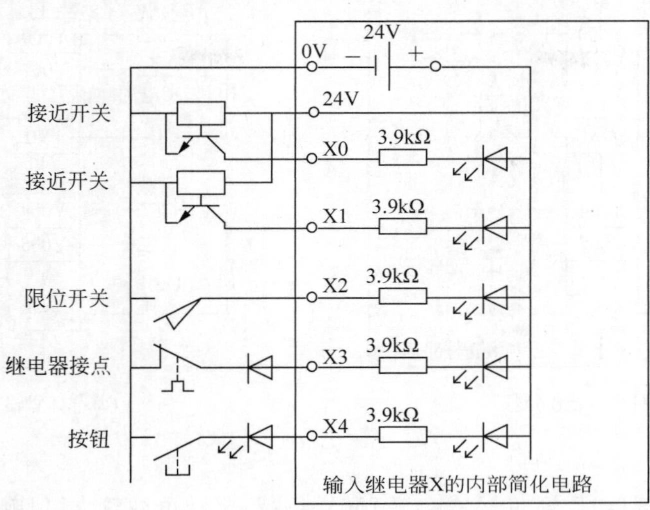

图 1-8　PLC 漏型输入的外部接线

对无源开关没有极性的要求，对有源开关则应有极性的要求。对漏型输入应采用 NPN 型，源型输入应采用 PNP 型。

有源开关的电源可以采用外部电源，也可以采用 PLC 内部电源，图 1-8 所示的接近开关采用了 PLC 内部的 24V 电源。

1.3.2　开关量输出接口模块

开关量输出模块通常有 3 种形式：继电器输出、双向晶闸管输出和晶体管输出（分漏型和源型两种），如图 1-9 所示。

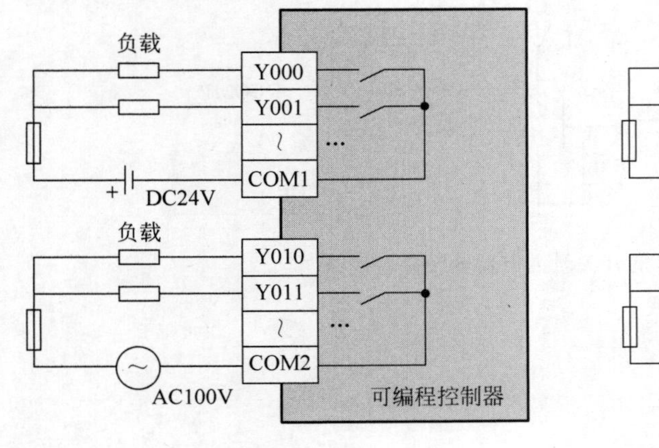

(a) 继电器输出

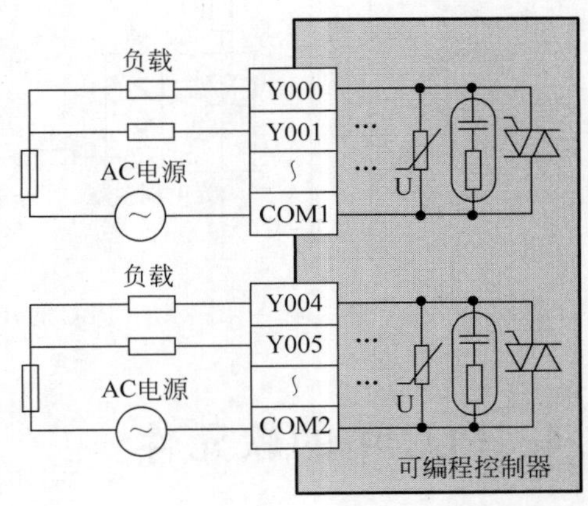

(b) 双向晶闸管输出

图 1-9　PLC 输出的外部接线形式

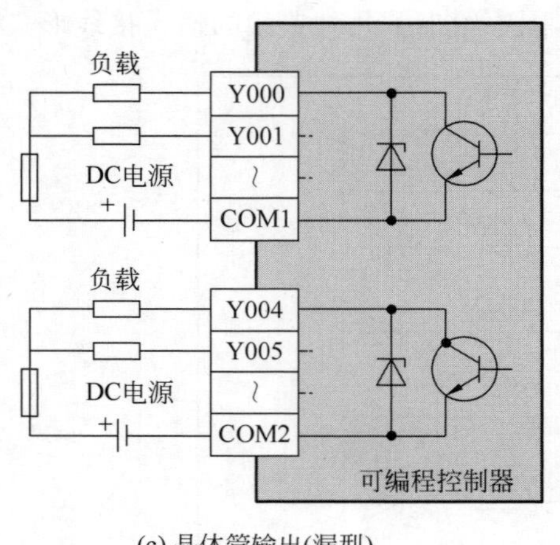

(c) 晶体管输出(漏型)

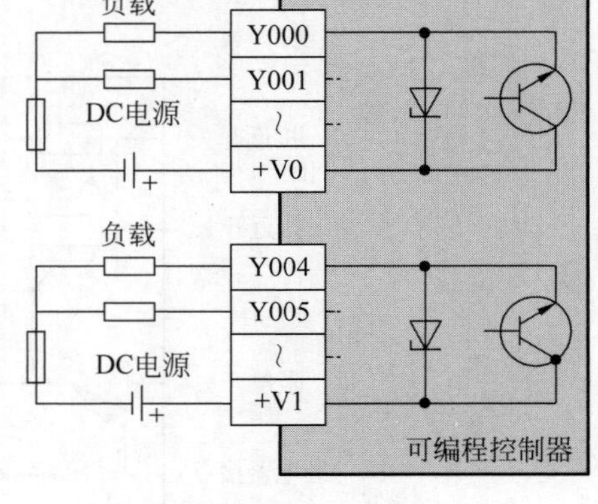

(d) 晶体管输出(源型)

图 1-9 （续）

继电器输出可驱动直流 30V 或交流 250V 负载，驱动负载较大，但响应时间较慢，常用于各种电动机、电磁阀及信号灯等负载的控制。

晶体管输出属直流输出，能驱动 5～30V 直流负载，驱动负载较小，但响应时间快，多用于电子线路的控制。

双向晶闸管输出为交流输出，能驱动 85～240V 交流负载，驱动负载较大，响应时间比较快。

PLC 的开关量继电器输出接口电路如图 1-10 所示，以继电器输出电路为例，PLC 输出锁存器中的数据 0 或 1（低电平或高电平）通过光电耦合器控制晶体管 V1 的导通或截止，驱动输出继电器 KA 线圈，由常开接点控制外部电路。

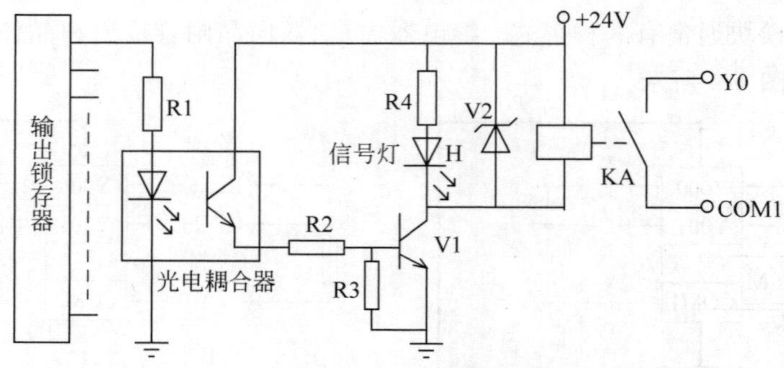

图 1-10 PLC 的开关量继电器输出接口电路

1.4 PLC 中的软元件

PLC 中常利用内部存储单元来模拟各种常规控制电器元件，这些模拟的电器元件称为软元件。在常规电气控制电路中可采用各种电气开关、继电器和接触器等控制元件组成电路，对电气设备进行控制。

PLC 软元件包括如下 3 种类型。

（1）位元件：相当于继电器的线圈和接点，PLC 中的位元件有输入继电器 X、输出继电器 Y、辅助继电器 M、状态继电器 S 和数据寄存器 D 的位指定等。PLC 中存储单元的一位表示一个继电器，其值为 0 或 1，0 表示继电器失电，1 表示继电器得电。

图 1-11 为 PLC 利用内部存储单元来模拟的 8 位输入继电器，相当于 8 个输入继电器线圈。例如 X0＝0 相当于 X0 线圈失电，X3＝1 相当于 X3 线圈得电。

X7	X6	X5	X4	X3	X2	X1	X0
0	0	0	0	1	0	1	0

图 1-11　PLC 的 8 位输入继电器

（2）字元件：如图 1-11 所示，PLC 的 8 位输入继电器也可以表示 8 位二进制数 00001010，相当于进制数的十(10)，可见字元件可以表示一个数据。

PLC 中的字元件有数据寄存器 D、变址寄存器 V、Z，文件寄存器 R、扩展文件寄存器 ER 等，最典型的字元件为数据寄存器 D，一个数据寄存器可以存放 16 位二进制数，两个数据寄存器可以存放 32 位二进制数，在 PLC 控制中用于数据处理。定时器 T 和计数器 C 也可以作为数据寄存器来使用。

（3）位与字混合元件：如定时器 T 和计数器 C，它们的线圈和接点是位元件，而设定值寄存器和当前值寄存器是字元件。

1.4.1　输入/输出继电器(X、Y)

输入继电器(X)和输出继电器(Y)的功能在前面已作介绍，输入继电器通过输入端口与外部的输入开关、接点连接来接收外部开关量信号，并通过梯形图进行逻辑运算，其运算结果由输出继电器输出，驱动外部负载。表 1-2 所示为输入继电器和输出继电器元件分配表。

表 1-2　输入继电器和输出继电器元件分配表

型号	FX_{3U}-16M	FX_{3U}-32M	FX_{3U}-48M	FX_{3U}-64M	FX_{3U}-80M	FX_{3U}-128M	扩展时
输入继电器	X0～X7 8 点	X0～X17 16 点	X0～X27 24 点	X0～X37 32 点	X0～X47 40 点	X0～X77 64 点	X0～X367 248 点
输出继电器	Y0～Y7 8 点	Y0～Y17 16 点	Y0～Y27 24 点	Y0～Y37 32 点	Y0～Y47 40 点	Y0～Y77 64 点	Y0～Y367 248 点

输入继电器(X)和输出继电器(Y)在 PLC 中起着承前启后的作用，是在 PLC 中较常使用的元件。在 PLC 中各有 248 点，采用八进制编号。输入继电器编号为 X0～X7、X10～X17、X20～X27…X360～X367；输出继电器编号为 Y0～Y7、Y10～Y17、Y20～Y27…Y360～

Y367。但需要注意，输入继电器和输出继电器点数之和不得超过 256，如接入特殊单元或特殊模块时，每个模块占 8 点，应从 256 点中扣除。

1.4.2 辅助继电器（M）

辅助继电器（M）相当于中间继电器，它只能在内部程序（梯形图）中使用，不能对外驱动外部负载。在梯形图中用于逻辑变换和逻辑记忆作用，可分为通用辅助继电器、断电保持辅助继电器和特殊辅助继电器。

注意，在 FX_{3U} 型 PLC 中，除了输入继电器和输出继电器的元件编号采用八进制外，其他软元件的元件号均采用十进制。

1. 通用辅助继电器

通用辅助继电器的元件编号为 M0～M499，共 500 点。它和普通的中间继电器功能相同，运行时如果通用辅助继电器线圈得电，则当电源突然中断时线圈失电，当电源再次接通时，线圈仍失电。

对于通用辅助继电器，可通过参数设定将其改为断电保持辅助继电器。

2. 断电保持辅助继电器

断电保持辅助继电器的元件编号为 M500～M7679，在电源断电时能保持原来的状态。

其中 M500～M1023 共 524 点，也可通过参数设定将其改为通用辅助继电器。

其中 M1024～M7679 共 6656 点，为专用断电保持辅助继电器，其中 M2800～M3071 用于上升沿、下降沿指令的接点时有一种特殊性，这将在后面内容中进行介绍。

3. 特殊辅助继电器

特殊辅助继电器的元件编号为 M8000～M8511，共有 512 点。但其中有些元件编号没有定义，不能使用。特殊辅助继电器用来表示 PLC 的某些状态、提供时钟脉冲和标志（如进位、借位标志等）、设定 PLC 的运行方式、步进顺控、禁止中断以及设定计数器的计数方式等。特殊辅助继电器的功能和定义可参见附录。

特殊辅助继电器通常分为以下两大类。

1）接点型（只读型）特殊辅助继电器

接点型特殊辅助继电器的接点由 PLC 定义，在用户程序中只可直接使用其接点。下面介绍几种常用的接点型特殊辅助继电器的定义和应用实例。

- M8000：运行监控。常开接点，PLC 在运行（RUN）时接点闭合。
- M8002：初始化脉冲。常开接点，仅在 PLC 运行开始时接通一个扫描周期。
- M8005：锂电池电压降低。锂电池电压下降至规定值时接点闭合，可以用它的接点和输出继电器驱动外部指示灯，以提醒工作人员更换锂电池。
- M8011～M8014：分别为 10ms、100ms、1s、1min 时钟脉冲。占空比均为 0.5。例如，M8013 为 1s 时钟脉冲，该接点为 0.5s 接通、0.5s 断开。

2）线圈型（可读可写型）特殊辅助继电器

线圈型特殊辅助继电器由用户程序控制其线圈，当其线圈得电时能执行某种特定的操作，如 M8033、M8034 的线圈等。下面进行具体介绍。

- M8030：M8030 的线圈得电时，PLC 面板上的锂电池电压降低，指示灯熄灭。
- M8033：M8033 的线圈得电时，在 PLC 停止（STOP）时，元件映像寄存器中（Y、M、C、T、D 等）的数据仍保持。
- M8034：线圈得电时，全部输出继电器失电不输出。
- M8035：强制运行（RUN）模式。
- M8036：强制运行（RUN）指令。
- M8037：强制停止（STOP）指令。
- M8039：线圈得电时，PLC 以 D8039 中指定的扫描时间工作。

线圈型继电器不仅可以用其线圈，也可以用其接点。

1.4.3　状态继电器（S）

状态继电器有 4 种类型。元件编号范围为 S0～S4095，共 4096 点。

（1）通用型状态继电器：S0～S499，共 500 点，其中 S0～S9 共 10 点用于初始状态，S10～S19 共 10 点用于回零状态。通用型状态继电器没有失电保持功能。

（2）失电保持型状态继电器：S500～S899，共 400 点，在失电时能保持原来的状态不变。

（3）报警型状态继电器：S900～S999，共 100 点，失电保持型，它和功能指令 ANS、ANR 等配合可以组成各种故障诊断电路，并发出报警信号。

（4）失电保持型状态继电器：S1000～S4095，共 3096 点，在失电时能保持原来的状态不变。S1000～S4095 不能进行参数设定，将其改为通用型状态继电器。

S0～S499 和 S500～S899 可利用外部设备（如编程软件或编程器）进行参数设定，可改变其状态继电器的失电保持的范围，例如将原始失电保持的 S500～S999 改为 S200～S999，则 S0～S199 为通用型状态继电器，S200～S999 为失电保持型状态继电器。

状态继电器（S）主要用于步进顺序控制，在工业控制过程中有很多设备都是按一定动作顺序工作的，例如机械手抓取物品、机床加工零件等都是按一系列固定动作一步步完成的，这种步进顺序控制方式用状态继电器进行控制将会变得很方便。

状态继电器如果不用于步进指令编程，也可以当作辅助继电器使用，具体使用方法与辅助继电器相同。

状态继电器采用专用的步进指令进行编程，其编程方法将在第 3 章中讲解。

1.4.4　定时器（T）

定时器（T）相当于通电延时型时间继电器，在梯形图中起时间控制作用，FX_{3U} 系列 PLC 为用户提供了 512 个定时器，其编号为 T0～T511。

其中通用定时器 502 个，积算定时器 10 个。每个定时器的设定值在 K0～K32767，设定值可以用常数 K 进行设定，也可以用数据寄存器(D)的内容来设定，例如将外部数字开关输入的数据传送到数据寄存器(D)中作为定时器的设定值。

定时器按时钟脉冲分为 1ms、10ms、100ms，当所计时间到达设定值时，定时器触点动作。定时器的类型如表 1-3 所示。

表 1-3 定时器的类型

定时器	16 位定时器(设定值 K0～K32767，共 512 点)	
通用定时器	T0～T191(共 192 点)100ms 时钟脉冲	T192～T199(共 8 点)100ms 时钟脉冲(中断用)
	T200～T245(共 46 点)10ms 时钟脉冲	T256～T511(共 256 点)1ms 时钟脉冲
积算定时器	T246～T249(共 4 点)1ms 时钟脉冲(执行中断电池备用)	T250～T255(共 6 点)100ms 时钟脉冲(电池备用)

FX_{3U} 型 PLC 中的定时器实际上是对时钟脉冲计数来定时的，所以定时器的动作时间等于设定值乘以它的时钟脉冲。例如定时器 T200 的设定值为 K30000，则其动作时间等于 30000×10ms＝300s。

1. 定时器的基本用法

如图 1-12 所示为通用定时器的基本用法。当 X0 接点闭合时，定时器 T200 的线圈得电，如果 X0 接点在 1.23s 之内断开，则 T200 的当前值复位为 0，如果达到或大于 1.23s，则 T200 的常开接点闭合，T200 的当前值保持为 K123 不变。X0 接点断开后，线圈失电，接点断开，定时器的值变为 K0，它和通电延时型时间继电器的动作过程完全一致。

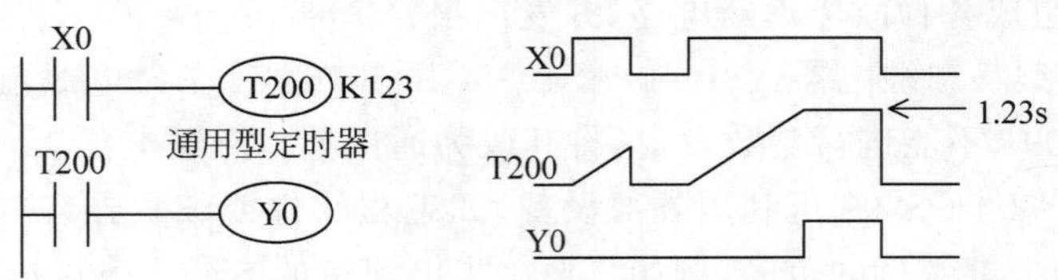

图 1-12 通用型定时器

如图 1-13 所示为积算定时器的基本用法。当 X0 接点闭合时，定时器 T250 的线圈得电，如果 X0 接点在 12.3s 之内断开，则 T250 的当前值保持不变，当 X0 接点再次闭合时，定时器接着前面的值继续计时，如果 X0 接点接通的累计时间达到或大于 12.3s，则 T250 的常开接点闭合，T250 的当前值保持为 K123 不变。之后 X0 接点断开，线圈失电，当前值仍保持为 K123 不变。如果要使其复位，则需要用复位指令 RST，当 X1 接点闭合时定时器复位，接点断开，定时器的值变为 K0。

2. 定时器设定值的设定方法

1）直接设定

用于固定延时的定时器，如图 1-14(a)所示。图 1-12 和图 1-13 的设定值也均为十进制常数。

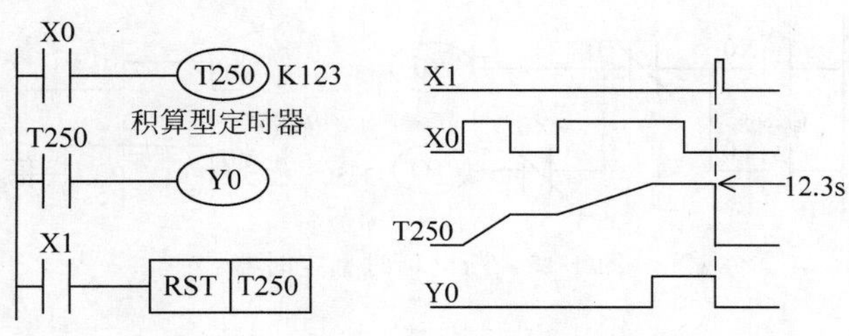

图 1-13 积算型定时器

2）间接设定

一般用数据寄存器 D 存放设定值，数据寄存器 D 中的值既可以是常数，也可以是用外部输入开关或数字开关输入的变量。间接设定灵活方便，如图 1-14(b)所示。数据寄存器 D5 存放的数为定时器 T10 的设定值，当 X1＝0 时，D5 存放的数为 K500；当 X1＝1 时，D5 存放的数为 K100；当 X0 接点闭合，T10 的当前值等于 D5 存放的值，T10 的接点开始动作。

3）机能扩充板设定

用 FX_{3U}-8AV-BD 型机能扩充板，安装在 PLC 基本单元上，扩充板上有 8 个可变电阻旋钮，可以输入 8 点模拟量，并把模拟量转换成 8 位二进制数(0～255)。当设定值大于 255 时，可以用乘法指令(MUL)乘以一个常数使之变大，作为定时器的设定值。如图 1-14(c)所示，当 X1 接点闭合时，将 FX_{3U}-8AV-BD 型机能扩充板上的 0 号可变电阻旋钮所设定的值传送到数据寄存器 D2 中作为定时器 T5 的设定值。编程方法详见功能指令 VRRD。

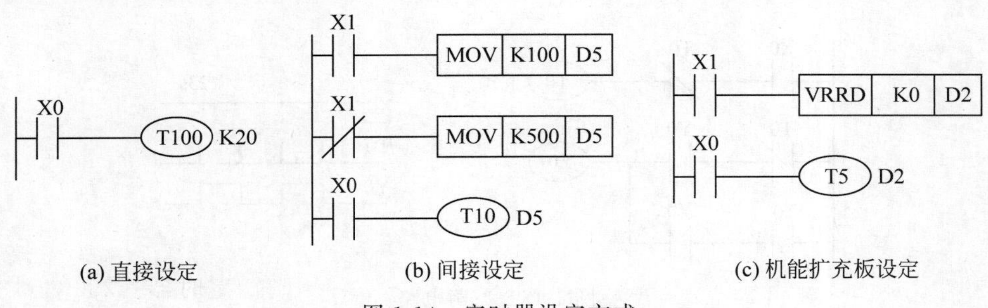

图 1-14 定时器设定方式

3. 典型定时器应用梯形图

典型定时器的应用梯形图如下。

(1) 断电延时型定时器。PLC 中的定时器为通电延时型，而断电延时型定时器可以用图 1-15 所示的梯形图来实现。

(2) 通断电均延时型定时器，如图 1-16 所示。

(3) 定时脉冲电路，如图 1-17 所示。

(4) 振荡电路，如图 1-18 所示。

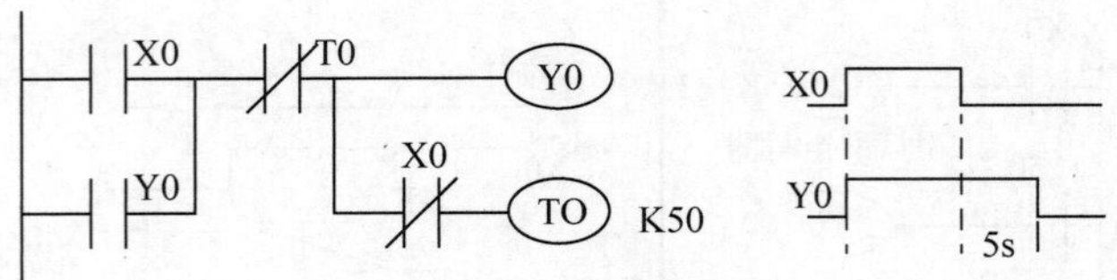

图 1-15　断电延时型定时器

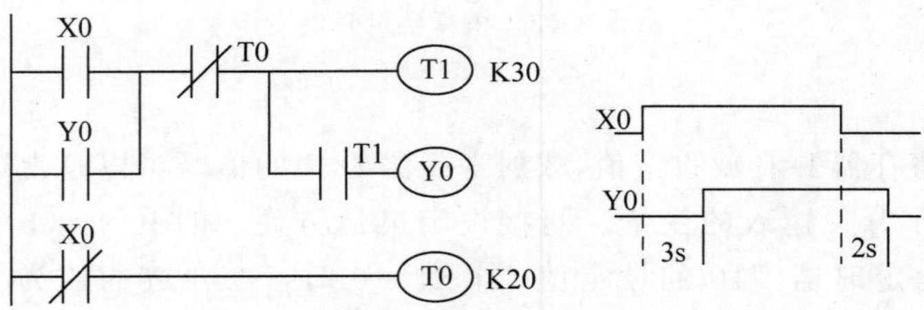

图 1-16　通断电均延时型定时器

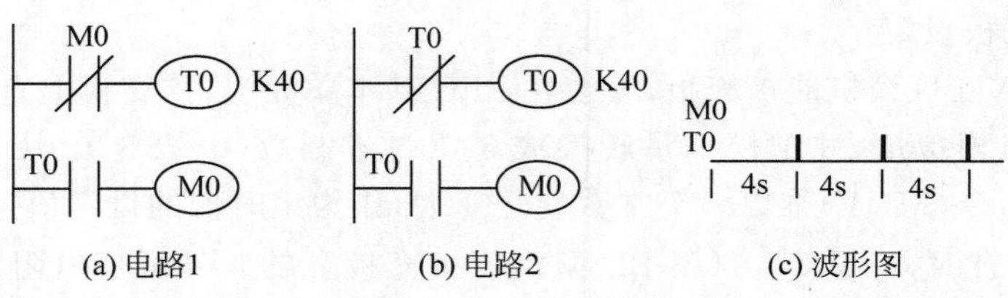

(a) 电路1　(b) 电路2　(c) 波形图

图 1-17　定时脉冲电路

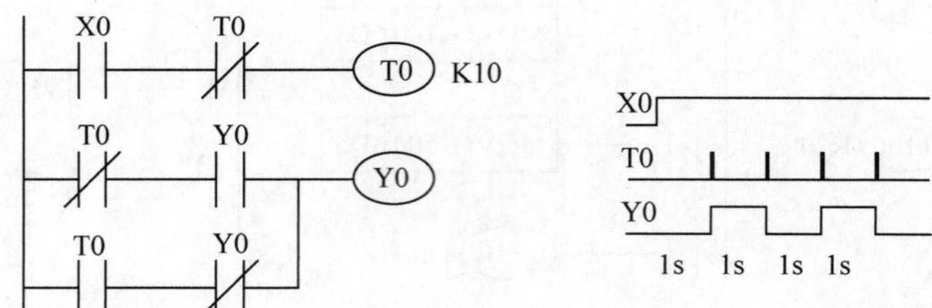

图 1-18　振荡电路

（5）占空比可调振荡电路，如图 1-19 所示。

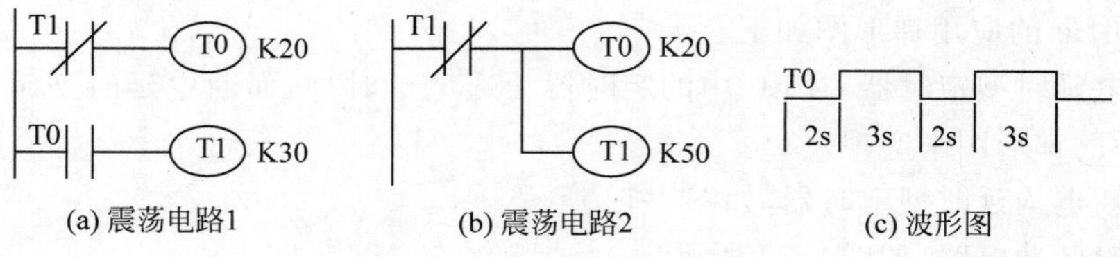

(a) 震荡电路1　(b) 震荡电路2　(c) 波形图

图 1-19　占空比可调振荡电路

（6）上升沿单稳态电路，如图 1-20 所示。

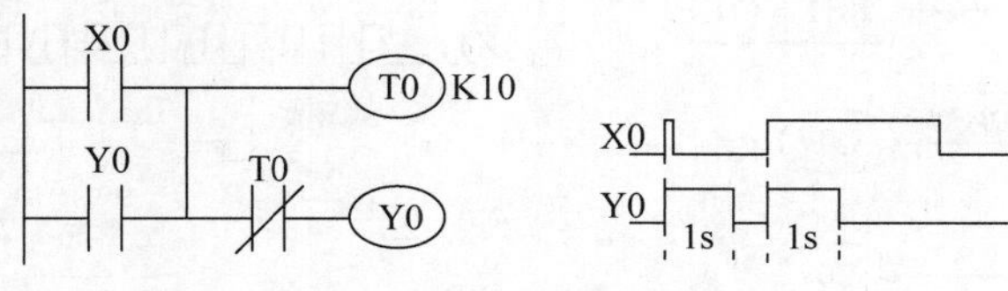

图 1-20 上升沿单稳态电路

（7）下降沿单稳态电路，如图 1-21 所示。

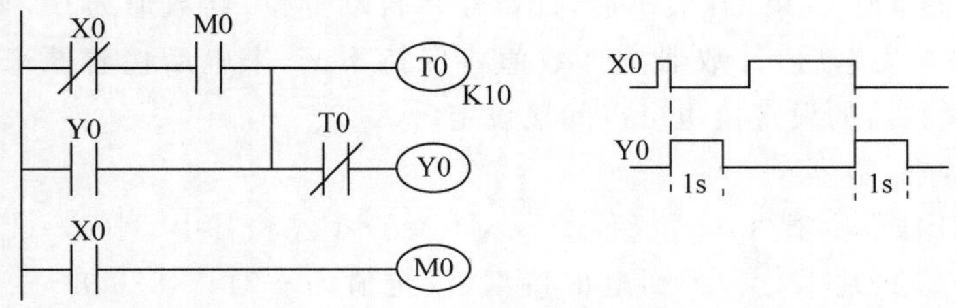

图 1-21 下降沿单稳态电路

1.4.5 计数器(C)

计数器(C)用于对各种软元件接点的闭合次数进行计数，可分为两大类：内部信号计数器和外部信号计数器(即高速计数器)。

1. 内部信号计数器

内部信号计数器用于对 PLC 中的内部软元件(如 X、Y、M、S、T、C、D□. b)的信号进行计数，可分为 16 位加计数器(共 200 点)和 32 位加/减计数器(共 35 点)，如表 1-4 所示。

表 1-4 内部信号计数器

计 数 器	通 用 型	断电保持型
16 位加计数器(共 200 点) 设定值 1～32767	C0～C99(共 100 点)	C100～C199(共 100 点)
32 位加/减计数器(共 35 点) 设定值－2147483648～＋2147483647	C200～C219(共 20 点) 加减控制(M8200～M8219)	C220～C234(共 15 点) 加减控制(M8220～M8234)

1）16 位加计数器

16 位加计数器的元件编号为 C0～C199，其中 C0～C99 为通用型，C100～C199 为断电保持型，设定值为 K1～K32767。如图 1-22 所示为 16 位加计数器的工作过程。

图 1-22 中加计数器 C0 对 X11 的上升沿进行计数，当计到设定值 6 时就保持为 6 不变，同时 C0 的接点动作，使 Y0 线圈得电。如果要计数器 C0 复位，则需用复位指令 RST。当 X10 接点闭合时执行复位指令，计数器 C0 的计数值为 0，同时 C0 的接点复位。当 X10 接点闭合执行复位指令时，计数器不能计数。

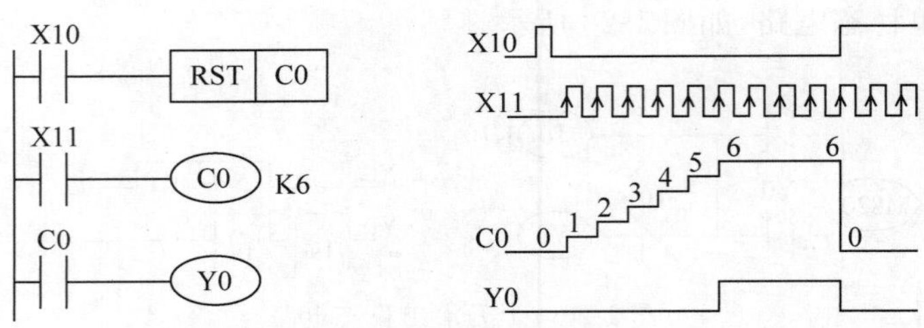

图 1-22　16 位加计数器的工作过程

通用型计数器(C0～C99)在失电后,计数器将自动复位,计数值为 0。断电保持型计数器(C100～C199)在失电后,计数器的计数值将保持不变,来电后接着原来的计数值计数。和定时器一样,计数器的设定值也可以间接设定。

2) 32 位加/减计数器

32 位加/减计数器共有 35 个,元件编号为 C200～C234,其中 C200～C219(共 20 点)为通用型,C220～C234(共 15 点)为断电保持型,设定值为－2147483648～＋2147483647,可由常数 K 设定,也可以用数据寄存器 D、R 间接设定。32 位设定值存放在元件号相连的两个数据寄存器中。如果指定的寄存器为 D0,则设定值实际上是存放在 D1 和 D0 中,D1 中放高 16 位,D0 中放低 16 位。

32 位加/减计数器 C200～C234 可以加计数,也可以减计数,其加/减计数方式由特殊辅助继电器 M8200～M8234 设定,如表 1-5 所示。当特殊辅助继电器为 1 时,对应的计数器为减计数;反之,为 0 时为加计数。

表 1-5　32 位加/减计数器的加减方式控制用的特殊辅助继电器

计数器编号	加减方式	计数器编号	加减方式	计数器编号	加减方式	计数器编号	加减方式
C200	M8200	C209	M8209	C218	M8218	C227	M8227
C201	M8201	C210	M8210	C219	M8219	C228	M8228
C202	M8202	C211	M8211	C220	M8220	C229	M8229
C203	M8203	C212	M8212	C221	M8221	C230	M8230
C204	M8204	C213	M8213	C222	M8222	C231	M8231
C205	M8205	C214	M8214	C223	M8223	C232	M8232
C206	M8206	C215	M8215	C224	M8224	C233	M8233
C207	M8207	C216	M8216	C225	M8225	C234	M8234
C208	M8208	C217	M8217	C226	M8226		

如图 1-23 所示为 32 位加/减计数器的工作过程,图中 C200 的设定值为－5,当 X12 输入断开,M8200 线圈失电时,对应的计数器 C200 为加计数方式。当 X12 闭合,M8200 线圈得电时,对应的计数器 C200 为减计数方式。计数器 C200 对 X14 的上升沿进行计数。

当前值由－6 变为－5 时,计数器 C200 的接点动作。当前值由－5 变为－6 时,计数器

C200 的接点复位。当 X13 的接点接通执行复位指令时，C200 被复位，其 C200 常开接点断开，常闭接点闭合。

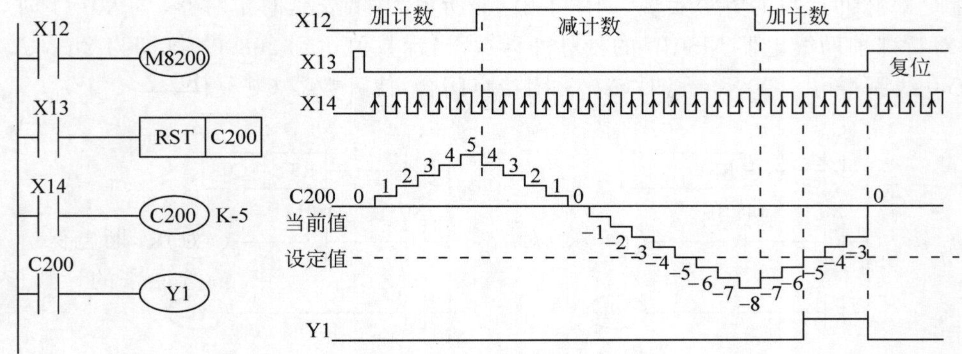

图 1-23　32 位加/减计数器的工作过程

对于 16 位加计数器，当计数值达设定值时则保持为设定值不变，而 32 位加/减计数器不同，它是一种循环计数方式，当计数值达设定值时将继续计数。如果在加计数方式下计数，将一直加计数到最大值 2147483647，再加 1 就变成最小值－2147483648。如果在减计数方式下，将一直减计数到最小值－2147483648，再减 1 就变成最大值 2147483647。

由 PLC 的工作方式可知，PLC 是采用反复不断地读程序，并进行逻辑运算的工作方式。如图 1-23 中的计数器 C200，当 PLC 读到 X14 接点时，若 X14＝1，则对 C200 加 1(或减 1)，如果 X14 接点变化频率太快，在一个扫描周期中多次变化，则计数器 C200 将无法对它进行计数。可见内部计数器的计数频率是受到一定限制的，也就是说输入接点的动作时间必须大于一个扫描周期。

2. 典型计数器应用梯形图

1）循环计数器

循环计数器如图 1-24 所示。

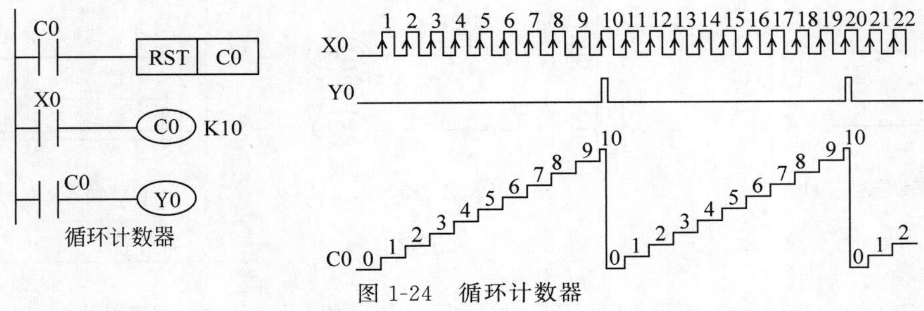

图 1-24　循环计数器

计数器 C0 对 X0 的上升沿计数，当计数到设定值 10 时，其计数器 C0 线圈下面的 C0 接点闭合，Y0 得电。在第二个扫描周期，C0 线圈上面的 C0 接点闭合，将计数器 C0 复位，计数值为 0，C0 接点只接通一个扫描周期，之后 C0 反复重新开始上述计数过程。

2）长延时定时器

一个定时器 T 的最长延时时间为 32767×0.1s≈0.91h。如果要取得长延时，则可以用计数器 C 对脉冲计数的方法实现，如图 1-25(a)所示为 8h 长延时定时器，当 X0=1 时，计数器 C0 对特殊辅助继电器 M8013 的秒脉冲计数，当计数值达到 28800 时(即为 8h)，C0 接点闭合，Y0 线圈得电。当 X0=0 时，X0 常闭接点闭合，使计数器 C0 复位。

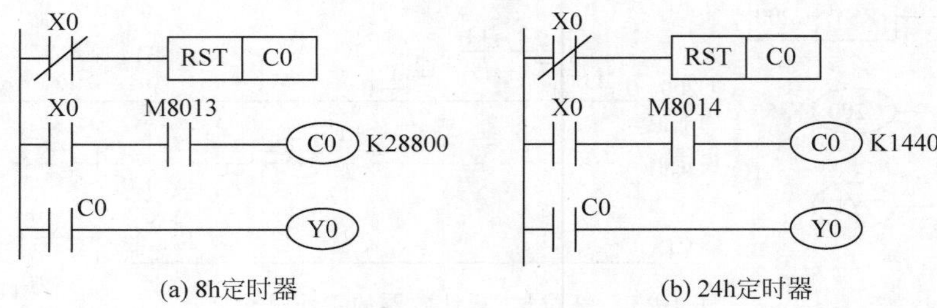

图 1-25 长延时定时器

图 1-25(b)所示为 24h 定时器，它对 M8014 的分脉冲计数。图 1-25(a)对 M8013 的秒脉冲计数产生 1.5s 的负误差。图 1-25(b)对 M8014 的分脉冲计数产生 1.5min 的负误差。

3）365 天定时器

如果要得到更长的延时时间，则可采用如图 1-26 所示的方法。

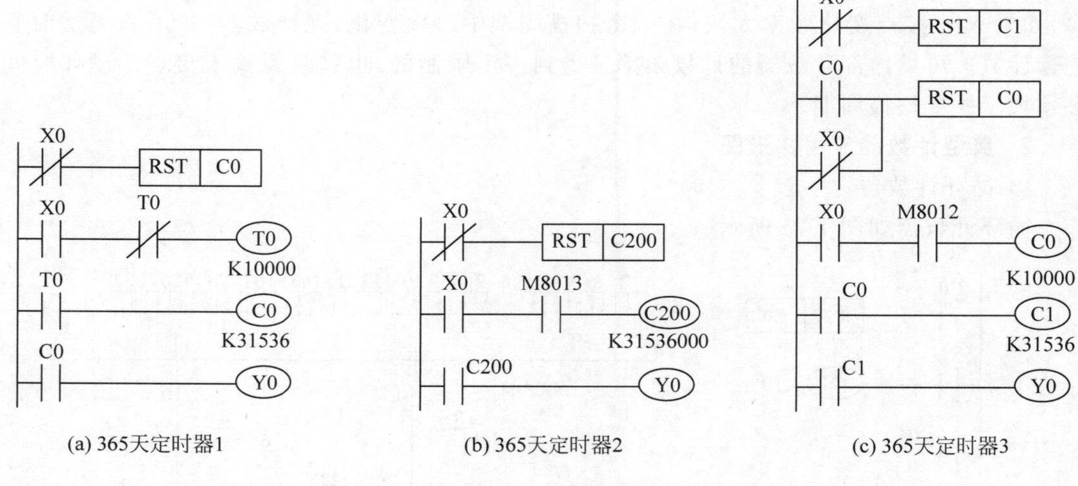

图 1-26 365 天定时器

图 1-26(a)为定时脉冲和计时器配合的方式。定时器 T0 每 1000s 发出一个脉冲，计数器 C0 对 T0 的脉冲计数，当达到计数设定值 31536 时即为 365 天(31536×10000×0.1=31536000s)。

图 1-26(b)为秒脉冲 M8013 和 32 位加/减计数器配合的方式。32 位加/减计数器 C200

的最大设定值非常高，可达到若干年的长延时。

图 1-26(c)为两个计数器串联计数方式。C0 组成一个循环计数器，对 M8012 的 0.1s 脉冲计数，C0 接点每 1000s 发一个脉冲，而 C1 又对 C0 接点的脉冲进行计数。

4）单按钮控制电动机起动停止

图 1-27 采用计数器对电动机进行起动停止控制，控制电路只需用一个按钮(X0)。当按下按钮 X0 时，经 M0 常闭接点使计数器 C0 的线圈得电计数，计数值为 1 且等于设定值 1，C0 的接点动作，Y0 线圈得电，控制电动机起动，第二个扫描周期尽管 Y0 接点闭合，但 M0 常闭接点断开，C0 不会复位，按钮 X0 松开时，Y0 继续得电。

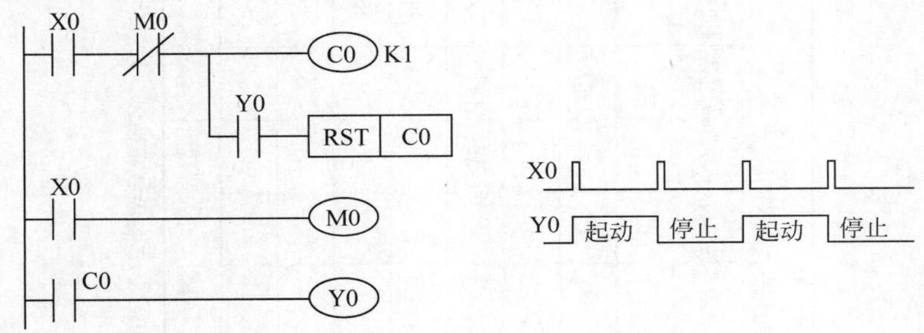

图 1-27 单按钮控制电动机起动停止

当第二次按下按钮 X0 时，C0 线圈得电，但已达到设定值，所以不再计数，计数值仍为 1，由于 Y0 接点闭合，C0 复位，C0 的接点断开，Y0 线圈失电，电动机停止。第二个扫描周期 M0 常闭接点断开，C0 线圈不会得电，按钮 X0 松开时，Y0 仍不得电。

3. 高速计数器

由于内部信号计数器的计数方式和扫描周期有关，所以不能对高频率的输入信号计数，而由于高速计数器采用中断工作方式，和扫描周期无关，所以可以对高频率的输入信号计数。高速计数器只对固定的输入继电器(X0～X5)进行计数，如表 1-6 所示。

FX_{3U} 型 PLC 中共有 21 点高速计数器(C235～C255)。高速计数器分为 3 种类型：一相一计数输入型、一相二计数输入型和 AB 相计数输入型。每种类型中还可继续分为 1 型、2 型和 3 型。1 型只有计数输入端，2 型有计数输入端和复位输入端，3 型有计数输入端、复位输入端和起动输入端。

以上高速计数器都具有停电保持功能，也可以利用参数设定变为非停电保持型。如果不作为高速计数器使用时，也可作为 32 位数据寄存器使用。

高速计数器的输入继电器(X0～X7)不能重复使用，例如梯形图中使用了 C241，由于 C241 占用了 X0、X1，所以 C235、C236、C244、C246 等就不能使用了。因此，虽然高速计数器有 21 个，但最多可以使用 6 个。

表 1-6　高速计数器

输入继电器	一相一计数输入											一相二计数输入					AB 相计数输入				
	C235	C236	C237	C238	C239	C240	C241	C242	C243	C244	C245	C246	C247	C248	C249	C250	C251	C252	C253	C254	C255
X0	U/ D						U/D			U/D		U	U		U		A	A		A	
X1		U/D					R			R		D	D		D		B	B		B	
X2			U/D					U/D			U/D		R		R			R		R	
X3				U/D				R			R			U		U			A		A
X4					U/D				U/D					D		D			B		B
X5						U/D			R					R		R			R		R
X6										S					S					S	
X7											S					S					S
	1 型						2 型			3 型		1 型	2 型		3 型		1 型	2 型		3 型	

注：U 表示加计数输入，D 表示减计数输入，R 表示复位输入，S 表示起动输入，A 表示 A 相输入，B 表示 B 相输入。

一相一计数输入型高速计数器只有一个计数输入端，所以要用对应的特殊辅助继电器(M8235～M8245)指定。例如 M8235 线圈得电(M8235＝1)，则计数器 C235 为减计数方式，如果 M8235 线圈失电(M8235＝0)，计数器 C235 为加计数方式。

一相二计数输入型和 AB 相计数输入型有两个计数输入端，它们的计数方式由两个计数输入端决定。例如计数器 C246 为加计数时，M8246 常开接点断开；C246 为减计数时，M8246 常开接点闭合。高速计数器对应的特殊辅助继电器如表 1-7 所示。

表 1-7 高速计数器对应的特殊辅助继电器

计数器类型	一相一计数输入型高速计数器										
计数器编号	C235	C236	C237	C238	C239	C240	C241	C242	C243	C244	C245
指定减计数特殊辅助继电器	M8235	M8236	M8237	M8238	M8239	M8240	M8241	M8242	M8243	M8244	M8245

计数器类型	一相二计数输入型高速计数器					AB 相计数输入型高速计数器				
计数器编号	C246	C247	C248	C249	C250	C251	C252	C253	C254	C255
减计数特殊辅助继电器接点	M8246	M8247	M8248	M8249	M8250	M8251	M8252	M8253	M8254	M8255

下面介绍各种高速计数器的使用方法。

1）一相一计数输入型高速计数器

一相一计数输入型高速计数器的编号为 C235～C245，共有 11 点，它们的计数方式及触点动作与普通 32 位计数器相同。作加计数时，当计数值达到设定值时，触点动作并保持；作减计数时，小于设定值则复位。其计数方式取决于对应的特殊辅助继电器 M8235～M8245。

如图 1-28 所示为一相一计数输入型高速计数器。图 1-28(a)中的 C235 只有一个计数输入 X0，当 X10 闭合时 M8235 得电，C235 为减计数方式，反之为加计数方式。当 X12 闭合时，C235 对计数输入 X0 的脉冲进行计数，和 32 位内部计数器一样，在加计数方式下，当计数值大于或等于设定值时，C235 接点动作。当 X11 闭合时，C235 复位。

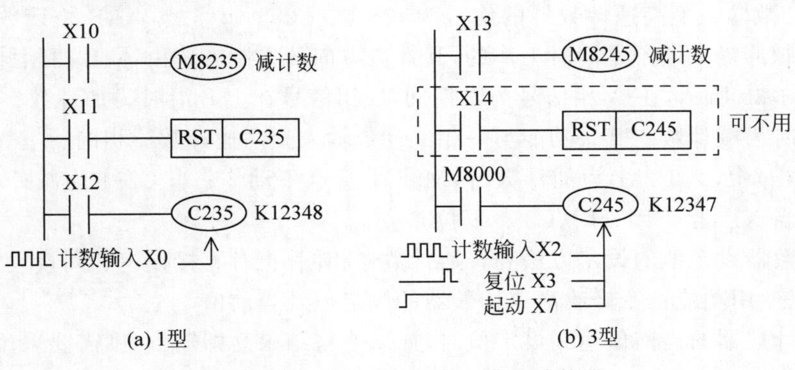

图 1-28 一相一计数输入型高速计数器

图 1-28(b)中的 C245 有一个计数输入 X2、一个复位输入 X3 和一个起动输入 X7。当 X13 闭合时 M8245 得电，C245 为减计数方式，反之为加计数方式。当起动输入 X7 闭合时，C245 对计数输入 X2 的脉冲进行计数，在加计数方式下，当计数值大于或等于设定值时，C245 接点动作。当 X3 闭合时，C245 复位。用 RST 指令也可以对 C245 复位，但受到扫描周期的影响，速度比较慢，也可以不编程。

2）一相二计数输入型高速计数器

一相二计数输入型高速计数器的编号为 C246～C250，有 5 点。每个计数器有两个外部计数输入端子，一个是加计数输入脉冲端子，另一个是减计数输入脉冲端子。

一相二计数输入型高速计数器如图 1-29 所示。图 1-29(a)中 X0 和 X1 分别为 C246 的加计数输入端和减计数输入端。C246 是通过程序进行起动及复位的，当 X12 接点闭合时，C246 对 X0 或 X1 的输入脉冲计数，若 X0 有输入脉冲，C246 为加计数，加计数时 M8246 接点不动作。若 X1 有输入脉冲，C246 为减计数，减计数时 M8246 接点动作。当 X11 接点闭合时，C246 复位。

图 1-29(b)为 C250 带有外复位和外起动端的情况。图中 X5 及 X7 分别为复位端及起动端。其工作情况和图 1-28(b)基本相同。

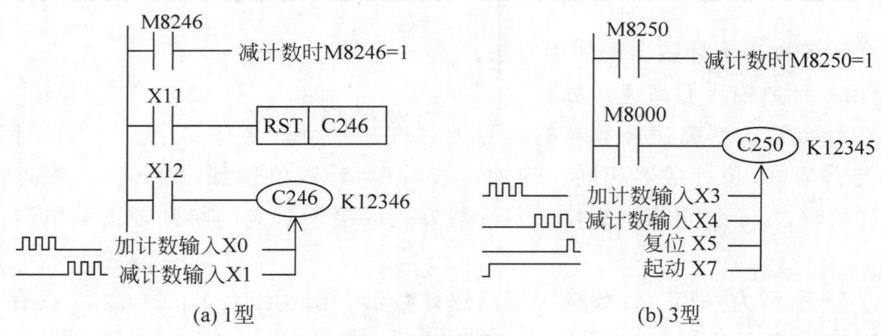

图 1-29 一相二计数输入型高速计数器

3）AB 相计数输入型高速计数器

AB 相计数输入型高速计数器的编号为 C251～C255，共 5 点。AB 相计数输入高速计数器的两个脉冲输入端子是同时工作的，其计数方向的控制方式由 A、B 两相脉冲间的相位决定。如图 1-30 所示，在 A 相信号为 1 期间，B 相信号在上升沿时为加计数；反之，B 相信号在下降沿时为减计数。其余功能与一相二计数输入型高速计数器相同。

图 1-30(a)中，当 C251 为加计数时，M8251 接点不动作；当 C251 为减计数时，M8251 接点动作。当 X11 接点闭合时，C251 复位。

高速计数器设定值的设定方法和普通计数器相同，也有直接设定和间接设定两种方式。同时，也可以使用功能指令修改高速计数器的设定值及当前值。

当高速计数器的当前值达到设定值时，如果要将结果立即输出，则需要采用高速计数器的专用比较指令。

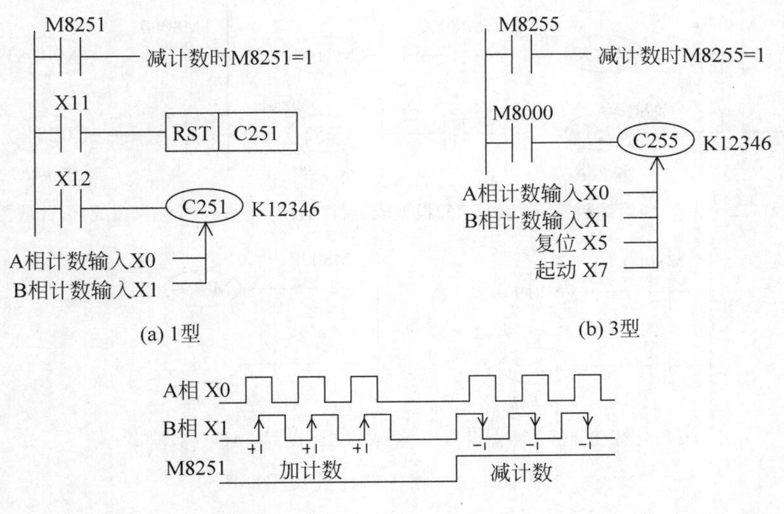

图 1-30　AB 相计数输入型高速计数器

在 FX_{3U} 型 PLC 中，可以将 AB 高速相计数器(C251、C252、C253、C254、C255)设置成 1 倍计数器或 4 倍计数器。

AB 相计数器的输入端通常采用 AB 相编码器作为输入元件，AB 相编码器输出有 90°相位差的 A 相和 B 相。AB 相编码器在正转时计数器为加计数，反转时计数器为减计数。AB 相计数器的输入波形如图 1-31 所示，AB 相高速计数器可以根据 AB 相编码器的正反转自动执行增/减的计数。

AB 相计数器以 1 倍动作的计数方式如图 1-31(a)所示。AB 相计数器以 4 倍动作的计数方式如图 1-31(b)所示。

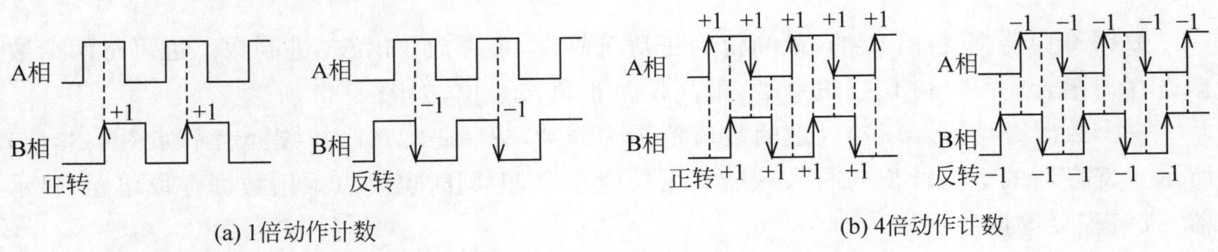

图 1-31　AB 相计数器的输入波形

正常情况下 AB 相计数器为 1 倍计数器。当 M8198＝1 时，AB 相计数器 C251、C252、C254 设置成 4 倍计数器。当 M8199＝1 时，AB 相计数器 C253、C255 设置成 4 倍计数器，如图 1-32 所示。

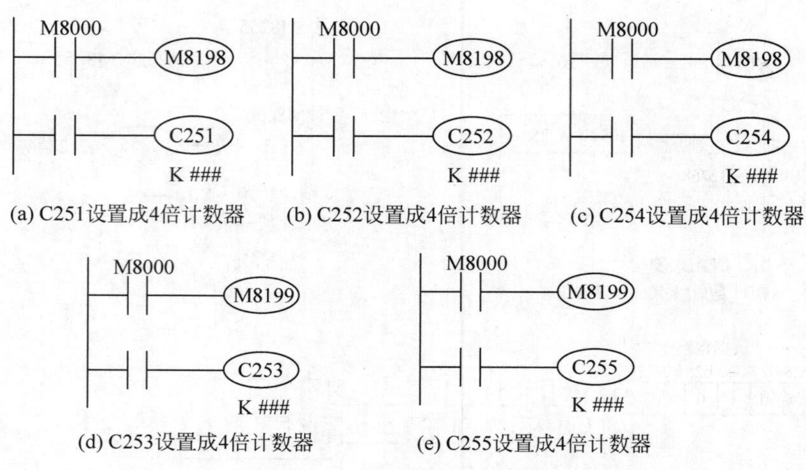

(a) C251设置成4倍计数器　(b) C252设置成4倍计数器　(c) C254设置成4倍计数器

(d) C253设置成4倍计数器　(e) C255设置成4倍计数器

图 1-32　AB 相 4 倍计数器梯形图

1.4.6　数据寄存器(D)

数据寄存器(D)主要用于数据处理，其分类及元件号如表 1-8 所示。

表 1-8　数据寄存器的分类及元件号

普通用	停电保持用	停电保持专用	特殊用	变址用	扩展用	扩展文件用
D0～D199 (200 点)①	D200～D511 (312 点)②	D512～D7999 (7488 点)③	D8000～D8255 (256 点)	V0～V7 Z0～Z7 (16 点)	R0～R32767 (32768 点)	ER0～ER32767 (32768 点)

注：① 非停电保持型，但可利用参数设定变为停电保持型。

② 停电保持型，但可利用参数设定变为非停电保持型。

③ 不能利用参数设定变为非停电保持型。

数据寄存器都是 16 位的，最高位为正负符号位，可存放 16 位二进制数。也可将两个数据寄存器组合，存放 32 位二进制数，最高位是正负符号位，如图 1-33 所示。

一个数据寄存器(16 位)处理的数值范围为－32768～＋32767，其数据表示如图 1-33(a)所示。寄存器的数值读出与写入一般采用功能指令，但同时也可以采用数据存取单元(显示器)或编程器等设备。

两个相邻的数据寄存器可以表示 32 位数据，可处理－2147483648～＋2147483647 的数值，在指定 32 位时(高位为大号，低位为小号。在变址寄存器中，V 为高位，Z 为低位)，如指定 D0，则实际上是把高 16 位存放在 D1 中，把低 16 位存放在 D0 中。低位可用奇数或偶数元件号，考虑到外围设备的监视功能，低位可采用偶数元件号，如图 1-33(b)所示。

1. 普通型数据寄存器

普通型数据寄存器元件号为 D0～D199，共 200 点。普通型数据寄存器中一旦写入数据，在未写入其他数据之前，数据是不会变化的。但是 PLC 在停止或停电时，所有数据被清除为0(如果使特殊辅助继电器 M8033=1,则可以保持)。通过参数设定也可变为停电保持型的数据寄存器。

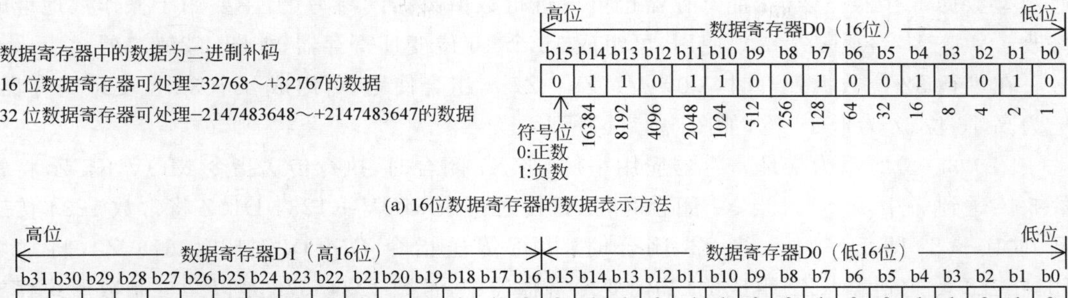

(a) 16位数据寄存器的数据表示方法

(b) 32位数据寄存器的数据表示方法

图1-33　数据寄存器的数据表示方法

2. 停电保持型的数据寄存器

停电保持型的数据寄存器元件号为D200～D511,共312点,其使用方法和普通型数据寄存器相同。PLC在停止或停电时数据被保存,同时通过参数设定也可变为普通型非停电保持型。在并联通信中,D490～D509被作为通信占用。

3. 停电保持专用型的数据寄存器

停电保持专用型的数据寄存器元件号为D512～D7999,共7488点,其特点是不能通过参数设定改变其停电保持数据的特性。如要改变停电保持的特性,可以在程序的起始步采用初始化脉冲(M8002)和复位(RST)或区间复位(ZRST)指令将其内容清除。

利用参数设定可以将D1000～D7999(共7000点)的数据寄存器分为500点为一组的文件数据寄存器。文件寄存器实际上是一类专用数据寄存器,用于存储大量的数据,例如采集数据、统计计算数据和多组控制参数等。

4. 特殊型的数据寄存器

特殊型的数据寄存器元件号为D8000～D8511,共512点,但其中有些元件号没有定义或没有使用,这些元件号用户也不能使用。特殊用途的数据寄存器有两种,一种是只能读取或利用其中数据的数据寄存器,例如可以从D8005中读取PLC中锂电池的电压值;另一种是用于写入特定数据的数据寄存器,例如图1-34中利用传送指令(MOV)向监视定时器时间的数据寄存器D8000中写入设定时间,并用监视定时器刷新指令WDT对其刷新。

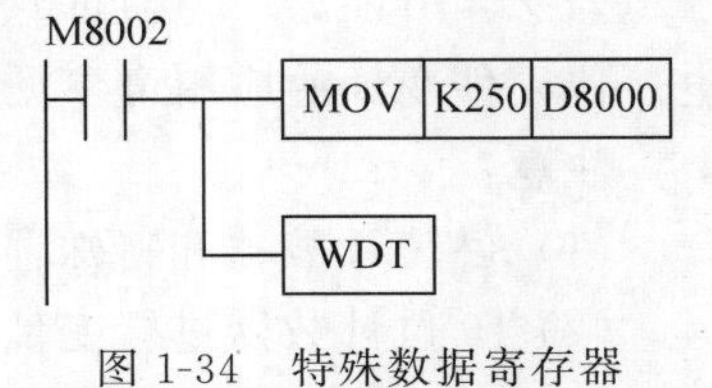

图1-34　特殊数据寄存器的数据设定

特殊型数据寄存器的内容参见附录。

5. 变址寄存器[V、Z]

变址寄存器元件号为 V0～V7、Z0～Z7,共 16 点。V0 和 Z0 可分别用 V 和 Z 表示。和通用型数据寄存器一样,变址寄存器也可以进行数值数据读与写,但主要用于操作数地址的修改。V0～V7、Z0～Z7 单独使用,可组成 16 个 16 位变址寄存器,如图 1-35(a)所示。

在进行 32 位数据处理时,V0～V7、Z0～Z7 需组合使用,可组成 8 个 32 位变址寄存器。V 为高 16 位,Z 为低 16 位,如图 1-35(b)所示。

图 1-35(c)所示为变址寄存器应用举例,当 X1 闭合时,执行传送指令 MOV K5 Z,将常数 5 传送到 Z 中,Z=5。当 X2 闭合时,执行传送指令 MOV K1234 D10Z 将常数 1234 传送到 D(10＋5)即 D15 中。当 X3 闭合时,执行传送指令 DMOV K12345678 Z2,将常数 12345678 传送到 V2、Z2 组成的 32 位变址寄存器中,常数 12345678 是以二进制数形式存放在 V2、Z2 中的,其中高 16 位存放在 V2 中,低 16 位存放在 Z2 中。

16位8点	16位8点
V0	Z0
V1	Z1
V2	Z2
V3	Z3
V4	Z4
V5	Z5
V6	Z6
V7	Z7

(a) 16位变址寄存器

32位8点	
V0	Z0
V1	Z1
V2	Z2
V3	Z3
V4	Z4
V5	Z5
V6	Z6
V7	Z7

(b) 32位变址寄存器

X1	MOV	K5	Z
X2	MOV	K1234	D10 Z
X3	DMOV	K12345678	Z2

(c) 变址寄存器应用举例

图 1-35 变址寄存器

对于 FX_{3U} 系列 PLC,变址寄存器不仅可以对字元件进行变址修饰,也可以对位元件进行变址修饰。

例如,V0=K10,十进制数软元件:D20V0 被视为 D30,K30V0 被视为 K40。

八进制数软元件:X2 V0 被视为 X14(而不是 X12),K1Y0 V0 被视为 K1 Y12。

十六进制数值:H30 V0 被视为 H3A(而不是 H40)。

如图 1-36 所示,当 Z=0 时,X5 接点闭合,Y0 得电。T0 的设定值为 D0。T0 接点闭合时,M5 得电。

当 Z=10 时,X17 接点闭合,Y0 得电。T0 的设定值为 D10。T0 接点闭合时,M15 得电。位元件变址的应用可参见例 8.5。

注意:

(1) 32 位计数器和特殊辅助继电器不能进行变址修饰。

(2) 16 位计数器进行变址修饰后,不能作为 32 位的计数器处理。

6. 扩展寄存器、扩展文件寄存器[R、ER]

扩展寄存器 R 是扩展数据寄存器 D 用的软元件。扩展寄存器 R 元件号为 R0～R32767,共 32768 点。扩展文件寄存器 ER 元件号为 ER0～ER32767,共 32768 点。

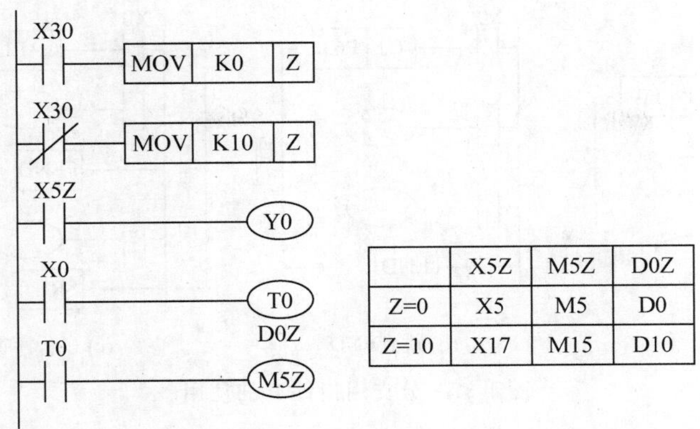

	X5Z	M5Z	D0Z
Z=0	X5	M5	D0
Z=10	X17	M15	D10

图 1-36 变址寄存器的应用示例

扩展寄存器 R 的内容也可以保存在扩展文件寄存器 ER 中。但是只有使用存储器盒时才可以使用。

数据寄存器 D 可以位指定，而扩展寄存器 R 和扩展文件寄存器 ER 不可以位指定。

1.4.7 指针(P、I)

指针(P、I)用于跳转、中断等程序的入口地址，与跳转、子程序和中断程序等指令一起应用。按用途可分为分支用指针 P 和中断用指针 I 两类。其中，中断用指针 I 又可分为输入中断用指针、定时器中断用指针和计数器中断用指针 3 种，如表 1-9 所示。

表 1-9 FX_{3U} 型 PLC 指针种类

<table>
<tr><th rowspan="2">分支用指针
(4096 点)</th><th colspan="3">中断用指针</th></tr>
<tr><th>输入中断用指针(6 点)</th><th>定时器中断用指针(3 点)</th><th>计数器中断用指针(6 点)</th></tr>
<tr><td>P0～P4095
其中 P63 为结束跳转</td><td>I00□ (X0)
I10□ (X1)
I20□ (X2)
I30□ (X3)
I40□ (X4)
I50□ (X5)</td><td>I6□□
I7□□
I8□□</td><td>I010
I020
I030
I040
I050
I060</td></tr>
<tr><td>(CJ、CALL 指令用)</td><td>□=1 时上升沿中断
□=0 时下降沿中断</td><td>□□=10～99ms</td><td>(HSCS 指令用)</td></tr>
</table>

1. 分支用指针(P)

分支用指针(P)用于条件跳转和子程序调用指令，应用举例如图 1-37 所示。

图 1-37(a)为分支用指针在条件跳转指令中的使用，图中 X0 接通，执行条件跳转指令 CJ，跳过一段程序转到指针指定的标号 P0 位置，执行其后的程序。

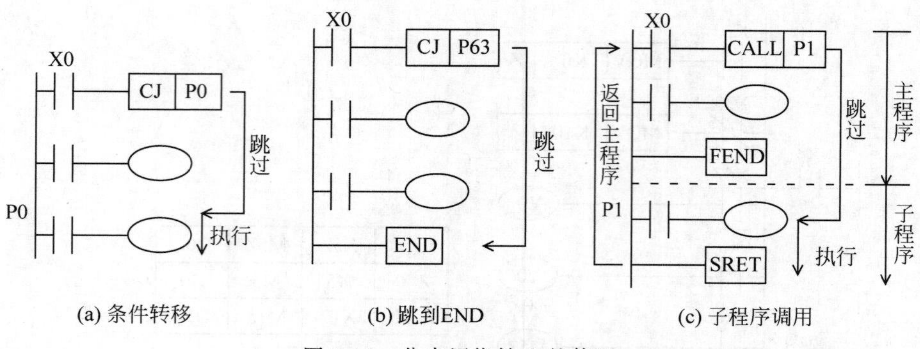

(a) 条件转移 (b) 跳到END (c) 子程序调用

图 1-37 分支用指针 P 的使用

在图 1-37(b)中，当 X0 接通时，则执行条件跳转指令 CJ P63 跳到 END，即后面的梯形图均跳过不执行。

在图 1-37(c)中，当 X0 接通时，则跳过主程序，执行子程序后再返回主程序的原位置。

需要注意，在编程时，指针编号不能重复使用。

2. 中断用指针(I)

中断用指针(I)常与中断返回指令 IRET、开中断指令 EI 和关中断指令 DI 一起使用。

1）输入中断用指针

6 个输入用中断指针仅接收对应特定输入继电器 X0～X5 的触发信号，才执行中断子程序，不受可编程控制器扫描周期的影响。由于输入采用中断处理速度快，在 PLC 控制中可以用于需要优先处理和短时脉冲处理的控制。例如，I201 表示当 X2 在闭合时(上升沿)产生中断，I300 表示当 X3 在断开时(下降沿)产生中断。

2）定时器中断用指针

定时器中断用指针用于需要指定中断时间执行中断子程序或需要不受 PLC 扫描周期影响的循环中断处理控制程序。例如，I625 表示每隔 25ms 就执行标号为 I625 后面的中断程序一次，在中断返回指令 IRET 处返回。

3）计数器中断用指针

计数器中断用指针根据可编程控制器内部的高速计数器的比较结果，执行中断子程序。用于优先控制利用高速计数器的计数结果。该指针的中断动作要与高速计数比较置位指令 HSCS 组合使用。

习题

1. 分析如题图 1 所示梯形图的控制原理(X4 为按钮输入)。
2. 分析如题图 2 所示梯形图的控制原理(X0 为按钮输入)。
3. 设计一个每隔 12s 产生一个脉冲的定时脉冲电路。
4. 设计一个延时 24h 的定时器。

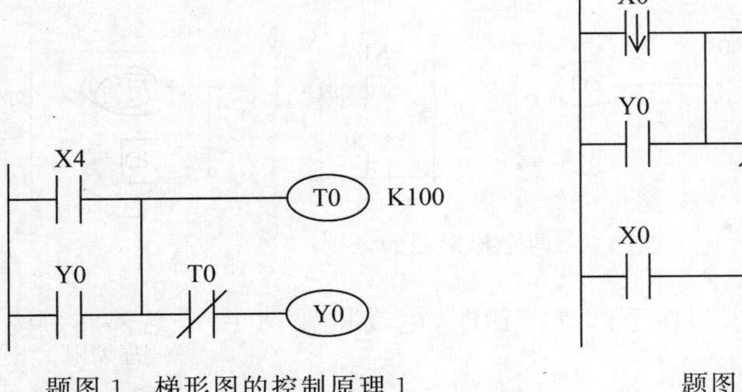

题图 1 梯形图的控制原理 1

题图 2 梯形图

5. 分析如题图 3 所示的 4 个梯形图,试指出哪些梯形图具有点动控制功能。

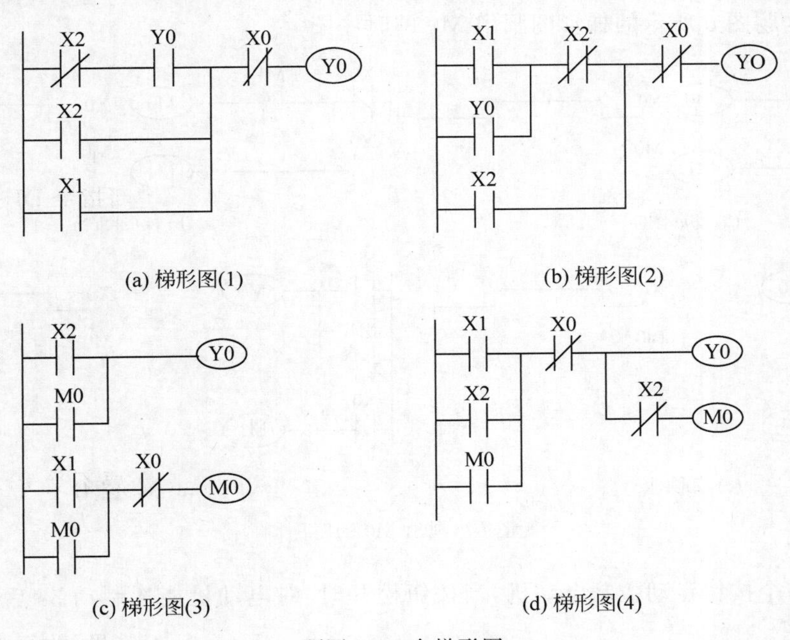

(a) 梯形图(1)

(b) 梯形图(2)

(c) 梯形图(3)

(d) 梯形图(4)

题图 3 4 个梯形图

6. 比较题图 4 中两种互锁电路的特点。

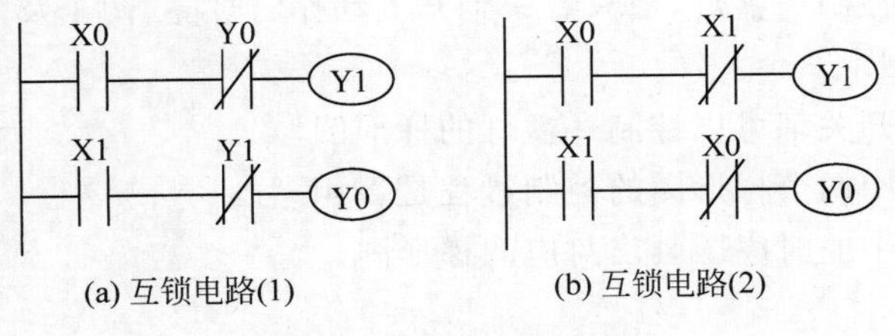

(a) 互锁电路(1)

(b) 互锁电路(2)

题图 4 互锁电路的特点

7. 比较题图 5 中两个梯形图的区别。

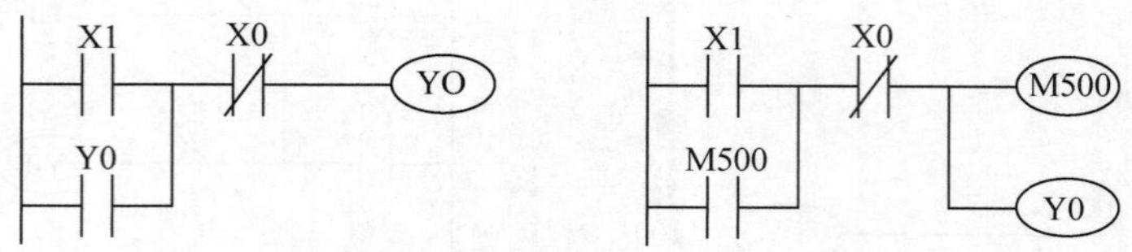

题图 5　两个梯形图的区别

8. 控制一台电动机，要求当按下起动按钮时，电动机转动 100s 后停止；按下停止按钮立即停止。试设计其控制梯形图。

9. 控制一台电动机，要求当按下起动按钮时，电动机转动 8h 后停止；按下停止按钮立即停止。试设计其控制梯形图。

10. 根据题图 6 所示的梯形图画出 M0 的时序图。

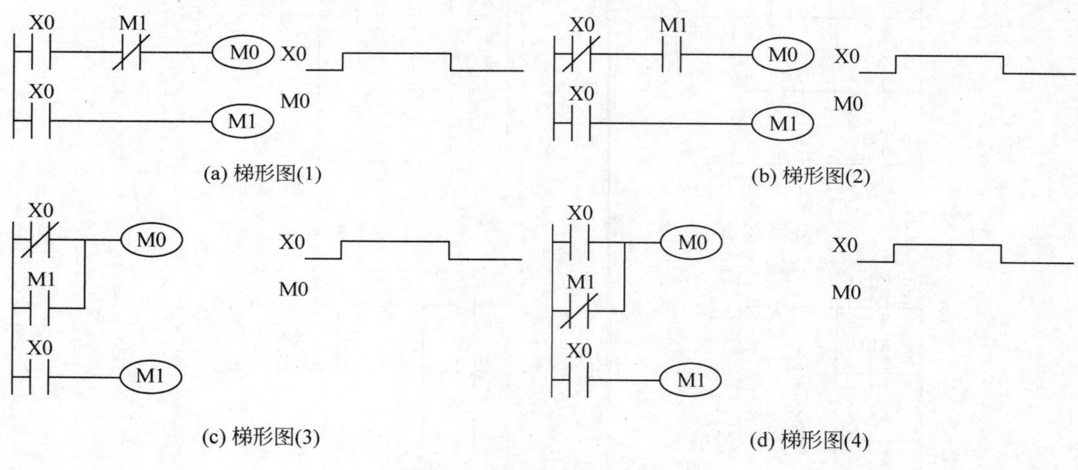

题图 6　画出 M0 的时序图

11. 用一个按钮点动控制电动机，当按钮松开时，对电动机能耗制动 5s 后停止。试画出控制梯形图。

12. 用一个按钮控制楼梯的照明灯，每按一次按钮，楼梯灯亮 3min 熄灭。当连续按两次按钮，灯常亮不灭。当按下时间超过 2s 时，灯熄灭。

13. 用 4 个开关控制一盏灯，当只有一个开关动作时灯亮，两个及以上开关动作时灯不亮。试画出控制梯形图。

14. 设计用两个开关都可以控制一盏灯的梯形图。

15. 比较题图 7 中两个梯形图的控制过程是否相同。

16. 根据题图 8 中的时序图画出对应的梯形图。

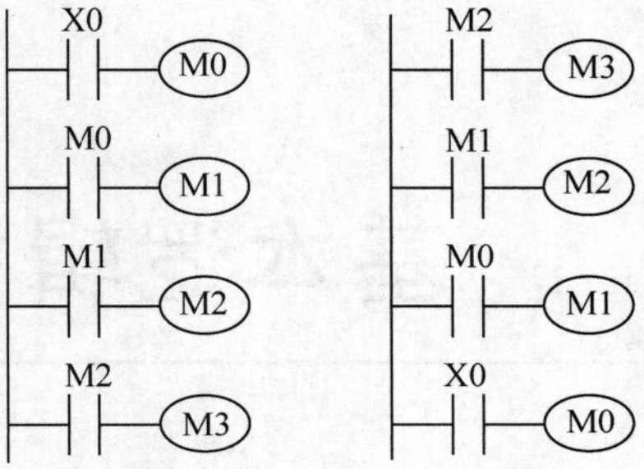

(a) 梯形图(1)　　(b) 梯形图(2)

题图 7　比较两个梯形图的控制过程

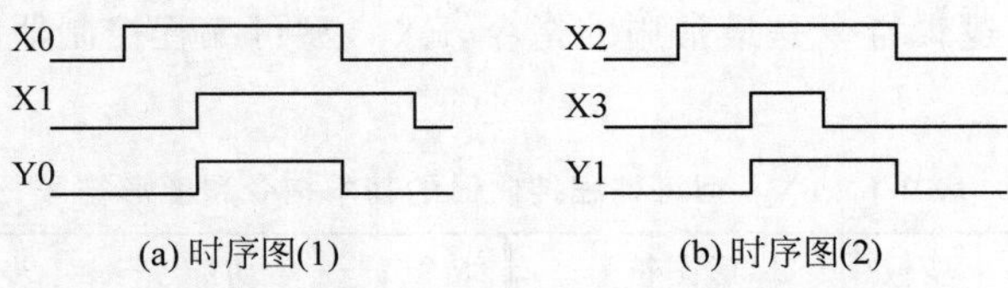

(a) 时序图(1)　　(b) 时序图(2)

题图 8　根据时序图画出对应的梯形图

第 2 章

基本逻辑指令

本章介绍基本逻辑指令。FX_{3U} 型可编程控制器的编程语言主要有梯形图和指令表，二者有对应关系。基本逻辑指令是最常用的指令，FX_{3U} 型可编程控制器的基本指令和图形符号如表 2-1 所示。

表 2-1　FX_{3U} 型可编程控制器的基本指令和图形符号

指令	功能	步数	梯形图符号	指令	功能	步数	梯形图符号
LD	起始连接常开接点	1		MRD	中间回路分支导线	1	
LDI	起始连接常闭接点	1		MPP	末回路分支导线	1	
LDP	起始连接上升沿接点	2		INV	接点取反	1	
LDF	起始连接下降沿接点	2		MEP	上升沿时导通	1	
OR	并联常开接点	1		MEF	下降沿时导通	1	
ORI	并联常闭接点	1		OUT	普通线圈	1～5	(Y000)
ORP	并联上升沿接点	2		SET	置位线圈	1～2	[SET M3]
ORF	并联下降沿接点	2		RST	复位线圈	1～3	[RST M3]
AND	串联常开接点	1		PLS	上升沿线圈	2	[PLS M2]
ANI	串联常闭接点	1		PLF	下降沿线圈	2	[PLF M3]

续表

指令	功能	步数	梯形图符号	指令	功能	步数	梯形图符号
ANDP	串联上升沿接点	2		MC	主控线圈	3	[MC N0 M2]
ANDF	串联下降沿接点	2		MCR	主控复位线圈	2	[MCR N0]
ANB	串联导线	1		NOP	空操作	1	
ORB	并联导线	1		END	程序结束	1	[END]
MPS	回路向下分支导线	1					

PLC 的梯形图模仿了常规电路的控制电路图，所以很容易理解其控制原理。但是 PLC 是不能读懂梯形图的，必须要将梯形图转换成指令，PLC 才能接受。编程软件可以直接将梯形图转换成指令。FX_{3U} 型可编程控制器有 29 条基本指令、2 条步进指令、218 条功能指令。

2.1　单接点指令

使用单接点指令的接点称为单接点，如表 2-2 所示，共有 12 条。单接点指令是用于对梯形图中的一个接点进行编程的指令，它表示一个接点在梯形图中的串联、并联和在左母线的初始连接的逻辑关系。根据接点的形式，它可以分为普通单接点和边沿单接点两种类型，可使用的软元件有 X、Y、M、S、D□. b、T 和 C。

表 2-2　单接点指令

指令名称	普通单接点		边沿单接点		可用软元件
	常开接点	常闭接点	常开上升沿接点	常开下降沿接点	
起始接点指令	LD	LDI	LDP	LDF	X、Y、M、S、T、C、D□. b
串联接点指令	AND	ANI	ANDP	ANDF	
并联接点指令	OR	ORI	ORP	ORF	

2.1.1　普通单接点指令

普通单接点指令包括 LD、LDI、OR、ORI、AND 和 ANI。

- LD：用于单个常开接点与左母线相连接或接点组中的第一个常开接点。
- LDI：用于单个常闭接点与左母线相连接或接点组中的第一个常闭接点。
- OR：用于和前面的单接点或接点组相并联的单个常开接点。
- ORI：用于和前面的单接点或接点组相并联的单个常闭接点。
- AND：用于和前面的单接点或接点组相串联的单个常开接点。
- ANI：用于和前面的单接点或接点组相串联的单个常闭接点。

需要注意，普通单接点指令在程序中占一步，但使用 M1563～M3071 时在程序中占两步。普通线圈的指令用 OUT。

如图 2-1 所示为普通单接点指令的梯形图和指令表的对应关系。梯形图可以用指令表来表达。写出梯形图的指令表，应遵照从上到下、从左到右的顺序进行。指令表由程序步、指令和软元件 3 部分组成，每种指令和软元件的程序步各不相同，由 PLC 自动生成。

由起始接点指令（LD、LDI、LDP、LDF）开始，由逻辑线圈指令或应用指令结束的梯形图称为一个输出电路块。一个完整的梯形图往往由多个输出电路块组成。

例如图 2-1 中有两个输出电路块。梯形图中某个输出电路块连续串联的接点数和连续并联的接点数一般不受限制，但在某些编程、显示等设备上可能有所限制。

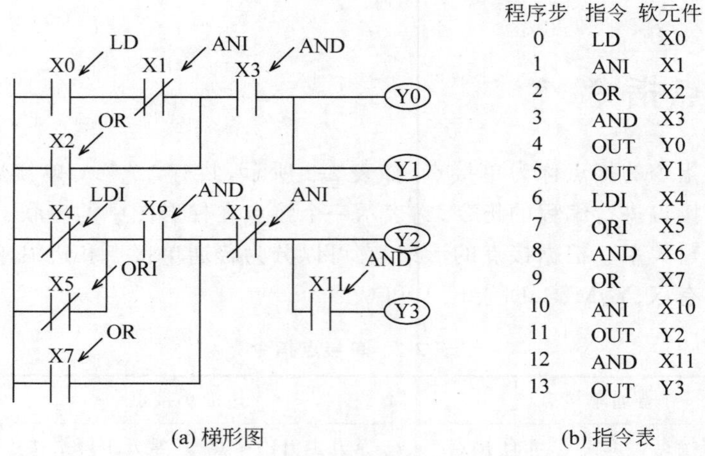

程序步	指令	软元件
0	LD	X0
1	ANI	X1
2	OR	X2
3	AND	X3
4	OUT	Y0
5	OUT	Y1
6	LDI	X4
7	ORI	X5
8	AND	X6
9	OR	X7
10	ANI	X10
11	OUT	Y2
12	AND	X11
13	OUT	Y3

(a) 梯形图　　(b) 指令表

图 2-1　普通单接点指令梯形图和指令表的对应关系

每个输出电路块可以有多个逻辑线圈或应用指令，但至少要有一个逻辑线圈或应用指令，作为输出的逻辑线圈或功能指令必须和右母线相连，右母线可以省略不画。

图 2-1(a)中的 Y0 和 Y1 线圈并联，称为并联输出，一个线圈后面又通过单接点连接线圈的输出称为连续输出，例如图 2-1(a)中的 Y2 和 Y3 线圈，以及图 2-2(a)所示的电路。连续输出中的接点用单接点串联接点指令（AND、ANI、ANDP、ANDF）。

图 2-2(b)所示为电路中的 X11 和它前面的接点既不是串联关系也不是并联关系，不是单接点，所以不能用单接点 AND 指令。

图 2-2(c)所示为电路中的 X11 和 X12 是并联接点组,也不是单接点。

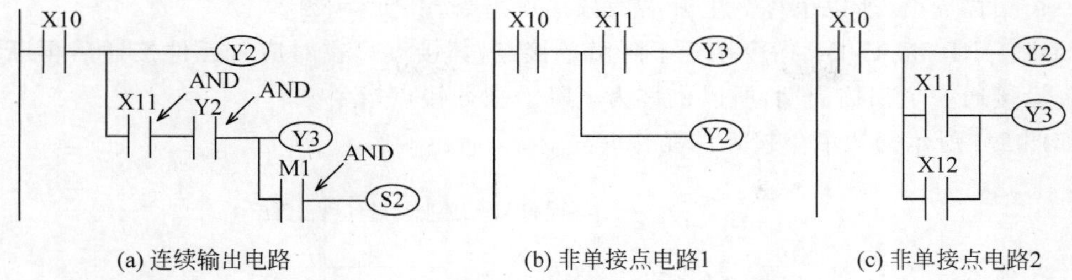

(a) 连续输出电路　　(b) 非单接点电路1　　(c) 非单接点电路2

图 2-2　连续输出与非连续输出电路

2.1.2　边沿单接点指令

边沿单接点有上升沿接点和下降沿接点两种,边沿单接点只有常开接点没有常闭接点。边沿单接点指令包括 LDP、LDF、ORP、ORF、ANDP 和 ANDF。

- LDP:用于单个上升沿常开接点与左母线相连接或接点组中的第一个上升沿常开接点。
- LDF:用于单个下降沿常开接点与左母线相连接或接点组中的第一个下降沿常开接点。
- ORP:用于和前面的单接点或接点组相并联的单个上升沿常开接点。
- ORF:用于和前面的单接点或接点组相并联的单个下降沿常开接点。
- ANDP:用于和前面的单接点或接点组相串联的单个上升沿常开接点。
- ANDF:用于和前面的单接点或接点组相串联的单个下降沿常开接点。

注意,边沿单接点指令的程序步为 2。如图 2-3 所示为边沿单接点指令的梯形图和指令表的对应关系。

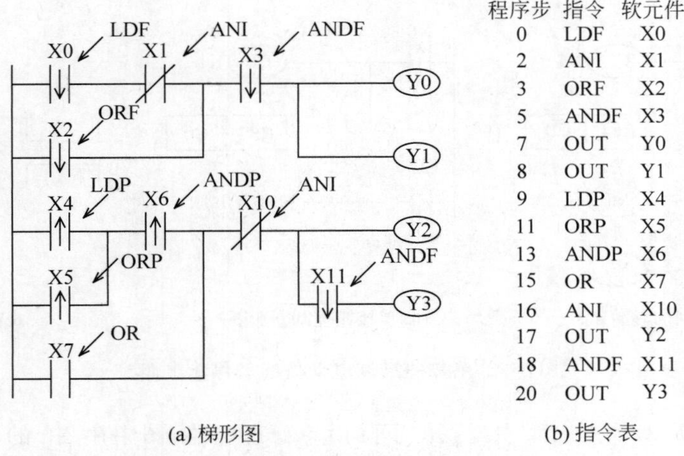

程序步	指令	软元件
0	LDF	X0
2	ANI	X1
3	ORF	X2
5	ANDF	X3
7	OUT	Y0
8	OUT	Y1
9	LDP	X4
11	ORP	X5
13	ANDP	X6
15	OR	X7
16	ANI	X10
17	OUT	Y2
18	ANDF	X11
20	OUT	Y3

(a) 梯形图　　(b) 指令表

图 2-3　边沿单接点指令的使用

LDP、ORP 和 ANDP 指令用于上升沿单接点,其接点只在对应软元件接通时的上升沿接通一个扫描周期,所以也称为上升沿微分接点指令。

LDF、ORF 和 ANDF 指令用于下降沿单接点,其接点只在对应软元件接通后再断开时的下降沿接通一个扫描周期,所以也称为下降沿微分接点指令。

如图 2-4 所示为边沿单接点的动作时序。

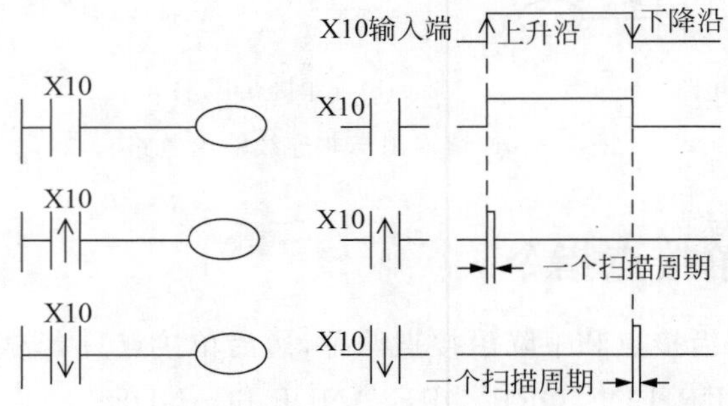

图 2-4 边沿单接点的动作时序

PLC 由于采用串行周期扫描工作方式,梯形图中的接点往往受到扫描周期的影响,所以有时会给梯形图设计和梯形图分析带来不便,但另一方面也可以利用它解决一些在常规电气控制电路中无法实现的问题。例如图 1-27 所示的单按钮控制电动机起动停止电路,如图 2-5(a)所示。对于这类电路用边沿接点来编程可以起到简化电路的作用,同时也使电路更容易理解。

如图 2-5(b)所示,用 X0 的上升沿接点代替了由 M0 组成的电路,简化了梯形图。当按下按钮 X0 时,第一个扫描周期,C0 计一次数,计数值为 1,C0 接点接通,Y0 得电。第二个扫描周期,C0 已到计数值,不再计数,Y0 接点闭合,但 X0 接点断开,所以 C0 不复位。再按下按钮 X0 时,由于 Y0 接点闭合 Y0 得电 C0 复位。C0 接点断开,Y0 失电。如图 2-5(c)所示为时序图。

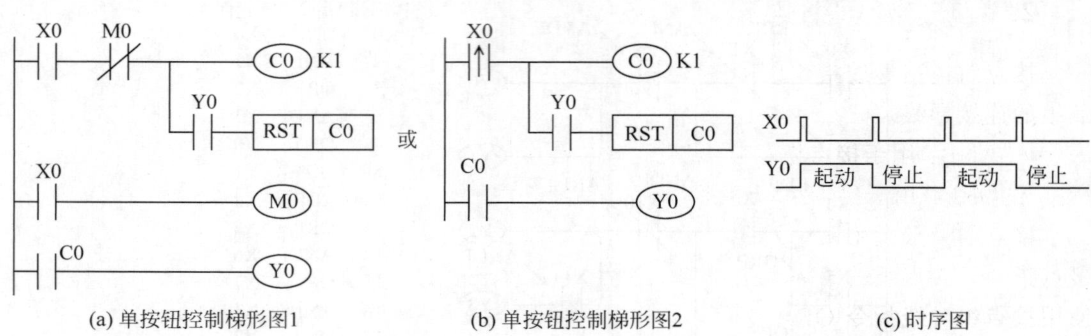

图 2-5 单按钮控制电动机起动停止电路

如图 2-6(a)所示为图 1-21 中提到的下降沿单稳态电路,图中用 X0 的下降沿接点代替了由 M0 组成的电路,如图 2-6(b)所示,也达到了同样的控制结果。

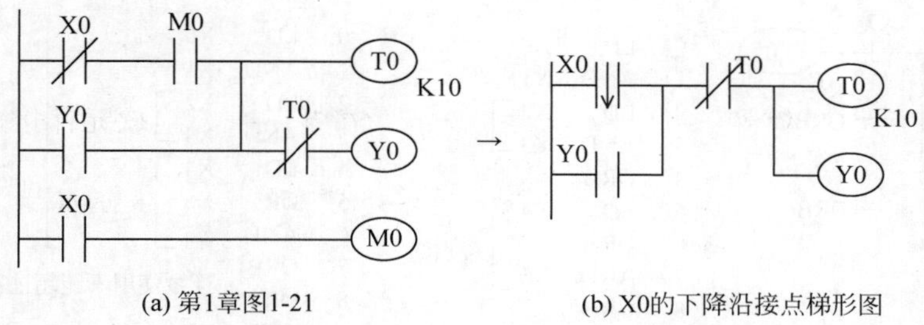

(a) 第1章图1-21　　(b) X0的下降沿接点梯形图

图 2-6　下降沿单稳态电路

2.2 连接导线指令

单接点指令只能用于单个的接点，对于接点组或电路的分支需要用连接导线指令来完成。由于连接导线指令相当于导线，而不是软元件，所以指令后面不能用软元件。连接导线指令有两类，即接点组连接导线和回路分支导线，如表 2-3 所示。

表 2-3　连接导线指令

导线类型	导线名称	指　令	梯形图符号
接点组连接导线	接点组串联导线	ANB	
	接点组并联导线	ORB	
回路分支导线	回路向下分支导线	MPS	
	中间回路分支导线	MRD	
	末回路分支导线	MPP	

2.2.1 接点组连接导线指令

接点组连接导线指令用于接点组的连接，指令包括 ANB 和 ORB。相当于连接一个接点组的连接导线。

- ANB：用于接点组和前面的接点相串联连接。
- ORB：用于接点组和前面的接点相并联连接。

接点组一般是由两个及两个以上相连的接点组成的，接点组一般不能拆成单接点用单接点指令。接点组的第一个接点要用起始接点指令 LD、LDI、LDF 或 LDP，接点组的连接使用接点组导线指令 ORB 或 ANB，如图 2-7 和图 2-8 所示。

当一个梯形图有连续多个接点组时，其指令表有两种写法，一种如图 2-7(b)所示，当写出一个接点组的指令后，立即用接点组连接导线指令将接点组与前面的接点连接；另一种如图 2-7(c)所示，将所有的接点组写出后，再用接点组连接导线指令将接点组与前面的接点逐个连接。

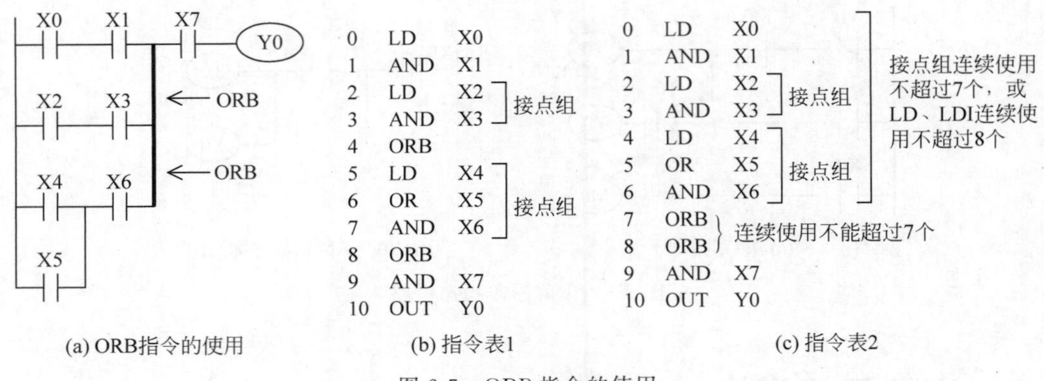

图 2-7　ORB 指令的使用

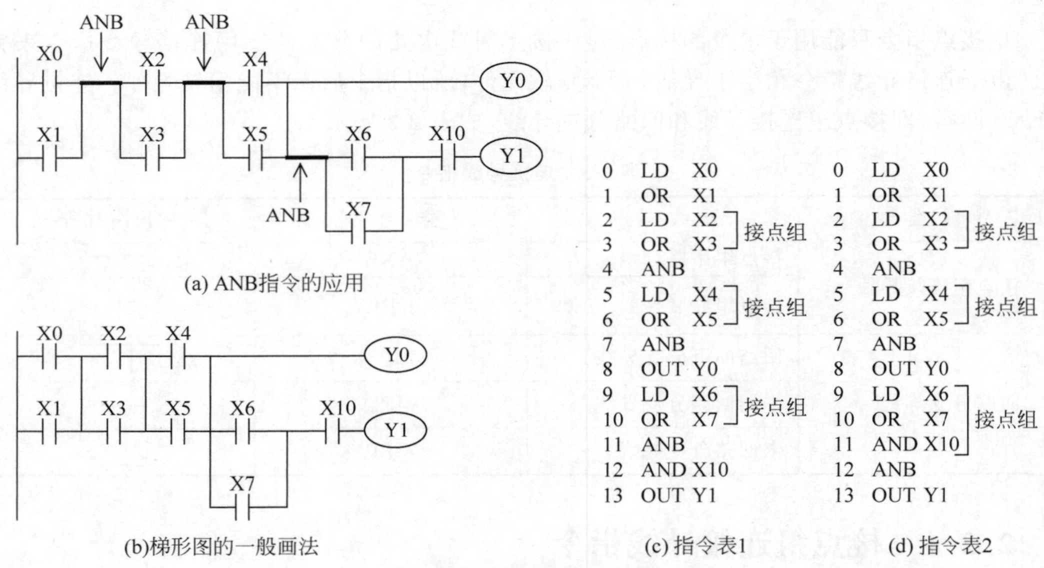

图 2-8　ANB 指令的使用

在使用接点组连接导线指令 ORB 和 ANB 时应注意，当梯形图中出现接点组时应及时用 ORB 或 ANB 将接点组与前面的接点连接。如将接点组一一写出后再用 ORB 或 ANB 将接点组与前面的接点连接，连续出现的接点组不能超过 7 个，相应 ORB 和 ANB 连续使用的总和不超过 7 个（也就是说，对于连续出现的接点组，每个接点组要用 LD 或 LDI 开头，再加上该电路块的起始接点要用 LD 或 LDI，这样，LD 和 LDI 连续出现不超过 8 个）。

实际上，也可以把一个单接点或多个单接点看成是接点组，这在用 NOP 指令临时删除接点时十分方便，在编程时也可以使用。

2.2.2　回路分支导线指令

回路分支导线指令用于与一个电路块回路输出分支的导线连接，指令包括 MPS、MRD

和 MPP。

- MPS：用于输出回路向下分支的导线连接。
- MRD：用于输出回路中间分支的导线连接。
- MPP：用于输出回路最后分支的导线连接。

如图 2-9 所示为 MPS、MRD 和 MPP 指令的基本使用方法。在梯形图中，MPS 表示回路分支开始，MPP 表示回路分支结束，所以 MPS 和 MPP 总是成对出现，而 MRD 表示中间分支回路，其数量不受限制。

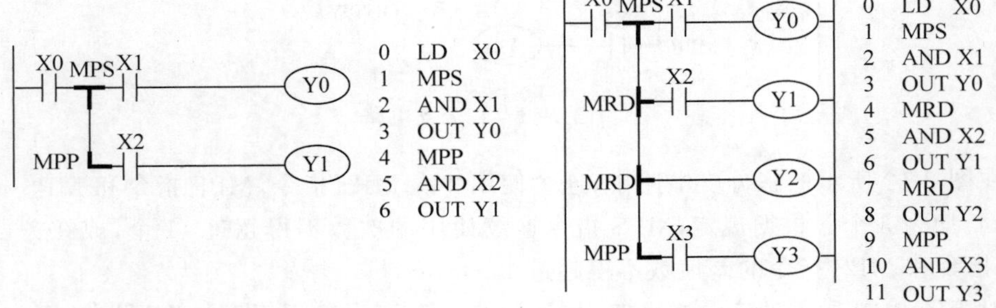

图 2-9　MPS、MRD 和 MPP 的使用

接点组连接导线指令(ANB、ORB)和回路分支导线指令(MPS、MRD 和 MPP)并用编程，示例如图 2-10 所示。

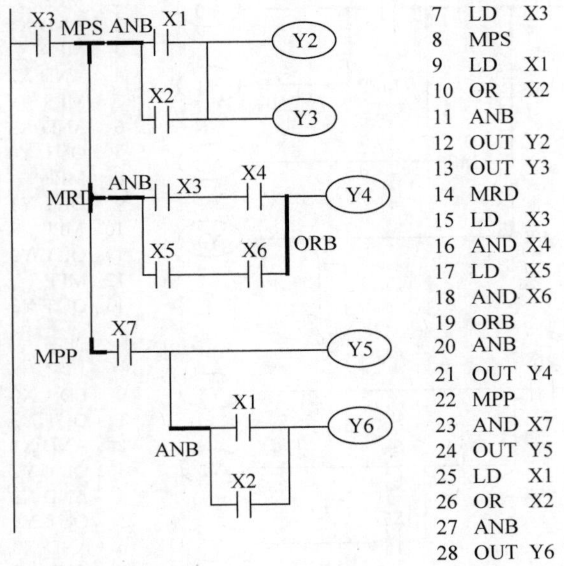

图 2-10　连接导线示例

图 2-9 和图 2-10 在一个电路中只用了一个 MPS 指令，称为一分支电路，而图 2-11 连续使用两个 MPS 指令，称为二分支电路。

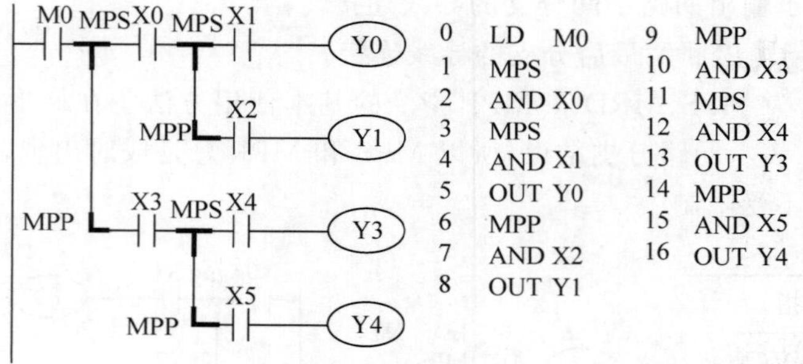

图 2-11　二分支电路

在图 2-12 所示的三分支电路中，连续使用 3 次 MPS 指令，MPP 指令和 MPS 指令的数量相同，均为 3 个。根据规定，MPS 指令连续使用的次数不得超过 11 个，或在一段程序中 MPP 指令和 MPS 指令的差值数不得超过 11 个。

对于图 2-12 所示的三分支电路，如果调换上下两个线圈不受扫描周期的影响，可以将没有接点的线圈调换到上面，使分支电路变成连续输出电路，这样就可以减少 MPP 和 MPS 指令的使用次数。

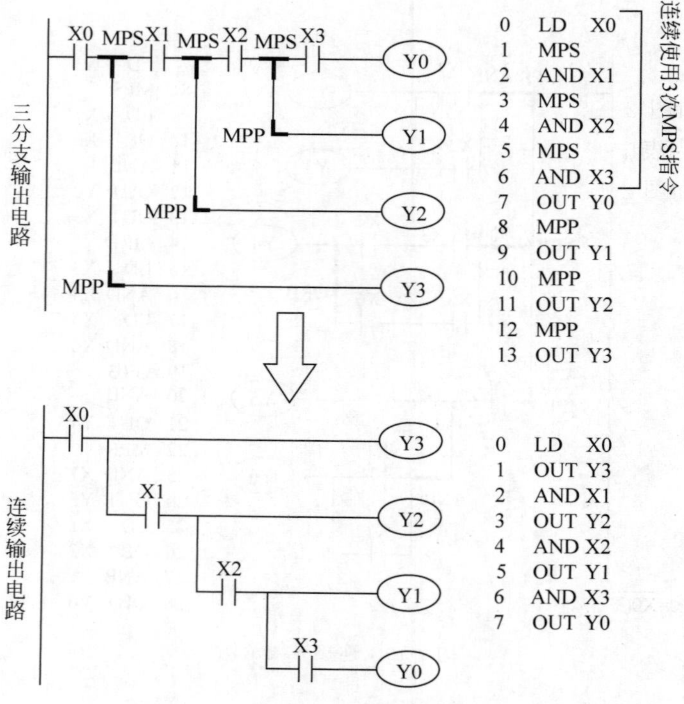

图 2-12　三分支电路与连续输出电路

2.3 接点逻辑取反指令

2.3.1 接点逻辑取反指令的基本用法

接点逻辑取反指令为 INV(或 NOPP),用于将以 LD、LDI、LDF、LDP 开始的接点或接点组的逻辑结果进行取反,如表 2-4 所示。

表 2-4 接点逻辑取反指令

指　　令	梯形图符号
INV(NOPP)	—/—

在图 2-13(a)中,取反指令为 INV,是对它前面的以 LD 开始的 X0、X1 并联接点的逻辑结果进行取反。如图 2-13(a)所示,相当于图 2-13(b)。

$$Y0=\overline{X0+X1}=\overline{X0}\ \overline{X1}$$

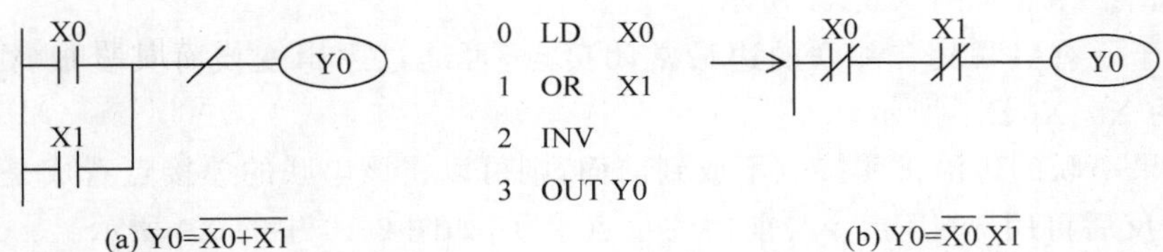

图 2-13 INV 对 LD 开始的接点逻辑结果取反

图 2-14(a)和图 2-14(b)所示的梯形图完全相同,但是它们表达的电路可能不同。在图 2-14(a)中,指令表中的 INV 是对它前面的以 LD 开始的 X0、X1 和 X2 组成的接点组的逻辑结果取反。而图 2-14(b)中,指令表中的 INV 是对它前面的以 LD 开始的 X1 和 X2 组成的接点组的逻辑结果取反。二者的逻辑表达式和指令表不同。

图 2-14(a)的逻辑表达式为 $Y0=\overline{X0(X1+X2)}$。图 2-14(b)的逻辑表达式为 $Y0=X0(\overline{X1+X2})$。

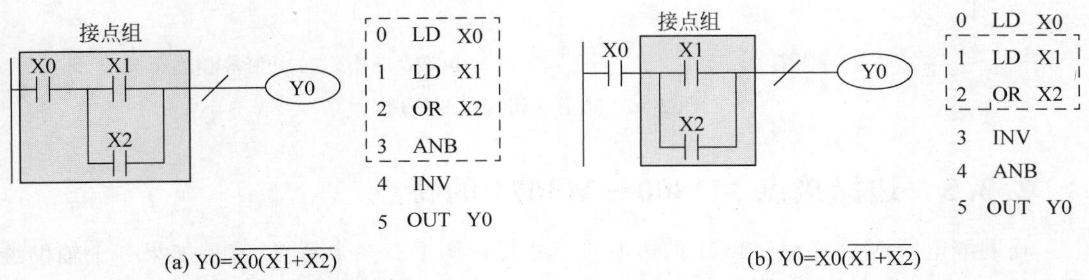

图 2-14 INV 对 LD 开始的接点组逻辑结果取反

2.3.2 边沿常闭接点

在 FX_{3U} 型 PLC 中只有边沿常开接点，并没有边沿常闭接点，但是，在编程时有时需要用边沿常闭接点，这可以采用对边沿常开接点加取反指令 INV 的方法来组成，如图 2-15 所示。

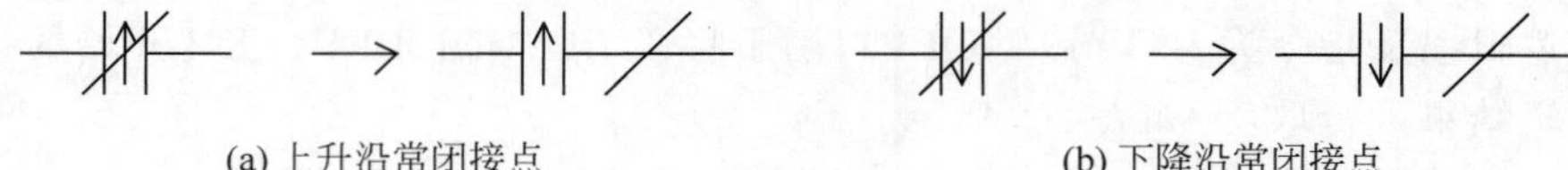

(a) 上升沿常闭接点　　(b) 下降沿常闭接点

图 2-15　边沿常闭接点

在设计梯形图时，建议用图 2-16(a)所示的边沿常闭接点，这样容易理解，但是在 PLC 中没有这样的常闭接点，一般可以用以下方法进行转化。

(1) 当边沿常闭接点与其他接点串联时，可将边沿常闭接点放到前面，如图 2-16 中的 X2 所示。

(2) 当有多个边沿常闭接点相互串联时，可将其变成多个边沿常开接点相互并联，再加取反符号，如图 2-16 中的 X3、X4 所示。

(3) 对于既有串联又有并联的边沿常闭接点，可通过逻辑变换将其变成常开接点，如图 2-16 中的 X5、X6、X7 所示。

(4) 如果串联的边沿常闭接点不放到前面，则可以将该串联的单接点看成是接点组，对该单接点取反后再用 ANB 指令与前面的接点串联，如图 2-16 中的 X0 所示。

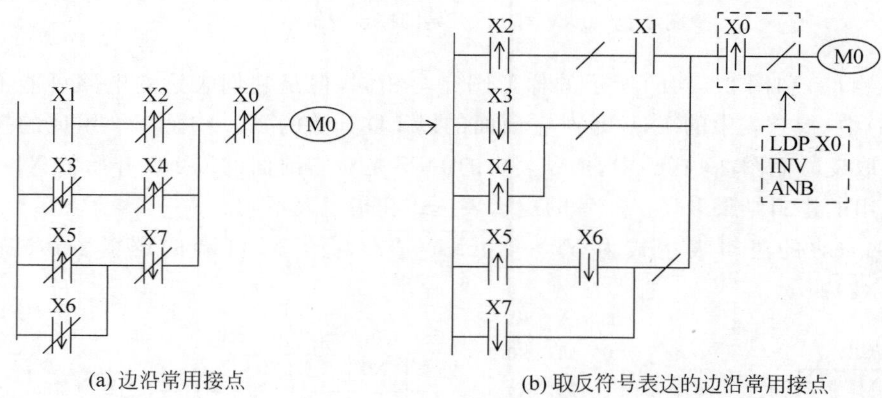

(a) 边沿常用接点　　(b) 取反符号表达的边沿常用接点

图 2-16　边沿常闭接点的处理

2.3.3 边沿接点 M2800～M3071 的特点

辅助继电器 M2800～M3071 的边沿接点在梯形图中有一个特点，就是如果一个辅助继电器(M2800～M3071)的线圈在梯形图中有若干个边沿接点，只有在这个辅助继电器线圈前面的第一个上升沿接点和第一个下降沿接点动作，以及在这个辅助继电器线圈后面的第一个上升沿接点和第一个下降沿接点动作，其他的边沿接点不动作，如图 2-17 所示。

其中 M2800～M3071 的普通接点没有上述特点。当然，M0～M2799 的边沿接点和普通接点也没有上述特点。

辅助继电器 M2800～M3071 边沿接点的这个特点在用步进指令编程时(在第 3 章中讲解)，利用同一个信号进行状态转移，用边沿接点作为转移条件十分方便。

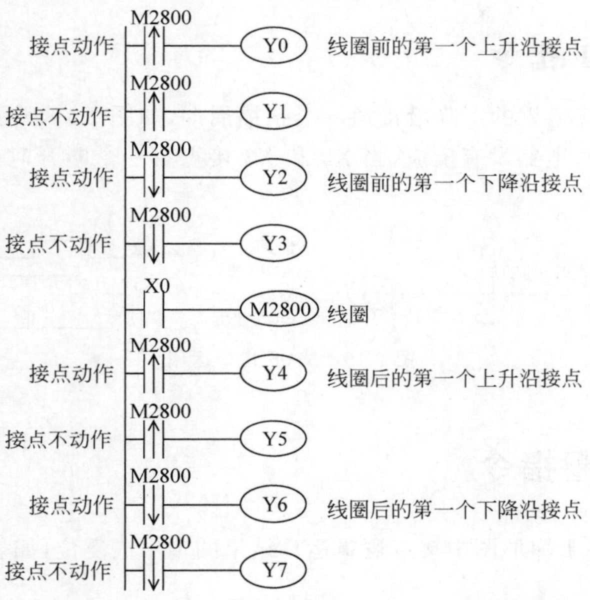

图 2-17　辅助继电器 M2800～M3071 边沿接点的特点

2.4　接点边沿导通指令

在 FX_{3U} 型 PLC 基本指令中增加了 MEP(上升沿时导通)指令和 MEF(下降沿时导通)指令。MEP 和 MEF 指令为运算结果脉冲指令，不需要指定软元件编号，如表 2-5 所示。

表 2-5　接点边沿导通指令

指令名称	指　　令	梯形图符号	可用软元件
上升沿时导通	MEP	─↑─	
下降沿时导通	MEF	─↓─	

2.4.1　MEP 指令

MEP 指令为运算结果的上升沿接通一个扫描周期，如图 2-18 所示。当 X0 和 X1 接点同时接通时 Y0 线圈接通一个扫描周期。

X0 X1 ↑ Y0

0 LD X0
1 AND X1
2 MEP
3 OUT Y0

X0
X1
Y0

图 2-18　MEP 指令运用

2.4.2　MEF 指令

MEF 指令为运算结果的下降沿接通一个扫描周期，如图 2-19 所示。当 X2 和 X3 接点同时接通时（上升沿），电路没有反应，当 X2 和 X3 接点有一个断开时（下降沿），Y1 线圈接通一个扫描周期。

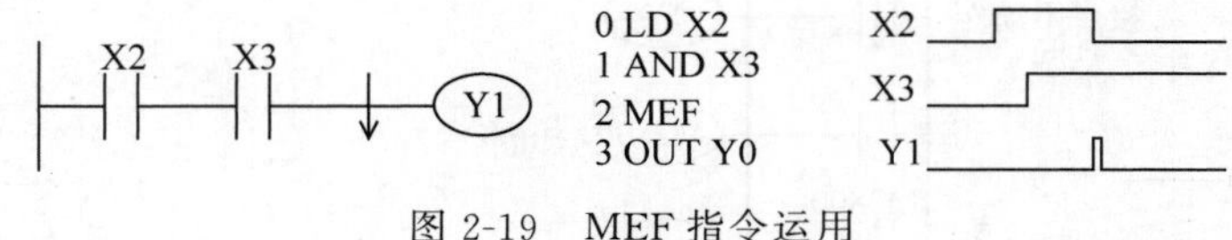

图 2-19　MEF 指令运用

2.5　逻辑线圈指令

逻辑线圈指令用于梯形图中接点逻辑运算结果的输出或复位，如表 2-6 所示。

表 2-6　逻辑线圈指令

线　圈	指令	梯形图符号	可用软元件
普通线圈指令	OUT	—(Y000)　—(Y000)	Y、M、S、T、C、D□. b
置位线圈指令	SET	—[SET M3]　—[SET | M3]	Y、M、S、D□. b
复位线圈指令	RST	—[RST M3]　—[RST | M3]	Y、M、S、T、C、D、D□. b
上升沿线圈指令	PLS	—[PLS M2]　—[PLS | M2]	Y、M
下降沿线圈指令	PLF	—[PLF M3]　—[PLF | M3]	Y、M
主控线圈指令	MC	—[MC N0 M2]　—[MC | N0 | M2]	Y、M
主控复位线圈指令	MCR	—[MCR N0]　—[MCR | N0]	N

各种逻辑线圈应和右母线连接，当右母线省略时逻辑线圈只能在梯形图的右边。注意，输入继电器 X 不能作为逻辑线圈。

2.5.1　普通线圈指令

普通线圈的指令为 OUT，用于表示 Y、M、S、T、C、D□. b 的线圈，是最常用的指令之一。与其他可编程控制器不同的是，OUT 指令也可以用于定时器和计数器。

例 2.1　用一个按钮控制电动机的起动和停止。

用一个按钮控制电动机的起动和停止，起动时要求按下按钮先预警 5s 后再起动电动机，停止时再按下按钮先预警 5s 后停止电动机。

控制梯形图如图 2-20(a)所示，它实际上是由图 1-20 所示上升沿单稳态电路和图 2-5 所示单按钮控制电动机起动停止电路组合而成的。

图 2-20(b)和图 2-20(c)所示为指令表和时序图，其中定时器和计数器的程序步均为 3 步。软元件和设定值之间要用空格分开，设定值可以和 OUT 指令写在一行(如在编程软件中)，也可以另起一行(如在手持编程器中)。

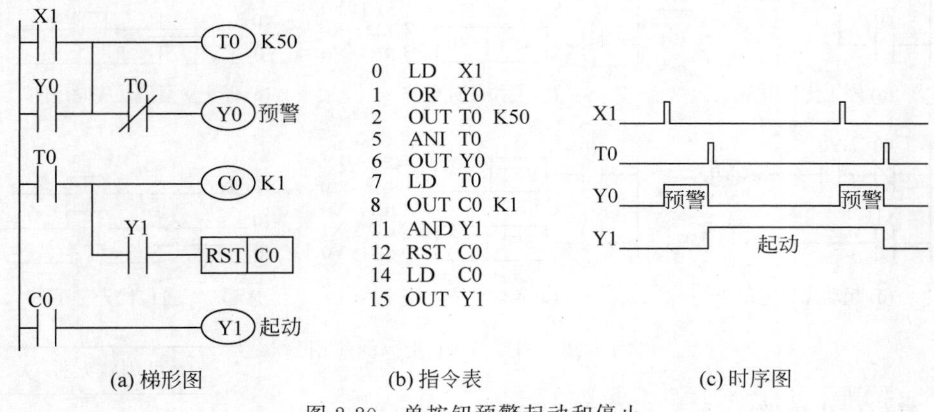

(a) 梯形图　　(b) 指令表　　(c) 时序图

图 2-20　单按钮预警起动和停止

FX_{3U} 型 PLC 增加了一种线圈 D□. b，称为数据寄存器的位指定。D□. b 表示数据寄存器的一个位，例如 D2.3 表示数据寄存器 D2 的 b3 位，如图 2-21 所示。

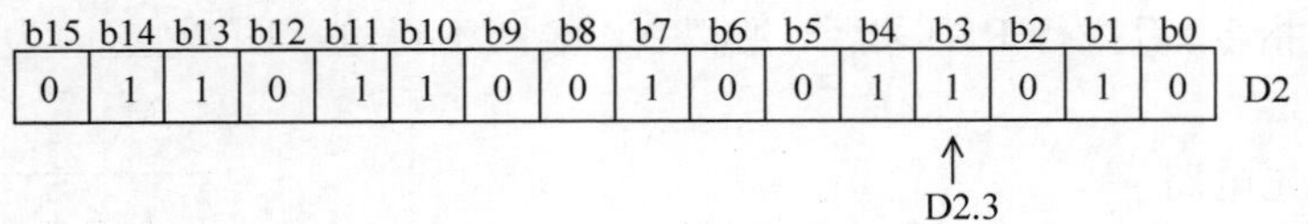

(a) 数据寄存器D2.3

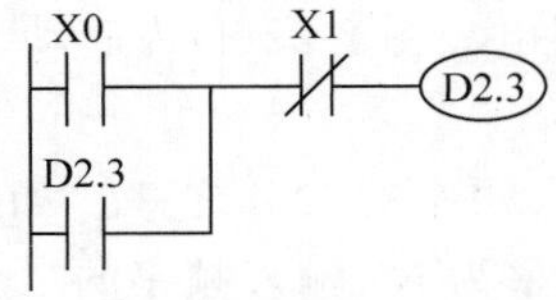

(b) 数据寄存器编程示例

图 2-21　数据寄存器的位指定

如图 2-21(b)所示，当 X0=1 时，D2.3 得电自锁，当 X1=1 时，D2.3 失电。

2.5.2 置位线圈指令和复位线圈指令

置位线圈指令为 SET，用于对 Y、M、S、D□.b 指令线圈置位。SET 用于 Y、M 时程序步为 1，用于 S、特殊 M、M1536～M3071 时程序步为 2。

复位线圈指令为 RST，用于对 Y、M、S、T、C、D□.b 的线圈和 D、V、Z 寄存器的复位。指令 RST 用于 Y、M 时程序步为 1，用于 T、C、S、特殊 M、M1536～M3071 时程序步为 2，用于 D、V、Z 时程序步为 3。

图 2-22(b)和图 2-22(e)为复位线圈指令 RST 和置位线圈指令 SET 的基本应用梯形图。

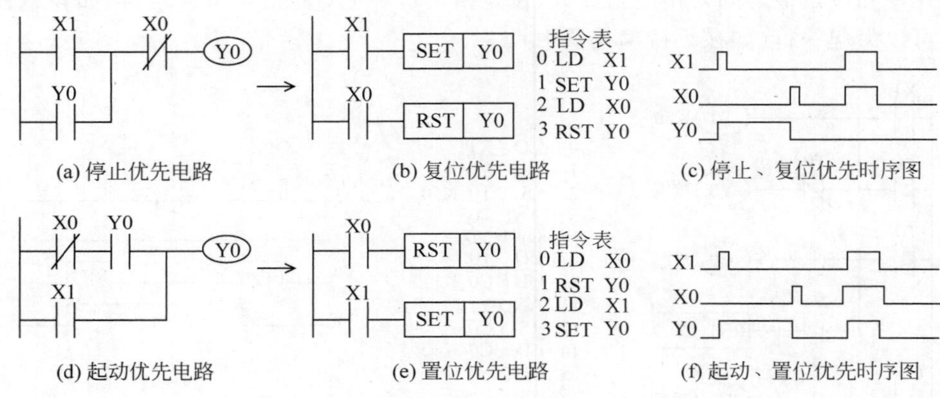

图 2-22 SET、RST 指令的应用

1）复位优先电路

如图 2-22(b)所示，其特点是 SET 指令在前，RST 指令在后，等同于图 2-22(a)。当 X1 接点闭合时，Y0 线圈得电置位(等同于自锁)，当 X1 接点断开时，Y0 线圈仍得电。如要使 Y0 线圈失电，则只要闭合 X0 接点，执行复位指令 RST 即可。如果 X0 和 X1 同时闭合，由于先执行 SET 指令，后执行 RST 指令，所以 Y0 线圈不得电。图 2-22(c)为停止、复位优先时序图。

2）置位优先电路

如图 2-22(e)所示，其特点是 RST 指令在前，SET 指令在后，等同于图 2-22(d)。其控制原理和图 2-22(b)基本相同，不同的是，如果 X0 和 X1 同时闭合，由于先执行 RST 指令，后执行 SET 指令，所以 Y0 线圈得电。图 2-22(f)为起动、置位优先时序图。

3）二分频电路

二分频电路的输出频率为输入频率的二分之一。如图 2-23 所示为用 SET、RST 指令组成的二分频电路。Y1 的输出频率为 X1 输入频率的二分之一。

图 2-23 的动作过程如下：

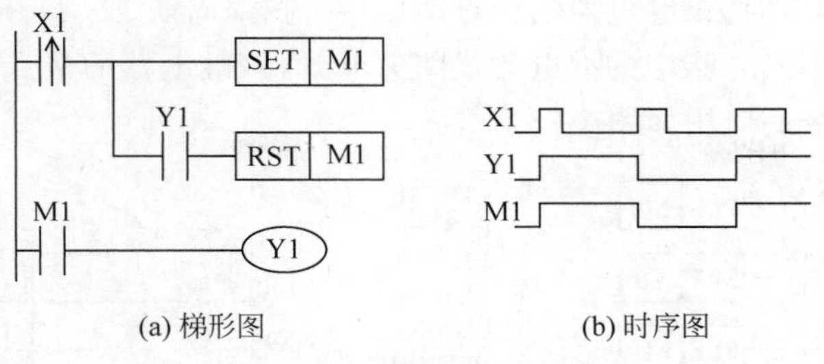

(a) 梯形图　　(b) 时序图

图 2-23　二分频电路(置位、复位指令)

当 X1=1 时,X1 产生一个扫描周期的脉冲,使 M1 置位,由于第一个扫描周期未执行到 Y1 线圈,Y1 接点不会闭合 RST M1 指令。之后 M1 接点闭合,使 Y1 线圈得电。

当 X1=0 时,由于 M1 置位,Y1 线圈仍得电。当第二次 X1=1 时,M1 由 RST 置 0,Y1 线圈失电。当 X1=0 时,对电路无影响。另外,二分频电路也可以用于单按钮控制电动机的起动和停止。

4) 三输出置位优先电路

图 2-24 为三输出置位优先梯形图,当 X0=1 时,Y0=1;当 X1=1 时,Y1=1;当 X2=1 时,Y2=1。当 X3=1 时,Y0~Y2 复位。比较下面两个梯形图,图 2-24(a)是用了三个上升沿接点的三输出置位优先梯形图,其控制结果与图 2-24(b)是相同的。

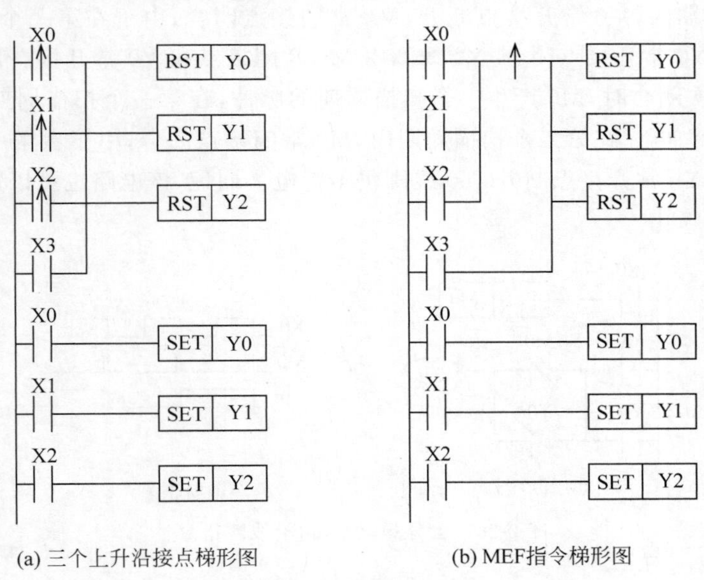

(a) 三个上升沿接点梯形图　　(b) MEF指令梯形图

图 2-24　三输出置位优先梯形图

2.5.3　边沿线圈指令

边沿线圈指令有上升沿线圈指令 PLS 和下降沿线圈指令 PLF。PLS 指令用于当 PLS

指定的继电器线圈得电时，该继电器的接点动作一个扫描周期。

PLF 指令用于当 PLF 指定的继电器线圈失电时，该继电器的接点动作一个扫描周期。PLS 指令和 PLF 指令的应用如图 2-25 所示。

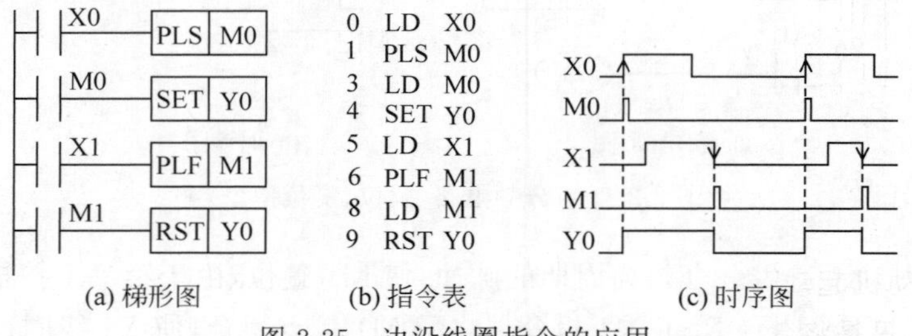

(a) 梯形图　(b) 指令表　(c) 时序图

图 2-25　边沿线圈指令的应用

当 X0 闭合时，M0 线圈得电，M0 接点闭合一个扫描周期，使 Y0 线圈置位。当 X1 闭合时，M1 线圈得电，M1 接点不动作，当 X1 断开时 M1 线圈失电，M1 接点动作，闭合一个扫描周期，使 Y0 线圈复位。

例 2.2　PLS 指令二分频电路。

如图 2-26 所示为用 PLS 指令编程的二分频电路。当 X0 第一次闭合时，M0 产生一个扫描周期的脉冲，在第一个扫描周期内，Y0 线圈由 M0 常开接点和 Y0 常闭接点而得电。在第二个扫描周期内，M0 常开接点断开，M0 常闭接点闭合，由于在第一个扫描周期内 Y0 线圈得电，所以 Y0 常开接点闭合，Y0 线圈由 M0 常闭接点和 Y0 常开接点自锁得电。

当 X0 第二次闭合时，M0 产生一个扫描周期的脉冲，在第一个扫描周期内，M0 常闭接点断开，Y0 线圈失电。在第二个扫描周期内，M0 常闭接点闭合，由于在第一个扫描周期内 Y0 线圈已失电，Y0 常开接点断开，Y0 线圈仍不得电。同理，该电路也可以用于单按钮控制电动机的起动和停止。

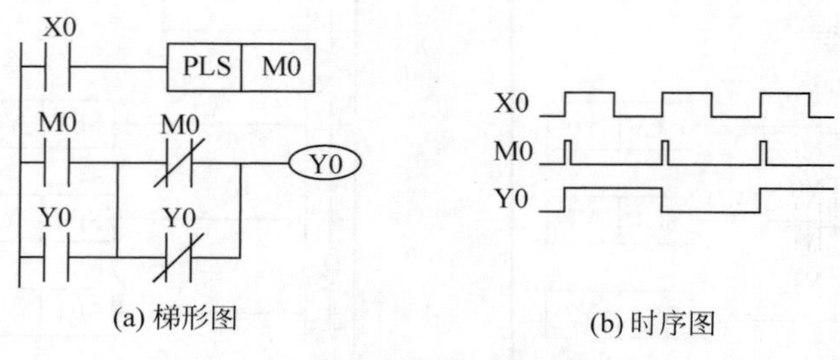

(a) 梯形图　(b) 时序图

图 2-26　二分频电路（边沿线圈指令）

边沿线圈指令也可以用边沿接点指令来替换。例如图 2-26 所示的二分频电路的梯形图，可将 M0 常开接点改为 X0 上升沿常开接点，将 M0 常闭接点改为 X0 上升沿常闭接点，如图 2-27(a)所示，由于没有上升沿常闭接点，即可用图 2-27 所示的梯形图来替换。

例 2.3　PLF 指令用于单按钮电动机起动停止报警控制。

用一个按钮控制电动机的起动和停止，起动时按下按钮 X0，发出报警信号，确认可以安全起动时松开按钮，解除报警信号 Y0，Y1 得电，电动机起动。停止时再按下按钮 X0，发出报警信号，确认可以安全停止时松开按钮，解除报警信号 Y0，Y1 失电，电动机停止。

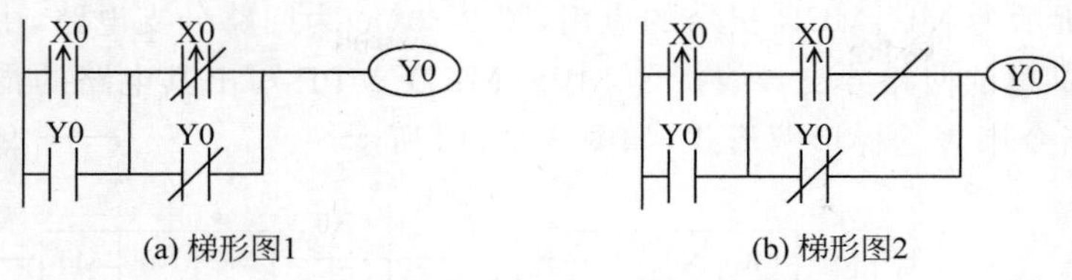

图 2-27　二分频电路(上升沿常闭接点应用)

单按钮电动机起动停止报警控制如图 2-28 所示，其控制原理与图 2-26 所示的二分频电路基本相同，只是将 PLS 指令换成了 PLF 指令，其目的是当按钮被按下时只报警，而当按钮松开时利用下降沿脉冲起动，停止时也是一样。

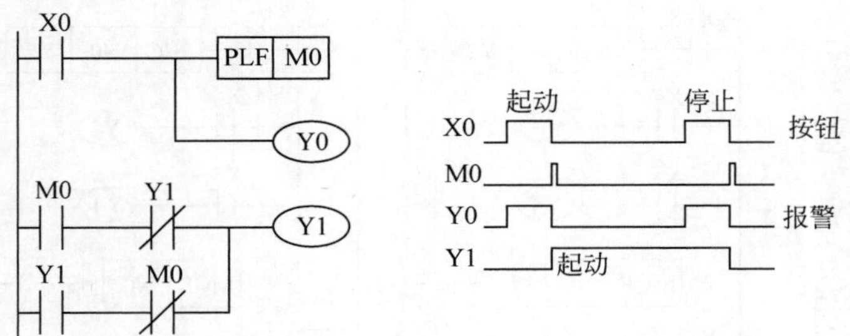

图 2-28　单按钮电动机起动停止报警控制

图 2-28 的下降沿线圈指令也可以用边沿接点指令来替换。例如将图 2-28 所示的二分频电路的梯形图，可将 M0 常开接点改为 Y0 下降沿常开接点，将 M0 常闭接点改为 Y0 下降沿常闭接点。如图 2-29(a)所示，由于没有下降沿常闭接点，即可用图 2-29(b)所示的梯形图来替换。

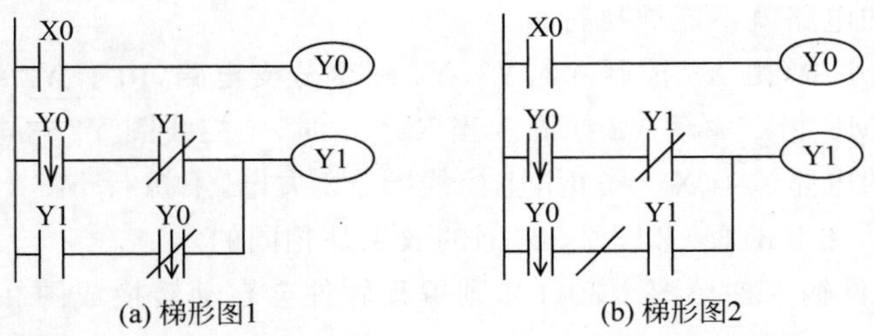

图 2-29　单按钮电动机起动停止报警控制(下降沿常闭接点应用)

2.5.4　主控线圈指令和主控复位线圈指令

主控线圈指令为 MC，用于对一段电路的控制，只能用于输出继电器 Y 和辅助继电器

M。程序步为 3,使用 M1536～M3071 时程序步为 4。

主控复位线圈指令为 MCR,用于表示被控制电路的结束,程序步为 2。

如图 2-30 所示为 MC、MCR 指令的应用,图 2-30(a)为回路分支电路,由 3 个电路块组成,可以用前面讲过的回路分支导线指令 MPS、MRD、MPP 写出其电路的指令表。也可以改用 MC、MR 指令来表达梯形图形式,如图 2-30(b)所示。

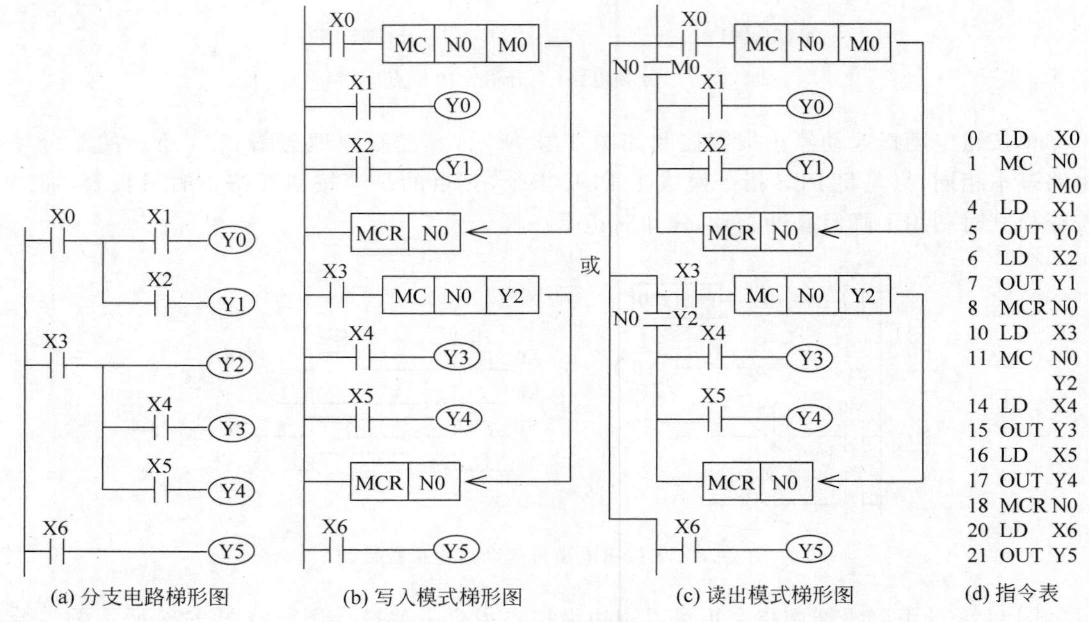

(a) 分支电路梯形图 (b) 写入模式梯形图 (c) 读出模式梯形图 (d) 指令表

图 2-30 MC、MCR 指令的应用

在第一个电路块中,由 X0 控制 Y0、Y1 两个分支电路。当 X0=1 时,主控线圈 M0 得电,执行 MC N0 M0 到 MCR N0 之间的电路。当 X0=0 时,主控线圈 M0 失电,MC N0 M0 到 MCR N0 之间的电路就不能被执行。

在第二个电路块中,由 X3 控制 Y2、Y3、Y4 三个分支电路,由于 Y2 线圈分支电路中无接点,可以直接用 MC 指令驱动 Y2 线圈。当 X3=1 时,主控线圈 Y2 得电,执行 MC N0 Y2 到 MCR N0 之间的电路。当 X3=0 时,主控线圈 Y2 失电,不执行 MC N0 Y2 到 MCR N0 之间的电路。注意,图 2-31(a)和图 2-30(b)的效果是相同的。

如果用编程软件输入梯形图 2-30(b),则编程软件会自动转换成图 2-30(c)所示的梯形图形式。

MPS、MRD、MPP 指令适用于分支电路比较少的梯形图,而 MC、MCR 指令比较适用于有多个分支电路的梯形图,这样可以避免在中间分支电路上多次使用 MRD 指令。

在图 2-30 中没有嵌套结构,可以多次使用 N0 编制程序,N0 的使用次数不受限制。在有嵌套结构时,如图 2-31 所示,嵌套级 N 的编号为 N0→N1→…→N7,逐步增大。

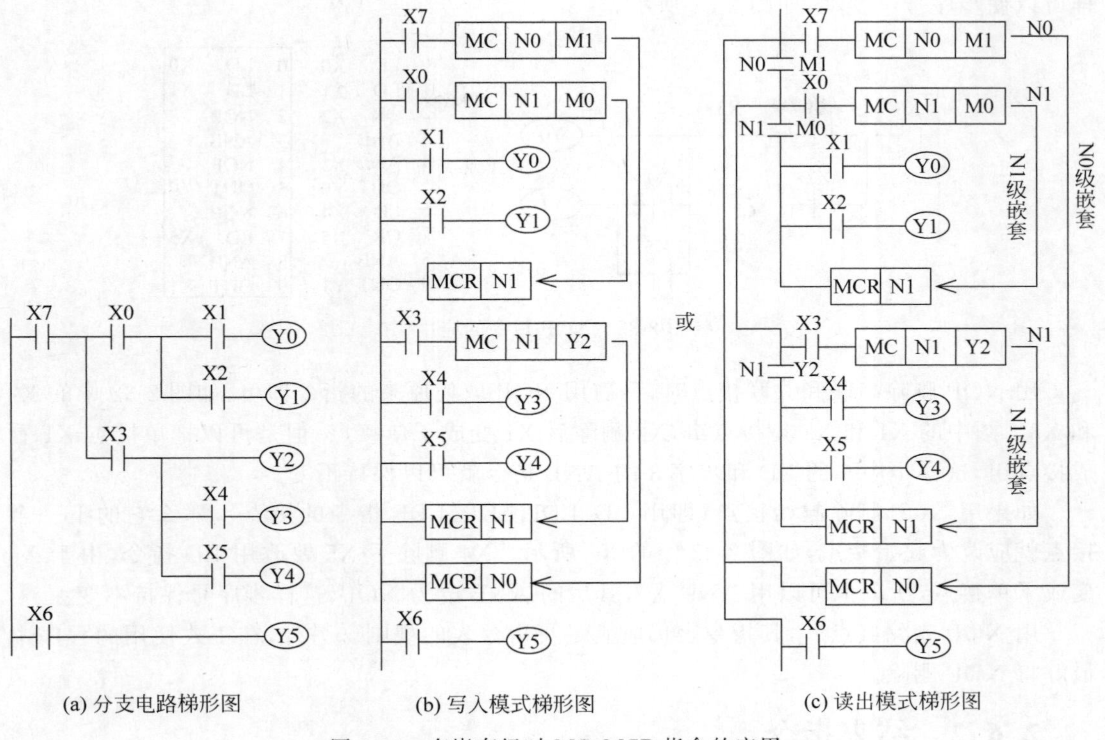

(a) 分支电路梯形图　(b) 写入模式梯形图　(c) 读出模式梯形图

图 2-31　有嵌套级时 MC、MCR 指令的应用

2.6 空操作和结束指令

2.6.1 空操作指令

空操作和结束指令如表 2-7 所示。

表 2-7　空操作和结束指令

指令名称	指　令	梯形图符号
空操作指令	NOP	
程序结束指令	END	—[END]

空操作指令为 NOP,程序步为 1,在将程序全部清除时,PLC 中的全部指令为 NOP。

如果在普通程序中加入 NOP,则 PLC 读 NOP 指令时只占有读取时间(0.08μs),而不做任何处理；如果在调试程序时加入一定量的 NOP,则在追加程序时可以减少步序号的变动。

在修改程序时可以用 NOP 指令删除接点或电路,也就是用 NOP 代替原来的指令,这样可以使步序号不变动，如图 2-32 所示。

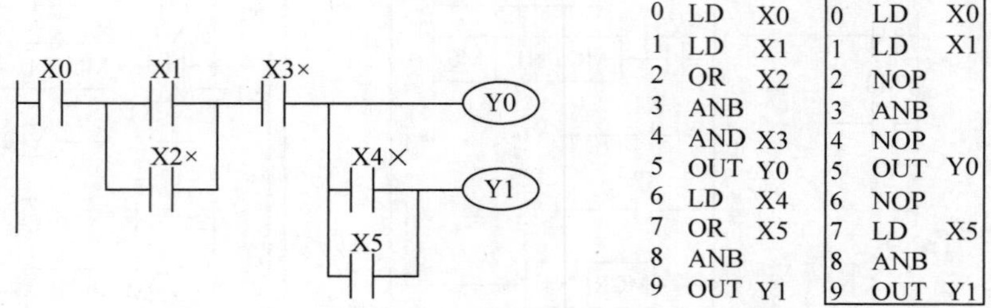

图 2-32 NOP 指令的应用

用 NOP 删除串联和并联接点时，只需用 NOP 取代原来的指令即可，如图 2-32 中的 X2 和 X3。图中的 X1 和 X2 是接点组，X2 删除后 X1 变成了单接点，但是可以把单接点 X1 看成接点组，这样步序 1 的 LD 和步序 3 的 ANB 指令就可以保持不变。

如果用 NOP 删除起始接点（即用 LD、LDI、LDP、LDF 指令的接点），那么它的下一个接点就应改为起始接点，如图 2-32 中的 X4 所示。X4 删除后 X5 要改用 LD 指令，由于 X5 变成了单接点，所以也可以用 AND X5，其后的 ANB 改为 NOP，这样步序号保持不变。

用 NOP 删除接点后，其指令表仍应满足写指令表的规则。另外，在正式使用的程序中最好将 NOP 删除。

2.6.2 结束指令

结束指令为 END，程序步为 1，PLC 所执行的程序从第 0 步到 END 指令结束，而 END 指令后面的程序是不执行的。如果在程序结束后不加 END 指令，则 PLC 将继续读 NOP 空指令，一直读到最大步序号为止（FX_{3U} 型 PLC 的最大步序号为 16000）。

在调试程序过程中，也可以在程序中插入 END 指令，把程序分成若干段。由于 PLC 只执行从第 0 步到第一个 END 指令之间的程序，如果有错误就一定在这段程序中，将错误纠正后将第一个 END 删除，再调试或检查下一段程序。

习题

1. 写出题图 1 所示梯形图的指令表。
2. 写出题图 2 所示梯形图的指令表。
3. 根据下面的指令表画出梯形图。

0	LD X0	4	ANI X3	8	ORI X6	12	OUT Y2
1	OR X1	5	OUT Y1	9	AND X7	13	MPP
2	ANI X2	6	LD X4	10	MPS	14	ANI X11
3	OUT Y0	7	ANI X5	11	AND X10	15	OUT Y3

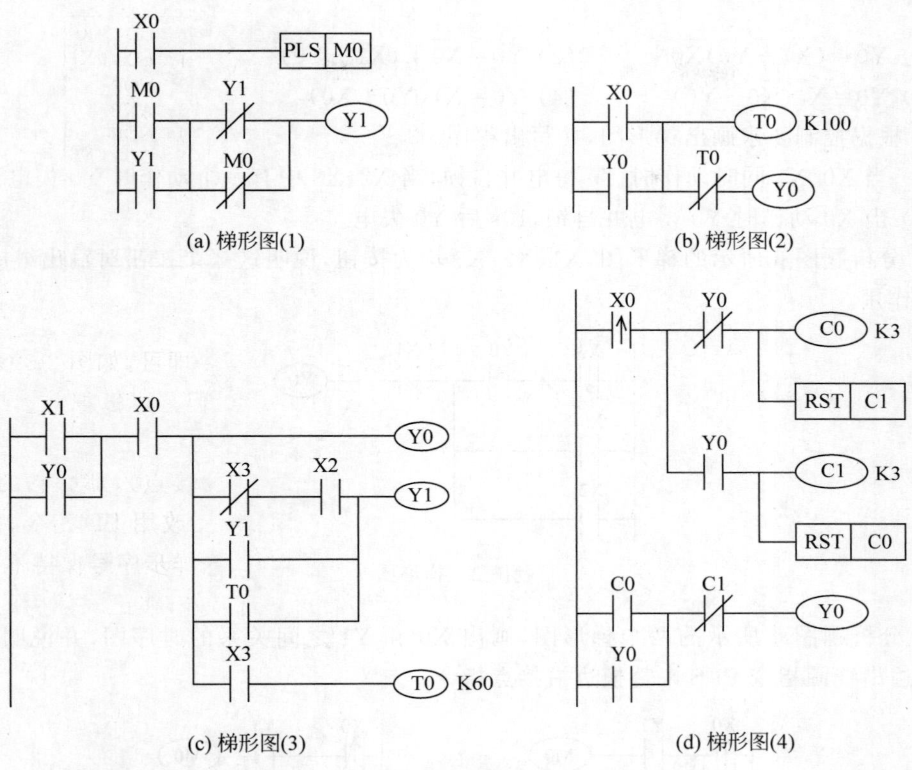

题图 1　梯形图

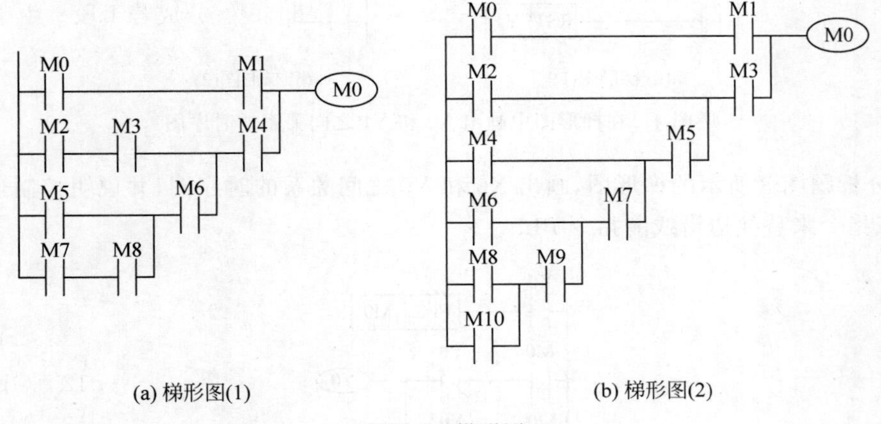

题图 2　梯形图

4. 用 INV 取反指令画出下列逻辑表达式的梯形图，并写出指令表（$\overline{X0}$↓为下降沿常闭接点）。

(1) $Y0=(X1+Y0)\overline{X0}$↓　　(2) $Y0=\overline{X0}$↓$(X1+Y0)$

(3) $Y0=X1(\overline{X0}+Y0)$　　(4) $Y0=X1(Y0+\overline{X0})$

5. 根据控制要求画出梯形图，并写出程序。

(1) 当 X0、X1 同时动作时 Y0 得电并自锁，当 X2、X3 中有一个动作时 Y0 失电。

(2) 当 X0 动作时 Y0 得电并自锁，10s 后 Y0 失电。

6. 分析题图 3 所示的梯形图，X1、X2、X3 均为按钮，说明这 3 个按钮对输出继电器 Y0 的控制作用。

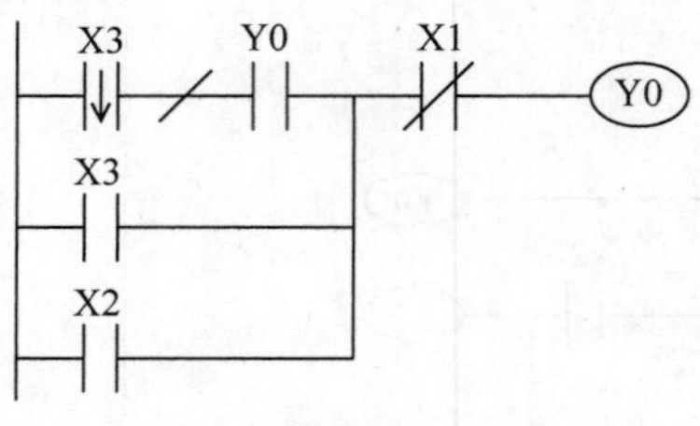

题图 3　梯形图

7. 分析题图 4 所示的两个梯形图，画出 X0 和 Y1 之间关系的时序图，并说明控制过程。用边沿线圈指令 PLS 来替换边沿接点指令。

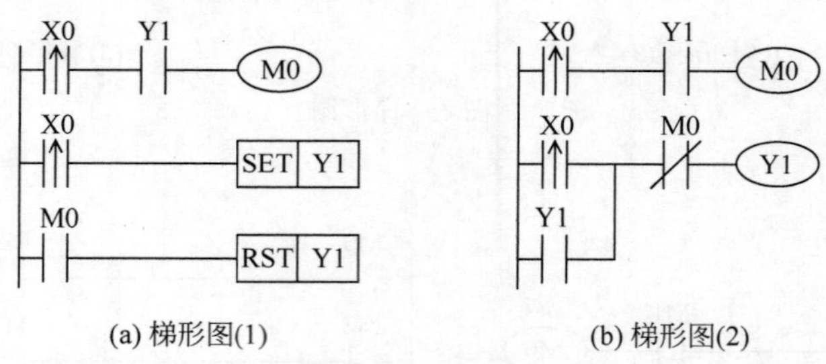

题图 4　在梯形图中画出 X0 和 Y1 之间关系的时序图

8. 分析题图 5 所示的梯形图，画出 X0 和 Y0 之间关系的时序图，并说明控制过程。用边沿接点指令来替换边沿线圈指令 PLS。

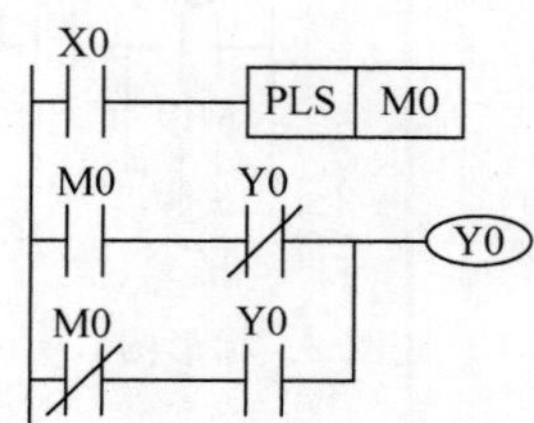

题图 5　在梯形图中画出 X0 和 Y0 之间关系的时序图

9. 将题图 6 所示的梯形图改为用 SET 和 RST 指令编程的梯形图。

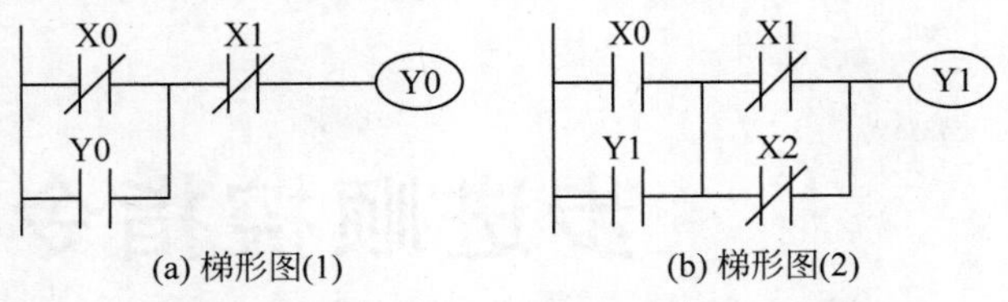

题图 6 用 SET 和 RST 指令编程的梯形图

10. 用一个按钮控制一盏灯，要求按 3 次灯亮，再按 3 次灯灭。试画出控制梯形图，并写出指令表。

11. 分析题图 7 所示梯形图的动作原理。画出 T0、T1 和 T2 的时序图。

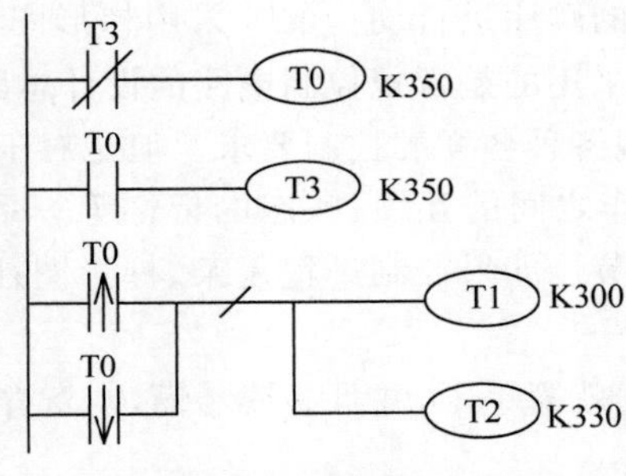

题图 7 梯形图的动作原理

12. 分析题图 8 所示的梯形图，说明 X0(按钮)对 Y0 和 Y1 的控制作用，并画出 Y0 和 Y1 的输出结果时序图。

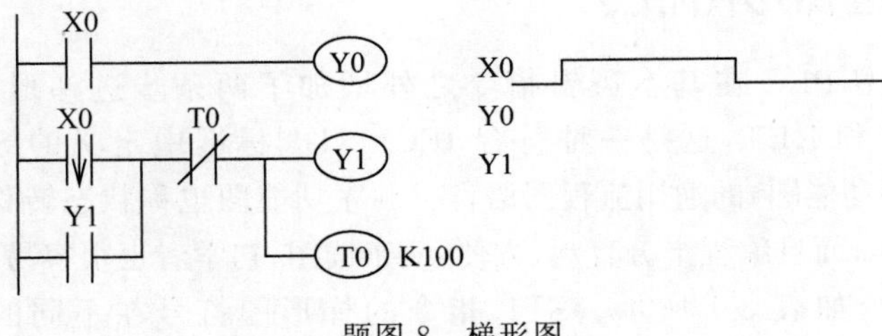

题图 8 梯形图

第3章

步进顺控指令

在工业控制中存在着大量的顺序控制，如机床的自动加工、自动生产线的自动运行及机械手的动作等，都是按照固定的顺序进行动作的。采用梯形图及指令表方式编程是可编程控制器最基本的编程方式，它采用的是常规控制电路的设计思路，所以很容易被广大电气工作者接受。用梯形图可以实现各种各样的控制要求。但是对于这种顺序动作的控制用梯形图方式编程往往要考虑各动作之间的互锁、状态的记忆等一系列问题，需要一定的编程技巧，而且很容易遗漏其中的细节。如果控制过程复杂，梯形图往往很长，前后之间的相互关联会给读图带来困难。

如果用步进顺控指令编程就简单了，并且易读易懂，本章介绍一种用于顺序控制的编程方法——状态转移图。

3.1 步进梯形图指令与状态转移图

3.1.1 步进梯形图指令

三菱公司的小型 PLC 在基本逻辑指令之外增加了两条步进梯形图指令 STL(Step Ladder Instruction)和 RET，这是一种符合 IEC1131-3 标准中定义的 SFC 图(Sequential Function Chart，顺序功能图)的通用流程图语言。顺序功能图也称状态转移图，SFC 图特别适合于步进顺序的控制，而且编程十分直观、方便，便于读图，初学者也很容易掌握和理解。

步进梯形图指令如表 3-1 所示。STL 指令的梯形图符号在不同的编程软件中有所不同。

表 3-1 步进梯形图指令

名称	指令	梯形图符号	可用软元件	程序步
步进指令	STL	S*** ─┤├─ 或 ─┤STL├─ (S***) 或 ─[STL S***]─	S	1
步进结束指令	RET	──[RET]		1

步进梯形图指令 STL 使用的软元件为状态继电器 S，FX_{3U} 型 PLC 元件编号范围为 S0～S899(900 点)，S1000～S4095(3096 点)，共计 3996 点。S900～S999 为信号报警器。

S0～S499(500 点)为通用型状态继电器，其中 S0～S9(10 点)用于初始状态，S10～S19(共 10 点)用于回零状态。通用型状态继电器在失电时将复位为 0。

S500～S899(400 点)为失电保持型状态继电器，失电保持型状态继电器可在失电时保持原来的状态不变。

S1000～S4095 为失电保持专用型状态继电器，不能通过参数设定来改变其失电保持的范围。

S0～S899 可以通过参数设定来改变其失电保持的范围，如设定起始编号为 200，结束编号为 800，则 S200～S800 变为失电保持型状态继电器。

3.1.2　状态转移图和步进梯形图

状态转移图(SFC 图)主要由状态步、转移条件和驱动负载 3 部分组成，如图 3-1(a)所示。

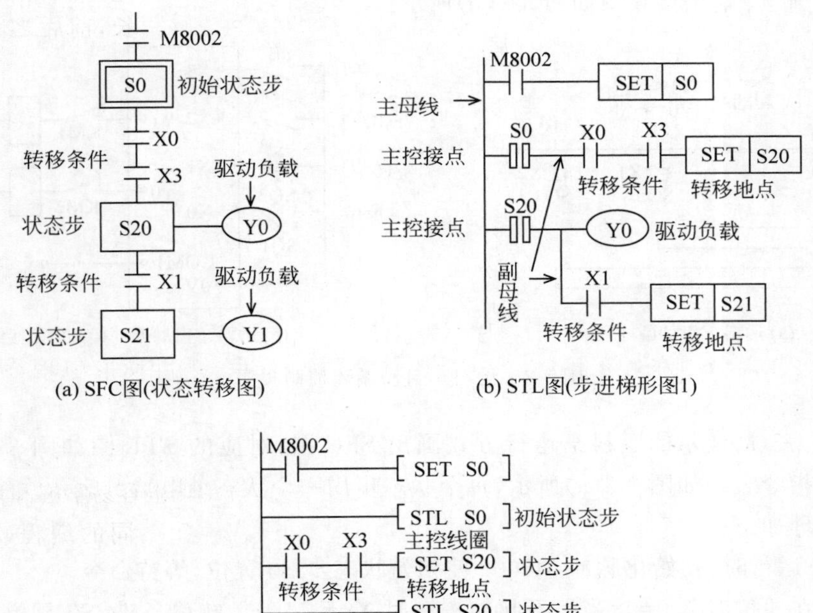

图 3-1　步进顺控指令图的 3 种表达方式

初始状态步一般使用初始状态继电器 S0～S9。SFC 图将一个控制程序分成若干状态步，每个状态步用一个状态继电器 S 表示，由每个状态步驱动对应的负载，完成对应的动作。注意，状态步必须满足对应的转移条件才能处于动作状态（状态继电器得电）。

初始状态步可以由梯形图的接点作为转移条件，也常用 M8002（初始化脉冲）的接点作为转移条件。当一个状态步处于动作状态时，如果与下面相连的转移条件接通后，该状态步将自动复位，则它下面的状态步置位将会处于动作状态，并驱动对应的负载。

如图 3-1(a)所示，当 PLC 初次运行时，M8002 产生一个脉冲，使初始状态继电器 S0 得电，即初始状态步 S0 动作，S0 没有驱动负载，处于等待状态，当转移条件 X0 和 X3 都闭合时，S0 失电复位，S20 得电置位，S20 所驱动的负载 Y0 也随之得电。

SFC 图既便于阅读，也便于设计，SFC 图也可以用 STL 图表示，如图 3-1(b)所示。状态步的线圈要用 SET 指令，其主控接点用 STL 指令，主控接点右边为副母线。在 SFC 图结束后要用 RET 指令，图 3-1(c)是 SFC 图的另一种表达方式。

以图 3-2(a)所示的运料车为例，使用 SFC 图来编程。运料车为单循环控制方式，送料车单循环控制过程可分为 4 个状态步：前进到 A 点→后退到 O 点→前进到 B 点→后退到 O 点。PLC 输入/输出接线图如图 3-2(b)所示。

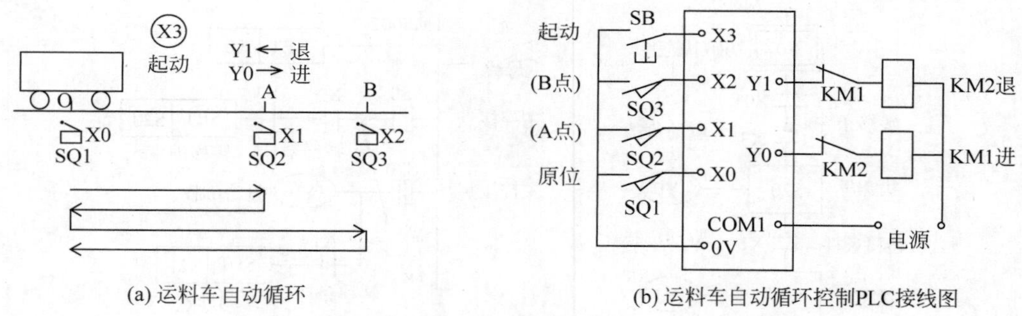

图 3-2　运料车自动循环控制程序

按照图 3-2(a)所示的运料车运行方式画出 SFC 图，对应的 STL 图如图 3-3(b)所示，图 3-3(c)为指令表。如图 3-3(a)所示，每个状态步用一个状态继电器 S 表示。

工作原理如下：

当 PLC 运行时，初始化脉冲 M8002 使初始状态步 S0 置位，等待命令。

运料车在原位时 X0＝1，当按下起动按钮时 X3＝1，满足转移条件，S0 复位，S20 置位，S20 驱动输出继电器 Y0，运料车向前运行。

到 A 点时碰到限位开关 SQ2，X1＝1，S20 复位，Y0 也相应失电。S21 置位，S21 驱动输出继电器 Y1，运料车向后运行。

回到 O 点时碰到限位开关 SQ1，X0＝1，S21 复位，S22 置位，运料车再次向前。

到 B 点时碰到限位开关 SQ3，X2＝1，S22 复位，S23 置位，运料车向后运行到 O 点时碰到限位开关 SQ1，X0＝1，S23 复位，S0 置位，运料车停止，完成一个循环过程。

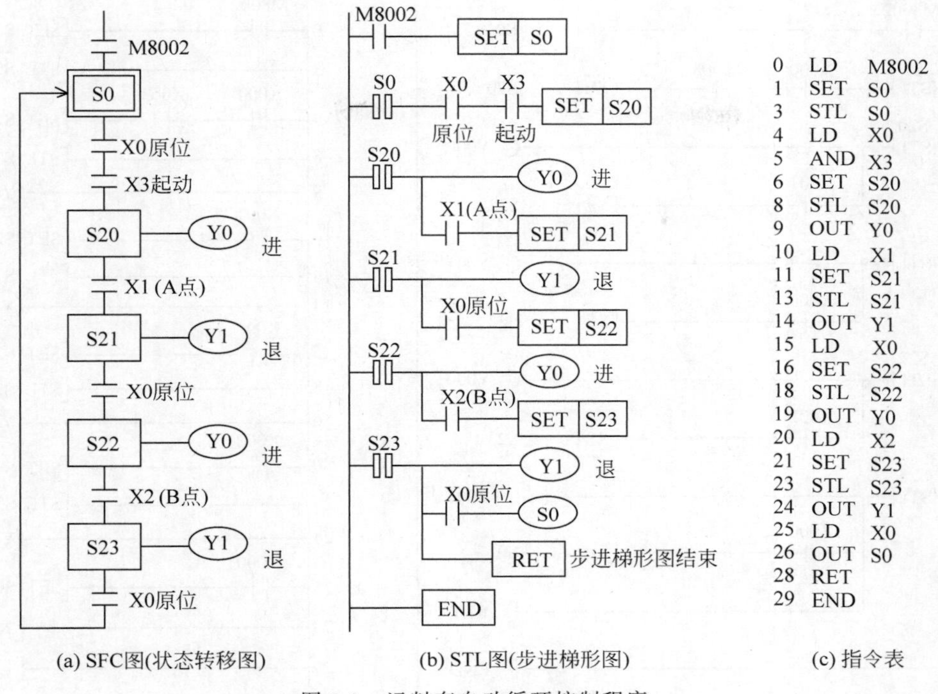

图 3-3　运料车自动循环控制程序

可见 SFC 图简洁明了，不需要考虑输出量之间的互锁，也不需要考虑状态的记忆，编程方法比较简单。

STL 图在不同编程软件中所表达的方式是不一样的，如图 3-4 所示。图 3-4(a)为 FXGP/WIN-C 编程软件绘制的梯形图，图 3-4(b)为 GX Developer 编程软件绘制的梯形图。

在 FXGP/WIN-C 编程软件中，STL 指令是以主控接点的形式表现。在 GX Developer 编程软件中，STL 指令是以主控线圈的形式表现。

图 3-4(b)所示的梯形图是由较新版本 GX Developer 编程软件绘制的，但是这种梯形图不够直观，因此本书主要采用 FXGP/WIN-C 编程软件绘制的梯形图。

SFC 图适用于具有比较固定顺序的控制，但是某些步进顺序控制过程中要加入一些随机控制信号。例如运料车在运行过程中要求立即退回原位、停止等随机控制信号。用 SFC 图来处理随机控制信号是不方便的。对于这类随机控制信号，还需要用梯形图来补充。

例如在图 3-2 所示运料车单循环控制的基础上再增加连续循环、暂停和退回原位控制，其控制梯形图如图 3-5 所示，PLC 控制接线图如图 3-5(a)所示，主接线图如图 3-5(b)所示。运料车的连续循环控制由开关 SA(X6)来控制。

增加控制信号的运料车 PLC 梯形图如图 3-6 所示，当 X6＝0 时，运料车运行一个循环过程到原位后 X0＝1，由 S23 状态步回到 S0 状态步，运料车停止运行。当 X6＝1 时，运料车运行一个循环后，由 S23 状态步回到 S20 状态步，运料车连续循环运行。

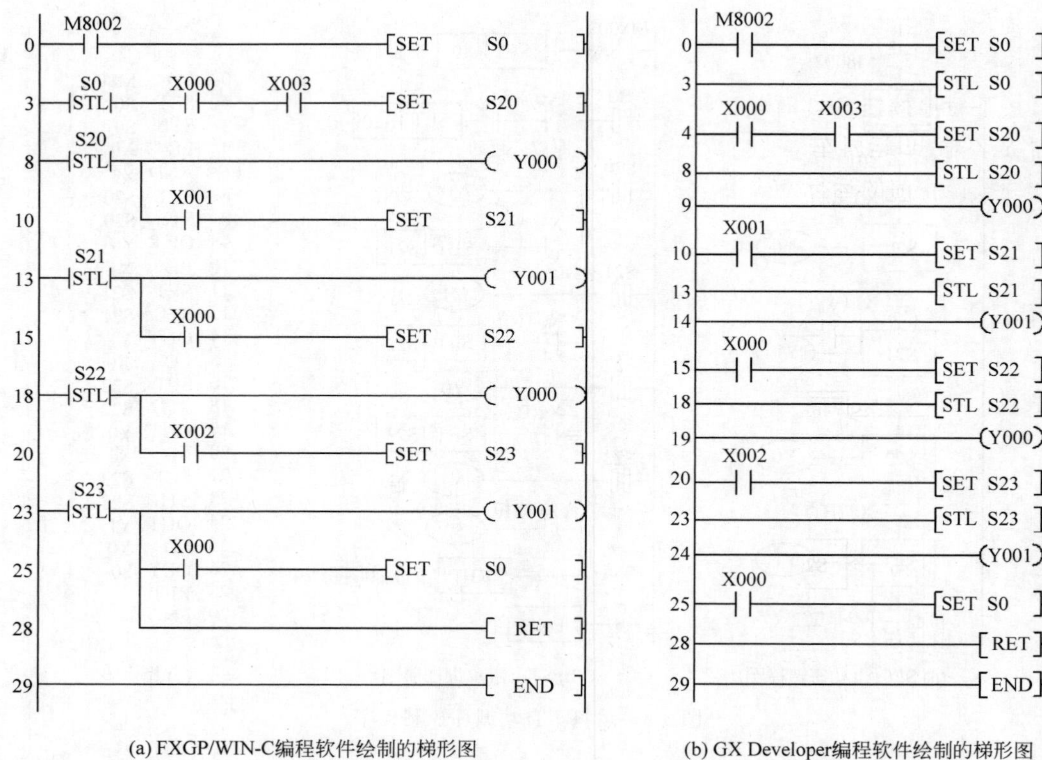

图 3-4　运料车在不同编程软件中的梯形图

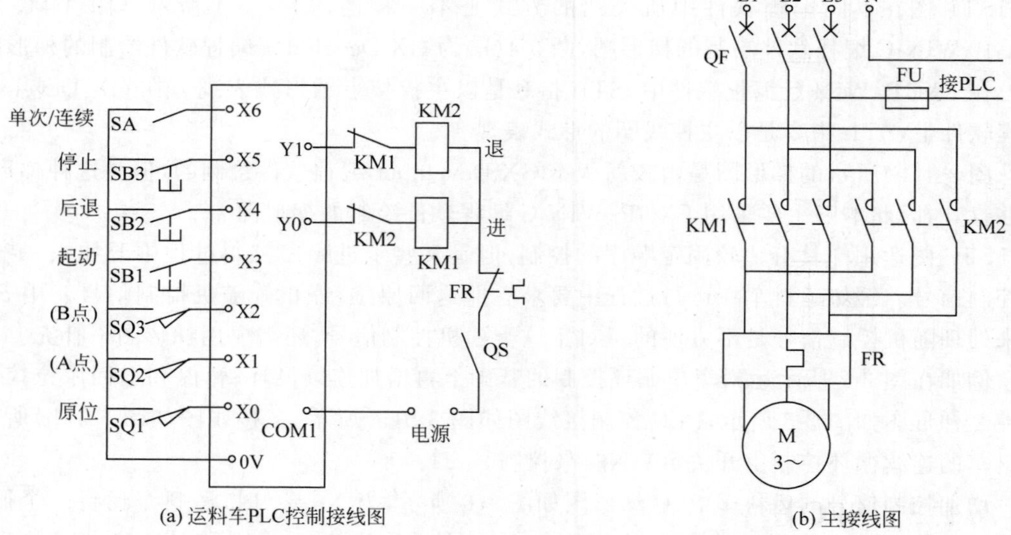

图 3-5　增加控制信号的运料车 PLC 接线图与主接线图

按下后退按钮 SB2 时，X4 接点闭合，将 S20～S23 复位，回到 S0 状态步，Y1 得电，运料车后退到原位停止。

按下暂停按钮 SB3 时，X5 闭合，特殊辅助继电器 M8034 得电自锁，PLC 的全部输出继电器 Y 不输出，运料车停止。再按下起动按钮 X3，M8034 失电，输出继电器恢复输出，运料车继续按停止前的运行方式工作。

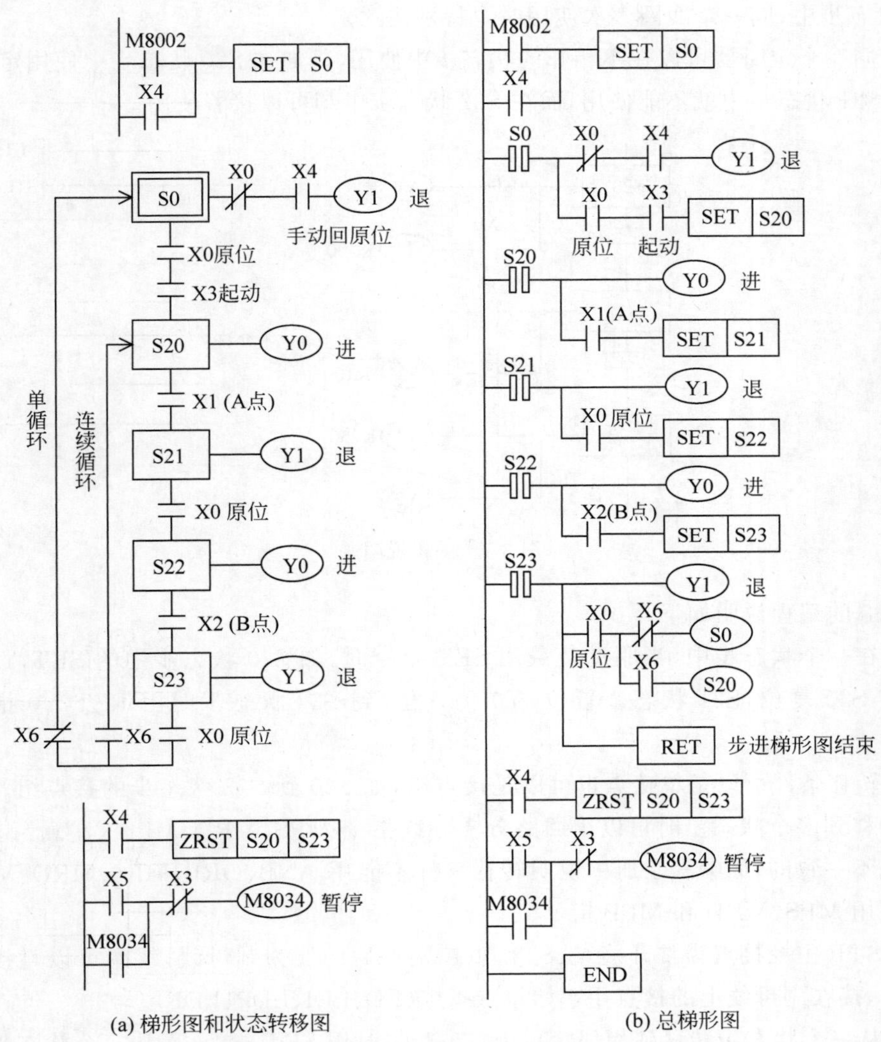

图 3-6 增加控制信号的运料车 PLC 梯形图

3.1.3 SFC 图和 STL 图编程注意事项

在用 SFC 图和 STL 图编程时应注意有关事项，下面用图 3-7 和图 3-8 来说明。

图 3-7 的编程说明如下。

(1) 没有接点的线圈支路应放在上面先编程,如 S20 状态步中的 Y0 线圈。而有接点的线圈支路应放在下面后编程。如果没有接点的线圈(如图 3-7 中的 Y2)一定要放在后面,则线圈前面要加一个 M8000 接点。

(2) 同一个线圈可以用于不同的状态步中,如 S20 和 S21 状态步中的 Y0 线圈(但是在同一个状态步中,同一个线圈多次使用时要特别注意)。

(3) 同一个定时器可以在不相邻的状态步中使用,例如在 S20 状态步中使用定时器 T1 后,相邻 S21 状态步中就不能使用,而在 S22 状态步中却可以接着使用。

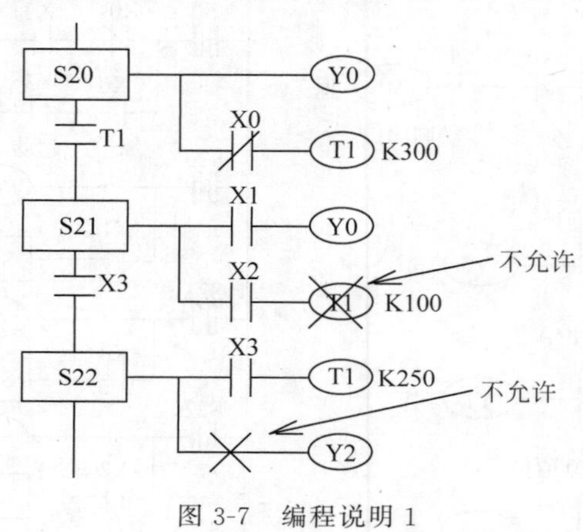

图 3-7 编程说明 1

图 3-8 的编程说明如下。

(1) 在一个状态步中,当驱动负载用 SET 指令时,如 S20 状态步中的 SET Y0,当 Y0 置位后使 S20 复位,S21 状态步置位,Y0 仍置位,到 S22 状态步时由 RST Y0 指令来复位 Y0。

(2) 转移条件可以是单接点也可以是接点组,如 S20 到 S22 状态步的接点组。从一个状态步转移到多个状态步时可以用回路分支导线指令 MPS、MRD、MPP (注意:这与原编程手册是不一致的,原编程手册中说明转移条件不能用 ANB、ORB、MPS、MRD、MPP),但最好不要用 MPS、MRD 和 MPP 指令。

(3) STL 主控接点为常开接点,STL 主控接点后的线为副母线,线圈可以直接连接在副母线上,接在副母线上的接点用起始接点指令(LD、LDI、LDP、LDF)。

(4) 从一个状态步转移到相邻状态步(连续步)时用 SET 指令,而从一个状态步跳转到不相邻状态步(不连续步)时既可用 OUT 指令,也可用 SET 指令。

(5) 在 STL 指令中建议不要用 CJ 功能指令。

(6) 在 SFC 图中不要用 MC/MCR 指令。

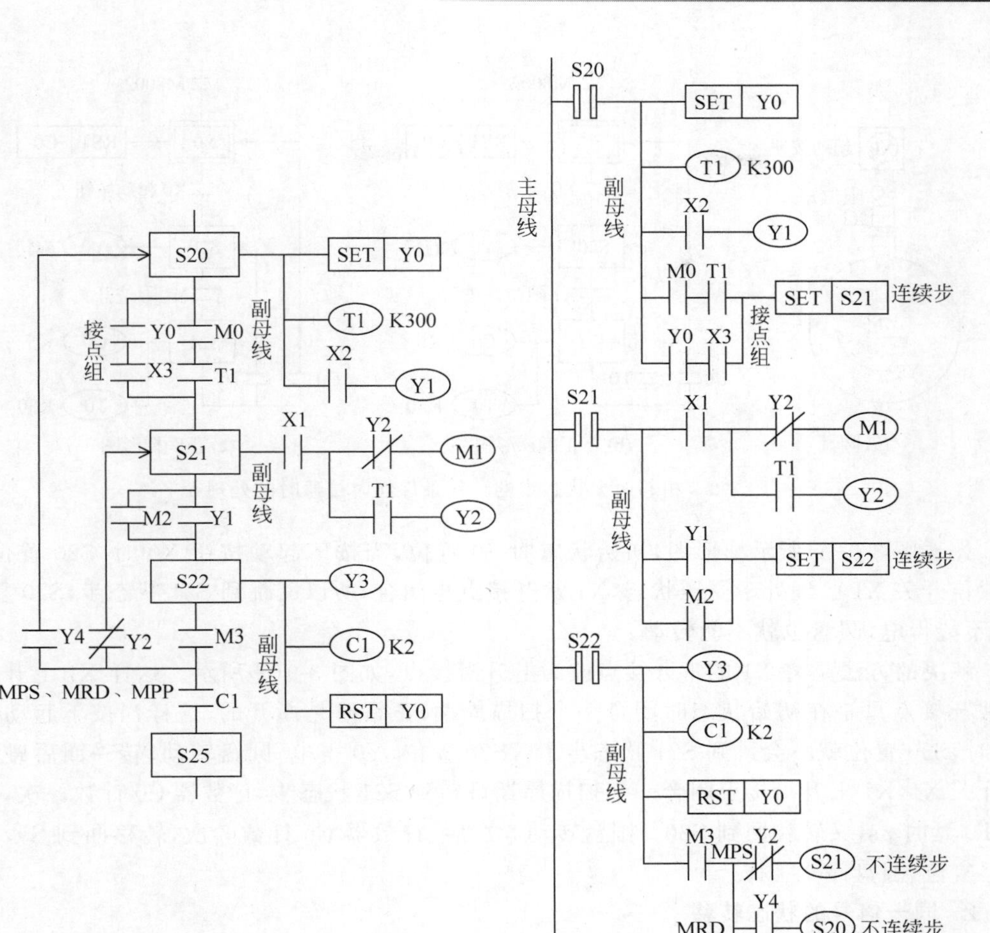

图 3-8 编程说明 2

3.1.4 状态转移条件的有关处理方法

1. 相邻两个状态步的转移条件同时接通时的处理

当相邻两个状态步的转移条件同时接通时，第一个状态步的转移条件接通，将从第一个状态步转移到第二个状态步，由于第二个状态步的转移条件也接通，同时又立即从第二个状态步转移到第三个状态步，这样第二个状态步就被跳过。为了解决这个问题，可以将第二个状态步的转移条件改为 X 或 Y 的边沿接点或用 M2800～M3071 的边沿接点。

例 3.1 用 PLC 控制一个圆盘。

用 PLC 控制一个圆盘，圆盘的旋转由电动机控制。要求按下起动按钮后每转 1 圈停止 3s，转 5 圈后停止。该例题如果用 SFC 图编程比较简单，如图 3-9 所示。

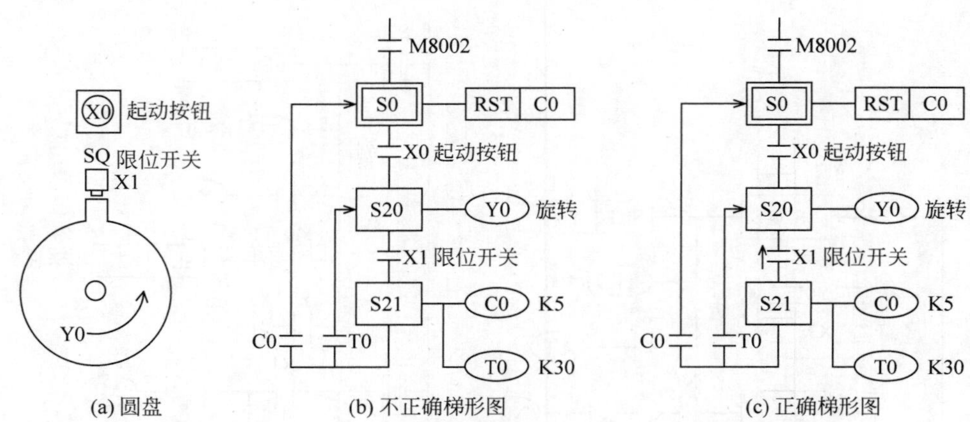

(a) 圆盘　(b) 不正确梯形图　(c) 正确梯形图

图 3-9　相邻两个状态步的转移条件同时接通时的处理

先看图 3-9(b)所示梯形图，初始状态时 S0 置位，当按下起动按钮 X0 时，S20 置位，由于限位开关 X1 已经处于受压状态，X1 常开接点也闭合，所以又跳到 S21 状态步，S20 复位，Y0 不能得电，圆盘也就不能转动。

解决的方法是将 X1 的常开接点改为上升沿接点，如图 3-9(c)所示。这样 X1 上升沿接点常开接点只是在初始状态时闭合一个扫描周期，正常时是断开的，这样当按下起动按钮 X0 时，S20 置位就不会跳到 S21 状态步了。S20 置位，Y0 得电，圆盘转动，转一圈后碰到限位开关 X1，X1 上升沿接点闭合一个扫描周期跳转到 S21 状态步，计数器 C0 计数一次，定时器 T0 延时 3s，又转移回到 S20。圆盘转动 5 次后，计数器 C0 计数 5 次，转移回到 S0，将计数器复位，圆盘停止工作。

2. 同一信号的状态转移

用 M、S、T、C 的接点做状态步的转移条件时，如果相邻状态步的转移条件相同，则应将其改成 M2800～M3071 的边沿接点，如图 3-10 所示。

例 3.2　用 PLC 控制 4 盏灯。

用 PLC 控制 4 盏灯，要求按下起动按钮时，每次亮一盏灯，每盏灯亮 2s，4 盏灯轮流亮，并周而复始。按下停止按钮时，灯全部熄灭。

PLC 状态转移图如图 3-10 所示。PLC 运行时，初始化脉冲 M8002 使初始状态步 S0 置位。用一个定时器 T0，T0 每 2s 发出一个脉冲作为每个状态步的转移条件。由于每个状态步的转移条件都是 T0，但是不能直接用 T0 的接点作为转换接点，而要用 M2800～M3071 的边沿接点。

起动时，按下起动按钮 X0，S20 置位，Y0 得电，同时 S24 置位(此处 S24 作为辅助继电器使用，而不是作为状态器使用)，S24 常开接点闭合，接通定时器 T0，T0 接点每隔 2s 发出一个脉冲。接通 M2800，M2800 上升沿接点每 2s 发出一个脉冲。S20、S21、S22、S23 依次置位，每次亮一盏灯，4 盏灯轮流得电。

按下停止按钮 X1，S20～S24 复位，T0 线圈失电，S0 置位，灯全部熄灭。

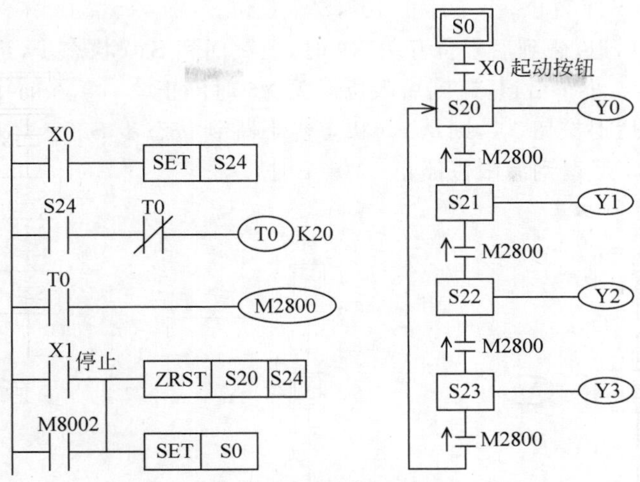

图 3-10 相邻状态步的转移条件相同时的处理

3.2 SFC 图的跳转与分支

3.2.1 SFC 图的跳转

SFC 图的跳转有以下形式。

(1) 向下跳：跳过相邻的状态步(也称跳转)，到下面的状态步，如图 3-11(a)所示，当转移条件 X1=1 时，从 S0 状态步跳到 S22 状态步。

(2) 向上跳：跳回到上面的状态步(也称重复)，如图 3-11(a)所示，当转移条件 X6=1，X3=0 时，从 S22 状态步跳回到 S20 状态步；当转移条件 X6=1，X3=1 时，从 S22 状态步跳回到 S0 状态步。

(3) 跳向另一条分支：如图 3-11(d)所示，当转移条件 X4=1 时，从 S30 状态步跳到另一条分支的 S21 状态步。

(4) 复位：如图 3-11(d)所示，当转移条件 X3=1 时，使本状态步 S32 复位。

在编程软件中，SFC 图的跳转用箭头表示，状态复位用空心箭头。图 3-11(b)和图 3-11(e)为编程软件表示的 SFC 图。图 3-11(c)和图 3-11(f)为指令表。

例 3.3 用 PLC 控制小车。

一辆小车在 A、B 两点之间运行，如图 3-12 所示。在 A、B 两点分别设有后限位开关 SQ2 和前限位开关 SQ1，小车在 A、B 两点之间时可以控制小车前进或后退。小车运行后，在 A、B 两点之间自动往返运行，在 B 点要求停留 10s。

小车运行的 PLC 输入/输出接线图如图 3-13(a)所示。小车运行的状态转移图如图 3-13(b)所示，当按下前进按钮 X0 时，S20 置位动作，Y0 得电，小车前进。碰到前限位开关 X5 时，S20 复位，S21 置位，小车停止 10s，S22 置位。

Y1 得电，小车后退，碰到后限位开关 X6 时，上跳回到 S20 状态步，进入自动循环过程。如果将开关 X3 闭合，小车后退，碰到后限位开关 X6 时停止。

如果开始时按后退按钮 X1，则从 S0 状态步下跳到状态步 S22。之后进入自动循环过程（X3＝0 时）或小车后退到后限位停止（X3＝1 时）。

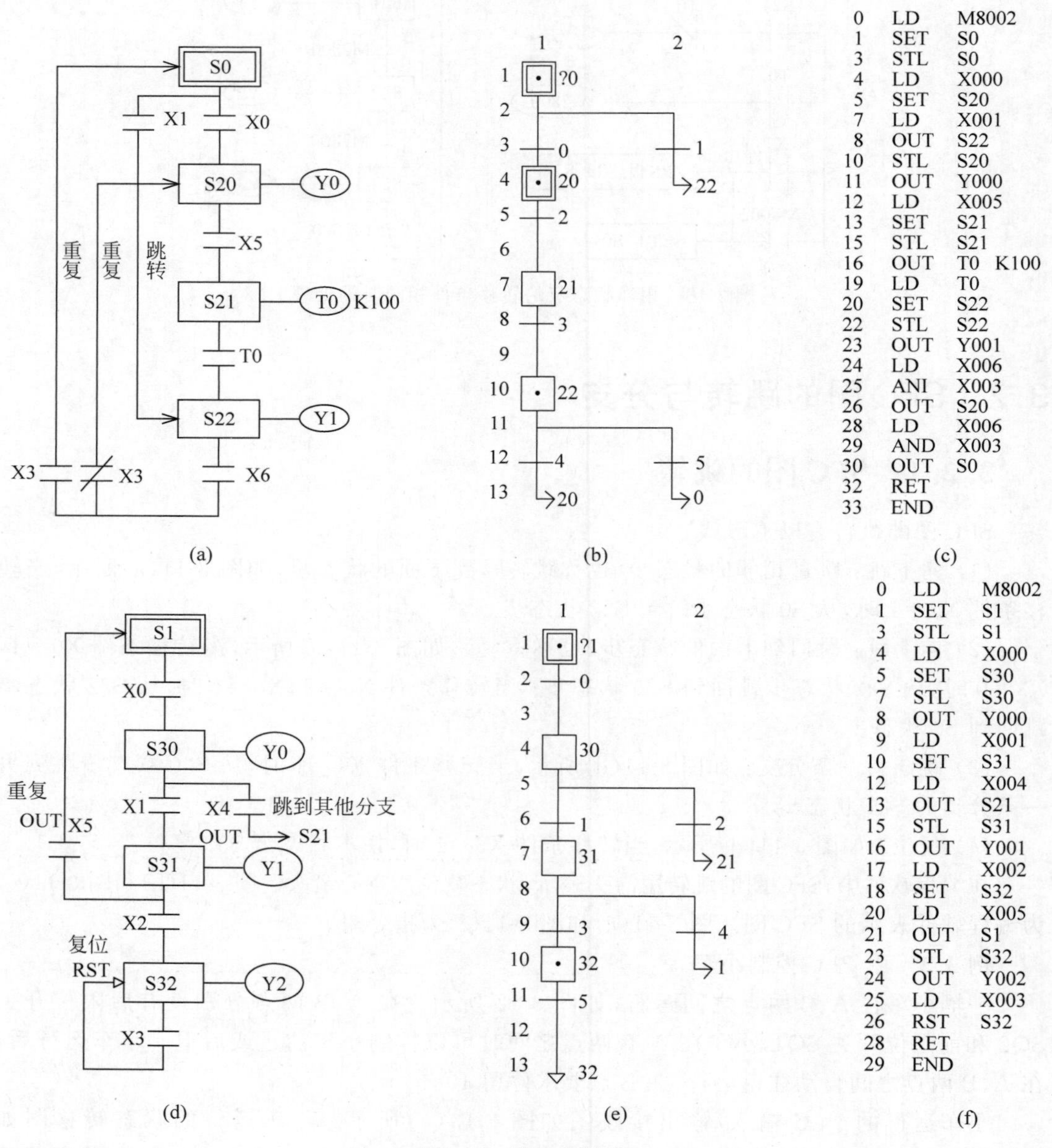

图 3-11 跳转的形式

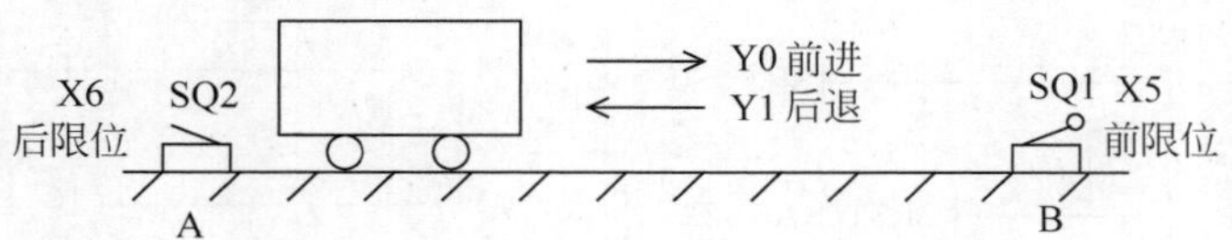

图 3-12 小车运行图

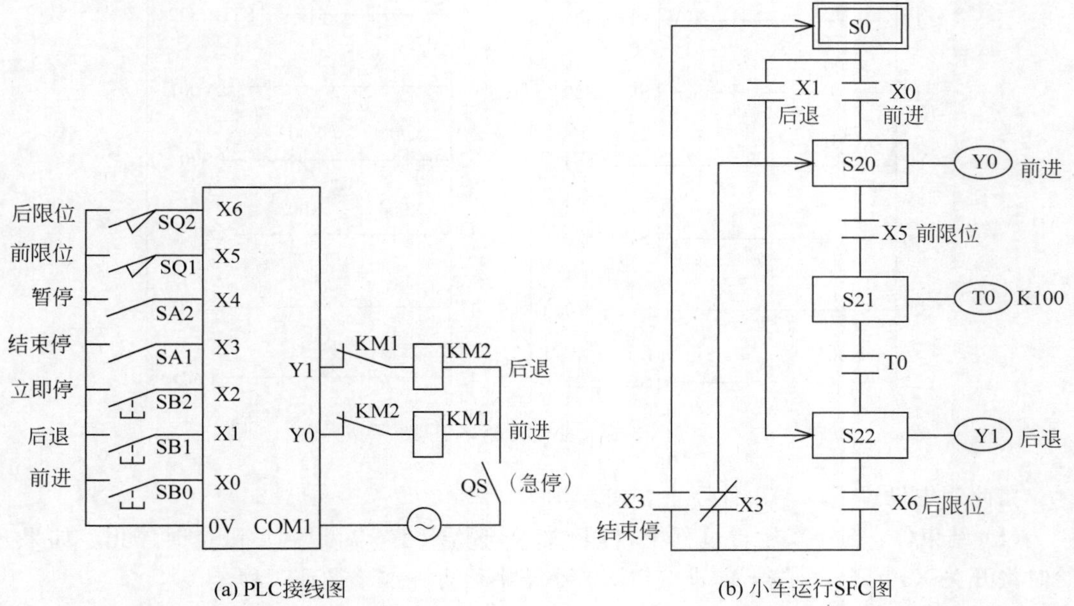

(a) PLC接线图　　(b) 小车运行SFC图

图 3-13 小车运行 PLC 接线图和 SFC 图

如图 3-14 所示为图 3-13(b)SFC 图的步进梯形图。

小车运行 STL 图对应的指令表如表 3-2 所示。

表 3-2 小车运行 STL 图对应的指令表

0	LD	M8002		17	OUT	S22		32	OUT	Y001	
1	OR	X002		19	STL	S20		33	LD	X006	
2	SET	S0		20	OUT	Y000		34	ANI	X003	
4	ZRST	S20	S22	21	LD	X005		35	OUT	S20	
9	LD	X004		22	SET	S21		37	LD	X006	
10	OUT	M8034		24	STL	S21		38	AND	X003	
12	STL	S0		25	OUT	T0	K100	39	OUT	S0	
13	LD	X000		28	LD	T0		41	RET		
14	SET	S20		29	SET	S22		42	END		
16	LD	X001		31	STL	S22					

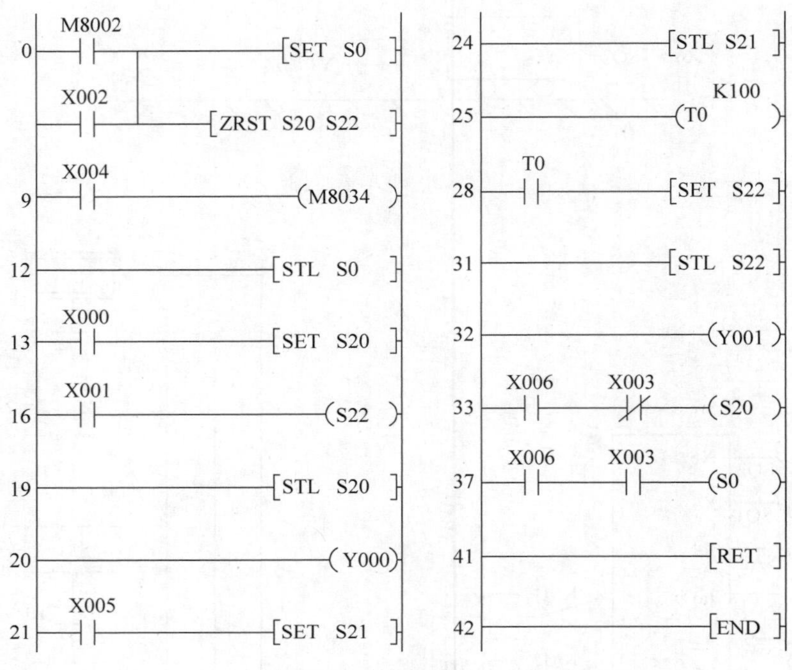

图 3-14 小车运行 STL 图

在此例中设置了以下 4 种停止方式。

(1) 结束停:在小车运行过程中,将开关 X3 闭合,小车后退到后限位时停止。如果开始时将开关 X3 闭合,再按下前进按钮 X0,小车则运行一次单循环过程。

(2) 立即停:在小车运行过程中,按下按钮 X2,在图 3-14 所示的梯形图中,X2 接点闭合,将 S20～S22 全部复位,S0 置位,小车立即停止。

(3) 暂停:在小车运行过程中,将开关 X4 闭合,特殊辅助继电器 M8034 得电,全部输出继电器失电,小车停止。将开关 X4 断开,特殊辅助继电器 M8034 失电,输出继电器恢复到原来状态,小车继续运行。

(4) 急停:用急停按钮或开关将 PLC 的输出电路的电源切断,直接断开接触器,这种方式比较可靠,将急停按钮或开关再次闭合可继续运行。如果用急停按钮或开关将 PLC 的电源切断,则 PLC 停止运行。再次通电时,需要按下起动按钮才能运行。

3.2.2 SFC 图的分支

状态转移图(SFC)可分为单分支、选择分支、并行分支和混合分支 4 种。

单分支是最常用的一种形式,前面所介绍的实例采用的均为单分支状态转移图。

选择分支状态转移图如图 3-15(a)所示,在选择分支状态转移图中有多个分支,只能选择其中的一条分支。对应的步进梯形图和指令表如图 3-15(b)和图 3-15(c)所示。

并行分支状态转移图如图 3-16(a)所示,对应的步进梯形图和指令表如图 3-16(b)和

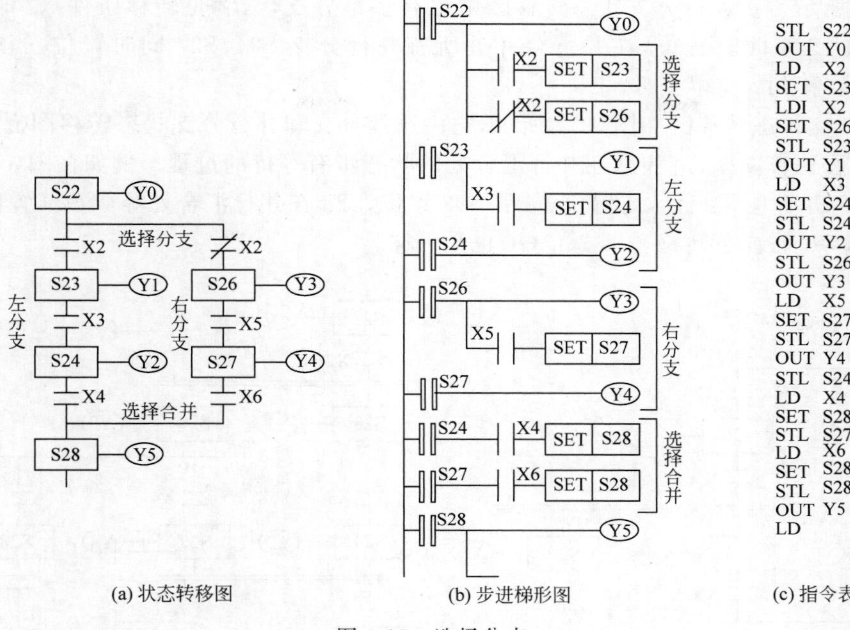

(a) 状态转移图　(b) 步进梯形图　(c) 指令表

图 3-15　选择分支

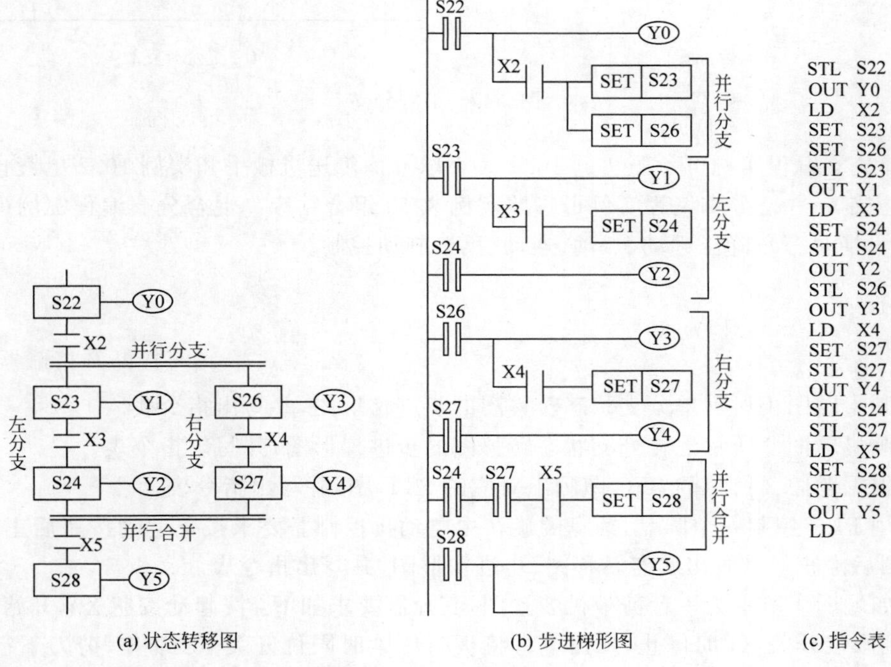

(a) 状态转移图　(b) 步进梯形图　(c) 指令表

图 3-16　并行分支

图 3-16(c)所示。在并行分支状态转移图中也有多个分支,当满足转移条件 X2 时,所有并行分支 S23、S26 同时置位,在并行合并处所有并行分支 S24、S27 同时置位,当转移条件 X5=1 时,转移到 S28 状态步。

混合分支状态转移图如图 3-17 所示,它由选择分支和并行分支状态转移图混合连接而成,动作过程比较复杂,应注意在并行汇合处的状态步有等待的过程。例如在图 3-17(a)中,若 X2=1,S23 置位,随后 S24 置位,最后 S28 置位,S28 在并行汇合处等待 S29 置位,在 S29 置位后,X7=1 时向下转移。图 3-17(b)也是一样。

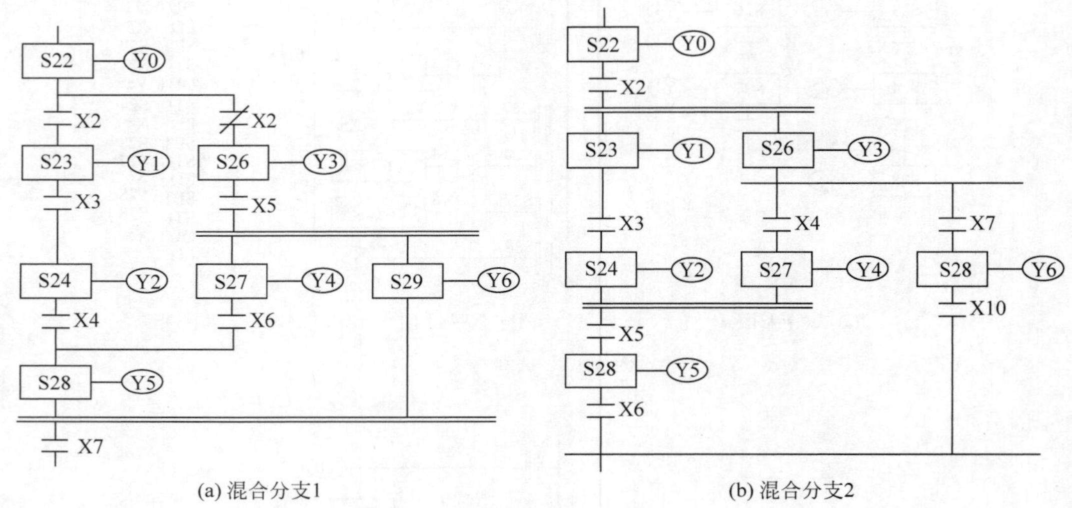

(a) 混合分支1　　(b) 混合分支2

图 3-17　混合分支

选择分支编程实例可参照实例 10.1 大小球分拣传送机械手和实例 10.2 电镀自动生产线 PLC 控制。并行分支编程实例可参照实例 8.10 组合钻床。混合分支编程实例可参照实例 8.12 可逆星三角降压起动、点动、连动、反接制动控制。

习题

1. 画出题图 1 所示单分支状态转移图的步进梯形图,并写出指令表。
2. 画出题图 2 所示混合分支状态转移图的步进梯形图,并写出指令表。
3. 根据题图 3 所示的 SFC 图画出对应的 STL 图,并写出指令表。
4. 用 PLC 控制一个圆盘,圆盘的旋转由电动机控制。要求按下起动按钮后正转 2 圈、反转 1 圈后停止。试画出状态转移图、步进梯形图,并写出指令表。
5. 如题图 4 所示为一台剪板机装置图,其控制要求如下:按起动按钮 X0,开始送料,当板料碰到限位开关 X1 时停止,压钳下行将板料压紧时限位开关 X2 动作,剪刀下行将板料剪断后触及限位开关 X3,压钳和剪刀同时上行,分别碰到上限位开关时停止。试画出 PLC 接线图和状态转移图。

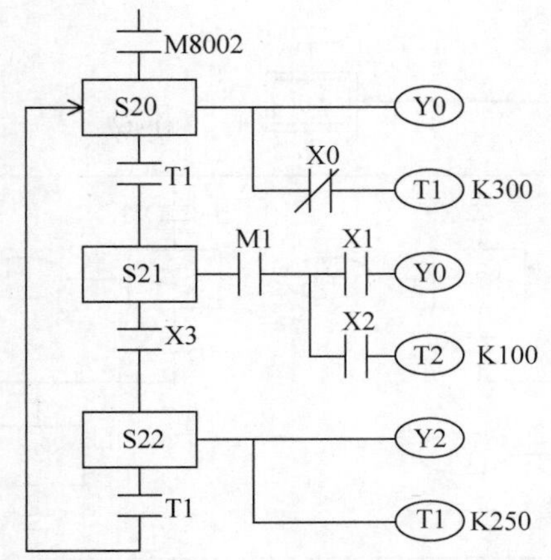

题图1 单分支状态转移图的步进梯形图

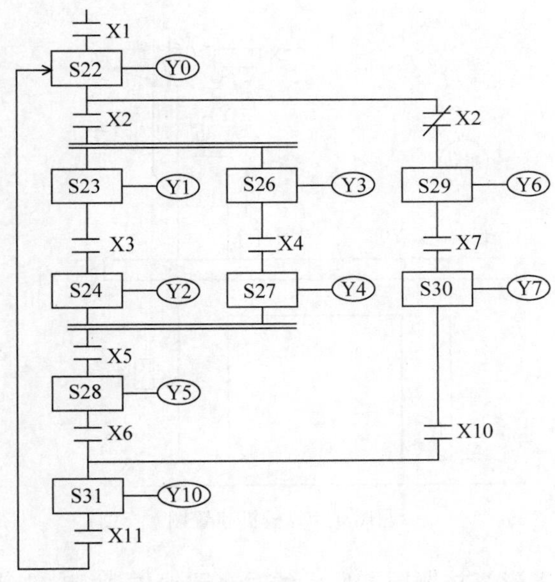

题图2 混合分支状态转移图的步进梯形图

6. 某泵站有4台水泵，分别由4台三相异步电动机驱动。为了防止备用水泵长时间不用而造成锈蚀等问题，要求2台运行2台备用，并每隔8h切换1台，4台水泵轮流运行。初次起动时，为了减少起动电流，要求第1台起动10s后第2台起动。根据控制要求画出PLC输入/输出控制接线图和状态转移图。

7. 控制1台电动机，按下起动按钮，电动机正转10s停3s，再反转10s停3s。循环10次后信号灯闪3s结束。按下停止按钮，电动机立即停止。

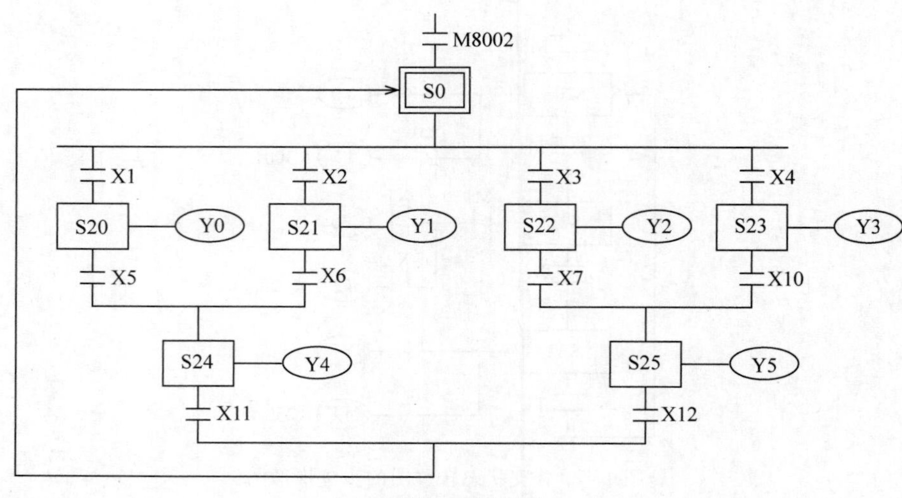

题图 3　SFC 图

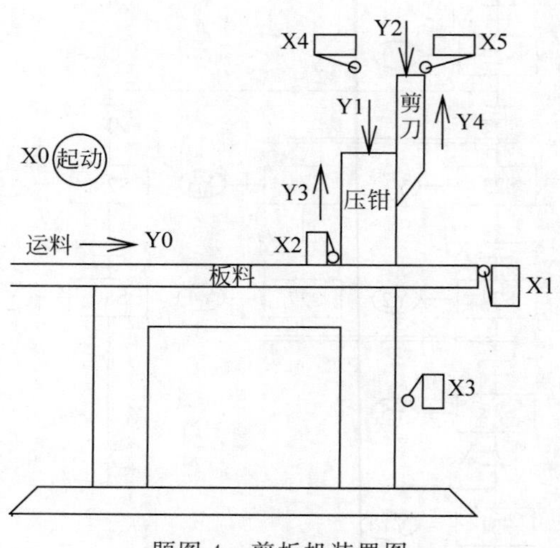

题图 4　剪板机装置图

8. 用 PLC 控制 4 盏彩灯按题图 5 所示的时序图动作，每隔 1s 变化 1 次，全部熄灭 1s 后又重复上述过程，分别画出题图 5(a)和题图 5(b)的状态转移图。

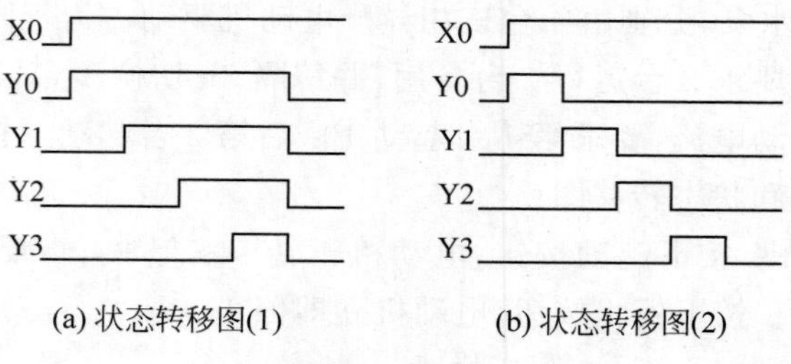

题图 5　时序图

9. 如题图 6 所示为 1 个圆盘，圆盘的旋转由电动机控制。要求按下起动按钮后正转 1 圈、反转 1 圈再正转 1 圈后停止。

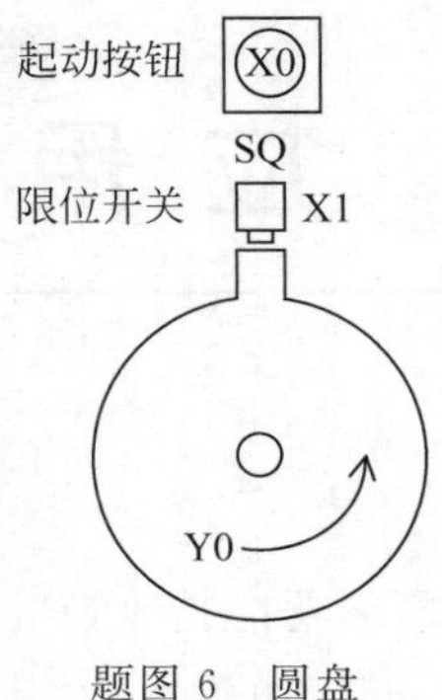

题图 6 圆盘

10. 一辆小车在 A、B 两点之间运行，在 A、B 两点各设一个限位开关，如题图 7 所示，小车在 A 点时（后限位开关受压动作），在车门关好的情况下，按一下向前运行按钮，小车就从 A 点运行到 B 点停下来，然后料斗门打开，装料 10s，之后小车自动向后行到 A 点停止，车门打开，卸料 4s 后车门关闭。试画出 PLC 接线图和状态转移图。

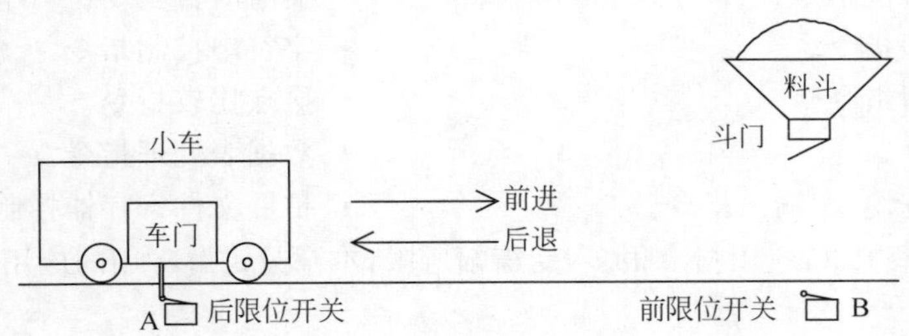

题图 7 小车运行示意图

11. 某生产线有一辆小车用电动机拖动。电动机正转小车前进，电动机反转小车后退，在 O、A、B、C 点各设置一个限位开关，如题图 8 所示。小车停在原位 O 点，用一个控制按钮控制小车。第 1 次按按钮，小车前进到 A 点后退回到原位 O 停止；第 2 次按按钮，小车前进到 B 点后退到原位 O 停止；第 3 次按按钮，小车前进到 C 点后退到原位 O 停止。再次按按钮，又重复上述过程。试画出 PLC 接线图和状态转移图。

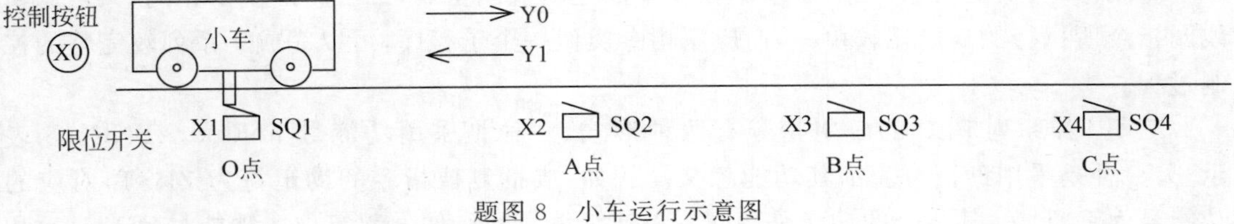

题图 8 小车运行示意图

第 4 章 应用指令

应用指令(Applied Instruction)也称功能指令(Functional Instruction),主要用于数据处理等。本章主要介绍 FX_{3U} 型 PLC 的应用指令。

FX 系列 PLC 的应用指令主要有以下类型。

- 程序流程控制指令。
- 传送与比较指令。
- 算术与逻辑运算指令。
- 循环与移位指令。
- 数据处理指令。
- 高速处理指令。
- 方便指令。
- 外部设备输入/输出指令。
- 外部设备串行接口控制指令。
- 浮点数运算指令。
- 定位控制指令。
- 实时时钟指令。
- 字符串控制指令。
- 接点比较指令。
- 数据表处理指令。
- 扩展文件寄存器控制指令。

由于 FX_{3U} 型 PLC 应用指令很多,受篇幅所限,本章只讲解常用的应用指令。

4.1 应用指令概述

4.1.1 应用指令的图形符号和指令

基本指令通常应用于位元件的线圈和接点,例如输入继电器线圈、输出继电器线圈、辅助继电器线圈、定时器线圈和计数器线圈等。应用指令(功能指令)主要应用于数据的处理,少部分应用指令也可以应用于位元件的线圈。

应用指令(功能指令)相当于基本指令中的逻辑线圈指令,二者用法基本相同,只是逻辑线圈指令所执行的功能比较单一,而应用指令类似一个子程序,可以完成一系列较完整的控制过程。

三菱 FX 系列 PLC 的应用指令有两种形式,一种是采用功能号 FNC00~FNC305 表示,另一种是采用助记符表示其功能意义。例如,成批复位指令的助记符为 ZRST,对应的功能号为 FNC40,其指令的功能是将同一种连续编号的元件一起复位。功能号(FNC40)和助记符(ZRST)是一一对应的。

应用指令采用计算机通用的指令(助记符)和软元件(操作数)的方式，具有计算机编程基础的用户很容易就可以理解指令的功能。即使没有计算机编程基础的用户，只要有基本指令的编程基础，也很容易理解应用指令的功能。

应用指令的图形符号与基本指令中的逻辑线圈指令也基本相同，在梯形图中使用方框表示。图 4-1 所示为基本指令和应用指令对照的梯形图示例。

图 4-1(a)和图 4-1(b)所示为梯形图的功能相同，即当 X1＝1 时将 M0～M2 全部复位。

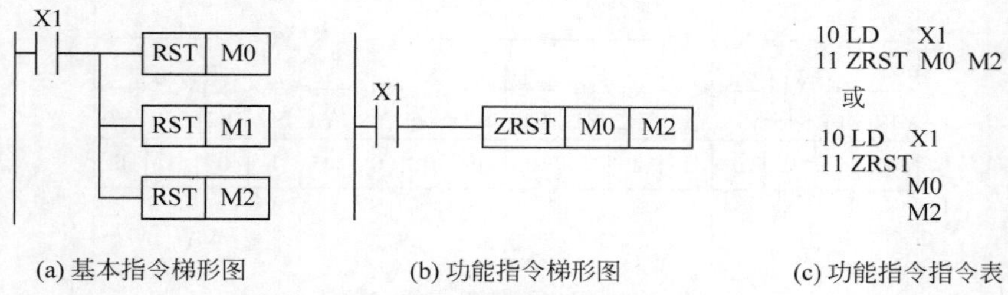

(a) 基本指令梯形图　(b) 功能指令梯形图　(c) 功能指令指令表

图 4-1　应用指令的图形符号和指令表

FX_{3U} 型 PLC 的应用指令有 218 种，在 FX 系列 PLC 中是最多的一种。应用指令主要用于数据处理，因此，除了可以使用 X、Y、M、S、T、C、D□. b 等软继电器元件外，使用更多的是数据寄存器 D、R、V、Z 以及由位元件组成的字元件。

4.1.2　应用指令的格式

1. 应用指令使用的软元件

应用指令使用的软元件可分为位元件、字元件、常数及指针。类型如表 4-1 所示。

表 4-1　应用指令使用的软元件

位元件					字　元　件										常数				指针
X	Y	M	S	D□. b	KnX	KnY	KnM	KnS	T	C	D	R	U□\G□	V、Z	K	H	E	"□"	Pn

1）位元件

位元件主要有 X、Y、M、S 和 D□. b。可以表示继电器的线圈和接点。

T 和 C 作为位元件只能取其 T 和 C 的接点。D□. b 只能取其中的位。

2）字元件

(1) 字元件有 T、C、D、R、V、Z、U□\G□，均为 16 或 32 位存储器元件。

用两个连续编号的数据寄存器 D、R 可以组成一个 32 位数据寄存器。用一对相同编号的变址寄存器 V、Z 可以组成一个 32 位变址寄存器。

(2) 用位元件组成的字元件有 KnX、KnY、KnM 和 KnS。

用位元件 X、Y、M、S 组成的字元件，用 4 个连续编号的位元件可以组合成一组组合单元，KnX、KnY、KnM、KnS 中的 n 为组数，例如 K2Y0 是由 Y7～Y0 组成的 2 个 4 位字元件。Y0为低位,Y7为高位,如图4-2所示。

K2Y0表示8位二进制数1001 1010 $_2$或2位十六进制数9A。K4Y0表示16位二进制数0100 1100 1001 1010 $_2$或4位十六进制数2C9A。字元件也可以表示BCD数,但注意每4位二进制数不得大于1001_2(9)。在执行16位应用指令时,n=1～4,在执行32位应用指令时,n=1～8。

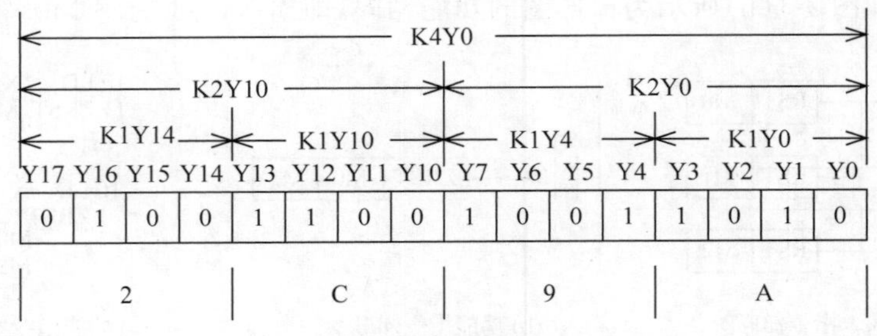

图4-2 用位元件组成的字元件

例如执行如图4-3所示的梯形图,当X1=1时,将D0中的16位二进制数传送到K2Y0中,其结果是D0中的低8位的值传送到Y7～Y0中,结果是Y7～Y0=01000101_2,其中Y0、Y2、Y6的值为1,表示这3个输出继电器得电。

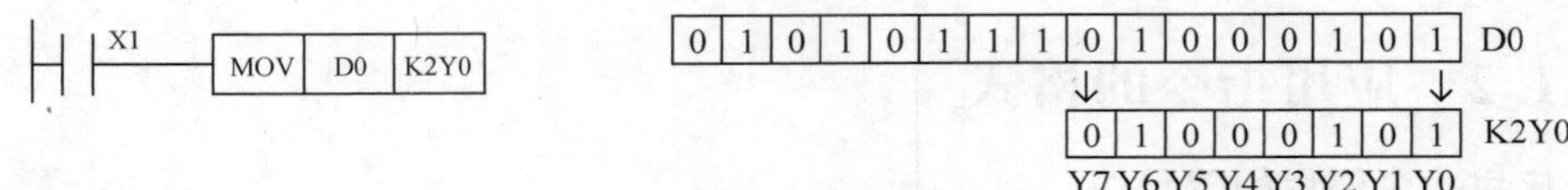

图4-3 位元件组成的字元件的应用

3)常数

常数可分为十进制常数、十六进制常数、实数(浮点数)和字符串。

- 十进制常数表示十进制整数,用K指定,如K1234、K3,十进制常数的指定范围如下。

  使用字数据(16位)时,指定范围为K－32768～K32767。

  使用2个字数据(32位)时,指定范围为K－2147483648～K2147483647。

- 十六进制常数表示十六进制整数,用H指定,如H2D29、H34,十六进制常数的设定范围如下。

  使用字数据(16位)时,指定范围为H0～HFFFF(BCD数据时为H0～H9999)。

  使用2个字数据(32位)时,指定范围为H0～HFFFFFFFF(BCD数据时为H0～H99999999)。

- 实数(浮点数)表示实数,用E指定,例如E－23.65、E15,对于整数,可以化成指数的形式,例如E473,可以化成E4.73+2,其中+2表示10的2次方,E4.73+2表示4.73×10^2。

• 字符串表示字符，字符串是顺控程序中直接指定字符串的软元件。用一对“”框起来的半角字符指定(例如：“ABCD1234”)。字符串中可以使用 JIS8 代码。

字符串最多可以指定 32 个字符。

2. 应用指令的指令格式

每种应用指令都有规定的指令格式，例如位左移 SFTL(SHIFT LEFT)应用指令的指令格式：├┤├── SFTL(P) | (S.) | (D.) | n1 | n2 　n2≤n1≤1024

位左移指令 FNC35-SFTL(SHIFT LEFT)可使用软元件范围，如表 4-2 所示。

表 4-2 位左移指令可使用软元件范围

	位元件					字元件										常数				指针
	X	Y	M	S	D□. b	KnX	KnY	KnM	KnS	T	C	D	R	U□\G□	V、Z	K	H	E	"□"	P
S.	○	○	○	○	①															
D.		○	○	○																
n1																○	○			
n2												○	○			○	○			

① D□. b 不能变址

• (S)：源元件，其数据或状态不随指令的执行而变化。如果源元件可以变址，则可以用(S.)表示；如果有多个源元件，则可以用(S1.)、(S2.)等表示。

• (D)：目的元件，其数据或状态将随指令的执行而变化。如果目的元件可以变址，则可以用(D.)表示；如果有多个源元件，则可以用(D1.)、(D2.)等表示。

• m、n：既不做源元件又不做目的元件的元件用 m、n 表示，当元件数量较多时，可用 m1、m2、n1、n2 等表示。

应用指令执行的过程比较复杂，通常需要多步程序步，例如 SFTR 应用指令的程序步为 9 步。

每种应用指令使用的软元件都有规定的范围，例如上述 SFTR 指令的源元件(S.)可使用的位元件为 X、Y、M、S、D□. b；目的元件(D.)可使用的位元件为 Y、M、S 等。

可使用软元件范围表中的“○”表示该指令可使用的软元件，①、②等表示使用时需要注意的软元件。

3. 元件的数据长度

在应用指令格式中，如表 4-3 所示。表示元件的数据长度的有 3 种情况。

(1) 应用指令前加(D)：表示该指令加 D 为 32 位指令，不加 D 为 16 位指令，例如：(D)MOV 指令，DMOV 为 32 位指令，MOV 为 16 位指令。

(2) 应用指令前加 D：表示该指令只能是 32 位指令。例如：DHSZ 指令只能是 32 位指令，而 HSZ 指令是不能使用的。

(3) 应用指令前不加 D：表示该指令是 16 位指令，或者该指令即不是 32 位指令，也不是 16 位指令。例如：SRET 指令。

PLC 中的数据寄存器 D 为 16 位，用于存放 16 位二进制数。在应用指令的前面加字母

D就变成了32位指令，例如：

X1 —[MOV D0 D2] MOV为16位指令，表示将D0中的16位二进制数据传送到D2中。

X1 —[DMOV D0 D2] DMOV为32位指令，表示将(D1、D0)中的32位二进制数据传送到(D3、D2)中。(D1、D0)和(D3、D2)分别组成两个32位数据寄存器，D1、D3分别存放高16位，D0、D2分别存放低16位。

表4-3 应用指令的格式与说明

分类	功能号	助记符	指令格式					指令功能
程序流程	FNC00	CJ(P)	Pn					条件跳转
	FNC01	CALL(P)	Pn					子程序调用
	FNC02	SRET						子程序返回
	FNC03	IRET						中断返回
	FNC04	EI						中断许可
	FNC05	DI(P)						中断禁止
	FNC06	FEND						主程序结束
	FNC07	WDT(P)						监控定时器
	FNC08	FOR	n					循环范围开始
	FNC09	NEXT						循环范围结束
传送与比较	FNC010	(D)CMP(P)	(S1.)	(S2.)	(D.)			比较
	FNC011	(D)ZCP(P)	(S1.)	(S2.)	(S.)	(D.)		区间比较
	FNC012	(D)MOV(P)	(S.)	(D.)				传送
	FNC013	SMOV(P)	(S.)	m1	m2	(D.)	n	移位传送
	FNC014	(D)CML(P)	(S.)	(D.)				取反传送
	FNC015	BMOV(P)	(S.)	(D.)	n			成批传送
	FNC016	(D)FMOV(P)	(S.)	(D.)	n			多点传送
	FNC017	(D)XCH(P)▲	(D1.)	(D2.)				数据交换
	FNC018	(D)BCD(P)	(S.)	(D.)				BIN转为BCD
	FNC019	(D)BIN(P)	(S.)	(D.)				BCD转为BIN
四则逻辑运算	FNC020	(D)ADD(P)	(S1.)	(S2.)	(D.)			BIN加法
	FNC021	(D)SUB(P)	(S1.)	(S2.)	(D.)			BIN减法
	FNC022	(D)MUL(P)	(S1.)	(S2.)	(D.)			BIN乘法
	FNC023	(D)DIV(P)	(S1.)	(S2.)	(D.)			BIN除法
	FNC024	(D)INC(P)▲	(D.)					BIN加1
	FNC025	(D)DEC(P)▲	(D.)					BIN减1
	FNC026	(D)WAND(P)	(S1.)	(S2.)	(D.)			逻辑字与
	FNC027	(D)WOR(P)	(S1.)	(S2.)	(D.)			逻辑字或
	FNC028	(D)WXOR(P)	(S1.)	(S2.)	(D.)			逻辑字异或
	FNC029	(D)NEG(P)▲	(D.)					求补码

续表

分类	功能号	助 记 符	指 令 格 式					指 令 功 能
循环移位	FNC030	(D)ROR(P)▲	(D.)	n				循环右移
	FNC031	(D)ROL(P)▲	(D.)	n				循环左移
	FNC032	(D)RCR(P)▲	(D.)	n				带进位右移
	FNC033	(D)RCL(P)▲	(D.)	n				带进位左移
	FNC034	SFTR(P)▲	(S.)	(D.)	n1	n2		位右移
	FNC035	SFTL(P)▲	(S.)	(D.)	n1	n2		位左移
	FNC036	WSFR(P)▲	(S.)	(D.)	n1	n2		字右移
	FNC037	WSFL(P)▲	(S.)	(D.)	n1	n2		字左移
	FNC038	SFWR(P)▲	(S.)	(D.)	n			移位写入
	FNC039	SFRD(P)▲	(S.)	(D.)	n			移位读出
数据处理	FNC040	ZRST(P)	(D1.)	(D2.)				全部复位
	FNC041	DECO(P)	(S.)	(D.)	n			译码
	FNC042	ENCO(P)	(S.)	(D.)	n			编码
	FNC043	(D)SUM(P)	(S.)	(D.)	n			1 的个数
	FNC044	(D)BON(P)	(S.)	(D.)	n			置 1 位的判断
	FNC045	(D)MEAN(P)	(S.)	(D.)	(D.)			平均值
	FNC046	ANS	(S.)	m				报警器置位
	FNC047	ANR(P)▲						报警器复位
	FNC048	(D)SQR(P)	(S.)	(D.)				BIN 数据开方
	FNC049	(D)FLT(P)	(S.)	(D.)				BIN 转为二进制浮点数
高速处理	FNC050	REF(P)	(D)	n				输入/输出刷新
	FNC051	REFF(P)	n					滤波调整
	FNC052	MTR	(S)	(D1)	(D2)	n		矩阵输入
	FNC053	D HSCS	(S1.)	(S2.)	(D.)			比较置位(高速计数器)
	FNC054	D HSCR	(S1.)	(S2.)	(D.)			比较复位(高速计数器)
	FNC055	D HSZ	(S1.)	(S2.)	(S.)	(D.)		区间比较(高速计数器)
	FNC056	SPD	(S1.)	(S2.)	(D.)			脉冲密度
	FNC057	(D)PLSY	(S1.)	(S2.)	(D.)			脉冲输出
	FNC058	PWM	(S1.)	(S2.)	(D.)			脉宽调制
	FNC059	(D)PLSR	(S1.)	(S2.)	(S3.)	(D.)		可调速脉冲输出
方便指令	FNC060	IST	(S.)	(D1.)	(D2.)			状态初始化
	FNC061	(D)SES(P)	(S1.)	(S2.)	(D.)	n		数据查找
	FNC062	(D)ABSD	(S1.)	(S2.)	(D.)	n		凸轮控制(绝对方式)
	FNC063	INCD	(S1.)	(S2)	(D.)	n		凸轮控制(增量方式)
	FNC064	TTMR	(D.)	n				示教定时器
	FNC065	STMR	(S.)	m	(D.)			特殊定时器
	FNC066	ALT(P)▲	(D.)					交替输出
	FNC067	RAMP	(S1.)	(S2.)	(D.)	n		斜波信号
	FNC068	ROTC	(S.)	m1	m2	(D.)		旋转工作台控制
	FNC069	SORT	(S)	m1	m2	(D)	n	数据排序

续表

分类	功能号	助　记　符	指令格式					指令功能
外部设备I/O	FNC070	(D)TKY	(S.)	(D1.)	(D2.)			十字键输入
	FNC071	(D)HKY	(S.)	(D1.)	(D2.)	(D3.)		十六键输入
	FNC072	DSW	(S.)	(D1.)	(D2.)	n		数字开关
	FNC073	SEGD(P)	(S.)	(D.)				七段码译码
	FNC074	SEGL	(S.)	(D.)	n			带锁存七段码译码
	FNC075	ARWS	(S.)	(S1.)	(S2.)	n		方向开关
	FNC076	ASC	(S)	(D.)				ASCII 码转换
	FNC077	PR	(S.)	(D.)				ASCII 码打印
	FNC078	(D)FROM(P)	ml	m2	(D.)	n		BFM 读出
	FNC079	(D)TO(P)	ml	m2	(S.)	n		BFM 写入
外部设备SER	FNC080	RS	(S.)	m	(D.)	n		串行数据传送
	FNC081	(D)PRUN(P)	(S.)	(D.)				八进制位传送
	FNC082	ASCI(P)	(S.)	(D.)	n			十六进制转为 ASCII 码
	FNC083	HEX(P)	(S.)	(D.)	n			ASCII 码转为十六进制
	FNC084	CCD(P)	(S.)	(D.)	n			校验码
	FNC085	VRRD(P)	(S.)	(D.)				电位器值读出
	FNC086	VRSC(P)	(S.)	(D.)				电位器值刻度
	FNC087	RS2	(S.)	m	(D.)	n	n1	串行数据传送 2
	FNC088	PID	(S1)	(S2)	(S3)	(D)		PID 运算
数据传送 2	FNC102	ZPUSH(P)	(D)					变址寄存器的成批保存
	FNC103	ZPOP(P)	(D)					变址寄存器的恢复
浮点数	FNC110	D ECMP(P)	(S1.)	(S2.)	(D.)			二进制浮点比较
	FNC111	D EZCP(P)	(S1.)	(S2.)	(S.)	(D.)		二进制浮点区域比较
	FNC112	DEMOV(P)	(S.)	(D.)				二进制浮点数数据传送
	FNC116	DESTR(P)	(S1.)	(S2.)	(D.)			二进制浮点数→字符串
	FNC117	DEVAL(P)	(S.)	(D.)				字符串→二进制浮点数
	FNC118	D EBCD(P)	(S.)	(D.)				二转十进制浮点数
	FNC119	D EBIN(P)	(S.)	(D.)				十转二进制浮点数
	FNC120	D EADD(P)	(S1.)	(S2.)	(D.)			二进制浮点数加法
	FNC121	D ESUB(P)	(S1.)	(S2.)	(D.)			二进制浮点数减法
	FNC122	D EMUL(P)	(S1.)	(S2.)	(D.)			二进制浮点数乘法
	FNC123	D EDIV(P)	(S1.)	(S2.)	(D.)			二进制浮点数除法
	FNC124	D EXP(P)	(S.)	(D.)				二进制浮点数指数
	FNC125	D LOGE(P)	(S.)	(D.)				二进制浮点数自然对数
	FNC126	D LOG10(P)	(S.)	(D.)				二进制浮点数常用对数
	FNC127	D ESQR(P)	(S.)	(D.)				二进制浮点数开方
	FNC128	DENEG(P)	(D.)					二进制浮点数符号翻转
	FNC129	(D)INT(P)	(S.)	(D.)				二进制浮点数转整数
	FNC130	D SIN(P)	(S.)	(D.)				浮点数 SIN 运算
	FNC131	D COS(P)	(S.)	(D.)				浮点数 COS 运算
	FNC132	D TAN(P)	(S.)	(D.)				浮点数 TAN 运算
	FNC133	DASIN(P)	(S.)	(D.)				二进制浮点数 SIN-1
	FNC134	DACOS(P)	(S.)	(D.)				二进制浮点数 COS-1
	FNC135	DATAN(P)	(S.)	(D.)				二进制浮点数 TAN-1 运算
	FNC136	DRAD(P)	(S.)	(D.)				二进制浮点数角度→弧度
	FNC137	DDEG(P)	(S.)	(D.)				弧度→二进制浮点数角度

续表

分类	功能号	助记符	指令格式					指令功能
数据处理2	FNC140	(D)WSUM(P)	(S.)	(D.)				算出数据合计值
	FNC141	WTOB(P)	(S.)	(D.)				字节单位的数据分离
	FNC142	BTOW(P)	(S.)	(D.)				字节单位的数据结合
	FNC143	UNI(P)	(S.)	(D.)				16数据位的4位结合
数据处理2	FNC144	DIS(P)	(S.)	(D.)				16数据位的4位分离
	FNC147	(D)SWAP(P)	(S.)					上下字节变换
	FNC149	(D)SORT2	(S.)	m1	m2	(D.)	n	数据排序2
定位	FNC150	DSZR	(S1.)	(S2.)	(D1.)	(D2.)		带DOG搜索原点回归
	FNC151	(D)DVIT	(S1.)	(S2.)	(D1.)	(D2.)		中断定位
	FNC152	D TBL	(D.)	n				表格设定定位
	FNC155	D ABS	(S.)	(D1.)	(D2.)			读出ABS当前值
	FNC156	(D)ZRN	(S1.)	(S2.)	(S3.)	(D.)		原点回归
	FNC157	(D)PLSV	(S.)	(D1.)	(D2.)			可变速脉冲输出
	FNC158	(D)DRVI	(S1.)	(S2.)	(D1.)	(D2.)		相对定位
	FNC159	(D)DRVA	(S1.)	(S2.)	(D1.)	(D2.)		绝对定位
时钟运算	FNC160	TCMP(P)	(S1.)	(S2.)	(S3.)	(S.)	(D.)	时钟数据比较
	FNC161	TZCP(P)	(S1.)	(S2.)	(S3.)	(D.)		时钟数据区间比较
	FNC162	TADD(P)	(S1.)	(S2.)	(D.)			时钟数据加法
	FNC163	TSUB(P)	(S1.)	(S2.)	(D.)			时钟数据减法
	FNC164	(D)HTOS(P)	(S.)	(D.)				时、分、秒数据转秒
	FNC165	(D)STOH(P)	(S.)	(D.)				秒数据转[时、分、秒]
	FNC166	TRD(P)	(D.)					时钟数据读出
	FNC167	TWR(P)	(S.)					时钟数据写入
	FNC169	(D)HOUR	(S.)	(D1.)	(D2.)			计时表
外部设备	FNC170	(D)GRY(P)	(S.)	(D.)				格雷码变换
	FNC171	(D)GBIN(P)	(S.)	(D.)				格雷码逆变换
	FNC176	RD3A	m1	m2	(D.)			模拟量模块的读入
	FNC177	WR3A	m1	m2	(S.)			模拟量模块的写出
其他	FNC180	EXTR	(S.)	(S 1.)	(S 2.)	(D.)		扩展ROM功能
	FNC182	COMRD(P)	(S.)	(D.)				读出软元件的注释数据
	FNC184	RND(P)	(D.)					产生随机数
	FNC186	DUTY	n1	n2				产生定时脉冲
	FNC188	CRC(P)	(S.)	(D.)	n			CRC运算
	FNC189	D HCMOV	(S)	(D)	n			高速计数器传送
数据块比较	FNC192	(D)BK＋(P)	(S1.)	(S2.)	(D.)	n		数据块的减加运算
	FNC193	(D)BK－(P)	(S1.)	(S2.)	(D.)	n		数据块的减法运算
	FNC194	(D)BKCMP＝(P)	(S1.)	(S2.)	(D.)	n		数据块比较S1＝ S2
	FNC195	(D)BKCMP＞(P)	(S1.)	(S2.)	(D.)	n		数据块比较S1＞ S2
	FNC196	(D)BKCMP＜(P)	(S1.)	(S2.)	(D.)	n		数据块比较S1＜S2
	FNC197	(D)BKCMP＜＞(P)	(S1.)	(S2.)	(D.)	n		数据块比较S1 ＜＞S2
	FNC198	(D)BKCMP≤(P)	(S1.)	(S2.)	(D.)	n		数据块比较S1≤ S2
	FNC199	(D)BKCMP≥(P)	(S1.)	(S2.)	(D.)	n		数据块比较S1≥ S2

续表

分类	功能号	助 记 符	指令格式					指令功能	
字符串控制	FNC200	(D)STR(P)	(S1.)	(S2.)	(D.)			BIN→字符串的转换	
	FNC201	(D)VAL(P)	(S.)	(D1.)	(D2.)			字符串→BIN 的转换	
	FNC202	$＋(P)	(S1.)	(S2.)	(D.)			字符串的结合	
	FNC203	LEN(P)	(S.)	(D.)				检测出字符串的长度	
	FNC204	RIGHT(P)	(S.)	(D.)	n			从字符串的右侧取出	
	FNC205	LEFT(P)	(S.)	(D.)	n			从字符串的左侧取出	
	FNC206	MIDR(P)	(S1.)	(D.)	(S2.)			从字符串中的任意取出	
	FNC207	MIDW(P)	(S1.)	(D.)	(S2.)			字符串中的任意替换	
	FNC208	INSTR(P)	(S1.)	(S2.)	(D.)	n		字符串的检索	
	FNC209	$MOV(P)	(S.)	(D.)				字符串的传送	
数据处理3	FNC210	FDEL(P)	(S.)	(D.)	n			数据表的数据删	
	FNC211	FINS(P)	(S.)	(D.)	n			数据表的数据插	
	FNC212	POP(P)▲	(S.)	(D.)	n			读取后入的数据	
	FNC213	SFR(P)▲	(D.)	n				16 位数据 n 位右移	
	FNC214	SFL(P)▲	(D.)	n				16 位数据 n 位左移	
接点比较	FNC224	LD(D)＝	(S1.)	(S2.)				初始接点	(S1.)＝(S2.)
	FNC225	LD(D)＞	(S1.)	(S2.)					(S1.)＞(S2.)
	FNC226	LD(D)＜	(S1.)	(S2.)					(S1.)＜(S2.)
	FNC228	LD(D)＜＞	(S1.)	(S2.)					(S1.)＜＞(S2.)
	FNC229	LD(D)≤	(S1.)	(S2.)					(S1.)≤(S2.)
	FNC230	LD(D)≥	(S1.)	(S2.)					(S1.)≥(S2.)
	FNC232	AND(D)＝	(S1.)	(S2.)				串联接点	(S1.)＝(S2.)
	FNC233	AND(D)＞	(S1.)	(S2.)					(S1.)＞(S2.)
	FNC234	AND(D)＜	(S1.)	(S2.)					(S1.)＜(S2.)
	FNC236	AND(D)＜＞	(S1.)	(S2.)					(S1.)＜＞(S2.)
	FNC237	AND(D)≤	(S1.)	(S2.)					(S1.)≤(S2.)
	FNC238	AND(D)≥	(S1.)	(S2.)					(S1.)≥(S2.)
	FNC240	OR(D)＝	(S1.)	(S2.)				并联接点	(S1.)＝(S2.)
	FNC241	OR(D)＞	(S1.)	(S2.)					(S1.)＞(S2.)
	FNC242	OR(D)＜	(S1.)	(S2.)					(S1.)＜(S2.)
	FNC244	OR(D)＜＞	(S1.)	(S2.)					(S1.)＜＞(S2.)
	FNC245	OR(D)≤	(S1.)	(S2.)					(S1.)≤(S2.)
	FNC246	OR(D)≥	(S1.)	(S2.)					(S1.)≥(S2.)
数据表处理	FNC256	(D)LIMIT(P)	(S1.)	(S2.)	(S3.)	(D.)		上下限限位控制	
	FNC257	(D)BAND(P)	(S1.)	(S2.)	(S3.)	(D.)		死区控制	
	FNC258	(D)ZONE(P)	(S1.)	(S2.)	(S3.)	(D.)		区域控制	
	FNC259	(D)SCL(P)	(S1.)	(S2.)	(D.)			定坐标(不同点坐标)	
	FNC260	(D)DABIN(P)	(S.)	(D.)				十进制 ASCII→BIN	
	FNC261	(D)BINDA(P)	(S.)	(D.)				BIN→十进制 ASCII	
	FNC269	(D)SCL2(P)	(S1.)	(S2.)	(D.)			定坐标 2(X/Y 坐标)	

续表

分类	功能号	助记符	指令格式					指令功能
变频器通信	FNC270	IVCK	(S1.)	(S2.)	(D.)	n		变换器的运转监视
	FNC271	IVDR	(S1.)	(S2.)	(S3.)	n		变频器的运行控制
	FNC272	IVRD	(S1.)	(S2.)	(D.)	n		读取变频器的参数
	FNC273	IVWR	(S1.)	(S2.)	(S 3.)	n		写入变频器的参数
	FNC274	IVBWR	(S1.)	(S2.)	(S 3.)	n		成批写入变频器参数
	FNC275	IVM	(S1.)	(S2.)	(S 3.)	(D.)	n	变频器的多个命令
数据传送 3	FNC278	RBFM	m1	m 2	(D.)	n1	n2	BFM 分割读出
	FNC279	WBFM	m1	m 2	(S.)	n1	n 2	BFM 分割写入
高速处理 2	FNC280	DHSCT	(S1.)	m	(S2.)	(D.)	n	高速计数器表比较
扩展文件寄存器控制	FNC290	LOADR(P)	(S.)	n				读出扩展文件寄存器
	FNC291	SAVER(P)	(S.)	m	(D.)			成批写入扩展文件寄存器
	FNC292	INITR(P)	(S.)	m				扩展寄存器的初始化
	FNC293	LOGR(P)	(S.)	m	(D1)	n	(D2.)	登录到扩展寄存器
	FNC294	RWER(P)	(S.)	n				扩展文件寄存器删除写入
	FNC295	INITER(P)	(S.)	n				扩展文件寄存器的初始化
FX3U-CF-ADP 应用指令	FNC300	FLCRT	(S1.)	(S2.)	(S3.)			文件的制作
	FNC301	FLDEL	(S1.)	(S2.)	n			文件的删除
	FNC302	FLWR	(S1.)	(S2.)	(S3.)	(D.)	n	写入数据
	FNC303	FLRD	(S1.)	(S2.)	(D1.)	(D2.)	n	数据读出
	FNC304	FLCMD	(S.)	n				FX3U-CF-ADP 动作指示
	FNC305	FLSTRD	(S.)	(D.)	n			FX3U-CF-ADP 状态读出

4. 执行形式

应用指令有脉冲执行型和连续执行型两种执行形式。

指令中标有(P)的表示该指令既可以是脉冲执行型也可以是连续执行型。在指令格式中没有(P)的表示该指令只能是连续执行型。

例如 MOV 为连续执行型指令，MOVP 为脉冲执行型指令。指令前加 D 为 32 位指令。

例如 X1 [MOVP D0 D2] 为 16 位脉冲执行型。

例如 X1 [DMOVP D0 D2] 为 32 位脉冲执行型指令。

脉冲执行型指令在执行条件满足时仅执行一个扫描周期，这点对数据处理具有十分重要的意义。例如一条加法指令，在脉冲执行时，只能将加数和被加数做一次加法运算。

而连续执行型加法运算指令在执行条件满足时，每一个扫描周期都要相加一次，这样就有可能失去控制。为了避免这种情况，对需要注意的指令，在表 4-3 的指令的旁边用▲加以警示。

5. 变址操作

应用指令的源元件(S)和目的元件(D)大部分都可以变址操作，可以变址操作的源元件用(S.)表示，可以变址操作的目的元件用(D.)表示。

变址操作使用变址寄存器 V0～V7 和 Z0～Z7。用变址寄存器对应用指令中的源元件(S)和目的元件(D)进行修改，可以大大提高应用指令的控制功能，如图 4-4 所示。

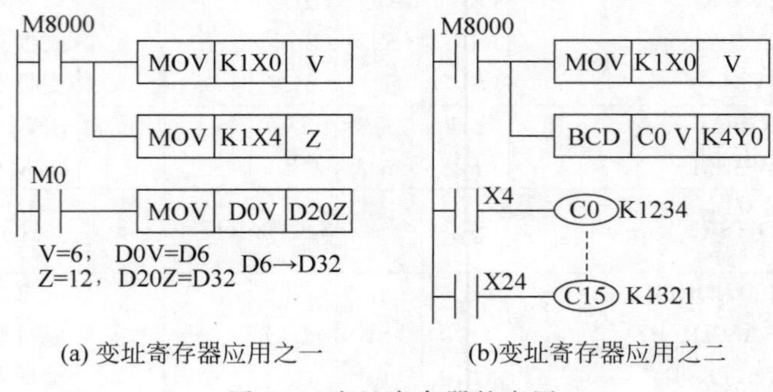

(a) 变址寄存器应用之一　　(b)变址寄存器应用之二

图 4-4　变址寄存器的应用

在图 4-4(a)中，用 4 位输入接点 K1X0(X3～X0)表示 4 位二进制数 0000_2～1111_2，例如 X3、X2、X1、X0＝0110_2，执行 MOV K1X0 V，将 K1X0 中的数据 0110_2(6)传送到 V0(注：V0 也可以写成 V，Z0 也可以写成 Z)中，则 V＝6。例如 X7、X6、X5、X4＝1100_2，则 Z＝12。

当 M0＝1 时，则执行把 D6(0＋6＝6)中的数据传送到 D32(20＋12＝32)中。

在图 4-4(b)中，用 K1X0(X3～X0)为 V 赋值，当 V 的值在 0～15 变化时，就可以把 C0～C15 中的任意一个计数器的当前值以 BCD 数的形式在输出端显示出来。

例如 X3、X2、X1、X0＝0101_2，执行 MOV 指令，则 V＝5，执行 BCD 指令，则把计数器 C5(0＋5＝5)中的二进制数转换成 4 位十进制数据传送到 K4Y0(Y0～Y3、Y4～Y7、Y10～Y13、Y13～Y17)中，分别驱动 4 位数码管显示计数器 C5 的当前值。

4.1.3　应用指令中的数值

PLC 中的核心元件是 CPU，CPU 只能处理二进制数，因此经常需要用二进制数来表示十进制数、小数等。

在 FX 系列可编程控制器中，根据各自的用途和目的不同，有 5 种数值可供使用。其作用和功能如下。

1）十进制数 DEC：(DECIMAL NUMBER)

十进制数用于定时器(T)和计数器(C)的设定值(K 常数)，辅助继电器(M)、定时器(T)、计数器(C)、状态器(S)等的软元件编号，应用指令操作数中的数值指定和指令动作的指定(K 常数)。

2）十六进制数 HEX：(HEXADECIMAL NUMBER)

十六进制数用于应用指令的操作数中的数值指定和指令动作的指定(H 常数)。

3）二进制数 BIN：（BINARY NUMBER）

可编程控制器只能处理二进制数。当 1 个十进制数或十六进制数传送到定时器、计数器或是数据寄存器时，就会变成二进制数。在可编程控制器内部，负数是以 2 的补码来表现的。详细内容请参考 NEG(FNC 29)指令的说明。

4）八进制数 OCT：（OCTAL NUMBER）

八进制数用于输入继电器、输出继电器的软元件编号。由于在八进制数中不存在[8,9]，所以按[0～7、10～17、…、70～77、100～107]上升排列。

5）二-十进制数 BCD：（BINARY CODE DECIMAL）

BCD 就是用二进制数表示的十进制数。例如 BCD 数：0001 0110_2，前 4 位 0001_2 表示十位数的 1，后 4 位 0110_2 表示个位数的 6，合起来就是十进制数的 16。BCD 常用于数字式开关的输入和 7 段码显示器的输出。

6）实数：（浮点数）

可编程控制器有十进制浮点数和二进制浮点数两种。PLC 采用二进制浮点数进行浮点运算，并采用了十进制浮点数进行监控。

（1）二进制浮点数（实数）

二进制浮点数采用 IEEE 745 标准的 32 位单精度浮点数。在数据寄存器中处理二进制浮点数（实数）时，使用编号连续的一对数据寄存器。例如 (D1、D0)时，其格式如图 4-5 所示。

S	E(8位)								M(23位)																						
D1																D0															
31	30	29	28	27	26	25	24	23	22	21	20	19	18	17	16	15	14	13	12	11	10	9	8	7	6	5	4	3	2	1	0
1	1	0	0	0	0	0	1	0	1	0	0	1	0	0	0	0	0	0	0	0	0	0	0	0	0	0	0	0	0	0	0

图 4-5　浮点数的表示

浮点数表示的数值 $=(-1)^S\times 1.M\times 2^{E-127}$。

S(Sign)：符号位(b31 共 1 位)，0 代表正号，1 代表负号。

E(Exponent)：指数位(b30～b23 共 8 位)，取值范围为 1～254(无符号整数)。

M(Mantissa)：尾数位(b22～b0 共 23 位)，又称有效数字位或“小数”。

如在图 4-5 中的浮点数：其符号位 S=1，指数位 E=10000010_2，尾数位 M=1001_2。

$$\text{浮点数所表示的数}=(-1)^S\times 1.M\times 2^{E-127}=(-1)^1\,1.1001_2\times 2^{10000010_0-1111111_0}$$
$$=-1.1001_2\times 2^{11_0}=-1100.1_2=-12.5$$

二进制浮点数的有效位数如用十进制数表示，大约为 7 位数。二进制浮点数的最小绝对值 1175494×10^{-44}，最大绝对值 3402823×10^{32}。

（2）十进制浮点数（实数）

由于二进制浮点数（实数）不易理解，所以也可以将其转换成十进制浮点数（实数）。但是，内部的运算仍然是采用二进制浮点数(实数)。

在数据寄存器中处理十进制浮点数(实数)时，使用编号连续的一对数据寄存器，但是与二进制浮点数(实数)不同，编号小的为尾数(底数)部分，编号大的为指数部分。

例如，32.5 用数据寄存器(D1、D0)表示，先将 32.5 写成 3250×10^{-2}，将 4 位整数 3250 用 MOV 指令写入 D0，将指数 -2 写入 D1，那么 D1、D0 就是用十进制浮点数表示的 32.5。如图 4-6 所示。

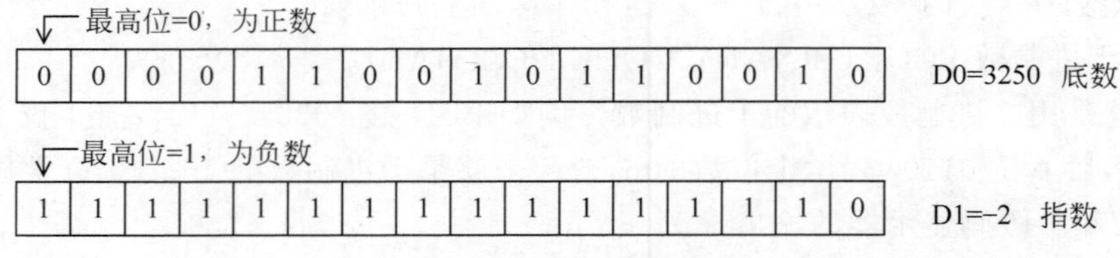

图 4-6 十进制浮点数的表示

十进制浮点数(实数) $= D0\times10^{D1}$。

如图 4-6 所表达的十进制浮点数(实数) $= D0\times10^{D1}=3250\times10^{-2}=32.5$。

尾数 D0＝±(1000～9999)或 0。

指数 D1＝ －41～＋35。

总之，D0、D1 的最高位为正负符号位，都作为 2 的补码处理。

注意，在尾数 D0 中必须是 4 位整数，例如 100 就应变成 1000×10^{-1}。

十进制浮点数(实数)的最小绝对值为 1175×10^{-41}，最大绝对值为 3402×10^{35}。

FX 可编程控制器中处理的数值，可以按照表 4-4 的内容进行转换。

表 4-4 FX 可编程控制器中的数值

十进制数 (DEC)	八进制数 (OCT)	十六进制数 (HEX)	二进制数 (BIN)		BCD	
0	0	00	0000	0000	0000	0000
1	1	01	0000	0001	0000	0001
2	2	02	0000	0010	0000	0010
3	3	03	0000	0011	0000	0011
4	4	04	0000	0100	0000	0100
5	5	05	0000	0101	0000	0101
6	6	06	0000	0110	0000	0110
7	7	07	0000	0111	0000	0111
8	10	08	0000	1000	0000	1000
9	11	09	0000	1001	0000	1001
10	12	0A	0000	1010	0001	0000
11	13	0B	0000	1011	0001	0001

续表

十进制数（DEC）	八进制数（OCT）	十六进制数（HEX）	二进制数（BIN）		BCD	
12	14	0C	0000	1100	0001	0010
13	15	0D	0000	1101	0001	0011
14	16	0E	0000	1110	0001	0100
15	17	0F	0000	1111	0001	0101
16	20	10	0001	0000	0001	0110

4.2 程序流程指令

4.2.1 条件跳转指令(CJ)

跳转指令 CJ 或 CJP 在梯形图中用于跳过一段程序，由于 PLC 对被跳转的程序不扫描读取，所以可以减少扫描周期的时间。

各种软元件在跳转后其线圈仍然保持原来的状态不变，同时也不能对其接点进行控制，T 和 C 的当前值也保持不变。

例 4.1 手动、自动控制方式的选择。

在工业自动控制中，经常需要手动和自动两种控制方式。正常时 X0＝0，执行自动控制梯形图程序；当 X0＝1 时，CJ P0～P0 的自动控制梯形图程序被跳转，执行 CJ P63～END 的手动控制梯形图程序，如图 4-7 所示。图中的 CJ63 为跳转到 END，不用标号 P63。

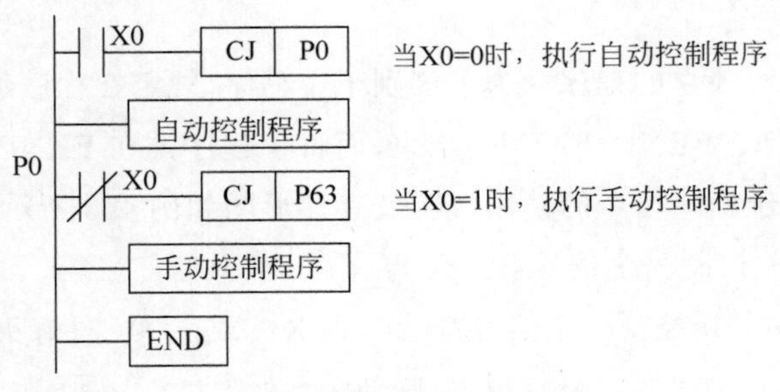

图 4-7 跳转指令应用实例

注意：当由自动控制程序转为手动控制程序时，自动控制程序中的输出结果可能影响手动控制程序的输出结果。

例 4.2 用一个按钮控制电动机的起动和停止。

用一个按钮控制电动机的起动和停止梯形图如图 4-8(a)所示，X0 连接控制按钮，Y0 连接接触器控制一台电动机。

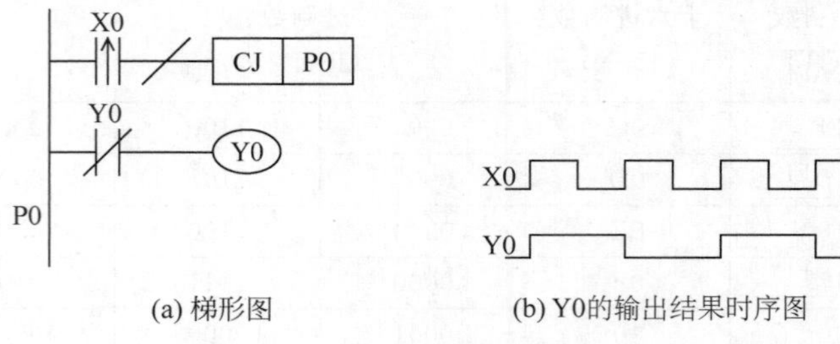

(a) 梯形图　(b) Y0的输出结果时序图

图 4-8　用一个按钮控制电动机的起动和停止

初始状态时，X0＝0，执行跳转指令 CJ，跳到 P0 点，不读 Y0 线圈，Y0＝0。

当 X0＝1 时，在 X0 的上升沿断开一个扫描周期（注：X0 的上升沿常开接点和取反指令合成一个 X0 上升沿接点常闭接点），读 Y0 线圈，Y0 得电一个扫描周期，在第二个扫描周期，尽管 Y0 的常闭接点断开 Y0 线圈失电，但是执行跳转指令 CJ 又恢复了，所以仍保持第一个扫描周期 Y0 得电的结果。

当 X0 第二次闭合时，又在 X0 的上升沿断开一个扫描周期，由于 Y0 的常闭接点断开 Y0 线圈失电一个扫描周期，在第二个扫描周期，尽管 Y0 的常闭接点闭合，Y0 线圈得电，但是执行跳转指令 CJ 又恢复了，所以仍保持第一个扫描周期 Y0 失电的结果。Y0 的输出结果时序图如图 4-8(b)所示。

4.2.2　子程序调用（CALL）、子程序返回（SRET）和主程序结束指令（FEND）

子程序是一种相对独立的程序。为了区别于主程序，规定在程序编排时，将主程序放在前边，以主程序结束指令 FEND(FNC06)结束，而将子程序排在 FEND 后边，在控制过程中根据需要进行调用。子程序指令的使用说明及其梯形图如例 4.3 所示。

例 4.3　两个开关控制一个信号灯。

用两个开关 X1 和 X0 控制一个信号灯 Y0，当 X1、X0＝00_2 时灯灭；当 X1、X0＝01_2 时灯以 1s 脉冲闪；当 X1、X0＝10_2 时灯以 2s 脉冲闪；当 X1、X0＝11_2 时灯常亮。

该例可以由调用子程序来实现控制，如图 4-9 所示。

当 X1、X0＝00_2 时，执行 RST Y0，Y0＝0 灯灭。

当 X1、X0＝01_2 时，执行 CALL P0，调用子程序 1，灯以 1s 脉冲闪。

当 X1、X0＝10_2 时，执行 CALL P1，调用子程序 2，灯以 2s 脉冲闪。

当 X1、X0＝11_2 时，执行 CALL P2，调用子程序 3，灯常亮。

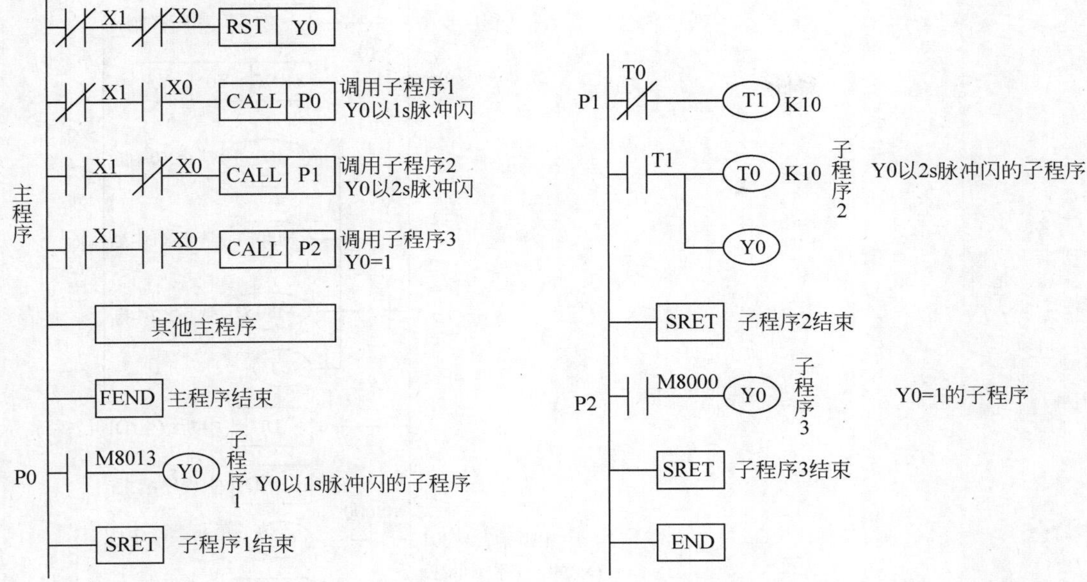

图 4-9 调用子程序实例

4.2.3 中断指令(IRET、EI、DI)

正常情况下,PLC 的工作方式是对梯形图或指令进行逐步读取的,再由指令进行逻辑运算,最后才将结果输出,并且要求输入信号要大于一个扫描周期,但是这样就限制了 PLC 的响应时间。而中断是 PLC 的另一种工作方式,它不受扫描周期的影响。对于输入中断,它可以立即对 X0～X5 的输入状态进行响应,其中 X0、X1 的输入响应时间可达到 20μs,X2～X5 的输入响应时间为 50μs。

FX_{3U} 型 PLC 有 3 类中断:外部输入中断、内部定时器中断和计数器中断方式。

例 4.4 输入中断用于 3 人智力抢答。

如图 4-10 所示为 3 人智力抢答的实例。从 EI 到 DI 之间的程序是中断允许范围,DI 到 FEND 之间的程序为中断不允许范围,如果 DI 到 FEND 之间没有程序,DI 指令也可以省略。在正常情况下,PLC 只执行 FEND 之前的程序,不执行子程序。当有外部输入信号时才执行一次对应的子程序,并立即返回原来中断的地方继续执行主程序。

智力抢答控制梯形图如图 4-10(b)所示,有 3 个抢答者的按钮 X0、X1 和 X2,假如按钮 X1 先闭合,在 X1 的上升沿执行 I101 处的中断子程序 2,使 Y1 输出继电器得电,信号灯 HL2 亮,在执行后面的 IRET 中断返回指令时,立即返回主程序,Y1 接点闭合,使中断禁止特殊辅助继电器 M8050～M8052 得电,禁止了 X0 和 X2 的输入中断。同时 Y3 输出继电器得电,外接蜂鸣器响,表示抢答成功。抢答结束后,主持人按下复位按钮 X10,全部输出 Y0～Y3 复位。

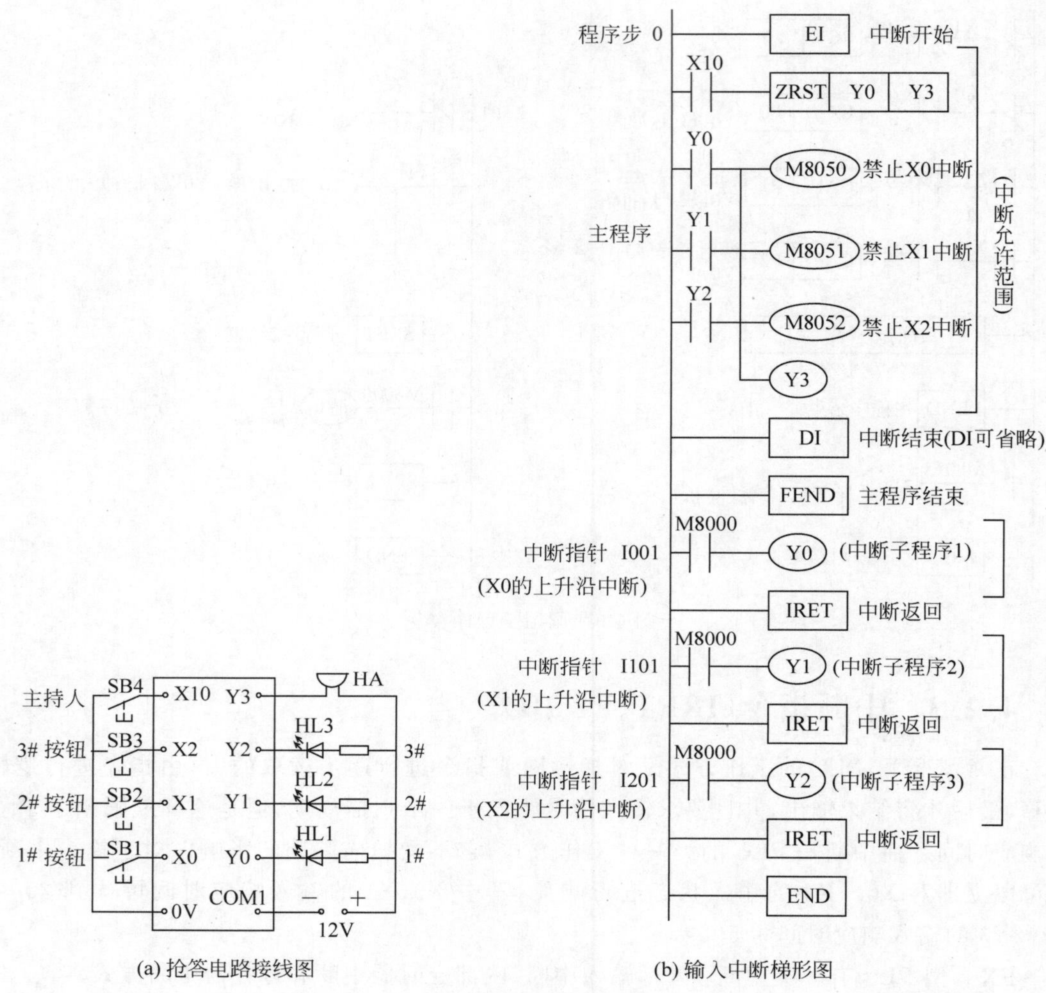

(a) 抢答电路接线图　　(b) 输入中断梯形图

图 4-10　输入中断(抢答电路)

一般梯形图的程序执行会受到扫描周期的影响,用输入中断来实现抢答不受扫描周期的影响,辨别抢答者的按钮输入的快慢将大大加快,辨别率将大大提高。

4.3 传送比较指令

4.3.1 比较指令(CMP)

比较指令 CMP 是将两个源数据(S1.)、(S2.)的数值进行比较,比较结果由 3 个连续的继电器表示,如图 4-11 所示。

当 X0=1 时,将计数器 C10 中的当前值与常数 100 进行比较,若 C10 的当前值大于

100,则 M0=1；若 C10 的当前值等于 100,则 M1=1；若 C10 当前值小于 100,则 M2=1。当 X0=0 时,不执行 CMP 指令,但 M0、M1、M2 保持不变。若要将比较结果复位,可用如图 4-11 所示的 ZRST 指令将 M0、M1、M2 置 0。

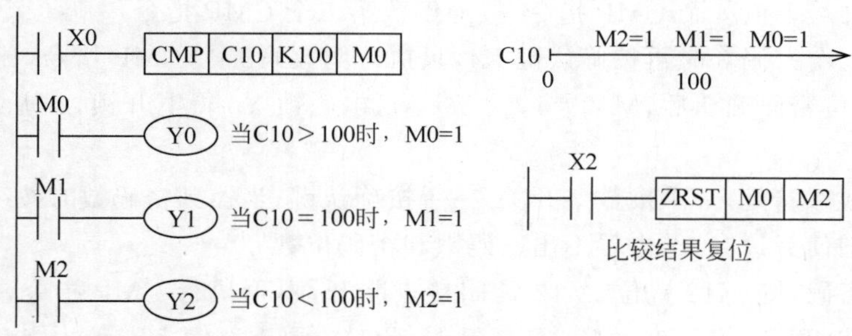

图 4-11 比较指令(CMP)说明

例 4.5 密码锁。

用 PLC 控制一个密码锁,输入密码,按下确认键,密码锁打开。控制梯形图如图 4-12 所示。

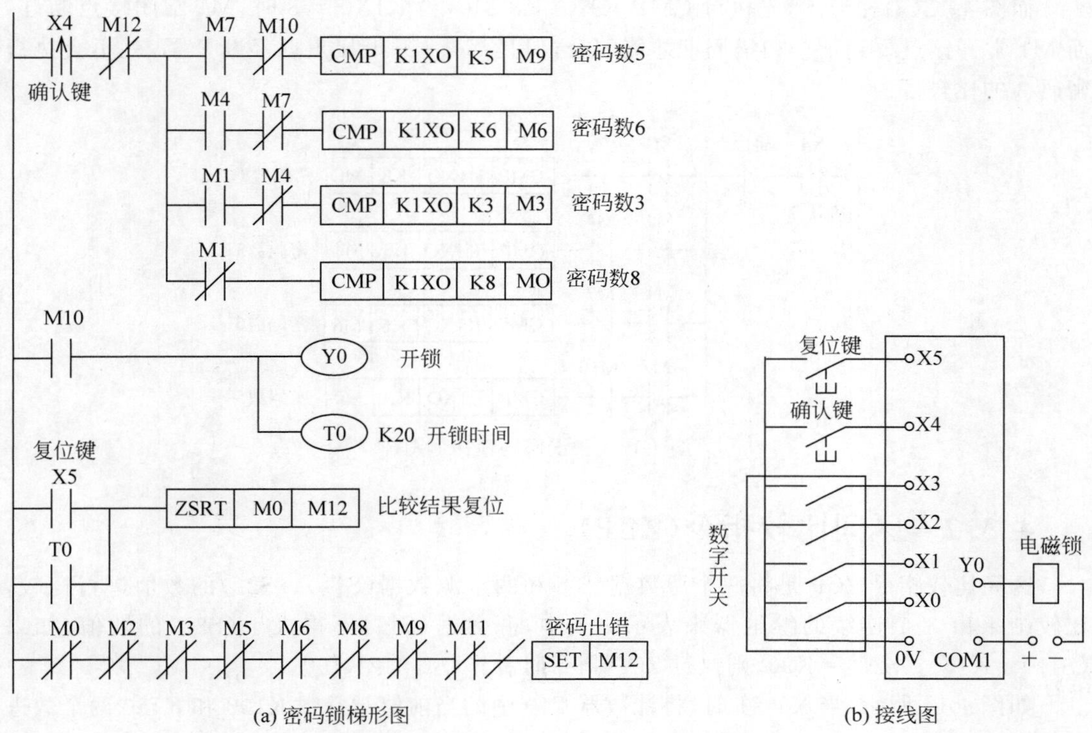

(a) 密码锁梯形图 (b) 接线图

图 4-12 密码锁梯形图和接线图

在控制梯形图中设置 N 位数密码,如设置 4 位数密码为 8365。将数字开关拨到 8 时按一下确认键,再分别在拨到密码数 3、6、5 时按一下确认键,电磁锁 Y0 得电开锁。

密码锁控制梯形图采用 CMP 比较指令将数字开关的数与设定的密码数进行比较，当二者相等时，如第一个数为 8 时按下确认键 X4（上升沿接点，只接通一个扫描周期），由于 M1 常闭接点闭合，只接通最下面一个 CMP 指令，由于 K1X0＝8，比较结果 M1＝1，在下一个扫描周期断开最下面一个 CMP 指令，接通倒数第二个 CMP 指令。

当拨到第二个密码 3 时再按确认键 X4，只执行倒数第二个 CMP 指令，比较结果 M4＝1……当最后一位密码确认后，M10＝1，使 Y0＝1，电磁锁 Y0 得电开锁，2s 后结束并全部结果复位。

将确认键放在暗处，一手拨数字开关，一手按确认键，当拨到密码数时按一下确认键，再继续拨，这样，即使旁边有人，也看不出密码数和密码位数。

如果按错密码，则 M12 置位，M12 常闭接点断开，不再执行 CMP 指令，不能开锁。这时可按下复位按钮 X5，使 M0～M12 全部复位，此时需要重新输入密码才能开锁。

可能很多用户会问，为什么要把密码数 8 的 CMP 指令放在下面，而不放在上面？如图 4-13 所示，答案是否定的。这是因为，如果先执行 CMP K1X0 K8 M0，当 K1X0 ＝8 时，M1 常闭接点断开，M1 常开接点闭合，就会执行密码 3 的比较。

而图 4-12(a)梯形图，先执行 CMP K1X0 K8 M0，当 K1X0 ＝8 时，M1 常闭接点断开，而 M1 常开接点要到下个扫描周期才能闭合，但是 X4 上升沿接点已经断开了，就不会执行密码 3 的比较了。

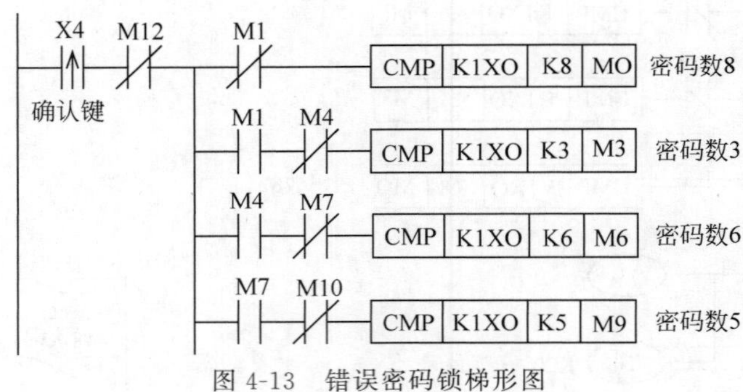

图 4-13 错误密码锁梯形图

4.3.2 区间比较指令（ZCP）

区间比较指令 ZCP 是将一个源数据（S.）和两个源数据（S1.）、（S2.）的数值进行比较，比较结果由 3 个连续的继电器来表示。其中，源数据（S1.）不得大于（S2.）的数值，如果（S1.）＝K100，（S2.）＝K90，则执行 ZCP 指令时看作（S2.）＝K100。

如图 4-14 所示，当 X0＝1 时，将计数器 C10 中的当前值与常数 K100 和 K150 两个数进行比较，若 C10 的当前值小于 100，则 Y0＝1；若 C10 当前值在[100，150]，则 Y1＝1；若 C10 当前值大于 150，则 Y2＝1。

当 X0＝0 时，不执行 CMP 指令，但 Y0、Y1、Y2 保持不变。若要将比较结果复位，可用如图 4-14 所示的 ZRST 指令将 Y0、Y1、Y2 置 0。

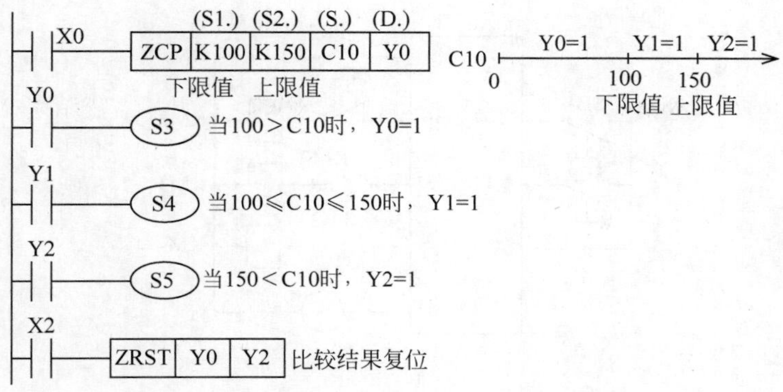

图 4-14 区间比较指令(ZCP)的说明

例 4.6 ZCP 指令用于电动机的星三角降压和直接起动。

某生产装置采用两台电动机作为动力，起动时先起动一台大功率电动机，要求采用星三角降压起动，起动时间为 8s(星形接线)，起动运行(三角形接线)10min 后停止，再起动一台小功率电动机，采用直接起动，再运行 10min 后停止。

如图 4-15 所示，按下起动按钮 X0，M0 线圈得电自锁，接通定时器 T0 线圈，T0 的当前值经 ZCP 指令进行区间比较，分成 3 个时间段，当 T0＜80 时，M1＝1；当 80≤T0≤6000 时，M2＝1；当 T0＞12000 时，M3＝1。

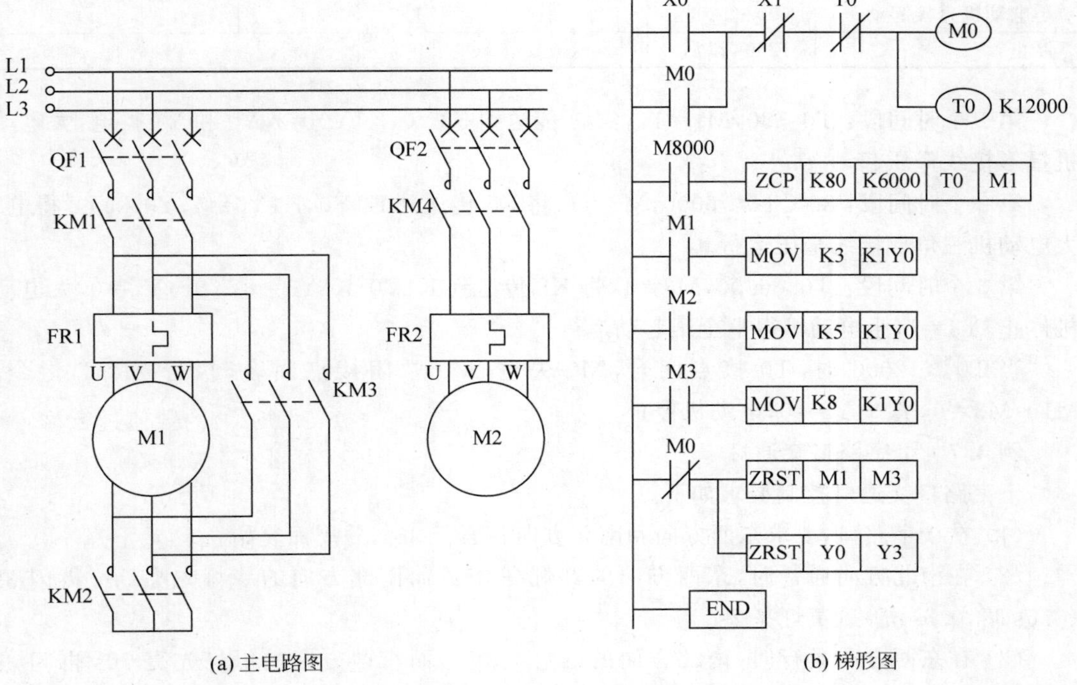

图 4-15 ZCP 指令用于电动机控制

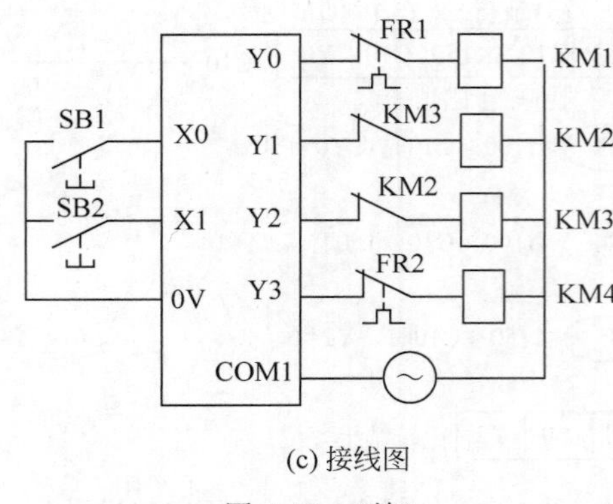

(c) 接线图

图 4-15 （续）

根据 ZCP 指令进行的区间比较，如表 4-5 所示。

表 4-5 电动机起动时间顺序

	时间	K1Y0 的值	KM4	KM3	KM2	KM1
			Y3	Y2	Y1	Y 0
停止	0	0	0	0	0	0
大电动机降压起动	0～8s	3	0	0	1	1
大电动机全压运行	8～600s	5	0	1	0	1
小电动机直接起动	600～1200s	8	1	0	0	0
停止	1200s 以后	0	0	0	0	0

第 1 个时间段：T0＜80，M1＝1，将 K3 传送到 K1Y0，K1Y0＝3，Y0 和 Y1 得电，大电动机星形接线降压起动。

第 2 个时间段：80≤T0≤6000，M2＝1，将 K5 传送到 K1Y0，K1Y0＝5，Y0 和 Y2 得电，大电动机三角形接线全压运行。

第 3 个时间段：T0＞6000，M3＝1，将 K8 传送到 K1Y0，K1Y0＝8，Y0～Y2＝0，大电动机停止，Y3＝1，小电动机得电全压起动运行。

当 T0≥12000 时，T0 接点闭合，M0 失电，M0 常闭接点闭合，执行 ZRST 指令，M1～M3＝0，Y0～Y3＝0，电动机停止。

例 4.7 十字路口交通灯。

十字路口交通灯控制要求如下。

（1）在十字路口，要求东西方向和南北方向各通行 35s，并周而复始。

（2）在南北方向通行时，东西方向的红灯亮 35s，而南北方向的绿灯先亮 30s 再闪 3s（0.5s 暗，0.5s 亮）后黄灯亮 2s。

（3）在东西方向通行时，南北方向的红灯亮 35s，而东西方向的绿灯先亮 30s 再闪 3s（0.5s 暗，0.5s 亮）后黄灯亮 2s。

十字路口的交通灯工作状态如图 4-16 所示。

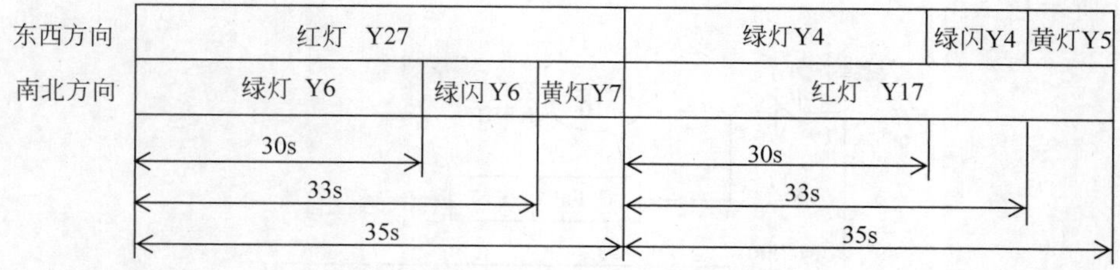

图 4-16 十字路口的交通灯时间分配图

十字路口交通灯的接线图及布置图如图 4-17 所示。

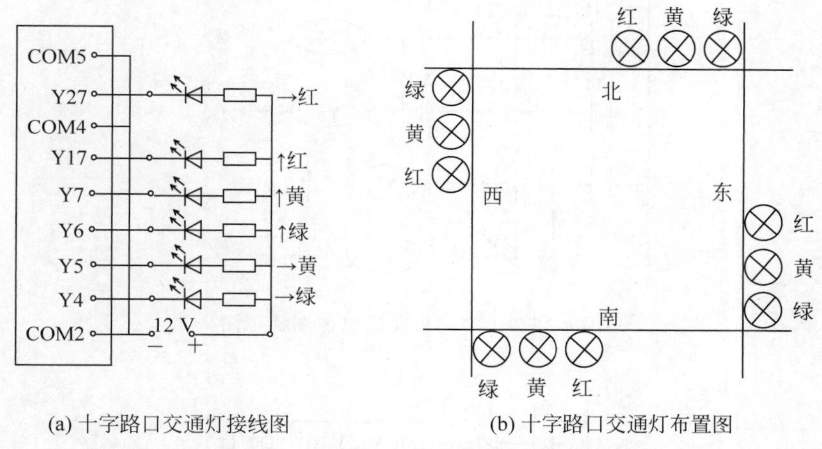

(a) 十字路口交通灯接线图　(b) 十字路口交通灯布置图

图 4-17 十字路口交通灯的接线图及布置图

根据控制要求，用区间比较指令 ZCP 控制的梯形图见图 4-18 所示。

根据控制要求，十字路口交通灯的控制共需 6 个时间段，需用 6 个定时器。但是东西方向和南北方向设定时间是一样的，可以缩减为 3 个，采用区间比较指令 ZCP，将每个方向的通行时间 35s 再分成 3 个时间段，这样只需用 1 个定时器就可以了。

根据 ZCP 指令，当 T0＜30s 时，M0＝1，当 30s≤T0≤33s 时，M1＝1，当 T0＞33s 时，M2＝1。用比较结果 M0～M2 控制黄灯和绿灯，从而简化了梯形图。

4.3.3 传送指令(MOV)

传送指令 MOV 在应用指令中是使用最多的指令，它用于将(S.)中的数值不经任何变换而直接传送到(D.)中。

例 4.8 计数器 C0 设定值的间接设定。

用两个输入开关 X1、X0 改变计数器 C0 的设定值。当 X1、X0＝00_2 时设定值为 10，当 X1、X0＝01_2 时设定值为 15，当 X1、X0＝10_2 时设定值为 20，当 X1、X0＝11 时设定值为 30，当计数器达到设定值时 Y0 得电。用应用指令 MOV 改变计数器 C0 的设定值的梯形图如图 4-19 所示。

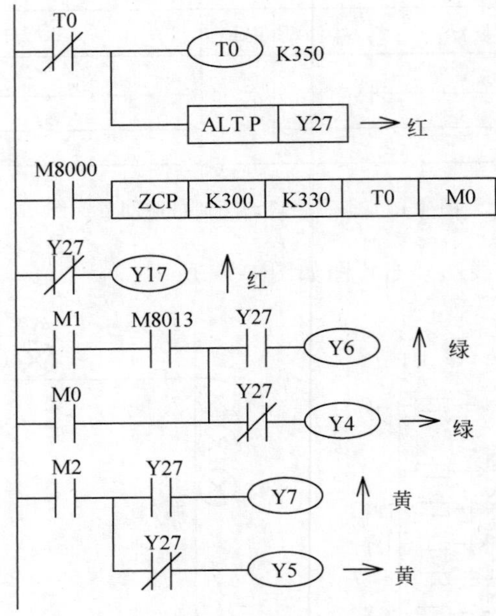

图 4-18 十字路口交通灯控制梯形图

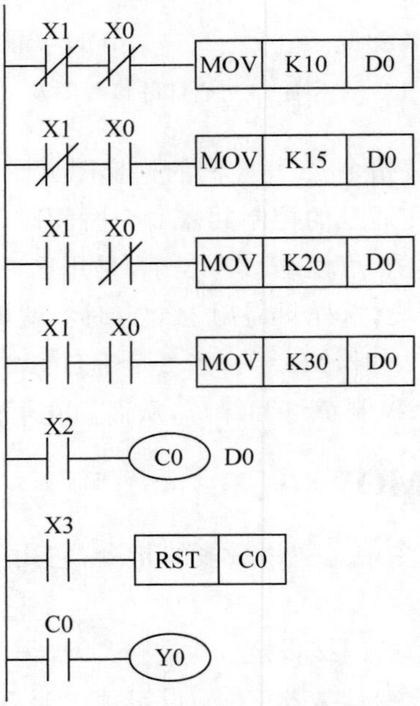

图 4-19 计数器 C0 设定值的间接设定梯形图

当 X1、X0=00_2 时，X1、X0 的常闭接点闭合，执行 MOV K10 D0 指令，D0=10，D0 作为计数器 C0 的设定值。

当 X1、X0=01_2 时，X1 的常闭接点闭合，X0 的常开接点闭合，执行 MOV K15 D0 指令，D0=15，D0 作为计数器 C0 的设定值。

计数器 C0 对 X2 的接通次数计数，当计数值等于 D0 中的设定值时，C0 接点闭合 Y0 得电。当 X3 接通时 C0 复位。

例 4.9 8 人智力抢答竞赛。

8 个人进行智力抢答，用 8 个抢答按钮(X7～X0)和 8 个指示灯(Y7～Y0)。当主持人报完题目并按下按钮(X10)后，抢答者才可按按钮，先按按钮者的灯亮，同时蜂鸣器(Y17)响，后按按钮者的灯不亮。

8 人抢答梯形图如图 4-20(a)所示，在主持人按钮 X10 未被按下时，不执行指令，按抢答按钮 K2X0(X7～X0)无效。

当主持人按下按钮 X10 时，由于抢答按钮均未按下，所以 K2X0=0，由 MOV 指令将 K2X0 的值 0 传送到 K2Y0 中，执行比较指令 CMP K2Y0 K0，由于 K2Y0=K0，比较结果是 M1=1。当按钮 X10 复位断开时，由 M1 接点接通 MOV 和 CMP 指令。

当有人按下抢答按钮，如按钮 X2 先被按下，则 K2X0=00000100_2，经传送，K2Y0=00000100_2，即 Y2=1，对应的指示灯亮，经 CMP 指令比较，K2Y0=4>0，比较结果是 M0=1，Y17 得电，蜂鸣器响。M1=0，断开 MOV 和 CMP 指令，所以后者抢答无效。

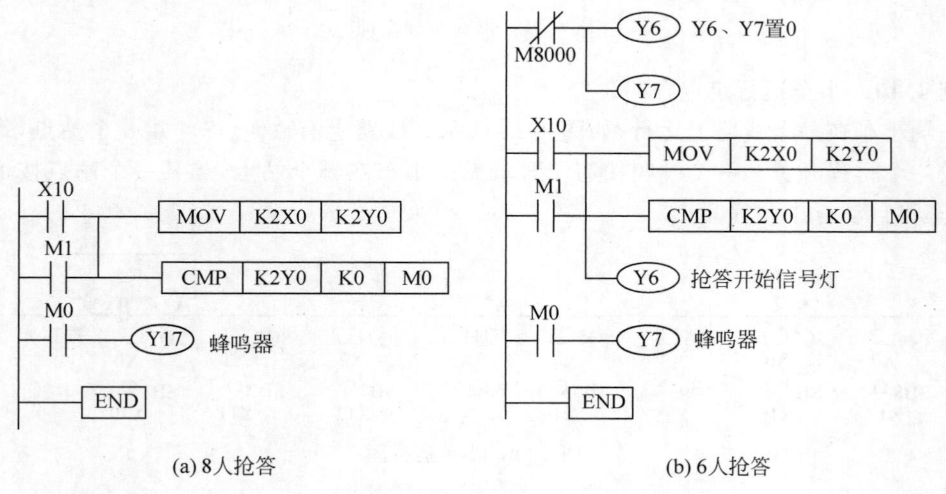

图 4-20 抢答电路

图 4-20(b)所示为 6 人抢答梯形图，抢答按钮为 X0～X5。如果 K2X0 中的 X6、X7 用于其他地方，则 MOV 指令中的 Y6、Y7 就要受到影响，为了避免出现这种情况，在 MOV 指令的前面应将 Y6、Y7 置 0，同时 Y6、Y7 在后面还可以作为其他用途。在本例中 Y6 用于抢答开始信号灯，Y7 用于蜂鸣器。图 4-20(b)和图 4-20(a)的抢答原理是相同的。在图 4-20(b)

中,Y6、Y7 的线圈在梯形图中两次出现,这在常规电器控制电路中是不可能的,而在梯形图中是允许的。不过,在梯形图中重复使用同一个线圈时需十分谨慎,以免出错。

图 4-21 所示采用跳转指令 CJ 指令进行抢答互锁,抢答按钮 X0～X7 在未按下时,K2X0 等于 0,执行 MOV 指令,K2Y0=0,执行 CMP 指令,K2Y0=0,M0=0,当某一抢答按钮 X0～X7 按下时,K2Y0>0,M0=1,接通 CJ 指令,跳到 P0 点,不再执行 MOV 指令和 CMP 指令,其他抢答按钮就不再起作用了。按下主持人按钮 X10,断开 CJ 指令,同时接通 ZRST 指令,将 Y0～Y7 全部复位,再执行 CMP 指令,K2Y0=0,M0=0,下一个扫描周期 CMP 指令又被断开,就可进行下一轮抢答了。

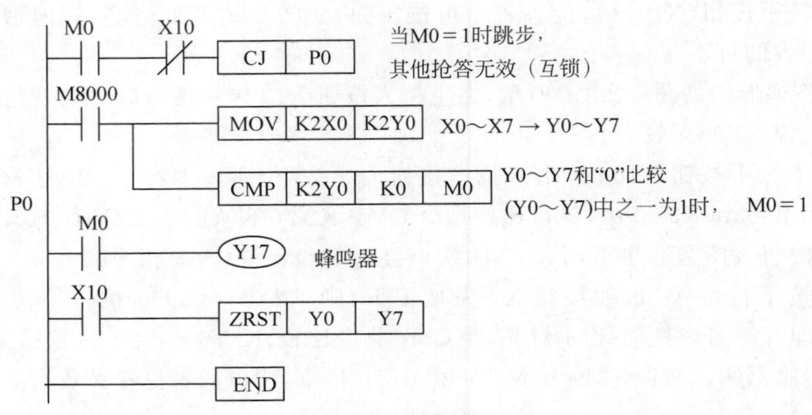

图 4-21 抢答器梯形图

例 4.10 小车运行定点呼叫。

一辆小车在一条线路上运行,如图 4-22 所示。线路上有 0#～7#共 8 个站点,每个站点各设一个行程开关和一个呼叫按钮。要求无论小车在哪个站点,当某一个站点按下按钮后,小车将自动行进到呼叫点。

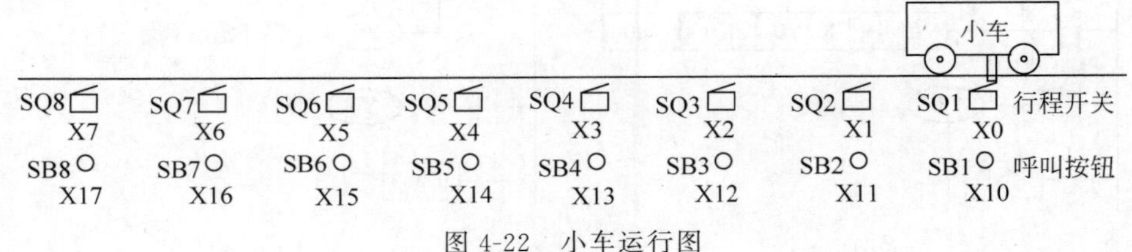

图 4-22 小车运行图

如本例中有 8 个站点(4 的倍数)采用传送和比较指令编程将使程序更简练,如图 4-23 所示。

第一个比较指令 CMP K2X0 M0 用于小车到某站点碰到限位开关时的信号,例如,当小车到达 3#站时,碰到限位开关 X3,则 K2X0=00001000_2(即 X3=1),K2X0>0,比较结果 M0=1,M0 接点闭合,执行传送指令 MOVP K2X0 D0 将 K2X0=8 的值传送到 D0 中,D0=00001000_2。

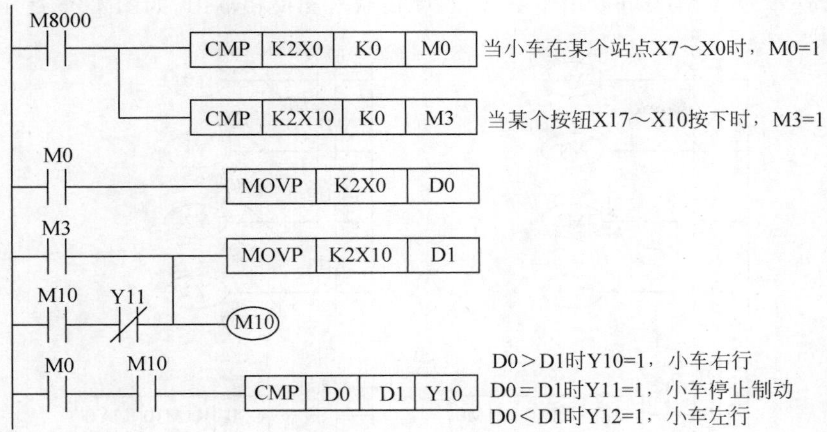

图 4-23　8 个站点小车行走梯形图

如果此时按下 5＃站按钮 X15，则 K2X10＝00100000_2（即 X15＝1）。执行第二个比较指令 CMP K2X10 K0 M3，比较结果 K2X10＞0，M3＝1，M3 接点闭合，执行传送指令 MOVP K2X10 D1 将 K2X10 的值传送到 D1 中，D1＝00100000_2。同时 M10 线圈得电自锁，M10 接点闭合，接通第三个比较指令 CMP D0 D1 Y10 将 D0 和 D1 的值比较，由于 D0＜D1，结果 Y12＝1，小车左行，到达 5＃站碰到限位开关 X5，则 K2X0＝00100000_2，D0＝00100000_2，此时 D0＝D1，比较结果 Y12＝0，Y11＝1，Y11 常闭接点断开，M10 线圈失电，小车停止并进行制动。

4.3.4　取反传送指令（CML）

取反传送指令 CML 用于将（S.）中的各位二进制数取反（1→0，0→1），按位传送到（D.）中。如图 4-24 所示，当 X0＝1 时，将 D0 中的二进制数取反传送到 K2Y0 中。

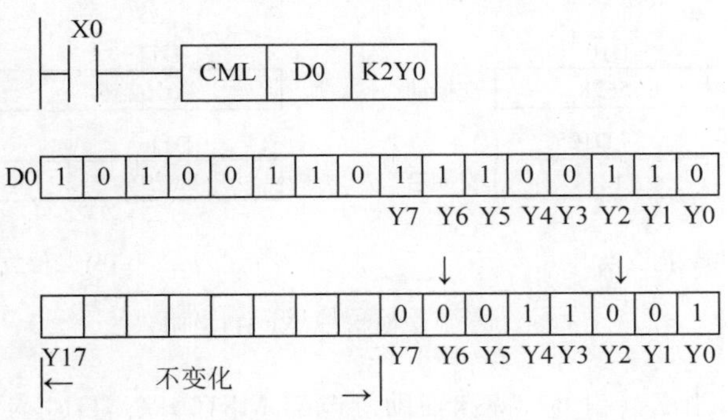

图 4-24　取反传送指令（CML）说明

Y7～Y0 的低 8 位存放的是 D0 的低 8 位反相数据，D0 中的高 8 位不传送，Y17～Y10 不会变化。

取反传送指令（CML）可以用于 PLC 的反相输入和反相输出，如图 4-25 所示。

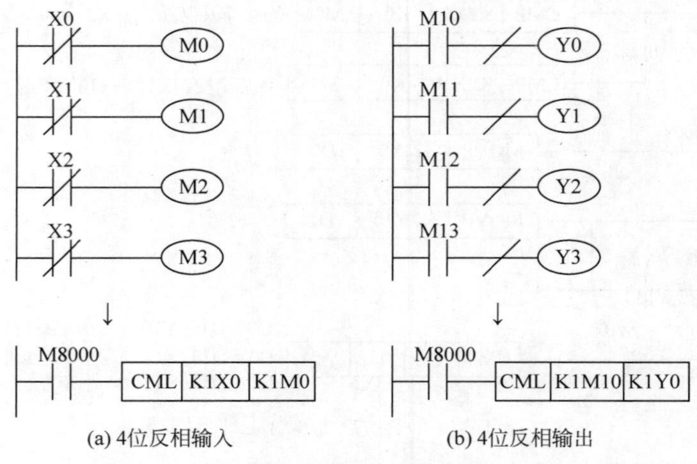

(a) 4位反相输入　(b) 4位反相输出

图 4-25　取反传送指令（CML）的应用

4.3.5　交换指令（XCH）

交换指令 XCH 用于将（D1.）和（D2.）中的数值相互交换。

在图 4-26(a)中，当 X0＝1 时，将 D0 中的数据和 D10 进行相互交换。这条指令一般采用脉冲执行型。如果采用连续执行型，则每个扫描周期都执行数据交换。

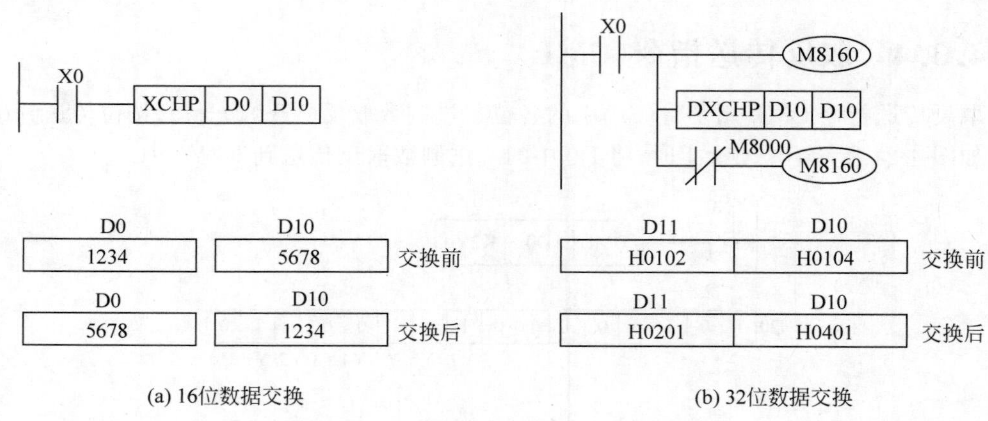

(a) 16位数据交换　(b) 32位数据交换

图 4-26　交换指令（XCH）说明

在图 4-26(b)中，当 X0＝1 时，特殊辅助继电器 M8160＝1，D10 及 D11 中的低 8 位和高 8 位数据相互交换。本例中的 32 位数据 D11、D10 为 H01020104，执行指令后，D11、D10 为 H02010401。

用特殊辅助继电器 M8160 对 32 位 DXCH(P)指令进行数据交换与 SWAP(FNC147)

应用指令作用相同,通常情况下用 SWAP(FNC147)应用指令。

例 4.11 XCH 指令用于电动机定时正反转控制。

控制一台电动机,按下起动按钮电动机正转 20s,再反转 10s 停止。

电动机控制梯形图如图 4-27 所示,PLC 初次运行时,初始化脉冲 M8002 将 K200 传送到 D0 中,将 K100 传送到 D1 中,D0 作为定时器 T0 的设定值。

按下起动按钮 X2,Y0 得电自锁,电动机正转,Y0 接点闭合,T0 得电延时 20s,T0 常闭接点断开 Y0,电动机停止正转,Y0 下降沿接点接通 Y1 线圈,电动机反转。

在下一个扫描周期,Y1 接点闭合,Y0 下降沿接点接通 XCHP 交换指令,将 D0 和 D1 中的数据进行交换,D0 中的数据变为 100,同时 T0 再次得电延时 10s 断开 Y1 线圈,电动机停止。

电动机停止后,Y1 下降沿接点接通 MOV 指令,将 D0、D1 中的数据还原。

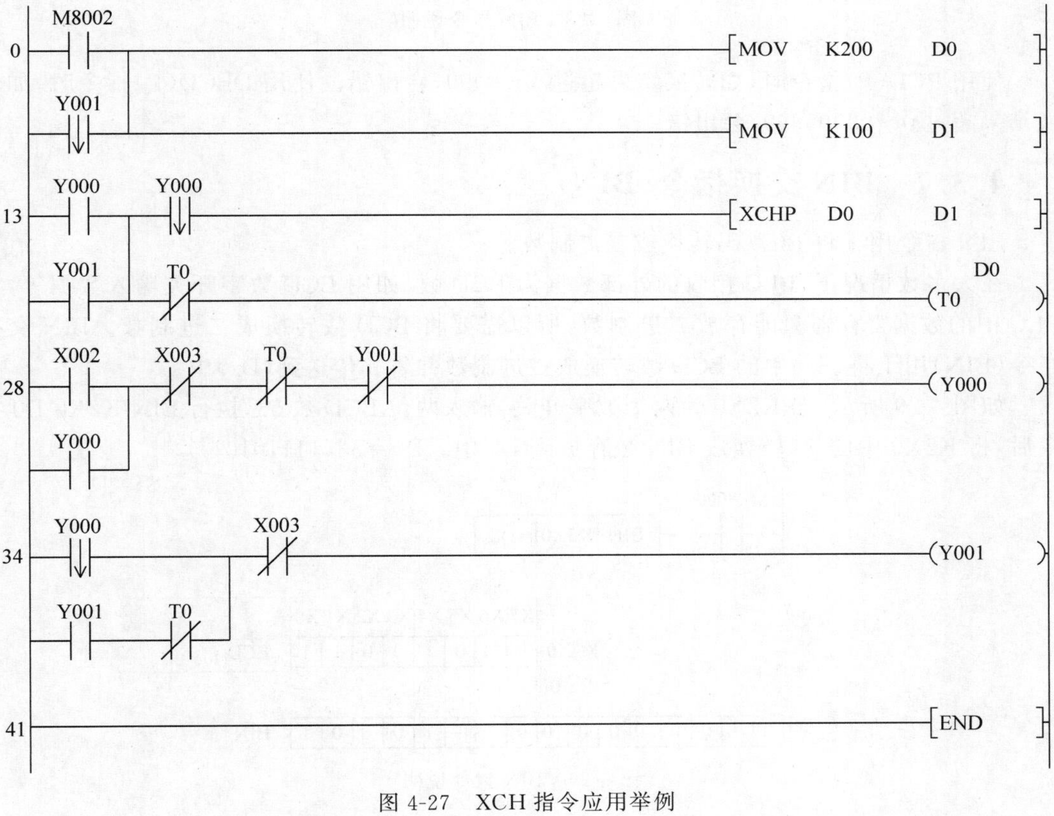

图 4-27 XCH 指令应用举例

4.3.6 BCD 交换指令(BCD)

BCD 指令用于将二进制数转换成 BCD 码。

在 PLC 中的数据寄存器存放的是二进制数,PLC 中的数据运算(如加、减、乘、除、加

一、减一等）也是用二进制数，而输入的数据一般多为十进制数。BCD 交换指令（BCD）用于将（S.）中的二进制数转换成 BCD 数并将其传送到（D.）中。

如图 4-28 所示，如 K2Y0=53（BIN 数），执行 BCD D0 K2Y0 指令后，将 D0 表示的 BIN 数 53（01110101_2）转换成 BCD 数 53（0101 0011）存放到 K2Y0 中。

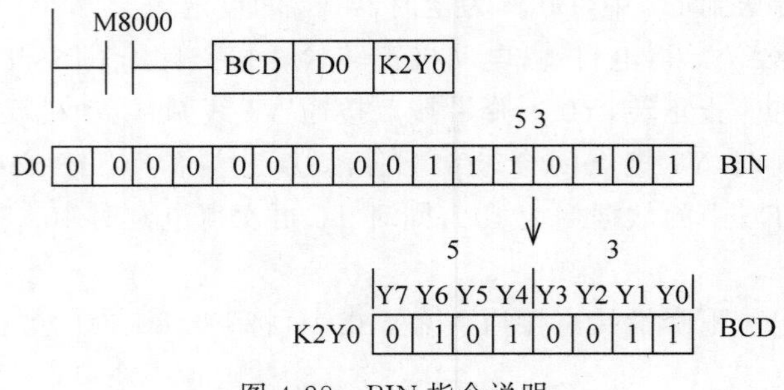

图 4-28　BIN 指令说明

使用 BCD(P) 指令时，如转换结果超过 0～9999，会出错。使用 DBCD(P) 指令时，如转换结果超过 0～99999999，会出错。

4.3.7　BIN 交换指令（BIN）

BIN 指令用于将 BCD 码转换成二进制数。

在大多数情况下，PLC 接收的外部数据为 BCD 数，如用 BCD 数字开关输入数据等，而 PLC 中的数据寄存器只能存放二进制数，所以需要将 BCD 数转换成二进制数。BIN 交换指令（BIN）用于将（S.）中的 BCD 数转换成二进制数并将其传送到（D.）中。

如图 4-29 所示，如 K2X0 为两个数字开关，输入两位 BCD 数 53，执行 BIN K2X0 D0 指令后，将 K2X0 中的 53 转换成 BIN 数存放到 D0 中。D0=53（11110101_2）。

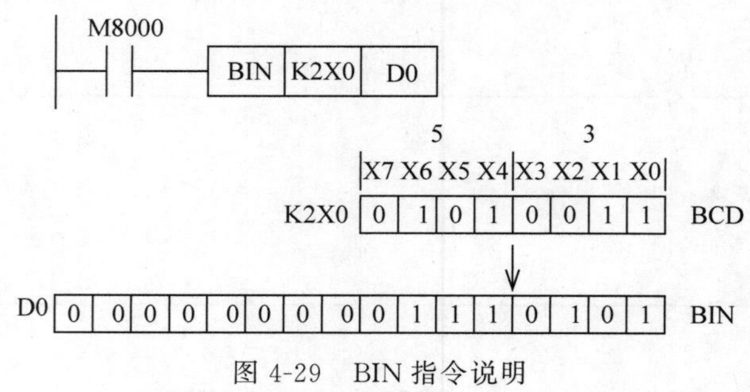

图 4-29　BIN 指令说明

使用 BIN(P) 指令时，如转换结果超过 0～9999，会出错。

使用 DBIN(P) 指令时，如转换结果超过 0～99999999，会出错。

如果（S.）中的数据不是 BCD 数，则 M8067（运算错误）=1，M8068（运算错误锁存）将不工作。

例 4.12 定时器的设定值间接设定和当前值显示。

用 4 位 BCD 码数字开关间接设定定时器的设定值，用 4 位数七段数码管显示定时器的当前值。

图 4-30 所示为一个间接设定的定时器，其定时器 T0 的设定值由 4 个 BCD 码数字开关经输入继电器 X17～X0（K4X0）存放到数据寄存器 D0 中，由于数据寄存器只能存放 BIN 码，所以必须将 4 位 BCD 码数字转换成 BIN 码。D0 中的值作为定时器 T0 的设定值。

用 4 位数码管显示定时器 T0 的当前值，T0 中的当前值是以 BIN 码存放的，而 4 位数码管的显示要用 BCD 码，所以必须将 T0 的 BIN 码转换成 BCD 码输出，由输出继电器 Y17～Y0（K0Y0）经外部 BCD 译码电路驱动 4 位数码管。

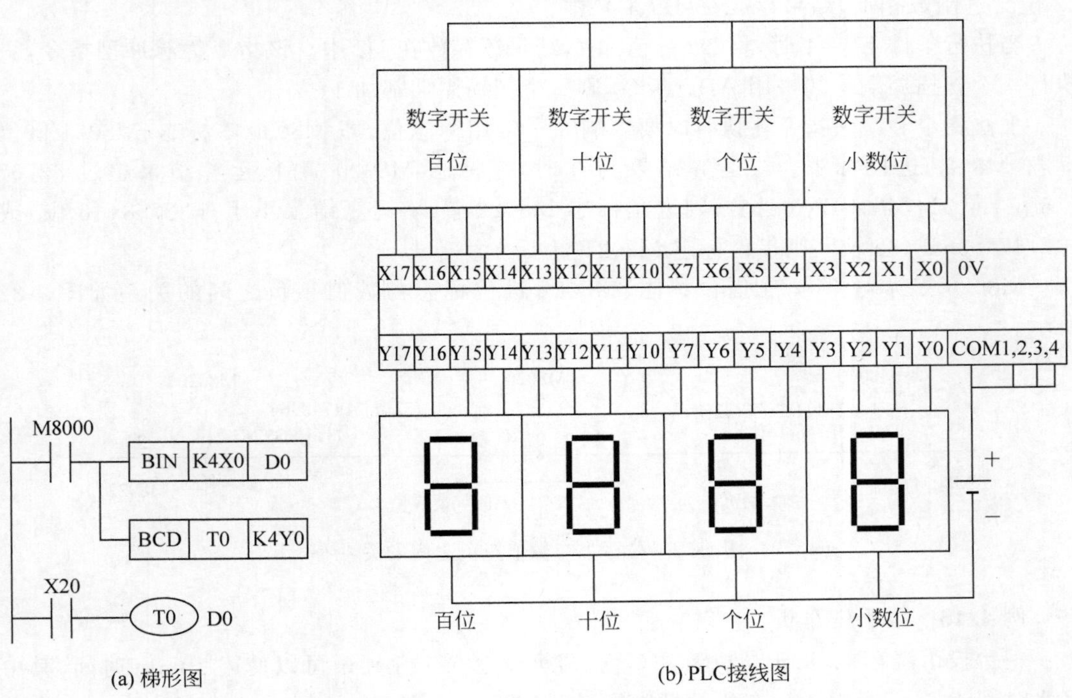

图 4-30 BIN、BCD 指令应用举例

4.4 四则逻辑运算

4.4.1 BIN 加法指令（ADD）

BIN 加法指令 ADD 用于源元件（S1.）和（S2.）二进制数相加，结果存放在目标元件（D.）中，如图 4-31 所示。

当执行条件 X0＝1 时，将 D0＋D2 的值存放在 D4 中。例如，若 D0 中的值为 5，D2 中的值为－8，则执行 ADD 的结果是 D4 中的值为－3。

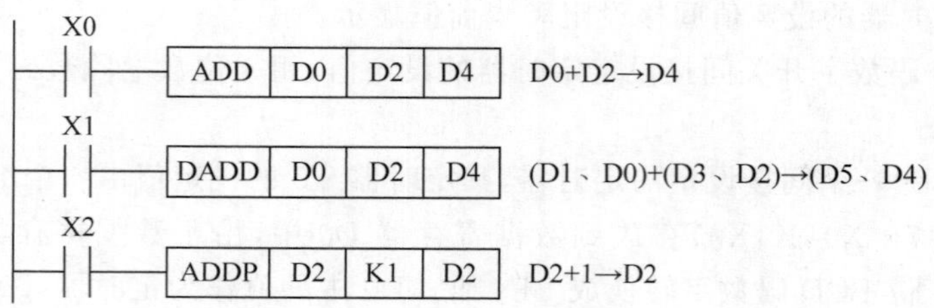

图 4-31 加法指令(ADD)说明

当执行条件 X1=1 时,执行 32 位加法,将(D1、D0)中的 32 位二进制数和(D3、D2)中的 32 位二进制数相加,结果存放在(D5、D4)中。

当执行条件 X2=1 时,将 D2 的值加 1,结果还存放在 D2 中。该指令为脉冲型指令,只执行一个扫描周期。如果用 ADD 指令,则每个扫描周期都加 1。

加法指令和减法指令在执行时要影响 3 个常用标志位,即 M8020 零标志、M8021 借位标志、M8022 进位标志。当运算结果为 0 时,零标志 M8020 置 1,运算结果超过 32767(16 位)或 2147483647(32 位),则进位标志 M8022 置 1;运算结果小于-32768(16 位)或-2147483648(32 位),则借位标志 M8021 置 1。

M8020 零标志、M8021 借位标志、M8022 进位标志与数值正负之间的关系如图 4-32 所示。

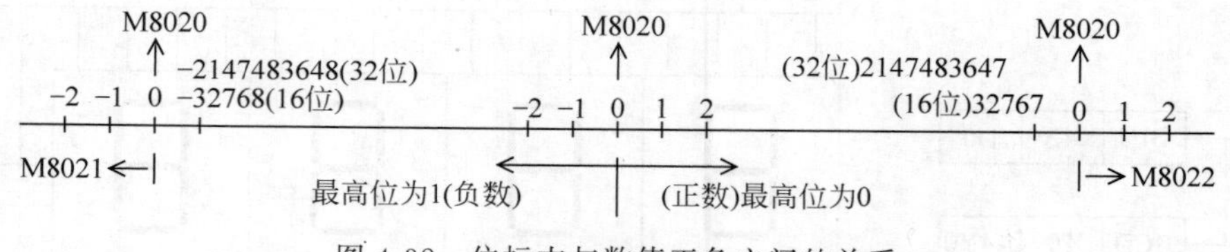

图 4-32 位标志与数值正负之间的关系

例 4.13 投币洗车机。

一台投币洗车机,用于司机清洗车辆,司机每投入 1 元硬币可以使用 10min 时间,其中喷水时间为 5min。投币洗车机的控制梯形图如图 4-33 所示。

用 D0 存放喷水时间,用 100ms 累计型定时器 T250 来累计喷水时间,用 100ms 通用型定时器 T0 来累计使用时间,用 D1 存放使用时间。PLC 初次运行时由 M8002 执行 ADDP 指令将 0 和 0 相加,将结果 0 分别传送到 D0 和 D1 中,由于执行 ADDP 指令结果是 0,所以 M8020=1,M8020 常闭接点断开,按喷水按钮无效。

当投入 1 元硬币时,X0 接点接通一次,向 D0 数据寄存器增加 3000(5min),作为喷水的时间设定值,同时向 D1 的值增加 6000(10min)作为司机限时使用时间。由于此时执行 ADDP 的结果不为 0,所以 M8020=0,M8020 常闭接点闭合,当司机按下喷水按钮 X1 时,T250 开始计时。当司机松开喷水按钮时,T250 保持当前值不变。当喷水按钮再次被按下时,T250 接着前一次计时时间继续计时,当累计达到 D0 中的设定值时,T250 常开接点闭合，将 D0、D1 清 0，T250 复位。M8020＝1，M8020 常闭接点断开，Y0 线圈失电，结束使用。

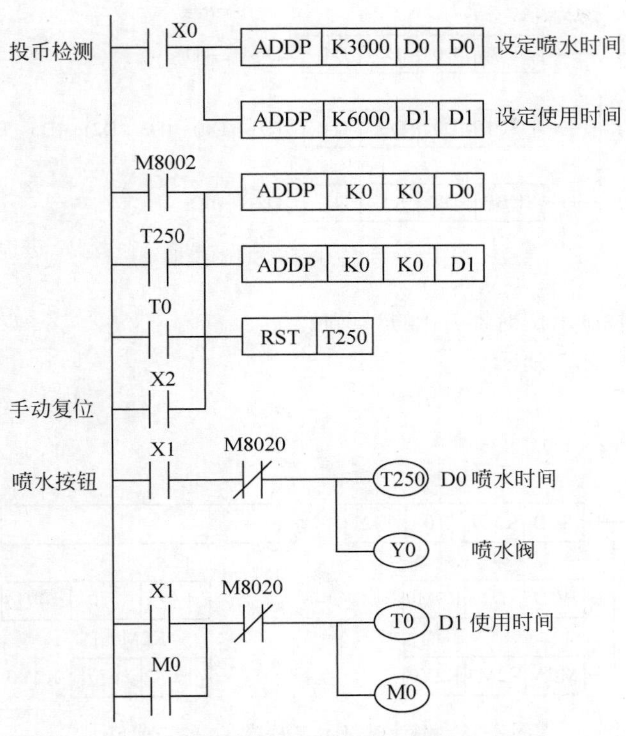

图 4-33 投币洗车机的控制梯形图

当喷水按钮 X1 动作时，T0 接通并由 M0 得电自锁，喷水累计时间未到 5s，但达到使用时间 10s，T0 动作，将 D0、D1 清 0，结束使用。

注意：由于定时器最长可以设定 3276.7s，约 54min。因此每次最多只能投 5 枚 1 元硬币。如果要增加延时时间，可以编程使用长延时定时器。

4.4.2 BIN 减法指令(SUB)

BIN 减法指令 SUB 用于源元件(S1.)和(S2.)二进制数相减，结果存放在目标元件(D.)中，如图 4-34 所示。

当执行条件 X0＝1 时，将 D0-D2 的值存放在 D4 中。例如，若 D0 中的值为 5，D2 中的值为－8，则执行 SUB 后的结果是 D4 中的值为 13。

当执行条件 X1＝1 时，执行 32 位减法，将(D1、D0)中的 32 位二进制数和(D3、D2)中的 32 位二进制数相减，结果存放在(D5、D4)中。

当执行条件 X2＝1 时，将 D2 的值减 1，结果存放在 D2 中。该指令为脉冲型指令，只执行一个扫描周期。

M8020 零标志、M8021 借位标志、M8022 进位标志对减法的影响和加法指令相同。

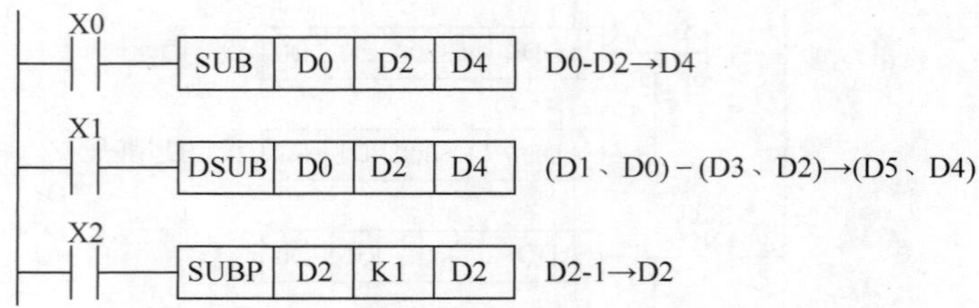

图 4-34　减法指令(SUB)说明

例 4.14　倒计时显示定时器 T0 的当前值。

控制梯形图如图 4-35 所示。

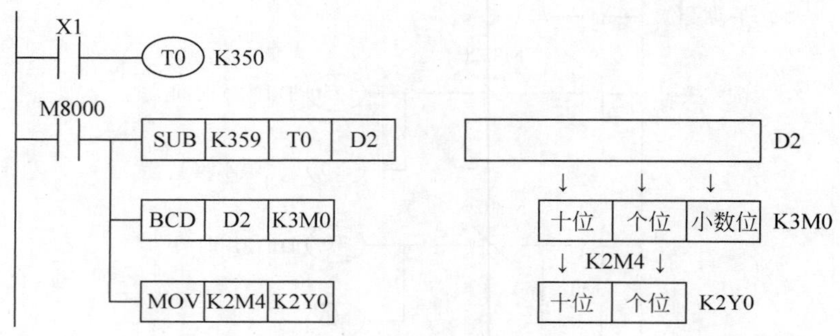

图 4-35　倒计时显示定时器 T0 的当前值

定时器 T0 的设定值为 35.0s，计时单位为 0.1s，不显示小数位，所以用 359-T0 作为倒计时数，当 T0＝0 时，D2＝359，显示前两位数即为 35；当 T0＝K350 时，D2＝359－T0＝359－350＝009，显示前两位数即为 0。

D2 中的数为 BIN 码，由 BCD 指令将其变换成 BCD 码存放在 K3M0 中，其中 K2M4 中存放的是十位和个位数，将 K2M4 中的数传送到 K2Y0，以显示倒计时数 35～0s。

4.4.3　BIN 乘法指令(MUL)

BIN 乘法指令 MUL 用于(S1.)和(S2.)相乘，结果存放在(D.)中，如图 4-36 所示。

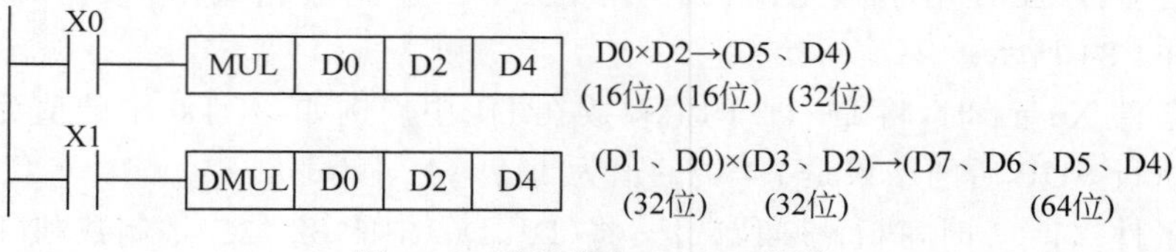

X0 —— MUL D0 D2 D4　D0×D2→(D5、D4)
(16位) (16位) (32位)

X1 —— DMUL D0 D2 D4　(D1、D0)×(D3、D2)→(D7、D6、D5、D4)
(32位) (32位) (64位)

图 4-36　乘法指令(MUL)说明

当 X0=1 时，将 D0 中的 16 位数与 D2 中的 16 位数相乘，乘积为 32 位，结果存放在(D5、D4)中。

当 X1=1 时，将(D1、D0)中的 32 位数与(D3、D2)中的 32 位数相乘，乘积为 64 位，结果存放在(D7、D6、D5、D4)中。

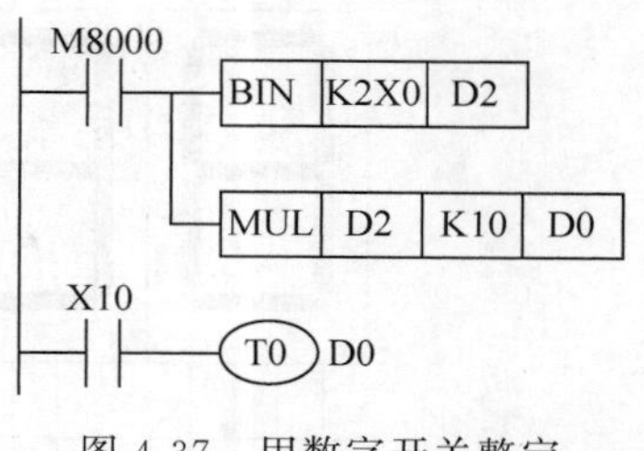

图 4-37　用数字开关整定定时器的设定值

例 4.15　用两个数字开关整定一个定时器的设定值。

用两个数字开关整定一个定时器的设定值。要求设定值范围为 1～99s。梯形图如图 4-37 所示，如两个数字开关的设定值为 35，35 为 BCD 码，由 BIN 指令转换成 BIN 存放到 D2 中，再将 D2 中数值 35×10 传送到 D0，则 D0 中的 350 即为 T0 定时器的设定值 35s。

4.4.4　BIN 除法指令(DIV)

BIN 除法指令 DIV 用于(S1.)除以(S2.)，商和余数存放在(D.)中，如图 4-38 所示。

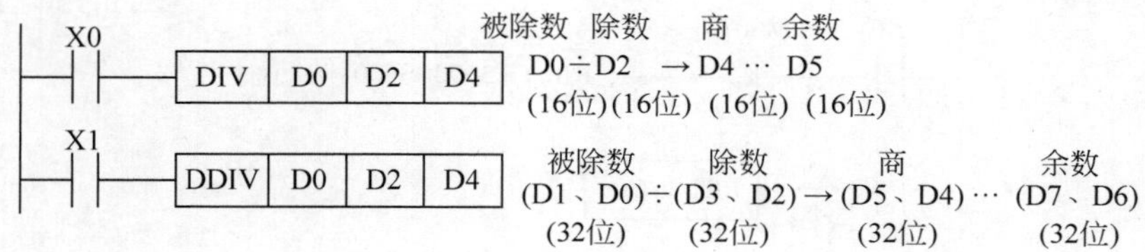

图 4-38　除法指令(DIV)的说明

当 X0=1 时，将 D0 中的 16 位数与 D2 中的 16 位数相除，商存放在 D4 中，余数存放在 D5 中。

当 X1=1 时，将(D1、D0)中的 32 位数与(D3、D2)中的 32 位数相除，商存放在(D5、D4)中，余数存放在(D7、D6)中。

如果除数为 0，则说明运算错误，不执行指令。若(D.)为位元件，则得不到余数。

例 4.16　用时、分、秒显示计时值。

通常在 PLC 中用定时器或计数器进行计时，但是其计时值读起来不直观，可以用程序转换成时分秒来阅读，如图 4-39 所示。

当 X0=1 时，计数器 C0 对秒时钟 M8013 计数，计数值为 3600s，C0 为循环计数器，当达到设定值 3600 时复位，又从 0 开始重复计数，C0 接点每隔 3600s(1 小时)发 1 个脉冲，计数器 C1 对 C0 的脉冲计数，每计数 1 次为 1 小时，C1 计数值为 24 小时(一天)。

用除法指令 DIV 对 C0 除以 60，商存放在 D0 中，D0 中的值为分钟数，余数放在 D1 中，D1 中的值为秒数，C1 中的值为小时数。

D0、D1、C1 中的值为 BIN 值，如用 7 段数码管显示，可用 BCD 指令将其转换成十进制数。如果要显示天数，可以对 C1 进行计数。

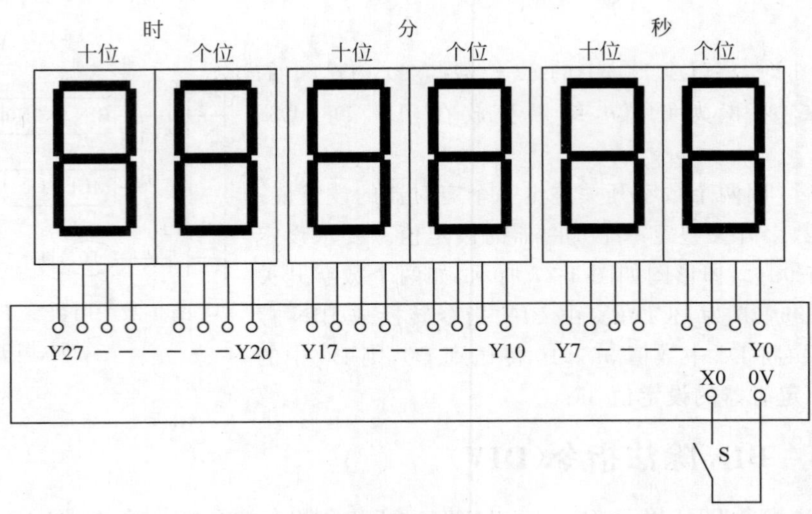

(a) PLC接线图

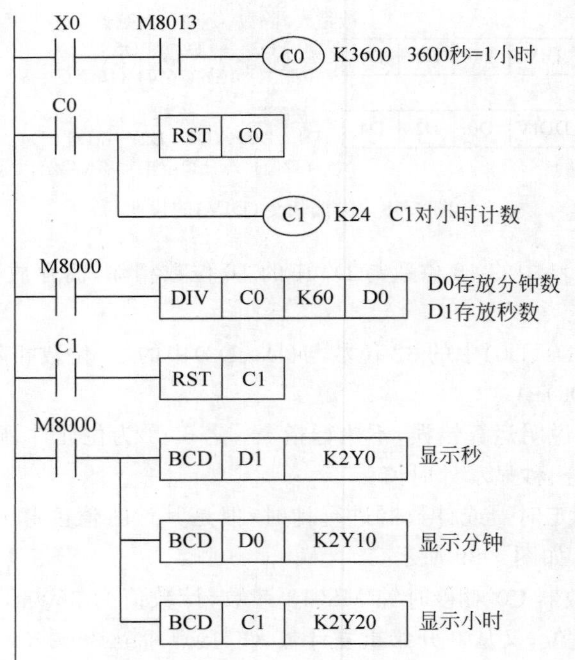

(b) PLC梯形图

图 4-39　除法指令运用实例

4.4.5　BIN 加 1 指令(INC)

BIN 加 1 指令 INC 用于将(D.)中的数值加 1，结果仍存放在(D.)中，如图 4-40 所示。当 X0=1 时，D0 中的数值加 1，结果还放在 D0 中。若用连续指令 INC 时，则每个扫描周期加 1。

X0　INCP　D0　D0+1→D0

图 4-40　加 1 指令(INC)说明

在进行 16 位运算时，32767 再加 1 就变为−32768，注意这一点和加法指令不同，其标志 M8022 不动作。同样，在 32 位运算时，2147483647 再加 1 就变为−2147483648，标志 M8022 也不动作。

例 4.17　用一个按钮控制电动机的起动、停止和报警。

用一个按钮控制电动机的起动停止和报警，第 1 次按按钮，报警，第 2 次按按钮，消除报警，电动机起动，第 3 次按按钮，报警，第 4 次按按钮，消除报警，电动机停止。

电动机控制梯形图如图 4-41(a)所示，初始状态时 K1M0=0，按一次按钮 X0，执行一次 INCP 加一指令，K1M0=0001_2，M0=1，Y0 得电报警。再按一次按钮 X0，K1M0=0010_2，M1=1，Y1 得电，电动机起动。第 3 次按一次按钮 X0，K1M0=0011_2，M1=1，M0=1，Y1、Y0 得电，电动机仍运行，报警器响。第 4 次按一次按钮 X0，K1M0=0100_2，M1=0，M0=0，Y1、Y0 均失电，回到初始状态。

按钮 X0、Y1 和 Y0 的时序图如图 4-41(b)所示。

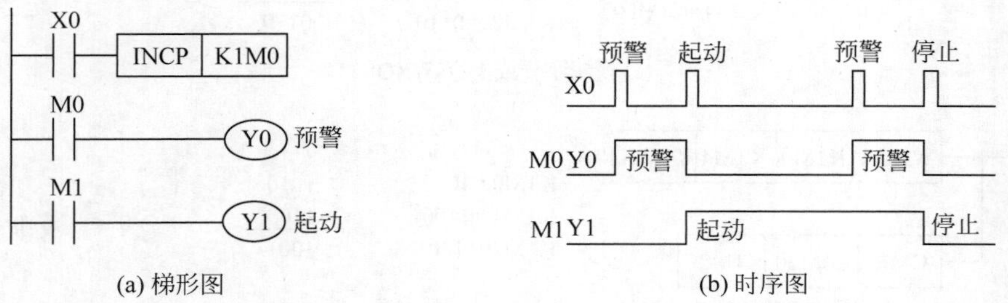

(a) 梯形图　　(b) 时序图

图 4-41　用一个按钮控制电动机的起动、停止和报警

4.4.6　BIN 减 1 指令(DEC)

减 1 指令 DEC 用于将(D.)中的数值减 1，结果仍存放在(D.)中，如图 4-42 所示。

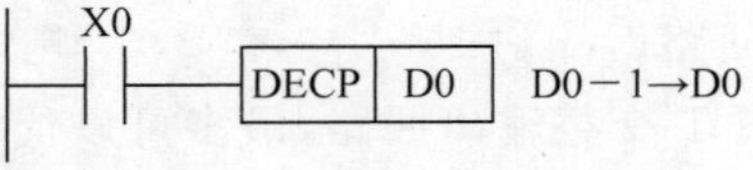

X0　DECP　D0　D0−1→D0

图 4-42　减 1 指令(DEC)说明

当 X0=1 时，D0 中的数值减 1，结果还放在 D0 中。若用连续指令 DEC 时，则每个扫描周期都减 1。

在进行 16 位运算时，−32768 再减 1 就变为 32767，注意这一点和减法指令也不同，其标志 M8021 不动作。同样，在 32 位运算时，−2147483648 再减 1 就变为 2147483647，标志 M8021 也不动作。

用加 1 指令(INC)或减 1 指令(DEC)可以组成加计数或减计数的计数器，可以利用这种计数器的当前值对电路进行控制，十分方便。

4.4.7 逻辑字与、或、异或指令（WAND、WOR、WXOR）

逻辑字与指令 WAND 用于(S1.)和(S2.)进行与运算，结果存放在(D.)中。

逻辑字或指令 WOR 用于(S1.)和(S2.)进行或运算，结果存放在(D.)中。

逻辑字异或指令 WXOR 用于(S1.)和(S2.)进行异或运算，结果存放在(D.)中。

对两个字(S1.)和(S2.)的逻辑字异或非运算，可以先将(S1.)和(S2.)进行异或运算，结果存放在(D.)中，再将(D.)取反，即可得到字异或非运算的结果，如图 4-43 所示。

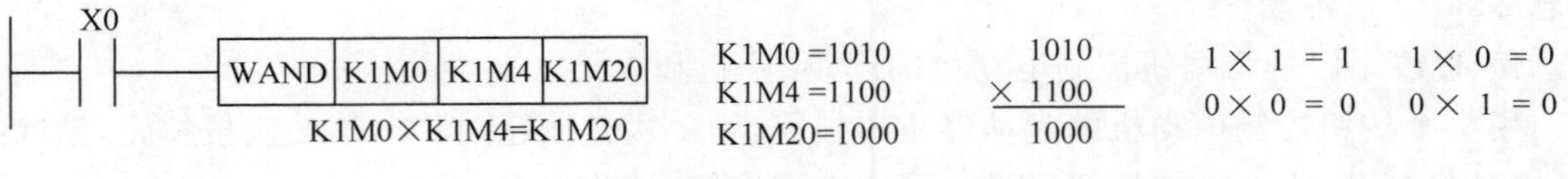

X0 | WAND | K1M0 | K1M4 | K1M20

K1M0×K1M4=K1M20

K1M0 =1010
K1M4 =1100
K1M20=1000

1010
× 1100
1000

1×1 =1　1×0 =0
0×0 =0　0×1 =0

(a) 逻辑字与指令(WAND)

X1 | WOR | K1M0 | K1M4 | K1M20

K1M0+K1M4=K1M20

K1M0 =1010
K1M4 =1100
K1M20=1110

1010
+ 1100
1110

1+1 =1　1+0 =1
0+0 =0　0+1 =1

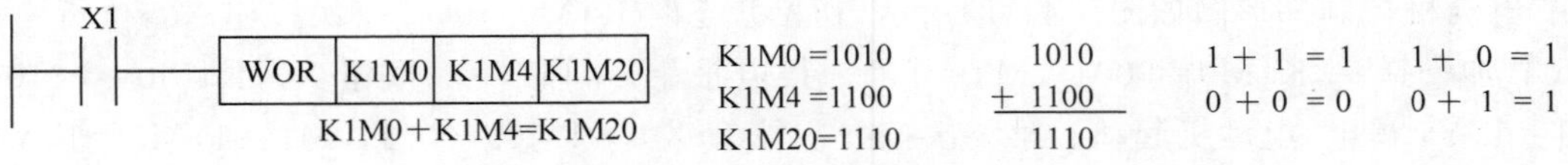

(b) 逻辑字或指令(WOR)

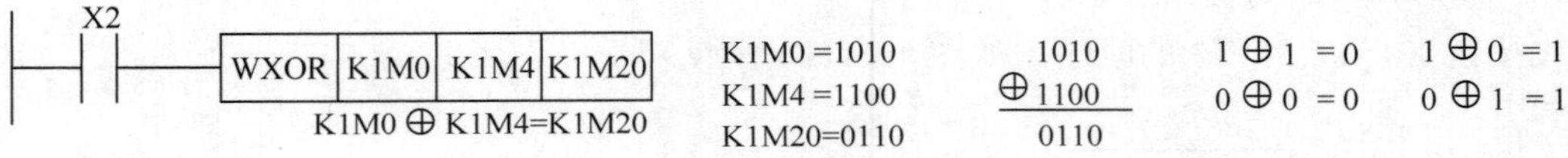

X2 | WXOR | K1M0 | K1M4 | K1M20

K1M0 ⊕ K1M4=K1M20

K1M0 =1010
K1M4 =1100
K1M20=0110

1010
⊕ 1100
0110

1⊕1 =0　1⊕0 =1
0⊕0 =0　0⊕1 =1

(c) 逻辑字异或指令(WXOR)

X3 | WXOR | K1M0 | K1M4 | K1M20
CML | K1M20 | K1M20

K1M0⊙K1M4=K1M20

K1M0 =1010
K1M4 =1100
K1M20=1001

1010
⊙ 1100
1001

1⊙1 =1　1⊙0 =0
0⊙0 =1　0⊙1 =0

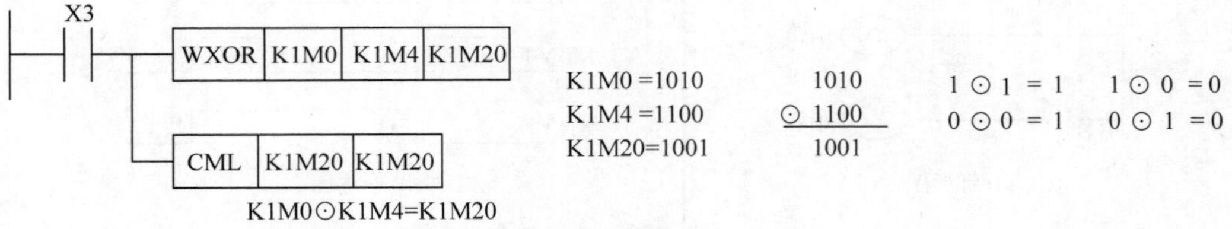

(d) 逻辑字异或非指令

图 4-43　逻辑字与、或、异或、异或非运算

例 4.18　用 WAND、WOR、WXOR 指令简化电路。

图 4-44(a)是由 WAND 指令来代替 4 支两接点串联输出回路，用于简化电路。如果使用 DWAND 指令，则可以最多代替 32 支两接点串联输出回路。

图 4-44(b)是由 SUM 和 WXORP 指令来代替 4 支 ALT 交替输出回路，最多可以代替 16 支交替输出回路。如果将图 4-44(b)所示梯形图中的 K1 改为 K4，则即可用 16 个按钮 X0～X17 控制 16 台电动机 Y0～Y17 的起动停止。

图 4-44(c)是由 WOR 指令来代替 4 支置位输出回路。如果使用 DWOR 指令，则可以最多代替 32 支置位输出回路。

图 4-44(d)是由 CML 和 WAND 指令来代替 4 支复位输出回路。如果使用 DCML 和 DWAND 指令,则可以最多代替 32 支复位输出回路。

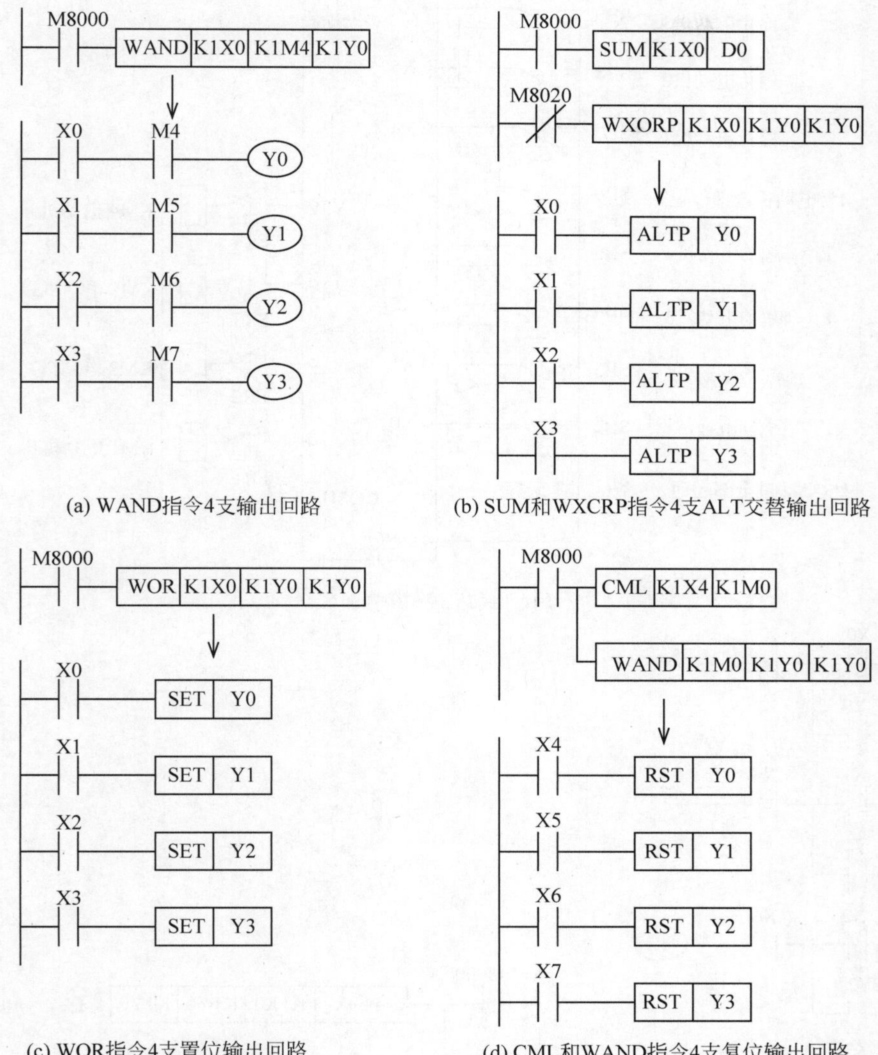

(a) WAND指令4支输出回路

(b) SUM和WXCRP指令4支ALT交替输出回路

(c) WOR指令4支置位输出回路

(d) CML和WAND指令4支复位输出回路

图 4-44 WAND、WOR、WXOR 指令的应用

例 4.19 用按钮控制 4 台电动机(用 WOR 和 WAND 指令)。

要求 4 台电动机能同时起动、同时停止,也能每台电动机单独起动、单独停止。

4 台电动机控制接线图如图 4-45 所示,SB1 为 4 台电动机同时起动按钮,SB2～SB5(X0～X3)分别为电动机 1～4 的起动按钮。SB6 为 4 台电动机同时停止按钮,SB7～SB10(X4～X7)分别为电动机 1～4 的停止按钮。

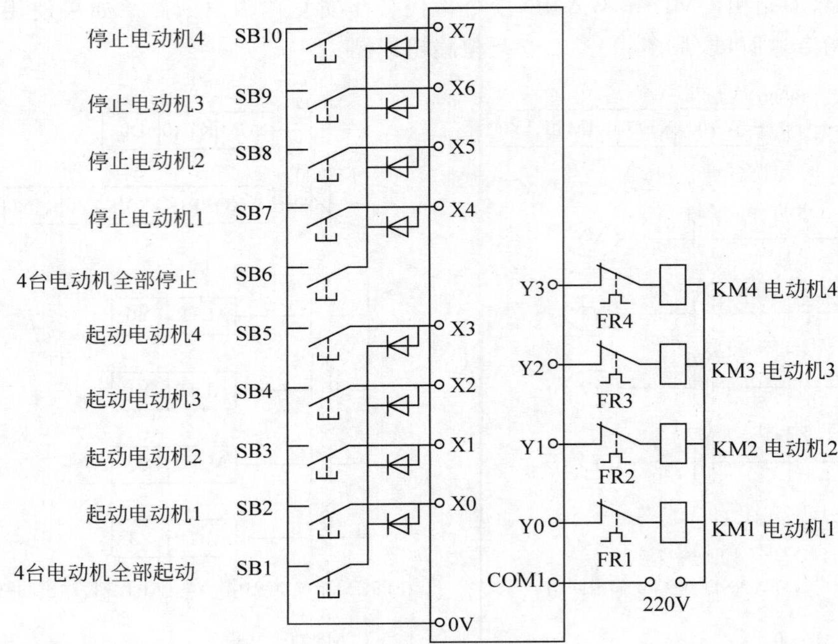

(a) 4台电动机控制接线图之一

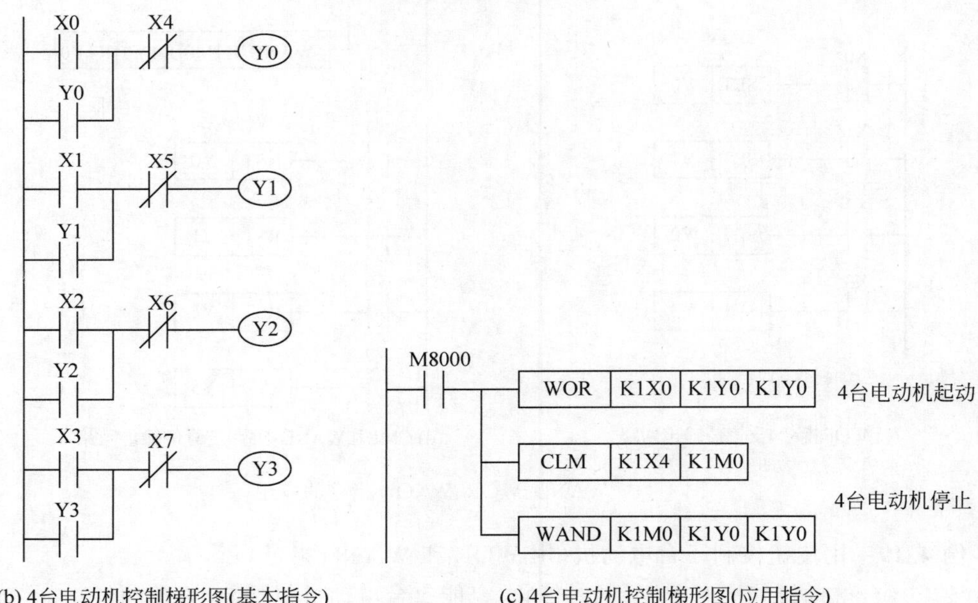

(b) 4台电动机控制梯形图(基本指令)

(c) 4台电动机控制梯形图(应用指令)

图 4-45　4 台电动机控制之一

4 台电动机控制梯形图(基本指令)如图 4-45(b)所示,4 台电动机控制梯形图(应用指令)如图 4-45(c)所示。SB1 为 4 台电动机同时起动按钮,SB2～SB5 分别为电动机 1～4 的起动按钮。SB6 为 4 台电动机同时停止按钮,SB7～SB10 分别为电动机 1～4 的停止按钮。图 4-45(b)和图 4-45(c)控制功能是一样的。

图 4-45(b)的梯形图比较容易理解,不再讲述。下面介绍图 4-46(c)梯形图(应用指令)的工作原理。电动机控制的接线图如图 4-46(a)所示。

电动机 2(Y1)的起动如图 4-46(a)所示。如原来 Y2=1,K1Y0=0100_2,电动机 3 运行。现在要起动电动机 2(Y1),按下按钮 X1,K1X0=0010_2,执行 WOR 指令,则 K1X0 和 K1Y0 进行与运算,结果仍放到 K1Y0 中,K1Y0=0110_2,Y1 得电,电动机 2 起动。

电动机的停止如图 4-46(b)所示。现在如要停下电动机 3(Y2),按下按钮 X6,K1X4=0100_2,先执行 CLM 取反指令,K1M0=1101_2,再进行 WAND 运算,结果仍放到 K1Y0 中,K1Y0=0010_2,Y2 失电,电动机 3 停止。

按下 SB1 按钮,K1X0=1111_2.执行 WOR 指令,K1Y0=1111_2,电动机全部起动。按下 SB6 按钮,K1X4=1111_2.执行 CLM 取反指令,K1M0=0000_2,再执行 WAND 指令,电动机全部停止。

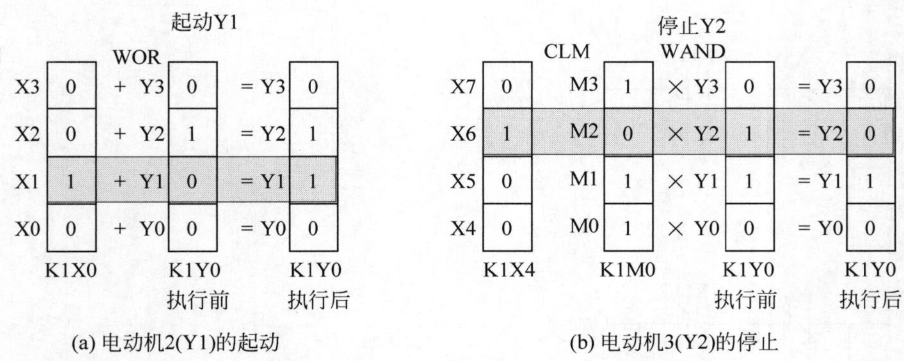

图 4-46 4 台电动机控制梯形图原理说明

例 4.20 用按钮控制 4 台电动机(用 WXOR 指令)。

要求 4 台电动机能同时起动、同时停止,也能每台电动机单独起动、单独停止。图 4-47(b)为基本指令编程的梯形图,比较容易理解,不再讲述。下面介绍图 4-47(c)梯形图(应用指令)的工作原理。电动机控制的接线图如图 4-47(a)所示。

梯形图采用逻辑字异或指令 WXORP,如图 4-47(c)所示。按下按钮 SB1,X0=1,将常数 K15(对应于二进制数 1111_2)传送到 K1Y0,K1Y0=1111_2,执行过程如图 4-48(a)所示,4 台电动机同时起动。

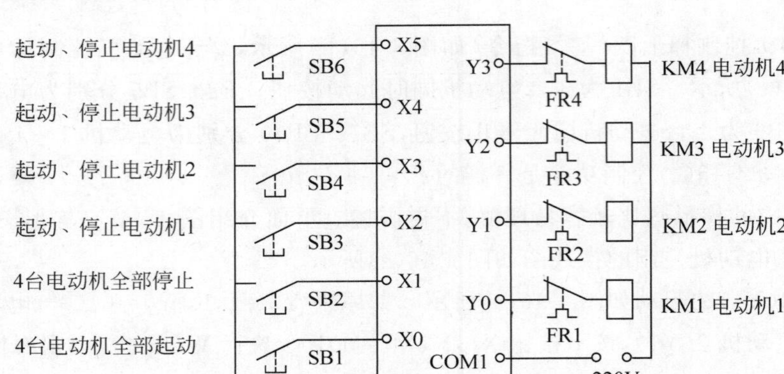

(a) 4台电动机控制接线图之二

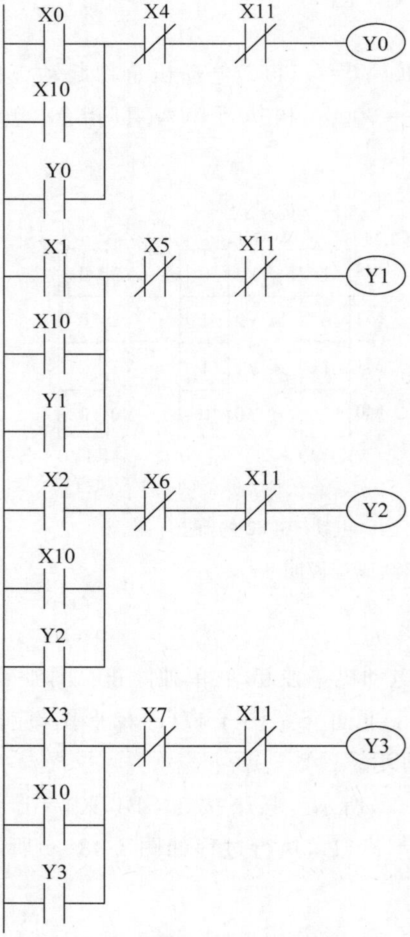

(b) 4台电动机控制梯形图(基本指令)

(c) 4台电动机控制梯形图(应用指令)

图 4-47　4 台电动机控制之二

按下按钮 SB2，X1＝1，将常数 K0（对应于二进制数 0000_2）传送到 K1Y0，K1Y0＝0000_2，执行过程如图 4-48(b)所示，4 台电动机同时停止。

起动电动机 2(Y1)，如起动前 Y2＝1，图 4-48(c)所示，按下按钮 SB4，X3＝1，执行 SUM 指令，D0＝1(由于 D0≠0，所以零标志 M8020＝0)，M8020 常闭接点闭合，接通 WXORP 指令，进行异或运算，Y1 由 0 变为 1。当按钮 SB4 松开时，K1X2＝0，再执行 SUM 指令，D0＝0，M8020＝1，M8020 常闭接点断开，但是结果不变。Y1 仍为 1。

停止电动机 3(Y2)，如起动前 Y1＝1，Y2＝1，图 4-48(d)所示，按下按钮 SB5，X4＝1，执行 SUM 指令，D0＝1(由于 D0≠0，所以零标志 M8020＝0)，M8020 常闭接点闭合，接通 WXORP 指令，进行异或运算，Y2 由 1 变为 0。当按钮 SB4 松开时，K1X2＝0，再执行 SUM 指令，D0＝0，M8020＝1，M8020 常闭接点断开，但是结果不变。Y2 仍为 0。

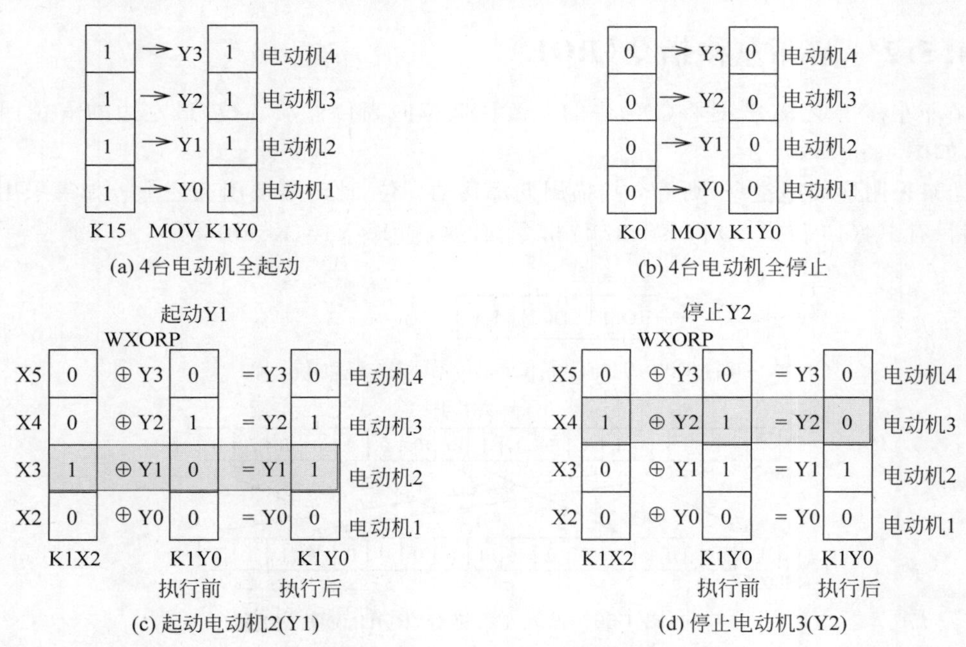

图 4-48 4 台电动机 WXORP 指令控制说明

4.5 循环移位

4.5.1 循环右移指令(ROR)

循环右移指令 ROR 是将(D.)中的数值从高位向低位移动 n 位，最右边的 n 位回转到高位，如图 4-49 所示。

如果采用连续型指令，则每个扫描周期都移动 n 位，此时需要引起注意。如果采用位元件，则只有 K4(16 位指令)和 K8(32 位指令)有效，如 K4Y10、K8M0 等。

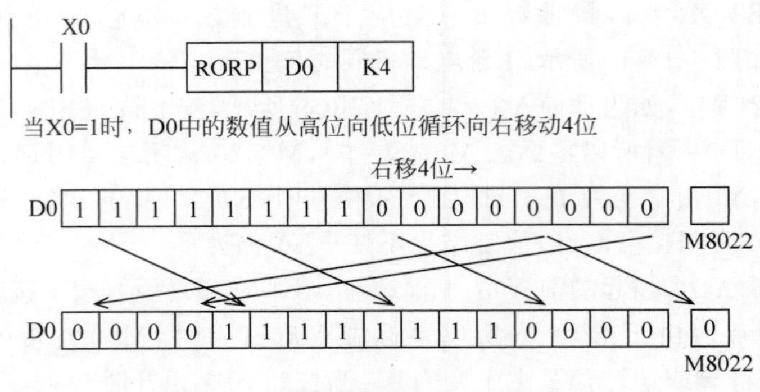

图 4-49　循环右移指令(ROR)说明

4.5.2　循环左移指令(ROL)

循环左移指令 ROL 是将(D.)中的数值从低位向高位移动 n 位，最左边的 n 位回转到低位，如图 4-50 所示。

如果采用连续型指令，则每个扫描周期都移动 n 位，此时需要引起注意。如果采用位元件，则只有 K4(16 位指令)和 K8(32 位指令)有效，如 K4Y10、K8M0 等。

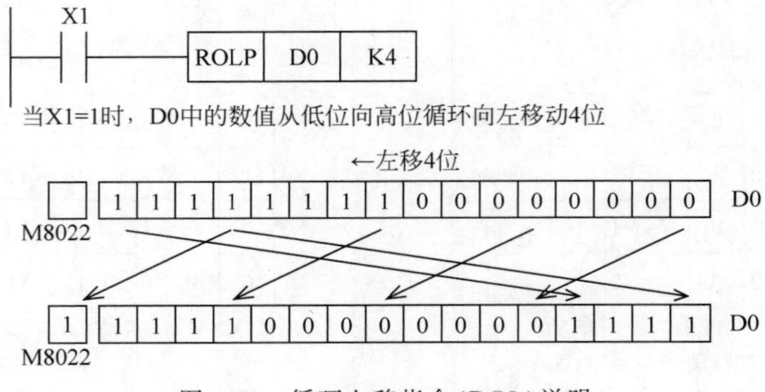

图 4-50　循环左移指令(ROL)说明

例 4.21　四相步进电动机控制。

步进电动机通常需要驱动设备控制，如果步进电动机功率小，电压低，转速慢且不常使用，也可以用 PLC 直接驱动。下面控制一个四相步进电动机，按 1-2 相激磁方式激磁，如图 4-51(b)所示可正反转控制，每步为 1s。电机运行时，指示灯亮，四相步进电动机的 1-2 相激磁方式接线图如图 4-51(a)所示。

用 PLC 的 Y0～Y3 分别控制四相步进电动机的四相输出端。当 Y3～Y0 的值按照 1→3→2→6→4→C→8→9 变化时步进电动机正转；当 Y3～Y0 的值按照 9→8→C→ 4→6→2→3→1 变化时步进电动机反转。

四相步进电动机的 1-2 相激磁方式控制梯形图如图 4-52 所示。

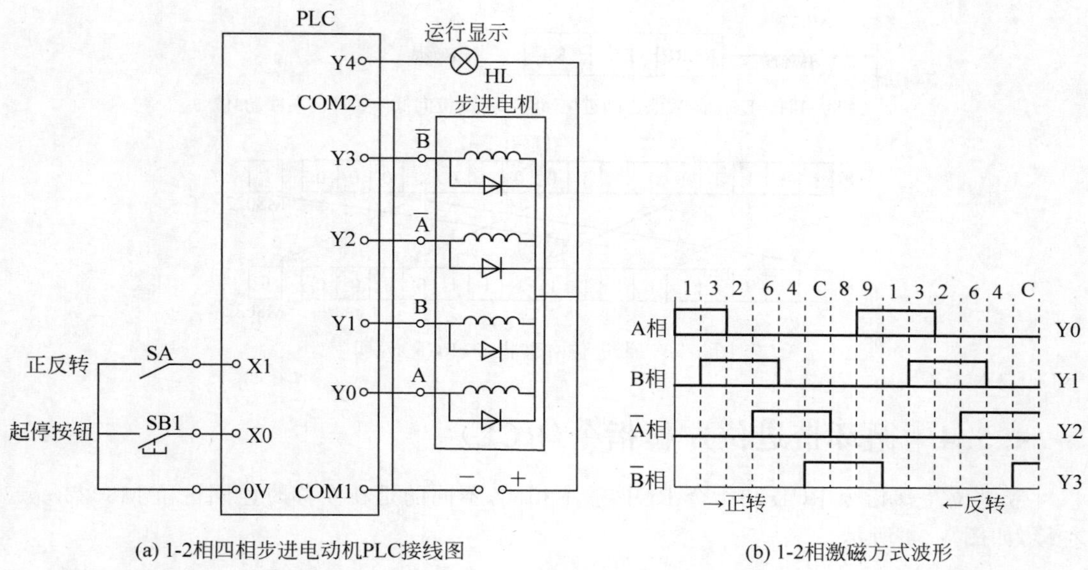

(a) 1-2相四相步进电动机PLC接线图　　(b) 1-2相激磁方式波形

图 4-51　1-2 相四相步进电动机的 PLC 直接控制

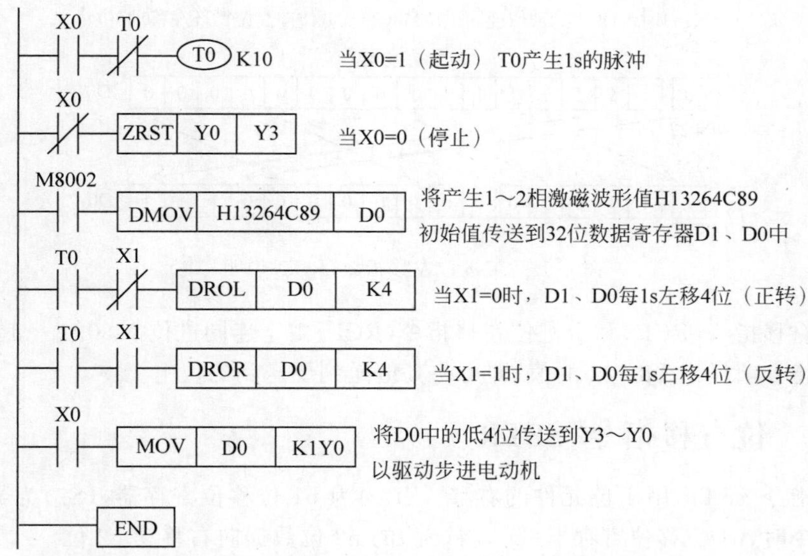

图 4-52　四相步进电动机的 1-2 相激磁方式控制梯形图

4.5.3　循环带进位右移指令(RCR)

带进位右移指令 RCR 和指令 ROR 基本相同，不同的是在右移时连同进位 M8022 一起右移，如图 4-53 所示。

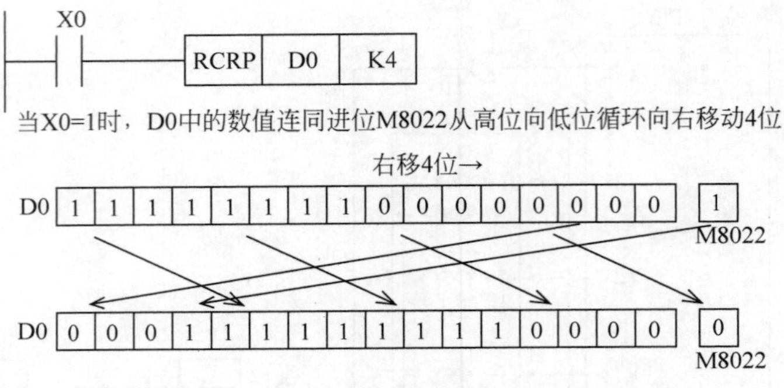

图 4-53　带进位右移指令(RCR)说明

4.5.4　循环带进位左移指令(RCL)

带进位左移指令 RCL 和指令 ROL 基本相同，不同的是在左移时连同进位 M8022 一起左移，如图 4-54 所示。

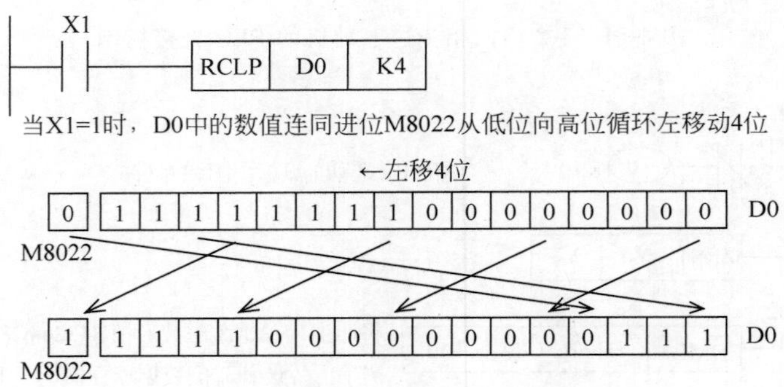

图 4-54　带进位左移指令(RCL)说明

带进位右移指令(RCR)和带进位左移指令(RCL)由于连同进位 M8022 一起移位，所以只需在执行指令前设定 M8022 的值，即可将其值送到要送到的位上。

4.5.5　位右移指令(SFTR)

位右移指令 SFTR 用于位元件的右移。(D.)为 n1 位移位寄存器，(S.)为 n2 位数据，当执行该指令时，n1 位移位寄存器(D.)将(S.)的 n2 位数据向右移动 n2 位。

如图 4-55 所示，由 M15～M0 组成 16 位移位寄存器，X3～X0 为移位寄存器的 4 位数据输入，当 X10＝1 时，M15～M0 中的数据向右移动 4 位，其中低 4 位数据移出丢失，X3～X0 的数据移入高 4 位。

如果采用连续型指令，则每个扫描周期都移动 n2 位，此时需要引起注意。

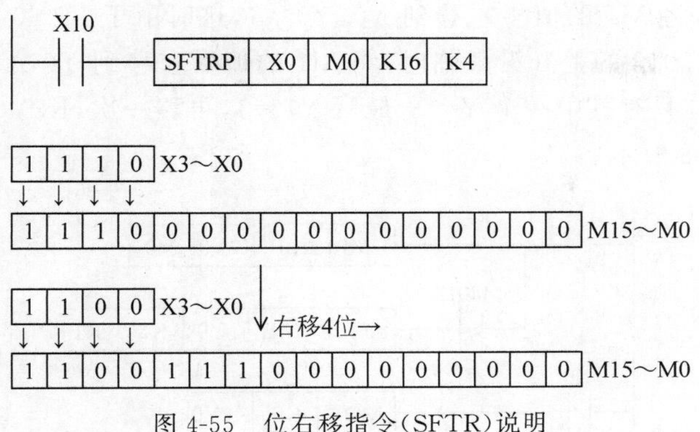

图 4-55　位右移指令(SFTR)说明

4.5.6　位左移指令(SFTL)

位左移指令 SFTL 用于位元件的左移。(D.)为 n1 位移位寄存器,(S.)为 n2 位数据,当执行该指令时,n1 位移位寄存器(D.)将(S.)的 n2 位数据向左移动 n2 位。

如图 4-56 所示,由 M15～M0 组成 16 位移位寄存器,X3～X0 为移位寄存器的 4 位数据输入,当 X10＝1 时,M15～M0 中的数据向左移动 4 位,其中高 4 位数据移出丢失,X3～X0 的数据移入低 4 位。

如果采用连续型指令,则每个扫描周期都移动 n2 位,此时需要引起注意。

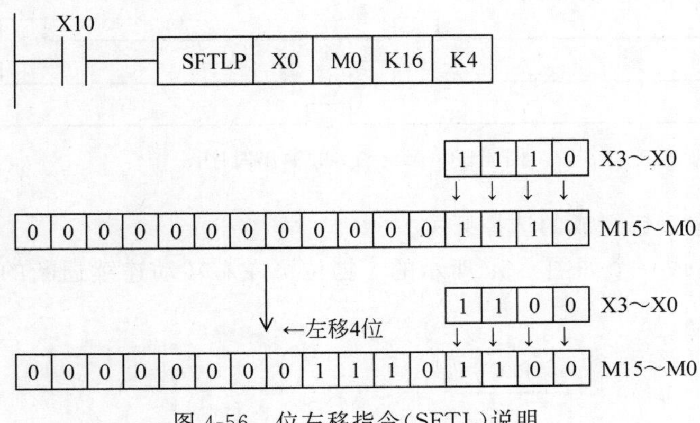

图 4-56　位左移指令(SFTL)说明

位左移指令 SFTL 和位右移指令 SFTR 在 PLC 控制中应用比较广泛,特别是用于步进控制非常方便、简单,可以起到简化电路的作用。下面举例说明。

例 4.22　8 盏灯依次轮流点亮。

控制 8 盏灯依次轮流点亮,8 盏灯依次连接在 PLC 的 Y0 ～Y7 输入端,梯形图如图 4-57 所示。

当 X0＝0 时,K2Y0＝0,当 X0＝1 时,由于 K2Y0＝0,比较结果是 M1＝1,在秒脉冲

M8013 的上升沿时，将 M1 的值 1 左移到 Y0，Y0＝1，这时由于 K2Y0 大于 0，比较结果是 M1＝0，在秒脉冲 M8013 的上升沿来临时，将 M1 的值 0 左移到 Y0，Y0＝0，Y1＝1……在左移的过程中 K2Y0 只有其中一个 Y＝1，最后 Y7＝1，再移一次，K2Y0＝0，又重复上述过程。时序图如图 4-58 所示。

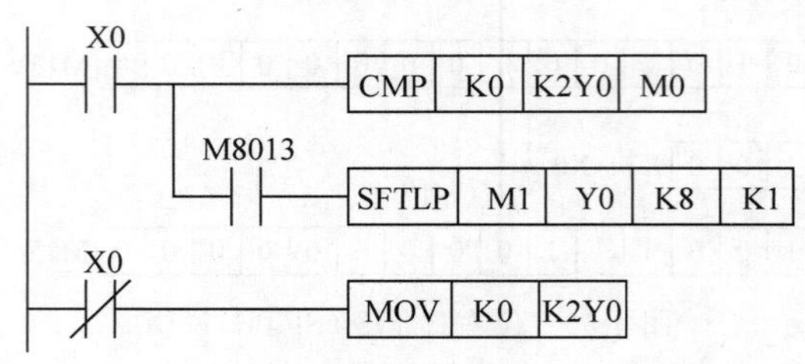

图 4-57　8 盏灯依次轮流点亮梯形图

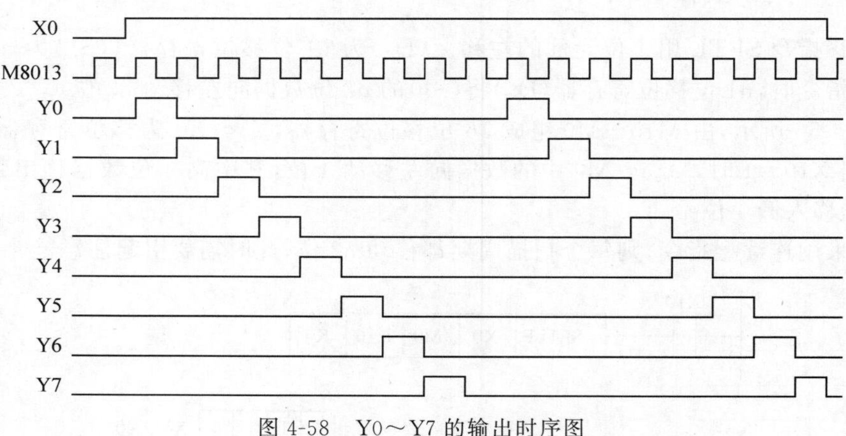

图 4-58　Y0～Y7 的输出时序图

例 4.23　两个按钮组成的选择开关。

用两个按钮组成一个如图 4-59 所示的 5 挡位可左右转动连续通断的选择开关，控制 5 路输出。

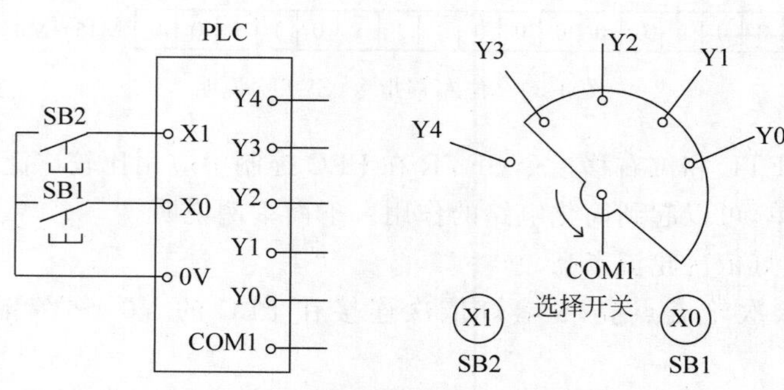

图 4-59　两个按钮组成的选择开关

控制梯形图如图 4-60 所示。初始状态时，未执行移位指令，Y0～Y4 均为 0，相当于 5 个接点全部断开，PLC 在运行时，M8000＝1，M8001＝0。

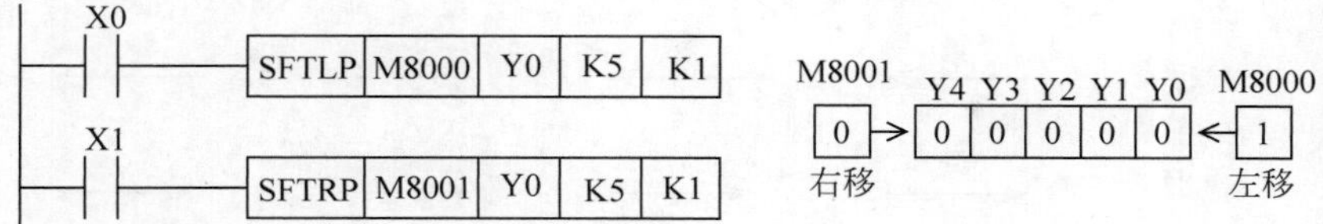

图 4-60 控制 5 路输出选择开关梯形图

按动 SB1 按钮，执行一次左移，将 M8000 的 1 移送给 Y0，Y0＝1，每按动 1 次 SB1 按钮，将 M8000 的 1 左移动一位，Y0～Y4 依次为 1，当 Y0～Y4 全部为 1 时，SB1 按钮(X0)不起作用。

按动 SB2 按钮，执行一次右移，将 M8001 的 0 移送给 Y4，Y4＝0。每按动 1 次 SB2 按钮，将 M8001 的 0 右移动一位，使 Y4～Y0 依次为 0，当 Y4～Y0 全部为 0 时，SB2 按钮(X1)不起作用。

控制结果如表 4-6 所示。

表 4-6 梯形图动作过程表

按钮按动次序	输入按钮		选择开关输出接点				
	X0	X1	Y0	Y1	Y2	Y3	Y4
0			0	0	0	0	0
1	↑		1	0	0	0	0
2	↑		1	1	0	0	0
3	↑		1	1	1	0	0
4	↑		1	1	1	1	0
5	↑		1	1	1	1	1
6		↑	1	1	1	1	0
7		↑	1	1	1	0	0
8		↑	1	1	0	0	0
9		↑	1	0	0	0	0
10		↑	0	0	0	0	0

例 4.24 控制 5 条传送机的顺序控制。

如图 4-61 所示。皮带传送机由 5 个三相异步电动机 M1～M5 控制。起动时，按下起动按钮，起动信号灯亮 5s 后，电动机按照 M1～M5 每隔 5s 起动一台，待电动机全部起动后，起动信号灯灭。停止时，再按下停止按钮，停止信号灯亮，同时电动机按照 M5～M1 每隔 3s 停止一台，待电动机全部停止后，停止信号灯灭。

PLC 控制梯形图如图 4-62 所示，起动时，按下起动按钮 X0，Y0＝1 得电自锁，起动信号灯亮，同时 T0 得电开始延时，T0 每隔 5s 发出一个脉冲，将 Y0 的 1 依次左移到 Y1～Y5，5 台电机依次起动，当 Y5＝1 时，Y0 和 T0 同时失电，不再移位。

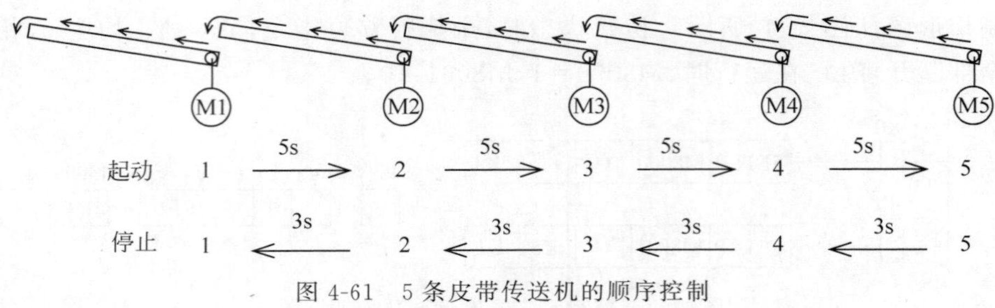

图 4-61　5 条皮带传送机的顺序控制

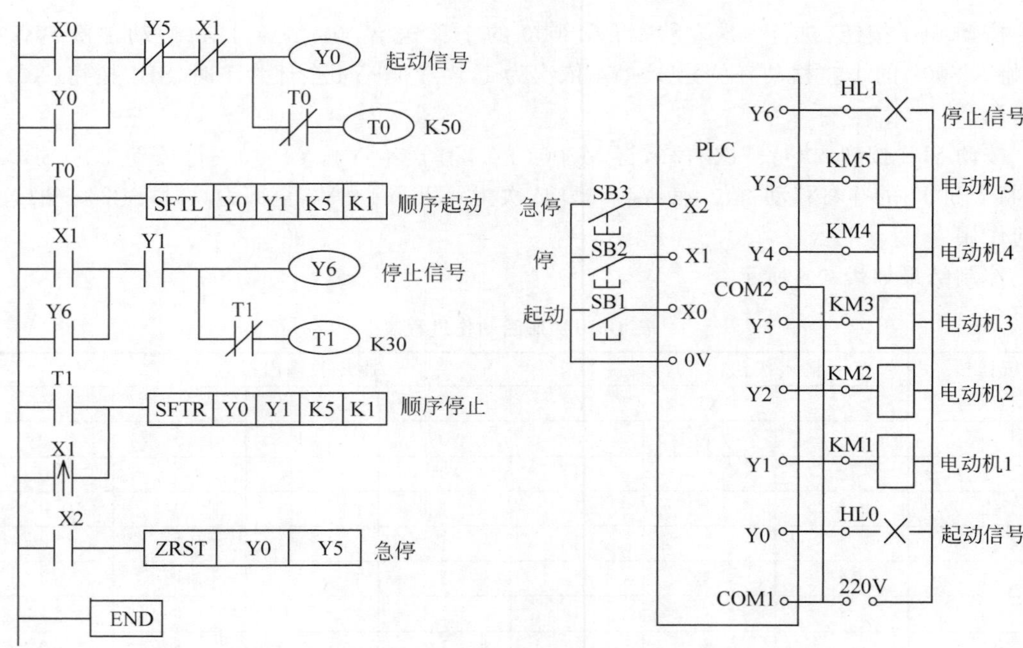

图 4-62　5 条皮带传送机顺序控制的梯形图和接线图

停止时，按下按钮 X1，Y6＝1 得电自锁，停止信号灯亮，同时 T1 得电开始延时，每隔 3s 发出一个脉冲，将 Y0 的 0 依次右移到 Y5～Y1，当 Y1＝0 时，Y6 和 T1 同时失电，5 台电机依次停止。

5 条皮带传送机顺序控制的左移、右移控制过程如图 4-63 所示。

例 4.25　4 台水泵轮流运行控制。

由 4 台三相异步电动机 M1～M4 驱动 4 台水泵。正常要求 2 台运行 2 台备用，为了防止备用水泵长时间不用造成锈蚀等问题，要求 4 台水泵中有 2 台运行，并且每隔 8 小时切换一台，使 4 台水泵轮流运行。

水泵控制的工作原理如图 4-64 所示。初始状态时 Y3～Y0 均为 0，M0＝1，当通断一次 X0 时，M0 的 1 移位到 Y0，第 1 台水泵电机起动，当起动结束后再将 X0 闭合，又产生一次移位，这时 Y0＝Y1＝1，M＝0，使第 1、2 台水泵电机起动运行，计数器 C0 开始对分钟脉冲

M8014 计数，当计满 480 次即 8 小时，C0 接通一个扫描周期，产生一次移位，使 Y1＝Y2＝1，M＝0，第 2、3 台水泵电机起动运行。这样每 8 小时左移位一次，更换一台水泵，使每台水泵轮流工作。

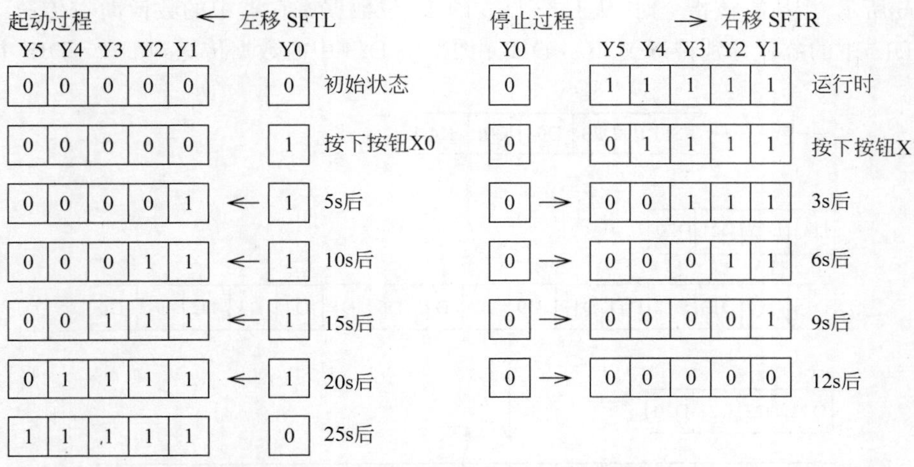

图 4-63　5 条皮带传送机顺序控制的左移、右移控制过程

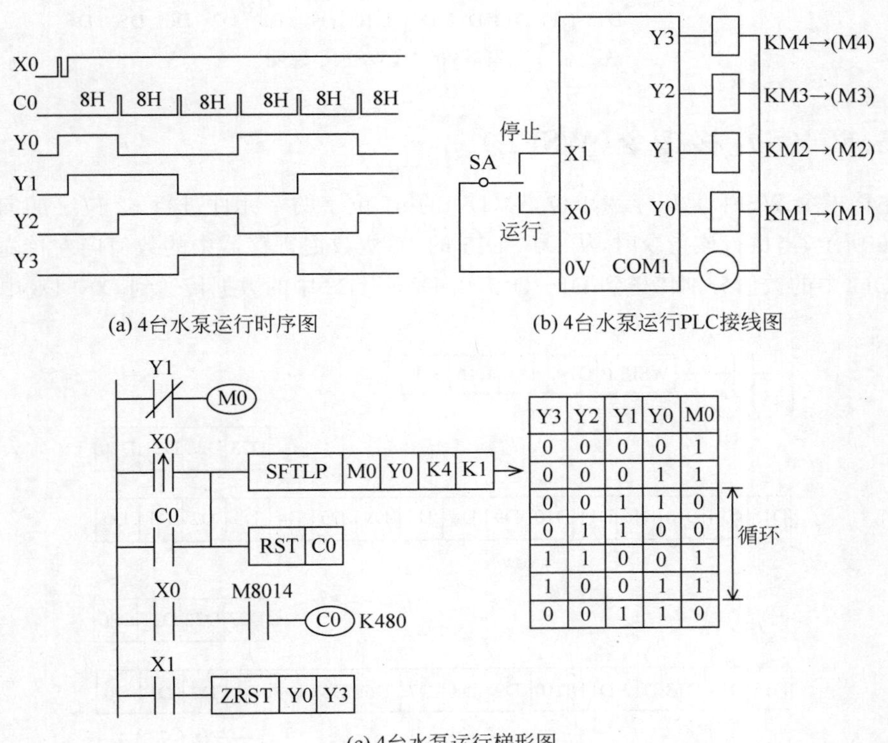

Y3	Y2	Y1	Y0	M0
0	0	0	0	1
0	0	0	1	1
0	0	1	1	0
0	1	1	0	0
1	1	0	0	1
1	0	0	1	1
0	0	1	1	0

(a) 4台水泵运行时序图　(b) 4台水泵运行PLC接线图

(c) 4台水泵运行梯形图

图 4-64　4 台水泵轮流工作

4.5.7 字右移指令(WSFR)

字右移指令 WSFR 是以字为单位,对(D.)的 n1 位字的字元件进行 n2 位字的向右移位。如图 4-65 所示,当执行该指令时,从 D0～D15 的 16 位数据寄存器中的数值向右传送 4 位,其中 D4～D15 中的数值分别传送到 D0～D11,由 D20～D23 中的数据传送到 D12～D15 中。

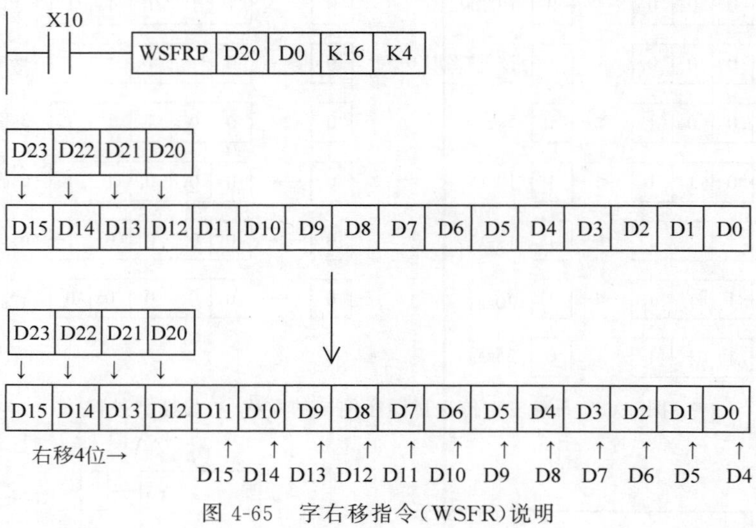

图 4-65 字右移指令(WSFR)说明

4.5.8 字左移指令(WSFL)

字左移指令 WSFL 是以字为单位,对(D.)的 n1 位字的字元件进行 n2 位字的向左移位。如图 4-66 所示,当执行该指令时,从 D0～D15 的 16 位数据寄存器中的数值向左传送 4 位,其中 D0～D11 中的数值分别传送到 D4～D15,由 D20～D23 中的数据传送到 D0～D3 中。

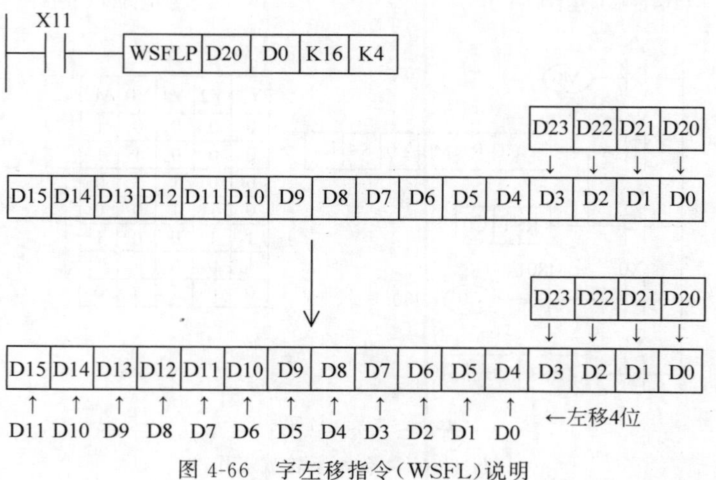

图 4-66 字左移指令(WSFL)说明

4.5.9 位移写入指令(SFWR)

位移写入指令 SFWR 用于将(S.)中的数据依次传送到 n 位(D.)中，如图 4-67 所示。

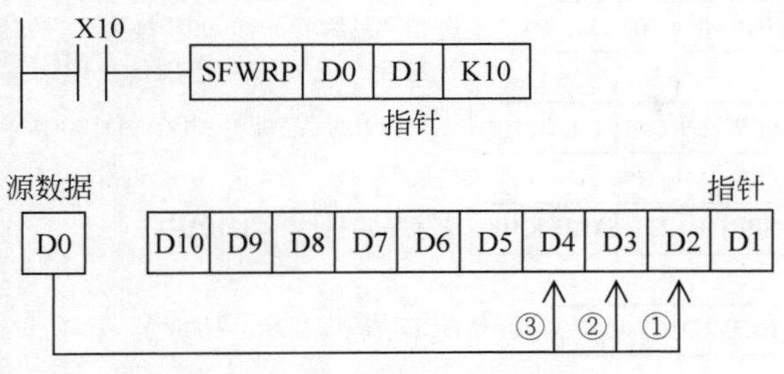

图 4-67 位移写入指令(SFWR)说明

当 X10 闭合一次时，将 D0 中的数据传送到 D2 中，改变 D0 中的数据，当 X10 再闭合一次时，将 D0 中的数据传送到 D3 中……以此类推，每传送一次数据，指针 D1 中的数据加 1。当指针 D1 中的数据大于(n－1)时，M8022＝1。

4.5.10 位移读出指令(SFRD)

位移读出指令 SFRD 用于将(S.)中的 n－1 个数据依次读出到(D.)中，如图 4-68 所示。当 X11 闭合一次时，将 D2 中的数据传送到 D20 中，指针 D1 中的数据减 1。同时左边的数据逐次向右移 1 位，当 X11 再闭合一次时，将 D2 中的数据传送到 D20 中……以此类推，每传送一次数据，指针 D1 中的数据减 1。当指针 D1 中的数据小于 0 时，M8020＝1。

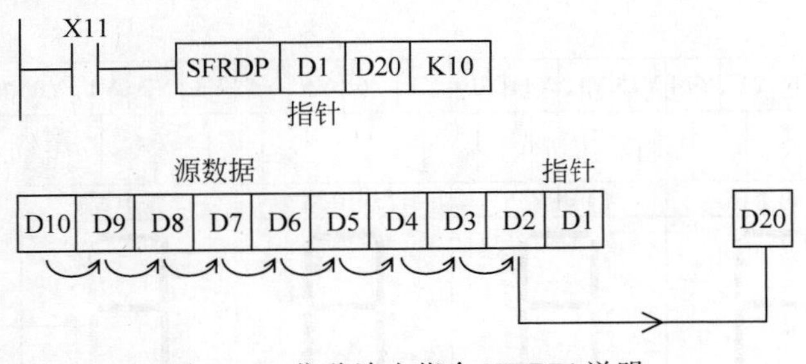

图 4-68 位移读出指令(SFRD)说明

例 4.26 入库物品先入先出。

写入 99 个入库物品的产品编号(4 位十进制数：0000～9999)，依次存放在 D2～D100，按照先入库的物品先出库的原则，读取出库物品的产品编号，并用 4 位数码管显示产品编号。

如图 4-69 所示，4 位 BCD 码数字开关接在 PLC 的输入端 X0～X17，4 位数码管经译码电路接在 PLC 的输出端 Y0～Y17。

例如将编号为 3690 的产品入库，先将数字开关拨为 3690，按一下入库按钮 X20，执行

BIN 指令，将 BCD 码 3690 转为二进制数存放到 D0 中，再执行 SFWRP 指令，将 D0 中的数据 3690 存放到 D2 中，指针 D1 中的数据加 1(表示增加了 1 个产品)。

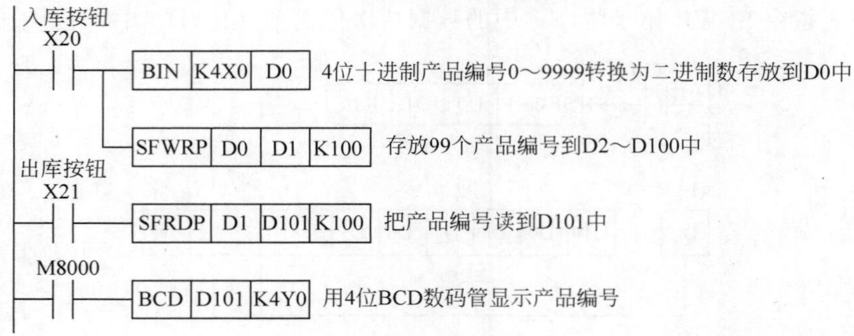

(a) 入库物品先入先出梯形图

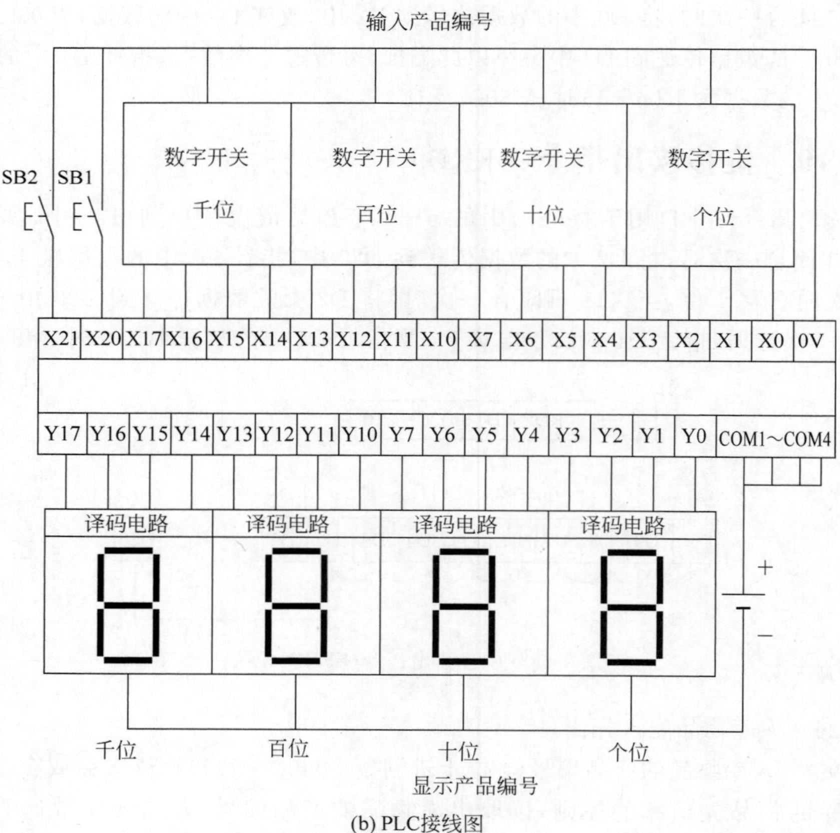

(b) PLC接线图

图 4-69 写入和读出产品编号

例如再将编号为 5684 的产品入库，先将数字开关拨为 5684，按一下入库按钮 X20，执行 BIN 指令，将 BCD 码 5684 转为二进制数存放到 D0 中，再执行 SFWRP 指令，将 D0 中的数据 5684 存放到 D3 中，指针 D1 中的数据加 1。

不断拨入产品编号，按下按钮 X20，D0 中的编号依次传送到 D2～ D100。

每次按下出库按钮 X21，D3～D100 中的编号即依次移入 D2，D2 中的编号移入 D101，指针 D1 数据减 1，执行 BCD 指令，将 D101 中的编号由 4 位数码管显示。

4.6　数据处理

4.6.1　全部复位指令（ZRST）

全部复位指令 ZRST 是将（D1.）～（D2.）的元件进行全部复位，（D1.）和（D2.）应是同一种类的软元件，并且（D1.）的元件编号应小于（D2.）的元件编号。（D1.）和（D2.）可以同时为 32 位计数器，但不能指定（D1.）为 16 位计数器，（D2.）为 32 位计数器，如图 4-70 所示。

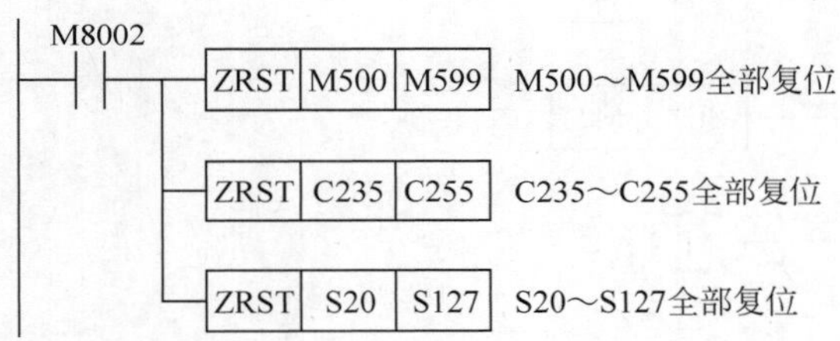

图 4-70　全部复位指令（ZRST）说明

例 4.27　三位选择按钮开关。

用 3 个按钮控制一个三位选择开关，要求 X0 按钮按下时，M0＝1。X1 按钮按下时，M1＝1。X2 按钮按下时，M2＝1。如图 4-71 所示的梯形图，（X0、X1、X2 均为按钮输入）。

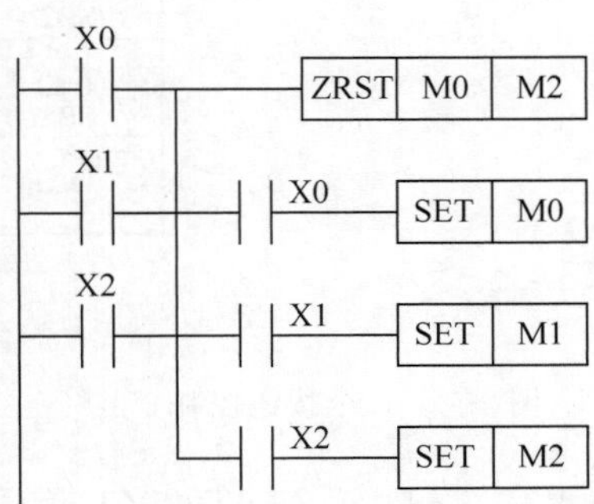

图 4-71　三位选择开关梯形图

当按下任一个按钮 X0、X1、X2 时，对应的辅助继电器 M0、M1、M2 得电置位。

例如按下按钮 X0 时，X0＝1，首先执行 ZRST M0 M2，使 M0、M1、M2 全部复位，紧接着辅助继电器 M0 得电置位。松开按钮 X0 时，M0 仍得电置位。

如再按下按钮 X1 时，X1=1，首先执行 ZRST M0 M2，使 M0、M1、M2 全部复位，紧接着对应的辅助继电器 M1 得电置位。松开按钮 X1 时，M1 仍得电置位。

同理，按下按钮 X2，M2 得电置位。

例 4.28 用 3 个按钮控制 3 盏灯。

要求按下按钮 SB1 时，灯 EL1 亮，按下按钮 SB2 时，EL1、EL2 灯亮，按下按钮 SB3 时，EL1、EL2、EL3 灯亮，按下按钮 SB4 时，EL1、EL2、EL3 灯灭。

控制梯形图和 PLC 接线图如图 4-72 所示。

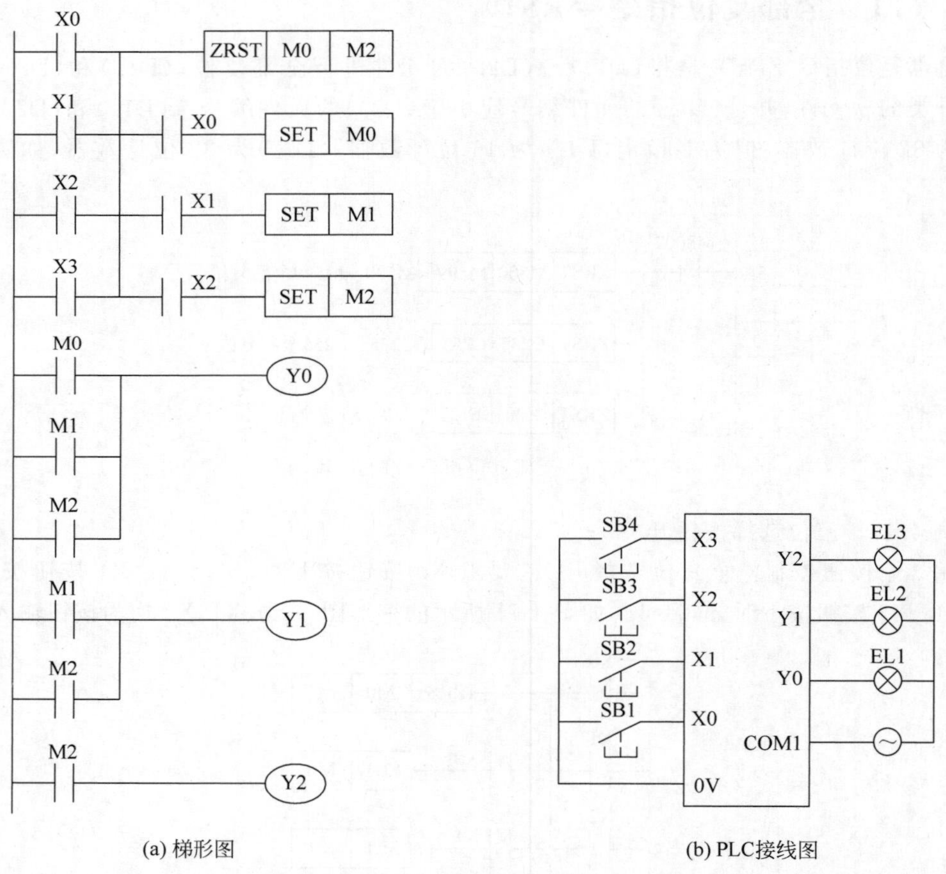

(a) 梯形图　　(b) PLC接线图

图 4-72　3 个按钮控制 3 盏灯

如当按钮 X0 按下时，M0 置位，先执行 ZRST 指令，使 M0、M1、M2 复位，Y0 置位得电，灯 EL1 亮。

当按钮 X1 按下时，先执行 ZRST 指令，使 M0、M1、M2 复位，再使 M1 置位，结果 Y0 和 Y1 得电，EL1 和 EL2 灯亮。

当按钮 X2 按下时，先执行 ZRST 指令，使 M0、M1、M2 复位，再使 M2 置位，结果 Y0、

Y1 和 Y2 得电，EL1、EL2 和 EL3 灯亮。

当按钮 X3 按下时，只执行 ZRST 指令，使 M0、M1、M2 复位，全部灯灭。

4.6.2　译码指令(DECO)

译码指令 DECO 用于将(S.)的 n 位二进制数进行译码操作，其结果用(D.)的第 2^n 个元件置 1 来表示，如图 4-73 所示。

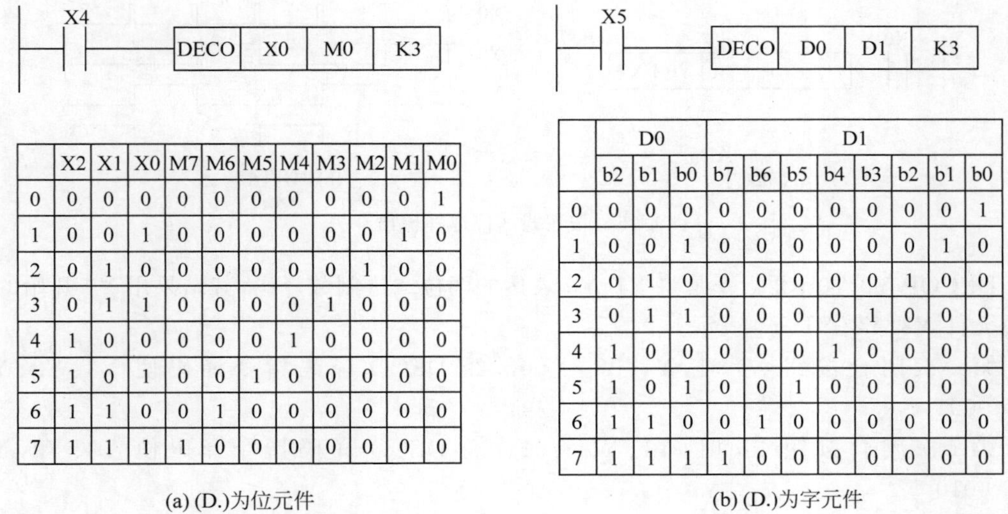

	X2	X1	X0	M7	M6	M5	M4	M3	M2	M1	M0
0	0	0	0	0	0	0	0	0	0	0	1
1	0	0	1	0	0	0	0	0	0	1	0
2	0	1	0	0	0	0	0	0	1	0	0
3	0	1	1	0	0	0	0	1	0	0	0
4	1	0	0	0	0	0	1	0	0	0	0
5	1	0	1	0	0	1	0	0	0	0	0
6	1	1	0	0	1	0	0	0	0	0	0
7	1	1	1	1	0	0	0	0	0	0	0

(a) (D.)为位元件

	D0			D1							
	b2	b1	b0	b7	b6	b5	b4	b3	b2	b1	b0
0	0	0	0	0	0	0	0	0	0	0	1
1	0	0	1	0	0	0	0	0	0	1	0
2	0	1	0	0	0	0	0	0	1	0	0
3	0	1	1	0	0	0	0	1	0	0	0
4	1	0	0	0	0	0	1	0	0	0	0
5	1	0	1	0	0	1	0	0	0	0	0
6	1	1	0	0	1	0	0	0	0	0	0
7	1	1	1	1	0	0	0	0	0	0	0

(b) (D.)为字元件

图 4-73　译码指令(DECO)说明

当 X4＝1 时，将 X2、X1 和 X0 表示的 3 位二进制数用 M7～M0 的一个位元件表示，例如，若 X2、X1、X0＝011_2，则 M3＝1。

当 X5＝1 时，将 D0 的低 3 位表示的二进制数用 D1 中 b7～b0 的一个位表示，例如，若 D0＝0011011010010011_2，且其中的低 3 位 b2、b1、b0＝011_2＝3，则 D1 中的 b3＝1。

当输入条件 X4、X5 断开时，不执行指令；若执行后输入条件断开，其结果不变。

例 4.29　按钮式 2 位选择输出开关。

用一个按钮控制 2 位选择输出开关 Y0 和 Y1，每按一次按钮，Y0 和 Y1 依次轮流接通。梯形图如图 4-74(a)所示。

DECOP Y0 Y0 K1 指令是将 Y0 表达的两位二进制数译码，其结果用 Y0 开始的 2^1 位(2 位)位元件 Y1、Y0 表示。

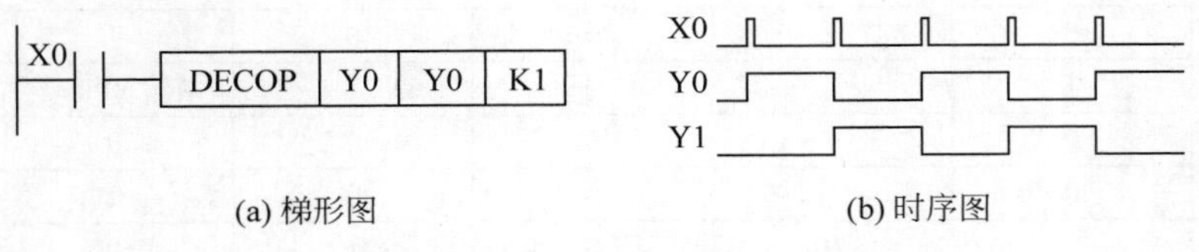

(a) 梯形图　　(b) 时序图

图 4-74　按钮式 2 位选择输出开关

第一次闭合按钮 X0 时，Y0＝0，经 DECO 译码指令译码使 Y1、Y0＝01_2。第二次闭合按钮 X0 时，Y0＝1，经 DECO 译码指令译码使 Y1、Y0＝10_2。当 X0 再次闭合时，重复上述过程。Y0 和 Y1 的输出结果时序图如图 4-74(b)所示。

例 4.30 按钮式 3 位选择输出开关。

用一个按钮控制 3 位选择输出开关 Y0～Y2，每按一次按钮，Y0～Y2 依次轮流接通。梯形图如图 4-75(a)所示。

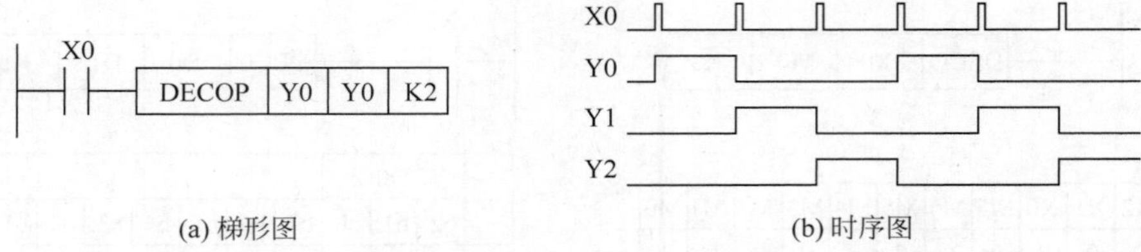

图 4-75 按钮式 3 位选择输出开关

DECOP Y0 Y0 K2 指令是将 Y1、Y0 表达的两位二进制数译码，其结果用 Y0 开始的 2^2 位位元件 Y3、Y2、Y1、Y0 表示。

第一次闭合按钮 X0 时，Y1、Y0＝00_2，经 DECO 译码指令译码使 Y3、Y2、Y1、Y0＝0001_2。

第二次闭合按钮 X0 时，Y1、Y0＝01_2，经 DECO 译码指令译码使 Y3、Y2、Y1、Y0＝0010_2。

第三次闭合按钮 X0 时，Y1、Y0＝10_2，经 DECO 译码指令译码使 Y3、Y2、Y1、Y0＝0100_2。

第四次闭合按钮 X0 时，Y1、Y0＝00_2，经 DECO 译码指令译码使 Y3、Y2、Y1、Y0＝0001_2。

再次闭合按钮 X0 时重复上述过程。

Y0～Y2 的输出结果时序图如图 4-75(b)所示。执行 DECOP 指令，Y0～Y2 的输出结果如表 4-7 所示。

表 4-7 执行 DECOP 指令，Y0～Y2 的输出结果

	源 元 件		目 的 元 件			
	Y1	Y0	Y3	Y2	Y1	Y0
未执行	0	0	0	0	0	0
1	0	0	0	0	0	1
2	0	1	0	0	1	0
3	1	0	0	1	0	0
4	0	0	0	0	0	1
5	0	1	0	0	1	0
6	1	0	0	1	0	0

4.6.3 编码指令(ENCO)

编码指令 ENCO 和译码指令 DECO 相反,DECO 指令用于将(S.)的 2^n 位中最高位的 1 进行编码,编码存放(D.)在低 n 位中,如图 4-76 所示。图中的 ϕ 表示该值既可以是 0 也可以是 1。

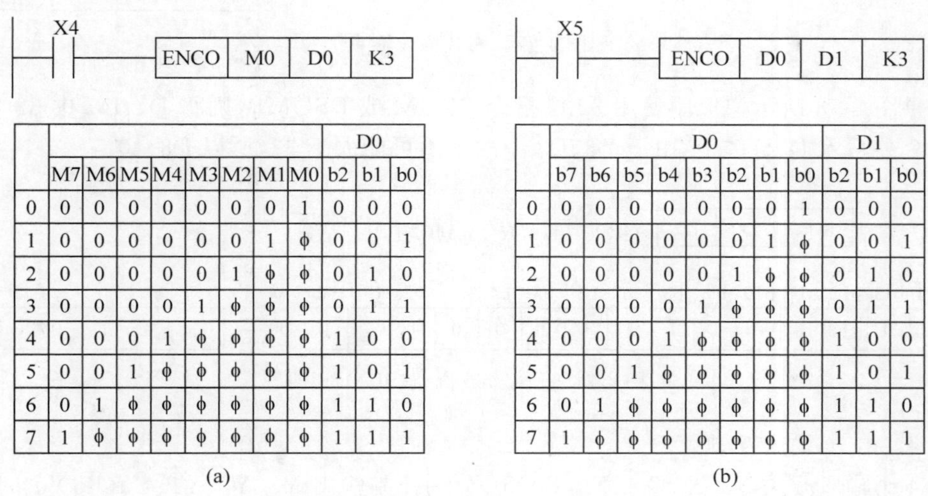

									D0		
	M7	M6	M5	M4	M3	M2	M1	M0	b2	b1	b0
0	0	0	0	0	0	0	0	1	0	0	0
1	0	0	0	0	0	0	1	ϕ	0	0	1
2	0	0	0	0	0	1	ϕ	ϕ	0	1	0
3	0	0	0	0	1	ϕ	ϕ	ϕ	0	1	1
4	0	0	0	1	ϕ	ϕ	ϕ	ϕ	1	0	0
5	0	0	1	ϕ	ϕ	ϕ	ϕ	ϕ	1	0	1
6	0	1	ϕ	ϕ	ϕ	ϕ	ϕ	ϕ	1	1	0
7	1	ϕ	ϕ	ϕ	ϕ	ϕ	ϕ	ϕ	1	1	1

(a)

	D0								D1		
	b7	b6	b5	b4	b3	b2	b1	b0	b2	b1	b0
0	0	0	0	0	0	0	0	1	0	0	0
1	0	0	0	0	0	0	1	ϕ	0	0	1
2	0	0	0	0	0	1	ϕ	ϕ	0	1	0
3	0	0	0	0	1	ϕ	ϕ	ϕ	0	1	1
4	0	0	0	1	ϕ	ϕ	ϕ	ϕ	1	0	0
5	0	0	1	ϕ	ϕ	ϕ	ϕ	ϕ	1	0	1
6	0	1	ϕ	ϕ	ϕ	ϕ	ϕ	ϕ	1	1	0
7	1	ϕ	ϕ	ϕ	ϕ	ϕ	ϕ	ϕ	1	1	1

(b)

图 4-76 编码指令(ENCO)说明

当 X4=1 时,将 M7~M0 中的最高位的 1 进行编码,编码存放 D0 中的低 3 位中。如果 M7~M0=00110000_2,则 D0 中的 b2、b1、b0=101_2。

当 X5=1 时,将 D0 的低 8 位二进制数中 b7~b0 的最高位的 1 进行编码,编码存放 D1 中的低 3 位中。如果 D0=0011011000010011_2,且其中的低 8 位中最高位为 1 的是 b4,则编码结果为 D1=4=0000000000000100_2。

当输入条件 X4、X5 断开时,不执行指令。如果执行后输入条件断开,则其结果不变。

例 4.31 大数优先动作。

当输入继电器 X7~X0 中有 n 个同时动作时,编号较大的优先。

如图 4-77 所示,例如当 X5、X3、X0 同时动作时(X5、X3、X0 都为 1),最大编码的输入继电器 X5 有效。

执行 ENCO 指令,将 X5 的编号 5 存放到 D0 中,D0=5。执行 DECO 指令,对应的 M5=1。

4.6.4 1 的个数指令(SUM)

1 的个数指令 SUM 用于将(S.)中为 1 的个数存放在(D.)中,无 1 时零位标志 M8020=1。如图 4-78 所示,D0 中有 9 个 1,即说明 D2 中的数据为 9。

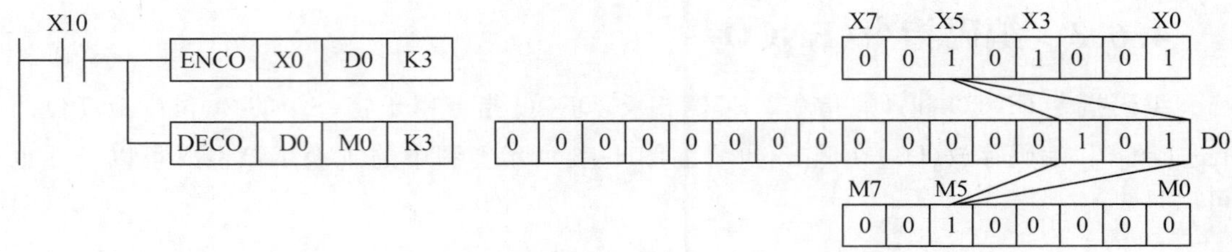

图 4-77　大数优先输出

如果图 4-78 所示梯形图使用 32 位指令 DSUM 或 DSUMP，则将 D1、D0 中 32 位数据的 1 的个数写入 D3、D2 中，由于 D3、D2 中的数不可能大于 32，所以 D3＝0。

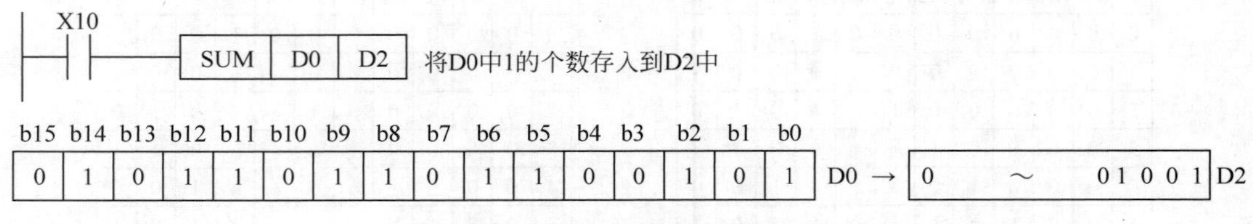

图 4-78　1 的个数指令(SUM)说明

例 4.32　4 输入互锁。

用 4 个输入开关 X3、X2、X1、X0(K1X0)分别控制输出 Y3、Y2、Y1、Y0(K1Y0)，要求仅有一个开关闭合时，对应的一个输出 Y3、Y2、Y1、Y0 线圈得电，如有两个及以上输入开关闭合时，全部输出线圈失电。

控制梯形图如图 4-79(a)所示，执行 SUM 指令，将 K1X0(X3、X2、X1、X0)中为 1 的个数存放在 K1M0 中。

当 4 个输入点 X3～X0 中只有 1 个闭合时，K1M0＝1，即 M3＝0、M2＝0、M1＝0、M0＝1 时执行 MOV 指令，对应的输出继电器线圈得电。K1M0 的取值范围为 0～4，如表 4-8 所示。M3 始终为 0，所以梯形图中只需要用 M2、M1、M0 三个接点就行了。

如果有多个输入点闭合时，K1M0≠1，则不执行 MOV K1X0 K1Y0，而执行 MOV K0 K1Y0 指令，将输出复位为 0。

表 4-8　4 输入互锁控制梯形图逻辑关系

X0～X3 闭合的个数	K1M0				输出结果
	M3	M2	M1	M0	
0	0	0	0	0	无输出
1	0	0	0	1	有输出
2	0	0	1	0	无输出
3	0	0	1	1	无输出
4	0	1	0	0	无输出

图 4-79(b)所示梯形图和图 4-79(a)略有不同,当只有 1 个输入接点闭合时,对应的输出继电器线圈得电。之后如果有多个输入点闭合时,则不起作用,只有按下复位按钮 X4 将输出复位为 0 后才能接通其他输出继电器。

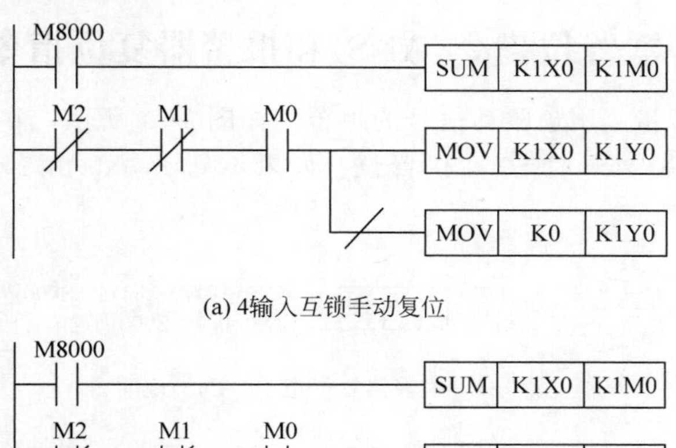

图 4-79　4 输入互锁控制梯形图

例 4.33　8 个人进行表决。

8 个人进行表决,当超过半数人同意时(同意者闭合开关),绿灯亮,当半数人同意时黄灯亮,当少于半数人同意时,红灯亮。PLC 接线图和控制梯形图如图 4-80 所示。

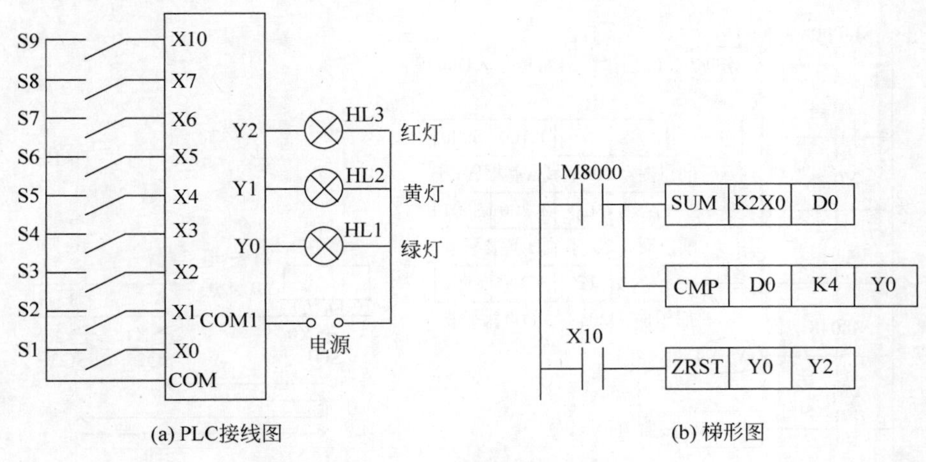

图 4-80　PLC 接线图和梯形图

用 8 个表决开关 S1～S8,对应接到 PLC 的 X0～X7,S9 为复位开关,执行 SUM 指令将 X0～X7 中 1 的个数(接点闭合为 1,断开为 0),存放到数据寄存器 D0 中。

执行比较指令 CMP,将 D0 和 K4 进行比较,当超过半数人同意时(D0>4)(同意者闭合开关),比较结果 Y0=1,绿灯亮,当半数人同意时(D0=4)比较结果 Y1=1,黄灯亮,当少于半数人同意时(D0 < 4),比较结果 Y2=1,红灯亮。闭合开关 X10,灯灭。

4.6.5 报警器置位指令(ANS)和报警器复位指令(ANR)

ANS 报警器置位指令用于驱动信号的报警。如图 4-81 所示,当 X0=1 时,延时 1s 报警器 S900 动作。当 X0=0 时 S900 仍置位。如果不到 1s,X0 由 1 变为 0,则定时器 T0 复位。

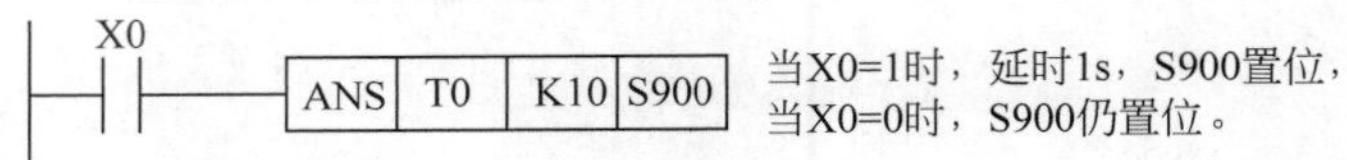

图 4-81 报警器置位指令(ANS)说明

如果预先使 M8049(信号报警器有效)=1,则 S900~S999 中最小报警器的编号被存入 D8049。当 S900~S999 中任何一个动作时,M8048=1。

报警器复位指令 ANR 用于对报警器 S900~S999 复位。如图 4-82 所示,当 X10=1 时,将已经动作的报警器复位。

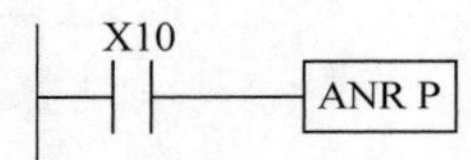

图 4-82 报警器复位指令(ANR)说明

如果有多个报警器同时动作,当 X10=1 时,将其中最小编号的报警器复位。需要注意,如果用 ANR 指令,则每个扫描周期将按最小编号顺序复位一个报警器。

例 4.34 送料小车报警器监控。

用报警器监控送料小车的运行情况,如图 4-83 所示。

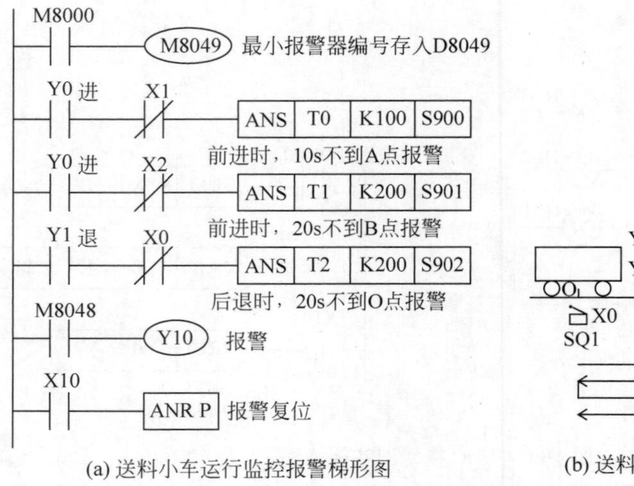

(a) 送料小车运行监控报警梯形图

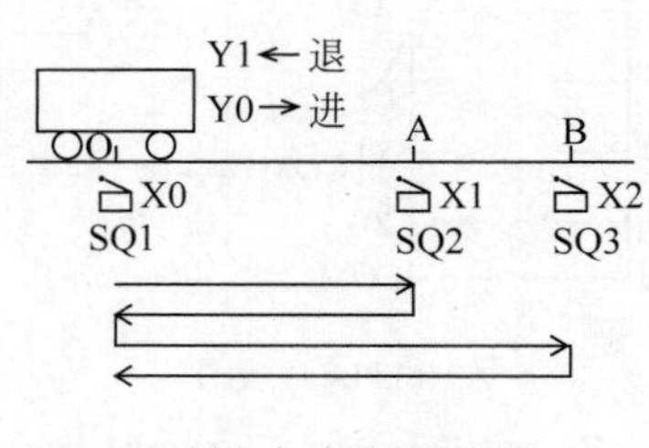

(b) 送料车自动循环示意图

图 4-83 送料车运行监控报警

在图 4-83 中,一辆小车从 O 点前进,如果超过 10s 还没有到达 A 点,则报警器 S900 动作;如果超过 20s 还没有到达 B 点,则报警器 S901 动作;如果小车在 B 点后退时超过 20s 还没有到达 O 点,则报警器 S902 动作。

只要报警器 S900~S902 中有一个动作,则 M8048=1,使 Y10=1,起动报警器报警。用 X10 按钮可对已动作的报警器 S900~S902 复位。

如果有多个报警器同时动作,例如 S901 和 S902 同时动作,则第一次按按钮 X10,最小编号 S901 先复位,再按一次按钮 X10,S902 复位,当报警器全部复位后,M8048=0,使 Y10=0,解除报警。

4.7 方便指令

4.7.1 状态初始化指令(IST)

状态初始化指令 IST 用于状态转移图和步进梯形图的状态初始化设定,如图 4-84 所示。

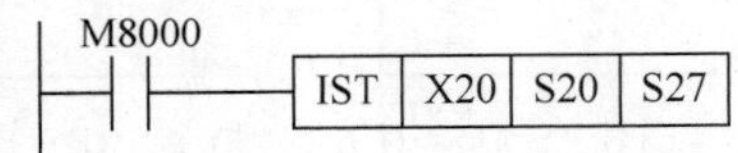

图 4-84 状态初始化指令(IST)说明

状态初始化指令 IST 应用见实例 10.6 气动机械手 IST 指令控制。

4.7.2 凸轮控制(绝对方式)指令(ABSD)

凸轮控制(绝对方式)指令 ABSD 用于模拟凸轮控制器的工作方式,可以将凸轮控制器的旋转角度转换成 1~64 个开关的通断。

如图 4-85 所示,用一个有 360 个齿的齿盘来检测旋转角度,当齿盘旋转时,每旋转 1°产生 1 个脉冲,由计数器 C0 对接近开关 X1 检测的齿脉冲进行计数,其计数值就对应齿盘的旋转角度。

用 MOV 指令将图 4-85 所示的数据写入 D300~D307 中,由 4 个开关 M0~M3 根据 D300~D307 所设置的上升点和下降点进行接通和断开。上升点表示由 0→1 的点,当计数器 C0 的计数值到 40 时,M0=1;下降点表示由 1→0 的点,当计数器 C0 的计数值到 140 时,M0=0。注意,本指令只能用一次。

在用 D ABSD 指令时,(S2.)可以用高速计数器,这时计数器的当前值、输出波形会受到扫描周期的影响,需要及时响应时,要用 HSZ 指令进行高速比较。

例 4.35 用一个按钮控制 4 台电动机顺序起动逆序停止。

要求每按一次按钮,按照 M1→M4 顺序起动一台电动机。当全部起动后,每按一次按钮,按照 M4→M1 逆序停止一台电动机。如果前一台电动机因故障停止,则后一台电动机也要停止。

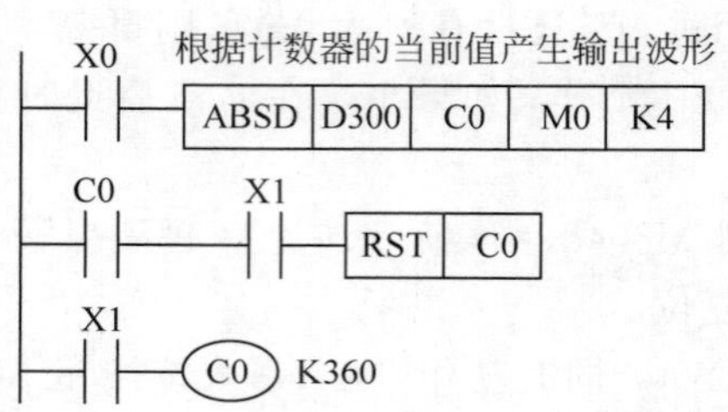

上升点	下降点	输出元件
D300 =40	D301=140	M0
D302 =100	D303=200	M1
D304=160	D305=60	M2
D306=240	D307=280	M3

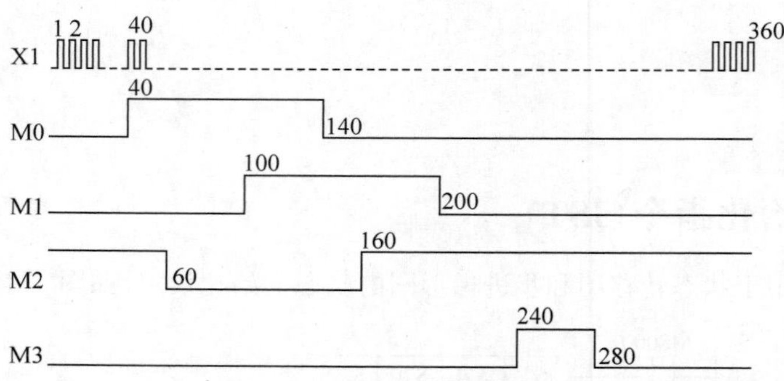

图 4-85　凸轮控制（绝对方式）指令（ABSD）说明

用一个按钮 X0 控制 4 台电动机顺序起动，逆序停止主电路图、PLC 接线图和梯形图如图 4-86 所示。

根据 4 台电动机顺序起动，逆序停止的控制过程，将上述的上升、下降点 1、8、2、7、3、6、4、5 用 MOV 指令依次写入 D0～D7 中，如图 4-86(c)所示。

当第 1 次按按钮时，计数器 C0 的计数值为 1，即为 Y0 的上升点，Y0 得电，第 1 台电动机起动。当第二次按按钮时，计数器 C0 的计数值为 2，即为 Y1 的上升点，Y1 得电，第 2 台电动机起动。同时，再按两次按钮，分别起动第 3 台和第 4 台电动机。

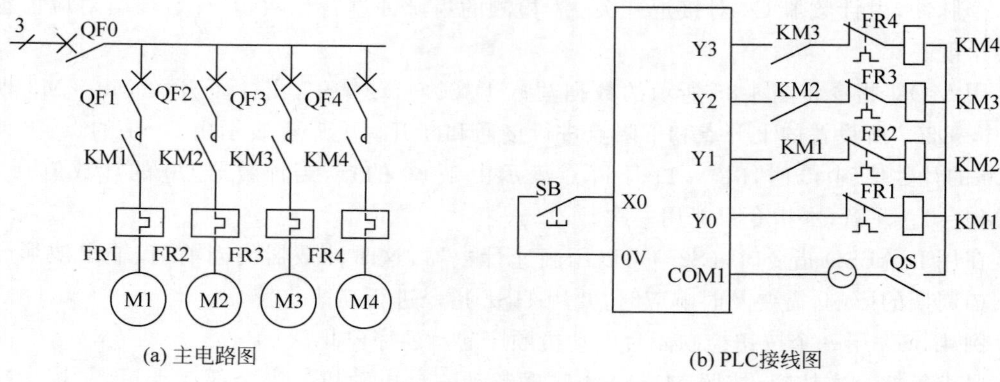

图 4-86　4 台电动机顺序起动逆序停止控制图

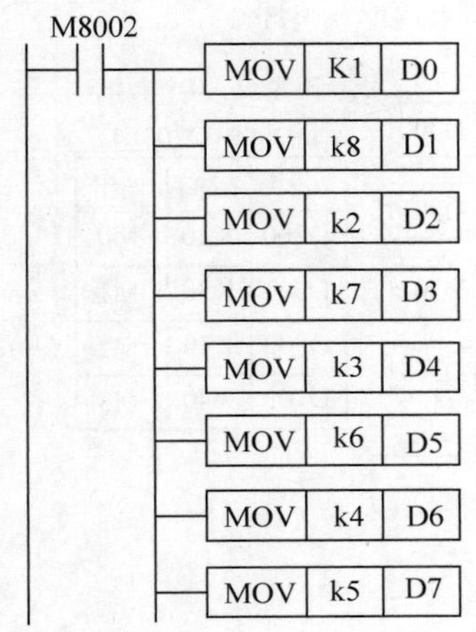

上升点	下降点	输出
D0=1	D1=8	Y0
D2=2	D3=7	Y1
D4=3	D5=6	Y2
D6=4	D7=5	Y3

(c) 上升、下降点初始设置梯形图

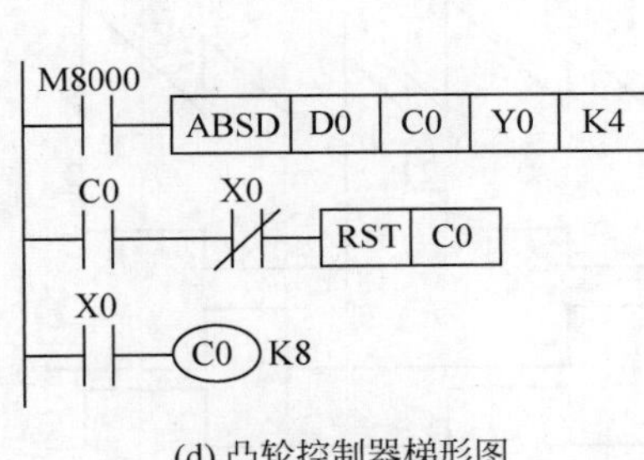

(d) 凸轮控制器梯形图

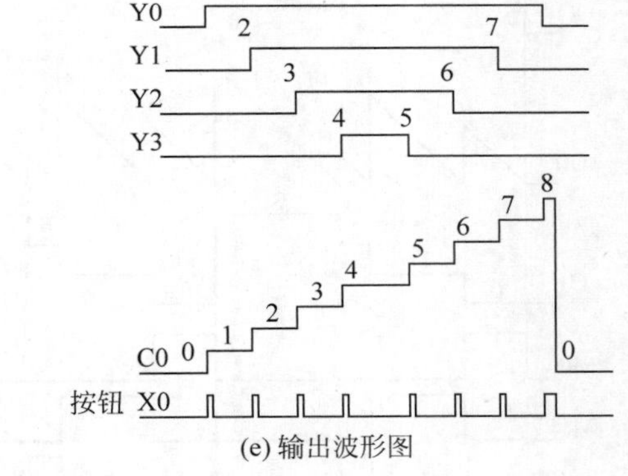

(e) 输出波形图

图 4-86 （续）

当第 5 次按按钮时，计数器 C0 的计数值为 5，即为 Y3 的下降点，Y3 失电，第 4 台电动机先停。再按 3 次按钮，Y2、Y1、Y0 相继失电，分别停止第 3 台、第 2 台和第 1 台电动机。最后一次松开按钮时计数器清零。

本电路要求只有当前一台电动机起动后，后一台电动机才能起动。如果前一台电动机因故障停止，则后一台电动机也要停止，所以要在 PLC 接线图中加 KM1、KM2、KM3 的连锁接点。

4.7.3　凸轮控制(增量方式)指令(INCD)

凸轮控制(增量方式)指令 INCD 也是用于模拟凸轮控制器的工作方式，它也是将计数器的计数值转换成 1～64 个开关的通断。

INCD 指令说明梯形图和时序图如图 4-87(a)和图 4-87(b)所示，当 X1＝1 时，计数器 C0 对秒脉冲 M8013 计数，相当于定时器，由 4 个开关 M0～M3 根据 D300～D303 所设置的数值，按顺序依次动作。计数器 C1 记录 M0～M3 的动作顺序。

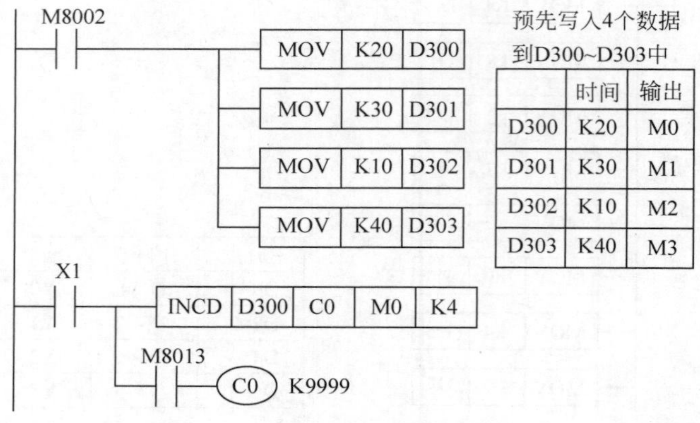

	时间	输出
D300	K20	M0
D301	K30	M1
D302	K10	M2
D303	K40	M3

(a) INCD指令说明梯形图

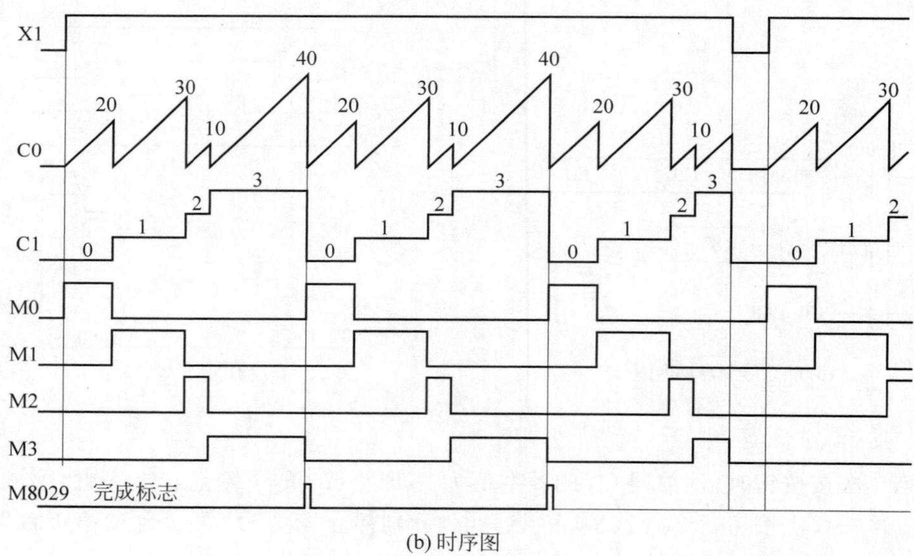

(b) 时序图

图 4-87 凸轮控制（增量方式）指令（INCD）说明

例 4.36 4 台电动机轮换运行控制。

控制 4 台电动机 M1～M4，要求每次只运行两台电动机，4 台电动机轮换运行，每台电动机连续运行 12 小时。4 台电动机轮换运行主电路图、PLC 接线图和梯形图如图 4-88 所示。

PLC 初次运行时由 FMOV 指令依次将 360 同时写入 D0～D3 中。当按下起动按钮 X0 时，Y0 得电自锁，起动信号灯 EL 亮，执行 INCD 指令，计数器 C0 对分脉冲 M8014 进行计数，相当一个定时器。当计数值等于 D0～D3 中的数值 360 时，延时时间为 360min（即 6min），计数器 C0 重新计数，输出结果如图 4-89 所示。由梯形图可得出 Y1～Y4 的时序图。

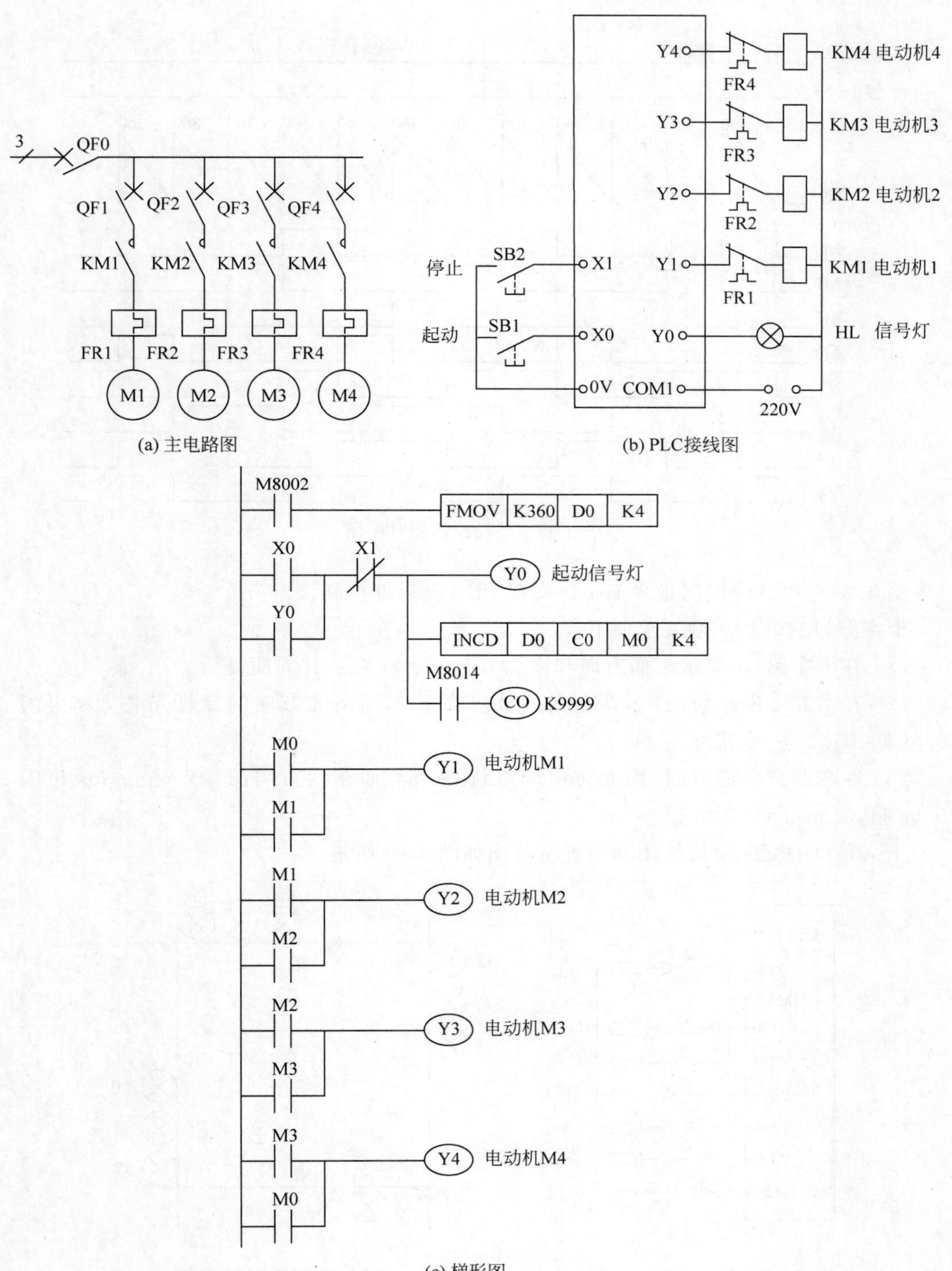

图 4-88 4 台电动机轮换运行主电路图、PLC 接线图和梯形图

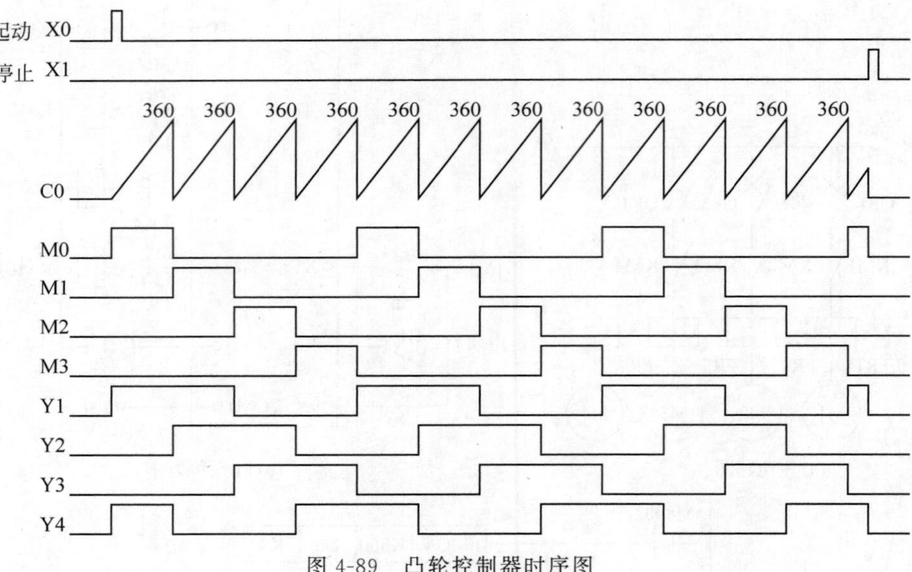

图 4-89 凸轮控制器时序图

例 4.37 用凸轮控制指令 INCD 实现 PLC 交通灯控制。

十字路口交通灯控制要求如下：

(1) 在十字路口，要求东西方向和南北方向各通行 35s，并周而复始。

(2) 在南北方向通行时，东西方向的红灯亮 35s，而南北方向的绿灯先亮 30s 再闪 3s (0.5s 暗，0.5s 亮)后黄灯亮 2s。

(3) 在东西方向通行时，南北方向的红灯亮 35s，而东西方向的绿灯先亮 30s 再闪 3s (0.5s 暗，0.5s 亮)后黄灯亮 2s。

十字路口的交通灯接线图和布置示意图如图 4-90 所示。

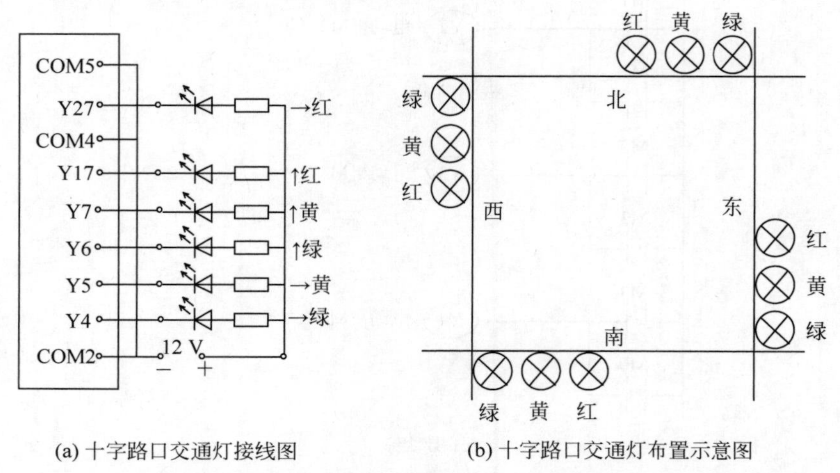

(a) 十字路口交通灯接线图 (b) 十字路口交通灯布置示意图

图 4-90 十字路口交通灯的接线图及布置图

用凸轮控制指令 INCD,首先将通行时间分为 6 个时间段,由于东南和西北方向的通行时间一样,也可以分为 3 个时间段。分别存放到 D0～D2 中,如图 4-91 所示。

东西方向	红灯 Y0			绿灯 Y4	绿闪 Y4	黄灯 Y5
南北方向	绿灯 Y1	绿闪 Y1	黄灯 Y2	红灯 Y3		
	30s	3s	2s	30s	3s	2s
	D0	D1	D2	D0	D1	D2
	M0	M1	M2	M0	M1	M2

图 4-91　十字路口交通灯时间分配图

十字路口的交通灯控制梯形图和时序图如图 4-92 所示。

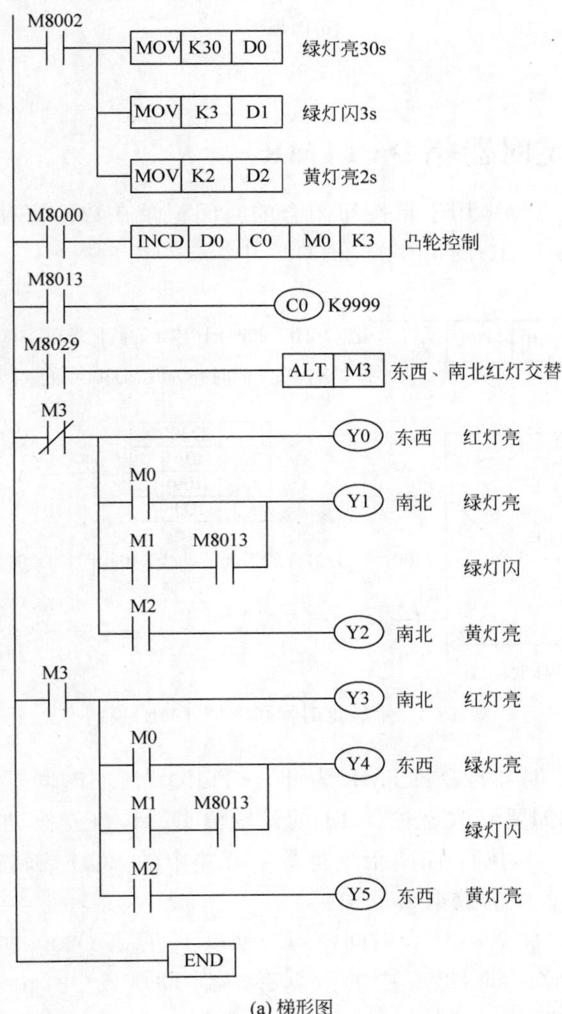

(a) 梯形图

图 4-92　十字路口的交通灯控制梯形图和时序图

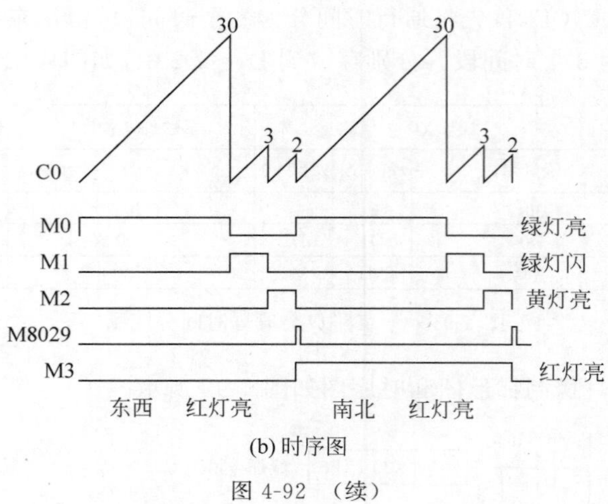

(b) 时序图

图 4-92 （续）

4.7.4 示教定时器指令(TTMR)

示教定时器指令 TTMR 用于将按钮闭合的时间记录在数值寄存器中，如图 4-93 所示是把 X10 闭合的时间乘以 10 的值存放在 D300 中。

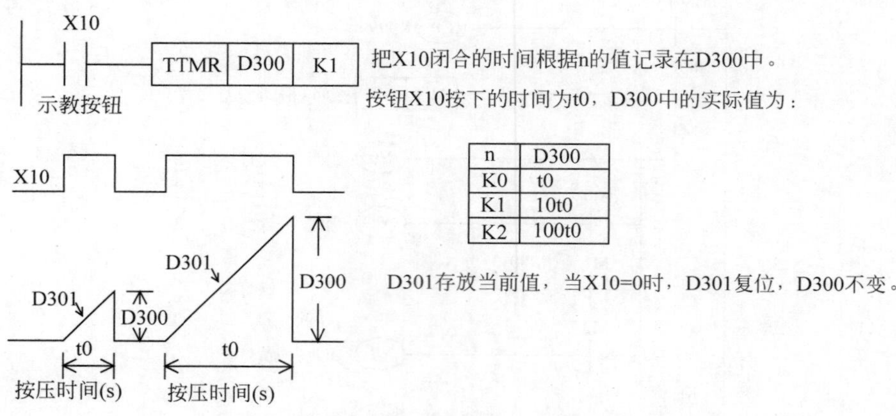

n	D300
K0	t0
K1	10t0
K2	100t0

图 4-93 示教定时器指令(TTMR)说明

例 4.38 用示教定时器指令 TTMR 为 T0～T9 设置延时时间。

如图 4-94 所示，例如要修改定时器 T1 的设定值 D301，首先拨动 BCD 码数字开关（连接在输入端 X3～X0）为 1，执行 BIN 指令将数字开关中的 BCD 数转换成 BIN 数存放到变址寄存器 Z 中，其结果 Z 中的数据为 1。

按下示教按钮 X10，将 X10 闭合时间（秒数）乘以 10 存入 D200 中。当松开按钮时，X10 下降沿接点发出一个脉冲将 D200 中的数据存放到 D300Z 中。由于 Z＝1，D300Z 就是 D301，例如，按钮 X10 按下的时间为 5s，D301 中的数据为 K50，T0～T9 为 0.1s 型的定时器，所以 T1 的延时时间也是 5s。

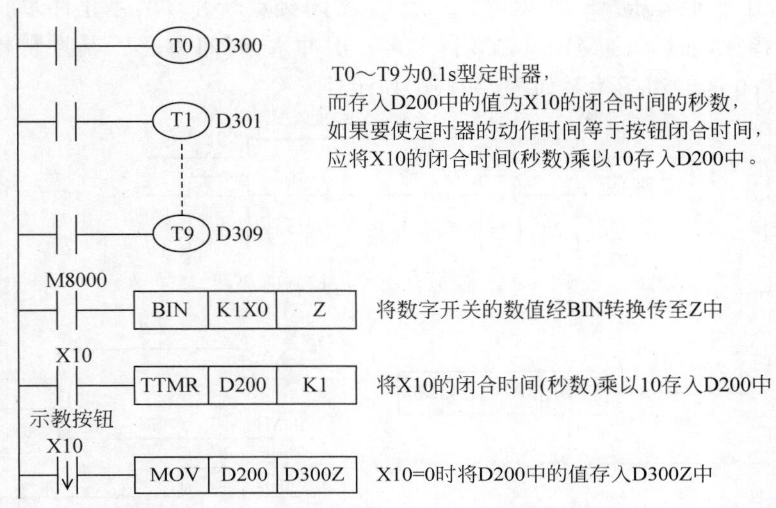

图 4-94 用数字开关和按钮为定时器设定时间

4.7.5 特殊定时器指令(STMR)

特殊定时器指令 STMR 用于组成 4 种特殊延时定时器。当 X0＝1 时，M0～M3 按图 4-95 所示时序延时动作。

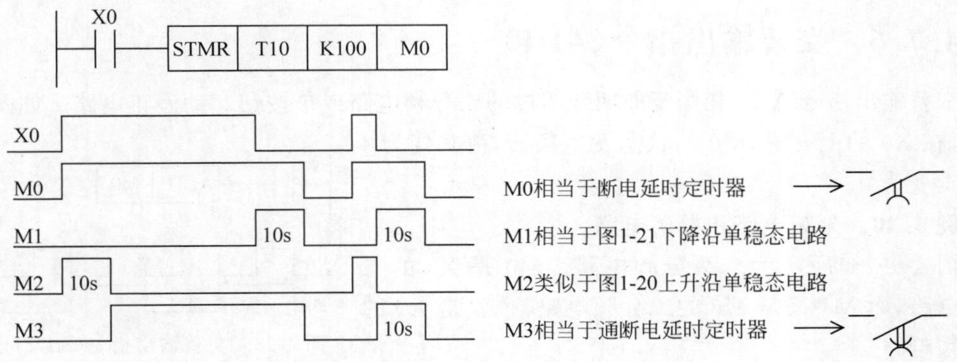

图 4-95 特殊定时器指令(STMR)说明

例 4.39 洗手间便池自动冲水。

某洗手间的便池控制要求为：当使用者进去时，使光电开关 X0 接通，3s 后 Y0 接通，使控制电磁阀打开，开始冲水，时间为 2s；当使用者离开后，再一次冲水，时间为 3s。其控制要求可以用输入 X0 与输出 Y0 的时序图如图 4-96 所示。

洗手间便池自动冲水梯形图如图 4-97(a)所示。当使用者进去时，使光电开关 X0 接通，特殊定时器的 M2＝1，3s 后 M2＝0，M2 下降沿接点接通 Y0 线圈并自锁，使控制电水阀 Y0 得电打开，开始冲水，同时 T1 得电，2s 后 T1 常闭接点断开 Y0，停止冲水。当使用者离开后，X0＝0，特殊定时器的 M1＝1，Y0 得电再一次冲水，时间为 3s。其控制要求可以用输入 X0 与输出 Y0 的时序图关系如图 4-97(b)所示。

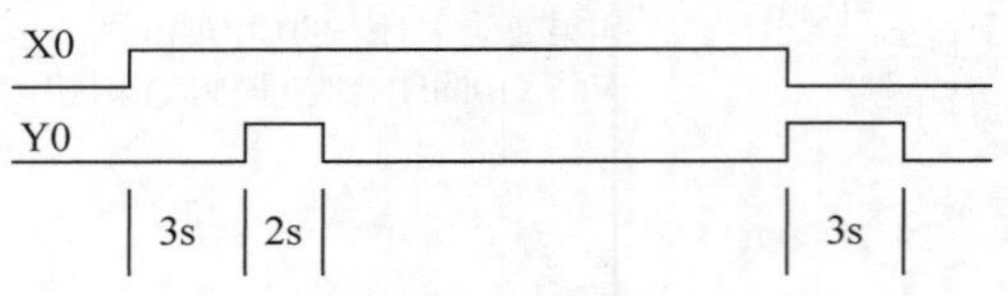

图 4-96　便池自动冲水控制时序图

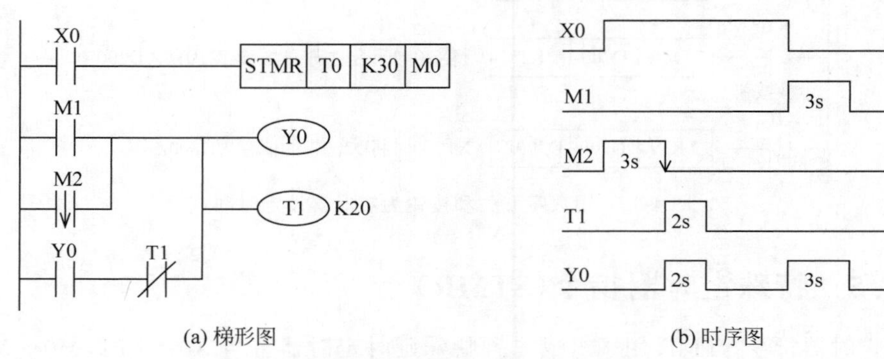

图 4-97　便池自动冲水控制梯形图及时序图

4.7.6　交替输出指令(ALT)

交替输出指令 ALT 相当于前面介绍过的二分频电路或单按钮起动停止电路。如图 4-98 所示，在 X0 的上升沿，M0 的状态发生翻转，由 0 变为 1 或由 1 变为 0。

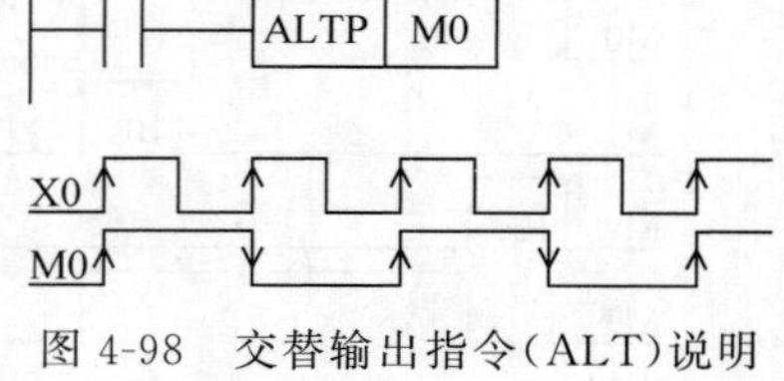

图 4-98　交替输出指令(ALT)说明

例 4.40　分频电路和振荡电路。

图 4-99(a)所示为二级分频电路。M0 是 X0 的二分频电路，而 M1 又是 M0 的二分频电路，也就是 X0 的四分频电路。

图 4-99(b)所示为振荡电路，ALT 指令由 T1 的定时脉冲进行控制，形成振荡电路。

例 4.41　单按钮定时报警起动，报警停止控制电动机。

控制一台电动机，起动时，按一下按钮 SB1，警铃报警 5s 后电动机起动，停止时，再按一下按钮 SB1，警铃报警 5s 后电动机停止。电动机运行时，按下按钮 SB2 或电动机过载，电动机立即停止。

单按钮定时报警起动，报警停止控制电动机 PLC 接线图、梯形图如图 4-100 所示。

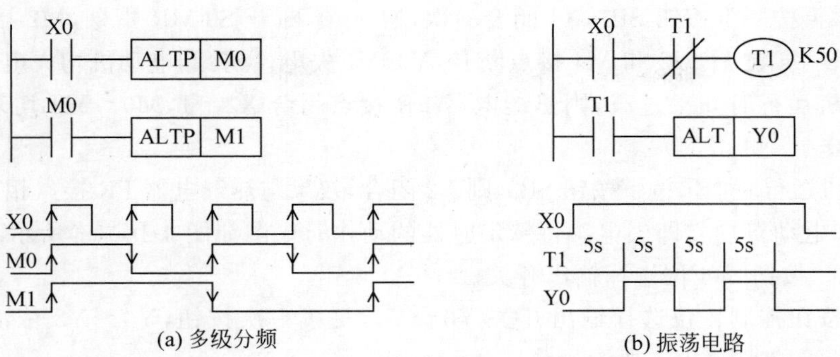

(a) 多级分频　　(b) 振荡电路

图 4-99　交替输出指令(ALT)的应用

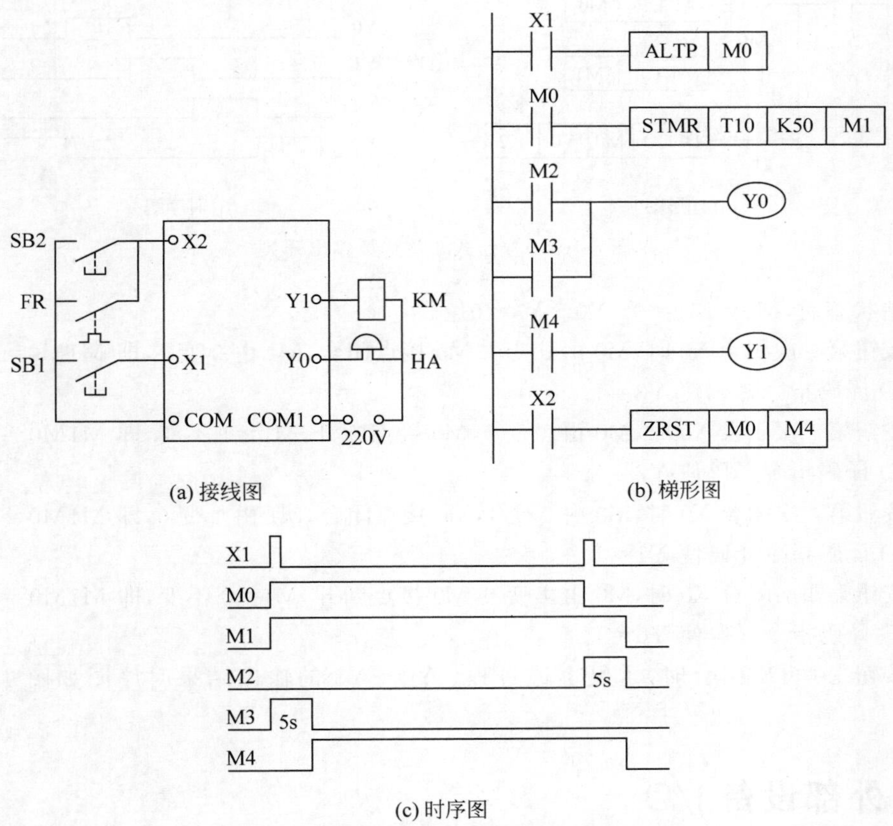

(a) 接线图　　(b) 梯形图

(c) 时序图

图 4-100　起动报警、停止报警控制

SB1(X1)为单按钮起动停止控制按钮,起动时,按一下按钮 SB1,X1 闭合一次,M0=1,接通 STMR 指令,M3 接点闭合,Y0 得电警铃报警 5s,M4 接点闭合,Y1 得电,KM 得电,电动机起动。

停止时，再按一下按钮 SB1，X1 闭合一次，M0＝0，断开 STMR 指令，M2 接点闭合，Y0 得电警铃报警 5s，之后 M2 和 M4 接点断开，Y0、Y1 失电，警铃和电动机均失电。

当电动机运行时如果过载，则热继电器 FR 接点闭合 X2＝1，M0～M4 均复位，警铃和电动机均失电。

当电动机运行时如果按下按钮 SB2，则 X2 闭合，效果与热继电器 FR 接点相同，M0～M4 复位，警铃和电动机均立即失电。特殊定时器的动作时序图如图 4-100(c)所示。

例 4.42 按钮式 4 位选择输出开关。

用一个按钮控制 4 位选择输出开关 Y0～Y3，每按一次按钮，Y0～Y3 依次轮流接通。梯形图和时序图如图 4-101 所示。

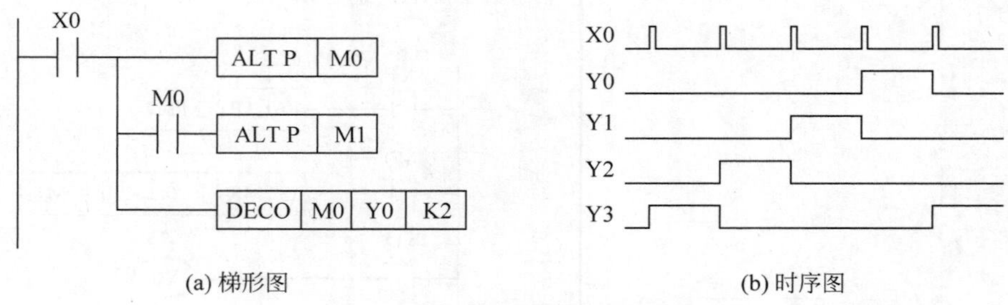

(a) 梯形图　　(b) 时序图

图 4-101　按钮式 4 位选择输出开关

初始状态时，M0＝M1＝0，Y0～Y3＝0。

当按钮第一次闭合 X0 时，M0 由 0 变 1，M0 接点闭合，M1 由 0 变 1，即 M1M0＝11_2＝3。经 DECO 译码指令译码使 Y3＝1。

当按钮第二次闭合 X0 时，M0 由 1 变 0，M0 接点断开，M1＝1 不变，即 M1M0＝10_2＝2。经 DECO 译码指令译码使 Y2＝1。

当按钮第三次闭合 X0 时，M0 由 0 变 1，M0 接点闭合，M1 由 1 变 0，即 M1M0＝01_2＝1。经 DECO 译码指令译码使 Y1＝1。

当按钮第四次闭合 X0 时，M0 由 1 变 0，M0 接点断开，M1＝0 不变，即 M1M0＝00_2＝1。经 DECO 译码指令译码使 Y0＝1。

当按钮 X0 再次闭合时，重复上述过程。Y0～Y3 的输出结果时序图如图 4-101(b)所示。

4.8 外部设备 I/O

4.8.1 十字键输入指令(TKY)

十字键输入指令 TKY 用于使用 10 个输入按钮输入数字 0～9，通过 0～9 的键盘(数字键)输入，对定时器和计数器等设定数据。TKY 指令只能使用一次。

如图 4-102 所示。当 X12＝1 时，使用 X0～X11 的 10 个输入按钮分别输入数字 0～9

及对应的继电器动作，如表 4-8 所示。如果依次按下 X2、X1、X3 和 X0 按钮，则输入十进制数 2130 到 D0 中（以二进制数形式保存），如果再按下 X4 按钮，则第一位数 2 被溢出，变成 1304。

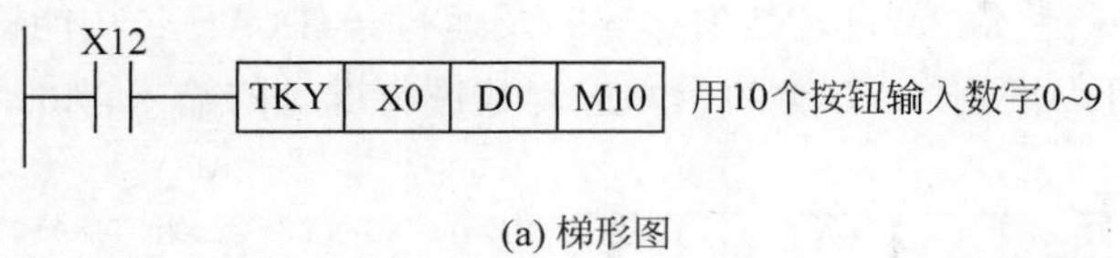

(a) 梯形图

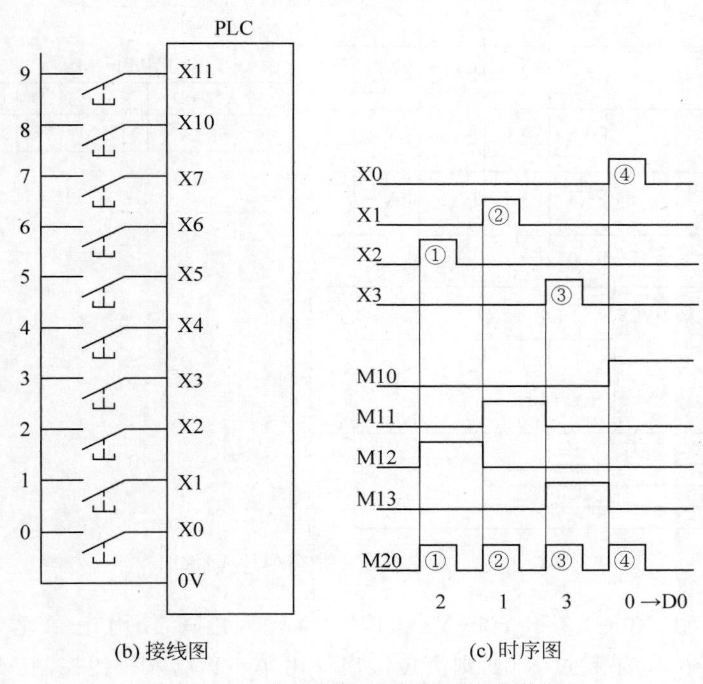

(b) 接线图　　(c) 时序图

图 4-102　十字键输入指令(TKY)说明

使用 DTKY 指令可输入 8 位十进制数到 D1、D0 中。当 X0～X11 中的某个输入按钮被按下时，对应的 M10～M19 继电器动作，如表 4-9 所示，并保持到下一个按钮按下时复位。当有多个按钮按下时，先按下的按钮有效。

当某个按钮被按下时，继电器 M20 动作，按钮松开时复位。当 X12＝0 时，D0 中的数据保持不变，但 M10～M19 全部复位。

表 4-9　数字按钮的对应关系

数字按钮	X0	X1	X2	X3	X4	X5	X6	X7	X10	X11	
输入数字	0	1	2	3	4	5	6	7	8	9	
对应继电器	M10	M11	M12	M13	M14	M15	M16	M17	M18	M19	M20

4.8.2 十六键输入指令(HKY)

十六键输入指令HKY用于组成4×4输入矩阵，使用该指令时输入十进制数或十六进制数，通过0～F的键盘(16键)输入，设定数值(0～9)及运行条件(A～F功能键)等的输入数据。当扩展功能为ON时，可以使用0～F键的十六进制数进行键盘的输入，如图4-103所示。

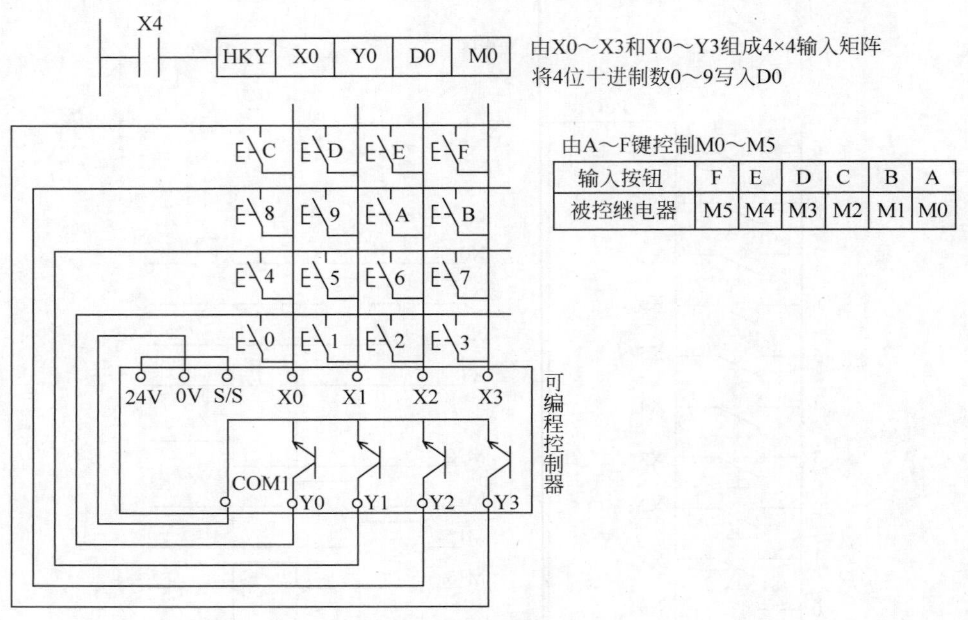

图4-103 十六键输入指令(HKY)说明

当X4=1时，由X0～X3和Y0～Y3组成4×4输入矩阵，使用0～9输入按钮输入4位数字0～9到D0中，如果超过4位，则高位溢出。由A～F输入按钮控制M0～M5，当某个字母按钮按下时，对应的辅助继电器动作，并保持到下一个按钮按下时复位。如果有多个按钮按下时，先按下的有效。

当某个数字按钮被按下时，继电器M7动作，按钮松开时复位。当某个字母按钮被按下时，继电器M6动作，按钮松开时复位。当X4=0时，D0中的数据保持，M0～M7全部复位。当M8167=1时，将十六进制数0～F写入D0(以二进制数形式保存)。

每个数据的输入需要8个扫描周期，为了防止按钮输入的滤波延迟造成输入错误，可使用恒定扫描模式和定时器中断处理。

例4.43 HKY指令用于电动机的定时控制。

控制一台电动机，按下起动按钮，电动机运行一段时间后自动停止，要求电动机运行时间可以调整。

PLC接线图如图4-104(a)所示，X0～X3和Y0～Y3组成4×4输入矩阵，0～9号按钮用于定时器的设定值输入，按钮A用于电动机的起动控制，按钮B用于电动机的停止控制。

Y4 控制接触器 KM,用于电动机的控制。

梯形图如图 4-104(b)所示,定时器的设定值由数字按钮 0～9 输入 D0 中,D0 作为定时器的设定值。

按下起动按钮 A,M0=1,Y4 线圈得电自锁,电动机起动,T0 得电延时,当定时器 T0 达到设定值 D0 时,T0 常闭接点断开 Y4 线圈,电动机停止。

按下停止按钮 B,M1=1,M1 常闭接点断开 Y4 线圈,电动机停止。

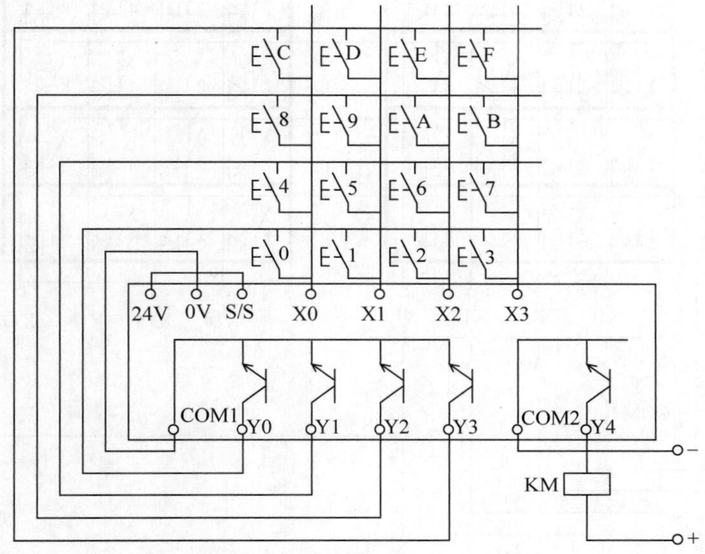

(a) HKY用于定时器的设定数值PLC接线图

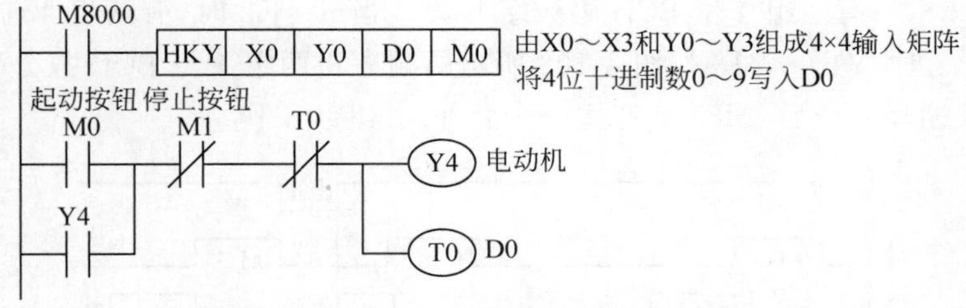

(b) HKY用于定时器的设定数值PLC梯形接线图

图 4-104　HKY 用于定时器的设定数值

4.8.3　数字开关指令(DSW)

数字开关指令 DSW 用于组成一组 4 位或两组 4 位 BCD 码数字开关,可以用于设定值的输入等。

如图 4-105 所示,由 Y10～Y13 和 X10～X17 组成 4×8 输入矩阵。第一组 4 位 BCD 码数字开关的 4 位 BCD 码数字传送到 D0 中,第二组 4 位 BCD 码数字开关的 4 位 BCD 码数字传送到 D1 中。

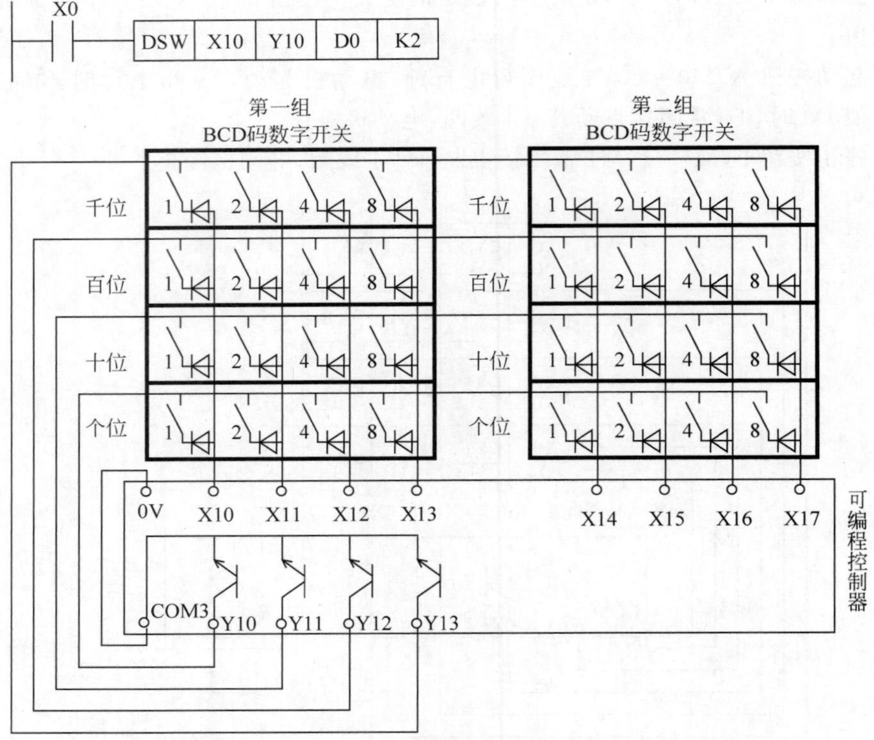

图 4-105　数字开关指令(DSW)说明

当 n＝K1 时，只有一组 4 位 BCD 码数字开关。当 n＝K2 时，有两组 4 位 BCD 码数字开关。当 X0＝1 时，Y10～Y13 按图 4-106 所示的顺序将两组 4 位 BCD 数分别传送到 D0、D1 中。第一次循环完毕后，M8029 产生一个脉冲，并继续工作。

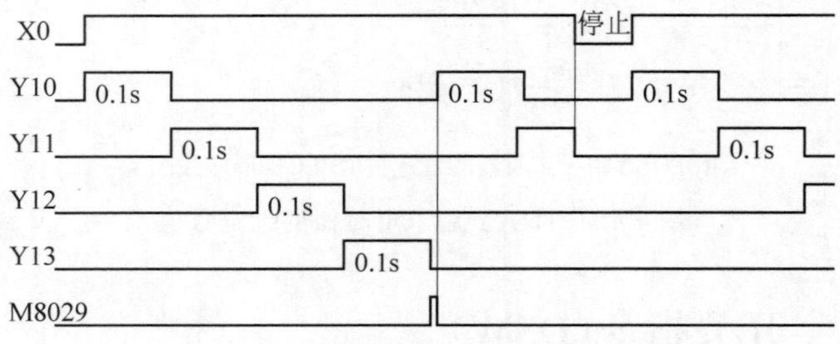

图 4-106　数字开关指令(DSW)输出执行顺序

为了连续输入数字开关的数据，应采用晶体管输出型 PLC，但采用继电器输出型 PLC 也是可以的。为了防止输出继电器连续工作，可采用图 4-107 所示的梯形图，X0 为按钮，这样输出继电器只动作一个循环。

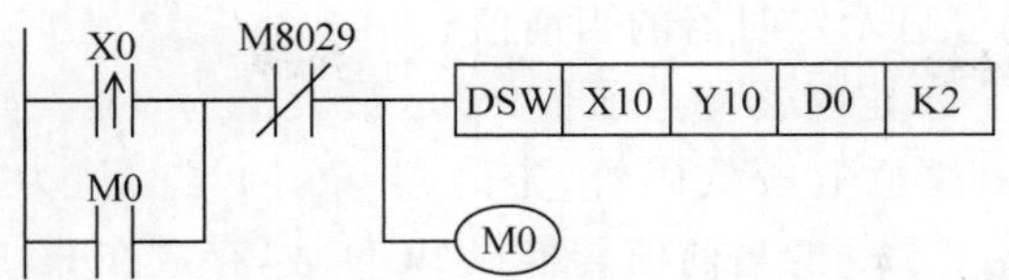

图 4-107 继电器输出型 PLC 的 DSW 指令应用

4.8.4 七段码译码指令(SEGD)

七段码译码指令 SEGD 用于将 1 位十六进制数经译码控制一位七段数码管,如图 4-108 所示。

X0 [SEGD D0 K2Y0]

D0		七段码显示	笔画								显示字符
十六进制	二进制		Y7	g Y6	f Y5	e Y4	d Y3	c Y2	b Y1	a Y0	
0	0 0 0 0		0	0	1	1	1	1	1	1	0
1	0 0 0 1		0	0	0	0	0	1	1	0	1
2	0 0 1 0		0	1	0	1	1	0	1	1	2
3	0 0 1 1		0	1	0	0	1	1	1	1	3
4	0 1 0 0		0	1	1	0	0	1	1	0	4
5	0 1 0 1	a	0	1	1	0	1	1	0	1	5
6	0 1 1 0	f b g	0	1	1	1	1	1	0	1	6
7	0 1 1 1		0	0	1	0	0	1	1	1	7
8	1 0 0 0	e c d	0	1	1	1	1	1	1	1	8
9	1 0 0 1		0	1	1	0	1	1	1	1	9
A	1 0 1 0		0	1	1	1	0	1	1	1	A
B	1 0 1 1		0	1	1	1	1	1	0	0	b
C	1 1 0 0		0	0	1	1	1	0	0	1	C
D	1 1 0 1		0	1	0	1	1	1	1	0	d
E	1 1 1 0		0	1	1	1	1	0	0	1	E
F	1 1 1 1		0	1	1	1	0	0	0	1	F

图 4-108 七段码译码指令(SEGD)说明

当 X0=1 时,将(S.)(此例为 D0)的低 4 位二进制数(1 位十六进制数)进行译码,结果存放到(D.)的低 8 位中,(D.)的高 8 位不变(此例为 Y7~Y0),显示 0~F 十六进制字符。用 Y0~Y6 分别控制一位七段数码管的 a~g 笔画。

例 4.44 七段数码管显示定时器的当前值。

用两位七段数码管显示定时器的当前值，显示最大值为 99s。如图 4-109 所示，定时器 T0 的设定值为 99s，需用两位七段数码管，定时器 T0 的当前值为 BIN 数，需将其转换成 BCD 数，执行 BCD 指令，将 T0 的当前值转换成 BCD 数，存放在 K3M0 中，其中 K1M8 为十位数，K1M4 为个位数，K1M0 为小数位。只显示十位和个位，小数位不显示。

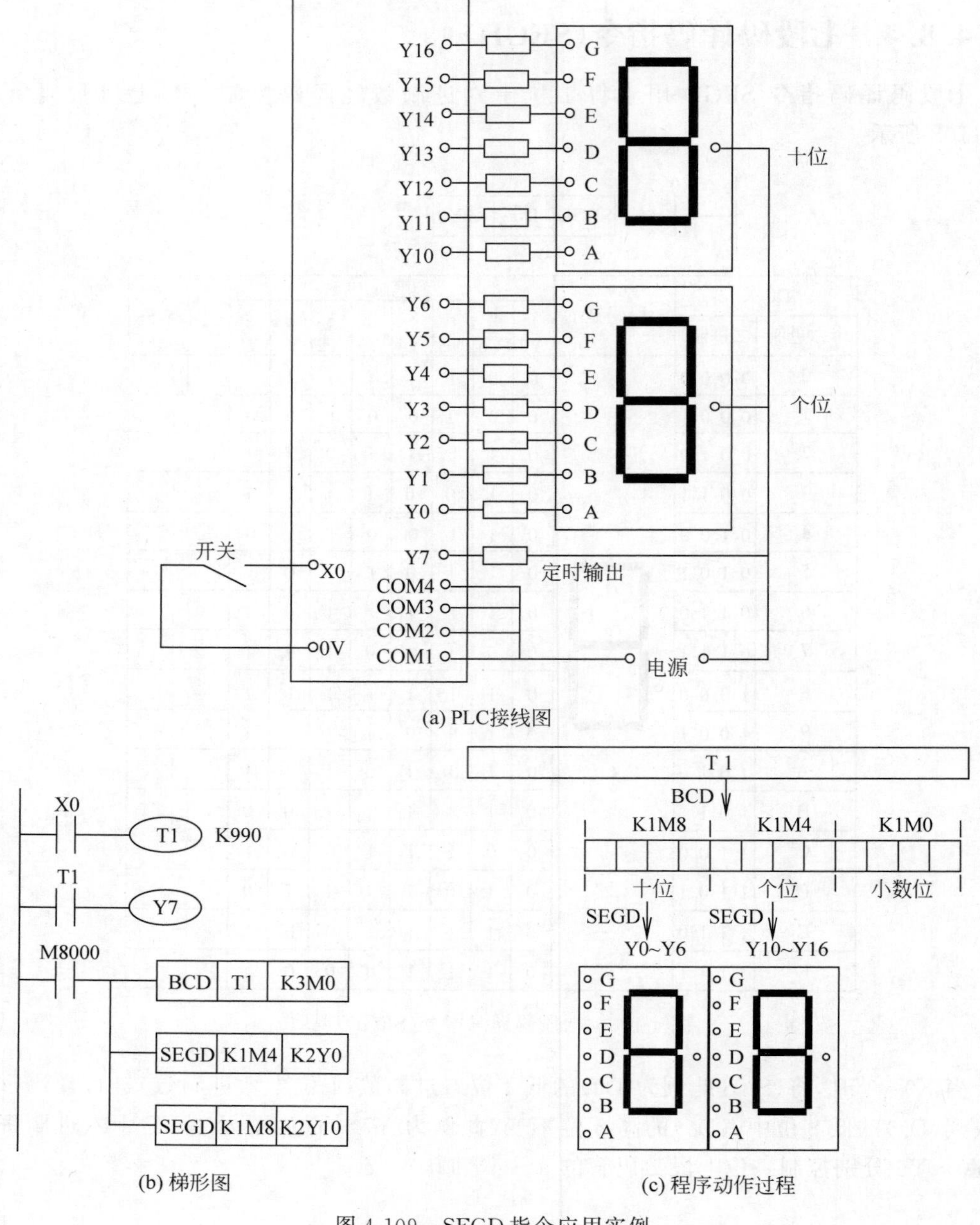

图 4-109 SEGD 指令应用实例

执行指令 SEGD K1M4 K2Y0，将 K1M4（个位数）译码，经 Y0～Y6 输出直接驱动个位数七段数码管。

执行指令 SEGD K1M8 K2Y10，将 K1M8（十位数）译码，经 Y10～Y16 输出直接驱动十位数七段数码管。

4.9 时钟数据运算

4.9.1 时钟数据比较指令（TCMP）

时钟数据比较指令 TCMP 用于将源数据（S1.）时、（S2.）分、（S3.）秒设定的时间与（S.）起始的 3 点时间数据进行比较，比较结果由 3 个连续的继电器来表示。

如图 4-110 所示，D0 中的数据为“时”，D1 中的数据为“分”，D2 中的数据为“秒”。当 X0=1 时，将 D0 与 10 时 30 分 50 秒比较，根据比较结果，使（D.）中指定的连续 3 点输出中一点动作。

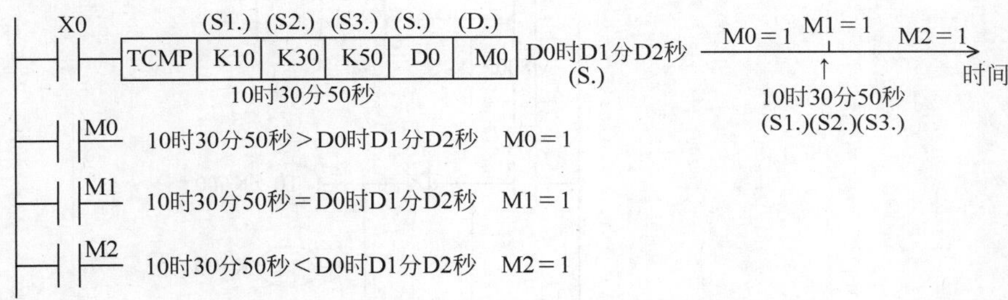

图 4-110 时钟数据比较指令（TCMP）说明

“时”“分”“秒”设定值范围分别为 0～23、0～59 和 0～59。利用时钟数据读取指令 TRD（FCN166）也可以和可编程控制器内置的实时时钟数据进行比较。

例 4.45 定时闹钟。

用 PLC 控制一个电铃，要求除了星期六，星期日以外，每天早上 7 点 10 分电铃响 10 秒钟，按下复位按钮，电铃停止。如果不按下复位按钮，每隔 1 分钟再响 10 秒钟进行提醒，共响 3 次结束。

定时闹钟 PLC 接线图、梯形图和指令表如图 4-111 所示，执行功能指令 TRD D0，将 PLC 中 D8013～D8019（实时时钟）的时间传送到 D0～D6 中，如表 4-10 所示。

表 4-10 时钟读出

D 8018	D8017	D8016	D8015	D8014	D8013	D8019
D0	D1	D2	D3	D4	D5	D6
年	月	日	时	分	秒	星期

执行 TCMP 指令进行时钟比较，如果当前时间 D3、D4、D5 中的时、分、秒等于 7 时 10 分 0 秒，则 M1=1，M1 常开接点闭合，M3 线圈得电自锁，但是当 D8019=0（星期日），或

D8019＝6(星期六)时，M3 线圈不得电。

M3 常开接点闭合，定时器 T0、T1 得电开始计时，计数器 C0 计一次数，Y0 得电电铃响，响 10s 后 T1 常闭接点断开，Y0 失电，60s 后 T0 常闭接点断开，T0、T1、C0 失电，Y0 再次得电电铃响，第二个扫描周期 T0 常闭接点闭合，T0、T1 得电重新计时，C0 再计一次数，当 C0 计数值为 4 时，M3 失电，C0 复位，T0、T1、C0、Y0 均失电。按下复位按钮，电铃停止。

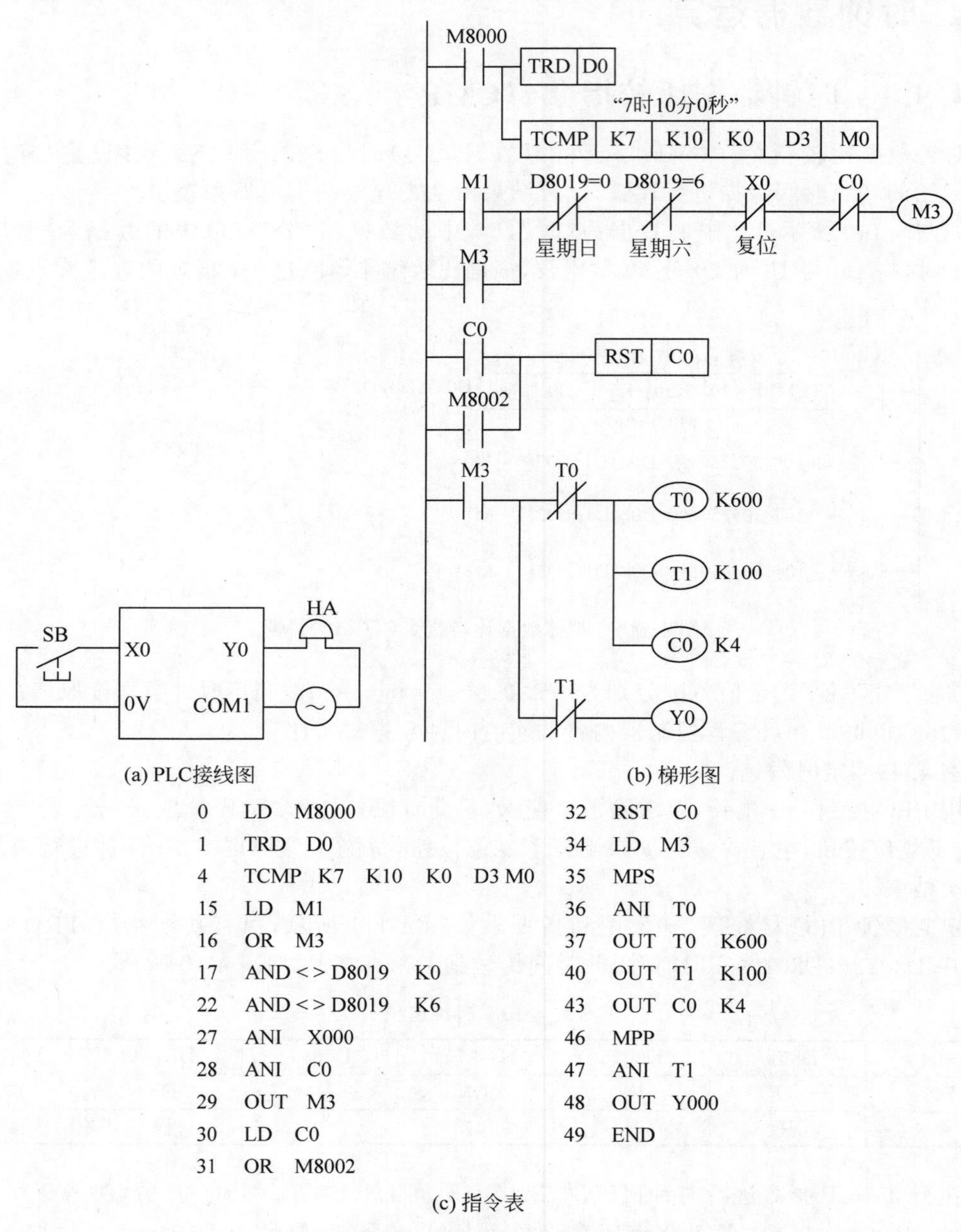

(a) PLC接线图

(b) 梯形图

```
0   LD  M8000                32  RST  C0
1   TRD  D0                  34  LD  M3
4   TCMP  K7  K10  K0  D3 M0 35  MPS
15  LD  M1                   36  ANI  T0
16  OR  M3                   37  OUT  T0  K600
17  AND<>D8019  K0           40  OUT  T1  K100
22  AND<>D8019  K6           43  OUT  C0  K4
27  ANI  X000                46  MPP
28  ANI  C0                  47  ANI  T1
29  OUT  M3                  48  OUT  Y000
30  LD  C0                   49  END
31  OR  M8002
```

(c) 指令表

图 4-111 定时闹钟 PLC 接线图、梯形图和指令表

4.9.2 时钟数据区间比较指令(TZCP)

时钟数据区间比较指令 TZCP 用于将源数据(S.)与(S1.)、(S2.)设定的“时”“分”“秒”3 点时间数据进行比较,其中源数据(S1.)不得大于(S2.)的数值,比较结果由 3 个连续的继电器来表示。

如图 4-112 所示,当 X0=1 时,将(D0,D1,D2)的时间分别与(D20,D21,D22)和(D30,D31,D32)的时间进行比较,若(D20,D21,D22)>(D0,D1,D2),则 Y0=1;若(D20,D21,D22)≤(D0,D1,D2)≤(D30,D31,D32),则 Y1=1;若(D0,D1,D2)>(D30,D31,D32),则 Y2=1。当 X0=0 时,不执行 CMP 指令,但 Y0、Y1、Y2 保持不变。若要将比较结果复位,可用 ZRST 指令将 Y0、Y1、Y2 置 0。

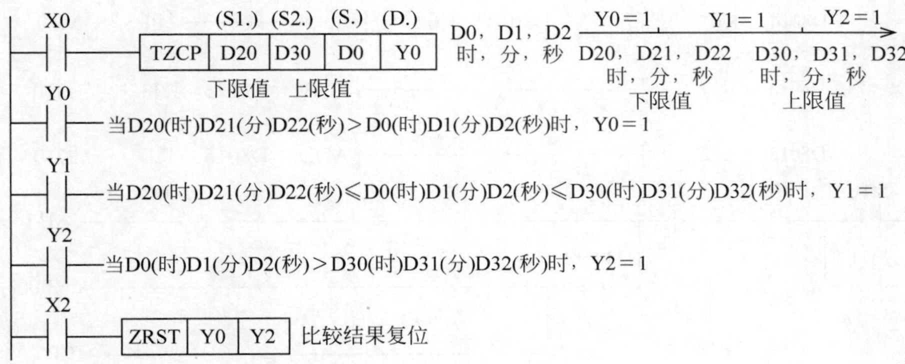

图 4-112 时钟数据区间比较指令(TZCP)说明

例 4.46 闹钟整点报时。

对 PLC 中的时钟进行整点报时,要求几点钟响几次(按 12 小时制,例如 13 点钟为下午 1 点钟,只响 1 次),每秒钟一次。为了不影响晚间休息,只在早晨 6 时到 21 时之间报时。

整点报时的梯形图和指令表如图 4-113 所示,执行 TRD D0 指令,将 D8013~D8019 中的时间读到对应的数据寄存器 D0~D6 中,其中 D3 中存放时钟 D8015 的“时”,D4 中存放 D8014 分钟的“分”,D5 中存放 D8013 秒钟的“秒”(参见 TRD D0 指令说明)。

设报时时间的下限值为 6 时 0 分 0 秒(MOV K6 R0),上限值为 22 时 0 分 0 秒(MOV K22 R3),执行时钟数据区间比较指令 TZCP,当 R0(6 时)、R1(0 分)、R2(0 秒)≤D3、D4、D5≤R3(22 时)、R4(0 分)、R5(0 秒)时,比较接点 M1=1(尽管在 22 时 0 分 0 秒时 M1=1,但是很快 M1 就为 0 了,Y0 会得一次电,如需在 22 时 Y0 不得电,可将上限值设为 21 时 1 分 0 秒即可)。

当分钟时钟寄存器 D8014=0(0 分钟),秒钟时钟寄存器 D8013=0(0 秒钟)时为整点时间,M10 发出一个脉冲。

M1 接点闭合,当 M10 发脉冲时,M11 线圈得电自锁,Y0 每秒钟接通一次,报时器每秒响一次。计数器 C0 对 M8013 的秒脉冲计数。当 C0 的当前值等于 D10 的钟点数时，报时器响的次数和钟点数正好相同，C0 接点动作，断开 M11、Y0、C0 线圈，M11 常闭接点闭合，将 C0 复位。

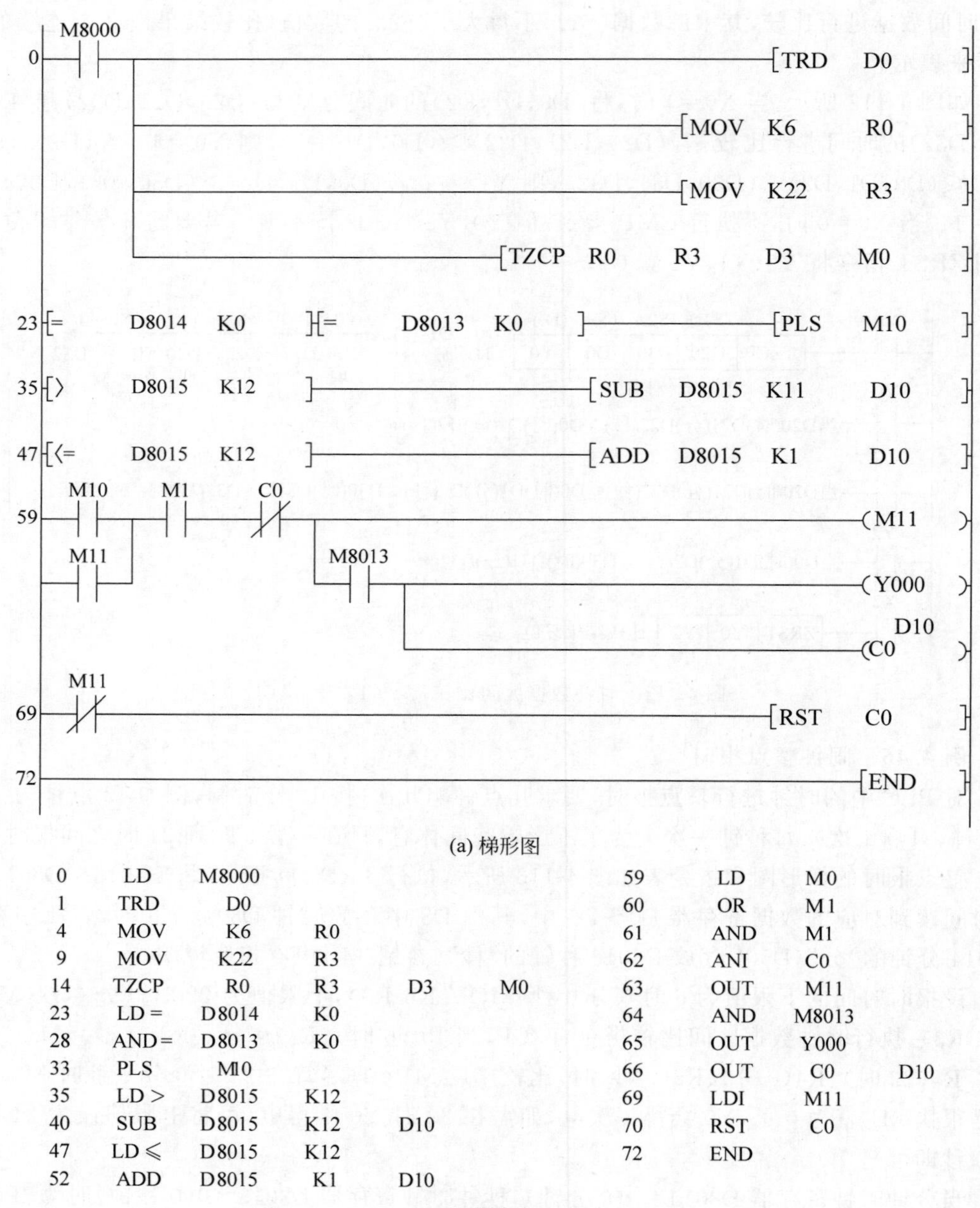

(a) 梯形图

步	指令	操作数				步	指令	操作数	
0	LD	M8000				59	LD	M0	
1	TRD	D0				60	OR	M1	
4	MOV	K6	R0			61	AND	M1	
9	MOV	K22	R3			62	ANI	C0	
14	TZCP	R0	R3	D3	M0	63	OUT	M11	
23	LD =	D8014	K0			64	AND	M8013	
28	AND =	D8013	K0			65	OUT	Y000	
33	PLS	M10				66	OUT	C0	D10
35	LD >	D8015	K12			69	LDI	M11	
40	SUB	D8015	K12	D10		70	RST	C0	
47	LD ⩽	D8015	K12			72	END		
52	ADD	D8015	K1	D10					

(b) 指令表

图 4-113 整点报时梯形图

PLC 中的时钟为 24 小时制，即 D8015 中的值为 0～23，需将其改为 12 小时制。在上午，时钟小时数 D8015≤12 时，C0 的设定值 D10 ＝D8015＋1。在下午，时钟小时数 D8015＞12 时，C0 的设定值 D10 ＝D8015＋1－12。

以上 D8015＋1 考虑的是 n 点钟响 n 次，在 n＋1 次时停止。也就是说计数值 C0 应比整点数多一次。

4.9.3 时钟数据加法指令(TADD)

时钟数据加法指令 TADD 用于将存于(S1.)起始单元的 3 点时、分、秒时钟数据与(S2.)起始单元的 3 点时、分、秒时钟数据相加，结果存入目标数据(D.)起始的 3 个单元中，如图 4-114 所示。

运算结果若为 0(0 时 0 分 0 秒)时，零标志 M8020＝1。时钟数据加法运算结果大于 24 小时，将自动减去 24 小时后的结果进行保存，标志 M8022＝1，如 18 时 30 分 10 秒＋10 时 20 分 5 秒＝4 时 50 分 15 秒。

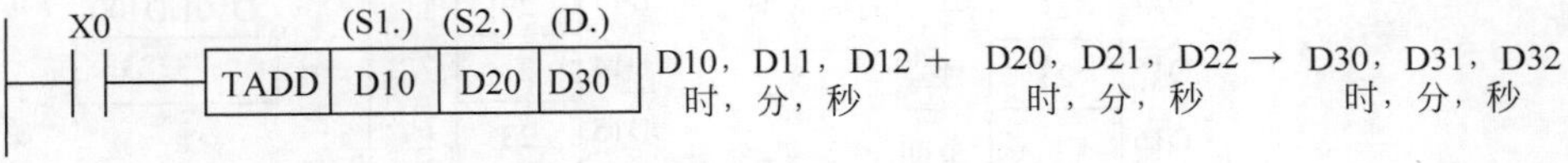

X0 (S1.) (S2.) (D.)
TADD D10 D20 D30 D10，D11，D12 ＋ D20，D21，D22 → D30，D31，D32
时，分，秒 时，分，秒 时，分，秒

图 4-114 时钟数据加法指令(TADD)说明

4.9.4 时钟数据减法指令(TSUB)

时钟数据减法指令 TSUB 用于将存于(S1.)起始单元的 3 点时、分、秒时钟数据与(S2.)起始单元的 3 点时、分、秒时钟数据相减，结果存入目标数据(D.)起始的 3 个单元中，如图 4-115 所示。

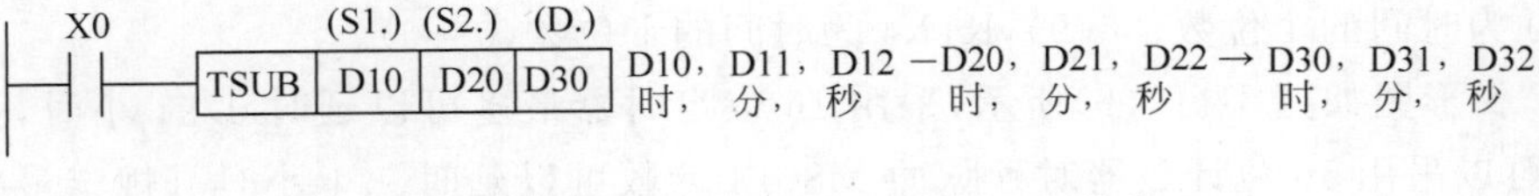

X0 (S1.) (S2.) (D.)
TSUB D10 D20 D30 D10，D11，D12 －D20，D21，D22 → D30，D31，D32
时，分，秒 时，分，秒 时，分，秒

图 4-115 时钟数据减法指令(TSUB)说明

运算结果若为 0(0 时 0 分 0 秒)时，零标志 M8020＝1。时钟数据加法运算结果小于 0 小时时，将自动加上 24 小时后的结果进行保存，标志 M8021＝1，如 5 时 20 分 10 秒－18 时 10 分 5 秒＝11 时 10 分 5 秒。

4.9.5 时、分、秒数据的秒转换指令(HTOS)

时、分、秒数据的秒转换指令 HTOS 用于将[S.，S. ＋1，S. ＋2]的时间(时刻)数据(时、分、秒)换算成秒后，将结果保存到 D. 中。

如图 4-116(a)所示，当 X0＝1 时，执行 TRD D10 指令，是从可编程控制器内置的实时时钟中读出时间数据存放在 D10～D16 中，如图 4-116(b)所示。

执行 DHTOS 指令是将 D13～D15 中的 20 时 21 分 23 秒转换成 73283 秒存放在 D101、D102 中，如图 4-116(c)所示(20 时 21 分 23 秒＝73283 秒)。

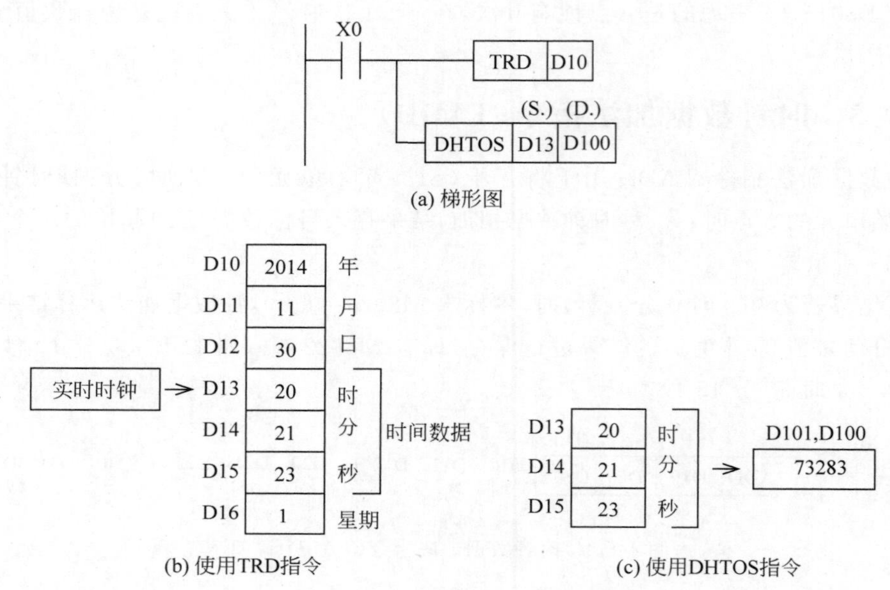

图 4-116 HTOS 指令使用说明

例 4.47 用“时、分、秒”设定定时器的动作时间。

有时用秒来设定定时器很不直观，例如设定定时器的动作时间为 5 小时 48 分 46 秒，要把它化成秒也比较麻烦，用“时、分、秒”直接设定定时器的动作时间就比较直观了。

PLC 接线图如图 4-117(a)所示。用 2 位 8421BCD 码数字开关来设定定时器的动作时间，K1X0 为时间的个位数(0～9)，K1X4 为时间的十位数(0～6)。

PLC 梯形图如图 4-117(b)所示，采用 16 位定时器最多可以延时 0.91 小时，为增加延时时间，可以采用 16 位计数器对秒脉冲 M8013 计数可以延时 9.1 小时。规定最多延时时间为 9 小时，同时要求秒钟和分钟的设置范围为 0～60。D0 设置小时数(0～9)，D1 设置分钟数(0～60)，D2 设置秒钟数(0～60)。

由于设置小时数为 0～9，当大于 9 时，由比较接点将其断开，实际上个位数 BCD 数字开关输入的数字不可能大于 9，所以这个比较接点也可以不要。

由于设置分钟和秒钟数为 0～60，当十位数 BCD 数字开关输入的数字大于 6，由比较接点将其断开，使之不能设置分钟和秒钟数。

执行 HTOS D0 D10 指令，将 D0(小时)、D1(分钟)、D2(秒钟)所表示的时间转换成秒钟，存放在 D10 中，D10 作为计数器的设定值。

按下计时按钮 SB4，X13＝1，M0＝1，接通计数器 C0，C0 对秒脉冲 M8013 计数，当计数值等于设定值 D10 时，C0 接点闭合接通输出继电器 Y0，按下复位按钮 X14，将 M0 和 C0 复位。

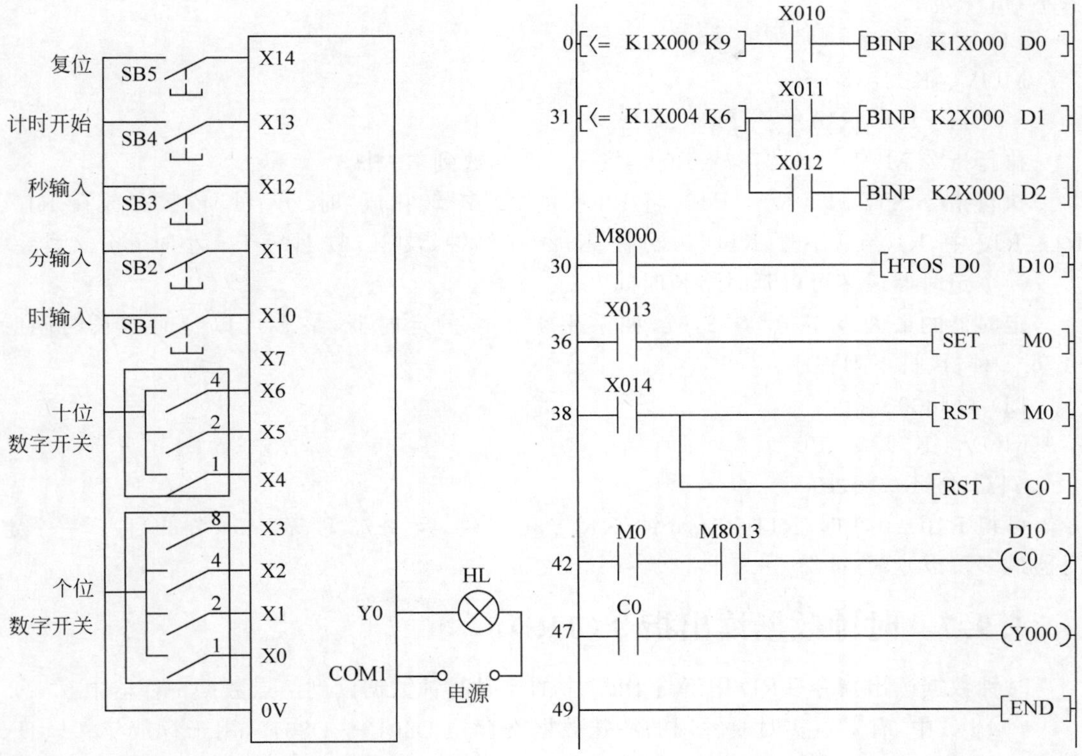

(a) PLC接线图　　(b) 梯形图

图 4-117　用“时、分、秒”设定定时器的动作时间

4.9.6　秒数据的[时、分、秒]转换指令(STOH)

STOH 指令是将 S. 中的秒数据换算成时、分、秒，其结果保存到[D，D +1，D +2](时、分、秒)中。

如图 4-118 所示，当 X0＝1 时，将 D0、D1 中保存的 73283 秒数据换算成 20 时 21 分 23 秒后，其结果保存到[D100、D101、D102]中。

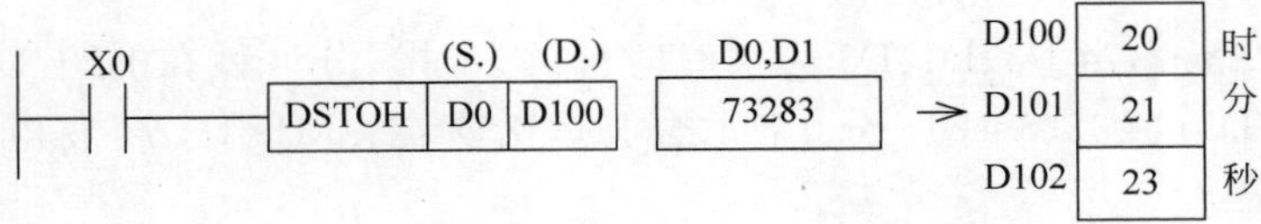

图 4-118　STOH 指令使用说明

例 4.48 将 32767 秒用“时、分、秒”表示。

一个 16 位数据寄存器表达的最大数为 32767，执行下列程序将 32767 秒用“时、分、秒”表示，指令如下：

```
LD  M8000
MOV  K32767  R0
STOH  R0  R10
```

执行指令 MOV K32767 R0 是将 32767 存放到 R0 中。

执行指令 STOH R0 R10，将 R0 中的 32767 转化成“时、分、秒”依次存放在 R10、R11、R12 中，R10＝9 小时、R11＝6 分钟、R12＝7 秒钟，及 32767 秒等于 9 小时 6 分 7 秒。

一个定时器最多可以延时多长时间？

定时器的最大设定值为 32767，如采用 100ms 的定时器，最多可以延时多长时间为 3276.7 秒，执行下列程序：

```
LD  M8000
MOV  K3276  R0
STOH  R0  R10
```

可得 R10＝0 小时、R11＝54 分钟、R12＝36 秒钟，及 3276 秒等于 54 分 36 秒。一个定时器最多可以延时 54 分 36.7 秒。

4.9.7 时钟数据读出指令（TRD）

时钟数据读出指令 TRD 用于将 PLC 中的实时时钟数据读到 7 点数据寄存器中。

在 PLC 中，有 7 点实时时钟用的特殊数据寄存器 D8013～D8019，用于存放年、月、日、时、分、秒和星期。

如图 4-119 所示，当 X1＝1 时，执行 TRD 指令，将 D8013～D8019 中的时间读到对应的数据寄存器 D0～D6 中。

例 4.49 花园定时浇水。

某花园要求每天早上 8 时到 8 时 15 分对花卉进行一次浇水，用 PLC 控制浇水泵的起动和停止。

花卉浇水控制梯形图如图 4-120 所示。首先将开始浇水时间 8 时 0 分 0 秒写到 D20、D21、D22 中，将停止浇水时间 8 时 15 分 0 秒写到 D30、D31、D32 中。

当 X1＝1 时，执行 TRD 指令，将 D8013～D8019 中的时间读到对应的数据寄存器 D0～D6 中，其中 D3、D4、D5 为实时时钟的×时×分×秒。

执行 TZCP 指令，当 D3、D4、D5 为实时时钟的×时×分×秒在 D20、D21、D22（8 时 0 分 0 秒）和 D30、D31、D32（8 时 15 分 0 秒）之间时，比较结果 M1＝1，Y0 得电，浇水泵起动进行浇水。

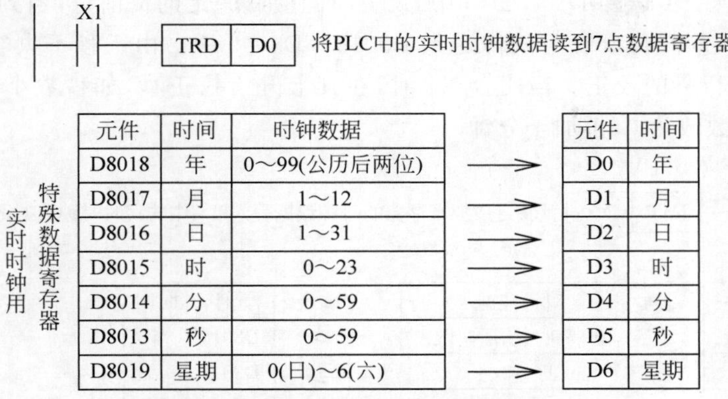

元件	时间	时钟数据
D8018	年	0～99(公历后两位)
D8017	月	1～12
D8016	日	1～31
D8015	时	0～23
D8014	分	0～59
D8013	秒	0～59
D8019	星期	0(日)～6(六)

元件	时间
D0	年
D1	月
D2	日
D3	时
D4	分
D5	秒
D6	星期

图 4-119　时钟数据读出指令(TRD)说明

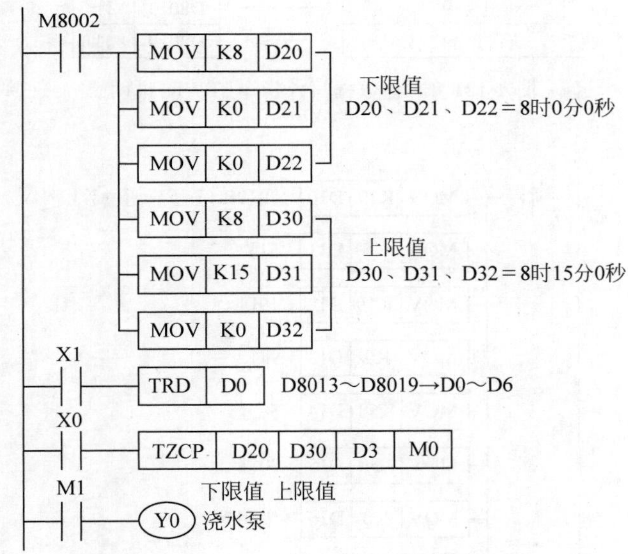

图 4-120　花卉浇水控制梯形图

4.9.8　时钟数据写入指令(TWR)

时钟数据写入指令 TWR 用于修正或设置 PLC 内部的实时时钟数据，如图 4-121 所示。首先在 D10～D16 中依次设置年、月、日、时、分、秒的时钟数据，当 X2＝1 时，执行 TWR 指令，将 D10～D16 中设置的时钟数据传送到如图 4-121 所示的 D8013～D8019 中。D8018(年)可以改为 4 位模式(见 FNC167 TWR)。

例 4.50　对 PLC 中的实时时钟进行设置。

如设置时间为 2019 年 5 月 19 日 9 时 58 分 30 秒，星期日，如图 4-122 所示。首先将设置时间用 MOV 指令传送到 D10～D16 中，设置时间应有一定的提前量，当到达设置时间时及时闭合按钮 X0，同时将设置时间传送到 D8013～D8019 中。由于秒不太容易设置准确，可以用 M8017 进行秒的校正。当闭合 X1 时，在其上升沿校正秒，如秒数小于 30s，将秒数改为 0，否则将秒数改为 0，再加 1 分钟。

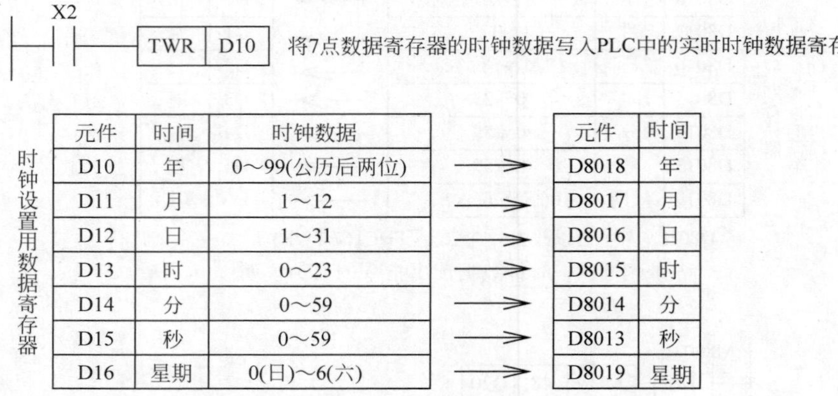

图 4-121　时钟数据写入指令（TWR）说明

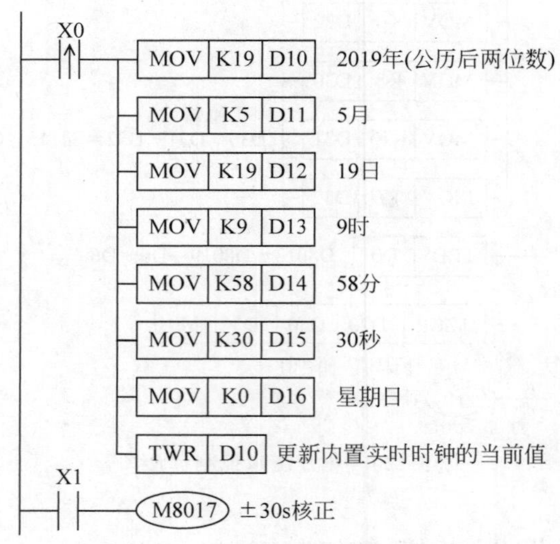

图 4-122　PLC 实时时钟设置梯形图

如果公历年份用 4 位数字表达，可以追加，如图 4-123 所示。公历年份用 4 位数字表达方式时，设定值 80—99 对应于 1980 年—1999 年，00—79 对应 2000—2079 年。

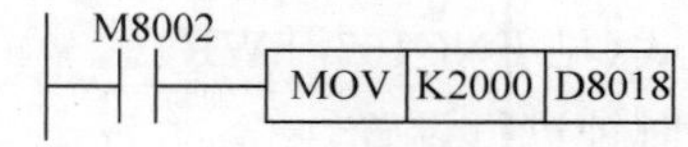

图 4-123　年份用 4 位数字表达方式

4.9.9 计时表指令(HOUR)

HOUR 指令是以小时为单位,对输入触点持续接通时间进行累加检测的指令。如图 4-124 所示。当 X0 接点闭合的时间超出 100 个小时,Y5=1。在 D200 中存放的是以小时为单位的当前值。在 D201 中以秒为单位,保存不满 1 个小时的当前值。

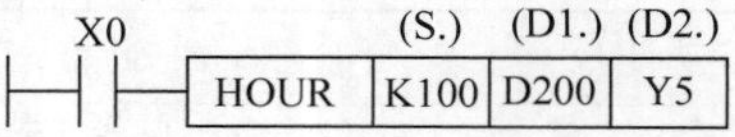

X0 (S.) (D1.) (D2.)
HOUR K100 D200 Y5

图 4-124 HOUR 指令说明

例 4.51 显示时、分、秒。

模拟 1 个时钟显示时、分、秒,如图 4-125 所示,当 X0=1 时,执行 HOUR 指令,D0 中存放小时数,D1 中存放不满 1 个小时的秒数。将 D1 除以 60,D2 中的数为分钟数,D3 中存放不满 1 分钟的秒数。

将 D0 中的 BIN 数转成 BCD 数,传送到 K2Y0 中,用两个数码管显示小时数。将 D2 中的 BIN 数转成 BCD 数,传送到 K2Y10 中,用两个数码管显示分钟数。将 D3 中的 BIN 数转成 BCD 数,传送到 K2Y20 中,用两个数码管显示分钟数。

当 D0=12(12 点钟)时,M0=1,M0 上升沿接点将 D0～D3 全部复位一个扫描周期,又重新开始计时。当 X0=0 时,D0～D3 全部复位,时分秒全部显示为 0。

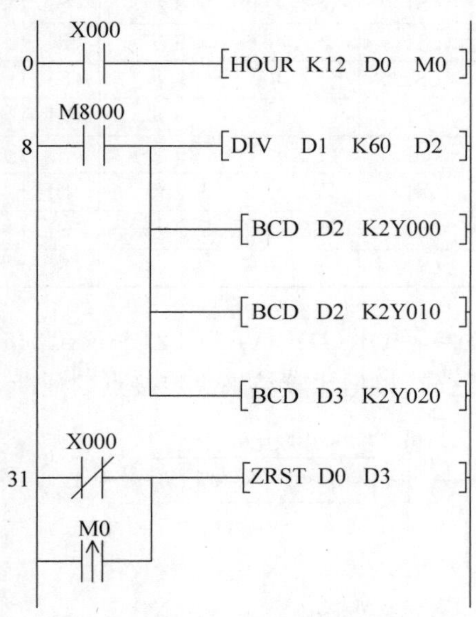

图 4-125 模拟时钟显示时分秒梯形图

4.10 比较型接点

4.10.1 比较型接点指令

比较型接点指令有 3 种形式:起始比较接点、串联比较接点和并联比较接点,每种又有

6种比较方式：＝（等于）、＞（大于）、＜（小于）、＜＞（不等于）、≤（小于或等于）、≥（大于或等于）。比较型接点是根据两个数据的比较结果而动作的，比较的数据也有16位和32位两种。比较型接点指令如表4-11所示。

表 4-11 比较型接点指令

功能号	指令格式			程序步	接点动作条件	
FNC224	LD(D)＝	(S1.)	(S2.)	5/9步	(S1.)＝(S2.)	起始比较接点
FNC225	LD(D)＞	(S1.)	(S2.)	5/9步	(S1.)＞(S2.)	
FNC226	LD(D)＜	(S1.)	(S2.)	5/9步	(S1.)＜(S2.)	
FNC228	LD(D)＜＞	(S1.)	(S2.)	5/9步	(S1.)＜＞(S2.)	
FNC229	LD(D)≤	(S1.)	(S2.)	5/9步	(S1.)≤(S2.)	
FNC230	LD(D)≥	(S1.)	(S2.)	5/9步	(S1.)≥(S2.)	
FCN232	AND(D)＝	(S1.)	(S2.)	5/9步	(S1.)＝(S2.)	串联比较接点
FNC233	AND(D)＞	(S1.)	(S2.)	5/9步	(S1.)＞(S2.)	
FNC234	AND(D)＜	(S1.)	(S2.)	5/9步	(S1.)＜(S2.)	
FNC236	AND(D)＜＞	(S1.)	(S2.)	5/9步	(S1.)＜＞(S2.)	
FNC237	AND(D)≤	(S1.)	(S2.)	5/9步	(S1.)≤(S2.)	
FNC238	AND(D)≥	(S1.)	(S2.)	5/9步	(S1.)≥(S2.)	
FNC240	OR(D)＝	(S1.)	(S2.)	5/9步	(S1.)＝(S2.)	并联比较接点
FNC241	OR(D)＞	(S1.)	(S2.)	5/9步	(S1.)＞(S2.)	
FNC242	OR(D)＜	(S1.)	(S2.)	5/9步	(S1.)＜(S2.)	
FNC244	OR(D)＜＞	(S1.)	(S2.)	5/9步	(S1.)＜＞(S2.)	
FNC245	OR(D)≤	(S1.)	(S2.)	5/9步	(S1.)≤(S2.)	
FNC246	OR(D)≥	(S1.)	(S2.)	5/9步	(S1.)≥(S2.)	

比较型接点指令LD(D)＝～OR(D)≥(FNC224～FNC246共18条)用于将两个源数据(S1.)、(S2.)的数据进行比较，根据比较结果决定接点的通断，如图4-126所示。

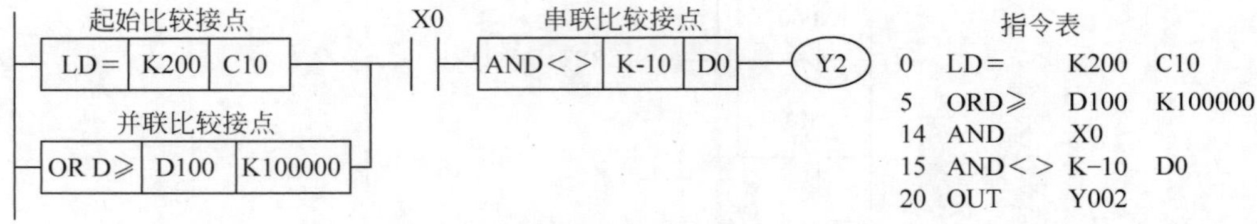

图 4-126 比较型接点指令LD(D)＝～OR(D)≥说明

起始比较接点指令和基本指令中的起始接点指令类似，用于和左母线连接或用于接点组中的第一个接点。在图4-126中，当C10的当前值等于200时该接点闭合。

串联比较接点指令和基本指令中的串联接点指令类似，用于和前面的接点组或单接点串联。在图4-126中，当D0的数值不等于－10时该接点闭合。

并联比较接点指令和基本指令中的并联接点指令类似，用于和前面的接点组或单接点并联。在图4-126中，当D100的数值大于或等于100000时该接点闭合。

4.10.2　比较型接点的改进

在以前所提及的接点都是继电器的接点，均属于位元件，而比较接点相当于字元件，比较的两个元件(S1.)、(S.)都必须是字元件。

在 FX_{3U} 型 PLC 中的比较型接点指令相当于常开接点，在编程过程中显得不太直观，如果将其画成接点的形式则比较符合读图习惯。

如图 4-127 所示，将接点动作条件(S1.)<>(S2.)、(S1.)≤(S2.)、(S1.)≥(S2.)分别改为(S1.)=(S2.)、(S1.)>(S2.)、(S1.)<(S2.)，这些接点动作条件的指令就可以用常闭接点来表达。将图形符号改为常开接点和常闭接点，表示原来的 6 种接点动作条件就变为 3 种。

接点动作条件	原比较接点	等效常开接点	改进型接点
(S1.) = (S2.)	= S1. S2.	S1.=S2.	S1.=S2.
(S1.) > (S2.)	> S1. S2.	S1.>S2.	S1.>S2.
(S1.) < (S2.)	< S1. S2.	S1.<S2.	S1.<S2.
(S1.) <> (S2.)	<> S1. S2.	S1.<>S2.	S1.=S2.
(S1.) ≤ (S2.)	≤ S1. S2.	S1.≤S2.	S1.>S2.
(S1.) ≥ (S2.)	≥ S1. S2.	S1.≥S2.	S1.<S2.

图 4-127　改进型接点

各种比较接点指令对应的改进型接点如表 4-12 所示。

表 4-12　改进型比较接点形式

起始比较接点指令		串联比较接点指令		并联比较接点指令		接点动作条件	改进型接点
FNC224	LD(D)=	FNC232	AND(D)=	FNC240	OR(D)=	(S1.)=(S2.)	(S1.)(D)=(S2.)
FNC225	LD(D)>	FNC233	AND(D)>	FNC241	OR(D)>	(S1.)>(S2.)	(S1.)(D)>(S2.)
FNC226	LD(D)<	FNC234	AND(D)<	FNC242	OR(D)<	(S1.)<(S2.)	(S1.)(D)<(S2.)
FNC228	LD(D)<>	FNC236	AND(D)<>	FNC244	OR(D)<>	(S1.)=(S2.)	(S1.)(D)=(S2.)
FNC229	LD(D)≤	FNC237	AND(D)≤	FNC245	OR(D)≤	(S1.)>(S2.)	(S1.)(D)>(S2.)
FNC230	LD(D)≥	FNC238	AND(D)≥	FNC246	OR(D)≥	(S1.)<(S2.)	(S1.)(D)<(S2.)

这样，图 4-126 所示的梯形图就可以用图 4-128 表示。例如，图中 32 位指令用 D=、D>、D<表示；图中的并联常闭接点为 32 位比较接点，表示当 D101、D100 中的 32 位数据小于 100000 时常闭接点动作断开。

建议在梯形图设计和绘制时采用如图 4-128 所示的梯形图。

K200=C10
X0 K-10=D0
Y2
D100 D<K100000

指令表

0	LD=	K200	C10
5	ORD≥	D100	K100000
14	AND	X0	
15	AND<>	K-10	D0
20	OUT	Y002	

图 4-128 改进的比较接点梯形图

例 4.52 植物园灌溉控制。

某植物园对 A、B 两种植物进行灌溉，控制要求 A 类植物需要定时灌溉，在早上 6:00～6:30，23:00～23:30 灌溉；B 类植物需要每隔一天的 23:10 灌溉一次，每次 10min。

控制梯形图如图 4-129 所示（采用比较接点）。

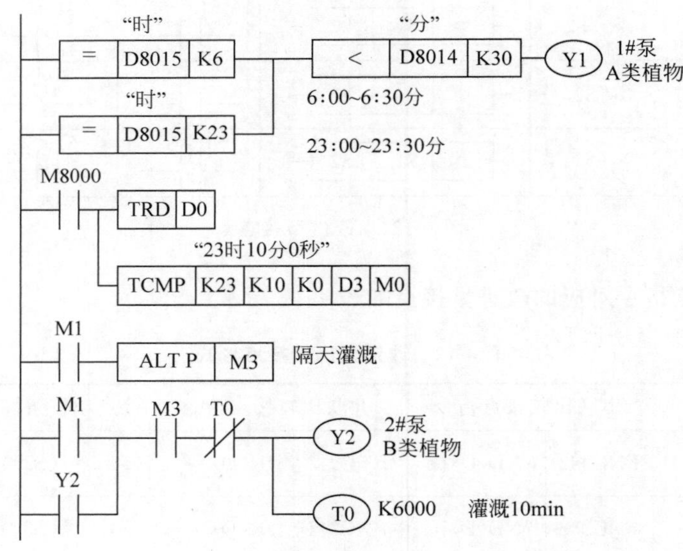

图 4-129 植物灌溉系统梯形图

例 4.53 商店自动门控制。

某商店自动门控制如图 4-130 所示，它主要由微波人体检测开关 SQ1（进门检测 X0）、SQ2（出门检测 X1）和门限位开关 SQ3（开门限位 X2）、SQ4（关门限位 X3）、门控电机 M 和接触器 KM1（开门 Y0）、KM2（关门 Y1）组成。当人接近大门时，微波检测开关 SQ1、SQ2 检测到人就开门，当人离开时，检测不到人，经 2s 后自动关门。

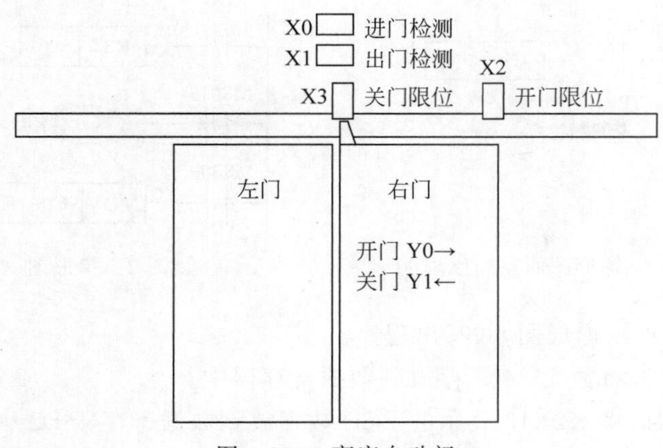

图 4-130 商店自动门

在商店开门期间(8 时到 18 时),检测开关 SQ1、SQ2 只要检测到人就开门;18 时到 19 时,顾客只能出不能进,只有出门检测开关 SQ2 检测到人才开门,而进门检测开关 SQ1 不起作用。

商店自动门的控制接线图与梯形图如图 4-131 所示(采用改进的比较接点)。

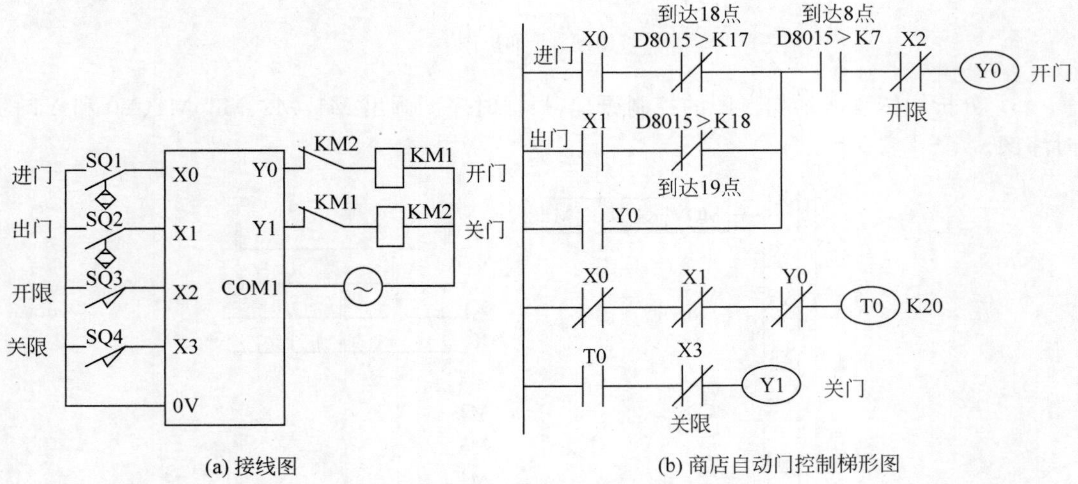

(a) 接线图

(b) 商店自动门控制梯形图

图 4-131 商店自动门控制接线图与梯形图

习题

1. 分析题图 1 梯形图的控制原理。
2. 当 PLC 运行时,梯形图题图 2 工作,试画出题图 2 中 M0 和 M1 的时序图。
3. 用 K4Y0 表示 BCD 码 6812。

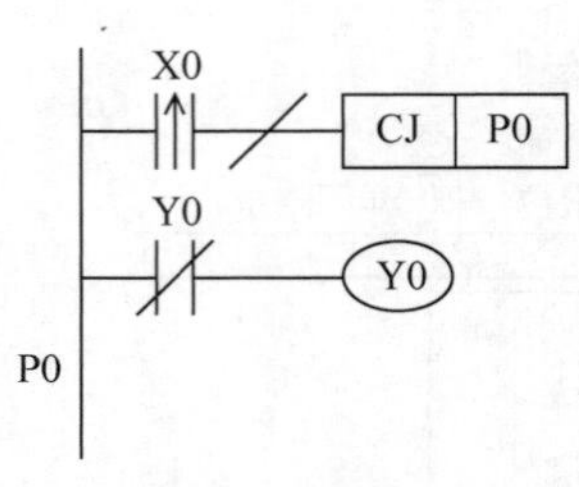

题图 1　梯形图的控制原理

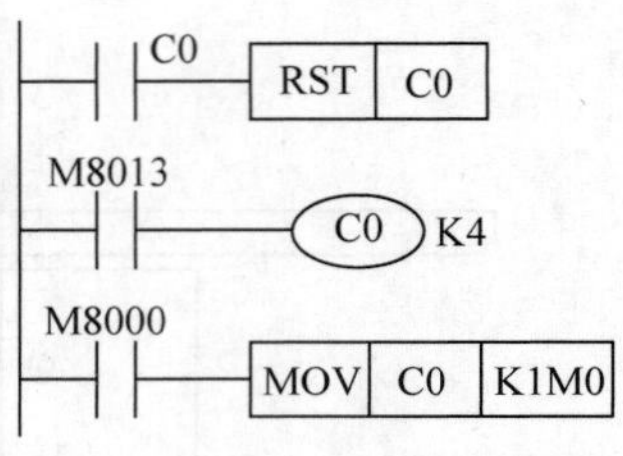

题图 2　梯形图

4. 根据控制要求画梯形图,并写出程序。

(1) 当 X0=1 时,将数 123456 存放到数据寄存器中。

(2) 当 X1=1 时,将 K2X10 表示的 BCD 数存放到数据寄存器 D2 中。

(3) 当 X2=1 时,将 K0 传送到数据寄存器 D10～D20 中。

5. 分析题图 3 所示的梯形图,如何使 Y0=1?

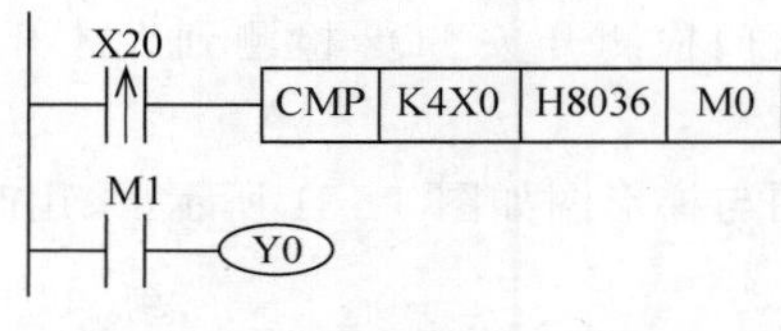

题图 3　梯形图

6. 分析题图 4 所示梯形图的控制原理,根据时序图画出 M1、M2、M3、M4、Y0 和 Y1 的时序图。

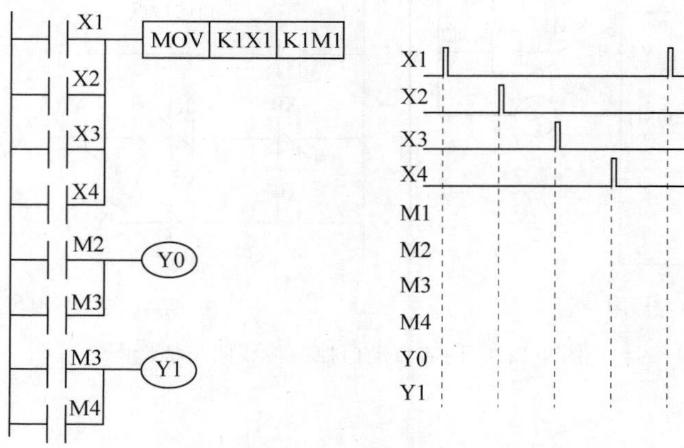

题图 4　梯形图控制原理

7. 设计一个定时器,其设定值由 4 位 BCD 码数字开关设定,设定值范围为 0.01～99.99s,当 X20 动作时定时器得电,当达到设定值时 Y0 得电。

8. 设计一个计数器,对 X0 的接通次数计数,其计数设定值由两位 BCD 码数字开关设定，当达到设定值时 Y0 得电，当 X2 动作时计数器复位，Y0 失电。

9. 分析指令 INCP D2 和 INC D2 的具体区别。

10. 分析题图 5 所示的梯形图，当 X0=1 时，其输出结果是什么？

题图 5　梯形图

11. 分析题图 6 所示的两个梯形图，当 X0 变化时，Y0 会产生什么样的结果？画出对应的 Y0 变化的时序图。

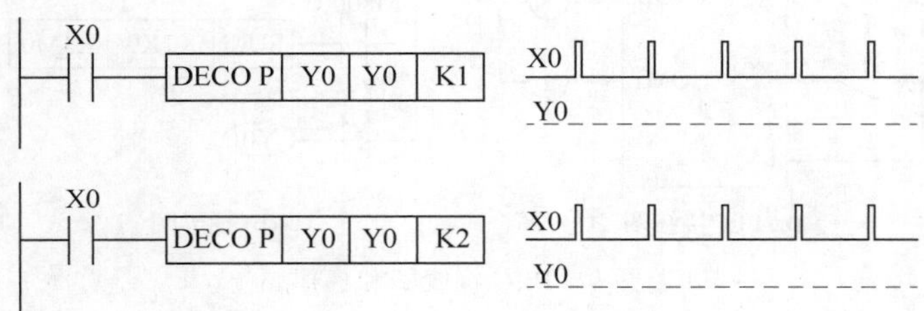

题图 6　两个梯形图

12. 分析题图 7 所示的梯形图，当输入条件如题图 7(b)所示时，Y0、Y1 和 Y2 的结果分别是什么？

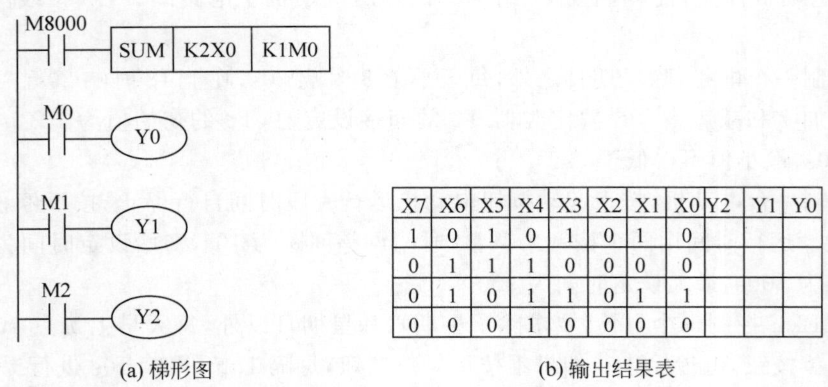

(a) 梯形图

X7	X6	X5	X4	X3	X2	X1	X0	Y2	Y1	Y0
1	0	1	0	1	0	1	0			
0	1	1	1	0	0	0	0			
0	1	0	1	1	0	1	1			
0	0	0	1	0	0	0	0			

(b) 输出结果表

题图 7　梯形图和输出结果表

13. 题图 8 所示的梯形图用于电动机的控制与报警，试分析其控制原理。

14. 8 个人进行表决，当超过半数人同意时(同意者闭合开关)绿灯亮，当半数人同意时黄灯亮，当少于半数人同意时红灯亮。试设计 PLC 梯形图和接线图。

15. 用 3 个开关控制一盏灯，其 PLC 接线图和梯形图如题图 9 所示，试分析在什么情况下灯亮。

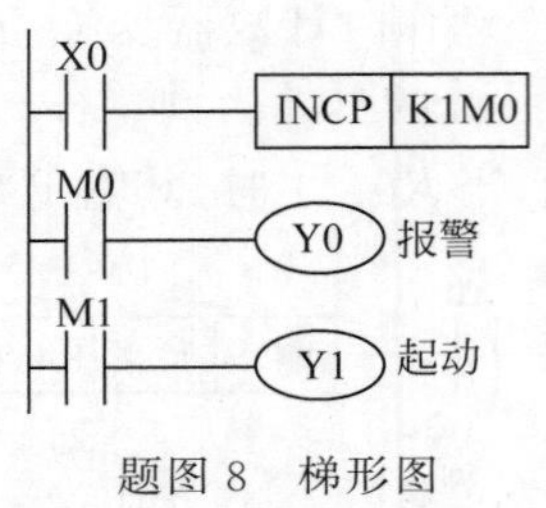

题图 8　梯形图

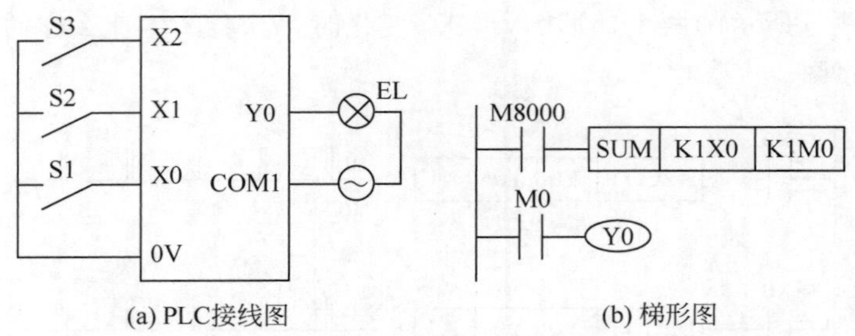

题图 9　PLC 接线图和梯形图

16. 用按钮控制一台电动机，电动机起动后运行一段时间自动停止，运行时间用一位 BCD 码数字开关设置一个定时器的设定值，要求设定值为 1～9min 可调。

17. 用特殊定时器编程，点动控制一台电动机。要求按下按钮时，电动机起动运行，松开按钮时，电动机停止，能耗制动 5s 结束。试画出电动机主电路图、PLC 接线图和控制梯形图。

18. 控制一个电铃，除星期日之外，每天早上 8 时响 20s，晚上 18 时响 20s。

19. 用加 1 和减 1 指令设置定时器 T0 的间接设定值，T0 的初始值为 12.5s，但最大值不得超过 20s，最小值不得低于 5s。

20. 控制一台电动机，按下起动按钮电动机运行一段时间自行停止，按下停止按钮电动机立即停止。运行时间用两个按钮来调整，时间调整间距为 10s，初始设定时间为 1000s，最小设定时间为 100s，最大设定时间为 3000s。

21. 用 PLC 控制一个电铃，要求除了星期六和星期日以外，每天早上 7 点 10 分电铃响 10s，按下复位按钮，电铃停止。如果不按下复位按钮，每隔 1min 再响 10s 进行提醒，响 3 次后结束。

22. 要求 PLC 中的时钟进行整点报时，是几点钟就响几次，每秒 1 次。为了不影响晚间休息，只在早晨 6 时到晚上 21 时之间报时。

第2部分 PLC开发基础

第 5 章 布尔代数在 PLC 中的应用

第 6 章 PLC 设计基本方法

第 7 章 PLC 编程软件

第 2 部分介绍了 PLC 编程的开发基础，在这里，根据作者长期的设计经验，开发了一种新的 PLC 梯形图设计方法——布尔代数设计法，为 PLC 控制的时序电路设计提供了一种简单实用的途径。

PLC 主要用于工业电气设备的控制，因此在设计之前要熟悉电气设备的控制要求，PLC 的控制不仅是程序的设计，还要全方位的考虑，例如控制系统简单、经济、实用，维修方便，设备的安全可靠，操作简单、方便，并考虑有防止误操作的安全措施等。

在一次事故调查中曾发现，为了方便操作设备，用一根长绳子拉动 PLC 的控制按钮，梯形图采用单按钮起动停止方式。在设备检修时，由于重物坠落砸断绳子，使设备起动而不能及时停止，以致造成人身伤亡。惨痛的教训是我们设计的警钟。

本书介绍 GX Developer 编程软件，用于 FX_{3U} 型 PLC 还是不错的。随着时间的推移，三菱公司不断会有新版本的编程软件出现，大家也可以借鉴。编程软件的使用是 PLC 应用不可或缺的一部分，需经常实践应用。有读者喜欢用仿真软件来验证梯形图，这在大多数情况下是可行的，但有时也不行，原因是多方面的，例如有些指令是不能仿真，即使能仿真，有时也会产生误差。但还必须要和输出电路、主电路连起来才能确认其正确性。

第5章 布尔代数在 PLC 中的应用

直到目前为止，尚未见到布尔代数在 PLC 中的系统应用，由于作者在这方面的应用有限，在此将自己把布尔代数应用在 PLC 中的经验介绍给大家，在此抛砖引玉。

布尔代数也称为逻辑代数，源于哲学领域中的逻辑学。1847 年，英国数学家乔治·布尔(George Boole)成功地将形式逻辑归结为一种代数演算，创立了有名的布尔代数。1938 年，香农(Shannon)将布尔代数电话继电器的开关电路的设计，提出了"开关代数"。

作者从 PLC 的角度出发，将布尔代数引入 PLC 中，供读者参考应用。

在 PLC 梯形图中最重要的就是各种接点的串并联电路。前面我们讲过，接点接通用 1 表示，接点断开用 0 表示。接点的串并联可以用逻辑表达式表示，用布尔代数就可以对逻辑表达式进行逻辑运算，根据控制要求得出 PLC 控制梯形图。

5.1 PLC 控制电路的基本组成

PLC 电气控制电路根据逻辑关系可以分成 3 个组成部分。

1. 输入元件

PLC 的输入元件为输入继电器 X。输入继电器 X 用于连接外部的输入信号，是控制电路的输入逻辑变量，用于对 PLC 电路的控制。输入继电器 X 在梯形图中是无记忆元件，不允许有线圈。

连接于 PLC 输入端的输入元件有如下两种。

(1) 主令元件是人向控制电路发布控制指令的元件，如按钮、开关、数字开关等。

(2) 检测元件是电路和电气控制设备本身向控制电路发布控制指令的元件，用于对电路和电气控制设备的某些物理量(如行程距离、温度、转速、压力和电流等)的检测。常用的检测元件有行程开关、接近开关、热继电器、电流继电器和速度继电器等。

2. 中间逻辑元件

除了 PLC 的输入继电器 X 和输出继电器 Y 之外的软元件都是中间逻辑元件，如 M、T、C、D、Z、V。中间逻辑元件是梯形图中的中间逻辑变量，用于对梯形图中变量的逻辑变换和记忆等。

3. 输出执行元件

PLC 的输出执行元件为输出继电器 Y。输出元件用于对电路控制结果的执行,是控制电路的输出逻辑变量,也具有变量的逻辑变换和记忆功能。

连接于 PLC 输出电路的电气元件可分为有记忆功能和无记忆功能两种。常用的有记忆功能的输出执行元件有接触器、各种继电器等。无记忆功能的输出执行元件有信号灯、报警器、电磁铁、电磁阀和电动机等。

所谓有记忆功能元件,通常是指有线圈也有接点的元件,例如辅助继电器 M,在梯形图中可以有接点,也可以有线圈。

无记忆功能元件是指只有接点而没有线圈的元件,输入继电器 X 是无记忆功能元件,在梯形图中只有接点,没有线圈。

5.2 PLC 位元件的状态和值

位元件(也称布尔元件)是指只有“0”和“1”两种状态或值的元件。PLC 中的位元件有输入继电器 X、输出继电器 Y、辅助继电器 M、状态继电器 S、定时器 T、计数器 C 和数据寄存器 D□. b。

PLC 中的软元件有两种状态,一种是原始状态,另一种是动作状态。通常规定软元件未受激励时的原始状态为 0 状态,受激励时而动作的状态为 1 状态。接点在断开时的值为 0,闭合时的值为 1。

在未受外力的原始状态下,处于断开状态的开关(接点)称为常开开关(接点),处于接通状态的开关(接点)称为常闭开关(接点)。显然,常开开关(接点)在原始状态下的值为 0,常闭开关(接点)在原始状态下的值为 1。

通常规定元件在失电状态下为 0 状态,对于有记忆元件,常开接点的值为 0,常闭接点的值为 1;元件在得电状态下为 1 状态,对于有记忆元件,常开接点的值为 1,常闭接点的值为 0。元件的状态和值如表 5-1 所示。

表 5-1　元件的状态和值

	原始状态	动作状态	常开接点		常闭接点	
			原始状态的值	动作状态的值	原始状态的值	动作状态的值
输入元件	0	1	0	1	1	0
有记忆元件	0	1	0	1	1	0
无记忆元件	0	1	(无接点)			

常开接点的值和元件本身的状态一致,称为原变量。常闭接点的值和元件本身的状态相反,称为反变量。

5.3　PLC 中的接点种类

PLC 中的接点是位元件，元件的状态和值可以用一位二进制数(0 或 1)来表示。例如 X1=0，Y1=1 等。

PLC 中接点的种类有 6 种(以 X0 为例)：常开接点 X0、常闭接点 $\overline{X0}$、上升沿常开接点 X0↑、下降沿常开接点 X0↓、上升沿常闭接点 $\overline{X0↑}$、下降沿常闭接点 $\overline{X0↓}$。

PLC 中接点的种类及图形符号如表 5-2 所示。

表 5-2　PLC 中接点的种类

接点名称	常开接点	常闭接点	上升沿常开接点	下降沿常开接点	上升沿常闭接点	下降沿常闭接点
接点符号	X0	$\overline{X0}$	X0↑	X0↓	$\overline{X0↑}$	$\overline{X0↓}$
图形符号	X0	X0	X0	X0	X0	X0

5.4　布尔代数的基本逻辑运算

1. 与运算

与运算也称逻辑乘或者逻辑与，在 PLC 中就是接点的串联，如图 5-1 所示。

图 5-1 的逻辑表达式为：

$$Y0=X0 \cdot X1 \text{ 或 } Y0=X0 \times X1 \text{ 或 } Y0=X0\ X1$$

式中“·”“×”称为逻辑与，或者称为逻辑乘。

2. 或运算

或运算也称逻辑加，在 PLC 中就是接点的并联，如图 5-2 所示。

图 5-1　接点的串联　　　　图 5-2　接点的并联

图 5-2 的逻辑表达式为：

$$Y0=X0+X1$$

式中“+”称为逻辑加。

3．非运算

非运算也称逻辑反，在 PLC 中就是接点的取反，如图 5-3 所示。

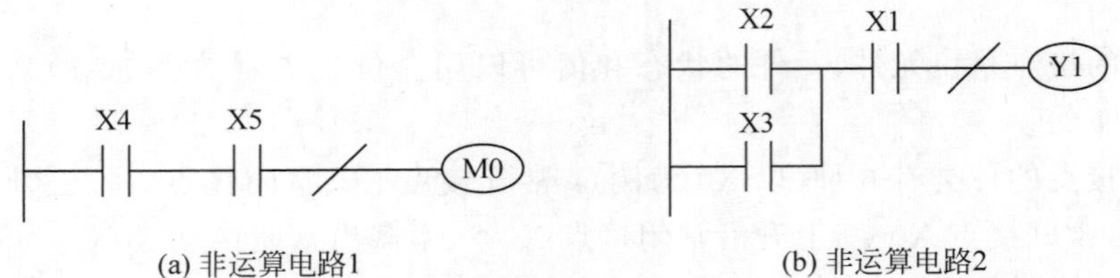

图 5-3 接点的取反

图 5-3(a)的逻辑表达式为：

$$M0=\overline{X4\times X5}$$

图 5-3(b)的逻辑表达式为：

$$Y1=\overline{(X2+X3)X1}$$

式中"——"称为逻辑取反，或者称为逻辑取非。

4．异或运算和同或(异或非)运算

异或运算电路如图 5-4 所示。

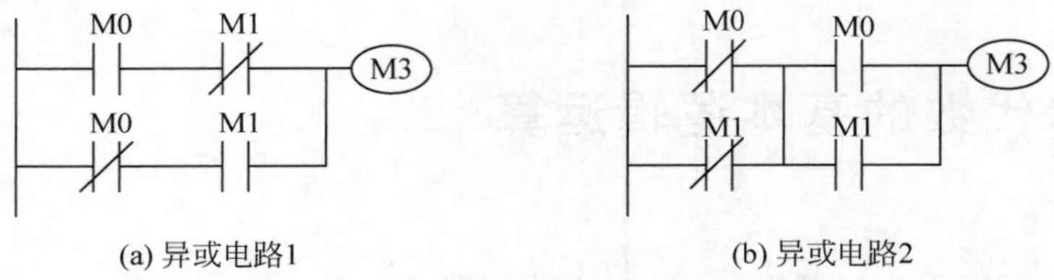

图 5-4 接点的异或连接

图 5-4(a)的逻辑表达式为：

$$M3=M0\overline{M1}+\overline{M0}M1=M0\oplus M1$$

图 5-4(b)的逻辑表达式为：

$$M3=(\overline{M0}+\overline{M1})(M0+M1)=M0\oplus M1$$

式中"$\oplus$"称为逻辑异或运算。

在异或电路中，两个变量 M0 和 M1 不相同时，即一个为 0，一个为 1 时，结果为 1。即：

$M0\oplus M1=0\oplus 0=0$，(M0 和 M1 都为 0)

$M0\oplus M1=1\oplus 1=0$，(M0 和 M1 都为 1)

$M0\oplus M1=0\oplus 1=1$，(M0 为 0，M1 为 1)

$M0\oplus M1=1\oplus 0=1$，(M0 为 1，M1 为 0)

同或运算电路如图 5-5 所示。

图 5-5(a)的逻辑表达式为：

$$M3=M0M1+\overline{M0}\,\overline{M1}=M0\odot M1$$

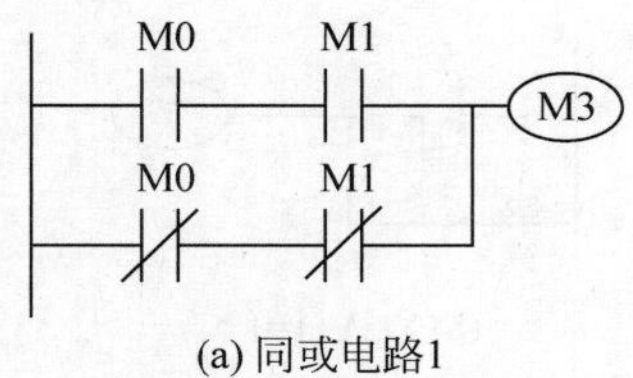

(a) 同或电路1

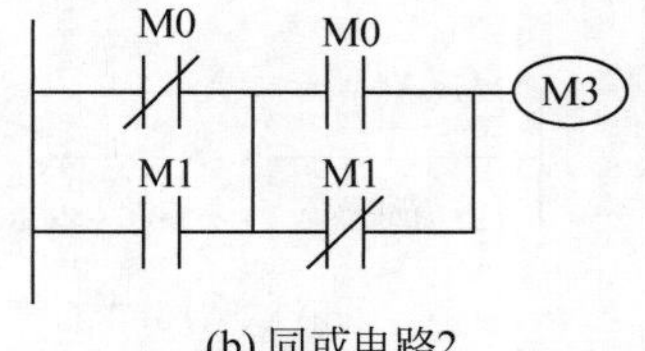

(b) 同或电路2

图 5-5 接点的同或连接

图 5-5(b)的逻辑表达式为：

$$M3=(\overline{M0}+M1)(M0+\overline{M1})=M0\odot M1$$

式中“⊙”称为逻辑同或运算，或者称为逻辑异或非运算。

在同或电路中，两个变量 M0 和 M1 同时为 0，或同时为 1 时，结果为 1。即：

$M0\odot M1=0\odot 0=1$（M0 和 M1 都为 0）

$M0\odot M1=1\odot 1=1$（M0 和 M1 都为 1）

$M0\odot M1=0\odot 1=0$（M0 为 0，M1 为 1）

$M0\odot M1=1\odot 0=0$（M0 为 1，M1 为 0）

显而易见，异或取反就是同或，同或取反就是异或。

$$M0\oplus M1=\overline{M0\odot M1} \qquad M0\odot M1=\overline{M0\oplus M1}$$

5.5 梯形图逻辑表达式的基本定律

布尔代数中的与、或、非三种运算可以导出布尔代数运算的一些基本定律，再由这些定律导出一些常用公式。它们为逻辑函数的化简提供了理论依据，也是分析和设计 PLC 梯形图的重要工具。

为了公式的简洁，下面用大写字母 A、B、C、D 等表示变量。

1. 基本定律

1）与常量有关的定律

0-1 率：

$$A\cdot 0=0$$
$$A+1=1$$

图 5-6 为 0-1 率等效图。

自等率(见图 5-7)：

$$A\cdot 1=A$$
$$A+0=A$$

2）与普通代数相似的定律

交换律：

$$A\cdot B=B\cdot A$$
$$A+B=B+A$$

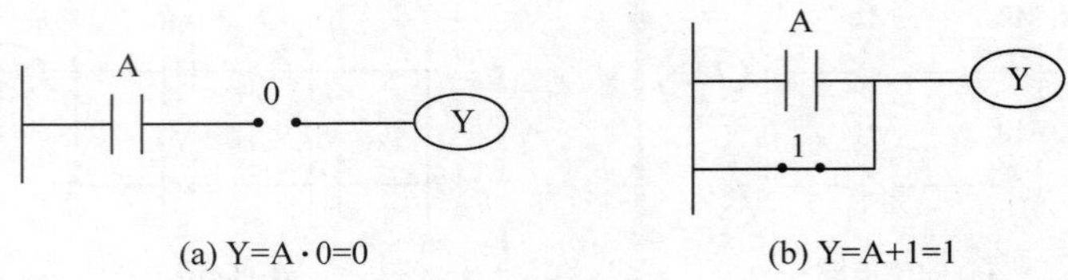

(a) Y=A·0=0　　(b) Y=A+1=1

图 5-6　0-1 率等效图

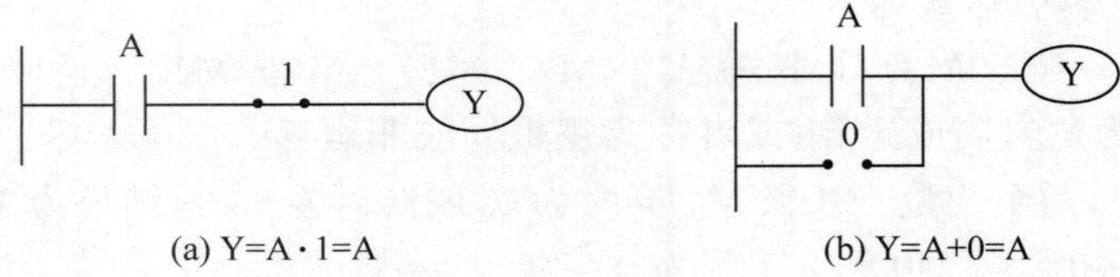

(a) Y=A·1=A　　(b) Y=A+0=A

图 5-7　自等率等效图

图 5-8 为 0-1 交换率等效图。

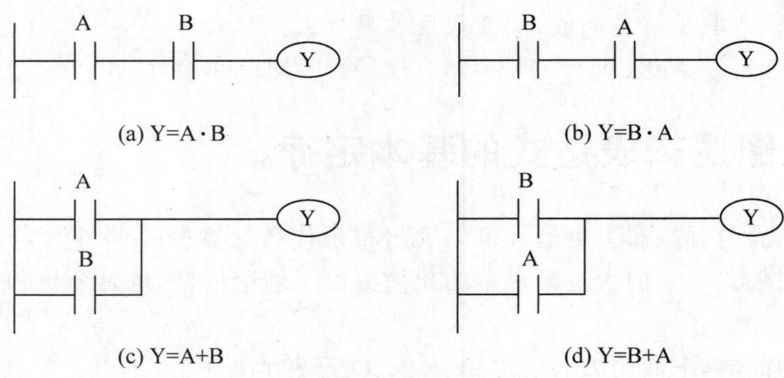

(a) Y=A·B　　(b) Y=B·A

(c) Y=A+B　　(d) Y=B+A

图 5-8　交换率等效图

分配律：

$$A\cdot(B+C)=A\cdot B+A\cdot C$$
$$A+(B\cdot C)=(A+B)\cdot(A+C)$$

图 5-9 和图 5-10 为分配律等效图。

互补律：

$$A\cdot\overline{A}=0$$
$$A+\overline{A}=1$$

图 5-11 和图 5-12 为互补律等效图。

重叠律：

$$A\cdot A=A$$
$$A+A=A$$

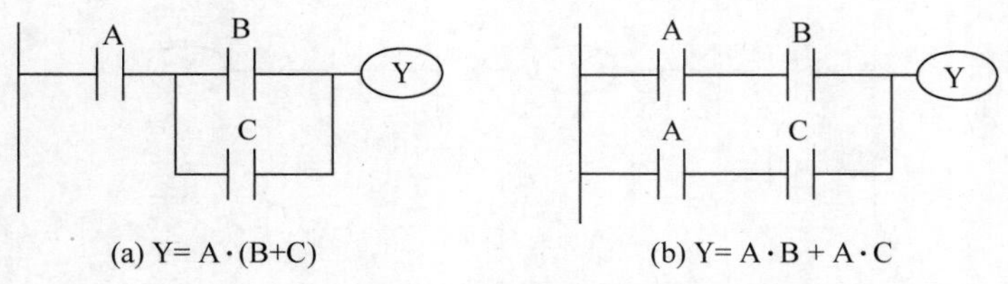

图 5-9　分配律等效图 1

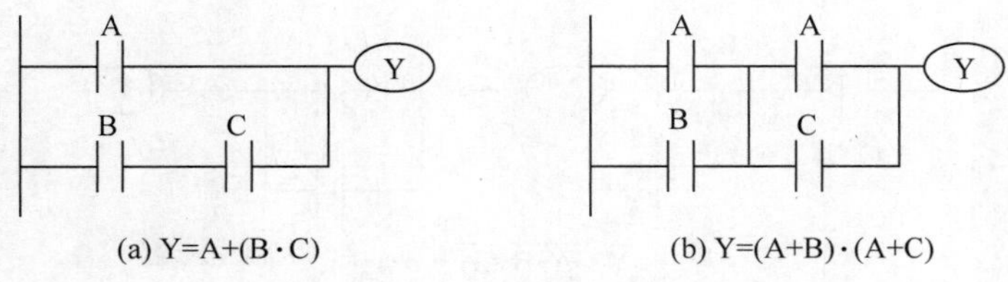

图 5-10　分配律等效图 2

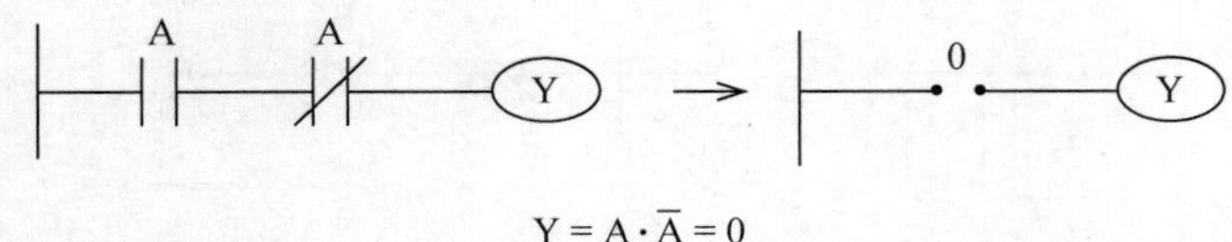

$Y = A \cdot \overline{A} = 0$

图 5-11　互补律等效图 1

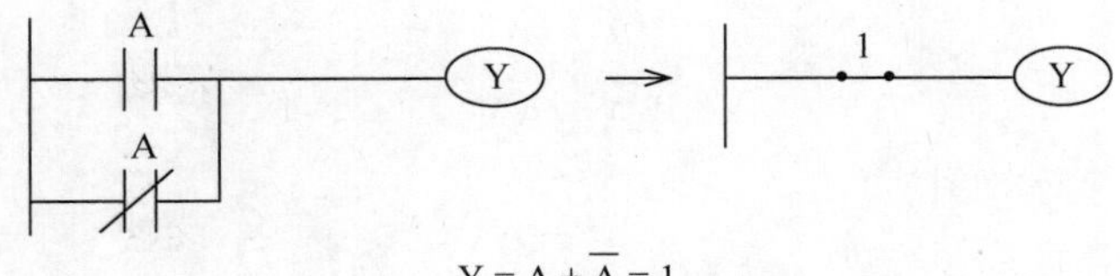

$Y = A + \overline{A} = 1$

图 5-12　互补律等效图 2

图 5-13 和图 5-14 为重叠律等效图。

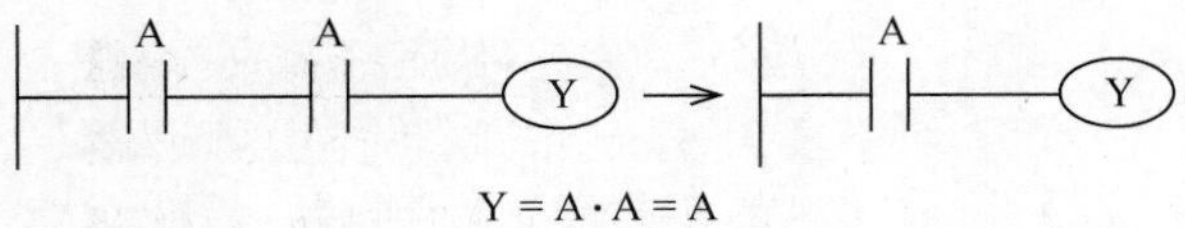

$Y = A \cdot A = A$

图 5-13　重叠律等效图 1

反演律：

$$\overline{A \cdot B} = \overline{A} + \overline{B}$$

$$\overline{A + B} = \overline{A} \cdot \overline{B}$$

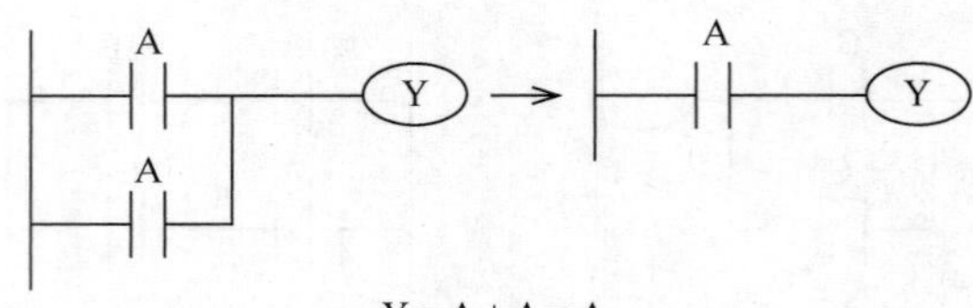

$Y=A+A=A$

图 5-14　重叠律等效图 2

图 5-15 和图 5-16 为反演律等效图。

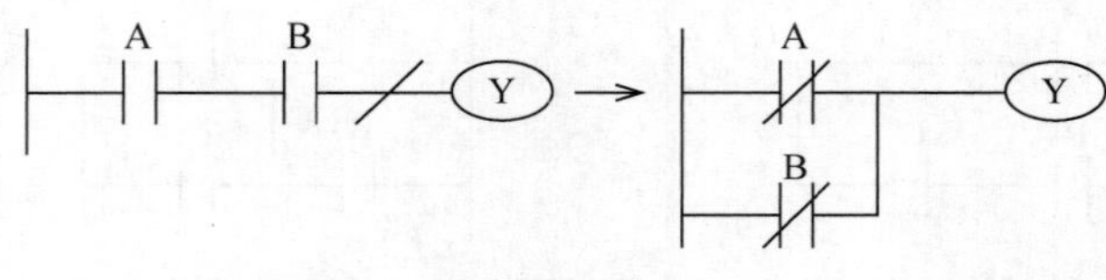

$Y=\overline{A\cdot B}=\overline{A}+\overline{B}$

图 5-15　反演律等效图 1

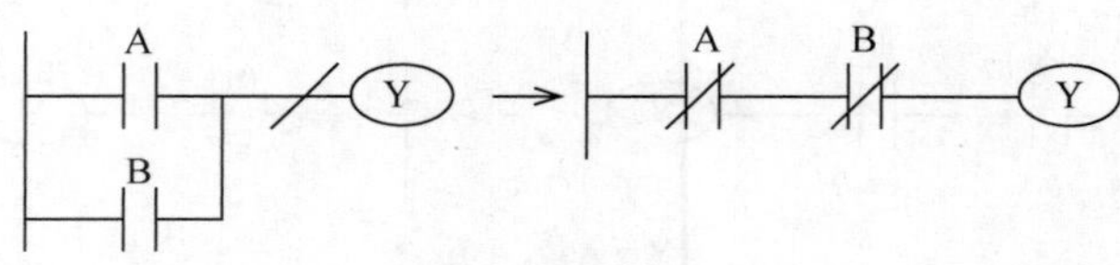

$Y=\overline{A+B}=\overline{A}\cdot\overline{B}$

图 5-16　反演律等效图 2

对合律：

$$\overline{\overline{A}}=A$$

图 5-17 为对合律等效图。

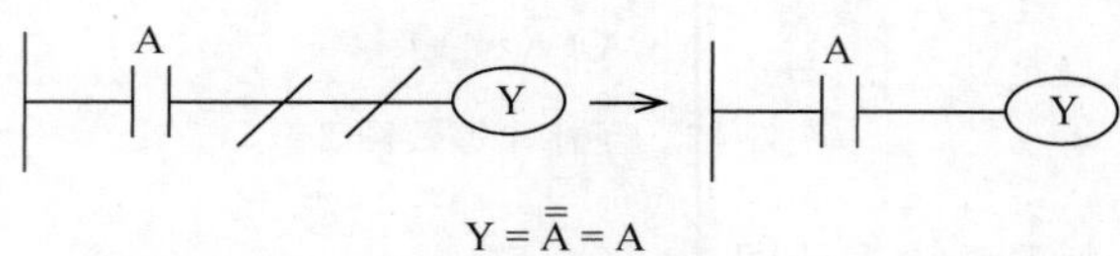

$Y=\overline{\overline{A}}=A$

图 5-17　对合律等效图

2. 基本规则

1）代入规则

一个包含变量 A 的逻辑等式中，如果把 A 换成另一个逻辑式，则等式仍成立。这就是代入规则。

例如前面提到的反演律：$\overline{A\cdot B}=\overline{A}+\overline{B}$ 和 $\overline{A+B}=\overline{A}\cdot\overline{B}$。

把 $\overline{A\cdot B}=\overline{A}+\overline{B}$ 式中的 B 换成 B · C，等式也成立。

$$\overline{A\cdot(B\cdot C)}=\overline{A}+\overline{B\cdot C}=\overline{A}+\overline{B}+\overline{C}$$

把 $\overline{A+B}=\bar{A}\cdot\bar{B}$ 中的B换成B+C,等式也成立。

$$\overline{A+(B+C)}=\bar{A}\cdot\overline{(B+C)}=\bar{A}\cdot\bar{B}\cdot\bar{C}$$

利用代入规则可以推导出更多的公式。

以上就是利用代入规则推导公式:

$$\overline{A\cdot B\cdot C}=\bar{A}+\bar{B}+\bar{C}$$

$$\overline{A+B+C}=\bar{A}\cdot\bar{B}\cdot\bar{C}$$

2) 反演规则

一个逻辑等式Y中,如果把式中的"·"换成"+","+"换成"·";"1"换成"0","0"换成"1",则得到反函数 $\bar{Y}$。这就是反演规则。

例如求 $Y=AB(C+DE)+\bar{B}C$ 的反函数,根据反演规则:

$$\bar{Y}=【\bar{A}+\bar{B}+\bar{C}\cdot(\bar{D}+\bar{E})】\cdot(B+\bar{C})$$

利用反演规则注意如下:

(1) 利用反演规则求得的反函数和用反演律求得的反函数一致。

例如 $Y=A\bar{B}+\bar{A}B$

利用反演规则,求得 $\bar{Y}=(\bar{A}+B)(A+\bar{B})=\bar{A}\bar{B}+AB$

利用反演律,求得 $\bar{Y}=\overline{A\bar{B}+\bar{A}B}$,求得 $\bar{Y}=\overline{A\bar{B}}\cdot\overline{\bar{A}B}=(\bar{A}+B)(A+\bar{B})=\bar{A}\bar{B}+AB$

(2) 在求反符号下有两个以上变量时,求反符号应该保持不变。

例如 $Y=\overline{\overline{A\bar{B}}CD}$,则 $\bar{Y}=\overline{\overline{\bar{A}+B}+\bar{C}+\bar{D}}$

5.6 常用公式

表5-3和表5-4列出了有关逻辑代数常用的基本公式和一些常用公式。

表5-3 逻辑代数常用的基本公式

序号	公 式	序号	公 式
1	$0\times A=0$	10	$0+A=A$
2	$1\times A=A$	11	$1+A=1$
3	$A\times A=A$	12	$A+A=A$
4	$A\times\bar{A}=0$	13	$A+\bar{A}=1$
5	$A\times B=B\times A$	14	$A+B=B+A$
6	$(A\times B)\times C=A\times(B\times C)$	15	$(A+B)+C=A+(B+C)$
7	$A\times(B+C)=A\times B+A\times C$	16	$A+(B\times C)=(A+B)\times(A+C)$
8	$\overline{A\times B}=\bar{A}+\bar{B}$	17	$\overline{A+B}=\bar{A}\times\bar{B}$
9	$\bar{\bar{A}}=A$	18	

表 5-4　逻辑代数的其他常用公式

序　号	公　式
1	$A+A\times B=A$
2	$A+\bar{A}\times B=A+B$
3	$A\times B+A\times\bar{B}=A$
4	$A\times(A+B)=A$
5	$A\times B+\bar{A}\times C+B\times C=A\times B+\bar{A}\times C$ $A\times B+\bar{A}\times C+B\times C\times D=A\times B+\bar{A}\times C$
6	$A\times\overline{A\times B}=A\times\bar{B}$ $\bar{A}\times\overline{A\times B}=\bar{A}$

5.7　基本逻辑电路的类型

逻辑电路根据控制逻辑的特点可分为组合电路和时序电路。

1. 组合电路

组合电路的控制结果只和输入变量的状态有关，如图 5-18 所示的控制电路均为组合电路。

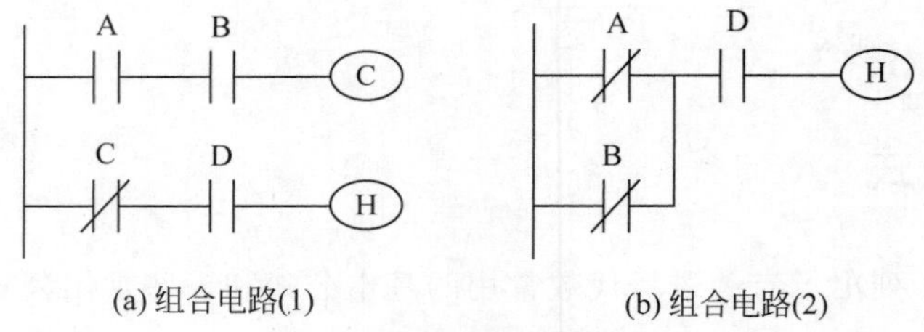

图 5-18　中间逻辑变量的消除

由于组合电路的控制结果只和输入变量的状态有关，所以可以用布尔代数（也称开关代数或逻辑代数）通过计算而得出。

组合电路是由输入变量、中间逻辑变量和输出逻辑变量三者构成的，但不含记忆元件。由于组合电路的输出只和输入有关，所以中间逻辑变量也可以根据逻辑关系将其消除。

如图 5-18(a)所示，写出梯形图的逻辑关系表达式。

$$C=AB$$

$$H=\bar{C}D$$

将 $C=AB$ 代入 $H=\bar{C}D$ 得：

$$H=\bar{C}D=\overline{AB}D=(\bar{A}+\bar{B})D$$

根据上式画出梯形图如图 5-18(b)所示。由上式可知，输出变量 H 只和 A、B、D 有关，与输出变量 H 无关，所以是组合电路。

每个输入变量都有 0 和 1 两种状态(0 表示原始状态,1 表示动作状态),N 个输入变量则有 2^N 种状态,可以用 N 位二进制数来表示。

2. 时序电路

时序电路也称记忆电路,其中包含记忆元件。时序电路的控制结果不仅和输入变量的状态有关,也和记忆元件的状态有关。由于中间逻辑元件和输出执行元件中有记忆元件,所以,时序电路的控制结果和输入变量、中间逻辑变量和输出逻辑变量三者都有关系。时序电路的逻辑关系比较复杂,目前主要用经验法来设计。

继电器、接触器是最基本的记忆元件,在电气控制电路中,绝大多数为记忆电路,记忆电路主要用于对短时通断信号(如按钮、位置开关等)的记忆,常用于各种电动机的起动停止控制,电气控制电路中的自锁电路就是一种记忆电路,如图 5-19 所示。

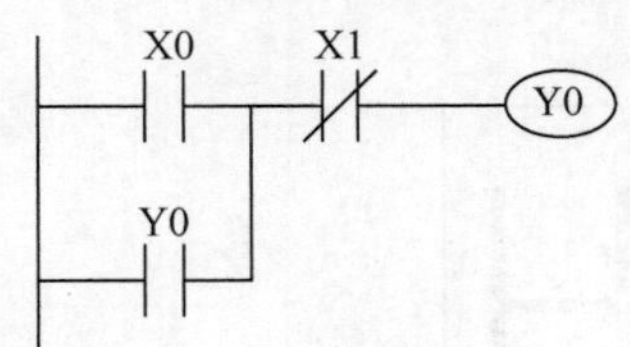

图 5-19 时序电路

写出梯形图的逻辑关系表达式。

$$Y0=(X0+Y0)\overline{X1}$$

由梯形图和逻辑关系表达式可知,输出变量 Y0 不仅和输入变量 X0、X1 有关,还与输出变量 Y0 有关。所以这是一个时序电路(记忆电路)。

布尔代数适用于组合电路的逻辑运算。也可以用于时序电路中的局部电路。

5.8 PLC 组合电路的设计方法

利用布尔代数可以进行 PLC 梯形图的设计。下面通过例子说明 PLC 梯形图设计的方法和步骤。

例 5.1 楼梯走廊灯控制。

在楼梯走廊里,楼上楼下各安装一个开关来控制一盏灯,试画出控制电路。

根据题意分析可知,两个开关只有其中一个开关动作时灯亮,两个开关都动作或都不动作时灯不亮。

(1) 根据题意列出真值表,两个开关只有 4 种输入状态,如表 5-5 所示。

表 5-5 例 5.1 真值表

输入状态		输出结果
X2	X1	Y0
0	0	0
0	1	1
1	0	1
1	1	0

设开关 1 输入端为 X1,开关 2 输入端为 X2,输出端灯为 Y0。当两个开关都不动作时,X1=0,X2=0,灯不亮,Y0=0。当开关 1 动作时,X1=1,开关 2 不动作时,X2=0,灯亮,Y0=1。当开关 1 不动作时,X1=0,开关 2 动作时,X2=1,灯亮,Y0=1。当两个开关都动作时,X1=1,X2=1,灯不亮,Y0=0。

(2) 根据真值表写出逻辑表达式。

$$Y0=X1\overline{X2}+\overline{X1}X2=X1\oplus X2$$

(3) 化简逻辑表达式。这个逻辑表达式已经是最简单的,就不需要化简。

(4) 根据逻辑表达式 $Y0=X1\overline{X2}+\overline{X1}X2$ 画出控制梯形图,如图 5-20 所示。

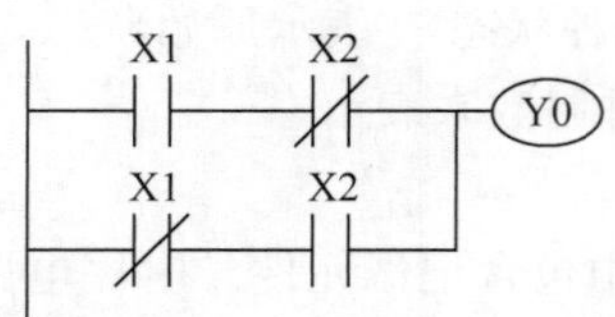

图 5-20　两个开关控制一盏灯控制梯形图

例 5.2　用两个开关控制一个七段数码管显示。

用两个开关控制一个七段数码管显示 1、2、3、4，试画出控制电路。

(1) 确定七段数码管显示 1、2、3、4 的笔画如图 5-21 所示。

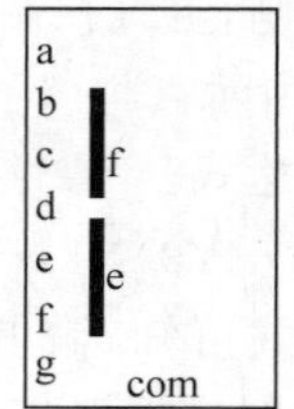

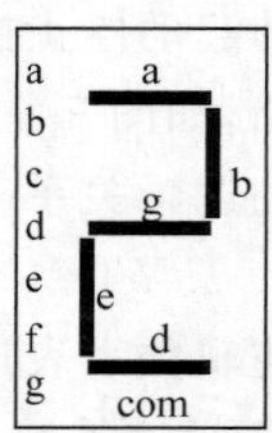

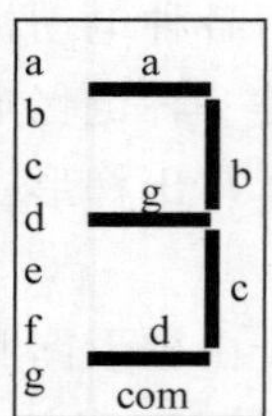

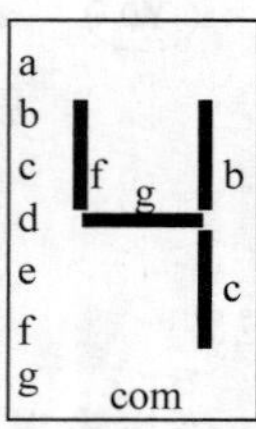

图 5-21　七段数码管显示 1、2、3、4 的笔画

(2) 两个开关有 4 种状态，每个状态显示一个数字，据此列出真值表，如表 5-6 所示。

表 5-6　七段数码管显示的真值表

开　关		显示数字	七段数码管笔画						
S2	S1		a	b	c	d	e	f	g
0	0	1	0	0	0	0	1	1	0
0	1	2	1	1	0	1	1	0	1
1	1	3	1	1	1	1	0	0	1
1	0	4	0	1	1	0	0	1	1

(3) 根据真值表写出各笔画的逻辑表达式，并化简。

七段数码管各段笔画的逻辑表达式分别如下：

$$a = d = \overline{S2}S1 + S2S1 = (\overline{S2} + S2)S1 = S1$$

$$b = g = S1 + S2$$

$$c = S2$$

$$e = \overline{S2}$$

$$f = \overline{S1}$$

(4) 根据逻辑表达式画出控制电路，如图 5-22 所示。

说明：为了使电路简单，这里采取了两项措施：①数码管的“1”使用了笔画 f、e 而不是笔画 b、c。②真值表中的 S2、S1 的值不是按二进制数 00、01、10、11 的顺序排列，而是按 00、01、11、10 的顺序排列。

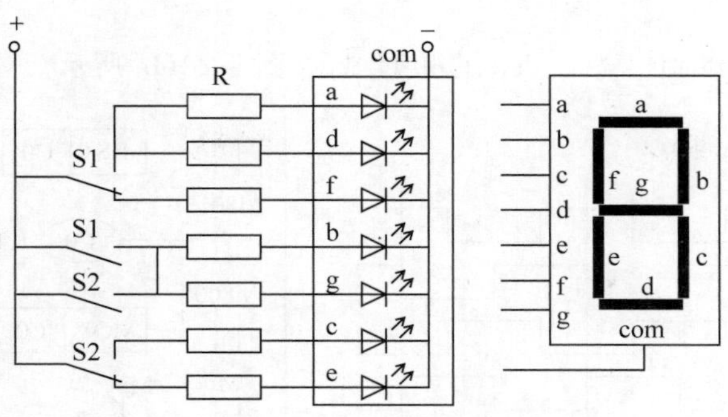

图 5-22　七段数码管控制电路

例 5.3　用 PLC 控制 4 组彩灯。

用 PLC 控制 4 组彩灯，要求每隔 1s 变化 1 次，每次亮 2 组彩灯，按图 5-23(a)所示的时序图反复变化。4 组彩灯分别由 Y0～Y3 控制。

(1) 根据控制要求，列出 Y0～Y3 所对应的真值表，如表 5-7 所示。

表 5-7　输出控制状态真值表

当前值	由 K1M0 表示 C0 当前值				输 出 控 制			
C0	M3	M2	M1	M0	Y3	Y2	Y1	Y0
0	0	0	0	0	0	0	1	1
1	0	0	0	1	0	1	1	0
2	0	0	1	0	1	1	0	0
3	0	0	1	1	1	0	0	1

(2) 由表 5-7 所示的真值表可写出如下逻辑表达式。

在真值表中，当 M1 M0＝00 时 Y0＝1，M1 M0＝11 时 Y0＝1。据此写出 Y0 逻辑表达式：

$$Y0=\overline{M0}\ \overline{M1}+M0M1$$

同理，写出 Y1、Y2、Y3 的逻辑表达式：

$$Y1=\overline{M1}$$

$$Y2=\overline{M0}M1+M0\overline{M1}=\overline{Y0}$$

$$Y3=M1=\overline{Y1}$$

(3) 梯形图设计。

设计一个循环计数器(参考图 1-24)，用计数器 C0 对 M8013(1s 时钟脉冲)计数，M8013 每变化 4 次(4s)为 1 个周期，C0 的计数值为 0、1、2、3，并依次循环。由计数器的当前值控制 Y0～Y3 的状态。

为了取得计数器的当前值，可用 MOV 指令将计数器的当前值传送到 K1M0 中，用 K1M0 表示计数器的当前值。由 K1M0 表示 C0 当前值，再由 K1M0 来控制 Y0～Y3 的状态。

由逻辑表达式可以画出 Y0～Y3 的梯形图，如图 5-23(b)所示。

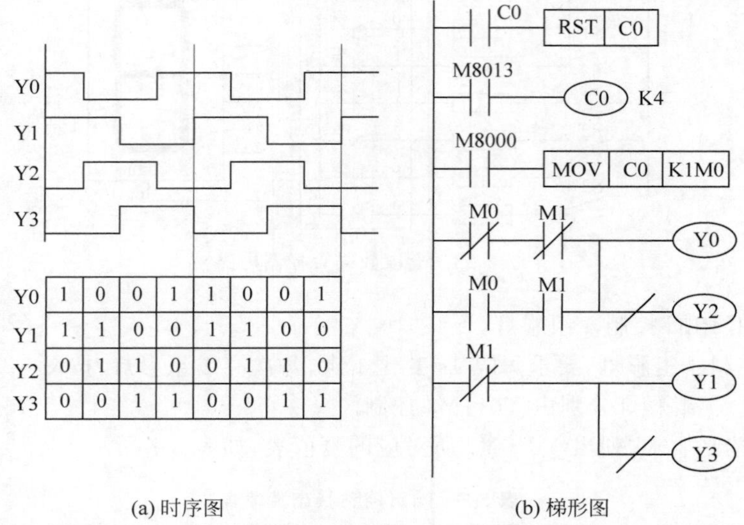

(a) 时序图 (b) 梯形图

图 5-23 4 组彩灯控制

以上例子比较简单只需 3 步，对于比较复杂的例子，根据真值表写出的逻辑表达式通常需要化简，下面介绍逻辑代数和卡诺图两种常用的化简方法。

5.9 逻辑代数化简法

一个逻辑表达式可以有多种表达方式。例如：

$Y = AC + D$ 与-或表达式

$= (A+\bar{C})(C+D)$ 或-与表达式

$= \overline{\overline{AC} \cdot \overline{\bar{C}D}}$ 与非-与非表达式

$= \overline{\overline{(A+\bar{C})} + \overline{(C+D)}}$ 或非-或非表达式

$= \overline{\bar{A}C + \bar{C}\bar{D}}$ 与-或-非表达式

因为与-或表达式是比较常见的，同时与-或表达式比较容易同其他形式的表达式相互转换，本节所谓化简，一般是指化为最简的与-或表达式。

常用的逻辑代数化简法如下：

1. 并项法

利用 $A+\bar{A}=1$ 的公式，将两项合并成一项，并消除一个变量。如：

$$Y = \bar{A}BC + \bar{A}B\bar{C} = \bar{A}B(C+\bar{C}) = \bar{A}B$$

2. 吸收法

利用 $A+AB=A$ 的公式，消除多余的变量。如：

$$Y=\overline{A}B+\overline{A}BCD(E+F)==\overline{A}B$$

3. 消去法

利用 $A+\overline{A}B=A+B$ 的公式，消除多余变量。如：

$$Y=AB+\overline{A}C+\overline{B}C=AB+(\overline{A}+\overline{B})C=AB+\overline{AB}C=AB+C$$

4. 配项法

利用 $B=B(A+\overline{A})$将$(A+\overline{A})$与某乘积项相乘，再展开，消除多余项。如：

$$\begin{aligned}Y&=AB+\overline{A}\overline{C}+B\overline{C}\\&=AB+\overline{A}\overline{C}+(A+\overline{A})B\overline{C}\\&=AB+\overline{A}\overline{C}+(AB\overline{C}+\overline{A}B\overline{C})\\&=AB(1+\overline{C})+\overline{A}\overline{C}(1+B)\\&=AB+\overline{A}\overline{C}\end{aligned}$$

例 5.4　化简如图 5-24(a) 所示的电路。

根据电路如图 5-24(a)所示写出逻辑表达式：

$$Y=B\overline{A}C+AC$$

化简，可得：

$$Y=B\overline{A}C+AC=(B\overline{A}+A)C=(B+A)C$$

根据化简逻辑表达式画出电路，如图 5-24(b)所示。

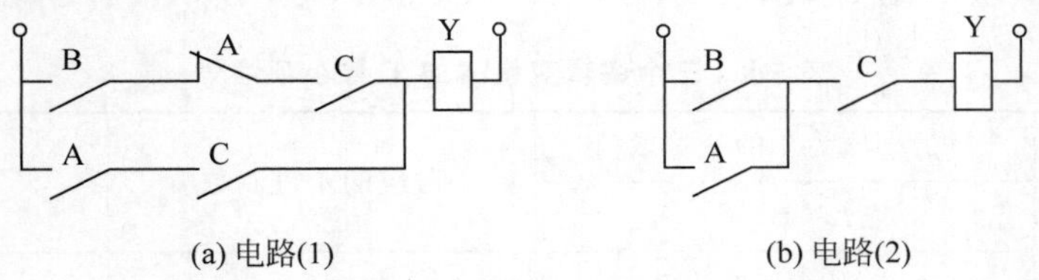

图 5-24　例 5.4 的电路

例 5.5　化简如图 5-25 所示梯形图。

根据图 5-25 所示梯形图写出逻辑表达式并化简。

$Y0=(X0+M0)+(X0+\overline{M0})$

$=X0\ X0+X0\overline{M0}+M0X0+M0\overline{M0}$　　　（式中 $X0\ X0=X0$，$M0\overline{M0}=0$）

$=X0+X0\overline{M0}+M0X0+0$

$=X0(1+\overline{M0}+M0)$　　　（式中 $1+\overline{M0}+M0=1$）

$=X0$

根据化简结果画出梯形图（如图 5-26 所示）。

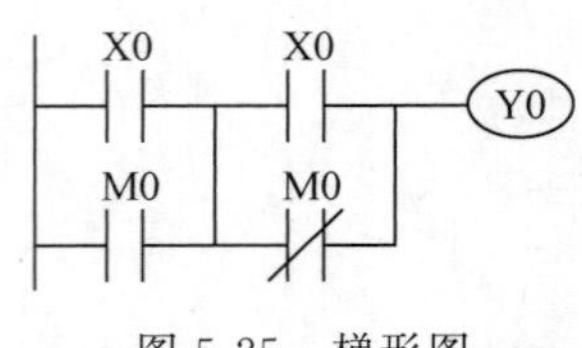

图 5-25　梯形图

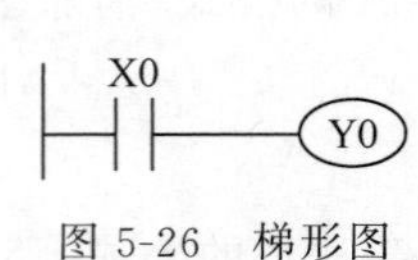

图 5-26　梯形图

5.10　卡诺图化简法

卡诺图是美国工程师 Karnaugh 于 20 世纪 50 年代提出的。用卡诺图可以表示和化简逻辑表达式。首先介绍最小项和最大项的概念以及卡诺图的构成，其次介绍如何用卡诺图表达逻辑表达式、真值表、表达式之间的转换。最后介绍用卡诺图化简逻辑表达式。

我们知道，一个开关变量 A 有两种状态，接通为 A＝1，断开为 A＝0。两个开关变量 A 和 B 有四种状态，A＝0，B＝0，写作 AB＝00；A＝0，B＝1，写作 AB＝01；A＝1，B＝0，写作 AB＝10；A＝1，B＝1，写作 AB＝11。三个开关变量 A、B 和 C 有八种状态。可见 n 个开关变量有 2^n 种状态。例如 4 个开关（n＝4）有 $2^4=16$ 种状态。n 个开关变量的 2^n 种状态可以用 2^n 个 n 位二进制数表示。如三个开关 A、B、C 的状态可以用八种 3 位二进制数表示。如表 5-8 所示。例如二进制数 011 表示 ABC＝011，就是 A＝0，B＝1，C＝1。

1. 逻辑表达式的最小项概念

在介绍卡诺图之前，先介绍最小项的概念。例如有三个逻辑变量 A、B、C，可以有 8 个最小项，分别是 $\bar{A}\bar{B}\bar{C}$、$\bar{A}\bar{B}C$、$\bar{A}B\bar{C}$、$\bar{A}BC$、$A\bar{B}\bar{C}$、$A\bar{B}C$、$AB\bar{C}$、ABC，如表 5-8 所示。

表 5-8　三个逻辑变量 A、B、C 最小项编号

最小项	使最小项为 1 的变量取值	对应的十进制数	编号
	A　B　C		
$\bar{A}\bar{B}\bar{C}$	0　0　0	0	m0
$\bar{A}\bar{B}C$	0　0　1	1	m1
$\bar{A}B\bar{C}$	0　1　0	2	m2
$\bar{A}BC$	0　1　1	3	m3
$A\bar{B}\bar{C}$	1　0　0	4	m4
$A\bar{B}C$	1　0　1	5	m5
$AB\bar{C}$	1　1　0	6	m6
ABC	1　1　1	7	m7

最小项的性质如下：

（1）任何一个最小项只有一个取值使它为 1，例如当 ABC＝011 时，$\bar{A}BC=\bar{0}\ 1\ 1=1$。

（2）全体最小项之和为 1。

（3）任意两个最小项之乘积为 0。例如 $\bar{A}BC\times AB\bar{C}=\bar{A}ABB\bar{C}C=0$。

(4) 相邻两个最小项之和可以合并成一项,并消去一对因子。例如在 4 变量卡诺图中 m7($\overline{D}$CBA)和 m 15(DCBA)相邻,$\overline{D}$CBA+DCBA=($\overline{D}$+D)=CBA。

2. 逻辑表达式的最大项概念

在有 n 个变量逻辑表达式中,n 个变量(原变量或反变量)之和称为最大项。

例如三个变量 A、B、C 有 8 个(2^n)最大项：($\overline{A}+\overline{B}+\overline{C}$)、($\overline{A}+\overline{B}+C$)($\overline{A}+B+\overline{C}$、)、($\overline{A}+B+C$)、($A+\overline{B}+\overline{C}$)、($A+\overline{B}+C$)、($A+B+\overline{C}$)、($A+B+C$),如表 5-9 所示。

表 5-9　三个逻辑变量 A、B、C 最大项编号

最大项	使最大项为 0 的变量取值 A　B　C	对应的十进制数	编号
$A+B+C$	0　0　0	0	M0
$A+B+\overline{C}$	0　0　1	1	M1
$A+\overline{B}+C$	0　1　0	2	M2
$A+\overline{B}+\overline{C}$	0　1　1	3	M3
$\overline{A}+B+C$	1　0　0	4	M4
$\overline{A}+B+\overline{C}$	1　0　1	5	M5
$\overline{A}+\overline{B}+C$	1　1　0	6	M6
$\overline{A}+\overline{B}+\overline{C}$	1　1　1	7	M7

最大项的性质如下：

(1) 在输入变量的任意取值下必有一个最大值,而且只有一个最大项的值为 0。

(2) 全体最大值之积为 0。

(3) 任意两个最大项的和为 1。

(4) 只有一个变量不同的两个最大项的乘积等于各相同变量之和。

对比表 5-8 和表 5-9 可知最小项和最大项存在如下关系：

$$Mi=\overline{mi}$$

例如 m0=$\overline{A}\,\overline{B}\,\overline{C}$,$\overline{m0}$=$\overline{\overline{A}\,\overline{B}\,\overline{C}}$=A+B+C=M0。

3. 卡诺图的构成

1) 1 变量卡诺图

1 个变量 A 有 2 个最小项：$\overline{A}$、A。1 个变量卡诺图只有 2 个小方格,如图 5-27 所示。

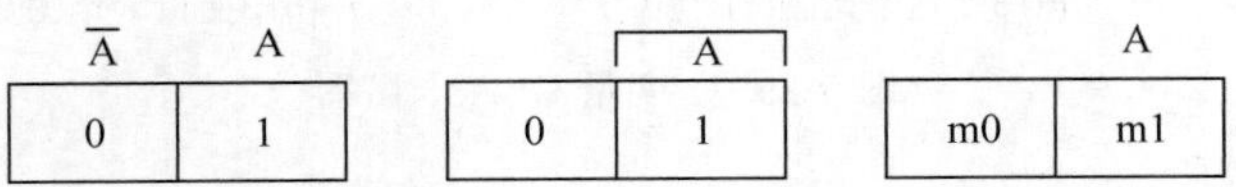

图 5-27　1 变量 A 卡诺图

2) 2 变量卡诺图

2 个变量 B、A 有 4 个最小项：$\overline{B}\,\overline{A}$、$\overline{B}$A、BA、B$\overline{A}$。2 个变量卡诺图只有 4 个小方格,如图 5-28 所示。2 变量卡诺图相当于两个折叠的 1 变量卡诺图,如图 5-28(a)所示,向右展开

的 4 个小方格。再加入变量 B，如图 5-28(b)所示。

也可以将 1 变量卡诺图如图 5-28(c)所示向下展开，加入变量 B，变成如图 5-28(d)所示的 2 变量卡诺图。图 5-28(d)左边的 0 表示 B=0，1 表示 B=1。上边的 0 表示 A=0，1 表示 A=1。方格中的 01 表示最小项为 $m1=\bar{B}A$，10 表示最小项为 $m2=B\bar{A}$ 等。

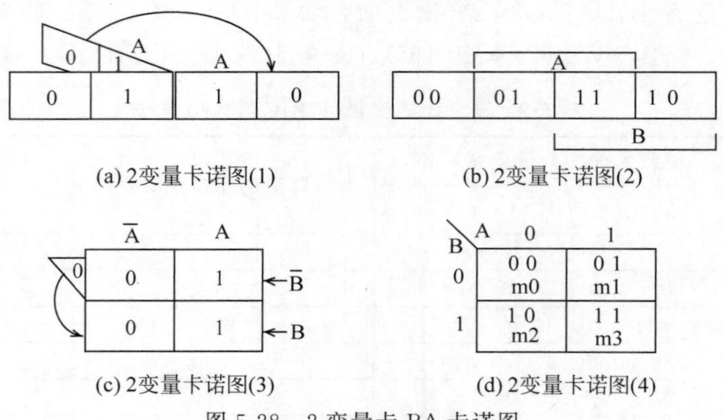

(a) 2变量卡诺图(1)　(b) 2变量卡诺图(2)

(c) 2变量卡诺图(3)　(d) 2变量卡诺图(4)

图 5-28　2 变量卡 BA 卡诺图

3）3 变量卡诺图

3 个变量 C、B、A 有 8 个最小项：$\bar{C}\bar{B}\bar{A}$、$\bar{C}\bar{B}A$、$\bar{C}BA$、$\bar{C}B\bar{A}$、$C\bar{B}\bar{A}$、$C\bar{B}A$、CBA、$CB\bar{A}$。3 个变量卡诺图有 8 个小方格，如图 5-29 所示。2 变量卡诺图相当于两个折叠的 2 变量卡诺图，如图 5-28(b)所示，向下展开成的 8 个小方格。再加入变量 C，如图 5-29(a)所示。

也可以将 2 变量卡诺图如图 5-28(c)向右展开，变成如图 5-29(b)所示的 3 变量卡诺图。图 5-29(b)左边的 00 表示 CB=00，01 表示 CB=01 等。上边的 0 表示 A=0，1 表示 A=1。方格中的 101 表示最小项为 $m5=C\bar{B}A$，110 表示最小项为 $m6=CB\bar{A}$ 等。

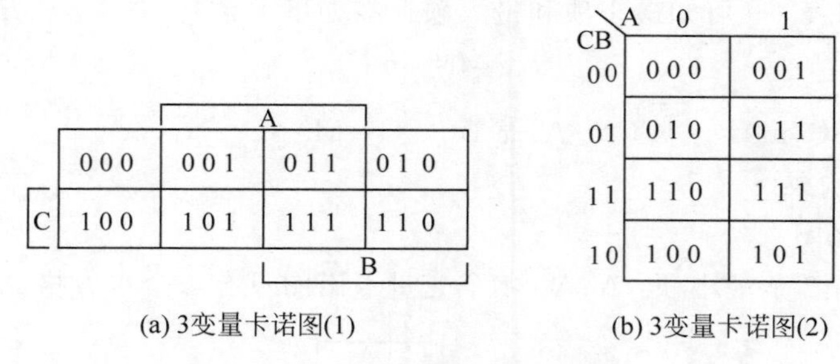

(a) 3变量卡诺图(1)　(b) 3变量卡诺图(2)

图 5-29　3 变量 CBA 卡诺图

4）4 变量卡诺图

如图 5-30(a)所示的 4 变量卡诺图是由 3 变量 CBA 卡诺图 5-29(a)向下反转的 4 变量 D、C、B、A 的最小项卡诺图。

当然，4 变量卡诺图也可以由 3 变量 CBA 卡诺图 5-29(b)向右反转成为 4 变量 D、C、B、A 的最小项卡诺图。请读者自己画画看。

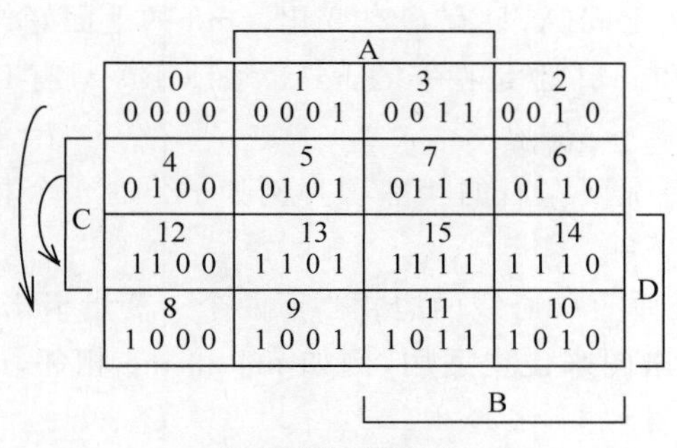

(a) 4变量卡诺图(1)

DC \ BA	0 0	0 1	1 1	1 0
0 0	m0 $\overline{D}\overline{C}\overline{B}\overline{A}$	m1 $\overline{D}\overline{C}\overline{B}A$	m3 $\overline{D}\overline{C}BA$	m2 $\overline{D}\overline{C}B\overline{A}$
0 1	m4 $\overline{D}C\overline{B}\overline{A}$	m5 $\overline{D}C\overline{B}A$	m7 $\overline{D}CBA$	m6 $\overline{D}C\overline{B}A$
1 1	m12 $D\overline{C}\overline{B}\overline{A}$	m13 $D\overline{C}\overline{B}\overline{A}$	m15 $DCBA$	m14 $DCB\overline{A}$
1 0	m8 $D\overline{C}\overline{B}\overline{A}$	m9 $D\overline{C}\overline{B}A$	m11 $D\overline{C}BA$	m10 $D\overline{C}B\overline{A}$

(b) 4变量卡诺图(2)

图 5-30　4 变量 DCBA 的最小项卡诺图

5）5 变量卡诺图

如图 5-31 所示的 5 变量卡诺图是由 4 变量 DCBA 卡诺图 5-30（a）向右反转的 5 变量 D、C、E、B、A 的最小项卡诺图。

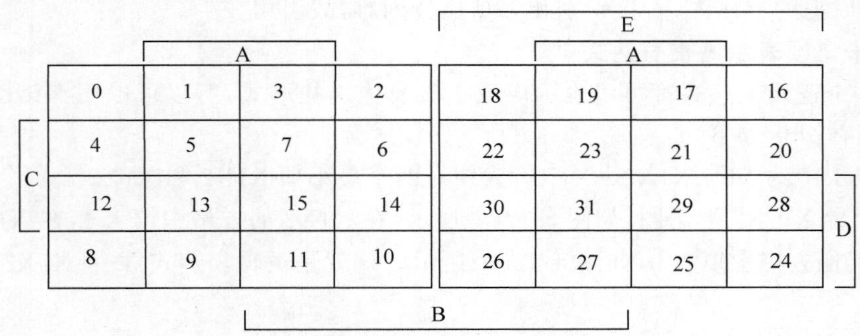

(a) 5变量卡诺图(1)

DC \ EBA								
	m0 $\overline{D}\overline{C}\overline{E}\overline{B}\overline{A}$	m1 $\overline{D}\overline{C}\overline{E}\overline{B}A$	m3 $\overline{D}\overline{C}\overline{E}BA$	m2 $\overline{D}\overline{C}\overline{E}B\overline{A}$	m18 $D\overline{C}\overline{E}B\overline{A}$	m19 $D\overline{C}\overline{E}BA$	m17 $D\overline{C}\overline{E}\overline{B}A$	m16 $D\overline{C}\overline{E}\overline{B}\overline{A}$
	m4 $\overline{D}\overline{C}E\overline{B}\overline{A}$	m5 $\overline{D}\overline{C}E\overline{B}A$	m7 $\overline{D}\overline{C}EBA$	m6 $\overline{D}\overline{C}E\overline{B}A$	m22 $D\overline{C}E\overline{B}A$	m23 $D\overline{C}EBA$	m21 $D\overline{C}E\overline{B}A$	m20 $D\overline{C}E\overline{B}\overline{A}$
	m12 $\overline{D}C\overline{E}\overline{B}\overline{A}$	m13 $\overline{D}C\overline{E}\overline{B}\overline{A}$	m15 $\overline{D}CEBA$	m14 $\overline{D}CEB\overline{A}$	m30 $DCEB\overline{A}$	m31 $DCEBA$	m29 $DC\overline{E}\overline{B}\overline{A}$	m28 $DC\overline{E}\overline{B}\overline{A}$
	m8 $\overline{D}C\overline{E}\overline{B}\overline{A}$	m9 $\overline{D}C\overline{E}\overline{B}A$	m11 $\overline{D}C\overline{E}BA$	m10 $\overline{D}C\overline{E}B\overline{A}$	m26 $DC\overline{E}B\overline{A}$	m27 $DC\overline{E}BA$	m25 $DC\overline{E}\overline{B}A$	m24 $DC\overline{E}\overline{B}A$

(b) 5 变量卡诺图(2)

图 5-31　5 变量 DCEBA 的最小项卡诺图

6）卡诺图的特点

通过卡诺图可以直接观察相邻项，对应一个小方格的上下左右的变量只有一个因子有变化。这是卡诺图用于化简的基本依据。

现以 4 变量卡诺图为例，观察 m3 对应的 $\overline{D}\overline{C}BA$，左边为 $\overline{D}\overline{C}\overline{B}A$，只有 B 有变化，$\overline{D}$、$\overline{C}$、A

没有变化，右边为 $\overline{D}\overline{C}B\overline{A}$，只有 A 有变化，下边为 $\overline{D}CBA$，只有 C 有变化。m3 的上面好像没有，其实最上面和最下面也是相邻的，就是 m3 和 m11 也是相邻的，m11 为 $D\overline{C}BA$ 只有 D 是变化的。同理，最左面和最右面也是相邻的。

例如在 4 变量卡诺图中，每一个小方格都有上下左右的相邻项。例如 m2 的 4 个相邻项分别为 m0、m3、m6、m10。

对于 5 变量卡诺图来说，有 5 个相邻项。在垂直中心线两边相当于两个 4 变量卡诺图。这两个 4 变量卡诺图的相邻关系对于 5 变量卡诺图来说也适用，例如 m4 和 m6 相邻，m18 和 m16 相邻。

注意：对称于垂直中心线两边的方格也是相邻项。例如 m3 和 m9 是相邻项，m5 和 m21 是相邻项等。

在 4 变量卡诺图中，m3 的 4 个相邻项分别为 m1、m2、m7、m11。在 5 变量卡诺图中，m3 的相邻项除了 m1、m2、m7、m11，对称于中线的 m19 也是 m3 的相邻项。

5 变量以上的卡诺图，直接识别相邻项比较困难，故引用较少。

4. 用卡诺图表示逻辑表达式

任何一个逻辑表达式都可以表示成最小项表达式的形式，所以可以用卡诺图表示逻辑表达式。具体分析如下。

在例 5.1 中的 $Y0=X1\overline{X2}+\overline{X1}X2$，式中有两个最小项 $X1\overline{X2}$ 和 $\overline{X1}X2$。

在 2 变量 X1、X2 卡诺图，如图 5-32(a)所示，在 $X1\overline{X2}$ 的方格中填入 1，在 $\overline{X1}X2$ 的方格中填入 1，其他方格中填入 0，如图 5-32(b)所示。这就是逻辑表达式 $Y0=X1\overline{X2}+\overline{X1}X2$ 的卡诺图。

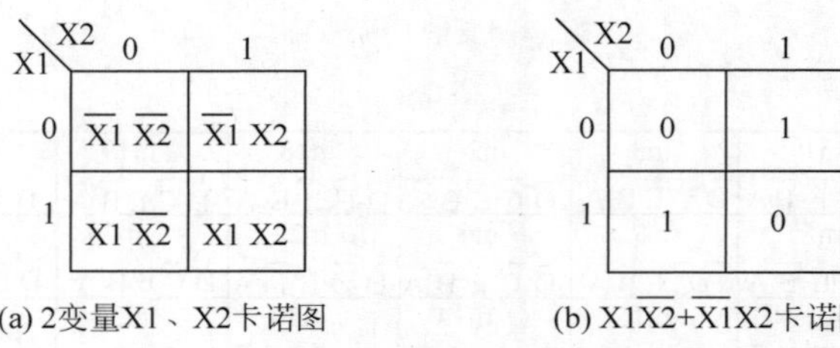

(a) 2变量X1、X2卡诺图　(b) $X1\overline{X2}+\overline{X1}X2$卡诺图

图 5-32　表示逻辑表达式的卡诺图

由上可知，以最小项表达式表示逻辑表达式，只要在卡诺图对应的最小项填入 1 即可。

5. 非最小项的处理

如果逻辑表达式是非最小项该如何处理？

例如，逻辑表达式 $Y=AB+A\overline{C}$，有 3 个变量，AB 和 $A\overline{C}$ 都不是最小项。AB 在卡诺图的位置：找出即是 A 行又是 B 列的方格中填入 1，如图 5-33(a)所示。$A\overline{C}$ 在卡诺图的位置：找出即是 A 行又是 $\overline{C}$ 列的方格中填入 1，如图 5-33(b)所示。将图 5-33(a)和图 5-33(b)合并在一起就是 $Y=AB+A\overline{C}$ 的卡诺图，如图 5-33(c)所示。

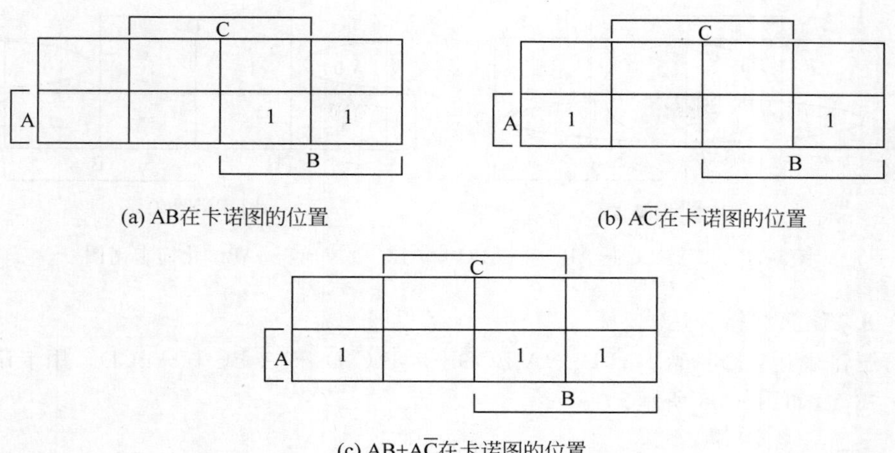

(a) AB在卡诺图的位置　　(b) $A\overline{C}$在卡诺图的位置

(c) $AB+A\overline{C}$在卡诺图的位置

图 5-33　非最小项的处理

也可以先把表达式 Y 变换成最小项逻辑表达式，即：

$Y=AB+A\overline{C}==ABC+AB\overline{C}+A\overline{B}\overline{C}$，在卡诺图中的相应最小项位置填上 1。

6. 用卡诺图进行化简

例 5.6　化简逻辑表达式。

化简逻辑表达式 $Y=ABC+AB\overline{C}+A\overline{B}C+\overline{A}BC$。在卡诺图中，将对应 4 个最小项方格中填入 1。将相邻的两个(1)圈起来。共组成 3 个圈，根据这 3 个圈，可得：

$Y=AB+BC+CA$ 如图 5-34 所示。

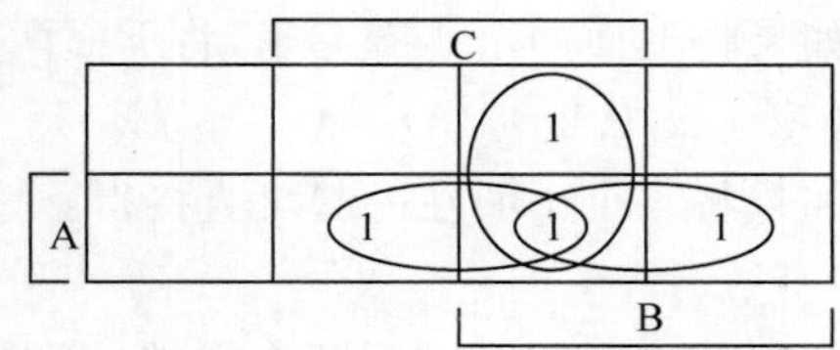

图 5-34　$Y=ABC+AB\overline{C}+A\overline{B}C+\overline{A}BC$ 化简卡诺图

例 5.7　化简逻辑表达式。

化简逻辑表达式 $Y=ABC+AB\overline{C}+A\overline{B}C+\overline{A}BC+\overline{A}\,\overline{B}C+A\overline{B}\overline{C}$。用卡诺图表示逻辑表达式 Y，如图 5-35 所示。

将取值为 1 的相邻项圈成两个圈，如图 5-35(a)所示得出：

$$Y=A+C$$

也可以将取值为 0 的相邻项圈成 1 个圈，如图 5-35(b)所示得出 Y 的反变量：

$$\overline{Y}=\overline{A}\,\overline{C}$$

$$Y=\overline{\overline{A}\,\overline{C}}=A+C$$

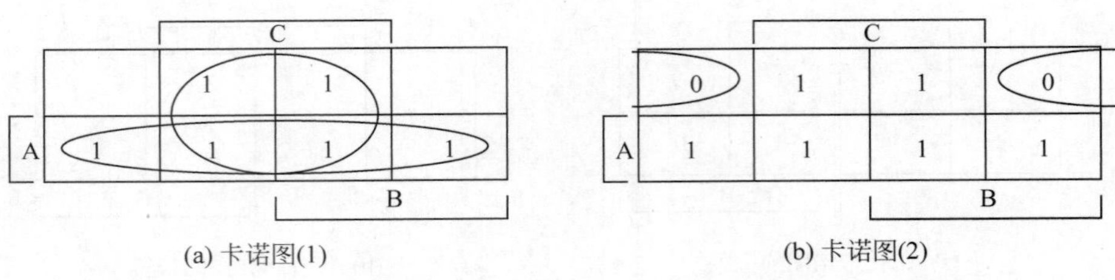

图 5-35 $Y=ABC+AB\overline{C}+A\overline{B}C+\overline{A}BC+\overline{A}\,\overline{B}C+A\overline{B}\,\overline{C}$ 化简卡诺图

例 5.8 化简逻辑表达式。

化简逻辑表达式 $Y=\overline{A}\,\overline{B}\,\overline{C}\,\overline{D}+\overline{A}\,\overline{B}C\overline{D}+A\overline{B}\,\overline{C}\,\overline{D}+\overline{A}\,\overline{B}C+A\overline{B}C\overline{D}$。用卡诺图表示逻辑表达式 Y，如图 5-36 所示。

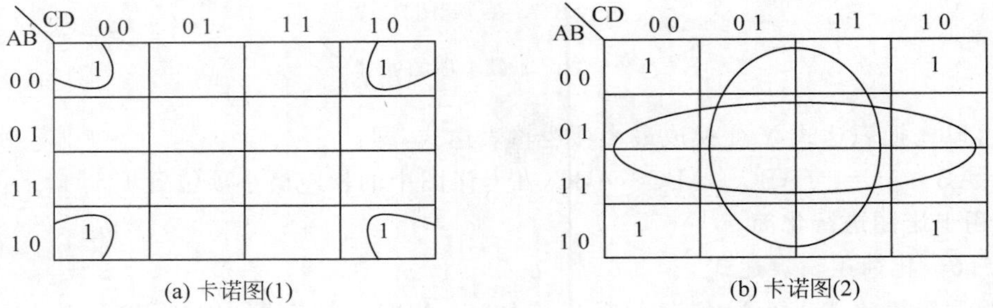

图 5-36 $Y=\overline{A}\,\overline{B}\,\overline{C}\,\overline{D}+\overline{A}\,\overline{B}C\overline{D}+A\overline{B}\,\overline{C}\,\overline{D}+\overline{A}\,\overline{B}C+A\overline{B}C\overline{D}$ 化简卡诺图

化简卡诺图的步骤如下：

(1) 如图 5-36(a)所示，如果将上面两个 1 圈起来，将下面两个 1 圈起来可得：

$Y=\overline{A}\,\overline{B}\,\overline{D}+A\overline{B}\,\overline{D}=(\overline{A}+A)\overline{B}\,\overline{D}=\overline{B}\,\overline{D}$。

(2) 如图 5-36(a)所示，如果将 4 个 1 圈在一起可直接得：

$Y=\overline{B}\,\overline{D}$。

(3) 如图 5-36(b)所示，如果将图中的 0 圈成两个大圈，可得：

$\overline{Y}=B+D$

$Y=B+D=\overline{\overline{B+D}}=\overline{B}\,\overline{D}$。

7. 卡诺图在梯形图设计中的应用

下面通过实例，介绍卡诺图在梯形图设计中的应用。

例 5.9 用一个按钮控制 PLC 七段数码管显示数字。

用一个按钮控制 PLC，用七段数码管显示数字 1、2、3、4、5，如图 5-37 所示。

1) PLC 梯形图设计

PLC 梯形图如图 5-38 所示，这是一个用按钮 X0 控制 PLC 七段数码管显示数字 1、2、3、4、5 的梯形图。

2) 控制原理如下

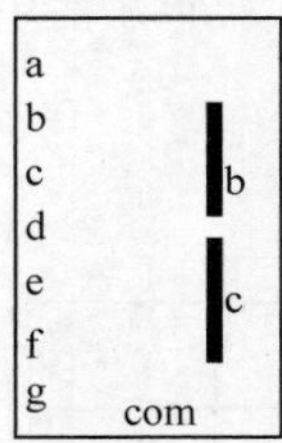

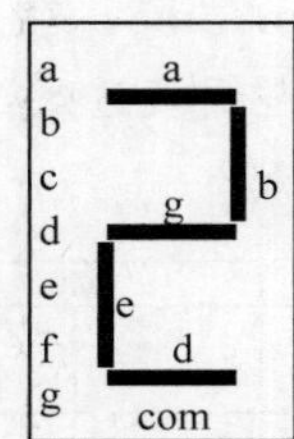

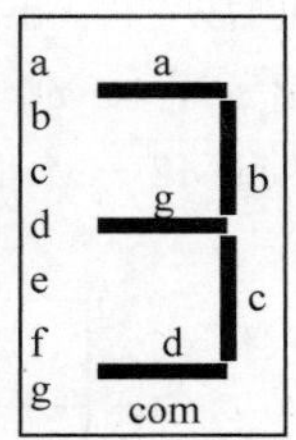

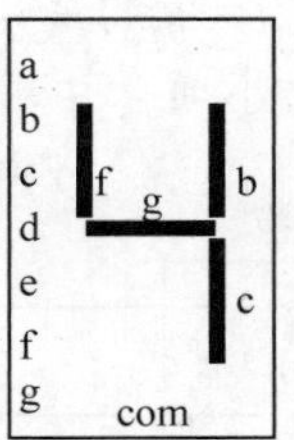

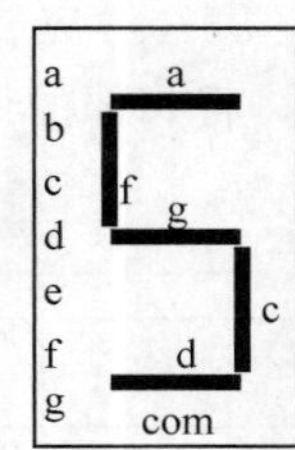

图 5-37 七段数码管显示数字

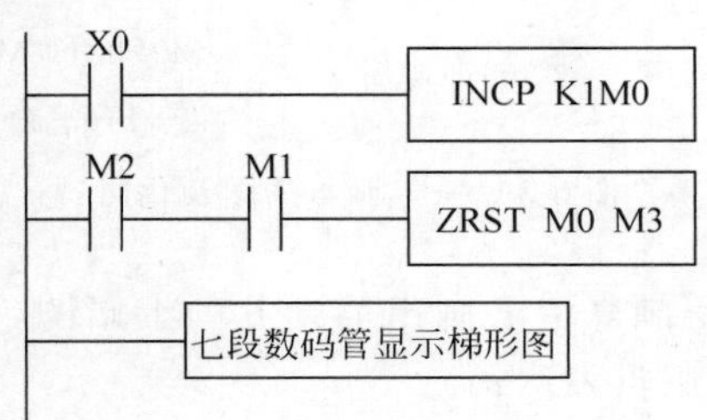

图 5-38 七段数码管显示梯形图

初始状态 K1M0＝0，按一下按钮 X0，执行加一指令 INCP K1M0，K1M0＝1，再按一下按钮 X0，K1M0＝2，每按一下按钮 X0，K1M0 加一次 1，按到第 6 次时，K1M0＝6＝0110_2，这时 M2＝1，M1＝1。M2 和 M1 接点接通，执行 ZRST M0 M3 指令，将 K1M0 清零。

下面的梯形图是由 K1M0 的计数值控制数码管显示 1～5。

3）七段数码管显示梯形图设计

根据七段数码管显示的控制要求，列出 K1M0 数值对应如图 5-37 所示七段码的笔画，如表 5-10 所示的真值表(其中 M3 用不到)。

表 5-10 七段码笔画真值表

输入(由 X0 控制)			数字	输出(七段数码管)						
M2	M1	M0		Y6 g	Y5 f	Y4 e	Y3 d	Y2 c	Y1 b	Y0 a
0	0	0	0							
0	0	1	1					1	1	
0	1	0	2	1		1	1		1	1
0	1	1	3		1		1	1	1	1
1	0	0	4	1	1			1	1	
1	0	1	5	1	1		1	1		1

下面由真值表画出七段码管的各段笔画。

(1) 根据七段码管笔画 a 笔画真值表画出笔画 a 的卡诺图。

观察真值表，对应 Y0＝1 的最小项有三个：m2、m3、m5。在这 3 个方格中填入 1，如图 5-39 所示，将相邻的最小项合并，得出 a 笔画 Y0 的逻辑表达式：

$$Y0=M1\overline{M2}+M0\overline{M1}M2$$

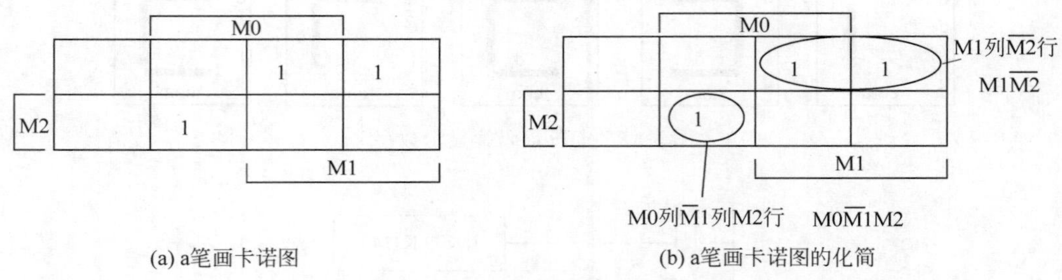

(a) a笔画卡诺图　(b) a笔画卡诺图的化简

图 5-39　a 笔画卡诺图及化简

（2）根据七段码笔画 b 笔画真值表画出笔画 b 的卡诺图，如 5-40 图所示，将相邻的最小项合并，得出 b 笔画 Y1 的逻辑表达式：

$$Y1=M1\overline{M2}+M0\overline{M2}+\overline{M0}\ \overline{M1}M2=(M1+M0)\overline{M2}+\overline{M0}\ \overline{M1}M2$$

（3）根据七段码笔画 c 笔画真值表画出笔画 c 的卡诺图，如图 5-41 所示，将相邻的最小项合并，得出 c 笔画 Y2 的逻辑表达式：

$$Y2=M0\overline{M2}+\overline{M1}M2$$

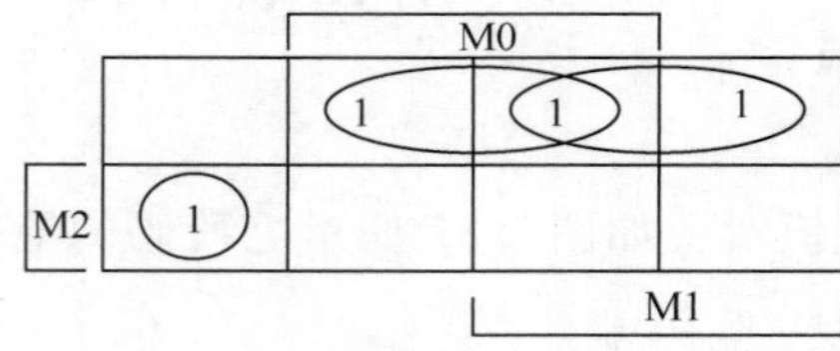

图 5-40　b 笔画卡诺图及化简

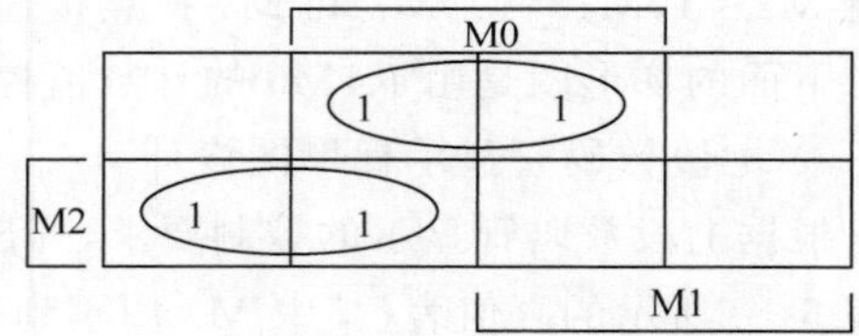

图 5-41　c 笔画卡诺图及化简

（4）由真值表可知 a 笔画和 d 笔画相同，所以 Y3＝ Y0。

（5）由真值表可直接看出笔画 e，$Y4=\overline{M2}M1\overline{M0}$。

（6）同上述方法得出：

$$Y5=M2\overline{M1}+\overline{M2}M1M0$$

$$Y6=M2\overline{M1}+\overline{M2}M1\overline{M0}$$

（7）根据以上逻辑表达式可以画出 PLC 的梯形图如图 5-42(a)所示，PLC 接线图如图 5-42(b)所示。

由于 Y3＝ Y0，可以用 Y3 同时控制 a 笔画和 d 笔画，Y0 另做它用。

8．卡诺图的无关项

前面提到 n 个变量有 2^n 个变量。如 3 个变量有 8 个最小项，用卡诺图表示就有 8 个方格。如例 5.9 中 M2、M1、M0 的卡诺图表示就有 8 个方格。但是在真值表中只有最小项

m0～m5，而 m6 和 m7 是不存在的。这个不存在最小项称为无关项。

在卡诺图中，无关项用×来表示。无关项既可以是 1 也可以是 0，这样在化简中既可以把它当作 0 来用，也可以当作 1 来用，所得的结果也就更加简单了。

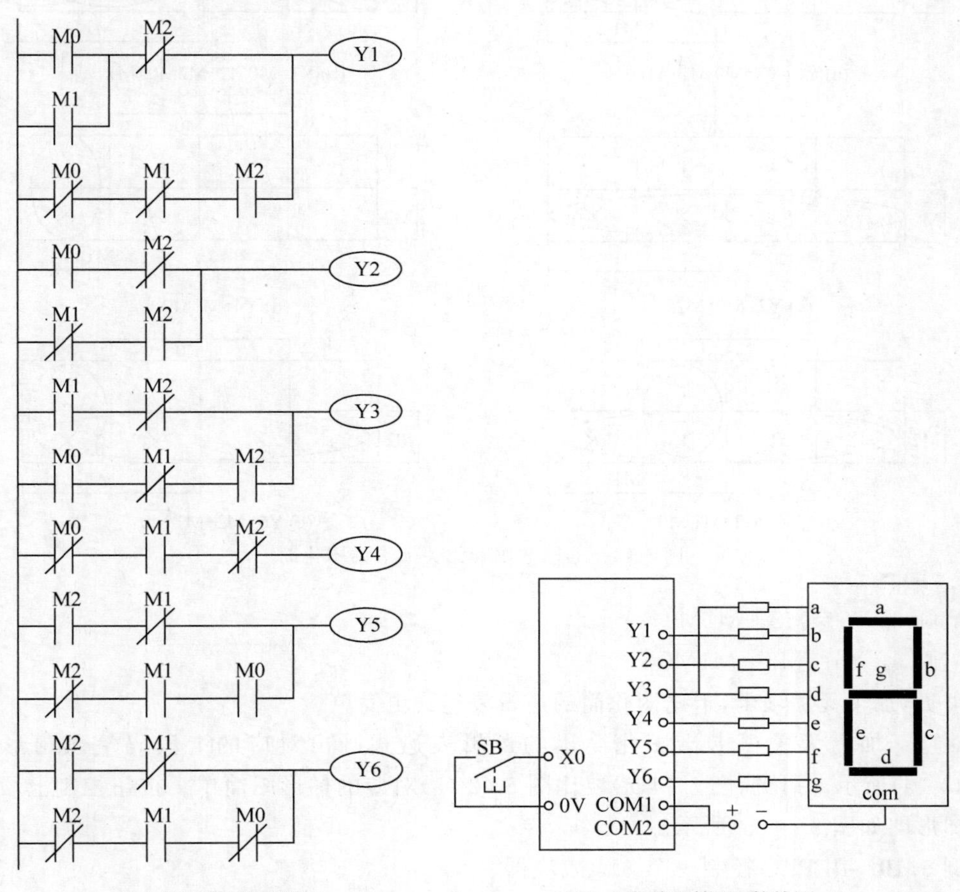

(a) 七段码笔画梯形图　　(b) 七段数码管PLC接线图

图 5-42　七段数码管梯形图及 PLC 接线图

仍以例 5.9 为例，在没有加无关项时，a 笔画 Y0 的逻辑表达式：

$$Y0 = M1\overline{M2} + M0\overline{M1}M2$$

加上无关项后，卡诺图如图 5-43(a)所示，化简后的 a 笔画 Y0 的逻辑表达式为：

$$Y0 = M0\ M2 + M1$$

同理，由图 5-43(b)～图 5-43(f)可得：

笔画 b：$Y1 = M0\overline{M2} + M2\overline{M0} + M1$

笔画 c：$Y2 = M0 + M2$

笔画 d：$Y3 = Y0$

笔画 e：$Y4 = M1\overline{M0}$。

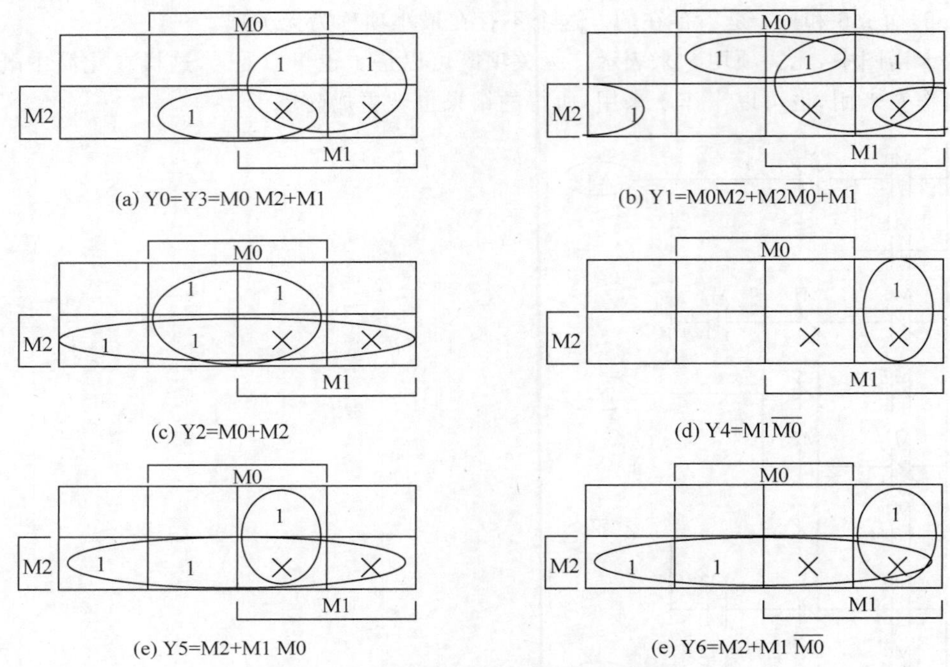

(a) $Y0=Y3=M0\ M2+M1$　(b) $Y1=M0\overline{M2}+M2\overline{M0}+M1$

(c) $Y2=M0+M2$　(d) $Y4=M1\overline{M0}$

(e) $Y5=M2+M1\ M0$　(e) $Y6=M2+M1\ \overline{M0}$

图 5-43　七段数码管无关项卡诺图化简

笔画 f：$Y5=M2+M1M0$

笔画 g：$Y6=M2+M1\overline{M0}$

可见，加了无关项卡，卡诺图化简的逻辑表达式更简单。

对应于加上无关项卡诺图化简出的逻辑表达式画出对应的七段码笔画梯形图如图 5-44 (a)所示。可见，图 5-44(a)要比图 5-42 (a)对应的梯形图简单。按钮控制七段数码管总梯形图如图 5-44(b)所示。

例 5.10　用 PLC 控制一个 5 人表决器。

用 PLC 控制一个 5 人表决器，当两人以上者同意红灯亮，当两人及以下者同意绿灯亮。我们知道，5 个变量有 $2^5=32$ 个变量，如用真值表比较麻烦。可以直接画出 5 变量卡诺图如图 5-45 所示。

根据题意，把 5 位二进制数中有 3～5 个 1 的最小项方框中填上 1，如第一行，在 00111 方格中填 1，如第二行，在 01011(01 行，011 列)方格中填 1 等。

为了看得清楚，先把卡诺图右边相邻的 1 圈起来，如图 5-45(a)所示。再把卡诺图左边相邻的 1 圈起来，如图 5-45(b)所示。注意：5 变量卡诺图左右对称的框是相邻的。

由图 5-45(a)得：

$$
\begin{aligned}
Y0_{(a)} &= X0X1X2 + X3X4X2 + X0X4X2 + X1X4X2 + X0X3X2 + X1X3X2 \\
&= (X0X1 + X3X4 + X0X4 + X1X4 + X0X2 + X1X3)X2 \\
&= (X0X1 + (X3 + X0 + X1)X4 + (X0 + X1)X3)X2
\end{aligned}
$$

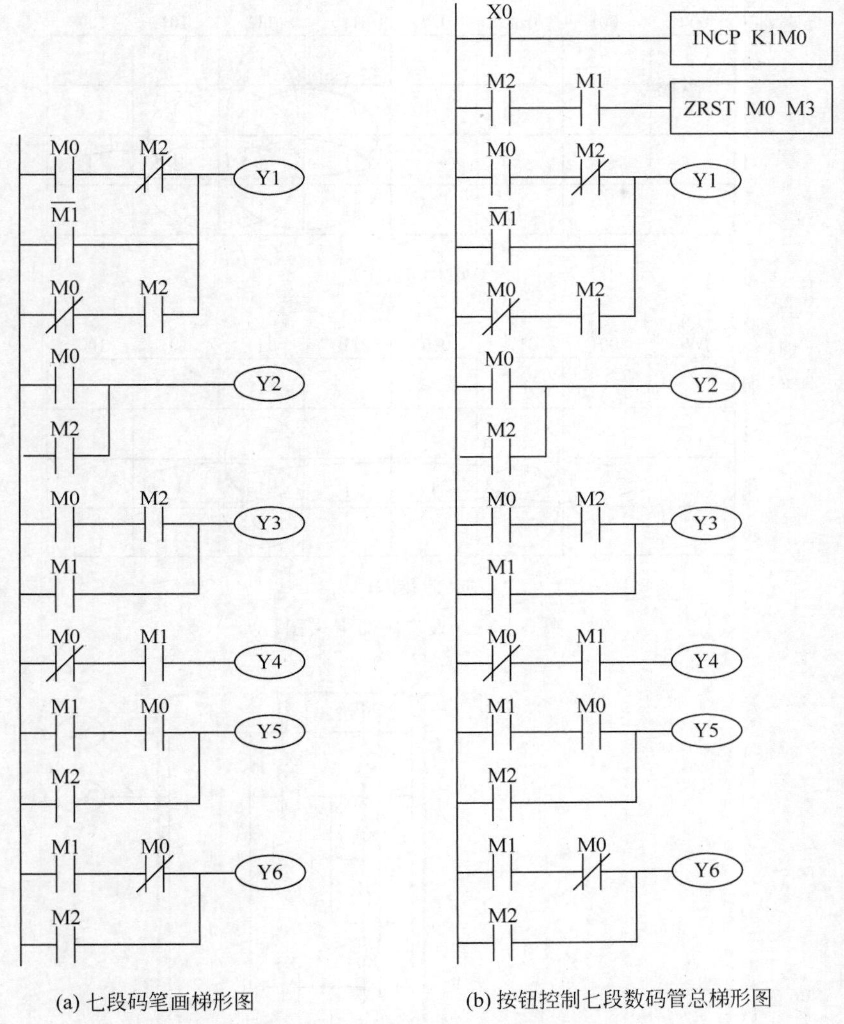

(a) 七段码笔画梯形图　　(b) 按钮控制七段数码管总梯形图

图 5-44　PLC 控制七段数码管 PLC 梯形图

由图 5-45(b)得：

$$\begin{aligned} Y0_{(b)} &= X1X3X4 + X0X3X4 + X0X1X4 + X0X1X3 \\ &= (X1 + X0)X3X4 + (X4 + X3)X0X1 \end{aligned}$$

由图 5-45(a)和图 5-45(b)合并得：

$$Y0 = (X0X1 + (X3 + X0 + X1)X4 + (X0 + X1)X3)X2 + (X1 + X0)X3X4 + (X4 + X3)X0X1$$

由上述 Y0 逻辑表达式画出梯形图如图 5-46 所示。很明显 $Y1 = \overline{Y0}$。

图 5-46 所示梯形图是一个组合电路，不能记忆结果。当裁判松开按钮后结果就变了。并且在未表决之前，X0～X4 均为 0，绿灯是亮的。为了改变这一现象，可改为图 5-47 所示的梯形图。每个按钮控制一个 ALTP 交替指令，按一次按钮由 0 变 1，再按一次按钮由 1 变

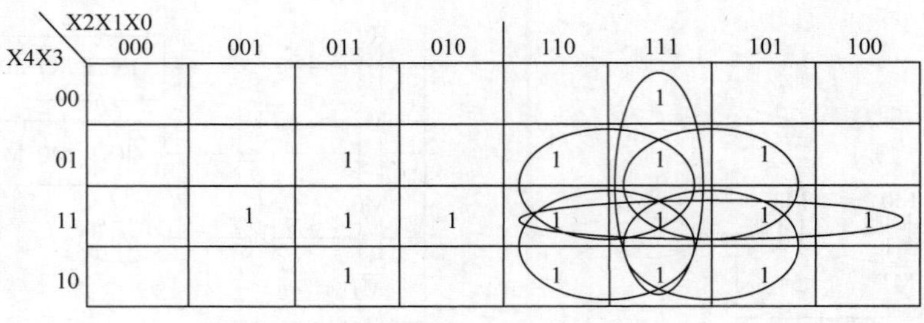

(a) 卡诺图(1)

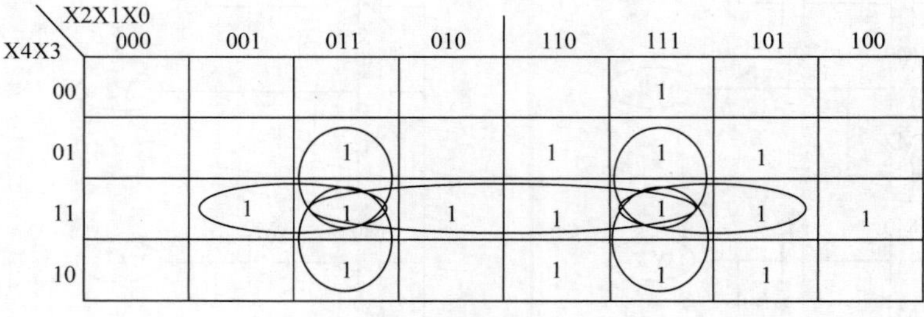

(b) 卡诺图(2)

图 5-45 5 人表决器卡诺图

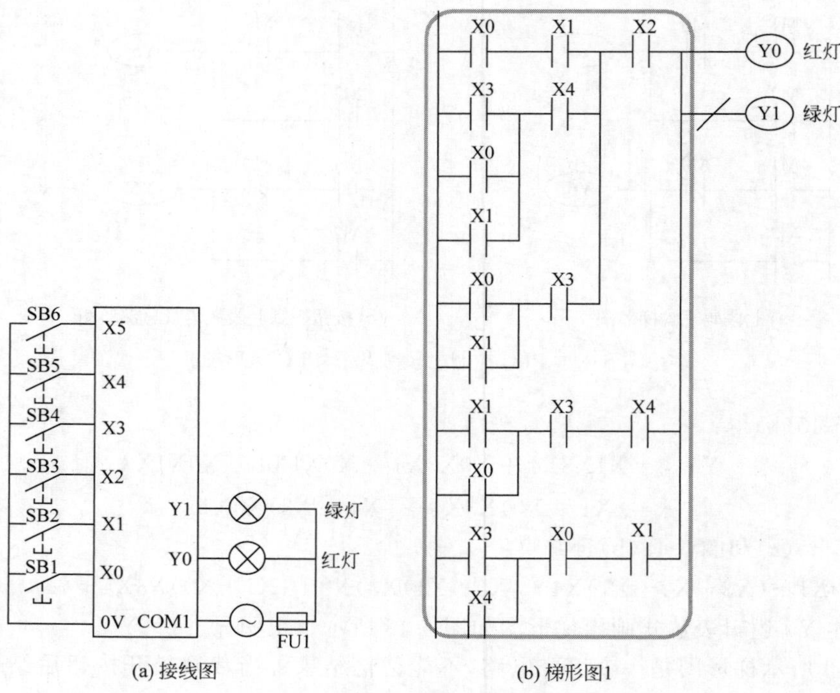

(a) 接线图　　(b) 梯形图1

图 5-46 5 人表决接线图和梯形图 1

0，变为一个记忆电路。

初始状态，常开接点 M5 断开 Y0 和 Y1 线圈，灯不亮。5 个裁判按按钮进行表决，其结果记忆在 M0～M4 中。按下按钮 X5，M5＝1，接通 Y0 和 Y1 线圈，显示结果。结束后用再按下按钮 X5，M5＝0，断开 Y0 和 Y1 线圈，同时 M5 下降沿接点使 M0～M4 复位。

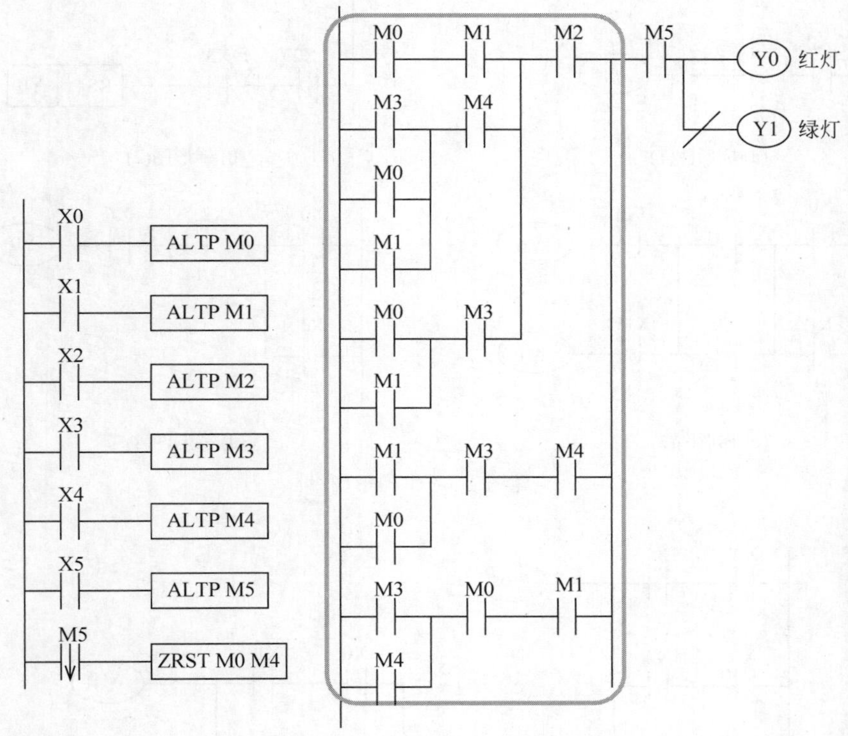

图 5-47　5 人表决梯形图 2

习题

1. 主令元件和检测元件有什么不同？
2. 设计用 3 个开关都可以控制一盏灯，只有当两个开关闭合时灯才亮的梯形图。
3. 4 个开关的闭合与断开有几种组合？用二进制数表示。
4. 设计用 3 个开关都可以控制一盏灯的梯形图。
5. 化简逻辑表达式 $Y=AB+\overline{B}C+\overline{A}C$。
6. 化简逻辑表达式 $Y=AB+\overline{A}\overline{B}C+BC$。
7. 什么是组合电路？什么是时序电路？
8. 题图 1 所示的梯形图哪些是组合电路？哪些是时序电路？
9. 证明题图 2 两个梯形图相同。

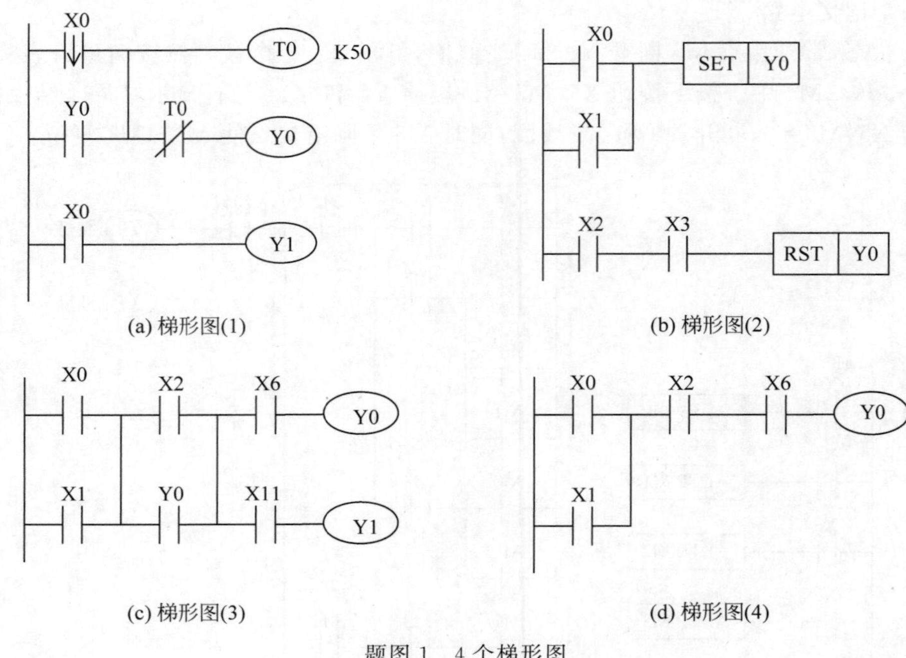

(a) 梯形图(1)　(b) 梯形图(2)

(c) 梯形图(3)　(d) 梯形图(4)

题图 1　4 个梯形图

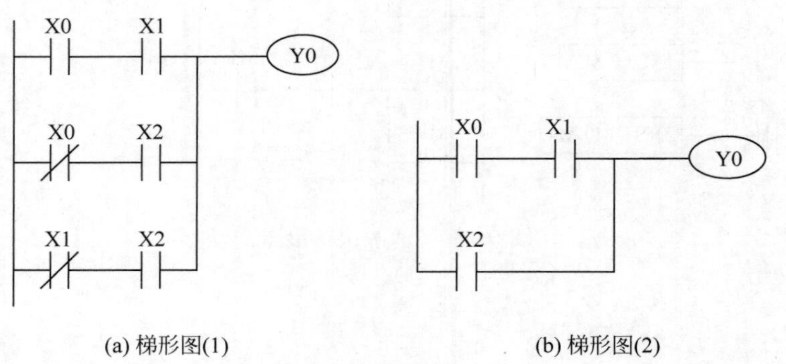

(a) 梯形图(1)　(b) 梯形图(2)

题图 2　两个梯形图

10．化简题图 3 梯形图的接点。

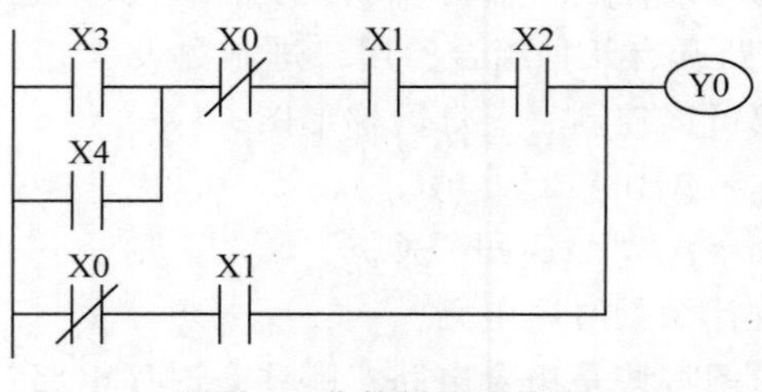

题图 3　化简梯形图接点

第 6 章

PLC 设计基本方法

可编程控制器(PLC)在电气控制系统中,主要根据控制梯形图进行开关量的逻辑运算,根据运算结果进行开关量的输出控制。如果和特殊模块连接,也可以进行模拟量的输入/输出控制。可编程控制器的设计主要分为控制梯形图设计、可编程控制器的输入/输出接线设计以及主电路的设计等,其中控制梯形图的设计是整个设计的核心部分。由于控制梯形图的设计基本上和常规电器的控制电路一样,所以掌握常规电器控制电路的控制原理和设计方法是可编程控制器设计的基础。

可编程控制器(PLC)使用范围十分广泛,往往涉及许多相关的电气知识和其他专业控制领域的相关知识,要想较好地掌握可编程控制器的使用和设计,要具备一定的相关基础知识,如电工学(含电工基础、电机学、电气控制),电子学(含数字电路、模拟电路),计算机基础等。

6.1 PLC 控制设计的基本要求

PLC 电气控制系统是控制电气设备的核心部件,因此 PLC 的控制性能是关系到整个控制系统是否能正常、安全、可靠、高效运行的关键所在。在设计 PLC 控制系统时,应遵循以下基本原则。

(1) 最大限度地满足被控对象的控制要求。

(2) 力求控制系统简单、经济、实用,维修方便。

(3) 保证控制系统的安全、可靠性。

(4) 操作简单、方便,并考虑有防止误操作的安全措施。

(5) 满足 PLC 的各项技术指标和环境要求。

6.2 PLC 控制设计的基本步骤

1. 对控制系统的控制要进行详细了解

在进行 PLC 控制设计之前,首先要详细了解其工艺过程和控制要求,应采取什么控制方式,需要哪些输入信号,选用什么输入元件,哪些信号需输出到 PLC 外部,通过什么元件执行驱动负载；弄清整个工艺过程各个环节的相互联系；了解机械运动部件的驱动方式，是液压、气动还是电动，运动部件与各电气执行元件之间的联系；了解系统的控制方式是全自动还是半自动的，控制过程是连续运行还是单周期运行，是否有手动调整要求等。另外，还要注意哪些量需要监控、报警、显示，是否需要故障诊断，需要哪些保护措施等。

2. 控制系统初步方案设计

控制系统的设计往往是一个渐进式、不断完善的过程。在这一过程中，先大致确定一个初步控制方案，首先解决主要控制部分，对于不太重要的监控、报警、显示、故障诊断以及保护措施等可暂不考虑。

3. 根据控制要求确定输入/输出元件，绘制输入/输出接线图和主电路图

根据 PLC 输入/输出量选择合适的输入和输出控制元件，计算所需的输入/输出点数，并参照其他要求选择合适的 PLC 机型。根据 PLC 机型特点和输入/输出控制元件绘制 PLC 输入/输出接线图，确定输入/输出控制元件与 PLC 的输入/输出端的对应关系。输入/输出元件的布置应尽量考虑接线、布线的方便，同一类的电气元件应尽量排在一起，这样有利于梯形图的编程。一般主电路比较简单，可一并绘制。

4. 根据控制要求和输入/输出接线图绘制梯形图

这一步是整个设计过程的关键，梯形图的设计需要掌握 PLC 的各种指令的应用技能和编程技巧，同时还要了解 PLC 的基本工作原理和硬件结构。梯形图的正确设计是确保控制系统安全可靠运行的关键。

5. 完善上述设计内容

完善和简化绘制的梯形图，检查是否有遗漏，若有必要还可再反过来修改和完善输入/输出接线图和主电路图及初步方案设计，加入监控、报警、显示、故障诊断和保护措施等，最后进行统一完善。

6. 模拟仿真调试

在电气控制设备安装和接线前最好先在 PLC 上进行模拟调试，或在模拟仿真软件上进行仿真调试。三菱公司全系列可编程控制器的通用编程软件 GX Developer Version 8.34L (SW8D5C-GPPW-C)附带有仿真软件(GX Simulator Version 6)，可对所编的梯形图进行仿真，确保控制梯形图没有问题后再进行连机调试。但仿真软件对某些部分功能指令是不支持的，这部分控制程序只能在 PLC 上进行模拟调试或现场调试。

7. 设备安装调试

将梯形图输入 PLC 中，根据设计的电路进行电气控制元件的安装和接线，在电气控制设备上进行试运行。

6.3 输入/输出接线图的设计

在设计 PLC 梯形图之前，应先设计输入/输出接线图，这一点很多读者不太关注，有些认为梯形图和输入/输出接线图关系不大，可以分开设计，这是不对的。

下面通过简单的实例说明 PLC 输入/输出接线图的设计。

例 6.1　两个地点控制一台电动机的控制。

将图 6-1 所示的两个地点控制一台电动机的控制电路改为 PLC 控制。

解：图 6-1 电路中有两个起动按钮、两个停止按钮和一个热继电器常闭接点，共有 5 个输入量。1 个输出量为接触器线圈。将输入接点全部以常开接点的形式接在 PLC 的输入端上，将输出元件接在 PLC 的输出端上。将控制电路图 6-1 改为 PLC 控制的梯形图和 PLC 接线图，如图 6-2 所示。[①]

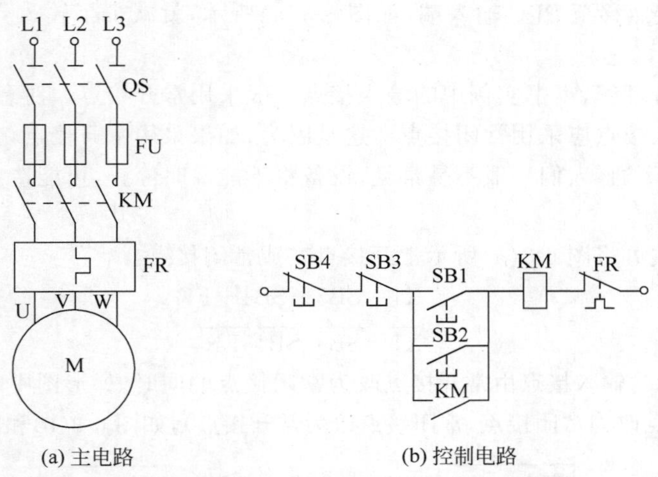

图 6-1　两个地点控制一台电动机的控制电路

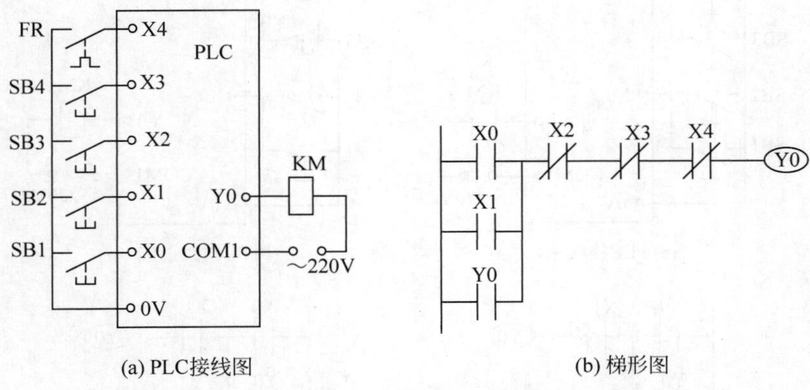

图 6-2　两个地点控制一台电动机的 PLC 控制图 1

1. 输入接线图的设计

例 6.1 是将一般控制电路转换成 PLC 控制，但是大多数情况下，PLC 的控制设计是根

① 在本书实例中一般不给出电动机主电路图。

据控制要求来设计的。

输入电路中最常用的输入元件有按钮、限位开关、无触点接近开关、普通开关、选择开关、各种继电器接点等。另外，常用的输入元件还有数字开关（也称拨码开关、拨盘）、旋转编码器和各种传感器等。

在输入接线图的设计时应考虑输入接点的合理使用，下面介绍节省输入点的方法。

1）梯形图中串并联接点外接法

在图 6-2 中用了 5 个输入继电器，将梯形图中的 X0、X1 并联接点移至 PLC 输入端，将 X2、X3、X4 串联接点移至 PLC 输入端，如图 6-3(a)所示，就减少了输入点数。对应的梯形图如图 6-3(b)所示。

为了便于读者理解，本书实例中的输入接点一般采用常开接点。注意，对于停止按钮和起保护作用的输入接点应采用常闭接点。这是因为，如果采用常开接点，一旦接点损坏不能闭合，或断线电路不通，人们一般不易察觉，设备将不能及时停止，可能造成设备损坏或危及人身安全。

根据下列公式可将图 6-3(a)所示常开接点变成常闭接点。

$$X1=SB3+SB4+FR$$

$$\overline{X1}=\overline{SB3}\ \overline{SB4}\ \overline{FR}$$

图 6-3(a)所示为输入接点由常开接点改为常闭接点的同时，梯形图中对应的接点也要相应取反（即常开接点改为常闭接点，常闭接点改为常开接点），如图 6-3(b)和图 6-3(d)所示。

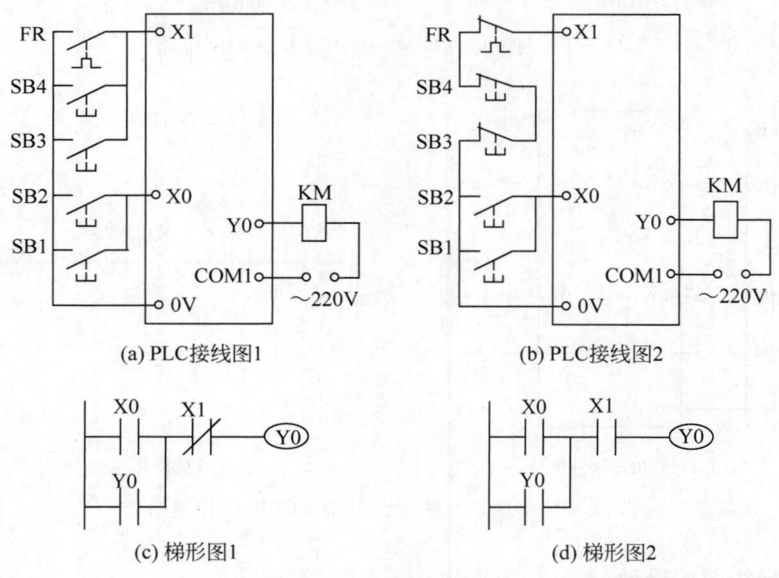

图 6-3 两个地点控制一台电动机的 PLC 控制图 2

2）局部电路外移法

局部电路外移法是将控制电路图中的局部电路接到 PLC 的输入或输出端上。如图 6-4(a)

所示，两个地点控制一台电动机的控制电路图，实际上是将全部控制电路外移到 PLC 的输入端，如图 6-4(b)所示。

比较图 6-3 和图 6-4，其控制功能是一样的，都是两个地点控制一台电动机。但是图 6-3 是软件自锁，自锁接点是 Y0。图 6-4 是硬件自锁，自锁接点是 KM。

图 6-3 控制图在接触器 KM 故障时对输入没有影响，输出端 Y0 不会变化。图 6-4 控制图在接触器 KM 故障时，自锁接点是 KM 断开，输入继电器失电，输出继电器 Y0 失电，对输入和输出都是有影响的。

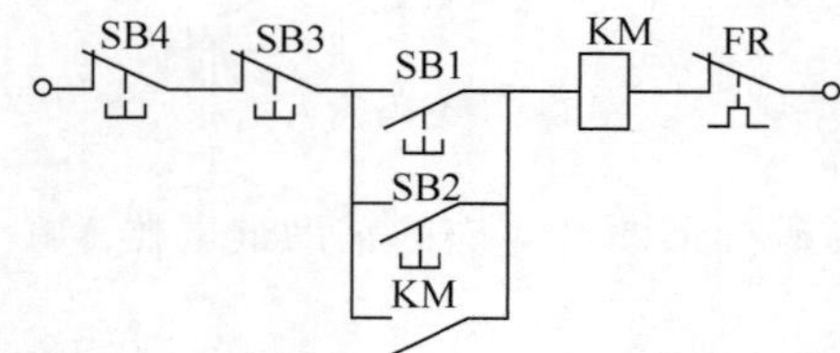

(a) 两个地点控制一台电动机的控制电路图

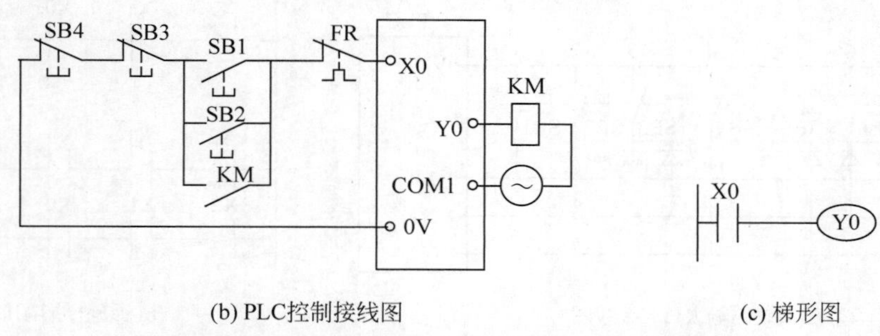

(b) PLC控制接线图　　　　(c) 梯形图

图 6-4　两个地点控制一台电动机的 PLC 控制图

例 8.11 绕线型电动机转子串电阻时间原则起动，也是采用的局部电路外移法。该实例是将原电路中的部分电路直接移至 PLC 的输入端，使多个输入接点共占用一个输入继电器。该实例还阐述了一个重要问题，就是并非所有的常规控制电路都可以直接转换成 PLC 控制梯形图，特别是电路中的互锁和联锁，往往要通过 PLC 外部硬接线才能实现。

3）编码输入法

编码输入是将多个输入继电器的组合作为输入信号，n 个输入继电器有 2^n 种组合，可以用 n 位二进制数表示，这种输入方法可以最大限度地利用输入点，一般需要梯形图译码。如图 6-5 所示，输入继电器 X0、X1 有 4 种组合(即 2 位二进制数 00、01、10、11)，用 M0～M3 表示，相当于 4 个输入信号。例如，开关在 2 位置，X1、X0＝10，梯形图中 M2 线圈得电。

图 6-6 所示为使用按钮的编码输入，其原理和图 6-5 中的原理基本一样。图 6-6(a)为按钮编码输入 PLC 接线图，例如按下按钮 SB1，X0＝1，X1＝0，X2＝0，图 6-6(b)梯形图中的 M1 线圈得电(M1＝1)。同理，按下按钮 SB2，X0＝0，X1＝1，X2＝0，图 6-6(b)梯形图中的 M2 线圈得电(M2＝1)等，可以表示 8 种不同输入的状态。图 6-6 (b)译码梯形图也可以用译码指令 DECO 完成，如图 6-6 (c)所示。

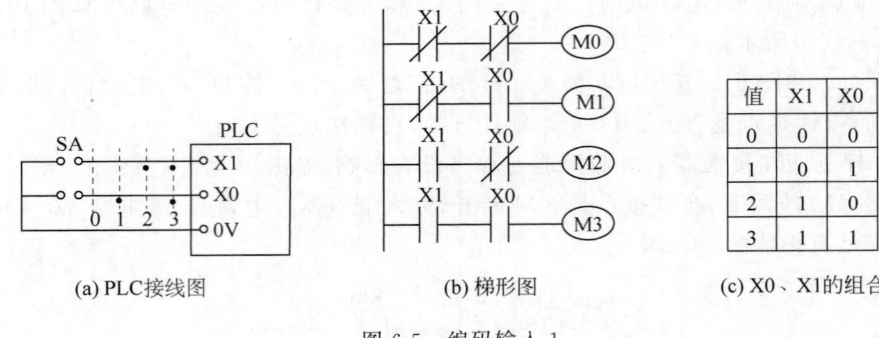

值	X1	X0
0	0	0
1	0	1
2	1	0
3	1	1

(a) PLC接线图　(b) 梯形图　(c) X0、X1的组合

图 6-5　编码输入 1

图 6-6(d)为图 6-6（c)译码梯形图 2 对应的辅助继电器 M0～M7 的值。

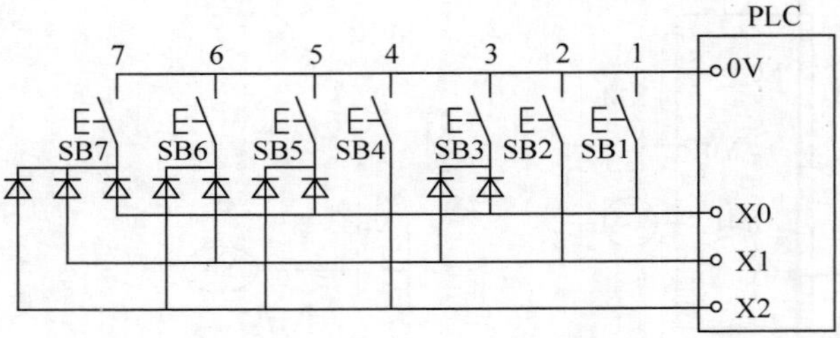

(a) 按钮编码输入PLC接线图

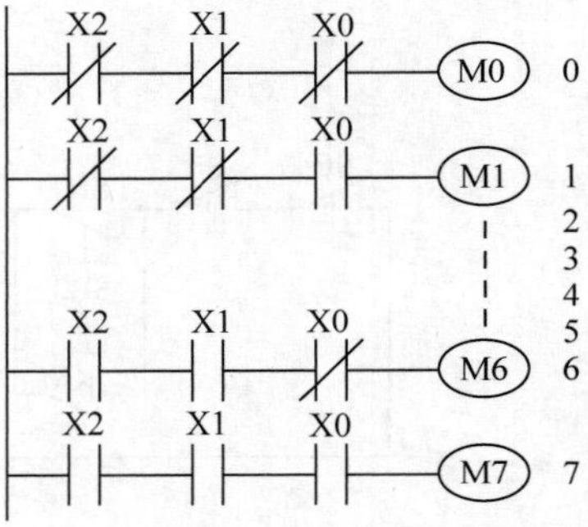

(b) 译码梯形图1

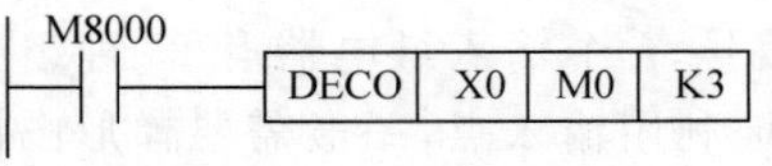

(c) 译码梯形图2

	值	X2	X1	X0	M7	M6	M5	M4	M3	M2	M1	M0
	0	0	0	0	0	0	0	0	0	0	0	1
按钮1	1	0	0	1	0	0	0	0	0	0	1	0
按钮2	2	0	1	0	0	0	0	0	0	1	0	0
按钮3	3	0	1	1	0	0	0	0	1	0	0	0
按钮4	4	1	0	0	0	0	0	1	0	0	0	0
按钮5	5	1	0	1	0	0	1	0	0	0	0	0
按钮6	6	1	1	0	0	1	0	0	0	0	0	0
按钮7	7	1	1	1	1	0	0	0	0	0	0	0

(d) 译码梯形图2对应的输出辅助继电器

图 6-6　编码输入 2

4）矩阵输入法

图 6-7 所示为 3 行 2 列输入矩阵，这种接线一般常用于有多种输入操作方式的场合。例如，图 6-7 中的选择开关 SA 打在左边，则执行手动操作方式，用按钮进行输入操作；

开关打在右边，则执行自动操作方式，由系统接点进行自动控制。

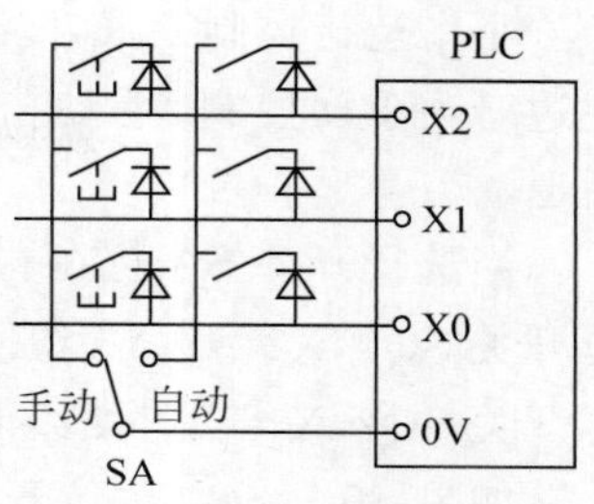

图 6-7　3 行 2 列输入矩阵

例 6.2　小车控制。

控制 1 辆小车在 A、B 两点之间运行，要求采用自动运行和手动两种控制方式。

自动运行方式下，小车在 A、B 两点之间自动反复运行，采用过限位保护。手动控制方式下，小车不受限位开关的控制，用按钮控制小车的前进、后退和停止。小车运行如图 6-8(a)所示。

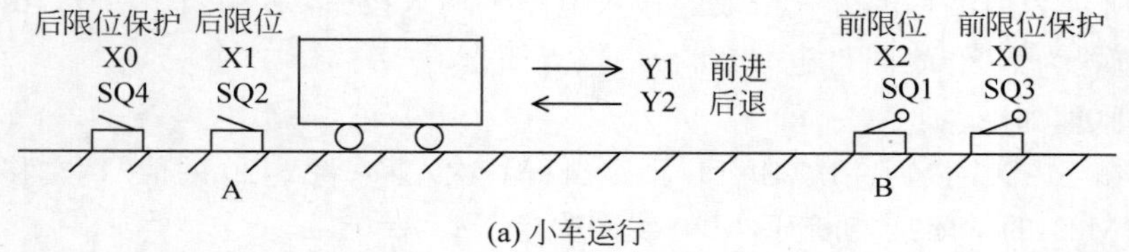

(a) 小车运行

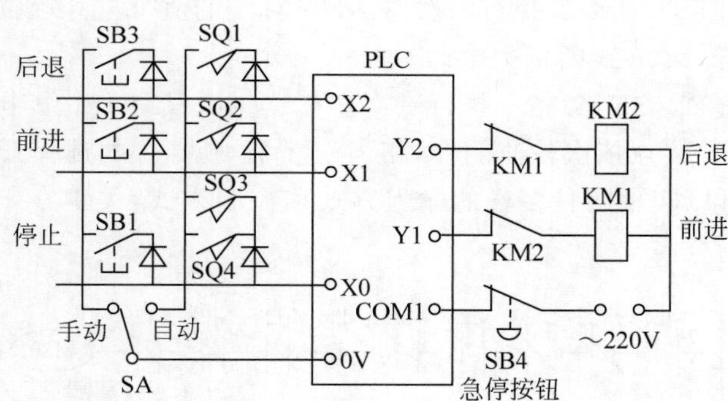

(b) 小车运行控制PLC接线图

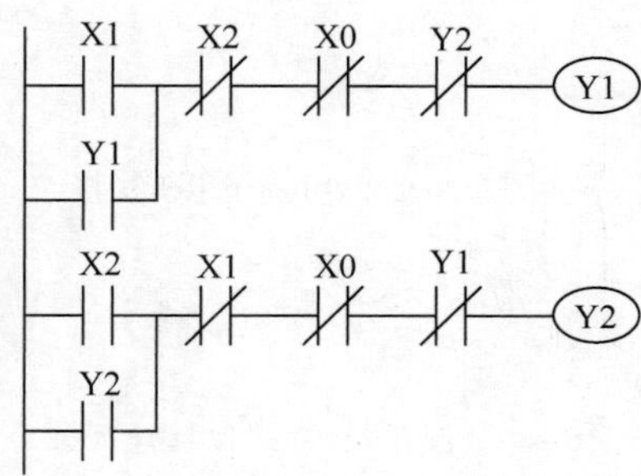

(c) 小车运行控制PLC梯形图

图 6-8　小车运行控制

小车运行控制 PLC 接线图和梯形图如图 6-8(b)和图 6-8(c)所示，当选择开关 SA 打在左边时为手动控制，手动控制时，用按钮 SB1、SB2 和 SB3 分别控制小车的停止、前进和后退。

当选择开关 SA 打在右边时为自动控制，自动控制时，小车起动后，前进到 B 点，碰到限位开关 SQ1，X2=1，Y1 线圈失电，停止前进，Y2 线圈得电，小车后退。后退到 A 点，碰到限位开关 SQ2，X1=1，Y2 线圈失电，停止后退，Y1 线圈得电，小车前进，并自动往返运行。

如果 SQ1、SQ2 限位开关损坏，小车运行过限位，碰到过限位开关 SQ3、SQ4 则 X0=1，小车停止运行。

5）编程输入法

图 6-9 所示为用编程的方式组成的输入电路。输入按钮 SB 相当于一个 10 挡位的选择开关，初始位置为 M20 线圈得电，M20=1，接点闭合。

其工作原理如下：

按下按钮 SB，X1 接通一次，SFTL 指令执行一次左移，将 M20 的值"1"左移到 M21 中，使 M21=1，M21 的常闭接点断开，M20 线圈失电，M20=0。

再按下按钮 SB，SFTL 指令又执行一次左移，将 M21 的值"1"左移到 M22 中，使 M22=1，M22 的常闭接点断开，M20 线圈仍失电。

每按下一次按钮 SB，SFTL 指令执行一次左移。每次只有 1 个继电器 M=1，使 M20～M29 这 10 个继电器的接点依次轮流闭合，相当于一个 10 挡位的选择开关。

用编程的方法可以实现多种多样的输入方式和控制方式，关键在于灵活地应用各种基本逻辑指令和功能指令。

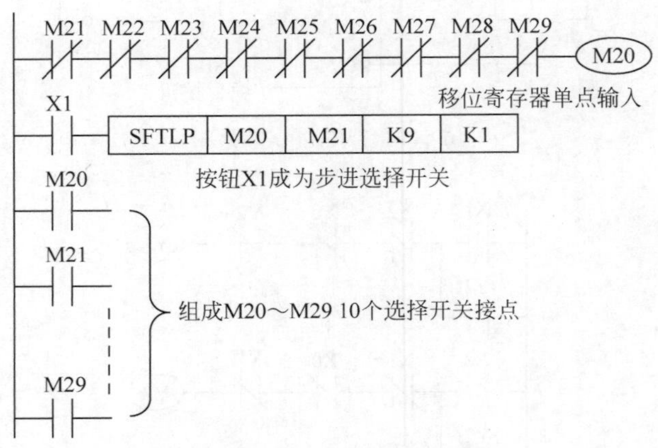

图 6-9　按钮式 10 挡位选择开关

例 8.2 单按钮控制三台电动机顺序起动，顺序停止以及例 8.4 单按钮控制三台电动机顺序起动，逆序停止等就是采用了编程输入法。

6）一个按钮多用法

例 6.3 三相异步电动机星形-三角形降压起动 PLC 控制以及例 8.5 控制 n 台电动机顺

序起动，逆序停止其控制按钮 SB 既是起动按钮又是停止按钮。

2. 输出接线图的设计

PLC 输出电路中常用的输出元件有各种继电器、接触器、电磁阀、信号灯、报警器、发光二极管等。

PLC 输出电路采用直流电源时，对于感性负载，应反向并联二极管，否则接点的寿命会显著下降，二极管的反向耐压应大于负载电压的 5～10 倍，正向电流大于负载电流。

PLC 输出电路采用交流电源时，对于感性负载，应并联阻容吸收器（由一个 0.1μF 电容器和一个 100～120Ω 电阻串联而成），以保护接点的寿命。

PLC 输出电路无内置熔断器，当负载短路等故障发生时将损坏输出元件。为了防止输出元件损坏，在输出电源中串接一个 5～10A 的熔断器，如图 6-10 所示。

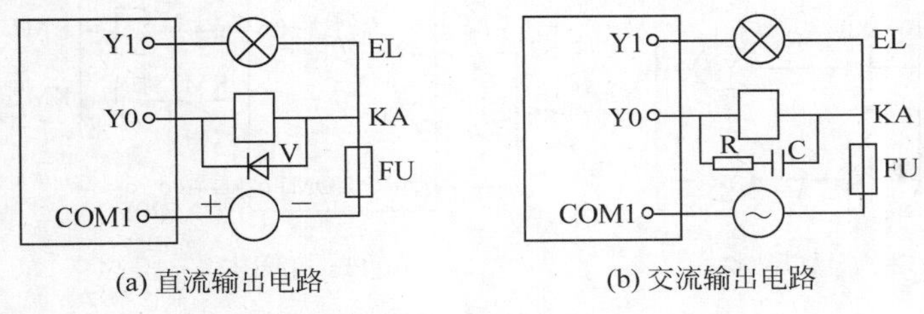

(a) 直流输出电路　　(b) 交流输出电路

图 6-10　PLC 输出电路保护的措施

为了突出重点，本书中继电器、接触器未加反向并联二极管和阻容吸收器。在输出接线图的设计时应考虑输出继电器的合理使用，下面介绍节省 PLC 输出点的方法。

1）利用控制电路的逻辑关系节省输出点

如图 6-11 所示，根据图 6-11(a)的逻辑关系，对应的 PLC 接线图如图 6-11(b)所示，需要三个输出继电器。利用控制电路的逻辑关系将其改为如图 6-11(c)和图 6-11(d)所示，则只需要两个输出继电器。

2）利用控制电路的输出特点节省输出点

例 6.3　三相异步电动机“星形—三角形”降压起动 PLC 控制。

用 PLC 控制一台三相异步电动机的星形—三角形降压起动停止。

星形—三角形降压起动 PLC 控制电路一般需用 2 点输入（一个起动按钮，一个停止按钮），3 点输出（接触器 KM1～KM3）。利用控制电路的输出特点，考虑到星形起动接触器 KM2 只是在起动时用一下，可以和 KM1 共用一个输出点 Y1。SB 既做起动按钮又做停止按钮。这样，在图 6-12 所示的星形—三角形降压起动 PLC 控制电路中只用了 1 点输入，2 点输出。

3）矩阵输出

如例 6.4 工业袋式除尘器控制，使用了 4 点输出，当 Y0＝0 时，用于卸灰，当 Y0＝1 时，用于清灰。Y1～Y4 既可以用以卸灰，也可以用以清灰。

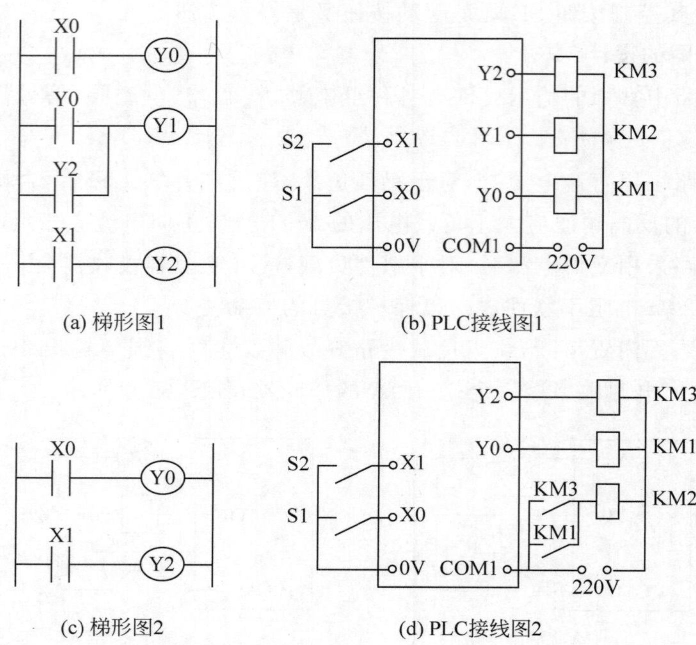

图 6-11　利用控制电路的逻辑关系节省输出点

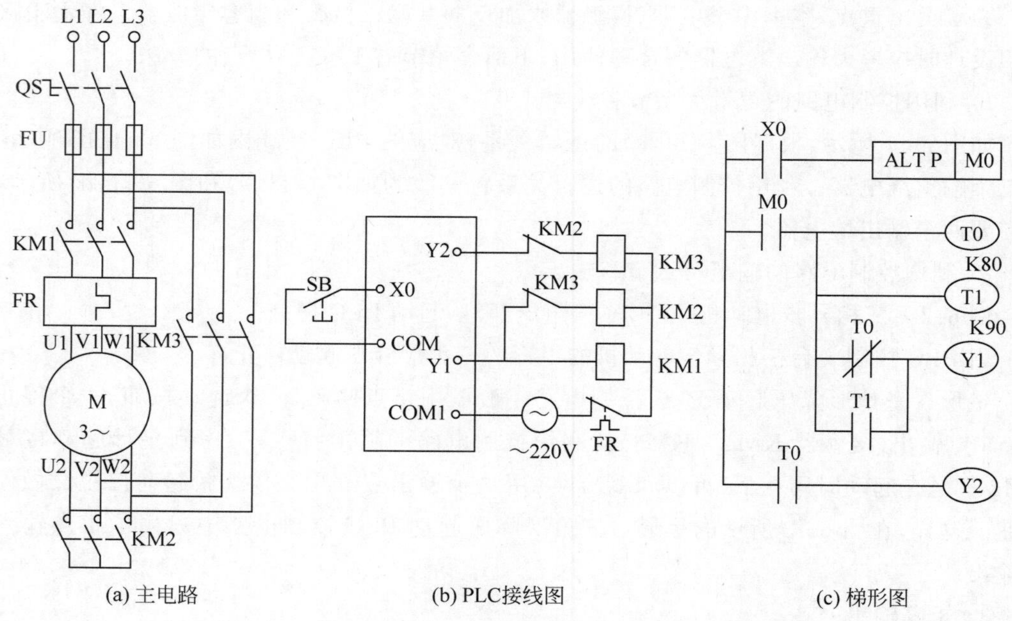

图 6-12　星形—三角形降压起动 PLC 控制

例 6.4 工业袋式除尘器控制。

某除尘器有 4 个除尘室，当除尘器开始工作时，1～4 室依次轮流卸灰，每室卸灰时间为 20s，卸灰完毕后起动反吹风机，3s 后 1～4 室再依次轮流清灰，每室清灰时间为 15s，结束后，再反复执行上述过程。图 6-13 所示为工业袋式除尘器的部分 PLC 控制电路。

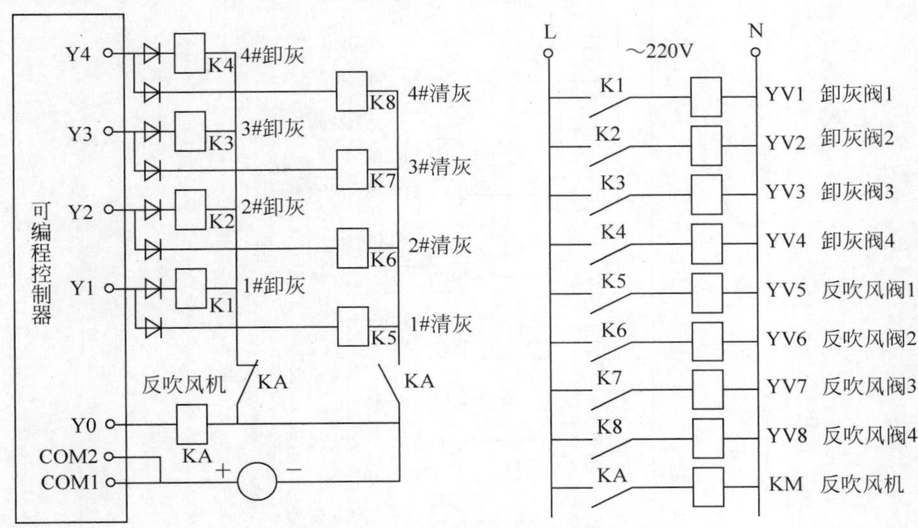

图 6-13 工业袋式除尘器 PLC 接线图

每个除尘室分别有两个输出量，一个为卸灰，一个为清灰，4 个除尘室需用 8 个输出量，需要占用 8 个输出继电器。但是从分析除尘的工作过程可以知道，这 8 个输出量并不是同时工作，而是分为卸灰和清灰两个时间段。这样可以考虑用 4 个输出继电器 Y1～Y4 先依次控制 1～4 室的卸灰，卸灰结束后由反吹风输出继电器 Y0 将卸灰继电器 K1～K4 断开，并接通清灰继电器 K5～K8，由输出继电器 Y1～Y4 再依次控制 1～4 室的清灰，这样就可以节省近一半的输出继电器。

这个电路实际上是一个 4 行 2 列的输出矩阵，采用直流电源和直流继电器，图 6-13 中的二极管用于防止产生寄生回路。

袋式除尘器 PLC 梯形图如图 6-14 所示。

4）外部译码输出

用七段码译码指令 SEGD，可以直接驱动一个七段数码管，十分方便。电路也比较简单，但需要 7 个输出端。若采用在输出端外部译码，则可减少输出端的数量。外部译码的方法很多，如用七段码分时显示指令 SEGL 可以用 12 点输出控制 8 个七段数码管等。

图 6-15 所示为用集成电路 4511 组成的 1 位 BCD 译码驱动电路，只用了 4 点输出。如果显示值小于 8 可用 3 点输出，显示值小于 4 可用 2 点输出。

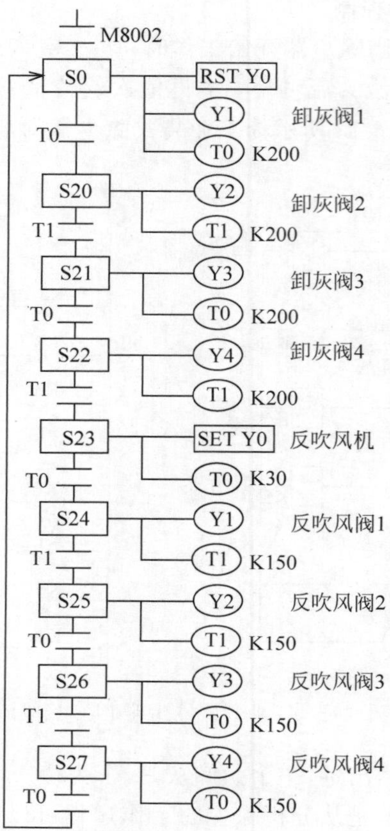

图 6-14　袋式除尘器 PLC 梯形图

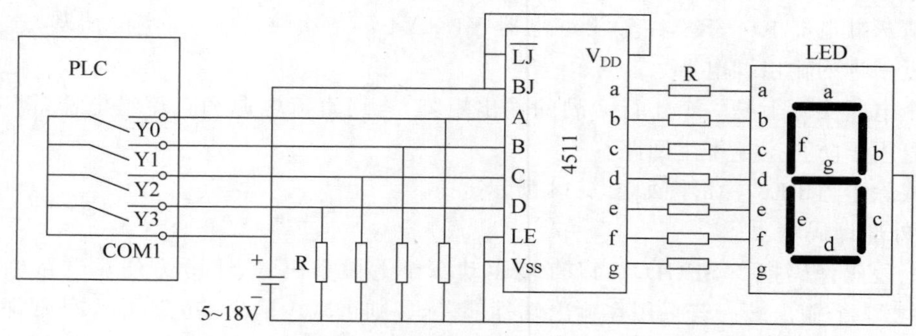

图 6-15　BCD 码驱动七段数码管电路

6.4 PLC 基本设计编程方法

控制电路根据逻辑关系可以分为组合电路和时序电路，在一个复杂的控制电路中也可能既有组合电路也有时序电路。

1. 组合电路的设计

控制结果只和输入有关的电路称为组合电路，由于组合电路的控制结果只和输入变量的状态有关，所以可以用布尔代数(也称开关代数或逻辑代数)通过计算而得出。

组合电路的梯形图设计步骤一般如下：

(1) 根据控制条件列出真值表。

(2) 由真值表写出逻辑表达式并进行化简。

(3) 根据逻辑表达式画出控制电路。

例 6.5 三相电路缺相保护。

在三相电路缺相保护系统中，要求三相电压正常时不报警，停电时不报警。当一相或两相缺相时则发出报警信号。

(1) 根据控制要求列出真值表如表 6-1 所示。

表 6-1 三相电路缺相保护真值表

A 相电压	B 相电压	C 相电压	报警信号	系统运行情况
X1	X2	X3	Y0	
0	0	0	0	停电
0	0	1	1	C 相缺相
0	1	0	1	B 相缺相
0	1	1	1	B C 相缺相
1	0	0	1	A 相缺相
1	0	1	1	A C 相缺相
1	1	0	1	A B 相缺相
1	1	1	0	三相电压正常

(2) 由真值表写出逻辑表达式：

$$Y0 = \overline{A}\overline{B}C + \overline{A}B\overline{C} + \overline{A}BC + A\overline{B}\overline{C} + A\overline{B}C + AB\overline{C}$$

用卡诺图化简逻辑表达式。卡诺图如图 6-16(a)所示。

(3) 由卡诺图写出逻辑表达式：

$$Y = \overline{A}C + A\overline{B} + B\overline{C} = \overline{X1}X3 + X1\overline{X2} + + X2\overline{X3}$$

(4) 由逻辑表达式画出 PLC 梯形图，如图 6-16(b)所示。

在卡诺图中，如果“0” 比较少，可以圈“0”写出其反变量。如图 6-17(a)所示，写出逻辑表达式：

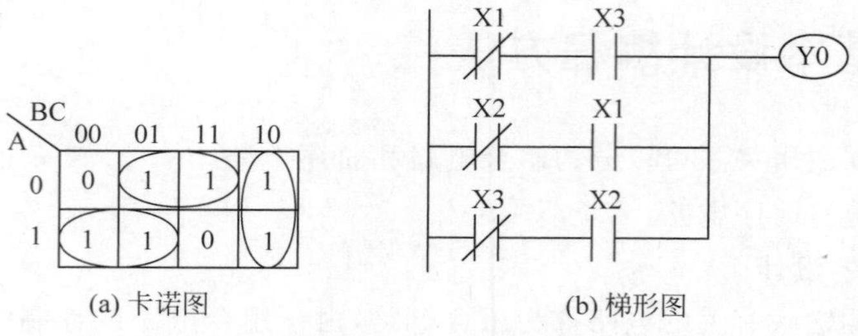

图 6-16 三相电路缺相保护设计卡诺图和梯形图 1

$$\overline{Y} = \overline{A}\,\overline{B}\,\overline{C} + ABC$$

$$Y = (A + B + C)(\overline{A} + \overline{B} + \overline{C})$$

由逻辑表达式画出 PLC 梯形图,如图 6-17(b)所示。

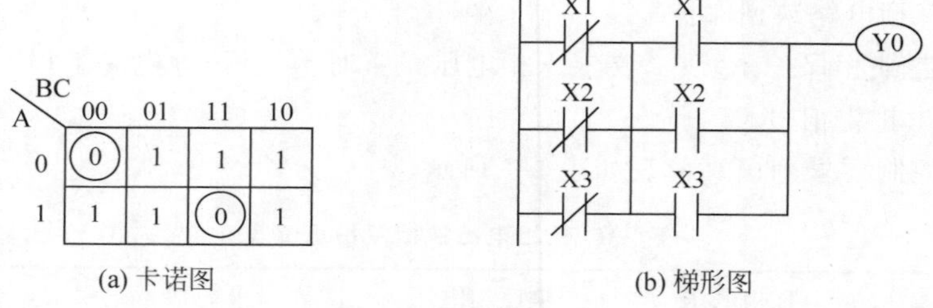

图 6-17 三相电路缺相保护设计卡诺图和梯形图 2

从上述可知,由卡诺图化简出的逻辑表达式及 PLC 梯形图不是唯一的。

2. 时序电路的设计

时序电路也称记忆电路,其中包含有记忆元件。时序电路的控制结果不仅和输入变量的状态有关,也和记忆元件的状态有关。由于中间逻辑元件和输出执行元件中有记忆元件,所以,时序电路的控制结果是和输入变量、中间逻辑变量和输出逻辑变量三者都有关系的,由于时序电路的逻辑关系比较复杂,这类电路目前主要用经验法来设计。

在控制电路中,绝大部分电路都是时序电路,由继电器组成的控制电路中,时序电路实际上就是自锁电路,这种电路应用得十分广泛,一般没有固定的设计方式。

在 PLC 梯形图中含有 SET、OUT、MC 等逻辑线圈的梯形图都可以组成时序电路。

例 6.6 三相异步电动机的正反转控制。

如图 6-18 所示,按下正转按钮 SB1(X0),Y0 线圈得电自锁,电动机正转起动。按下 SB3,X0 和 X1 同时得电,电动机停止。按下反转按钮 SB2(X1),Y1 线圈得电自锁,电动机反转起动。由梯形图可知,输出线圈的得电或失电不仅和输入接点 X0 和 X1 有关,而且也和输出线圈 Y0 和 Y1 有关。这是一个具有自锁的电路,也称时序电路。

图 6-18 中三相异步电动机的正反转控制梯形图也可用图 6-19 所示梯形图来控制。

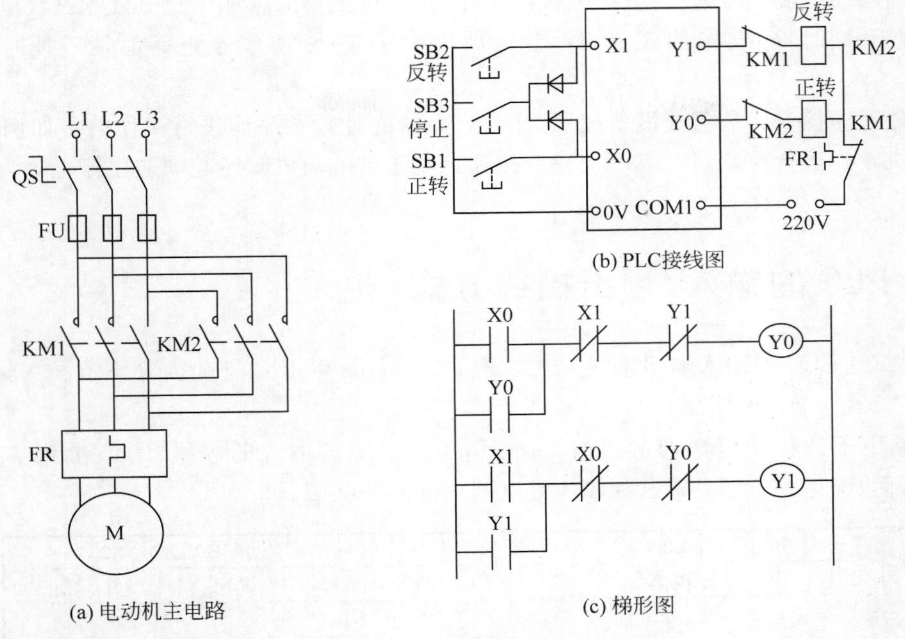

图 6-18　三相异步电动机的正反转控制

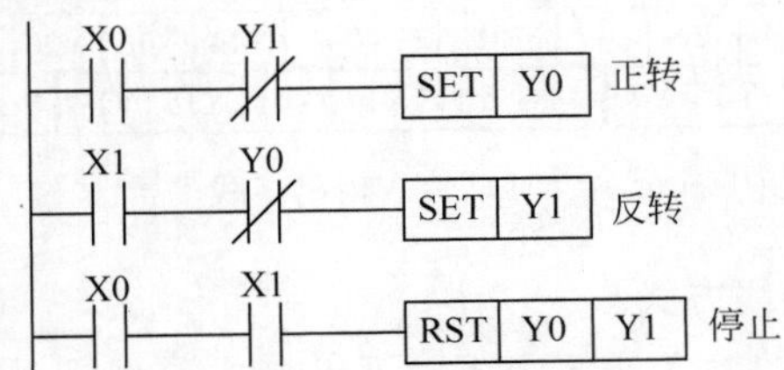

图 6-19　三相异步电动机的正反转控制梯形图

例如按下正转按钮 SB1(X0)，Y0 线圈得电置位，电动机正转起动。按下 SB3，X0 和 X1 同时得电，电动机停止。按下反转按钮 SB2(X1)，Y1 线圈得电置位，电动机反转起动。梯形图中 SET 指令用于记忆，这也同样是一个时序电路。

在时序电路中还有一种电路称为顺序控制电路，这种电路的特点是控制电路根据控制条件按一定顺序进行工作，设计方法较多，一般基本指令、步进指令和功能指令都可以使用。但是比较复杂的控制电路一般用步进顺控指令编程比较直观方便。

顺序控制电路也可以分为行程顺序控制、时间顺序控制和计数顺序控制等多种形式。

行程顺序控制：是电气设备触动行程开关的动作而进行工作的。如实例 8.10　组合钻床，实例 10.1　大小球分拣传送机械手，实例 10.2　电镀自动生产线 PLC 控制，实例 10.3　传送带机械手控制均为行程顺序控制。

时间顺序控制：是电气设备按照给定时间而进行工作的。如实例 8.1　三台电动机顺序定时起动同时停止，实例 8.6　六台电动机顺序起动，逆序停止等都是一种时间顺序控制。

计数顺序控制：是电气设备按照 PLC 计数器的计数顺序而进行工作的。如例 4.36 4 台电动机轮换运行控制，例 4.35 用一个按钮控制 4 台电动机顺序起动逆序停止等为计数顺序控制。

6.5　PLC 的输入/输出接线方式

FX_{3U} 型 PLC 的输入输出接线方式如图 6-20 所示（以 FX_{3U}－48MR/ES(－A)和 FX_{3U}－48MT/ES(－A)为例）。

L 端用于连接交流电源的火线，N 端用于连接交流电源的零线。0V 和 24V 端子为 PLC 内部直流电源端子。S/S 为输入继电器内部的公共端。

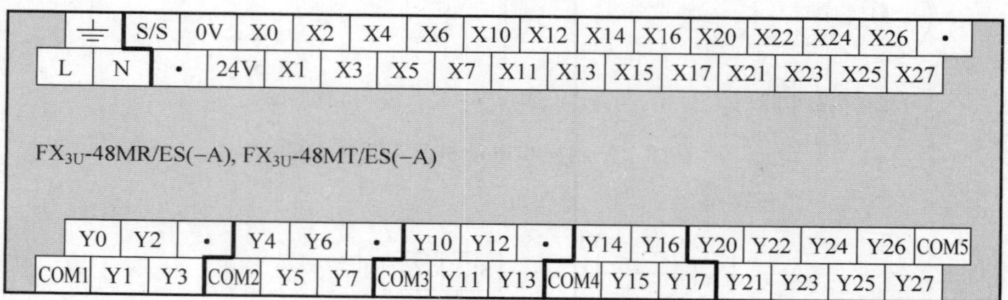

图 6-20　PLC 输入输出接线端子图

1. FX_{3U} 型 PLC 输入接线方式

FX_{2N} 型可编程控制器的输入外部接线只可以接成漏型输入，输入公共端为 COM。我国一般采用漏型输入形式。

FX_{3U} 型可编程控制器的输入根据外部接线，可以接成漏型输入，也可以接成源型输入。

漏型输入型的 S/S 端子连接在 DC24V 的"＋"极，输入电流从输入端流出，接近开关、编码器等传感器一般要采用 NPN 型，如图 6-21(a)和图 6-21(c)所示。

源型输入型的 S/S 端子连接在 DC24V 的"－"极，输入电流从输入端流入，接近开关、编码器等传感器一般要采用 PNP 型，如图 6-21(b)和图 6-21(d)所示。

对于 AC 电源型 PLC，有源开关(如接近开关等)可以连接在 PLC 内部提供的 24V 电源上，如图 6-21(a)和图 6-21(b)所示。也可以采用外接 24V 电源。

对于 DC 电源型 PLC，有源开关(如接近开关等)不要连接在 PLC 内部提供的 24V 电源端子上，如图 6-21(c)和图 6-21(d)所示。

2. FX_{3U} 型 PLC 输出接线方式

PLC 输出通常有 4 种形式：继电器输出、双向晶闸管输出、晶体管源型输出和晶体管漏型输出，如图 6-22 所示。

继电器输出可驱动直流 30V 或交流 250V 负载，驱动负载较大，但响应时间较慢，常用于各种电动机、电磁阀及信号灯等负载的控制。

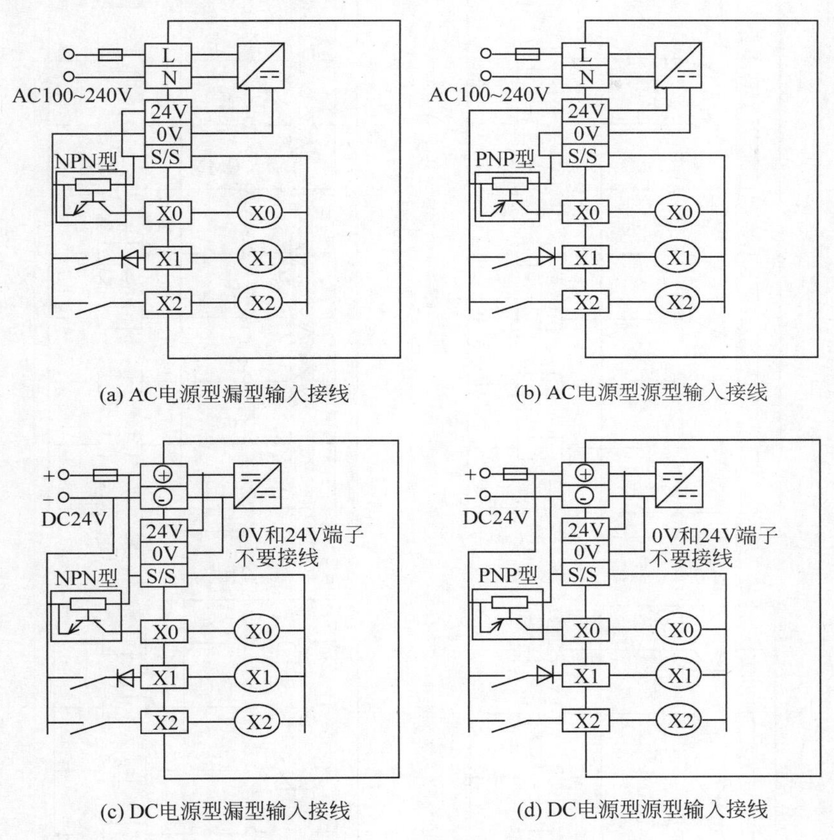

(a) AC电源型漏型输入接线　(b) AC电源型源型输入接线

(c) DC电源型漏型输入接线　(d) DC电源型源型输入接线

图 6-21　FX_{3U} 型 PLC 输入接线

晶体管源型输出和漏型输出为直流输出，能驱动 5～30V 直流负载，驱动负载较小，但响应时间快，多用于电子线路的控制。

双向晶闸管输出为交流输出，能驱动 85～240V 交流负载，驱动负载较大，响应时间较慢。

从输出接点的连接方式可分为单点输出、4 点共出和 8 点共出。图 6-22 所示均为 4 点共出连接方式。

本书约定 PLC 输入为 AC 电源型漏型接线方式，输出接线一般采用继电器输出接线方式，少部分实例必须要采用晶体管输出的，则输出接线采用晶体管漏型输出方式。

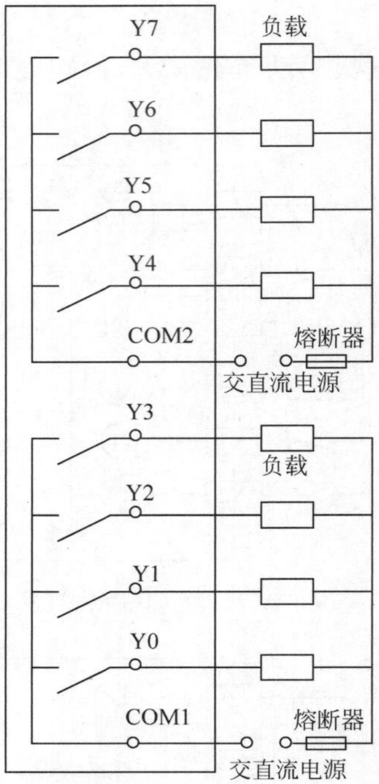

(a) 继电器输出方式

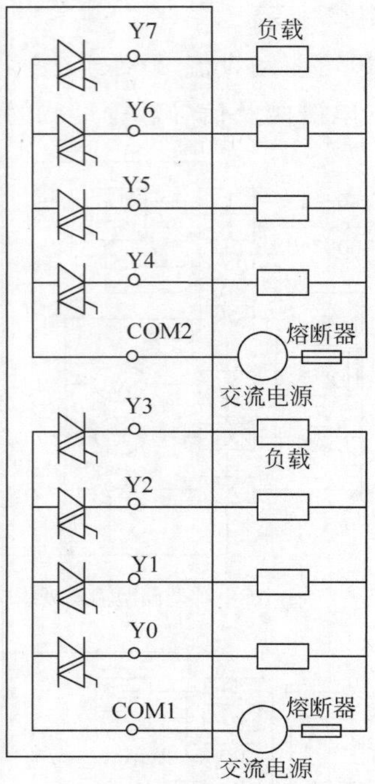

(b) 晶闸管输出方式

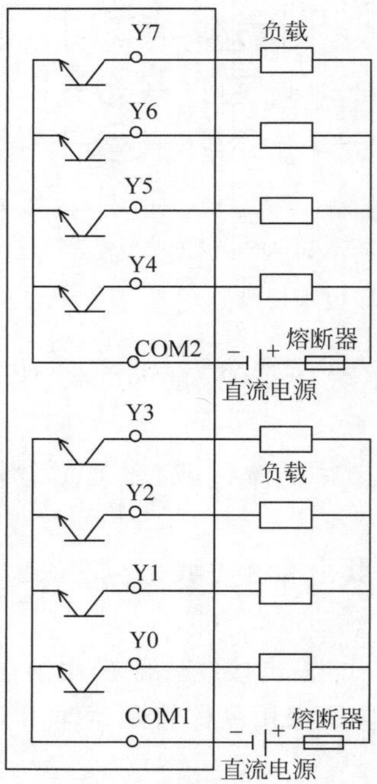

(c) 晶体管漏型输出方式

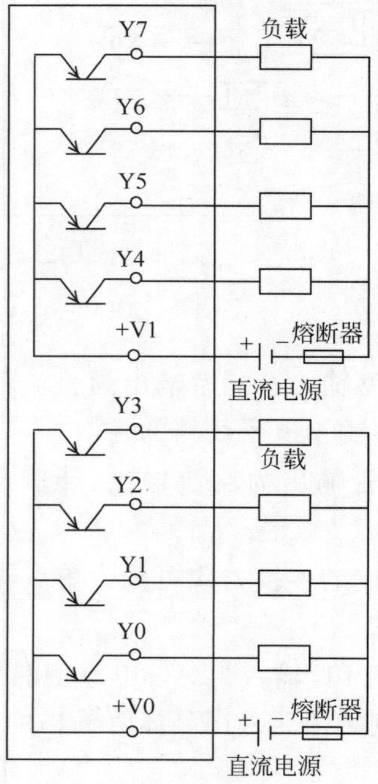

(d) 晶体管源型输出方式

图 6-22　PLC 输出接线方式

6.6　满足 PLC 控制设计的基本要求

PLC 控制设计除了满足基本的控制要求之外，还要满足前面提到的一些基本要求。如控制系统简单、经济、实用，维修方便。系统安全、可靠，并考虑有防止误操作的安全措施。以及满足 PLC 的各项技术指标和环境要求等。

例 6.7　用 PLC 控制一个大门的开门关门。

用 PLC 控制一个大门的开门关门，图 6-23 是门电机主电路和 PLC 接线图，主电路的保护有熔断器 FU 做电源的短路保护，热继电器 FR 做电动机的过载保护。

注意，图 6-23(b)PLC 接线图的输出一定要接常闭互锁接点 KM1 和 KM2。而不能只依靠 PLC 梯形图中的互锁接点。如果不接常闭互锁接点 KM1 和 KM2，那么在关门时，突然开门，Y1 失电 Y0 得电，KM2 失电有一个过程，主电路 KM2 触点还没有断开，KM1 迅速闭合，轻者烧坏接触器触点，重者造成三相电源两相短路。

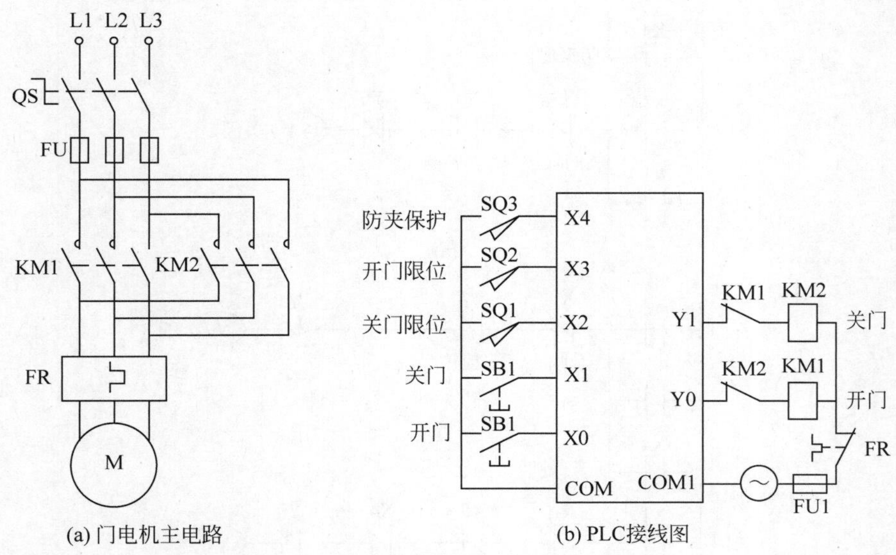

图 6-23　门电机主电路和 PLC 接线图

图 6-24 是开门关门控制梯形图。这里有三种梯形图，这三种梯形图都有输出互锁保护和防夹保护。

图 6-24(a)的特点是开门时，必须是开门到位碰到开门限位开关后才能关门。缺点是在开门过程中要关门等的时间长。并且在开门的过程中，按关门按钮是无效的。

图 6-24(b)的特点是开门时，可以立即关门，不必开门到位碰到开门限位开关后才能关

门。缺点是在开门过程中突然关门，电机突然反转，起动电流太大。

为避免上述问题，可考虑采用6-24(c)的梯形图。其特点是开门时，按关门按钮是有效的，当开门到位碰到开门限位开关后就会自动关门。

图6-24(c)开门关门控制梯形图的工作原理如下。

在开门的过程中，Y0得电。按下关门按钮X1，由于Y0常闭接点断开，关门线圈Y1不能得电。但是X1接点使M0得电自锁，作为一个记忆信号给Y1线圈回路。当开门到位碰到开门限位开关X2，X2常闭接点断开Y0，Y0常闭接点接通Y1线圈并自锁。X2常开接点闭合，使PLS　M1线圈发一个脉冲，M1常闭接点断开M0的自锁，M0线圈失电，M0的两个接点断开。

可见图6-24(c)对图6-24(a)和图6-24(b)进行了优化。

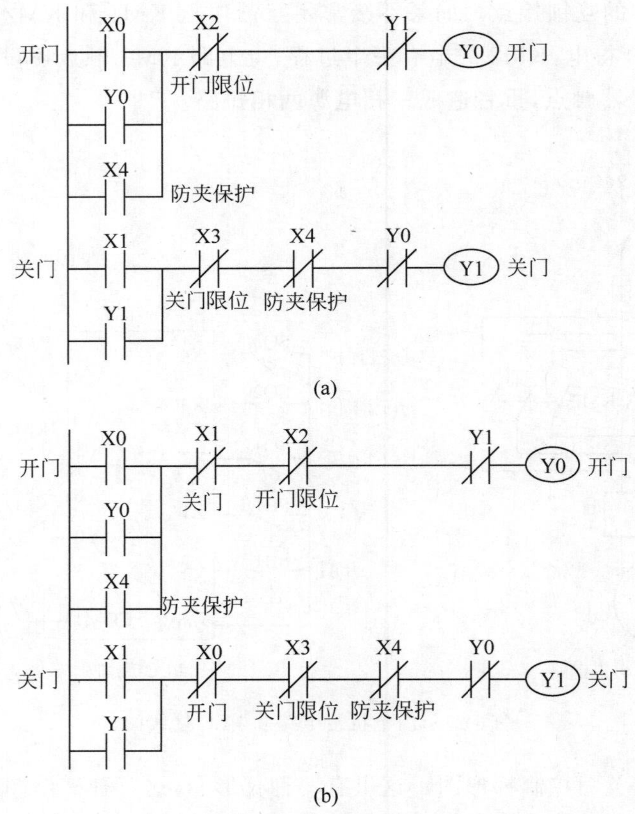

图6-24　开门关门控制梯形图

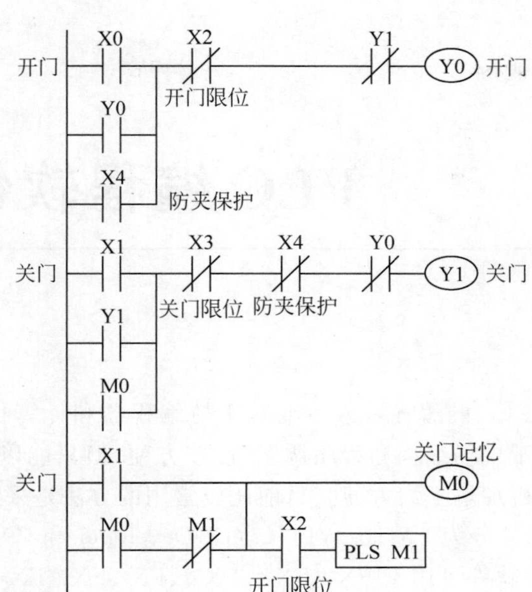

(c)

图 6-24 （续）

习题

1. 为什么停止按钮的输入接点应采用常闭接点？

2. PLC 的输出电路保护的措施有哪些？

3. 漏型输入型的 PLC 要采用什么型接近开关？源型输入型的 PLC 要采用什么型接近开关？

4. 组合电路用布尔代数设计梯形图的步骤一般分哪几步？

5. PLC 电动机正反转控制的梯形图中已经有互锁接点了，为什么还要在输出电路的正反转控制接触器电路加互锁接点？

6. 图 6-13 工业袋式除尘器 PLC 接线图中为什么要加二极管？

7. FX_{3U} 型 PLC 有哪几种输出接线方式？

8. FX_{3U}-48MR/ES(－A)型 PLC，共有多少输入端？多少输出端？电源电压是交流还是直流？多少伏？输出端可以同时接交流和直流电压吗？最多可以用几种电源电压？

9. 交流接触器和电磁阀应该用哪种 PLC 的输出方式？

第 7 章

PLC 编程软件

三菱公司 FX 系列 PLC 的编程输入主要有手持编程器和计算机编程软件。手持编程器体积小，携带方便，用于现场编程和程序调试，比较方便，但只能以指令的形式输入，所以程序输入或对程序的分析理解不太方便。目前比较常用的方法是采用计算机编程软件。三菱公司针对 PLC 编程软件分为 FXGP/WIN-C、GX Developer 和 GX Works2。

FXGP/WIN-C 编程软件可用于 FX$_{0}$/FX$_{0S}$、FX$_{0N}$、FX$_{1}$、FX$_{2}$/FX$_{2C}$、FX$_{1S}$、FX$_{1N}$ 和 FX$_{2N}$/FX$_{2NC}$ 系列 PLC。该软件简单易学、容量小，适合于初学者。

GX Developer 为全系列编程软件，低版本的可以用于上述 FX 系列 PLC，高版本的还可以用于 FX$_{3G}$、FX$_{3U}$ 和 FX$_{3UC}$ 系列 PLC。也可以用于 Q 系列、Q$_{nA}$ 和 A 系列大中型系列 PLC。和仿真软件配合还可以对程序进行仿真。

GX Works2 编程软件为最新推出的全系列编程软件，使用方法和 GX Developer 基本类似，是一种功能更加强大的软件。有梯形图、SFC、结构化梯形图和 ST 多种程序语言。

由于 FX$_{2N}$/FX$_{2NC}$ 等系列 PLC 已停产，FX$_{3S}$、FX$_{3G}$、FX$_{3GC}$、FX$_{3U}$、FX$_{3UC}$ 和 FX$_{5U}$ 系列 PLC 已成为主流的小型 PLC 产品。所以本书主要介绍 GX Developer 编程软件，该软件可以在三菱机电自动化（中国）有限公司的官方网站 http://www.mitsubishielectric-automation.cn/免费下载，并可免费申请安装序列号。

GX Developer 编程软件的安装和其他软件安装方法基本一致，安装时先安装环境包 EnvMEL 文件夹中的 SETUP.EXE，再返回主目录，安装主目录下的 SETUP.EXE，安装过程中注意不要勾选“监控 GX Developer”。最后可安装仿真软件。

7.1 编程软件的基本操作

1. 编程软件的启动与退出

（1）启动 GX Developer 编程软件，可以双击桌面上的图标，也可以单击桌面左下角的“开始”→所有程序（P）→MELSOFT 应用程序→GX Developer，如图 7-1 所示。弹出如图 7-2 所示的编辑软件窗口。

（2）退出编程软件系统，选择“工程”→“关闭工程”命令即可。

图 7-1 初始打开 GX Developer 编程软件的方法

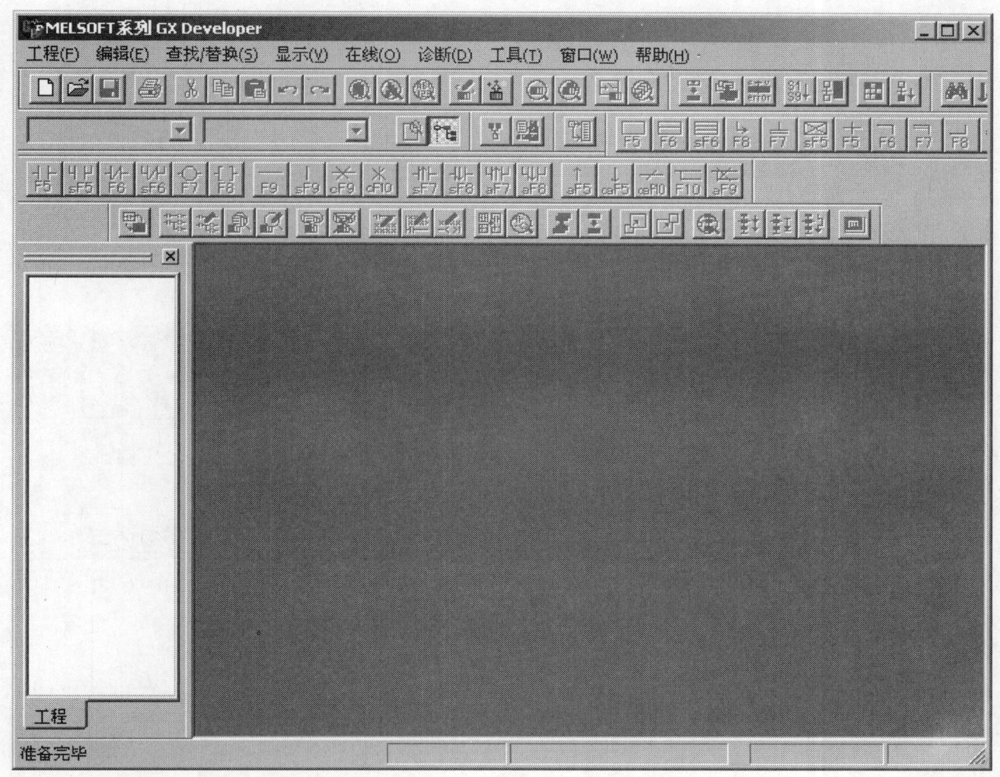

图 7-2 打开 GX Developer 编程软件窗口

2. 文件的管理

1）创建新工程

选择“工程”→“创建新工程”命令，或者按 Ctrl＋N 快捷键操作，或者单击工具栏上的 图标，然后在弹出的“创建新工程”对话框中选择 PLC 系列、PLC 类型、程序类型（一般选择梯形图），再勾选“设备工程名”复选框如图 7-3 所示。单击“确定”按钮，弹出如图 7-4 所示的对话框，单击“是”按钮，弹出 PLC 编辑窗口，如图 7-5 所示。

2）打开原有工程

(1) 就是打开已经保存的工程的程序，选择“工程”→“打开工程”命令或按 Ctrl＋O 快捷键，或者单击工具栏中的 图标，弹出“打开工程”对话框，如图 7-6 所示。

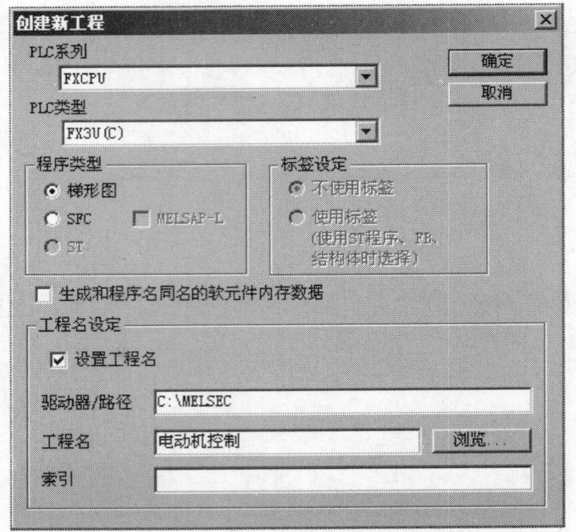

图 7-3 “创建新工程”对话框

图 7-4 对话框

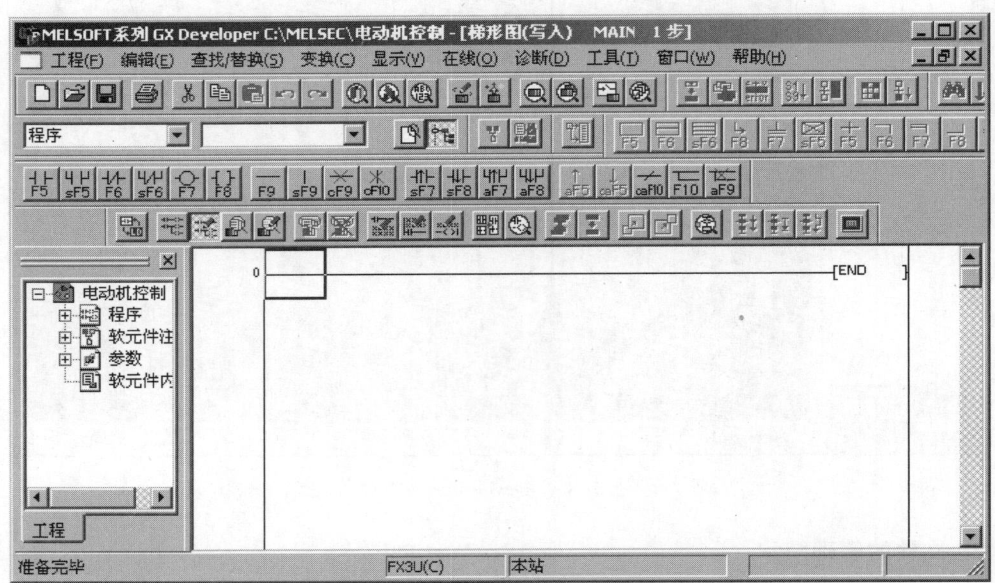

图 7-5 梯形图编辑窗口

（2）在打开的对话框中选择一个所需的工程，然后单击“打开”按钮即可。也可在“工程名”文本框中输入要选择的一个工程名，然后单击“打开”按钮。

3）工程的保存和退出

（1）如果保存一个工程的程序，只要单击“工程保存”按钮 即可。如果将一个工程修改后另存一个工程名，可选择“工程”，→“另存工程为”命令，弹出“另存工程为”对话框，如图 7-7 所示，如将工程名修改为“电动机控制(2)”。单击“保存”按钮即可。

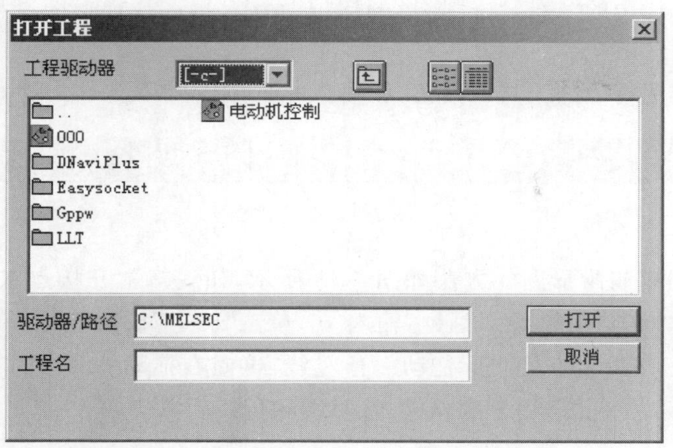

图 7-6 “打开工程”对话框

（2）将已处于打开状态的程序关闭，选择“工程”→“关闭工程”命令，弹出如图 7-8 所示的对话框，单击“是”按钮即可。

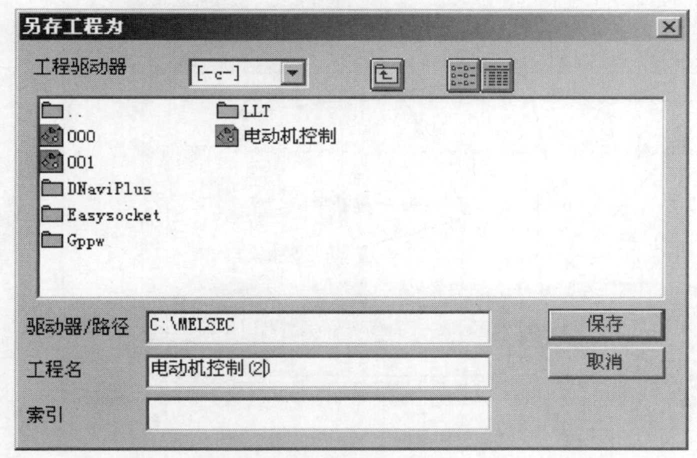

图 7-7 “另存工程为”对话框

图 7-8 “退出工程”的对话框

7.2 程序编辑操作

1. 梯形图编程输入法

用梯形图编程是较常用的一种方法。梯形图编程窗口的输入包括图形符号输入法和指令输入法。

1）图形符号输入法

用图形符号输入梯形图的方法如下：

（1）选择菜单栏中的“编辑”→“梯形图标记”命令，再选择梯形图符号。此种方法使用较少。

（2）单击梯形图符号的工具栏按钮，如图 7-9 所示。

图 7-9 工具栏

用梯形图符号编辑梯形图的方法如图 7-10 所示，如编辑常开接点 X6，可单击“常开接点”按钮 ，弹出“梯形图输入”对话框，输入 x6，单击“确定”按钮即可。

单击按钮 ，在编辑点处向下拖动一条竖线，再向右拖动一条横线，可以画一条 L 型折线。按钮 和按钮 用于删除横线、竖线和折线。

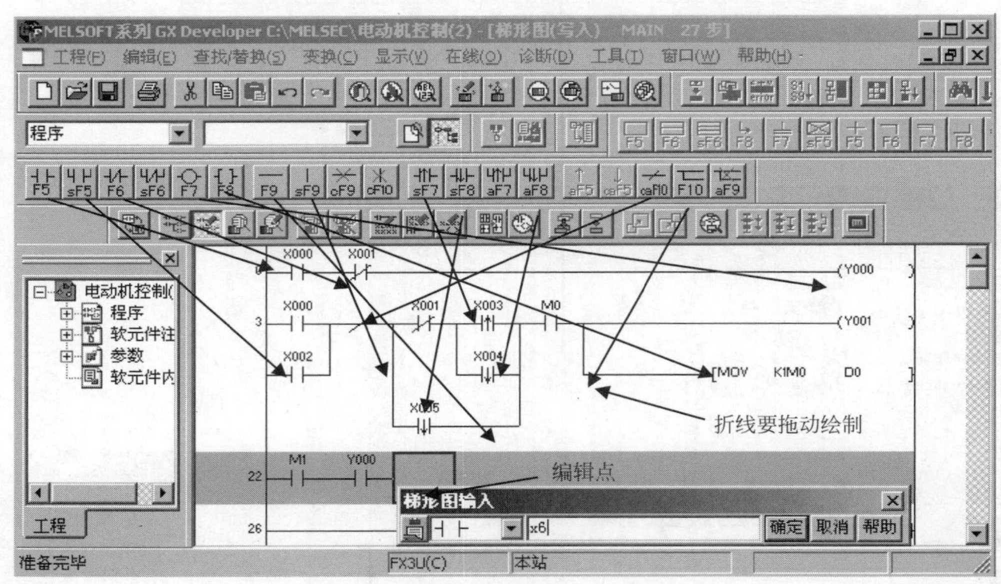

图 7-10 用图形符号输入梯形图

2）指令输入法

用指令也可以直接输入梯形图，如编辑常开接点 X6，可双击编辑点，弹出“梯形图输入”对话框，输入 and x6，单击“确定”按钮即可，如图 7-11 所示。

2. 指令表编程输入法

用指令表进行编程比较简单，单击按钮 即可，如图 7-12 所示。另外，也可通过选择菜单栏中的“显示”→“列表显示”命令，直接将指令用键盘输入。

3. SFC 图输入

（1）打开编程软件。单击左上角的 图标，弹出“创建新工程”对话框，选择 PLC 系列和类型，选择程序类型为 SFC，勾选“设置工程名”复选框，在“工程名”文本框中输入工程名，单击“确定”按钮，再单击“是”按钮，弹出如图 7-13 所示界面。

（2）如图 7-14 所示，单击 No 中的 0，如果前面有梯形图，先输入梯形图，单击“梯形图块”单选按钮，再单击“执行”按钮，如图 7-14 所示。弹出梯形图界面，如图 7-15 所示，输入初始状态的梯形图。

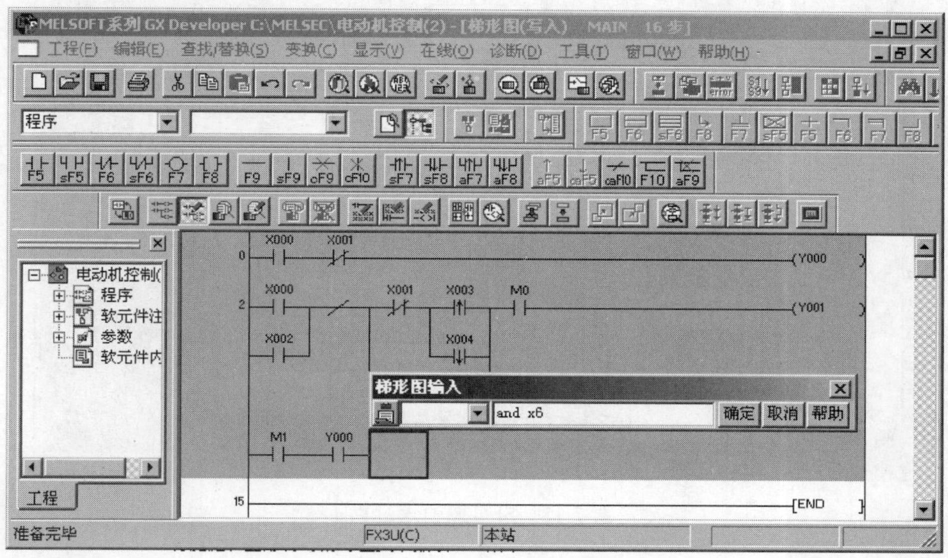

图 7-11 用指令输入梯形图

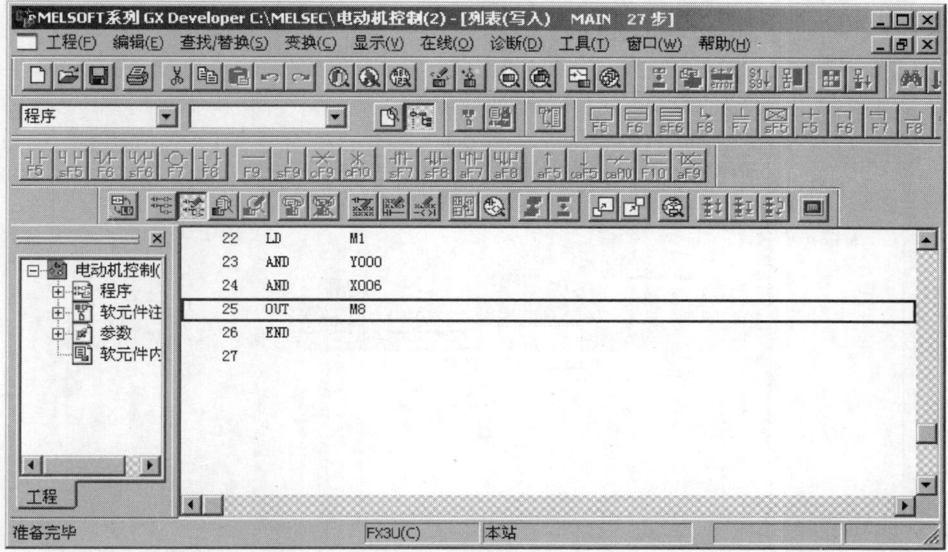

图 7-12 用指令表编程

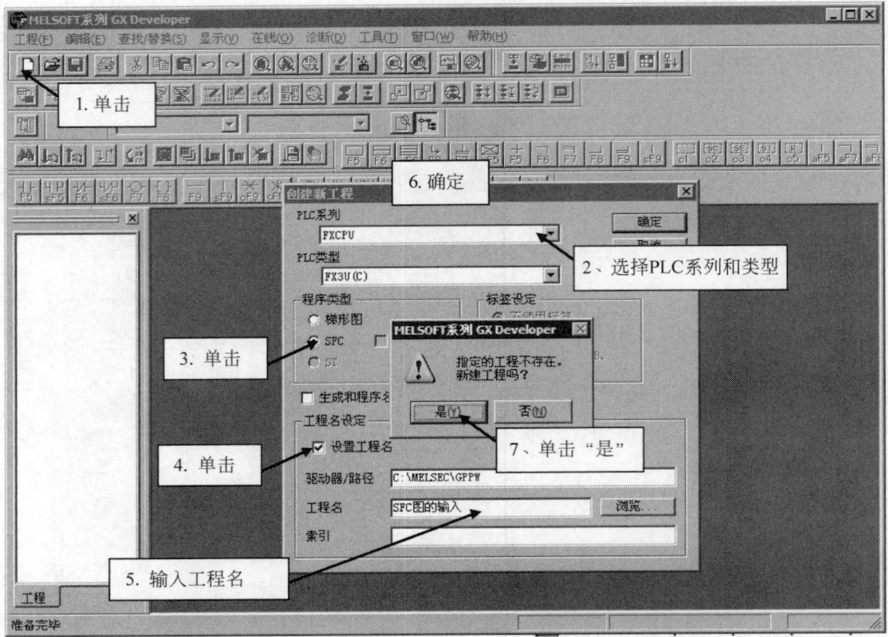

图 7-13　SFC 图输入过程 1

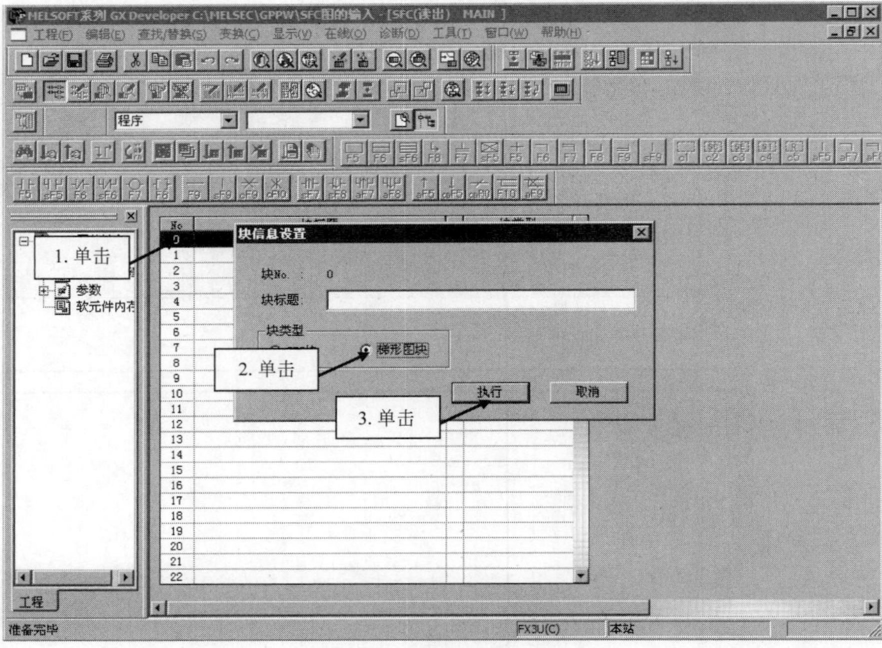

图 7-14　SFC 图输入过程 2

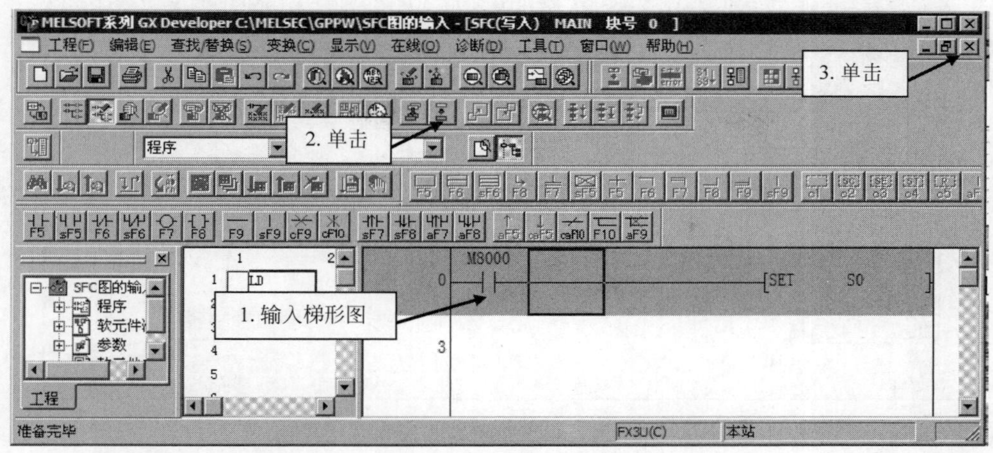

图 7-15　SFC 图输入过程 3

(3) 输入梯形图，梯形图全部输入后，单击“编译”图标，梯形图由灰色变成白色，单击“X”图标关闭梯形图，弹出如图 7-16 所示界面。

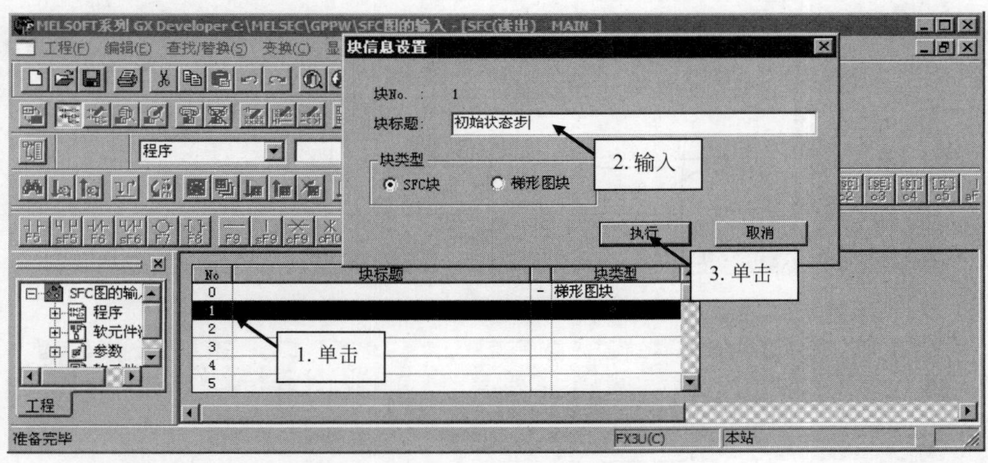

图 7-16　SFC 图输入过程 4

(4) 单击 No 1，弹出“块信息设置”对话框，在“块标题”文本框中输入块标题，也可以不输入，单击“执行”按钮，弹出如图 7-17 所示界面。

(5) 输入 S0 的状态步，单击 0 步编号，输入梯形图，全部梯形图输入完毕，单击“程序变换”弹出如图 7-18(a)所示的界面。

(6) 单击“?0”，单击梯形图，输入 S0 的转换条件，再单击“程序变换”图标弹出如图 7-18(b)所示界面。

单击下一步 No 4 处，弹出“SFC 符号输入”对话框，单击，输入状态步如 S20，单击“确定”按钮，弹出如图 7-19 所示界面。

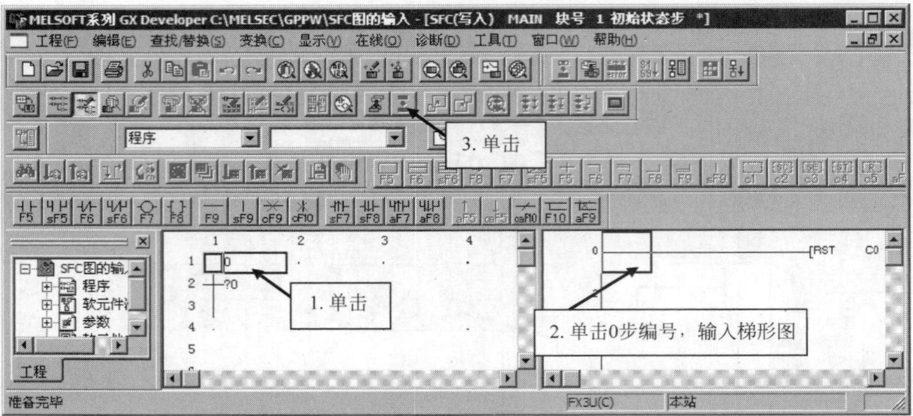

图 7-17　SFC 图输入过程 5

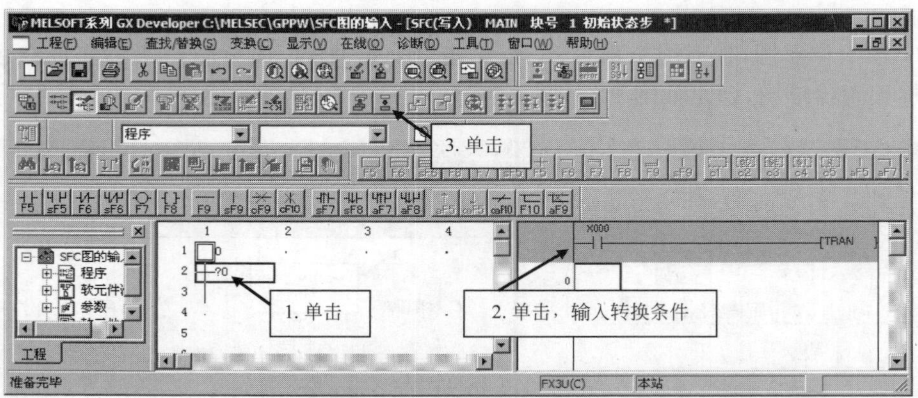

(a) SFC图输入过程6

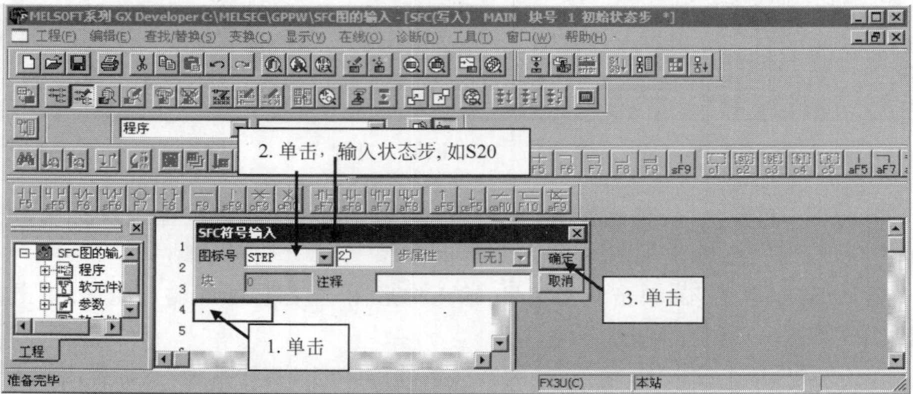

(b) SFC图输入过程7

图 7-18　SFC 图输入过程 6 和过程 7

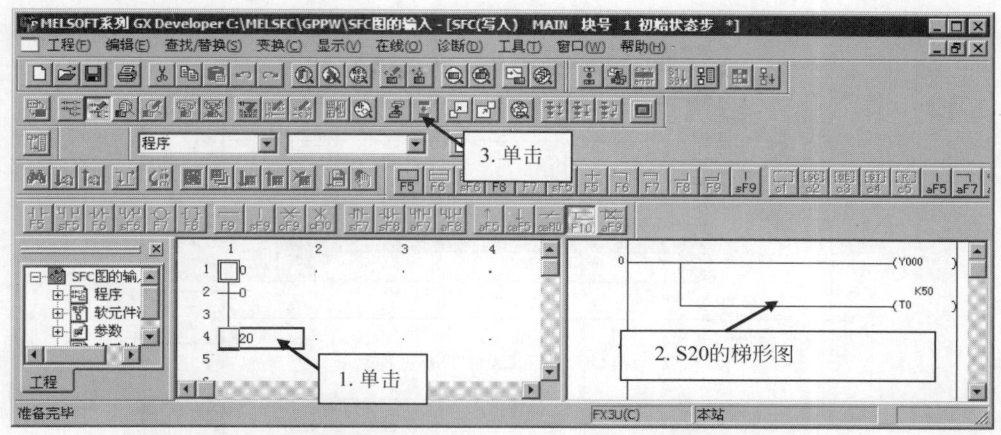

图 7-19　SFC 图输入过程 8

单击 S20 步，再单击右边梯形图的 0 步，输入 S20 的梯形图，单击“程序变换”图标，完成一个状态步的输入，以此类推，完成下一步。程序结果，要加 RET 指令，有些软件会自动加 RET 指令。

4. 梯形图修改

例如将图 7-20(a)所示的 OUT M8 改为 set M8，可双击 M8 线圈，弹出梯形图输入对话框，将图 7-20(a)中对话框改为图 7-20(b)所示，单击“确定”按钮变换为图 7-20(c)。按 F4 键，梯形图变换为图 7-20(d)。

5. 添加注释

(1) 为了便于阅读梯形图程序的控制原理，可以在梯形图上添加注释，选择“编辑”→“文档生成”→“注释编辑”命令，或单击按钮 。

(2) 双击要注释的软元件，如图 7-21(a)所示的 X000，弹出“注释输入”对话框，在对话框中输入软元件的名称如“开关 0”单击“确定”按钮即可添加软元件的名称，如图 7-21(b)所示。

(3) 展开“软元件注释”双击 COMMENT 在“软元件名”中输入 X0，单击“显示”按钮，即可看到 X 软元件的注释。如图 7-22 所示，如果要注释其他 X 软元件，也可以直接在表中添加。

6. 梯形图变换

用梯形图编程，其梯形图必须要经过变换，变换方法包括：①单击快捷按钮栏中的 图标，②按 F4 功能键，③选择“变换”→“变换”命令。经过变换的梯形图，会由深暗色变成白色，且可以自动生成指令表。

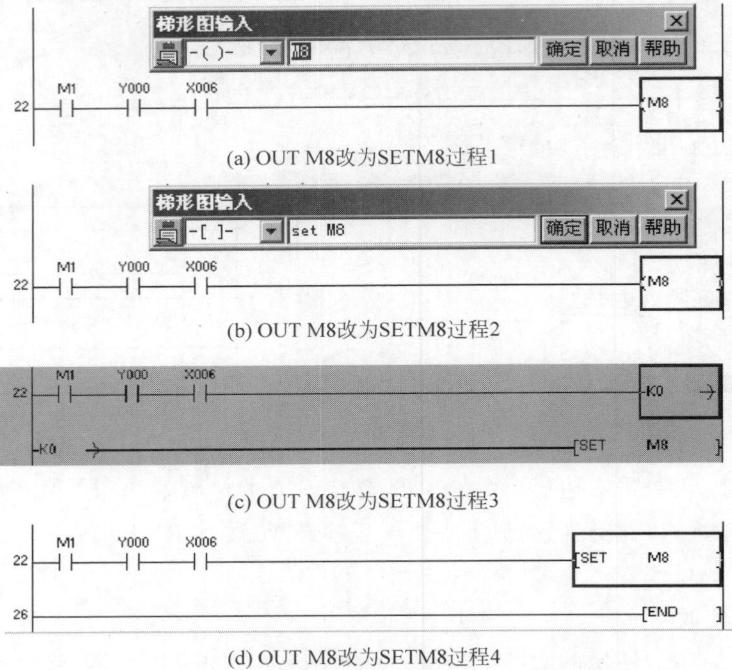

图 7-20　梯形图修改

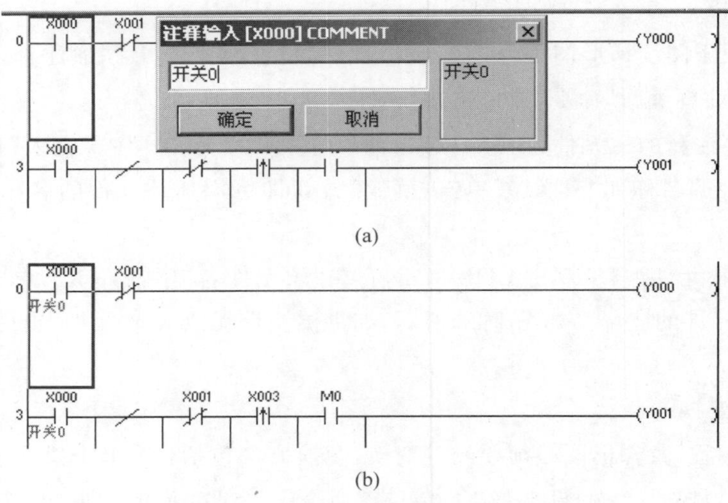

图 7-21　在梯形图上添加注释

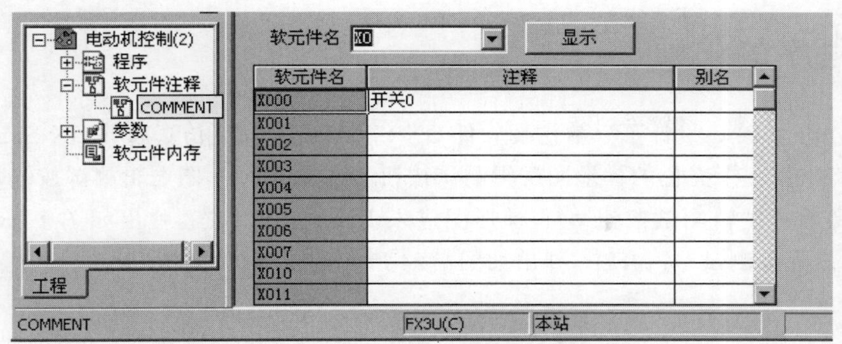

图 7-22　在表中添加注释

7.3 程序的传送

把编译好的程序写入 PLC 中称为下载,把 PLC 中的程序读取到计算机的编程界面中称为上传。在下载和上传之前,要把 PLC 的编程口和计算机的通信口用编程电缆连接起来,FX 系列 PLC 的编程电缆常用的是 SC-09。

1. 程序下载

程序下载之前必须要进行程序变换。

在菜单栏中选择"在线"→"PLC 写入"命令,(或单击"PLC 写入"按钮),弹出"PLC 写入"对话框,在对话框中根据需要勾选"程序""参数""软元件内存"复选框,然后单击"执行"按钮,程序即可由计算机写入 PLC 中。

2. 程序上传

在菜单栏中选择"在线"→"PLC 读取"命令,(或单击"PLC 读取"按钮),弹出"PLC 读取"对话框,在对话框中根据需要勾选"程序""参数""软元件内存"复选框,然后单击"执行"按钮,程序即可由 PLC 读取到计算机中。

7.4 在线监视

在线监视就是通过计算机编程界面,实时监视 PLC 的程序执行情况。

在菜单栏中选择"在线"→"监视"→"监视模式"命令,(或单击"监视模式"按钮),梯形图(程序)进入监视状态。

在监视状态下,凡是接通的接点和得电的线圈均以绿色条块显示,同时还能显示 T、C、D 等字元件的当前值。这样就能很方便地观察和分析各部分电路的工作状态。

7.5 程序的仿真

三菱公司为PLC设计了一款仿真软件GX-Simulator,安装仿真软件GX-Simulator后,工具栏中将出现一个亮色的梯形图逻辑测试按钮▣,否则梯形图逻辑测试按钮是灰色的。

单击梯形图逻辑测试按钮▣,梯形图进入RUN运行状态,弹出如图7-23所示的界面。单击"软元件测试"按钮▣,弹出如图7-24所示的"软元件测试"界面。

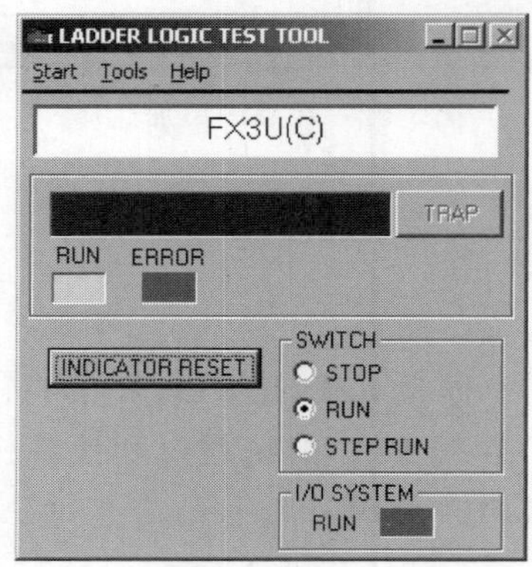

图7-23 梯形图的RUN界面

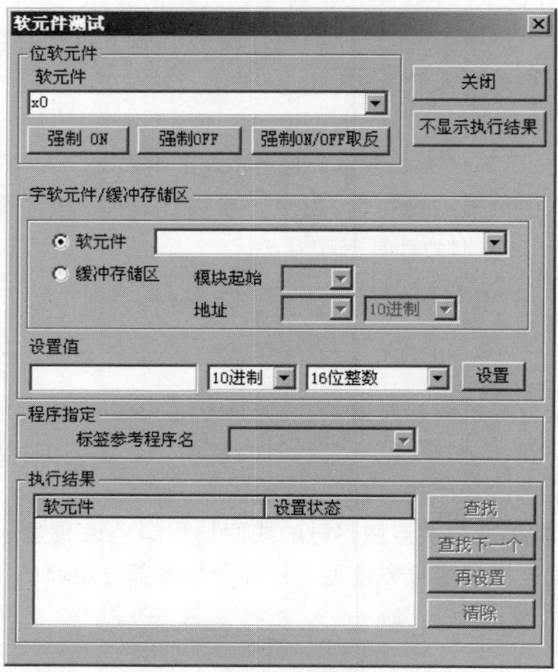

图7-24 PLC软元件测试界面

例如模拟输入继电器 X0 接点闭合，可在“位软元件”框中输入“X0”，如图 7-24 所示，单击“强制 ON”按钮，可模拟梯形图中的 X0 接点闭合，如图 7-25 所示，X0 接点变成亮蓝色，表示 X0 接点闭合。单击“强制 OFF”按钮，可模拟梯形图中的 X0 接点断开，X0 接点亮蓝色消失。

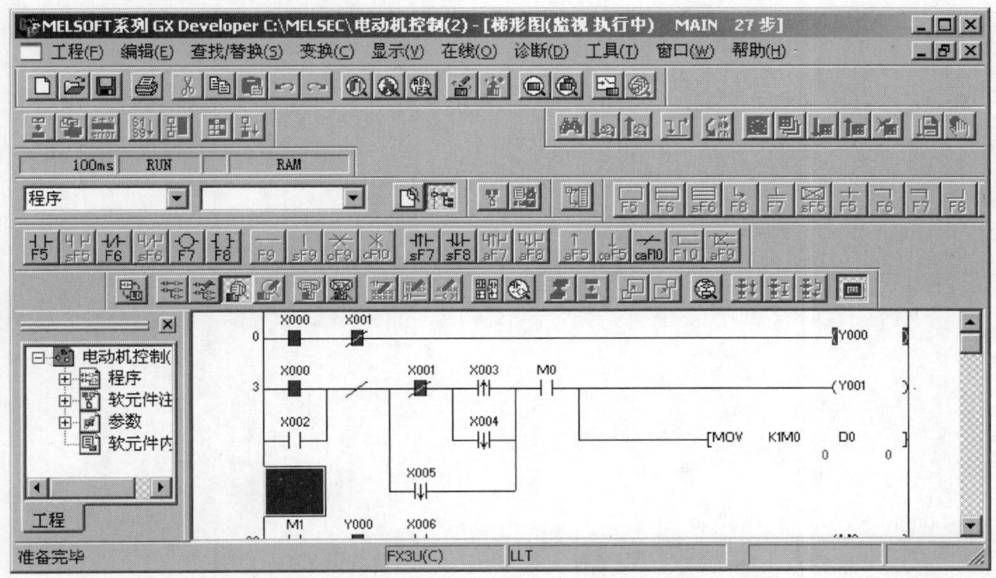

图 7-25　梯形图的仿真测试

第3部分 PLC综合实例

第 3 部分主要是应用 PLC 的三大指令编程综合案例的介绍。由于篇幅所限，仅介绍了 3 类案例，如需了解更多案例，可参考作者编写的《PLC 控制程序精编 108 例》一书。为了帮助读者全面了解熟悉 PLC 编程的技巧，对多数控制案例给出多种编程方法，以便比较不同编程方法的特点。

为了突出重点，本书有些案例忽略了次要部分，着重介绍 PLC 梯形图编程的技巧和方法。在学习时应注意其编程方法和编程思路，弄懂控制原理。而不要一味用编程软件仿真或者用 PLC 去验证结果。也可以根据案例的控制要求，自己来编程，和书中程序进行比较，看有什么不同，这样才能把书中的内容变成自己的。

PLC 控制实例的编程设计是 PLC 学习的最后环节，所以一定要把前面的理论基础打好，不要急于求成。特别是本书加强了应用指令的介绍和应用。也是本书的特色，一般其他书中没有，建议大家灵活掌握，以加强应用指令在 PLC 控制设计中的编程技能。

在 PLC 基础的章节中，为了突出重点，说明 3 大指令的基本功能。有些指令的应用放在了综合案例中，因此，在学习过程中，可将基础章节中的内容和综合案例结合起来看，以加强 3 大指令的基本功能的学习。

第 8 章

感应型电动机控制

实例 8.1　三台电动机顺序定时起动同时停止

用按钮控制三台电动机，按下起动按钮，起动第一台电动机，之后每隔 5s 起动一台电动机，全部起动后，按停止按钮，三台电动机同时停止。

控制方案设计 1

1. 输入/输出元件及控制功能

如表 8-1 所示，介绍了实例 8.1 中用到的输入/输出元件及控制功能。

表 8-1　输入/输出元件及控制功能

输入/输出元件	PLC 软元件	元件文字符号	元 件 名 称	控 制 功 能
输入	X0	SB1	起动按钮	起动电动机
	X1	SB2	停止按钮	停止电动机
输出	Y0	KM1	接触器 1	控制电动机 1
	Y1	KM2	接触器 2	控制电动机 2
	Y2	KM3	接触器 3	控制电动机 3

2. 电路设计

三台电动机顺序定时起动，同时停止 PLC 接线图和梯形图，如图 8-1 所示。

3. 控制原理

按一下起动按钮 SB1，X0 接点闭合，Y0 先得电并自锁，第一台电动机起动，同时定时器 T0 线圈得电延时 5s，T0 接点动作发出一个脉冲，使 Y1 得电并自锁，第二台电动机起动（由于 T0 接点动作时，Y1 接点未闭合，所以 Y2 不得电，在第二个扫描周期，Y1 接点闭合但 T0 接点断开，所以 Y2 仍不得电），再隔 5s，T0 接点又发出一个脉冲，使 Y2 得电并自锁，第三台电动机起动。

按一下停止按钮 SB2，X1 接点闭合断开 Y0 线圈，其 Y0 常开接点断开 Y1 线圈，之后 Y1 常开接点又断开 Y2 线圈，三台电动机停止。

图 8-1(b)中梯形图的特点是只用一个定时器。

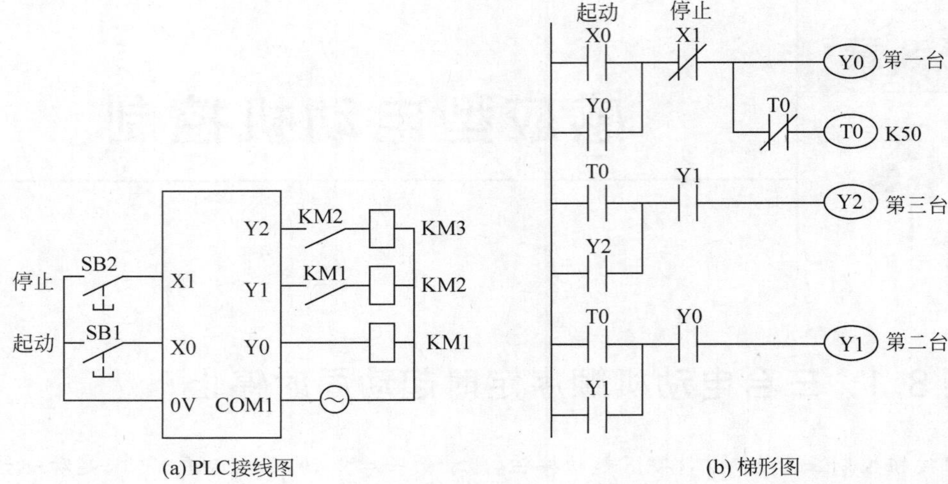

图 8-1　顺序定时起动，同时停止控制(方案 1)

三台电动机顺序定时起动，同时停止的时序图如图 8-2 所示。

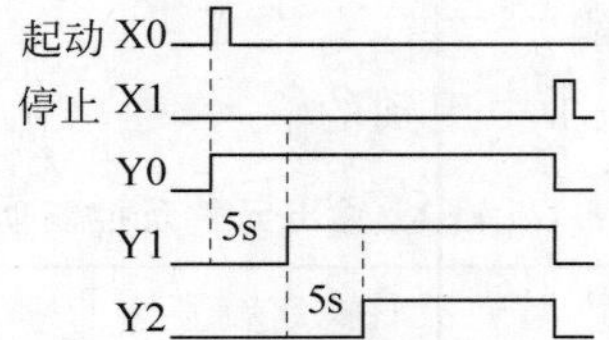

图 8-2　三台电动机顺序定时起动，同时停止时序图

控制方案设计 2

三台电动机顺序定时起动，同时停止控制方案 2 梯形图如图 8-3 所示。

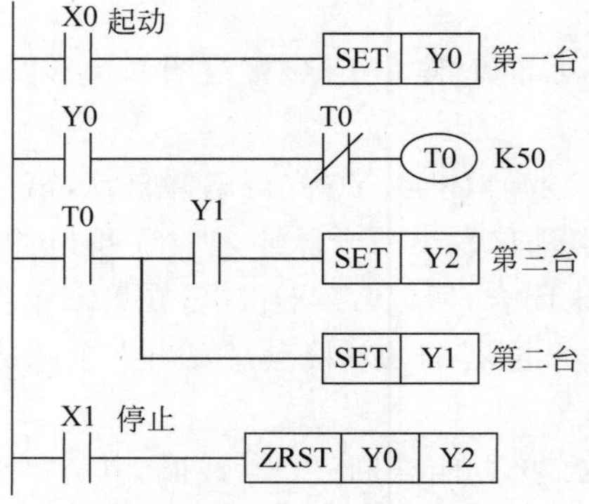

图 8-3　顺序定时起动，同时停止控制(方案 2)

按一下起动按钮 SB1，X0 接点闭合，Y0 置位，第一台电动机起动，同时定时器 T0 线圈得电延时 5s，T0 接点动作发出一个脉冲，（由于还未读到 Y1 线圈，Y1 常开接点断开，不能执行 SET Y2 指令，Y2 线圈不能得电），执行 SET Y1 指令使 Y1 置位得电，第二台电动机起动，再隔 5s，T0 接点又发出一个脉冲，由于 Y1 常开接点闭合，执行 SET Y2 指令使 Y2 置位得电，第三台电动机起动。

实例 8.2 单按钮控制三台电动机顺序起动，顺序停止

用一个按钮控制三台电动机，每按一次按钮起动一台电动机，全部起动后，每按一次按钮停止一台电动机，要求先起动的电动机先停止。

控制方案设计 1

1. 输入/输出元件及控制功能

如表 8-2 所示，介绍了实例 8.2 中用到的输入/输出元件及控制功能。

表 8-2 输入/输出元件及控制功能

输入/输出元件	PLC 软元件	元件文字符号	元件名称	控制功能
输入	X0	SB1	按钮	起动/停止控制
输出	Y0	KM1	接触器 1	控制电动机 1
	Y1	KM2	接触器 2	控制电动机 2
	Y2	KM3	接触器 3	控制电动机 3

2. 电路设计

三台电动机顺序起动，顺序停止的 PLC 接线图和梯形图如图 8-4 所示。

3. 控制原理

按下按钮 SB，X0 上升沿接点使 M0 线圈接通一个扫描周期，M0 接点也接通一个扫描周期，首先接通 Y0 线圈并自锁，起动第一台电动机。（Y0 常开接点在第二个扫描周期接通，但 M0 接点在第二个扫描周期已经断开，所以 Y1 线圈不得电）。

第二次按下按钮 SB，X0 上升沿接点接通一个扫描周期，M0 接点接通 Y1 线圈并自锁，起动第二台电动机。

第三次按下按钮 SB，X0 上升沿接点接通一个扫描周期，M0 接点接通 Y2 线圈并自锁，起动第三台电动机，Y2 接点闭合，为 M1 线圈得电做好准备。

第四次按下按钮 SB，X0 上升沿接点使 M1 线圈接通一个扫描周期，M1 常闭接点断开一个扫描周期，首先断开 Y0 线圈，停止第一台电动机（由于 Y0 常开接点在第一个扫描周期是接通的，M0 常闭接点不能断开 Y1 线圈）。

第五次按下按钮 SB，X0 上升沿接点接通，由于 Y0 常开接点已经断开，M1 常闭接点断开 Y1 线圈，停止第二台电动机。

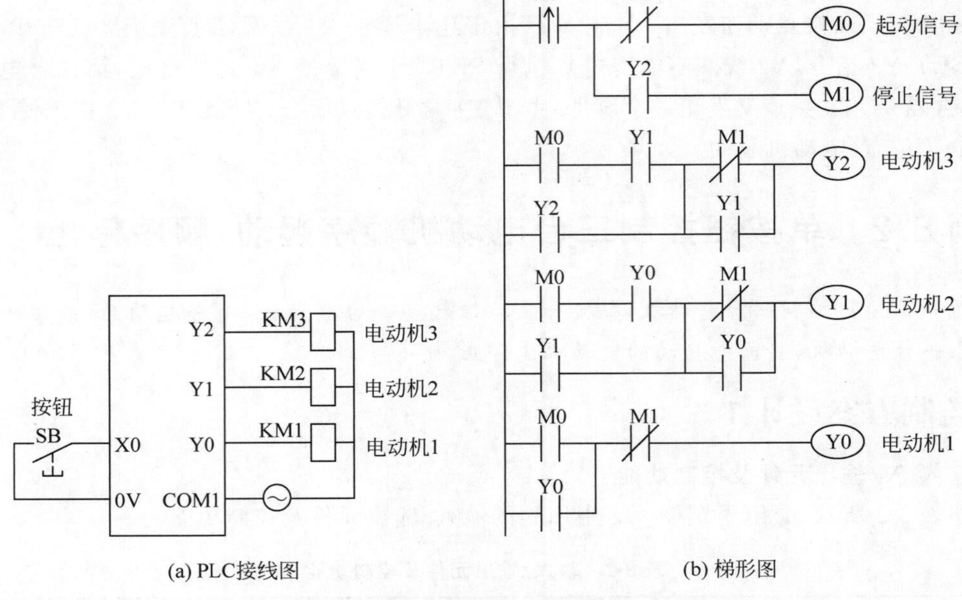

(a) PLC接线图　　(b) 梯形图

图 8-4　三台电动机顺序起动，顺序停止（方案 1）

第六次按下按钮 SB，X0 上升沿接点接通，由于 Y1 常开接点已经断开，M1 常闭接点断开 Y2 线圈，停止第三台电动机。

三台电动机顺序起动，顺序停止控制时序图如图 8-5 所示。

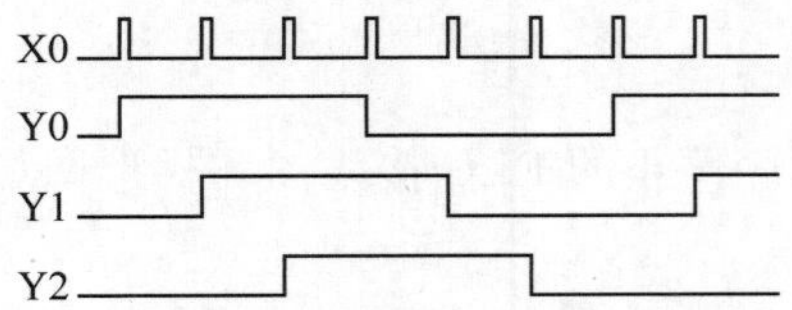

图 8-5　三台电动机顺序起动，顺序停止控制时序图

控制方案设计 2

三台电动机顺序起动，顺序停止（方案 2）程序如图 8-6 所示。

按一下按钮 X0，X0 上升沿接点接通，M0 线圈接通一个扫描周期，M0 接点接通一个扫描周期，由于 Y0、Y1 接点未闭合，接通 SET Y0 线圈，第一台电动机起动。

再按一下按钮 X0，M0 线圈接通一个扫描周期，M0 接点接通一个扫描周期，由于 Y0 接点已闭合，接通 SET Y1 线圈，第二台电动机起动。

再按一下按钮 X0，M0 线圈接通一个扫描周期，M0 接点接通一个扫描周期，由于 Y1 接点已闭合，接通 SET Y2 线圈，第三台电动机起动。

Y2 得电后，Y2 常闭接点断开，Y2 常开接点接通，接通 M1 线圈。

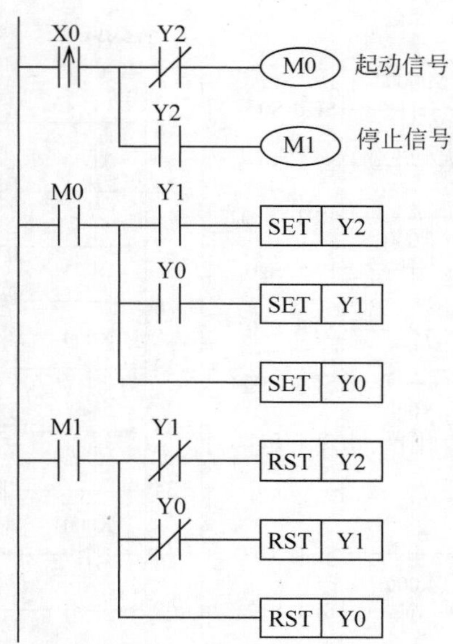

图 8-6　三台电动机顺序起动，顺序停止(方案 2)

按一下按钮 X0，X0 上升沿接点接通，M1 线圈接通一个扫描周期，M1 接点接通一个扫描周期，由于 Y0、Y1 常闭接点断开，接通 RST Y0 线圈，第一台电动机停止。

再按一下按钮 X0，M1 接点接通一个扫描周期，由于 Y0 常闭接点闭合，接通 RST Y1 线圈，第二台电动机停止。

再按一下按钮 X0，M1 接点接通一个扫描周期，由于 Y1 常闭接点闭合，接通 RST Y2 线圈，第三台电动机停止。

控制方案设计 3

三台电动机顺序起动，顺序停止(方案 3)程序如图 8-7 所示。

PLC 初次运行，初始化脉冲 M8002 使初始状态步 S0 置位。

按一下按钮 X0，X0 上升沿接点接通一个扫描周期，S0 复位，S20 置位，执行 SET Y0 线圈，Y0 置位。第一台电动机起动。

再按一下按钮 X0，X0 上升沿接点接通一个扫描周期 S20 复位，S21 置位，执行 SET Y1 线圈，Y1 置位。第二台电动机起动。

再按一下按钮 X0，X0 上升沿接点接通一个扫描周期 S21 复位，S22 置位，执行 SET Y2 线圈，Y2 置位。第三台电动机起动。

再按一下按钮 X0，X0 上升沿接点接通一个扫描周期 S22 复位，S23 置位，执行 RST Y0 线圈，Y0 复位。第一台电动机停止。

再按一下按钮 X0，X0 上升沿接点接通一个扫描周期 S23 复位，S24 置位，执行 RST Y1 线圈，Y1 复位。第二台电动机停止。

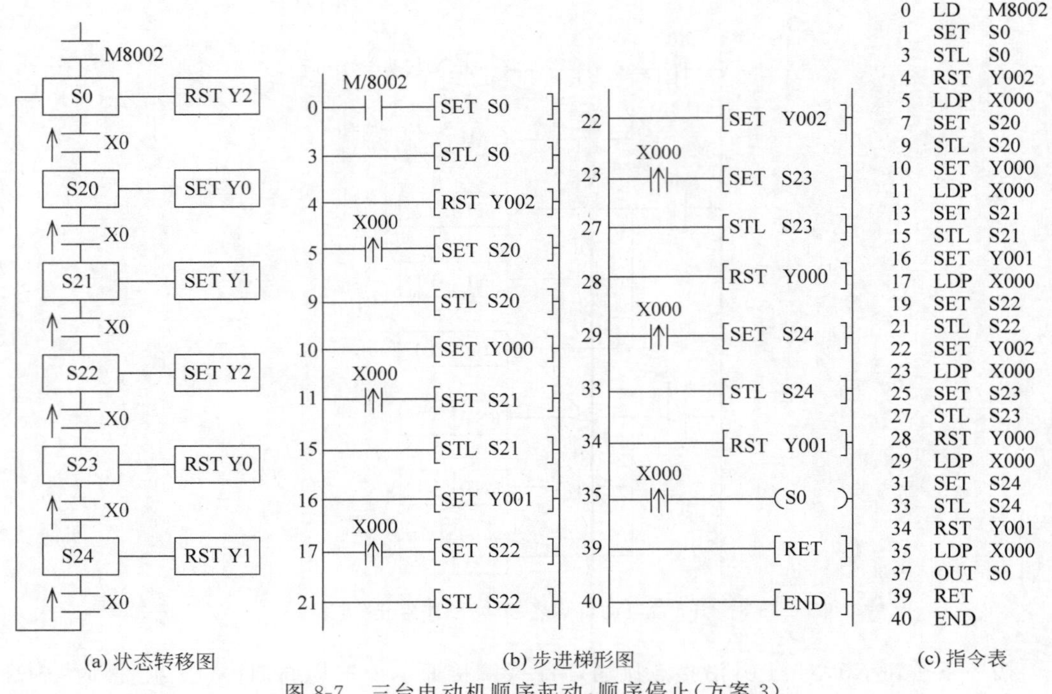

(a) 状态转移图　　(b) 步进梯形图　　(c) 指令表

图 8-7　三台电动机顺序起动,顺序停止(方案 3)

再按一下按钮 X0,X0 上升沿接点接通一个扫描周期 S24 复位,S0 置位,执行 RST Y2 线圈,Y2 复位。第三台电动机停止。

实例 8.3　三台电动机定时顺序起动,定时逆序停止

控制要求:按起动按钮,起动第一台电动机之后,每隔 5s 再起动一台;按停止按钮时,先停下第三台电动机,之后每隔 5s 逆序停下第二台和第一台电动机。

控制方案设计 1

1. 输入/输出元件及控制功能

如表 8-3 所示,介绍了实例 8.3 中用到的输入/输出元件及控制功能。

表 8-3　输入/输出元件及控制功能

输入/输出元件	PLC 软元件	元件文字符号	元 件 名 称	控 制 功 能
输入	X0	SB1	起动按钮	起动控制
	X1	SB2	停止按钮	停止控制
输出	Y0	KM1	接触器 1	控制电动机 1
	Y1	KM2	接触器 2	控制电动机 2
	Y2	KM3	接触器 3	控制电动机 3

2. 电路设计

三台电动机定时顺序起动,定时逆序停止 PLC 接线图和梯形图如图 8-8 所示。

3. 控制原理

按下起动按钮 X0,则 Y0 置位,第一台电动机起动,定时器 T0 得电,延时 5s 时 T0 接点首先使 Y1 置位,第二台电动机起动(Y2 线圈由于 Y1 接点未闭合而不能置位得电),Y1 得电后(下一个扫描周期欲接通 Y2 线圈,但 T0 接点已断开,所以 Y2 线圈仍不得电),再过 5s,T0 接点又闭合一个扫描周期,使 Y2 线圈经 M0 常闭接点、Y1 常开接点置位,第 3 台电动机起动,起动过程结束。

按下停止按钮 X1,M0 得电自锁,并先使 Y2 复位,停下第三台电动机,松开按钮 X1,X1 常闭接点闭合,接通定时器 T0,5s 后,Y1 复位停下第二台电动机,Y1 常闭接点闭合为 Y0 复位做好准备,再过 5s,Y0 复位停下第一台电动机,同时 M0 失电,断开 Y0～Y2 复位回路,T0 失电,停止过程结束。

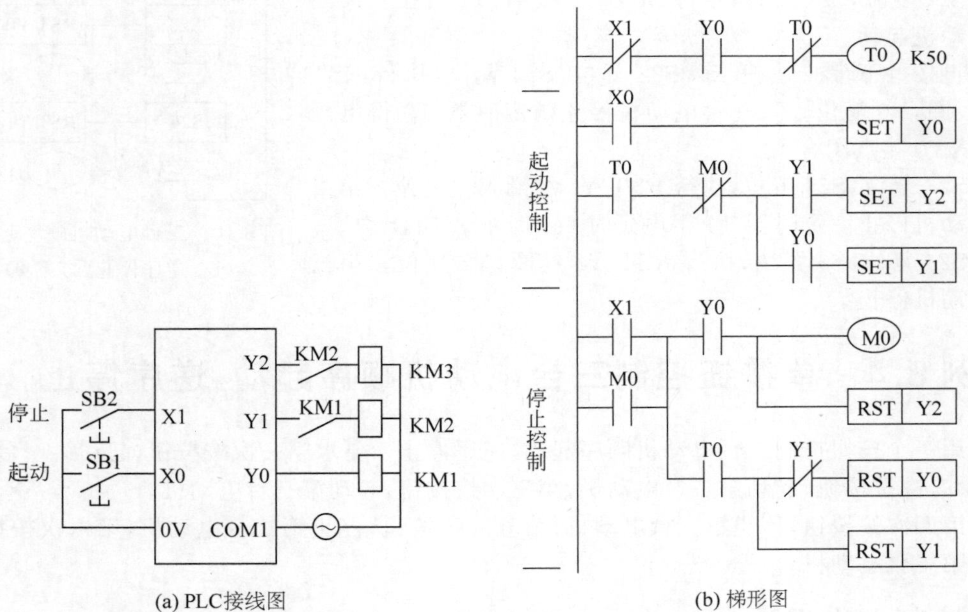

图 8-8 三台电动机顺序起动,逆序停止(方案 1)

时序图如图 8-9 所示。

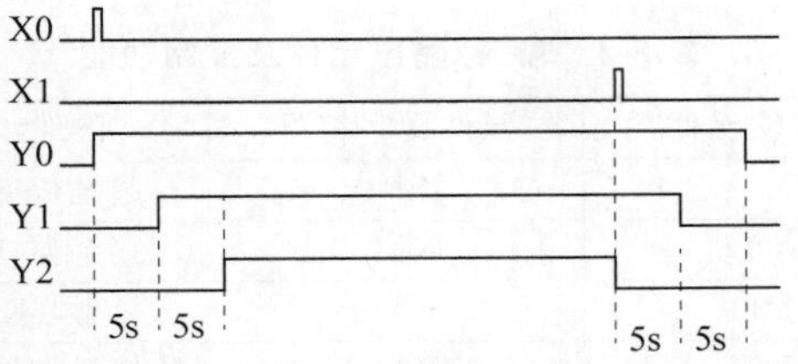

图 8-9 三台电动机顺序起动,逆序停止时序图

控制方案设计 2

三台电动机定时顺序起动，定时逆序停止电路是顺序控制，用 SFC 图（Sequential Function Chart，顺序功能图）也是非常方便的，如图 8-10 所示。

PLC 初次运行，初始化脉冲 M8002 使初始状态步 S0 置位。

按一下起动按钮 X0，S0 复位，S20 置位，执行 SET Y0 线圈，Y0 置位。第一台电动机起动。定时器 T0 得电延时 5s，T0 接点闭合。

S20 复位，S21 置位，执行 SET Y1 线圈，Y1 置位。第二台电动机起动。定时器 T1 得电延时 5s，T1 接点闭合。

S21 复位，S22 置位，执行 SET Y2 线圈，Y2 置位。第三台电动机起动。

再按一下停止按钮 X1，S22 复位，S23 置位，执行 RST Y0 线圈，Y0 复位。第一台电动机停止。定时器 T0 得电延时 5s，T0 接点闭合。

S23 复位，S24 置位，执行 RST Y1 线圈，Y1 复位。第二台电动机停止。定时器 T1 得电延时 5s，T1 接点闭合。

S24 复位，S0 置位，执行 RST Y2 线圈，Y2 复位。第三台电动机停止。

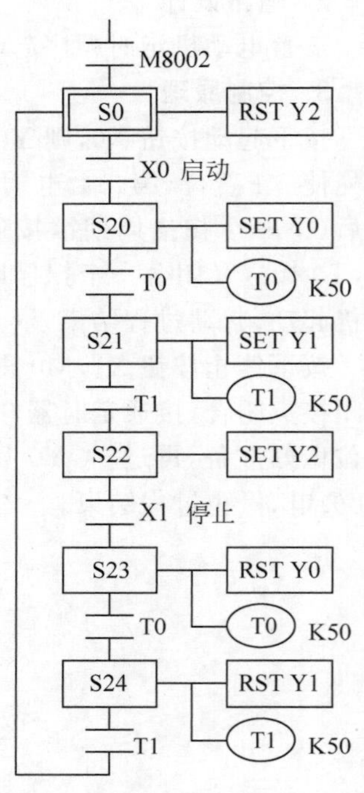

图 8-10 三台电动机顺序起动，逆序停止（方案 2）

实例 8.4 单按钮控制三台电动机顺序起动，逆序停止

用一个按钮控制三台电动机顺序起动，逆序停止。要求第一次按按钮，起动第一台电动机，第二次按按钮，起动第二台电动机，第三次按按钮，起动第三台电动机。

第四次按按钮，停止第三台电动机，第五次按按钮，停止第二台电动机，第六次按按钮，停止第一台电动机。

控制方案设计

1. 输入/输出元件及控制功能

如表 8-4 所示，介绍了实例 8.4 中用到的输入/输出元件及控制功能。

表 8-4 输入/输出元件及控制功能

输入/输出元件	PLC 软元件	元件文字符号	元 件 名 称	控 制 功 能
输入	X0	SB1	起动停止按钮	起动停止控制
输出	Y0	KM1	接触器 1	控制电动机 1
	Y1	KM2	接触器 2	控制电动机 2
	Y2	KM3	接触器 3	控制电动机 3

2. 电路设计

三台电动机定时顺序起动,定时逆序停止 PLC 接线图、梯形图和时序图如图 8-11 所示。

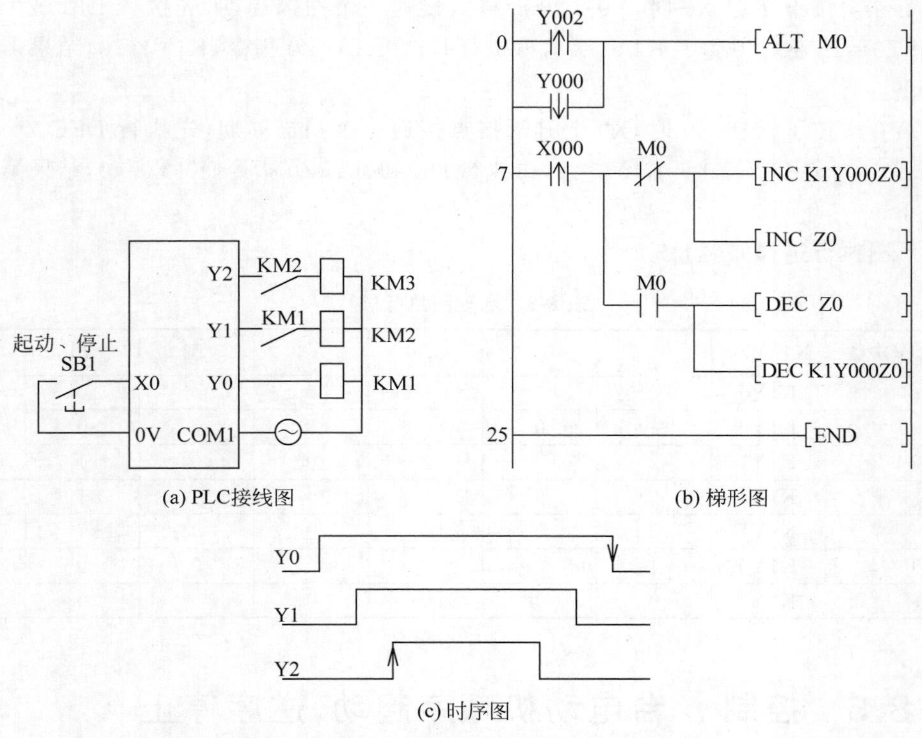

(a) PLC接线图　(b) 梯形图

(c) 时序图

图 8-11　用一个按钮控制三台电动机顺序起动,逆序停止

3. 控制原理

控制梯形图如图 8-11(b)所示,初始状态下,Z0=0,K1Y0Z0= K1Y0=0(Y3~Y0 都为 0),M0=0,M0 常闭接点闭合。

当按下按钮 X0 时,X0 上升沿接点接通一个扫描周期,先执行 INC K1Y0Z0 加一指令,结果 K1Y0=1,Y0=1,第一台电动机起动。再执行 INC Z0 指令,结果 Z0=1,K1Y0Z0=K1Y1=0。

当第 2 次按下按钮 X0 时,X0 上升沿接点接通一个扫描周期,先执行 INC K1Y0Z0 加一指令,结果 K1Y1=1,Y1=1,第二台电动机起动。再执行 INC Z0 指令,结果 Z0=2,K1Y0Z0= K1Y2=0。

当第 3 次按下按钮 X0 时,X0 上升沿接点接通一个扫描周期,先执行 INC K1Y0Z0 加一指令,结果 K1Y2=1,Y2=1,第三台电动机起动。再执行 INC Z0 指令,结果 Z0=3,Y2 上升沿接点接通一个扫描周期,执行 ALT M0 指令,结果 M0=1,断开 INC 指令电路,接通 DEC 指令电路。

当第 4 次按下按钮 X0 时，X0 上升沿接点接通一个扫描周期，先执行 DEC Z0 减一指令，结果 Z0＝2。K1Y0Z0＝ K1Y2＝1，再执行 DEC K1Y0Z0 指令，K1Y2＝0，结果第三台电动机停止。

当第 5 次按下按钮 X0 时，X0 上升沿接点接通一个扫描周期，先执行 DEC Z0 减一指令，结果 Z0＝1。K1Y0Z0＝ K1Y1＝1，再执行 DEC K1Y0Z0 指令，K1Y1＝0，结果第二台电动机停止。

当第 6 次按下按钮 X0 时，X0 上升沿接点接通一个扫描周期，先执行 DEC Z0 减一指令，结果 Z0＝0。K1Y0Z0＝ K1Y0＝1，再执行 DEC K1Y0Z0 指令，K1Y0＝0，结果第一台电动机停止。

梯形图执行过程如表 8-5 所示。

表 8-5 梯形图执行过程

按钮动作次数	K1Y0Z0	Z0	Y5	Y4	Y3	Y2	Y1	Y0
0	K1Y0	0	0	0	0	0	0	0
1	K1Y0	1	0	0	0	0	0	1
2	K1Y1	2	0	0	0	0	1	1
3	K1Y2	3	0	0	0	1	1	1
4	K1Y1	2	0	0	0	0	1	1
5	K1Y0	1	0	0	0	0	0	1
6	K1Y0	0	0	0	0	0	0	0

实例 8.5 控制 *n* 台电动机顺序起动，逆序停止

起动控制：用按钮控制 *n* 台电动机顺序起动，逆序停止。要求第一次按按钮，起动第一台电动机，第二次按按钮，起动第二台电动机，第 *n* 次按按钮，起动第 *n* 台电动机。

停止控制：电动机全部运行时，第一次按按钮，停止第 *n* 台电动机，第二次按按钮，停止第 *n*－1 台电动机，每按一次按钮，停止一台电动机，直到全部停止。

控制方案设计

1. 输入/输出元件及控制功能

如表 8-6 所示，介绍了实例 8.5 中用到的输入/输出元件及控制功能。

表 8-6 输入/输出元件及控制功能

输入/输出元件	PLC 软元件	元件文字符号	元 件 名 称	控 制 功 能
输入	X0	SB1	按钮 1	电动机起动停止控制
	X1	SB2	按钮 2	增加控制台数
	X2	SB3	按钮 3	减少控制台数

续表

输入/输出元件	PLC 软元件	元件文字符号	元件名称	控制功能
输出	Y0	KM1	接触器 1	控制电动机 1
	Y1	KM2	接触器 2	控制电动机 2
	Y2	KM3	接触器 3	控制电动机 3
	Y3	KM4	接触器 4	控制电动机 4

2. 电路设计

4 台电动机定时顺序起动，定时逆序停止 PLC 接线图和梯形图如图 8-12 所示。

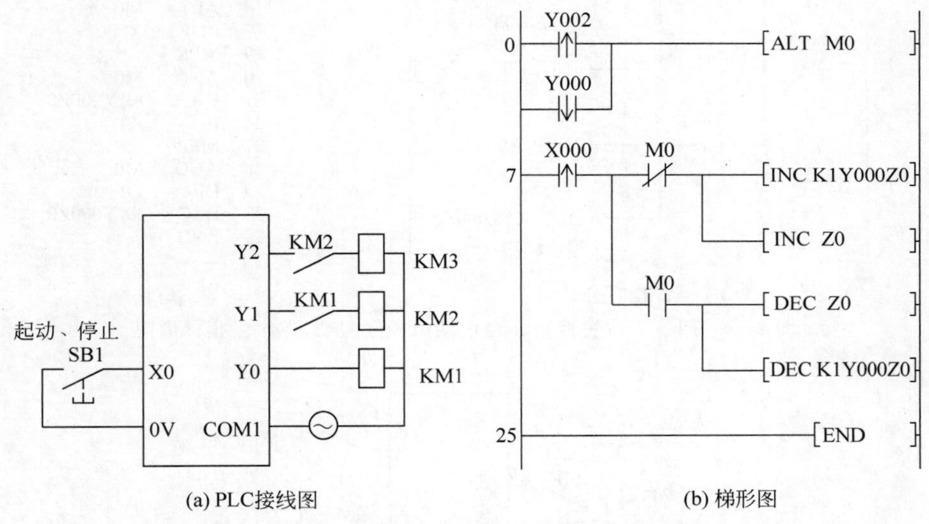

图 8-12　用一个按钮控制 4 台电动机顺序起动，逆序停止

其实图 8-12 就是将图 8-11(b)梯形图中的 Y2 改为 Y3 的上升沿接点就可以了。如果要控制 n 台电动机定时顺序起动，定时逆序停止，可参见图 8-13 梯形图。

3. 控制原理

在图 8-11(b)梯形图中，如果将 Y2 上升沿接点改为 Y3，就可以控制 4 台电动机的起动和停止。推而广之，如果将 Y2 上升沿接点改为 Yn，就可以控制 $n+1$ 台电动机的起动和停止了。

在 FX_{3U} 型 PLC 中，增加了可以对位元件进行变址的功能，那么只要将图 8-11(b)梯形图中的 Y2 改为 Y0Z1 的上升沿接点就可以了，但是编程软件中上升沿接点是不能变址的，不过幸好 FX_{3U} 型 PLC 又增加了 MEP 和 MEF 指令，因此可以用 Y0Z1 的常开接点后再加一个 MEP 就可以组成一个 Y0Z1 的上升沿接点，如图 8-13 所示。

用两个按钮 X1 和 X2 改变 Z1 的值使 Z1 在 0～n 变化，也就改变了 Y0Z1。其接线图如图 8-14 所示。

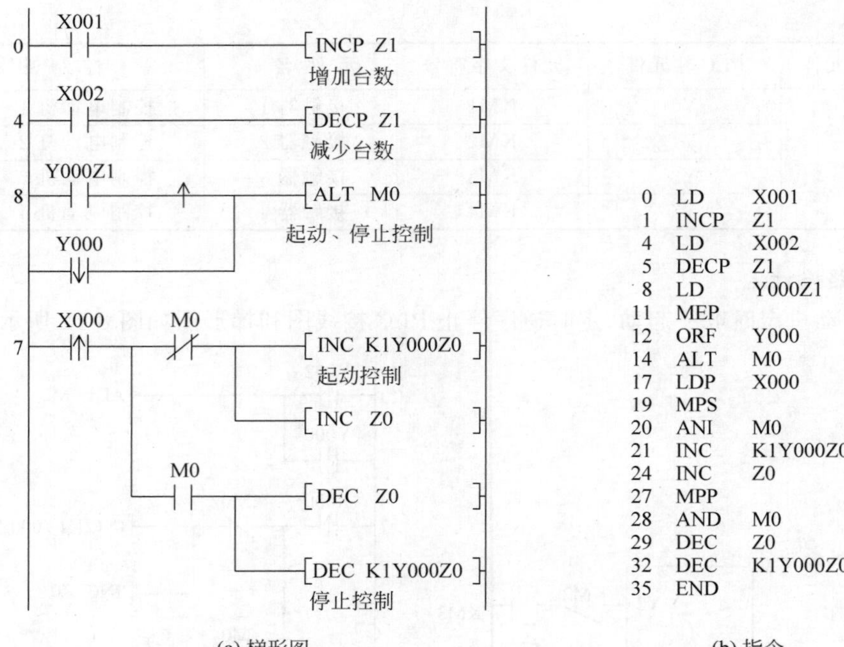

图 8-13 用一个按钮控制 n 台电动机顺序起动,逆序停止梯形图

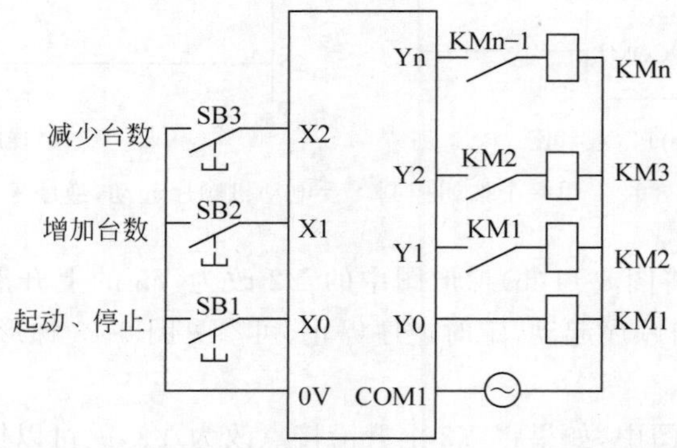

图 8-14 用一个按钮控制 n 台电动机顺序起动,逆序停止接线图

实例 8.6 六台电动机顺序起动,逆序停止

用按钮控制六台电动机的起动停止。当按下起动按钮 SB1 时,起动信号灯(Y0)亮,而后每隔 5s 顺序起动一台电动机,直到六台电动机全部起动,起动信号灯灭。当按下停止信号 SB2 时,停止信号灯(Y7)亮之后,每隔 3s 逆序停止一台电动机,直到六台电动机全部停止后,停止信号灯灭。如果在起动过程中按下停止按钮,则每隔 3s 逆序依次停止已经起动的电动机。按急停按钮 SB3,则全部电动机立即停止。

如果在起动过程中按下停止按钮，也能逆序停止已经起动的电动机。

控制方案设计 1

1. 输入/输出元件及控制功能

如表 8-7 所示，介绍了实例 8.6 中用到的输入/输出元件及控制功能。

表 8-7　输入/输出元件及控制功能

输入/输出元件	PLC 软元件	元件文字符号	元件名称	控制功能
输入	X0	SB1	起动按钮	顺序起动控制
	X1	SB2	停止按钮	逆序停止控制
	X2	SB3	停止按钮	紧急停止控制
输出	Y0	HL2	信号灯	起动信号
	Y1～Y6	KM1～KM6	接触器 1～6	控制电动机 1～6
	Y7	HL1	信号灯	停止信号

2. 电路设计

六台电动机顺序起动，逆序停止 PLC 接线图和梯形图如图 8-15 所示。

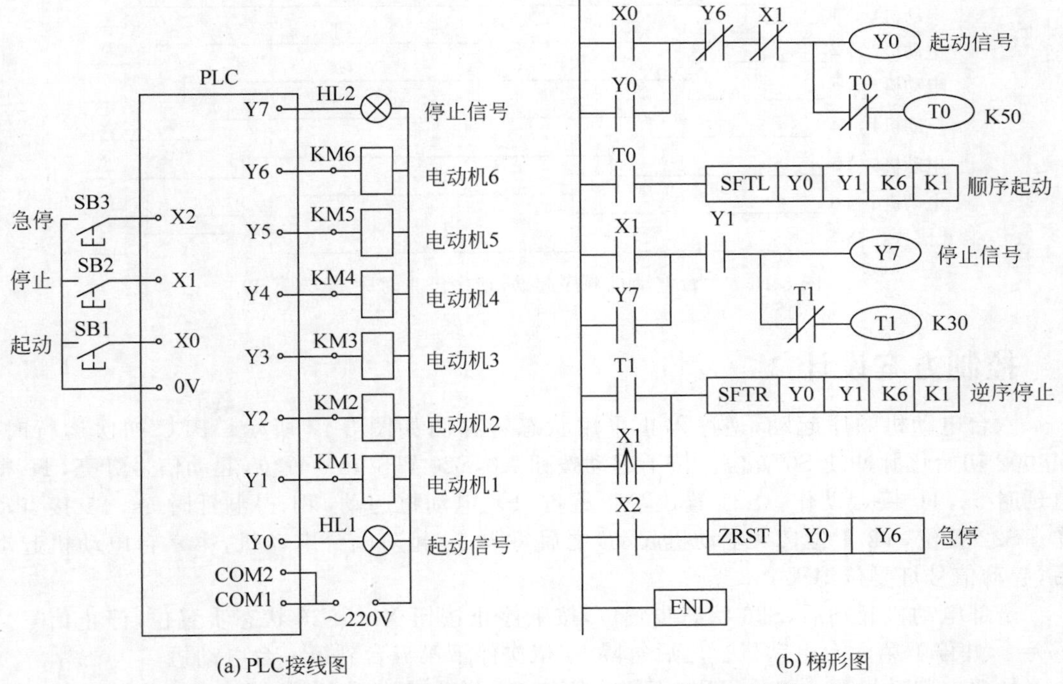

图 8-15　六台电动机顺序起动，逆序停止 PLC 接线图和梯形图（方案 1）

3. 控制原理

起动时按下起动按钮 X0，则 Y0 得电自锁，起动报警信号灯亮。同时定时器 T0 得电延时，延时 5s，T0 常开接点闭合一个扫描周期，执行一次左移，将 Y0 的 1 左移到 Y1，Y1＝1，第一台电动机起动。

T0 常闭接点断开一个扫描周期，T0 重新开始延时，T0 每隔 5s 发一个脉冲执行一次左移，使 Y1～Y6 依次得电，即每隔 5s 起动一台电动机，当 Y6＝1，最后一台电动机起动后，Y6 常闭接点断开 Y0 和 T0 线圈，起动报警信号灯 HL1 灭，起动过程结束。

按下停止按钮 X1，Y7 得电自锁，停止报警信号灯亮。定时器 T1 得电延时，X1 上升沿接点执行一次右移，将 Y0 的 0 左移到 Y6，Y6＝0，第六台电动机立即停止。T1 每隔 3s 发一个脉冲执行一次右移，使 Y6～Y1 依次失电，即每隔 3s 停止一台电动机，当 Y1＝1，最后一台电动机停止后，Y1 常闭接点断开 Y7 和 T1 线圈，停止报警信号灯 HL2 灭，停止过程结束。

如果在起动过程中按下停止按钮 X1，则 X1 常闭接点断开 Y0 线圈，Y0＝0，接通停止信号，同时进行一次右移，逆序停止一台电动机，T1 每隔 3s 发一个脉冲执行一次右移，逆序依次停止已经起动的电动机。

按下急停按钮 X2，Y0～Y6 全部复位，所有电动机全部立即停止。时序图如图 8-16 所示。

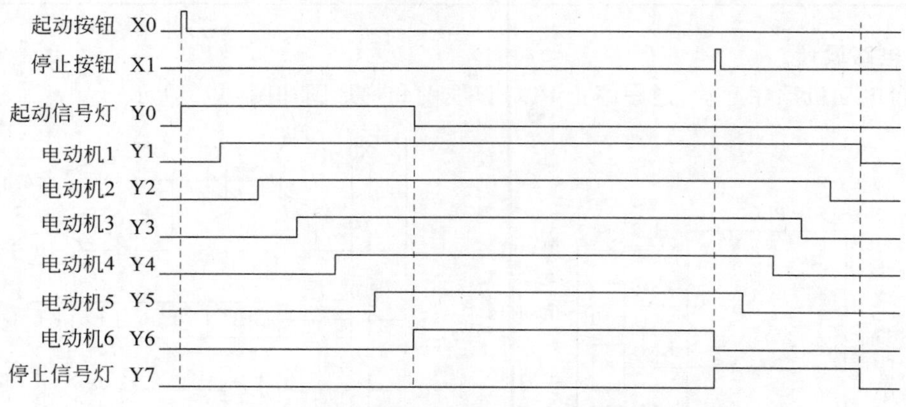

图 8-16　六台电动机顺序起动，逆序停止时序图（方案 1）

控制方案设计 2

六台电动机顺序起动，逆序停止采用状态转移图如图 8-17 所示。PLC 初次运行时，M8002 初始化脉冲使 S0 置位。按下起动按钮 X0，S20 置位，Y0 置位，起动信号灯亮，T0 得电延时 5s，T0 接点动作。S21 置位，Y1 置位，1＃电动机起动，T1 得电延时 5s，T1 接点动作。S22 置位，Y2 置位，2＃电动机起动，之后每隔 5s 起动一台电动机，第六台电动机起动后，起动信号灯复位熄灭。

全部电动机起动后，S26 状态步置位，按下停止按钮 X1。S26 状态步置位，停止信号灯 Y7＝1，并停下第六台电动机。之后每隔 3s 依次停下第五台到第一台电动机。

如要在起动过程中停止，可按下停止按钮 X1，停止刚起动的电动机，并逆序停止已经起动的其他电动机。例如在第三台电动机起动时（Y3＝1），按下停止按钮 X1，则从 S23 状态步跳到 S30，将 Y3 复位，停下第三台电动机，隔 5s 依次停下第二台电动机，再隔 5s 回到初始状态步 S0 停止第一台电动机和信号灯（实际上是 Y0～Y7 全部复位）。

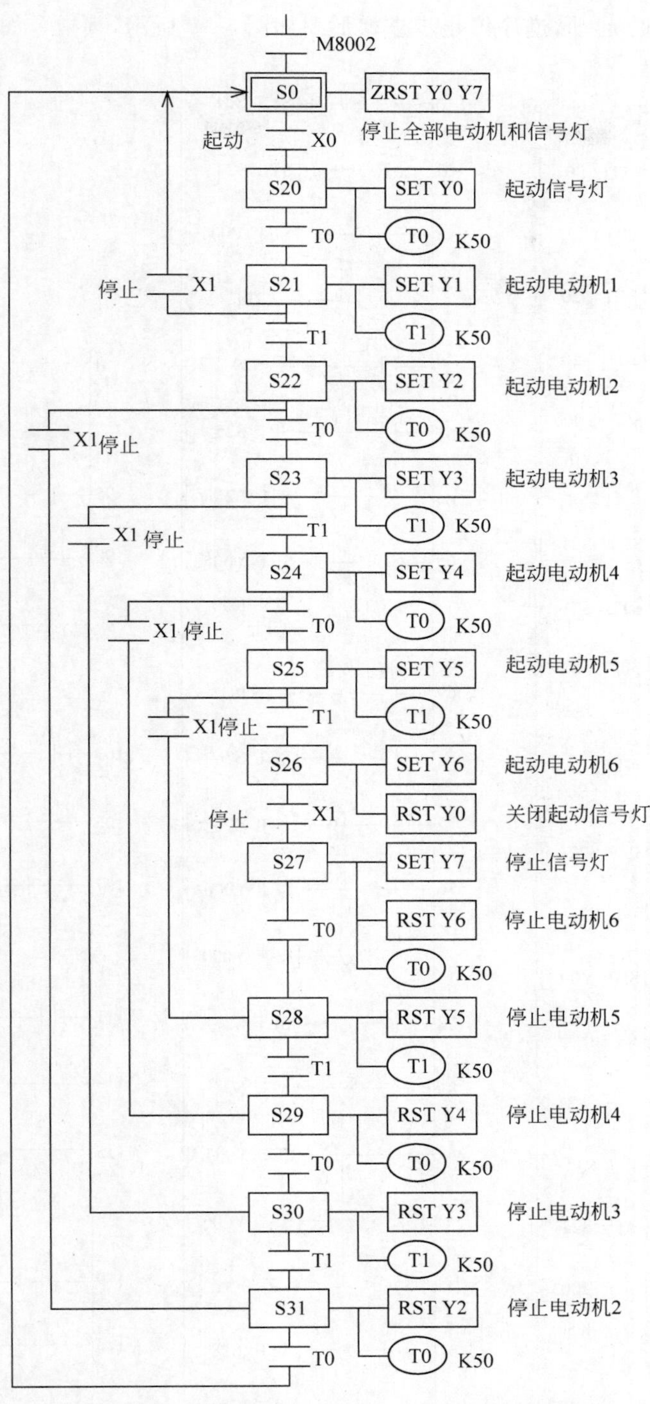

图 8-17　六台电动机顺序起动，逆序停止状态转移图(方案 2)

六台电动机顺序起动，逆序停止步进梯形图如图 8-18 所示，其指令如图 8-19 所示。

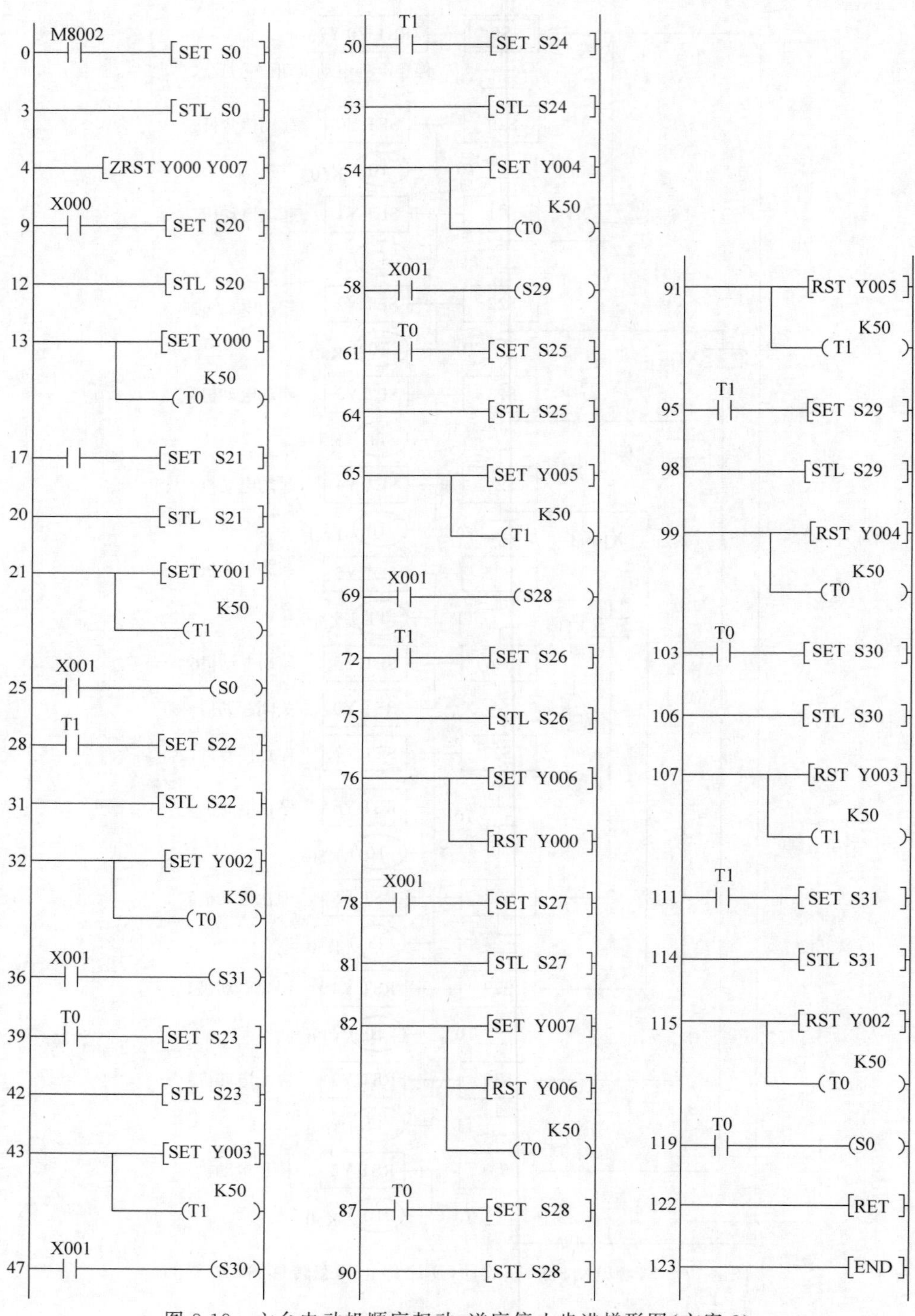

图 8-18　六台电动机顺序起动，逆序停止步进梯形图（方案 2）

```
0   LD    M8002
1   SET   S0
3   STL   S0
4   ZRST  Y000  Y007
9   LD    X000
10  SET   S20
12  STL   S20
13  SET   Y000
14  OUT   T0    K50
17  LD    T0
18  SET   S21
20  STL   S21
21  SET   Y001
22  OUT   T1    K50
25  LD    X001
26  OUT   S0
28  LD    T1
29  SET   S22
31  STL   S22
32  SET   Y002
33  OUT   T0    K50
36  LD    X001
37  OUT   S31
39  LD    T0
40  SET   S23
42  STL   S23
43  SET   Y003
44  OUT   T1    K50
47  LD    X001
48  OUT   S30
50  LD    T1
51  SET   S24
53  STL   S24
54  SET   Y004
55  OUT   T0    K50
58  LD    X001
59  OUT   S29
61  LD    T0
62  SET   S25
64  STL   S25
65  SET   Y005
66  OUT   T1    K50
69  LD    X001
70  OUT   S28
72  LD    T1
73  SET   S26
75  STL   S26
76  SET   Y006
77  RST   Y000
78  LD    X001
79  SET   S27
81  STL   S27
82  SET   Y007
83  RST   Y006
84  OUT   T0    K50
87  LD    T0
88  SET   S28
90  STL   S28
91  RST   Y005
92  OUT   T1    K50
95  LD    T1
96  SET   S29
98  STL   S29
99  RST   Y004
100 OUT   T0    K50
103 LD    T0
104 SET   S30
106 STL   S30
107 RST   Y003
108 OUT   T1    K50
111 LD    T1
112 SET   S31
114 STL   S31
115 RST   Y002
116 OUT   T0    K50
119 LD    T0
120 OUT   S0
122 RET
123 END
```

图 8-19 六台电动机顺序起动，逆序停止指令表（方案 2）

实例 8.7 两台电动机同时起动，第二台延时停止

控制两台三相异步电动机，起动时按下起动按钮，两台电动机同时起动，按下停止按钮，第一台电动机停止，第二台电动机 10s 后自动停止。第二台电动机可以点动控制。两台电动机均设短路保护和过载保护。试设计两台电动机的主电路、PLC 接线图和梯形图。

控制方案设计 1

1. 输入/输出元件及控制功能

如表 8-8 所示，介绍了实例 8.7 中用到的输入/输出元件及控制功能。

表 8-8 输入/输出元件及控制功能

输入/输出元件	PLC 软元件	元件文字符号	元件名称	控制功能
输入	X0	SB1	起动按钮	两台电动机起动控制
	X1	SB2	停止按钮	两台电动机停止控制
	X2	SB3	点动按钮	第二台电动机点动控制
输出	Y0	KM1	接触器 1	控制第一台电动机
	Y1	KM2	接触器 2	控制第二台电动机

2. 电路设计

两台电动机控制主接线图、PLC 接线图和梯形图如图 8-20 所示。

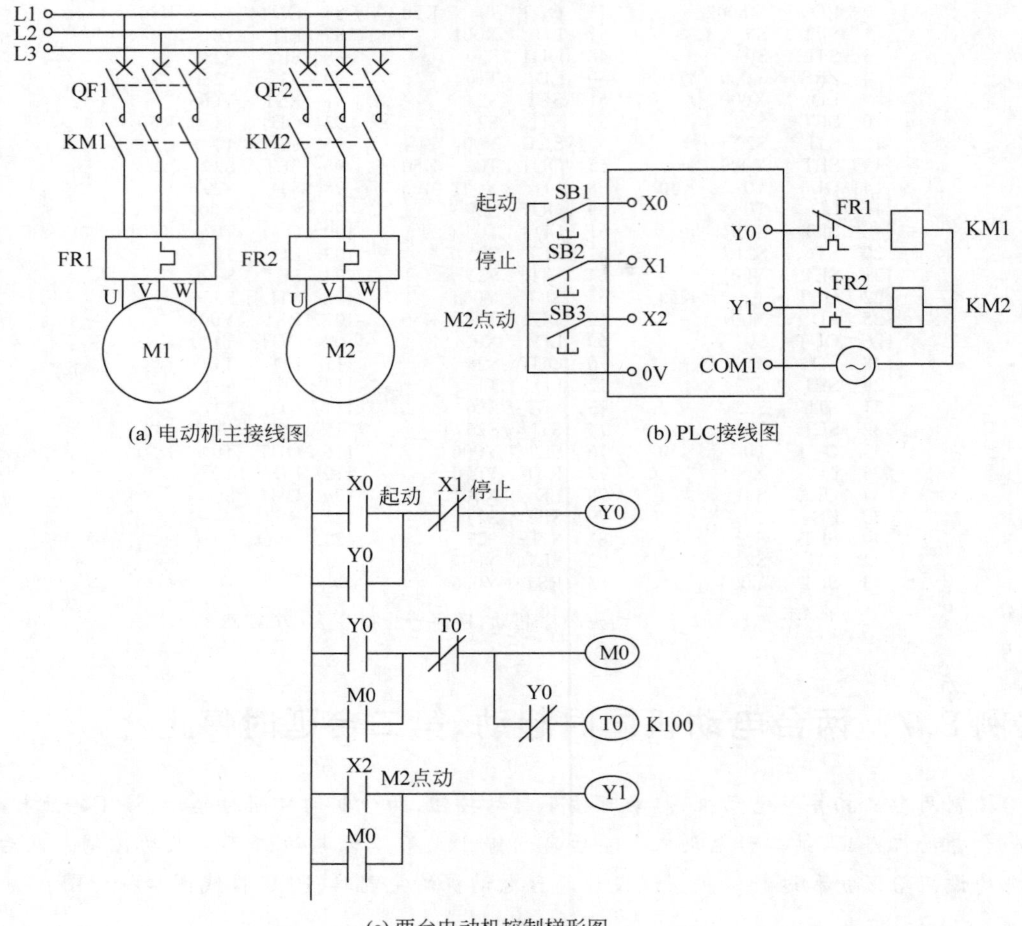

(a) 电动机主接线图

(b) PLC接线图

(c) 两台电动机控制梯形图

图 8-20　两台电动机控制主接线图、PLC 接线图和梯形图(方案 1)

3. 控制原理

主电路中断路器 QF1 和 QF2 分别用于两台电动机的电源开关和短路保护，热继电器 FR1 和 FR2 用于两台电动机的过载保护。

梯形图如图 8-20(c)所示，起动时按下起动按钮 X0，Y0 线圈得电自锁，接触器 KM1 得电，第一台电动机起动。同时 Y0 常开接点闭合，M0 线圈得电自锁，M0 常开接点闭合，Y1 得电，第二台电动机也同时起动。

按下停止按钮 X1，Y0 线圈失电，第一台电动机停止，Y0 常闭接点闭合，T0 得电延时，10s 后 T0 常闭接点断开，M0 失电，M0 常开接点断开，Y1 失电，第二台电动机停止。

按下点动按钮 X2，Y1 线圈得电第二台电动机起动。松开点动按钮 X2，Y1 线圈失电第二台电动机停止。

控制方案设计 2

如图 8-21 所示梯形图中的特殊定时器 STMR 的 M0 相当于一个断电延时定时器。按下起动按钮 X0，Y0 线圈得电自锁，接触器 KM1 得电，第一台电动机起动。同时特殊定时器 STMR 得电，M0 常开接点闭合，Y1 得电，第二台电动机也同时起动。

按下停止按钮 X1，Y0 线圈失电，第一台电动机停止，但是 M0 接点仍闭合，10s 后 M0 接点断开，Y1 失电，第二台电动机停止。

按下点动按钮 X2，Y1 线圈得电第二台电动机起动。松开点动按钮 X2，Y1 线圈失电第二台电动机停止。

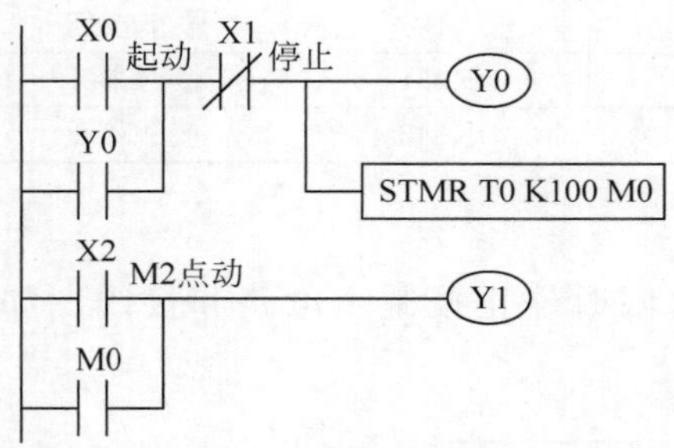

图 8-21　两台电动机控制梯形图(方案 2)

特殊定时器 STMR M0～M3 的输出波形如图 8-22 所示。

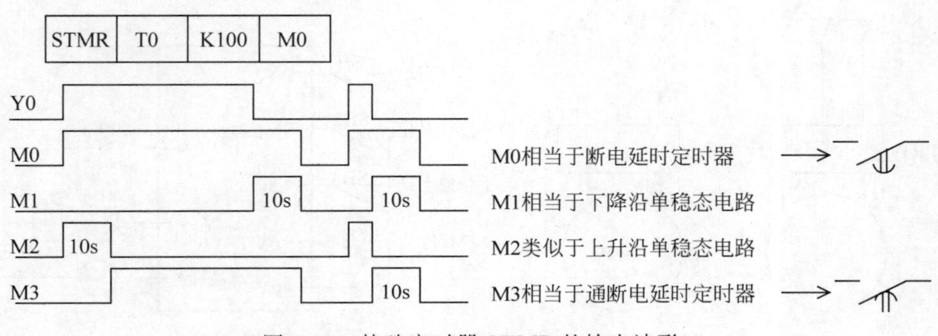

图 8-22　特殊定时器 STMR 的输出波形

实例 8.8　两台电动机限时起动，限时停止

某生产机械有两台三相异步电动机，起动时要求先起动第一台电动机，起动 10s 后才能起动第二台电动机。停止时，要求先停止第二台电动机，10s 后才能停止第一台电动机。两台电动机均设短路保护和过载保护。试设计两台电动机的主电路、PLC 接线图和梯形图。

控制方案设计

1. 输入/输出元件及控制功能

如表 8-9 所示，介绍了实例 8.8 中用到的输入/输出元件及控制功能。

表 8-9 输入/输出元件及控制功能

输入/输出元件	PLC 软元件	元件文字符号	元件名称	控制功能
输入	X0	SB1	起动按钮	第一台电动机起动控制
	X1	SB2	停止按钮	第一台电动机停止控制
	X2	SB3	起动按钮	第二台电动机起动控制
	X3	SB4	停止按钮	第二台电动机停止控制
输出	Y0	KM1	接触器 1	控制第一台电动机
	Y1	KM2	接触器 2	控制第二台电动机

2. 电路设计

两台电动机限时起动，限时停止控制主电路和接线图如图 8-23 所示，其梯形图如图 8-24 所示。

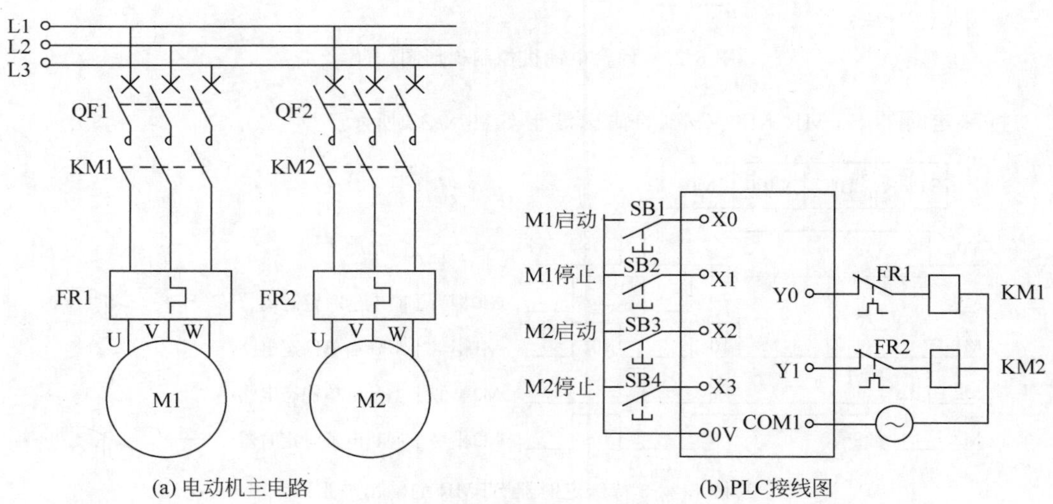

(a) 电动机主电路　(b) PLC接线图

图 8-23 两台电动机限时起动，限时停止控制主电路和接线图

3. 控制原理

主电路中断路器 QF1 和 QF2 分别用于两台电动机的电源开关和短路保护，热继电器 FR1 和 FR2 用于两台电动机的过载保护。

梯形图如图 8-24(a)所示，起动时按下起动按钮 X0，Y0 和 T0 线圈得电自锁，接触器 KM1 得电，第一台电动机 M1 先起动，T0 延时 10s 后接点闭合，为 Y1 得电和第二台电动机起动做好准备。

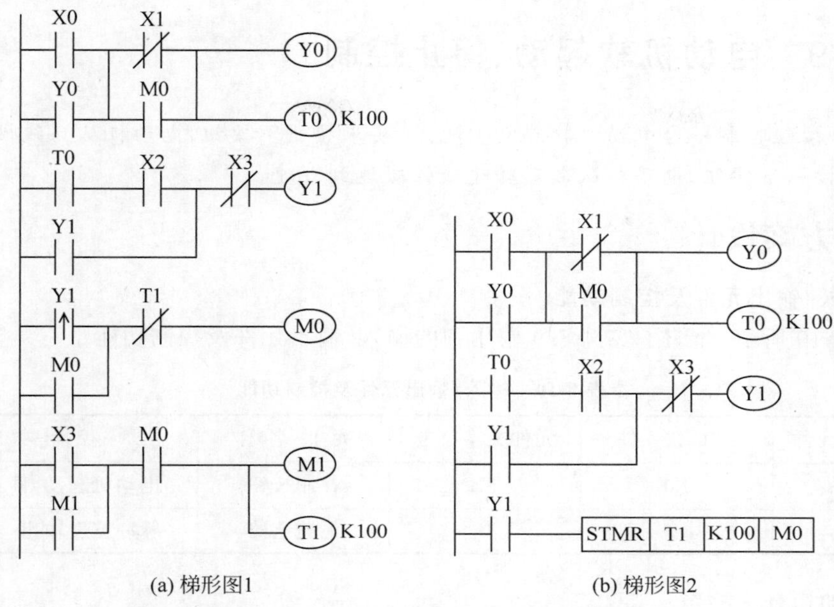

图 8-24　两台电动机限时起动，限时停止控制梯形图

按下起动按钮 X2，Y1 得电自锁，第二台电动机 M2 起动，Y1 上升沿接点使 M0 得电自锁，M0 常开接点闭合，使第一台电动机不能停止，按钮 X1 不起作用。

按下第二台电动机停止按钮 X3，Y1 线圈失电，第二台电动机停止，同时 T0 得电延时 10s 后 T1 常闭接点断开，M0 失电，M0 常开接点断开，M1 和 T1 失电，此时再按下停止按钮 X1 才能使 Y0 失电，停止第一台电动机 M1。

梯形图如图 8-24(b)所示，起动时按下起动按钮 X0，Y0 和 T0 线圈得电自锁，接触器 KM1 得电，第一台电动机 M1 先起动，T0 延时 10s 后接点闭合，为 Y1 得电，第二台电动机起动做好准备。

按下起动按钮 X2，Y1 得电自锁，第二台电动机 M2 起动，Y1 常开接点闭合，接通特殊定时器，M0 相当于一个断电延时定时器，所以 M0 常开接点立刻闭合，使第一台电动机不能停止，按钮 X1 不起作用。

按下第二台电动机停止按钮 X3，Y1 线圈失电，第二台电动机停止，同时特殊定时器失电，M0 常开接点仍然闭合，T1 延时 10s 后 M0 失电，M0 常开接点断开，此时再按下停止按钮 X1 才能使 Y0 失电，停止第一台电动机 M1。

Y0、Y1 和特殊定时器 M 的时序图如图 8-25 所示。

图 8-25　两台电动机起动停止控制时序图

实例 8.9　电动机软起动、停止控制

用一个按钮控制一台电动机软起动、停止。要求按一下按钮，电动机从 0 线性增速到额定转速，再按一下按钮，电动机从额定转速线性减速到 0 速。

控制方案设计

1. 输入/输出元件及控制功能

如表 8-10 所示，介绍了实例 8.9 中用到的输入/输出元件及控制功能。

表 8-10　输入/输出元件及控制功能

输入/输出元件	PLC 软元件	元件文字符号	元 件 名 称	控 制 功 能
输入	X0	SB	控制按钮	电动机起动/停止控制
输出	Y0		调速电路	脉冲宽度输出

2. 电路设计

电动机软起动停止 PLC 接线图如图 8-26 所示，梯形图如图 8-27 所示。

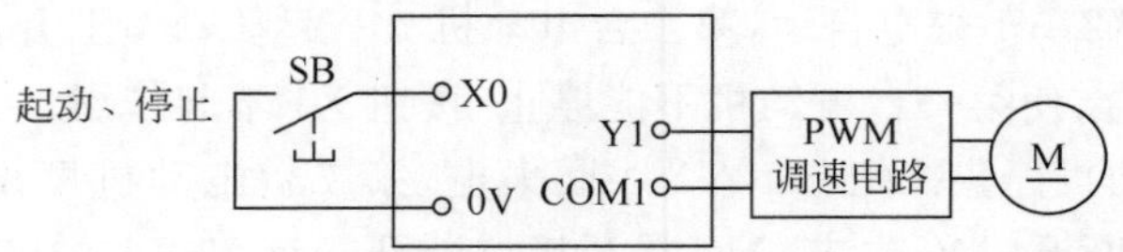

图 8-26　电动机软起动停止 PLC 接线图

3. 控制原理

设置 M8026＝1，在执行 RAMP 指令时，保持终值不变。按下按钮 X0，M0 由 0→1，M0 上升沿接点闭合一个扫描周期，将斜波控制的初值 0 传送到 D10 中，将斜波控制的终值 100 传送到 D11 中。

RAMP 和 PWM 指令断开一个扫描周期，开始执行 RAMP 和 PWM 指令。D12 中的值在 1000 个扫描周期内从初值 0 线性变化到终值 100，由于 M8026＝1，所以保持终值 100 不变，如图 8-28 所示。

执行 PWM 指令，Y1 的输出占空比由 0 线性变化到 100/120，电动机的转速由 0 线性变化到额定转速。

再按下按钮 X0，M0 由 1→0，M0 下降沿接点闭合一个扫描周期，执行交换指令 XCH，交换 D10 和 D11 的值，交换后，D10 中的初值为 100，D11 中的终值为 0。RAMP 和 PWM 指令再断开一个扫描周期，开始执行 RAMP 和 PWM 指令。D12 中的值在 1000 个扫描周期内从初值 100 线性变化到终值 0，电动机从额定转速线性减速到零速。

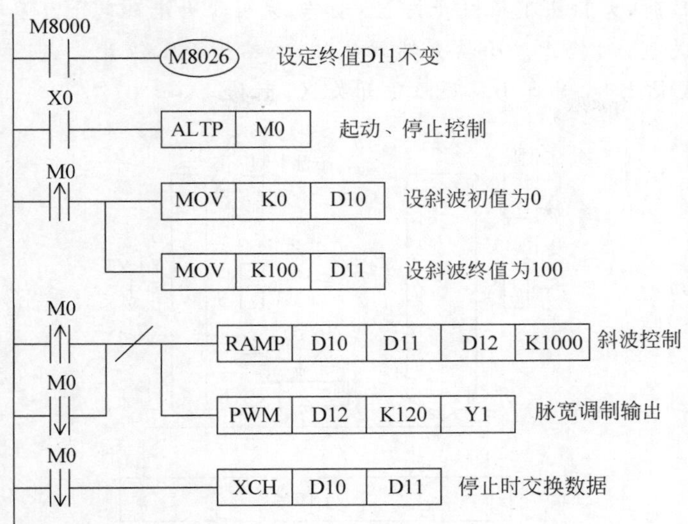

图 8-27 电动机软起动停止梯形图

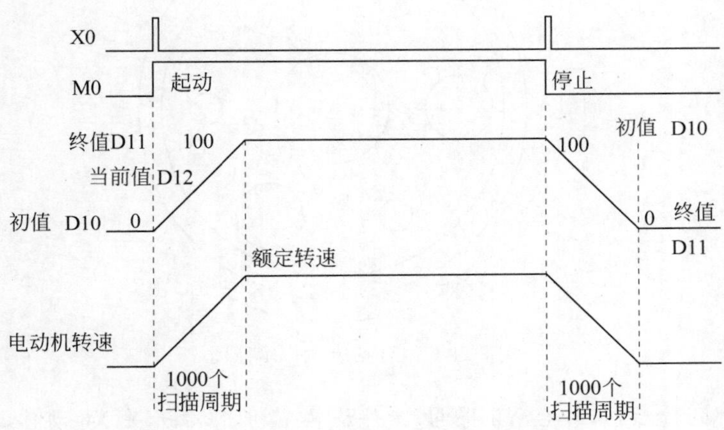

图 8-28 电动机软起动停止时序图

实例 8.10 组合钻床

某组合钻床如图 8-29 所示，用于在圆形工件上钻 6 个均匀分布的孔。大小钻用三相异步电动机驱动，其他均由液压系统驱动。

操作人员放好工件后，按下起动按钮，主电机起动，大小两只钻头同时转动，夹紧电磁阀 Y0 得电，夹紧装置下移将工件夹紧，夹紧后限位开关 X1 动作，大小钻头下降，电磁阀 Y1、Y3 得电，大小钻头同时开始向下进给。

大钻头钻到位时，大钻头下限位开关 X2 动作，大钻上升电磁阀 Y2 得电使大钻上升，升到大钻原限位开关 X3 时停止。小钻头钻到位时，小钻头下限位开关 X4 动作，小钻上升电磁阀 Y4 得电使大钻上升，升到小钻原限位开关 X5 时停止。

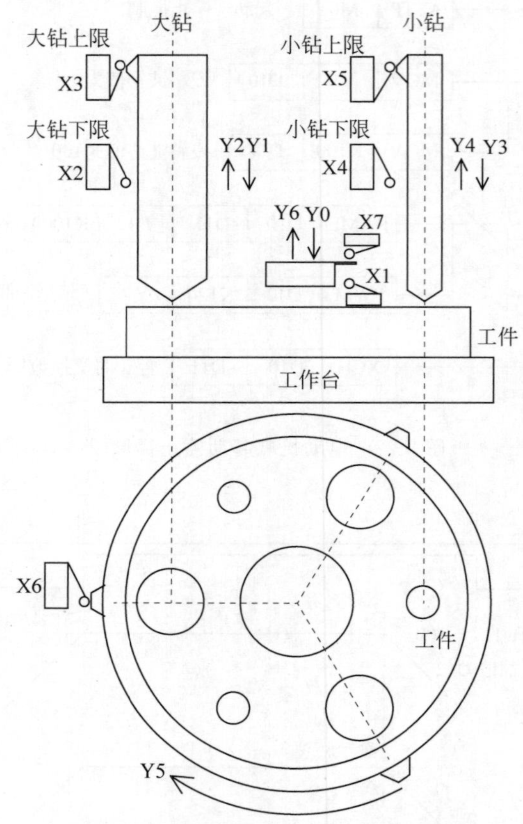

图 8-29　组合钻床工作示意图

两个钻头都到位后，工作台 Y5 得电，工件旋转 120°，限位开关 X6 动作，工作台停止，又开始钻第二对孔。孔钻 3 次后，放松电磁阀 Y6 得电，夹紧装置上移将工件松开，松开到位时，限位开关 X7 动作，完成一次加工。

控制方案设计

1. 输入/输出元件及控制功能

如表 8-11 所示，介绍了实例 8.10 中用到的输入/输出元件及控制功能。

2. 电路设计

组合钻床 PLC 接线图如图 8-30 所示，梯形图如图 8-31 所示。

表 8-11 输入/输出元件及控制功能

输入/输出元件	PLC 软元件	元件文字符号	元件名称	控制功能
输入	X0	SB1	按钮	起动按钮
	X1	SQ1	限位开关	夹紧开关
	X2	SQ2	限位开关	大钻下限位开关
	X3	SQ3	限位开关	大钻上限位开关
	X4	SQ4	限位开关	小钻下限位开关
	X5	SQ5	限位开关	小钻上限位开关
	X6	SQ6	限位开关	圆盘转位开关
	X7	SQ7	限位开关	松开限位开关
	X10	SB2	按钮	停止按钮
输出	Y0	YV1	电磁阀	工件夹紧
	Y1	YV2	电磁阀	大钻下降
	Y2	YV3	电磁阀	大钻上升
	Y3	YV4	电磁阀	小钻下降
	Y4	YV5	电磁阀	小钻上升
	Y5	YV6	电磁阀	工作台转动
	Y6	YV7	电磁阀	工件松开
	Y7	KM	接触器	大钻小钻电动机转动

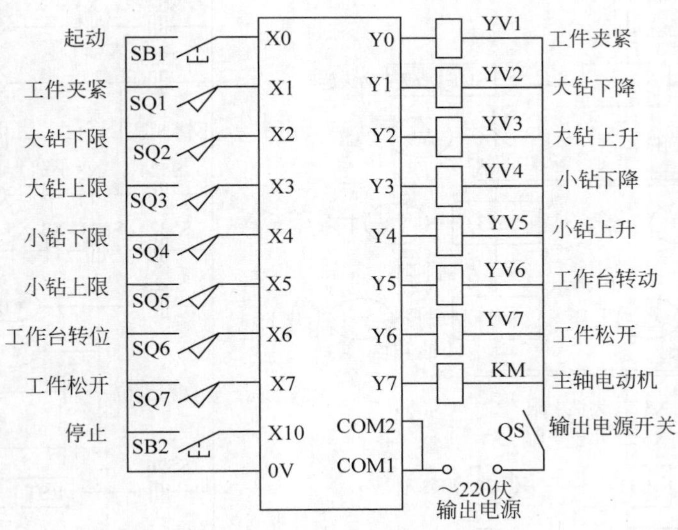

图 8-30 组合钻床 PLC 接线图

3. 控制原理

图 8-31 所示为组合钻床梯形图。一般情况我们看 SFC 图比较简单。

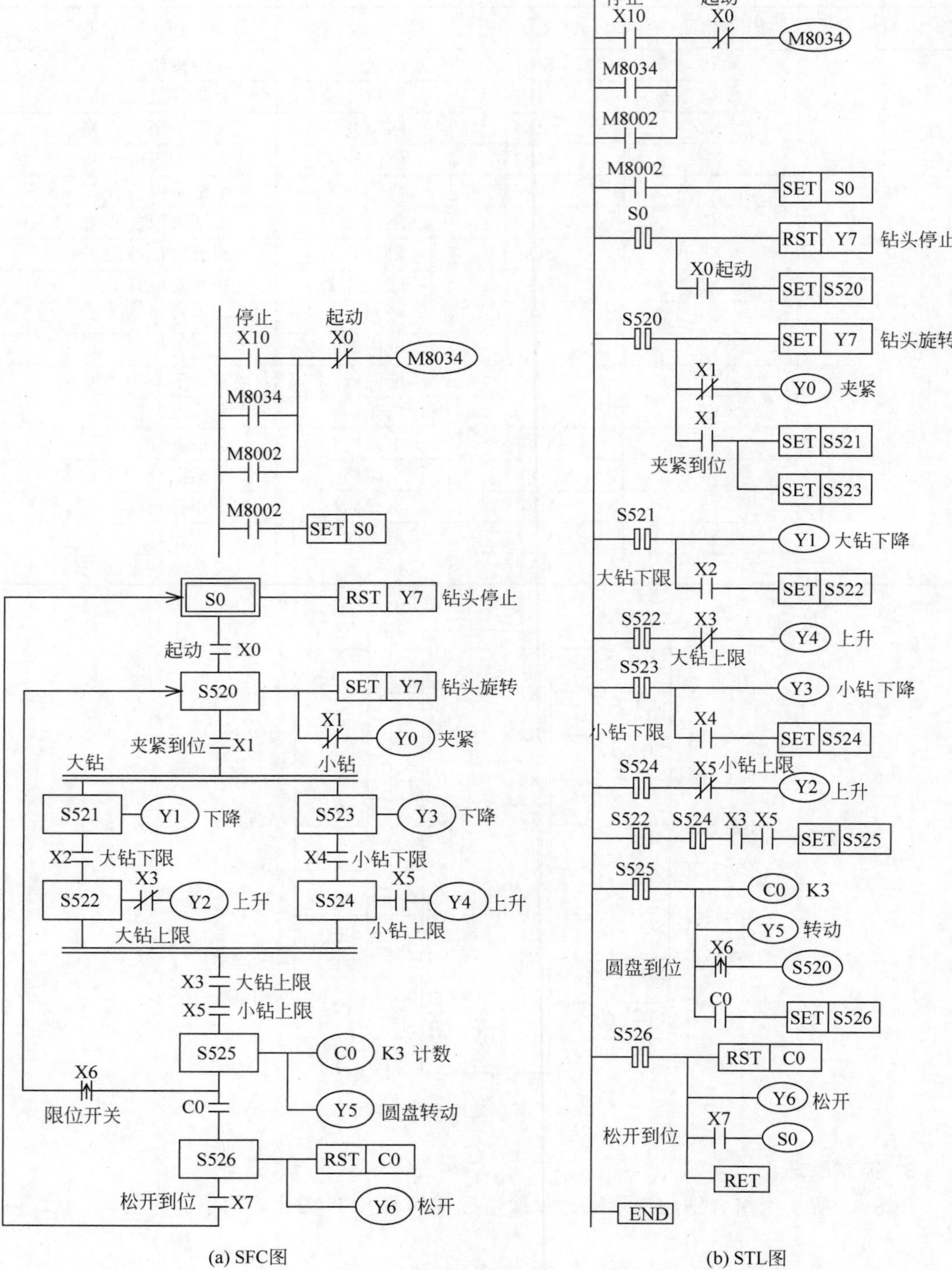

图 8-31 组合钻床梯形图

PLC 初次运行时，初始化脉冲 M8002 使 M8034 得电自锁，禁止 Y 输出，并将初始步 S0 置位。按下起动按钮 X0，S520 置位，Y7 置位，电动机得电。夹紧电磁阀 Y0 得电，夹紧装置下移将工件夹紧，夹紧后限位开关 X1 动作，S521 和 S523 同时置位。

S521 置位，电磁阀 Y1 得电，大钻下降。大钻头钻到位时，大钻头下限位开关 X2 动作，S522 置位，电磁阀 Y2 得电使大钻上升，升到大钻原限位开关 X3 时 Y2 失电停止。

S523 置位，电磁阀 Y3 得电，小钻下降。小钻头钻到位时，小钻头下限位开关 X4 动作，S524 置位，电磁阀 Y4 得电使小钻上升，升到小钻原限位开关 X5 时 Y4 失电停止。

两个钻头都到位后 X3 和 X5 接通，S525 置位，计数器 C0 计数一次，Y5 得电，旋转 120°，限位开关 X6 动作，工作台停止。S520 置位，又开始钻第二对孔。孔钻 3 次后，放松电磁阀 Y6 得电，夹紧装置上移将工件松开，松开到位时，限位开关 X7 动作，完成一次加工。(注意：从 S525 转移到 S520 的转换条件不能直接用 X6 常开接点，这是因为限位开关 X6 正常就是闭合的，这样当 S525 置位时，由于 X6 常开接点闭合，就会立即跳转到 S520，使 Y5 不能得电，用 X6 上升沿脉冲接点，则可避免这种现象)。

当计数器 C0 计数值为 3 时，S526 置位，将计数器 C0 的计数值复位，Y6 得电，夹紧装置上移将工件松开，限位开关 X7 动作，夹紧装置停止，返回到初始步 S0，工件加工结束。

实例 8.11　绕线型电动机转子串电阻时间原则起动

将三相绕线型电动机转子回路串电阻时间原则起动控制电路，如图 8-32 所示。改用可编程控制器控制。

控制方案设计 1

1. 输入/输出元件及控制功能

如表 8-12 所示，介绍了实例 8.11 中用到的输入/输出元件及控制功能。

表 8-12　输入/输出元件及控制功能

输入/输出元件	PLC 软元件	元件文字符号	元 件 名 称	控 制 功 能
输入	X0	SB1	控制保护电路	起动、停止、保护电动机
输出	Y0	KM1	接触器 1	电动机起动
	Y1	KM2	接触器 2	短接电阻 R1
	Y2	KM3	接触器 3	短接电阻 R2
	Y3	KM4	接触器 4	短接电阻 R3

2. 电路设计

该电路是否能直接转换为 PLC 梯形图？

图 8-32 所示的时间原则转子回路串接电阻起动控制电路有两个特点：一是在起动按钮 SB2 回路中串入了 KM2、KM3、KM4 的常闭接点，以防止在起动前接触器 KM2、KM3、KM4 发

生熔焊或机械卡阻使主触点处于闭合状态时，造成部分或全部起动电阻被短接而直接起动；二是在起动结束后将时间继电器 KT1～KT3 和 KM2、KM3 的线圈断电，以节省用电。

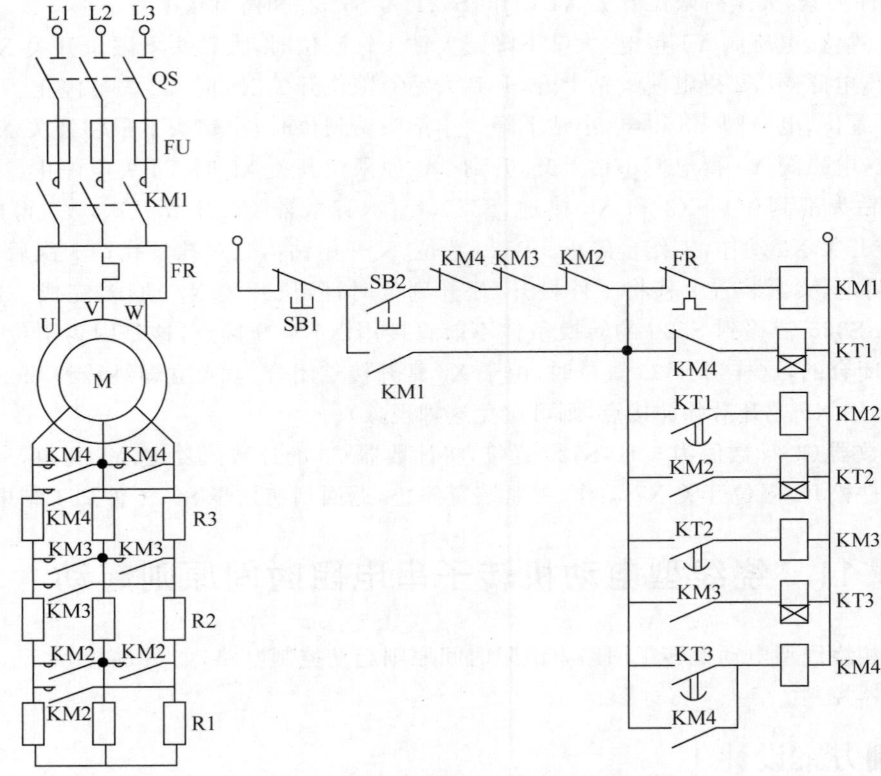

图 8-32 三相绕线型电动机转子回路串电阻时间原则起动控制电路

如果直接把图 8-32 所示的控制电路转换成梯形图，那么 SB2 回路中 KM2、KM3、KM4 的常闭接点变成了软继电器的接点，它不能反映接触器的真实情况，也就是说，这部分接触器是不能用软继电器来代替。根据这种情况，可以把这部分电路放在 PLC 的输入回路中，如图 8-33 所示。

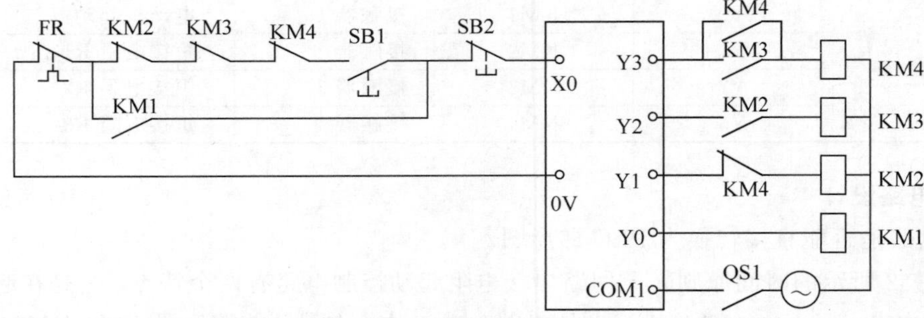

图 8-33 三相绕线型电动机转子回路串电阻时间原则起动控制 PLC 接线图

在梯形图中，定时器不存在消耗大量电能的问题，所以没有必要考虑在起动结束后将定时器的线圈断电；而将 KM2、KM3 线圈断电是有必要的，如图 8-33 和图 8-34 所示。

由此可见，直接把控制电路转换成梯形图往往是不正确的。

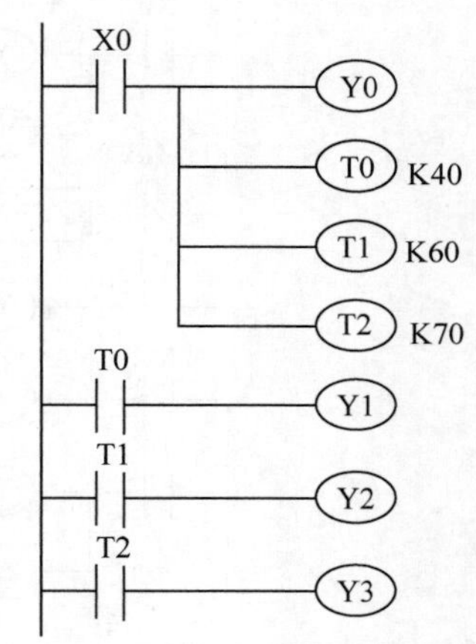

图 8-34　时间原则转子回路串接电阻 PLC 起动控制梯形图 1

3. 控制原理

起动时，合上主电路电源开关 QS 和 PLC 输出电路的电源开关 QS1。按下起动按钮 SB1，输入继电器 X0＝1，梯形图中 X0 接点闭合，Y0 得电，接触器 KM1 得电，PLC 输入电路中的 KM1 接点闭合，形成自锁。主电路中 KM1 主触点闭合，电动机串联全部电阻起动。

同时定时器 T0、T1、T2 也得电延时，T0 延时 4s 接通 Y1 线圈，接触器 KM2 得电，短接电阻 R1。T1 延时 6s 接通 Y2 线圈，接触器 KM3 得电，短接电阻 R2。T2 延时 7s 接通 Y3 线圈，接触器 KM4 得电，短接电阻 R3。电动机在自然特性曲线上高速运行。

分析 PLC 输出电路可知，只有 KM2 线圈得电，KM3 线圈才能得电。如果 KM2 线圈断线，当 Y1＝1 时，KM2 线圈不动作，KM2 常开接点断开，即使 Y2＝1，KM3 线圈也不能得电，这样就避免了在 R1 未短接的情况下直接短接 R2。同理，只有 KM3 线圈得电，KM4 线圈才能得电。

当 KM4 线圈得电时，KM4 常开接点闭合自锁，KM4 常闭接点断开将 KM2 线圈断开，KM2 线圈失电后，KM2 常开接点断开 KM3。KM2 和 KM3 线圈在起动结束时已经不起作用，将其断开以减少线圈耗电。

控制方案设计 2

如图 8-35 所示，与图 8-34 相比只用了一个定时器，采用区间比较指令 ZCP 将时间分成 3 个时间段。起动时，Y0 先得电，电动机串接全部电阻起动，当 T0 在 4～6s 时 M1＝1，Y1 得电，切除一段电阻，当 T0 大于 6s 之后 M2＝1，Y2 得电，再切除一段电阻，当 T0 达到设定值 7s 时 T0 接点闭合，Y3 得电，切除全部电阻，同时断开区间比较指令 ZCP 接通区间复位指令 ZRST，将比较结果 M～M2 复位。电动机在全压状态下运行。

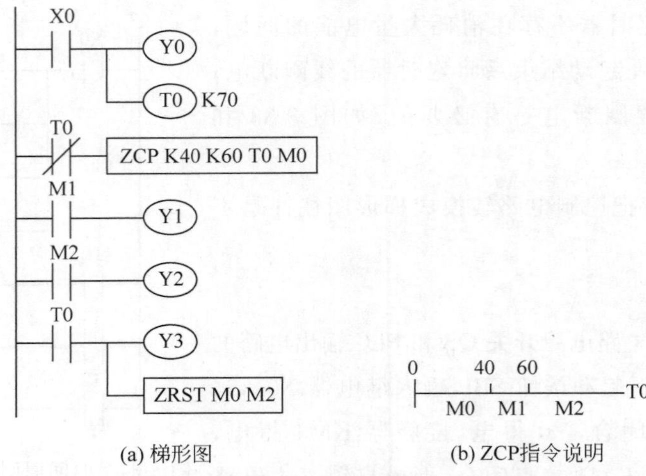

(a) 梯形图　　(b) ZCP指令说明

图 8-35　时间原则转子回路串接电阻 PLC 起动控制 2

实例 8.12　可逆星三角降压起动、点动、连动、反接制动控制

可逆星三角降压起动、点动、连动、反接制动控制电路，如图 8-36 所示，要求电动机起动时接成星形接线，延时 5s 转接成三角形接线运行。停止时，电动机接成星形接线反接制动，当速度接近 0 时，由速度继电器断开电源。点动控制时，按下点动按钮，电动机接成星形接线，松开点动按钮，电动机反接制动。

控制方案设计

1. 输入/输出元件及控制功能

如表 8-13 所示，介绍了实例 8.12 中用到的输入/输出元件及控制功能。

表 8-13　输入/输出元件及控制功能

输入/输出元件	PLC 软元件	元件文字符号	元件名称	控制功能
输入	X0	SB1	停止按钮	电动机停止
		FR	热继电器接点	电动机过载保护
	X1	SB2	正转连动按钮	电动机正转连动起动
	X2	SB3	正转点动按钮	电动机反转点动起动
	X3	SB4	反转连动按钮	电动机正转连动起动
	X4	SB5	反转点动按钮	电动机反转点动起动
	X5	SV1	速度继电器正转接点	反接制动(转速检测)
	X6	SV2	速度继电器反转接点	反接制动(转速检测)
输出	Y0	KM1	接触器 1	正转控制
	Y1	KM2	接触器 2	反转控制
	Y2	KM3	接触器 3	星形接线
	Y3	KM4	接触器 4	三角形接线

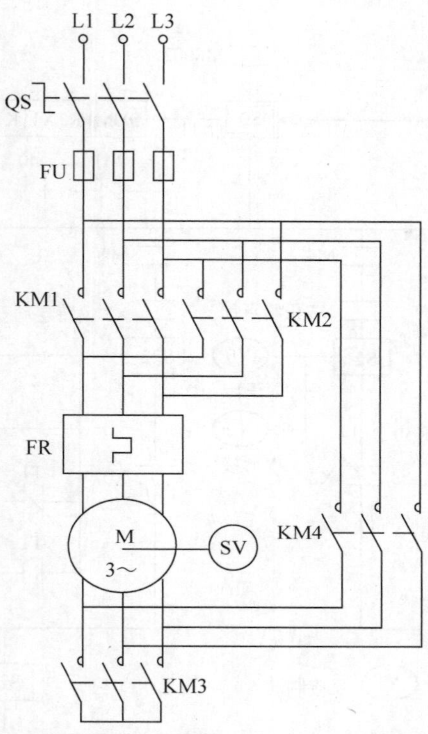

图 8-36 可逆星三角降压起动、点动、连动、反接制动控制主电路

2. 电路设计

可逆星三角降压起动、点动、连动、反接制动控制 PLC 接线图，如图 8-37 所示，状态转移图如图 8-38 所示。

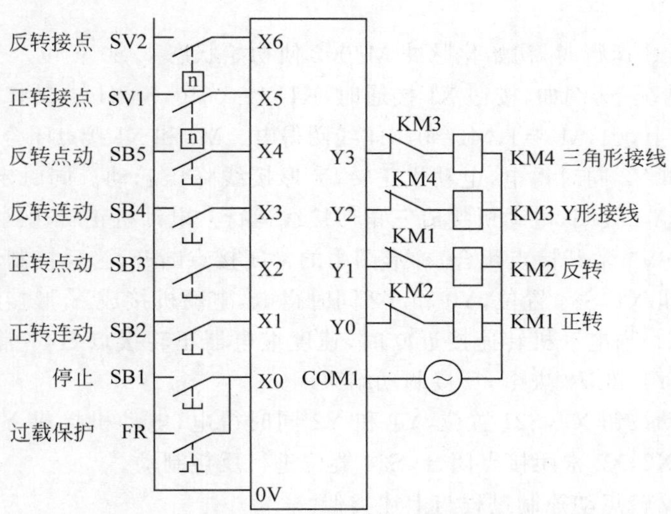

图 8-37 可逆星三角降压起动、点动、连动、反接制动控制 PLC 接线图

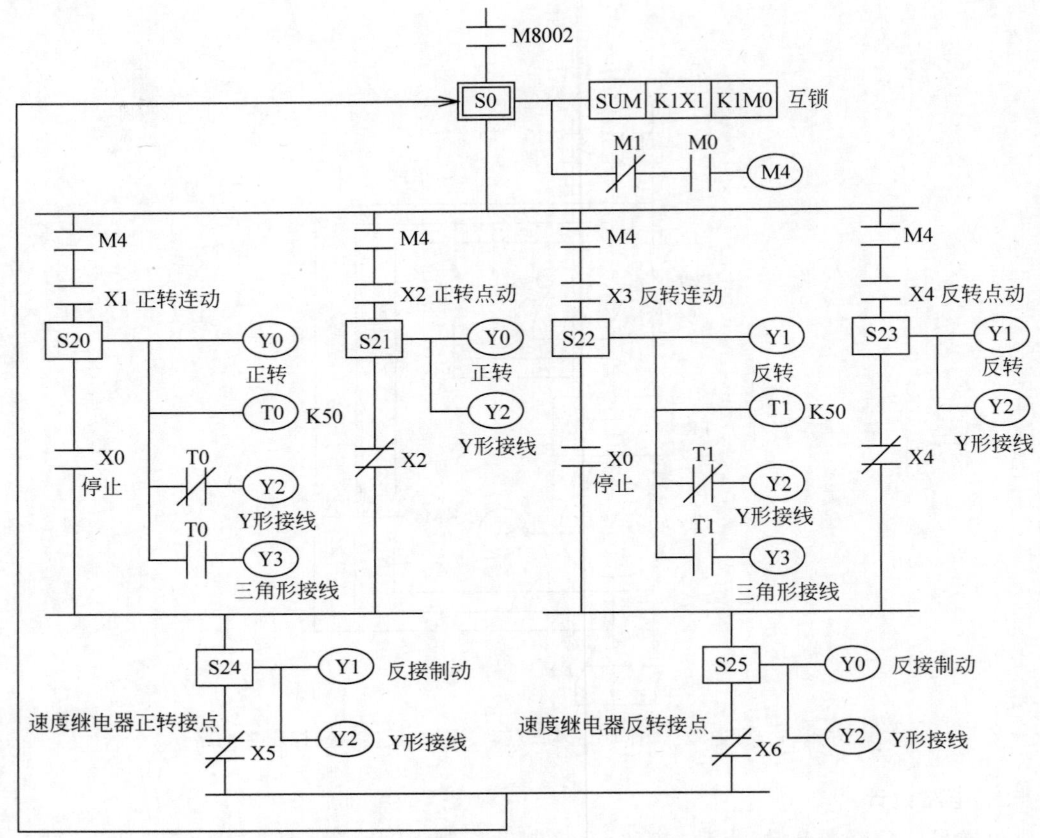

图 8-38 可逆星三角降压起动、点动、连动、反接制动控制状态转移图

3. 控制原理

初始状态，PLC 运行时，初始化脉冲 M8002 使初始状态步 S0 置位。当按钮 X1～X4 中只有一个接通的情况下，例如，按钮 X1 接通时，K1X1＝0010，K1X1 中只有一个 1，执行 SUM 指令，结果 K1M0＝0001，M0＝1，M1＝0，M4 线圈得电。M4 和 X1 接点闭合，S20 置位，实现正转连动控制，Y0 和 Y2 同时得电，电动机正转，Y 形接线降压起动。同时定时器 T0 经过 5s 后，断开 Y2 接通 Y3 线圈，电动机接成三角形接线运行。电动机正转达到一定转速时，速度继电器正转接点 SV1 常开接点闭合，梯形图中的常闭接点断开，为反接制动做好准备。

按下停止按钮 X1，S24 置位，Y0 和 Y2 同时得电，电动机接成 Y 形接线（以减少反接制动电流）反接制动。当电动机转速接近 0 时，速度继电器正转接点 SV1 常闭接点闭合，S24 复位，转移到 S0，Y1 和 Y2 失电，反接制动结束。

按下正转点动按钮 X2，S21 置位，Y1 和 Y2 同时得电，电动机接成 Y 形接线正转降压起动。松开按钮 X2，X2 常闭接点闭合，S24 置位进行反接制动。

反转连动和反转点动控制过程与上述类似。

第 9 章

电梯控制

实例 9.1　四层电梯楼层七段数码管显示

一个四层电梯，在电梯井中每一层设置一个限位开关。当轿厢到达某一层时，碰到该层限位开关时，用七段数码管显示该层的楼层号，并要求在轿厢运行过程中保持该楼层号的显示，直到轿厢到达相邻楼层后才改变楼层号。

控制方案设计

1. 输入/输出元件及控制功能

如表 9-1 所示，介绍了实例 9.1 中用到的输入/输出元件及控制功能。

表 9-1　输入/输出元件及控制功能

输入/输出元件	PLC 软元件	元件文字符号	元件名称	控制功能
输入	X1	SQ1	1 楼限位开关	1 楼位置检测
	X2	SQ2	2 楼限位开关	2 楼位置检测
	X3	SQ3	3 楼限位开关	3 楼位置检测
	X4	SQ4	4 楼限位开关	4 楼位置检测
输出	Y0		数码管笔画 a	七段数码管显示
	Y1		数码管笔画 b	七段数码管显示
	Y2		数码管笔画 c	七段数码管显示
	Y3		数码管笔画 d	七段数码管显示
	Y4		数码管笔画 e	七段数码管显示
	Y5		数码管笔画 f	七段数码管显示
	Y6		数码管笔画 g	七段数码管显示

2. 电路设计

四层电梯数码显示 PLC 接线图和梯形图如图 9-1 所示。

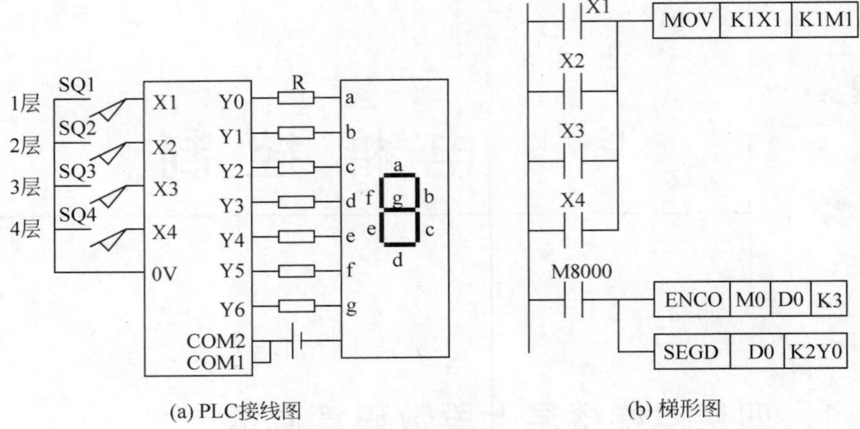

(a) PLC接线图　　(b) 梯形图

图 9-1　四层电梯数码显示

3. 控制原理

当电梯轿厢行至某层，例如，到第 3 层时，第 3 层的位置开关 X3 动作，执行 MOV 指令，将 X4、X3、X2、X1 的值 0100 传送到 M4、M3、M2、M1 中，即 M4、M3、M2、M1 等于 0100。如图 9-2 所示（注意当轿厢离开第 3 层时，X4、X3、X2、X1 等于 0000，但 M4、M3、M2、M1 的值不变，仍为 0100），在 M7～M0 中，M3＝1 表示为 3，经 ENCO 编码到 D0，D0＝3，再经 SEGD 指令七段解码。由输出 Y0～Y6 驱动七段数码管显示 3。

用数码管显示楼层比较直观。每层楼（9 层以内）只要一个数码管即可，但 PLC 需要 7 点输出继电器。注意：执行 SEGD 指令七段解码将占用 8 个输出继电器。例如，图 9-2 中占用输出 Y0～Y7，其中 Y7＝0，如要使用 Y7，必须在 SEGD 指令之后编程使用。

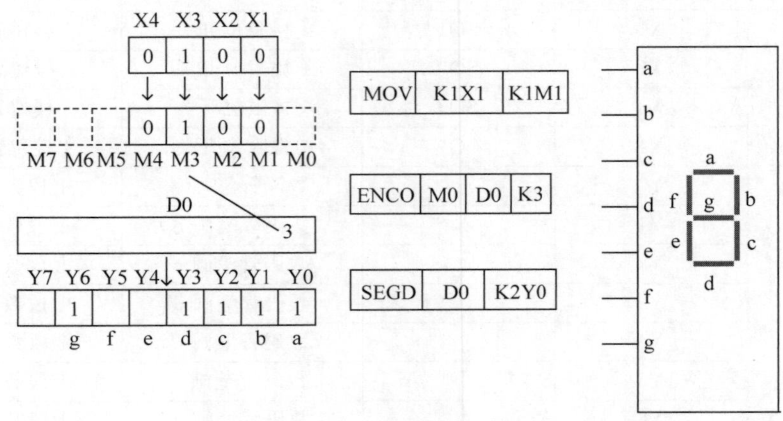

图 9-2　梯形图工作原理说明

实例 9.2 四层电梯楼层外部解码数码显示

在实例 9.1 中，四层电梯楼层显示采用 PLC 直接驱动七段数码管显示层号，需要 7 点输出继电器。如果采用外部解码电路，由于数码管显示 1、2、3、4 共有四种情况，所以用 PLC 的两点输出继电器即可，用外部继电器解码电路控制七段数码管显示四层电梯的楼层。

控制方案设计

1. 输入/输出元件及控制功能

如表 9-2 所示，介绍了实例 9.2 中用到的输入/输出元件及控制功能。

表 9-2 输入/输出元件及控制功能

输出/输入元件	PLC 软元件	元件文字符号	元 件 名 称	控 制 功 能
输入	X1	SQ1	1 楼限位开关	1 楼位置检测
	X2	SQ2	2 楼限位开关	2 楼位置检测
	X3	SQ3	3 楼限位开关	3 楼位置检测
	X4	SQ4	4 楼限位开关	4 楼位置检测
输出	Y0	K1	继电器 1	解码
	Y1	K2	继电器 2	解码

2. 电路设计

七段数码管的显示由输出继电器 Y0、Y1 控制两个小型继电器 K1、K2 的闭合和断开。数码管显示采用共阴极接法，并串联限流电阻，其电路如图 9-3 所示。

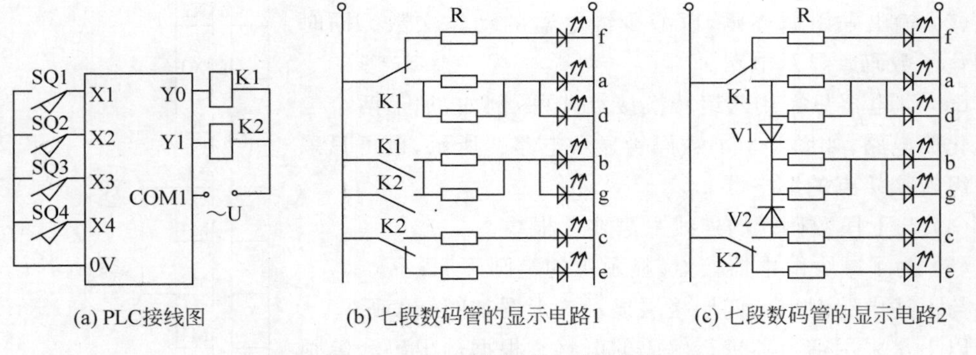

(a) PLC接线图 (b) 七段数码管的显示电路1 (c) 七段数码管的显示电路2

图 9-3 四层电梯楼层显示接线图

其输出继电器 Y0、Y1 输出码与七段笔画显示的对应关系如表 9-3 所示。PLC 在 1 层时以及在初始状态下，显示数字 1(e、f 笔画亮)表示轿厢在 1 层。在 2 层时，2 层的限位开关

X2 动作，使 2 层限位记忆继电器 M2＝1，继电器触点 K1 闭合，显示数字 2(a、b、d、e、g 笔画亮)表示轿厢在 2 层。同理，轿厢在 3 层时，3 层的限位开关 X3 动作，使 3 层限位记忆继电器 M3＝1，继电器触点 K1、K2 触点 2 闭合，数码显示 3(a、b、c、d、g 笔画亮)表示轿厢在 3 层。四层同理。

表 9-3　对应关系列表

楼层位置				记忆继电器				输出码		楼层	七段笔画显示						
X4	X3	X2	X1	M4	M3	M2	M1	Y1	Y0		a	b	c	d	e	f	g
0	0	0	1	0	0	0	1	0	0	1	0	0	0	0	1	1	0
0	0	1	0	0	0	1	0	0	1	2	1	1	0	1	1	0	1
0	1	0	0	0	1	0	0	1	1	3	1	1	1	1	0	0	1
1	0	0	0	1	0	0	0	1	0	4	0	1	1	0	0	1	1

由输出码和笔画可写出逻辑表达式：

$$a=d=Y0=K1$$

$$b=g=Y0+Y1=K1+K2$$

$$c=Y1=K2$$

$$e=\overline{Y1}=\overline{K2}$$

$$f=\overline{Y0}=\overline{K1}$$

由逻辑表达式可画出七段数码管显示电路，如图 9-3 所示，其中数码管显示电路 1 采用两常开两常闭继电器，数码管显示电路 2 采用一常开一常闭继电器。

电路特点如下：

(1) 仅用两个输出点，通过两个小型继电器即可控制一个七段数码管。

(2) 输出采用循环码，以减少继电器的动作次数。同时还简化了数码管显示电路。

(3) 继电器只需用两组转换接点即可，例如，加上两个二极管化简电路，如图 9-3(c)数码管显示电路 2 所示，也可只采用一组转换接点的继电器。

(4) 与七段数码管的连线只需要 5 根线。

(5) 为了减少继电器接点，显示 1 的笔画用 f、e。

与上述电路对应的四层楼层显示梯形图如图 9-4 所示。

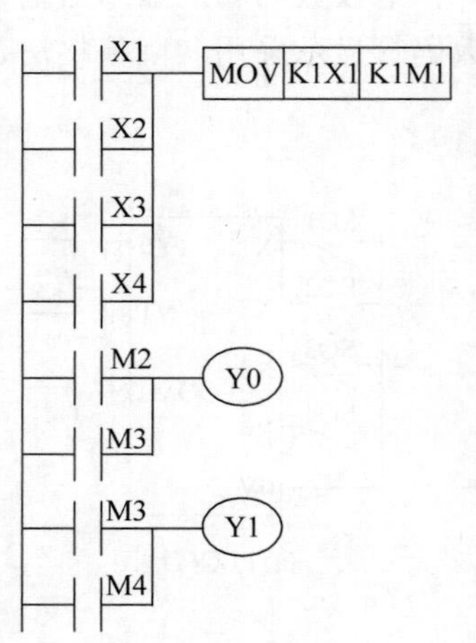

图 9-4　四层楼层显示梯形图

以上是采用继电器进行解码的电路。根据输出码和笔画写出的逻辑表达式也可以用集成电路块 4011 组成解码电路，如图 9-5 和图 9-6 所示。

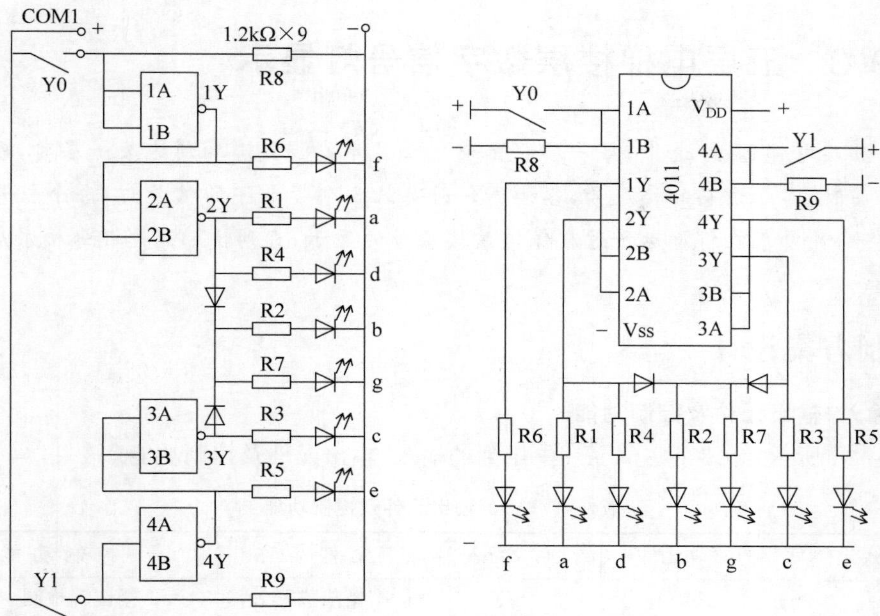

图 9-5　集成电路块 4011 组成解码电路 1

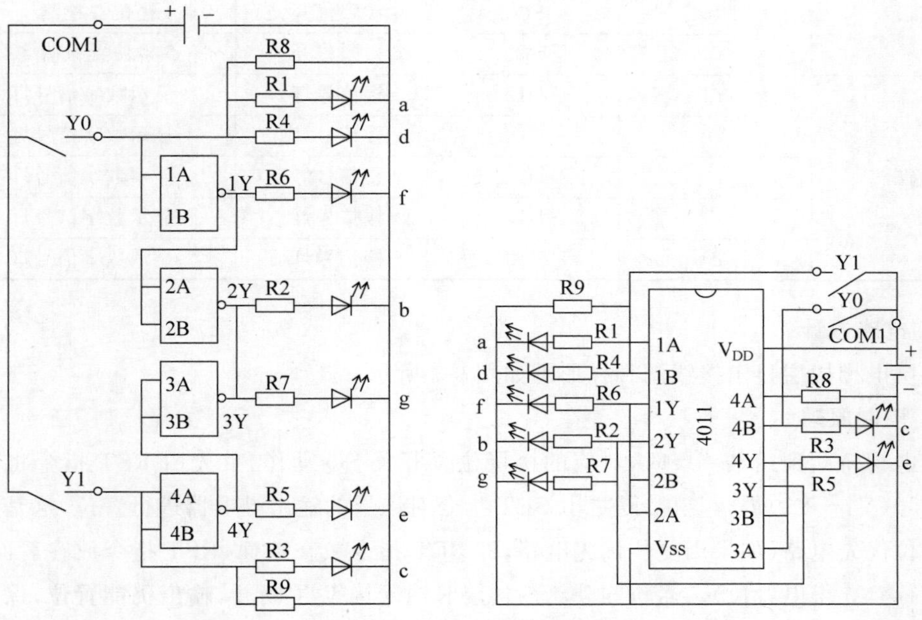

图 9-6　集成电路块 4011 组成解码电路 2

实例 9.3　五层电梯楼层数字信号灯显示

一个五层电梯，在井道中，每一层设置一个位置开关。当轿厢到达某一层时，碰到该楼层位置开关时，显示该层的楼层号，各楼层分别安装 5 个带数字的信号灯，每个信号灯显示一个楼层号，并要求在轿厢运行过程保持该楼层号的显示，直到轿厢到达相邻楼层后才改变楼层号。

控制方案设计

1. 输入/输出元件及控制功能

如表 9-4 所示，介绍了实例 9.3 中用到的输入/输出元件及控制功能。

表 9-4　输入/输出元件及控制功能

输出/输入元件	PLC 软元件	元件文字符号	元件名称	控制功能
输入	X1	SQ1	1 楼限位开关	1 楼位置检测
	X2	SQ2	2 楼限位开关	2 楼位置检测
	X3	SQ3	3 楼限位开关	3 楼位置检测
	X4	SQ4	4 楼限位开关	4 楼位置检测
	X5	SQ5	5 楼限位开关	5 楼位置检测
输出	Y1	HL1	1 楼信号灯	显示数字信号灯 1
	Y2	HL2	2 楼信号灯	显示数字信号灯 2
	Y3	HL3	3 楼信号灯	显示数字信号灯 3
	Y4	HL4	4 楼信号灯	显示数字信号灯 4
	Y5	HL5	5 楼信号灯	显示数字信号灯 5

2. 电路设计

五层电梯楼层显示接线图和梯形图如图 9-7 所示。

3. 控制原理

当电梯轿厢到达某一层时，对应的楼层位置开关 SQ 动作，首先由 RST 指令将所有的输出信号（Y1～Y5）进行复位，随之由 SET 指令对该层的输出继电器进行置位，这是一个多输出置位优先电路（如果用复位优先电路，即 SET 指令放在前面，RST 指令放在后面，则无法使 Y1～Y5 得电置位）。当轿厢驶离该楼层时输入接点 X 断开，输出仍能置位，保持该楼层的输出信号，并输出显示到达楼层的信号灯，直到轿厢到达相邻楼层时才会消除。

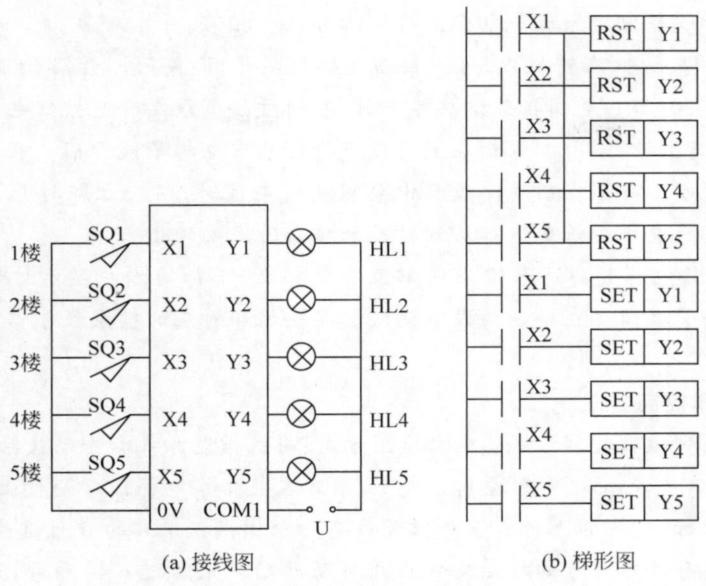

(a) 接线图　　(b) 梯形图

图 9-7　五层电梯楼层显示

实例 9.4　五层电梯控制

1. 五层电梯的基本控制要求

(1) 在每层楼电梯门厅处都装有一个上行呼叫按钮和一个下行呼叫按钮，分别或同时按动上行按钮和下行按钮，该楼层信号将会被记忆，对应的信号灯亮(表示该层有乘客要上行或下行)。

(2) 当电梯在上行过程中，如果某楼层有上行呼叫信号时(信号必须在电梯到达该层之前呼叫，如果电梯已经运行过该楼层，则在电梯下一次上行过程中响应该信号)，则到该楼层电梯停止，消除该层上行信号，对应的上行信号灯灭，同时电梯门自动打开让乘客进入电梯上行。在电梯上行过程中，门厅的下行呼叫信号不起作用。

(3) 当电梯在下行过程中，如果某楼层有下行呼叫信号时，则到该楼层电梯停止，消除该层下行信号，对应的下行信号灯灭，同时电梯门会自动打开让乘客进入电梯下行，在电梯下行过程中，门厅的上行呼叫信号不起作用。电梯在上行或下行过程中，经过无呼叫信号的楼层，且轿厢内没有该楼层信号时，电梯不停止也不开门。

(4) 在电梯上行时，电梯优先服务于上行选层信号。在电梯下行时，电梯优先服务于下行选层信号。当电梯停在某层时，消除该层的选层信号。

(5) 电梯在上行过程中，如果某楼层上行、下行都有呼叫信号时，电梯应优先服务于上行的呼叫信号。如果上一楼层无呼叫信号，而下一楼层有呼叫信号时，电梯服务于下一层信号。电梯在下行过程中的原理与电梯上行的工作原理相似。

(6) 电梯在停止时,在轿厢内,可用按钮直接控制开门、关门。开门 5s 后若无关门信号时,电梯门将自动关闭。电梯在某楼层停下时,在门厅按下该层呼叫按钮也能开门。电梯在开门时,电梯不能上行、下行。电梯在上行或下行过程中电梯不能开门。在电梯门关闭到位后电梯方可上行或下行。在门关闭过程中乘客被门夹住时,门应立即打开。电梯采用高速起动运行、停止时,电梯先低速运行后到对应的楼层时准确停止。

(7) 在每层楼电梯的门厅和轿厢内都装有电梯上、下行的方向显示灯和电梯运行到某一层的楼层数码管显示。在轿厢内设有楼层选层按钮和对应的楼层数字信号灯以及楼层数码管显示。

2. 电梯操作控制方式

电梯具备三种操作控制方式:乘客控制方式、司机控制方式和手动检修控制方式。

(1) 乘客控制方式。在乘客控制方式下,乘客在某楼层电梯门厅处按上行呼叫按钮,或者下行呼叫按钮时,对应的上行或下行信号灯亮。电梯根据乘客的呼叫信号,按优先服务的运行方式运行到有呼叫信号的楼层处停止并自动开门。乘客进入轿厢后,可手动操作关门(按关门按钮),电梯门也可自动关闭,在控制梯形图中设置了电梯开门 5s 后电梯门自动关闭。乘客按下选层按钮时,对应的楼层信号灯亮,当电梯到达该楼层后,电梯停止并自动开门(也可手动开门),同时对应的选层信号灯灭。

(2) 司机控制方式。在司机控制方式下,乘客不能控制电梯的上行、下行和停止,电梯的运行状态完全由轿厢内的司机控制。司机按下某楼层选层按钮时,对应的楼层信号灯亮,电梯运行到该楼层时停止,对应的信号灯灭,同时显示该楼层的楼层号,电梯门自动打开。电梯门关闭到位后,电梯自动运行至下一选定的楼层。

当乘客按下某一楼层的呼叫按钮时,轿厢内对应的楼层信号灯闪烁以告诉司机该楼层有乘客(乘客上行时对应的信号灯以 1s 的周期闪烁,乘客下行时对应的信号灯以 4s 的周期闪烁),司机可以根据情况选择到该层停止或不停止。

(3) 手动检修控制方式。在手动检修控制方式下,检修人员可以根据情况选择高速或低速运行方式。电梯开门、关门、上行、下行分别有点动控制和连动控制两种方式,以方便检修工作,并可以不受楼层限位开关的控制,轿厢可以停在井道中的任何位置。而当电梯门开或关到极限位置时,轿厢上行到最上层或下行到最下层必须自动停止。在手动检修控制方式下,轿厢内和门厅处电梯上行、下行显示信号和楼层数字应能正常显示。

如图 9-8 所示为电梯电气元件布置图。

控制方案设计

1. PLC 软元件分配表及控制功能

如表 9-5 所示,介绍了实例 9.4 中用到的 FX_{2N}-48 型 PLC 软元件分配表。

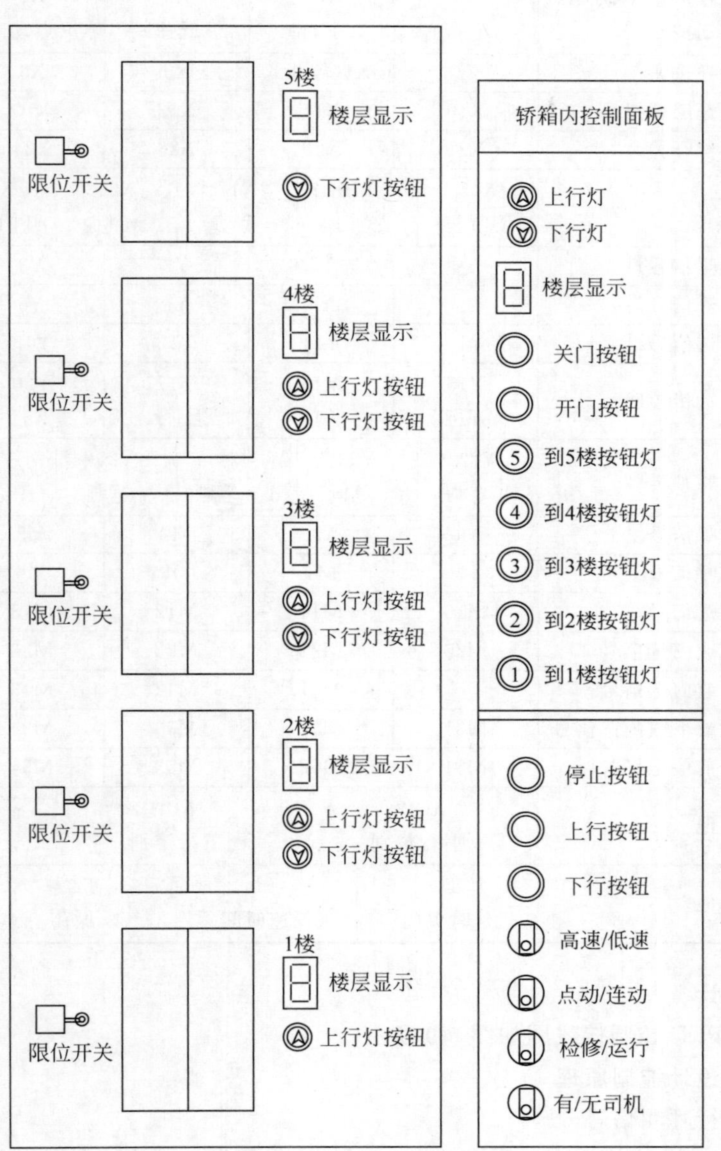

图 9-8　电梯电气元件布置图

表 9-5　FX_{2N}-48 型 PLC 软元件分配表

<table>
<tr><th>软元件</th><th>功能</th><th colspan="12">1 楼</th><th colspan="12">2 楼</th><th colspan="12">3 楼</th><th colspan="12">4 楼</th><th colspan="12">5 楼</th></tr>
<tr><td rowspan="5">输入 X
继电器</td><td>上呼按钮
手动按钮</td><td colspan="12">X0
（上行）</td><td colspan="12">X1
（下行）</td><td colspan="12">X2
（低速）</td><td colspan="12">X3
（点动）</td><td colspan="12"></td></tr>
<tr><td>下呼按钮</td><td colspan="12"></td><td colspan="12">X4（停止）</td><td colspan="12">X5</td><td colspan="12">X6</td><td colspan="12">X7</td></tr>
<tr><td>内选层按钮</td><td colspan="12">X10</td><td colspan="12">X11</td><td colspan="12">X12</td><td colspan="12">X13</td><td colspan="12">X14</td></tr>
<tr><td>限位开关</td><td colspan="12">X21</td><td colspan="12">X22</td><td colspan="12">X23</td><td colspan="12">X24</td><td colspan="12">X25</td></tr>
<tr><td>其他</td><td colspan="10">X15
开门</td><td colspan="10">X16
关门</td><td colspan="10">X17
手动</td><td colspan="10">X20
司机</td><td colspan="10">X26
开门限位</td><td colspan="10">X27
关门限位</td></tr>
<tr><td rowspan="5">Y
输出继电器</td><td>上呼信号灯</td><td colspan="12">Y0</td><td colspan="12">Y1</td><td colspan="12">Y2</td><td colspan="12">Y3</td><td colspan="12"></td></tr>
<tr><td>下呼信号灯</td><td colspan="12"></td><td colspan="12">Y4</td><td colspan="12">Y5</td><td colspan="12">Y6</td><td colspan="12">Y7</td></tr>
<tr><td>内选信号灯</td><td colspan="12">Y10</td><td colspan="12">Y11</td><td colspan="12">Y12</td><td colspan="12">Y13</td><td colspan="12">Y14</td></tr>
<tr><td>电动机控制</td><td colspan="12">Y15
开门</td><td colspan="12">Y16
关门</td><td colspan="12">Y17
上行</td><td colspan="12">Y20
下行</td><td colspan="12">Y21
低速</td></tr>
<tr><td>数码管笔画</td><td colspan="10">Y22
b 笔画</td><td colspan="10">Y23
c 笔画</td><td colspan="10">Y24
d、a 笔画</td><td colspan="10">Y25
e 笔画</td><td colspan="10">Y26
f 笔画</td><td colspan="10">Y27
g 笔画</td></tr>
<tr><td rowspan="8">M
辅助继电器</td><td>上呼信号</td><td colspan="12">M0</td><td colspan="12">M1</td><td colspan="12">M2</td><td colspan="12">M3</td><td colspan="12"></td></tr>
<tr><td>下呼信号</td><td colspan="12"></td><td colspan="12">M4</td><td colspan="12">M5</td><td colspan="12">M6</td><td colspan="12">M7</td></tr>
<tr><td>内选信号</td><td colspan="12">M10</td><td colspan="12">M11</td><td colspan="12">M12</td><td colspan="12">M13</td><td colspan="12">M14</td></tr>
<tr><td>上或内选信号</td><td colspan="12">M20</td><td colspan="12">M21</td><td colspan="12">M22</td><td colspan="12">M23</td><td colspan="12"></td></tr>
<tr><td>下或内选信号</td><td colspan="12"></td><td colspan="12">M41</td><td colspan="12">M42</td><td colspan="12">M43</td><td colspan="12">M44</td></tr>
<tr><td>上或下或内选信号</td><td colspan="12">M31</td><td colspan="12">M32</td><td colspan="12">M33</td><td colspan="12">M34</td><td colspan="12">M35</td></tr>
<tr><td>当前层记忆</td><td colspan="12">M51</td><td colspan="12">M52</td><td colspan="12">M53</td><td colspan="12">M54</td><td colspan="12">M55</td></tr>
<tr><td>其他</td><td colspan="20">M100
上行辨别</td><td colspan="20">M101
下行辨别</td><td colspan="20">M102
停止信号</td></tr>
<tr><td>T
定时器</td><td>其他</td><td colspan="15">T0
延时关门</td><td colspan="15">T1
低速时间</td><td colspan="15">T2
4s 振荡</td><td colspan="15">T3
4s 振荡</td></tr>
</table>

2. 电路设计

五层电梯 PLC 控制接线图如图 9-9 所示。

3. 梯形图设计控制原理

1）门厅上行呼叫信号

门厅上行呼叫信号的用途：乘客在 1～4 楼层时，用按钮发出上行的信号以便告诉司机或直接控制电梯运行到乘客所在的楼层，控制梯形程序如图 9-10 所示。

X0～X3 输入继电器分别为 1～4 楼层的上行按钮，输出继电器 Y0～Y3 分别控制 1～4 楼层的上行信号灯，表示对应的按钮发出的命令，与同一楼层的上行按钮和上行信号灯装在一起，采用带灯按钮，当按钮按下时，按钮中的灯发红光显示向上行标志。

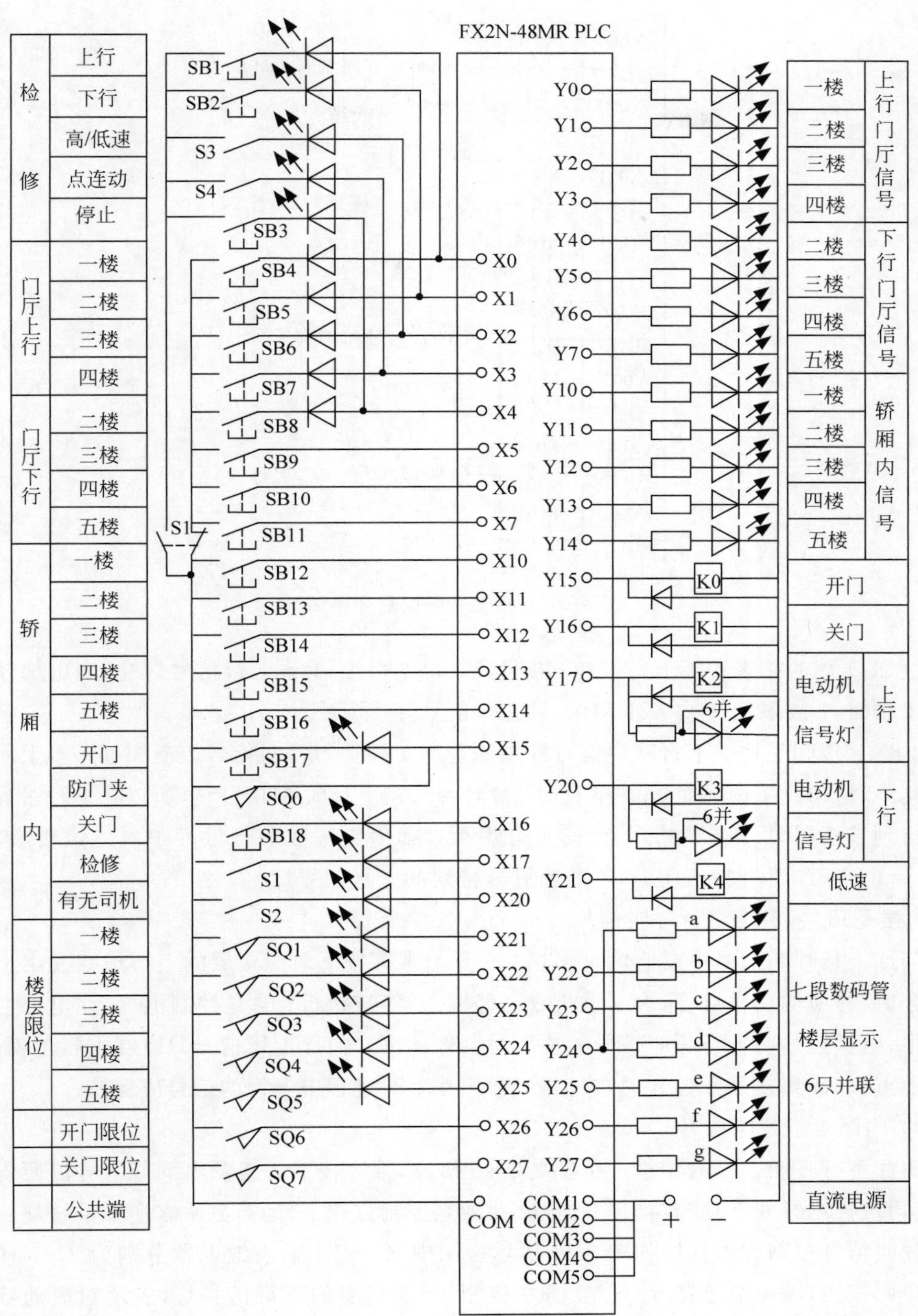

图 9-9 五层电梯 PLC 控制梯形图

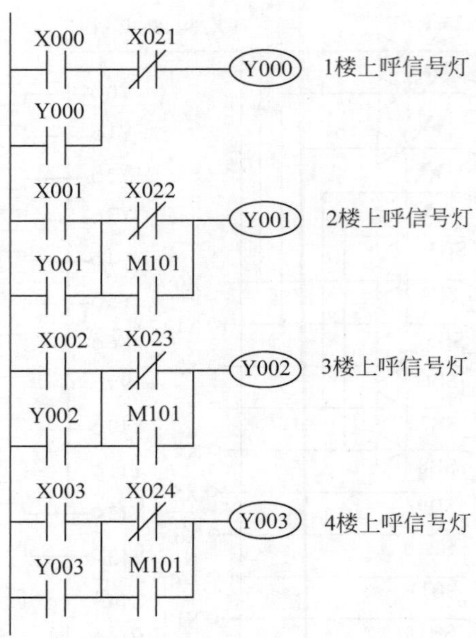

图 9-10 门厅上行呼叫信号梯形图

例如，1 楼的乘客按下上行按钮 X0 时，Y0 得电自锁，1 楼上行信号灯亮，当电梯轿厢下行到 1 楼时，1 楼限位开关 X21 动作，其上行信号灯 Y0 灭。

2 楼、3 楼和 4 楼的上行呼叫信号控制原理与 1 楼上行呼叫信号控制原理基本上是相同的。其中，M101 为下行标志，在下行时 M101＝1，在上行时 M101＝0，所以在上行过程中电梯上行到该楼层时，该楼层的上行信号灯熄灭。如果电梯在下行过程中到达该楼层，由于 M101＝1，M101 常开接点闭合，不能断开该楼层的上行信号灯。

5 楼是顶层，没有上行呼叫信号。

门厅上行呼叫信号主要起两个作用：一是当乘客按下对应楼层的上行按钮发出上行呼叫指令时，对应的信号灯亮，表示该指令已经输入，等待执行；二是控制电梯，在电梯上行的过程中，电梯经过有上行呼叫信号的楼层时会停下来。门厅上行信号只有在上行过程中，到指定地点（即碰到楼层限位开关）才消除信号，在下行过程中上行的信号应保持。

2）门厅下行呼叫信号

门厅下行呼叫信号的用途：乘客在 2～5 楼层，乘客按下按钮发出下行信号以便告知司机（在司机控制方式下）或直接控制电梯（在乘客控制方式下）运行到乘客所在的楼层。门厅下行呼叫信号控制梯形程序如图 9-11 所示。图中 X4～X7 输入继电器分别为 2～5 楼层的下行呼叫按钮，输出继电器 Y4～Y7 分别控制 2～5 楼层的下行信号灯，表示对应的按钮所发出的指令，与同一楼层的下行按钮和下行信号灯装在一起，采用带灯按钮，当按钮按下时，按钮中发出绿光显示向下标志。

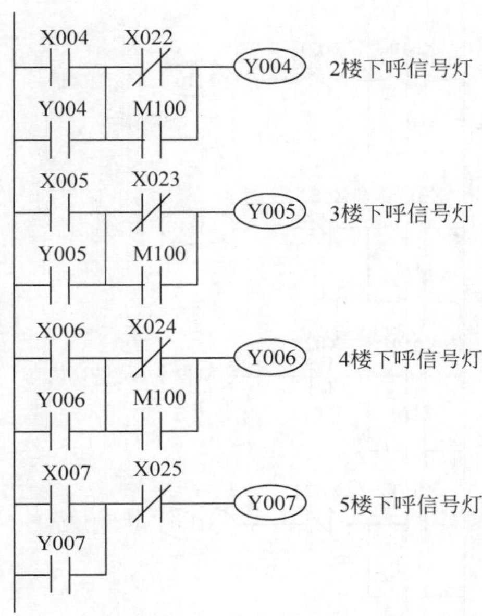

图 9-11　门厅下行呼叫信号梯形图

例如,5 楼乘客按下 5 楼下行按钮 X7 时,Y7 得电自锁,5 楼上行信号 Y7 亮,当电梯轿厢上行到 5 楼时,5 楼限位开关 X25 动作,其上行信号灯 Y7 灭。

2 楼、3 楼和 4 楼下行呼叫信号控制原理与 5 楼下行呼叫信号控制原理基本上相同。其中 M100 为上行标志,在上行时 M100＝1。在下行时 M100＝0,所以在下行过程中电梯上行到该楼层时,该楼层的上行信号灯熄灭。如果电梯在上行过程中到达该楼层,由于 M100＝1,M100 常开接点闭合,不能断开该楼层的上行信号灯。

1 楼是底层,没有下行呼叫信号。

门厅下行呼叫信号也主要起两个作用：一是当乘客按下对应楼层的下行呼叫按钮发出下行呼叫信号指令时,对应的信号灯显示该指令已经存入 PLC 中,等待执行；二是控制电梯在下行过程中经过有下行呼叫指令的楼层停下来,使下行乘客进入轿厢,并清除所停楼层的下行呼叫信号。

电梯在下行过程中只能清除下行呼叫信号,不能消除反方向的上行呼叫信号,以便在上行过程中执行。同理,电梯在上行过程中只能清除上行呼叫信号。

3）轿厢内选层信号

如图 9-12 所示,图中 X10～X14 输入继电器分别为轿厢内 1～5 楼层的选层信号按钮,辅助继电器 M10～M14 分别为 1～5 楼层的选层记忆信号。

例如,轿厢内某乘客要到二楼,按下 2 楼下行按钮 X11 时,M11 得电自锁,当电梯轿厢行驶到 2 楼时,2 楼限位开关 X22 动作,M11 失电,解除 2 楼的选层记忆信号。

4）轿厢内选层信号灯的控制

轿厢内选层信号灯用于显示轿厢应到达的楼层,选层信号灯有两种工作方式。

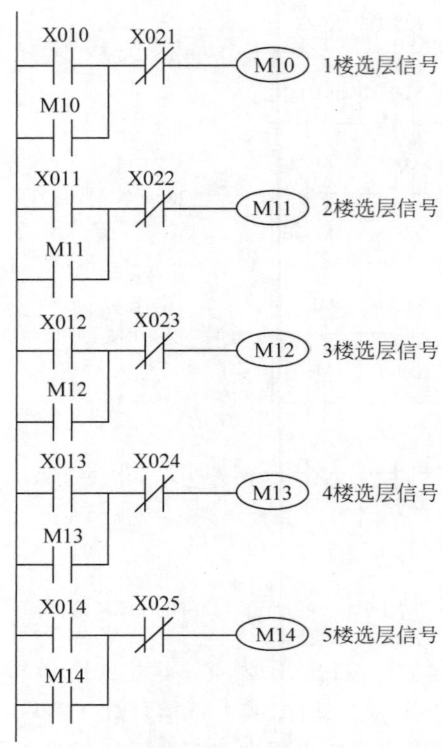

图 9-12 轿厢内选层信号梯形图

(1) 乘客控制操作方式:在这种工作方式下,当轿厢内乘客按下某层按钮时,对应的选层信号灯显示所到的楼层,把楼层的选层按钮和信号灯装在一起,采用带信号灯的按钮,例如,轿厢里的乘客要到 4 楼,按下 4 楼选层按钮,则按钮中的信号灯亮显示 4,电梯到达 4 楼后,消除信号,4 楼选层信号灯灭。轿厢内选层信号灯控制梯形图如图 9-13 所示。

(2) 司机控制工作方式:在这种工作方式下,电梯的工作方式完全由司机操作控制,乘客不能控制电梯的运行,但可以向司机发出请求信息。司机可以根据请求信息控制电梯来接送乘客,如果有一层楼都向轿厢内发送上行和下行信号则将使电路复杂,占用输出点增加,为了简化电路,节省可编程控制器的输出点,采用一个信号灯多种显示方式来表示不同的信号。在上行呼唤指令中串入 1s 脉冲信号,当有上行呼唤指令时,指令灯按 1Hz 频率闪光。在下行呼唤信号串入 4s 脉冲信号,当有下行呼唤信号时信号灯按 0.25Hz 频率闪光。当有轿厢内选信号时,信号灯常亮,不闪动,选层信号灯的工作时序如图 9-14 所示。

由图 9-14 可知,电梯在上行、下行、呼唤指令及轿厢内选层指令之间,优先显示轿厢内选层指令,这是因为在司机操作控制方式下选层指令可以控制电梯运行,而上、下行呼唤指令只是请求指令,不能控制电梯的运行。

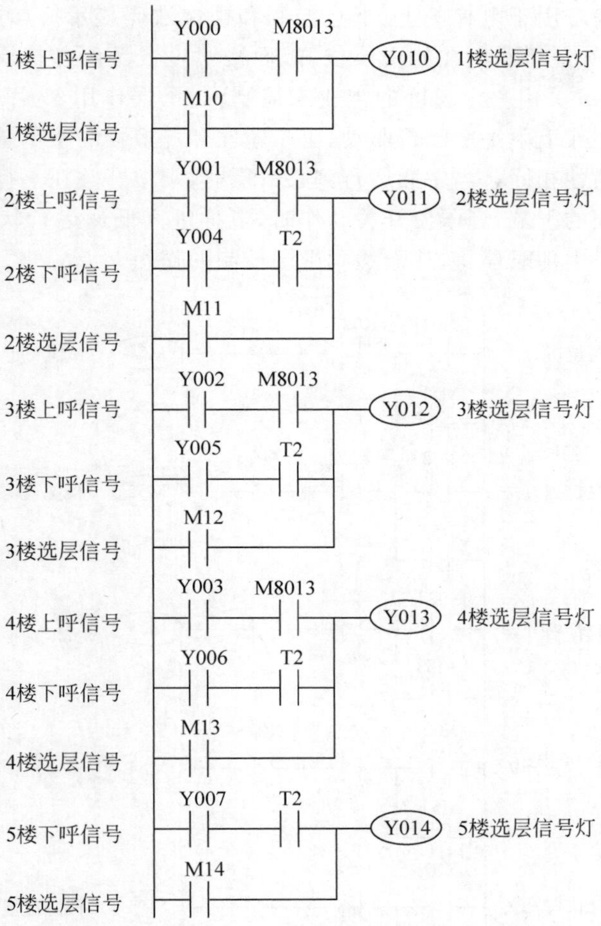

图 9-13　轿厢内选层信号灯的控制梯形图

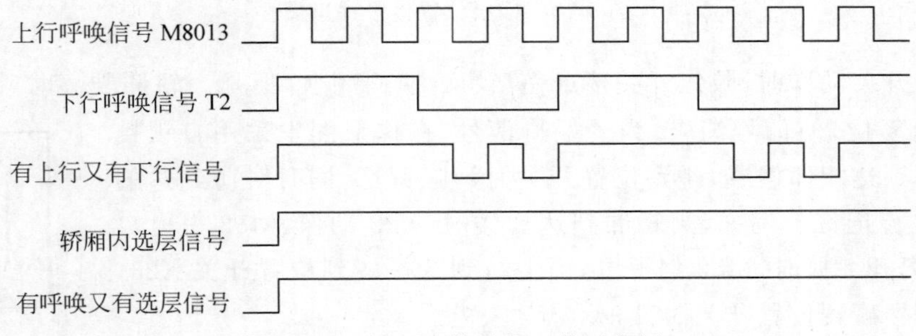

图 9-14　轿厢内信号灯工作时序图

5）楼层位置信号

楼层位置记忆信号用于电梯的上、下行控制和楼层数码显示。如图 9-15 所示，在电梯运行过程中，必须要知道轿厢所在的楼层位置，而楼层位置是由各楼层的位置开关（X21～X25）来检测的，位置开关由一定长度的挡块来控制，起平层作用，为了保证准确停车，轿厢的牵引方式采用摩擦式上下平衡配重驱动，由于轿厢和配重物的重量基本相等，所以电梯的上行和下行的运行惯性相同。当轿厢运行到某一层时，限位开关在上行时碰到挡块的上端，或在下行时碰到挡块的下端，当限位开关动作时，电梯进入低速运行状态，运行一定时间后当限位开关处于挡块中部时停止，从而达到平层控制的作用。

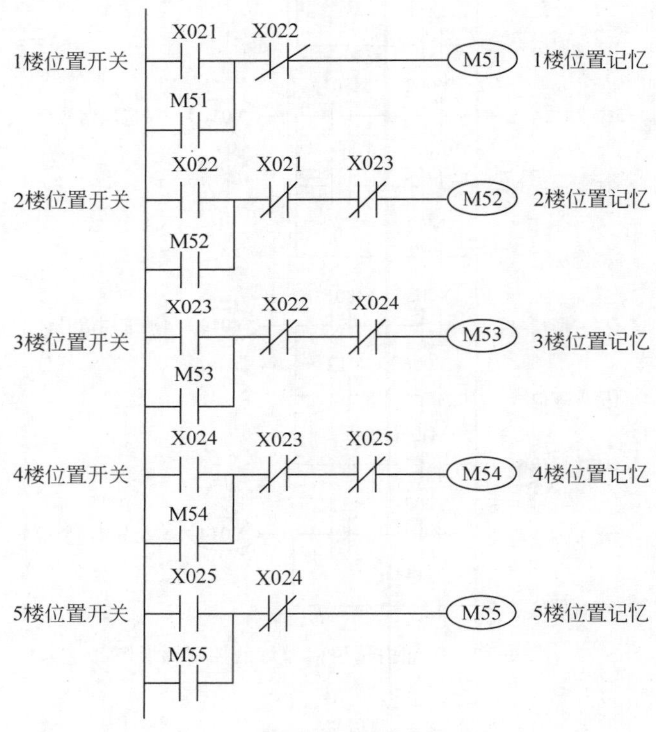

图 9-15　楼层位置信号梯形图

当限位开关动作时，限位开关接点受挡块碰撞而闭合，但是当轿厢驶离时，限位开关将脱离挡块而复位，使信号消失，为了保持信号，在梯形图中采用自锁接点。当电梯到达相邻楼层，碰到位置开关时消除记忆，同时对所到达的楼层位置进行记忆。例如，当轿厢到达 2 楼时，X22 动作，M52 得电自锁，当轿厢离开 2 楼时，M52 仍得电，当上行到 3 楼碰到位置开关 X23，或下行到 1 楼碰到位置开关 X21 时，M52 失电。

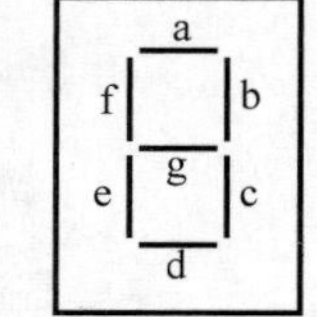

图 9-16　数码管笔画

6）七段数码管显示

七段数码管显示的笔画如图 9-16 所示，在 1 楼时，1 楼的限位开关

X21 动作，使 1 楼限位记忆继电器 M51＝1，显示数字“1”（b，c 笔画亮）表示轿厢在 1 楼，同理，轿厢在 2 楼时，M52＝1 数码显示 2（a，b，g，e，d 笔画亮表示轿厢在 2 楼）。

根据上述各楼层限位记忆继电器 M51～M55 和笔画对应关系如表 9-6 所示。

表 9-6　M51～M55 和笔画对应关系

楼层位置开关	楼层记忆信号	楼层数码显示	Y24 a	Y22 b	Y23 c	Y24 d	Y25 e	Y26 f	Y27 g
X21	M51	1		1	1				
X22	M52	2	1	1		1	1		1
X23	M53	3	1	1	1	1			1
X24	M54	4		1	1			1	1
X25	M55	5	1		1	1		1	1

根据表 9-6 写出数码管笔画的逻辑表达式：

笔画 b：$Y22=M51+M52+M53+M54=\overline{\overline{M51}\cdot\overline{M52}\cdot\overline{M53}\cdot\overline{M54}}$

笔画 c：$Y23=M51+M53+M54+M55=\overline{\overline{M51}\cdot\overline{M53}\cdot\overline{M54}\cdot\overline{M55}}$

笔画 a，d：$Y24=M52+M53+M55=\overline{\overline{M52}\cdot\overline{M53}\cdot\overline{M55}}$

笔画 e：$Y25=M52$

笔画 f：$Y26=M54+M55=\overline{\overline{M54}\cdot\overline{M55}}$

笔画 g：$Y27=M52+M53+M54+M55=\overline{\overline{M52}\cdot\overline{M53}\cdot\overline{M54}\cdot\overline{M55}}$

根据逻辑表达式画出梯形图，为了使梯形图紧凑，将常开接点并联改为常闭接点串联再取反来表示，如图 9-17 所示。

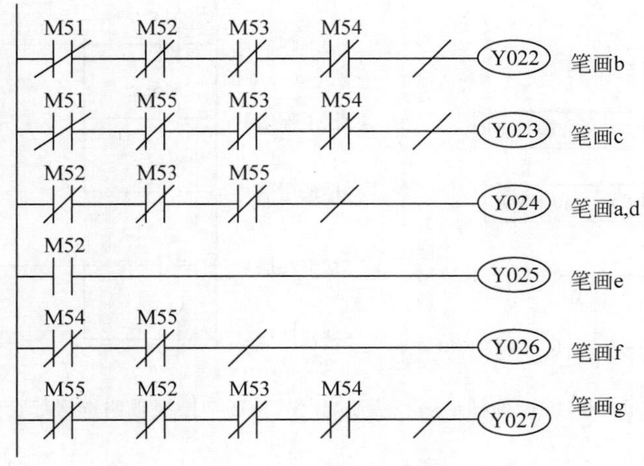

图 9-17　数码输出显示梯形图

7）楼层呼叫、选层综合信号

在电梯控制中，电梯的运行是根据门厅的上、下行按钮呼叫信号和轿厢内选层按钮呼叫信号来控制的。在司机控制方式下，要对门厅的上、下行按钮呼叫信号进行屏蔽，应将上下行按钮呼叫输出信号 Y0～Y7 转换成内部信号 M0～M7，如图 9-18 所示。在司机控制方式下，X20＝1，只将 M0～M7 复位，而 Y0～Y7 不复位。

T2、T3 组成一个 2s 断、2s 通的振荡电路，用于轿厢内信号灯的下呼信号显示。

为了使上、下行辨别控制梯形图清晰简练，将每一层的门厅的上、下行呼叫信号（简称上、下呼信号）和轿厢内选层呼叫信号用一个辅助继电器来表示，如图 9-19 所示。

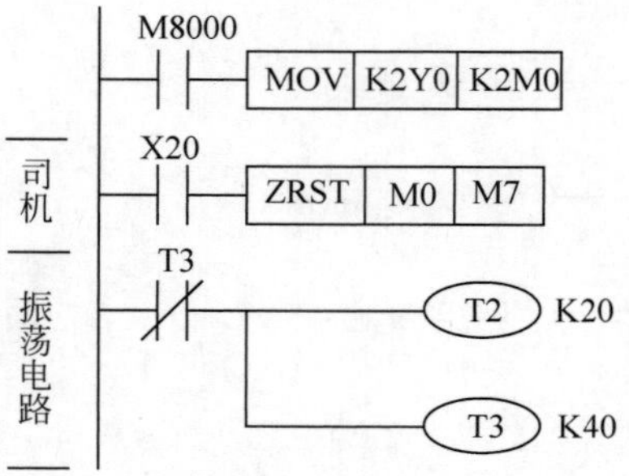

M8000
MOV K2Y0 K2M0
司机
X20
ZRST M0 M7
振荡电路
T3
T2 K20
T3 K40

图 9-18　司机控制方式和 4s 振荡梯形图

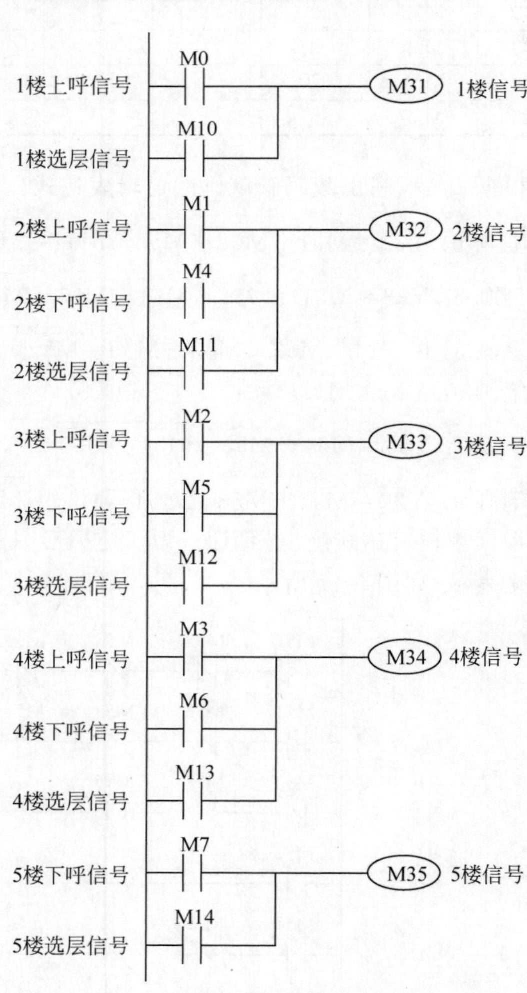

图 9-19　楼层呼叫选层综合信号梯形图

在乘客控制方式下，X20＝0，各楼层信号 M31～M35 接收乘客的门厅呼叫信号 M0～M7。

在司机控制方式下，X20＝1，M0～M7 被复位，各楼层信号 M31～M35 不接收乘客的门厅呼叫信号 M0～M7。也就是说，乘客在门厅不能控制电梯，但是给出灯光信号，参见“轿厢内选层信号灯的控制”。

8）上、下行辨别控制信号

上、下行辨别控制信号梯形图如图 9-20 所示。

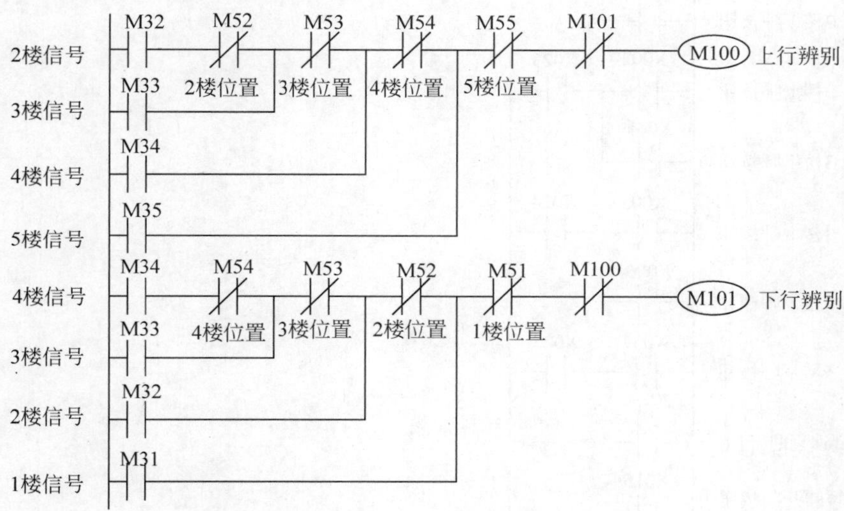

图 9-20　上、下行辨别控制信号梯形图

9）开门控制

开门控制梯形图如图 9-21 所示。

电梯只有在停止时 Y17＝0，Y20＝0 时，才能开门。

开门有 4 种情况：

(1) 当电梯行驶到某楼层停止时，电梯由高速转为低速运行 T1 时间时，T1 接点闭合，Y15 得电并自锁开门。门打开时碰到开门限位开关 X26，Y15 失电。开门结束。

(2) 在轿厢中，按下开门按钮 X15 时，开门。

(3) 在关门的过程中，若有乘客被门夹住，此时与开门按钮并联的限位开关 X15 动作，断开关门线圈 Y16，接通开门线圈 Y15，将门打开。

(4) 轿厢停在某一层时，在门厅按下上呼按钮或按下下呼按钮，开门。例如，轿厢停在 3 楼时，3 楼限位开关 X23＝1，乘客按下 3 楼的上呼按钮 X2 或按下下呼按钮 X5，电梯开门。而其他楼层按按钮不开门。

10）关门控制

关门控制梯形图如图 9-22 所示，电梯门正常是关着的，如果门开着，则开门限位开关

X26＝1，T0 得电延时 5s，T0 接点闭合，Y16 得电自锁，将电梯门自动关闭。关门到位时，关门限位开关 X27＝1，Y16 失电。关门结束。

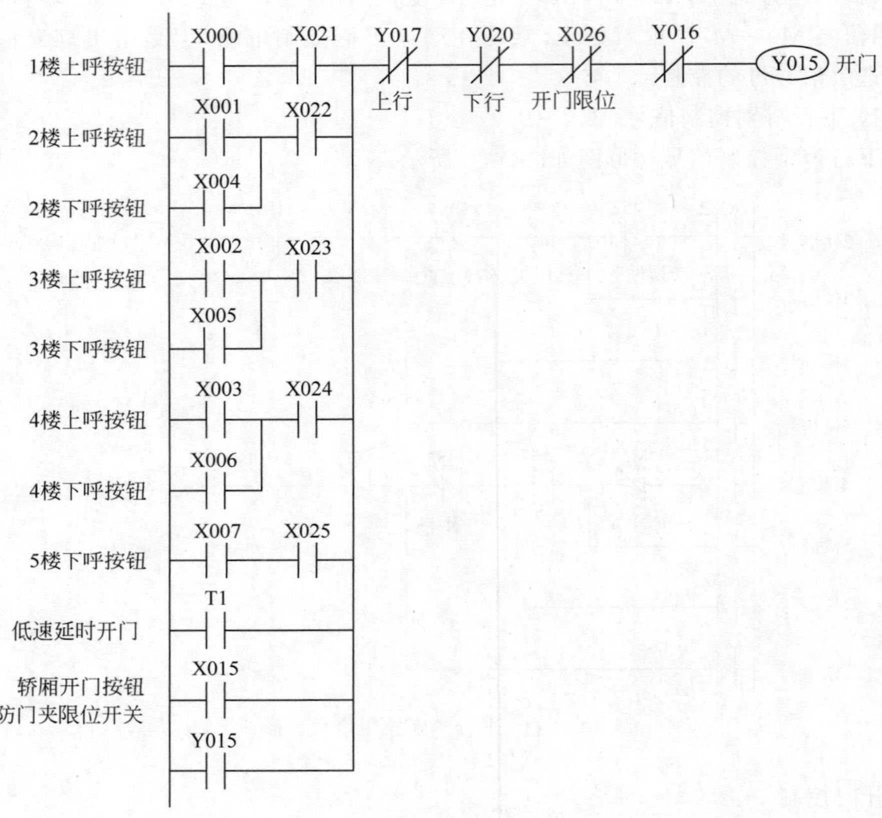

图 9-21　开门控制梯形图

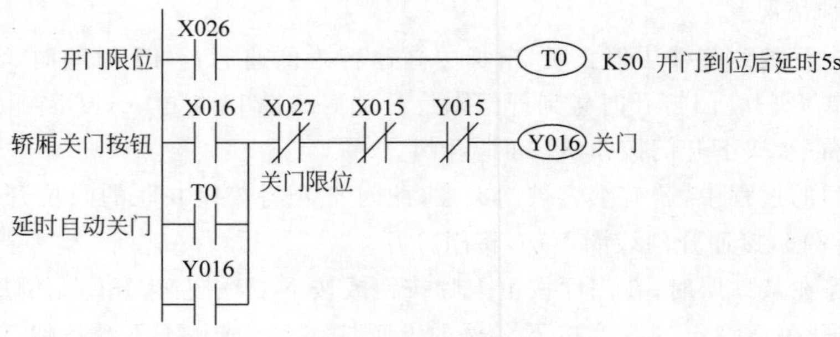

图 9-22　关门控制梯形图

在轿厢中，按下关门按钮 X16 时，电梯立即关门。当关门过程中，若有乘客被门夹住，限位开关 X15 动作停止关门，并将门打开。若有乘客在轿厢中按住开门按钮 X15，门将不能关闭。

11）停止信号

停止信号梯形图如图 9-23 所示，电梯在运行过程中到哪一层停止，取决于门厅呼叫信号和轿厢内选层信号。

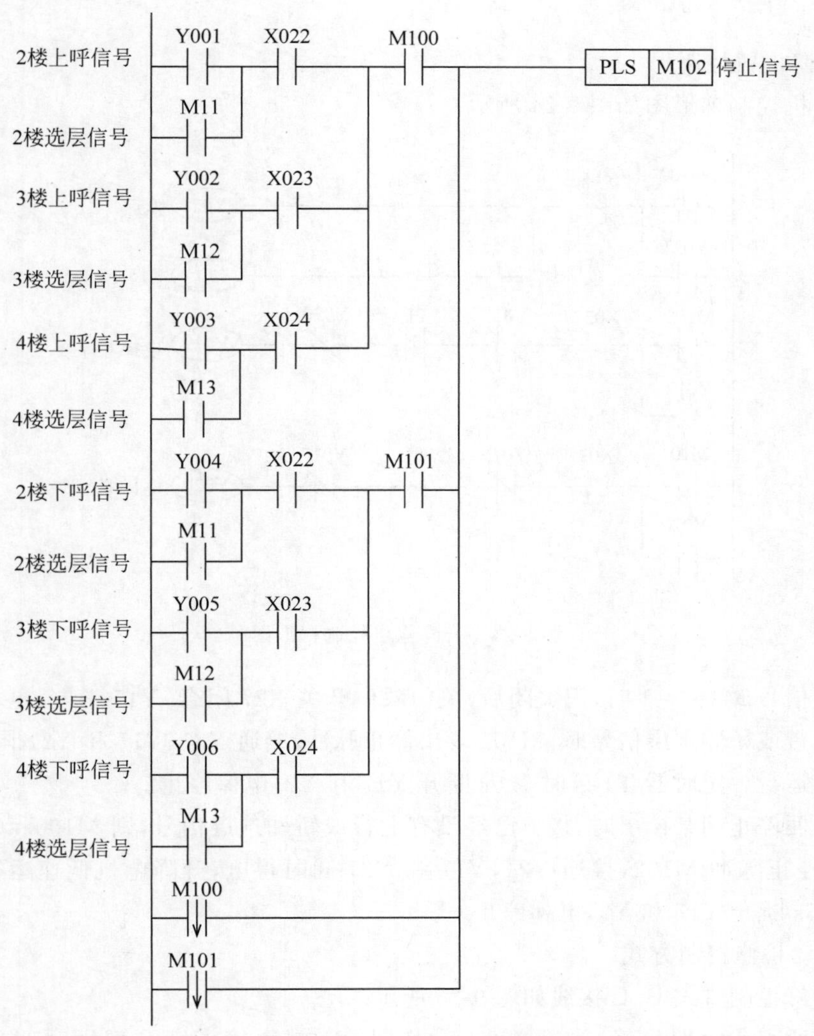

图 9-23 停止信号梯形图

根据控制要求，电梯在上行过程中只接受上行呼叫信号和轿厢内选层信号，当有上行呼叫信号和轿厢内选层信号时，M100＝1，M100 常开接点闭合，如果 3 楼有乘客按下上呼按钮，则 Y2 得电并自锁，当电梯上行到 3 楼时，位置开关 X23 动作，M102 发出一个停止脉冲。当电梯上行到最高层 5 楼时，M100 由 1 变成 0，M100 下降沿接点接通一个扫描周期，使 M102 发出一个停止脉冲。

电梯在下行过程中只接受下行呼叫信号和轿厢内选层信号，当有下行呼叫信号和轿厢内选层信号时，M101＝1，M101 常开接点闭合，例如，1 楼有乘客按下上呼按钮，当电梯下行到最低层 1 楼时，M101 由 1 变成 0，M101 下降沿接点接通一个扫描周期，使 M102 发出一个停止脉冲。

12）升降电机控制

升降电机控制梯形图如图 9-24 所示。

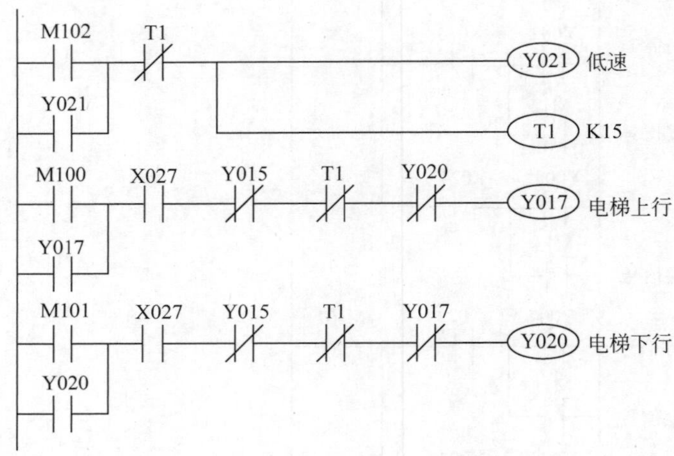

图 9-24　升降电机控制梯形图

当上行信号 M100＝1 时，门关闭后，关门限位开关 X27 闭合，Y17 得电，电梯上行。当某楼层有上行或轿厢选层信号时，M102 发出停止脉冲，接通 Y21，Y17 和 Y21 同时得电，升降电机低速运行。定时器 T1 延时 1.5s 断开 Y17 和 Y2，电梯停止。

如果轿厢停止到某楼层时，楼上已经没有上行或轿厢选层信号，则 M100＝0，但是 Y17 自锁，此时停止脉冲 M102，接通 Y21，Y17 和 Y21 同时得电，升降电机低速运行。定时器 T1 延时 1.5s 断开 Y17 和 Y2，电梯停止。

13）手动检修控制方式

手动检修控制方式 PLC 接线如图 9-25 所示。

电梯一般需要定期检修，当开关 S1 动作时，S1 常闭接点断开门厅呼叫按钮 SB4～SB11，门厅呼叫信号无效，输入继电器 X0～X7 可以另做他用。S1 常开接点接通检修用的控制电路。S1 另一常开接点接通 X17。

X17 常开接点闭合，执行跳转指令 CJ P1。跳过乘客控制方式和司机控制方式梯形图。

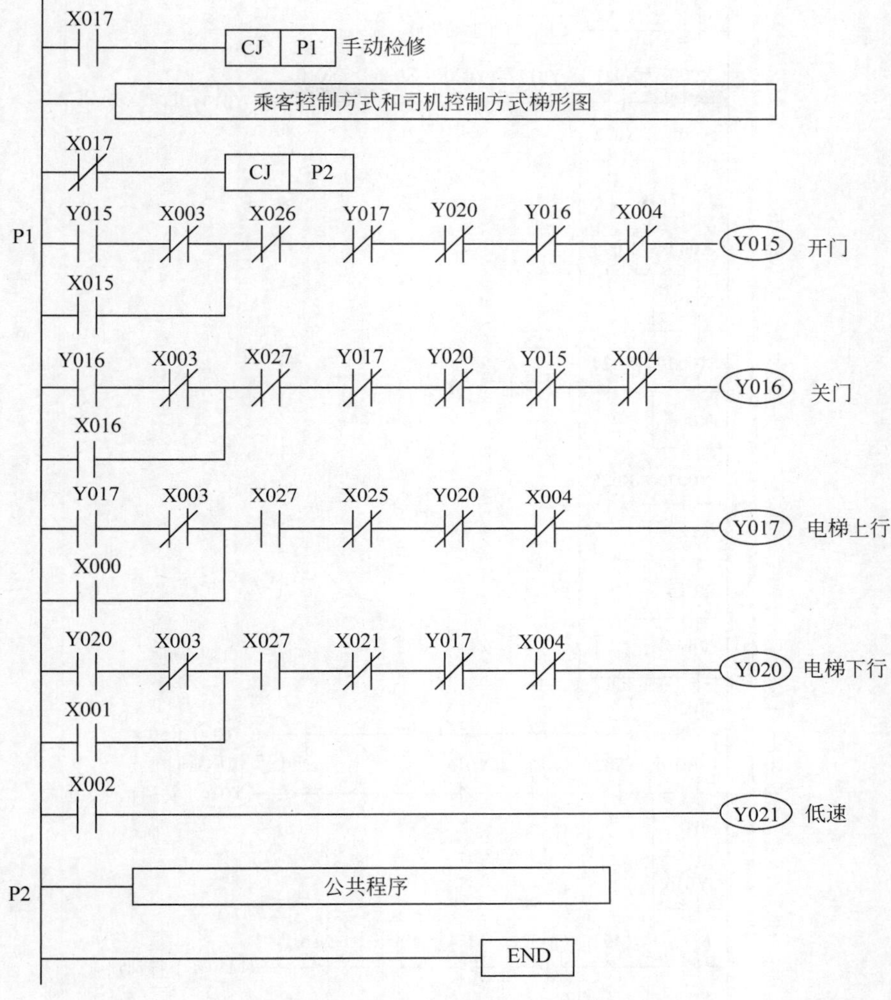

图 9-25　手动检修控制方式梯形图

X17 常闭接点断开，不执行跳转指令，而手动梯形图被执行。

X0 用于电梯上行控制，X1 用于电梯下行控制，X2 用于电梯低速运行，X3 用于点动连动控制，X4 用于停止控制。

4．五层电梯控制总图

电梯控制总梯形图如图 9-26 所示。

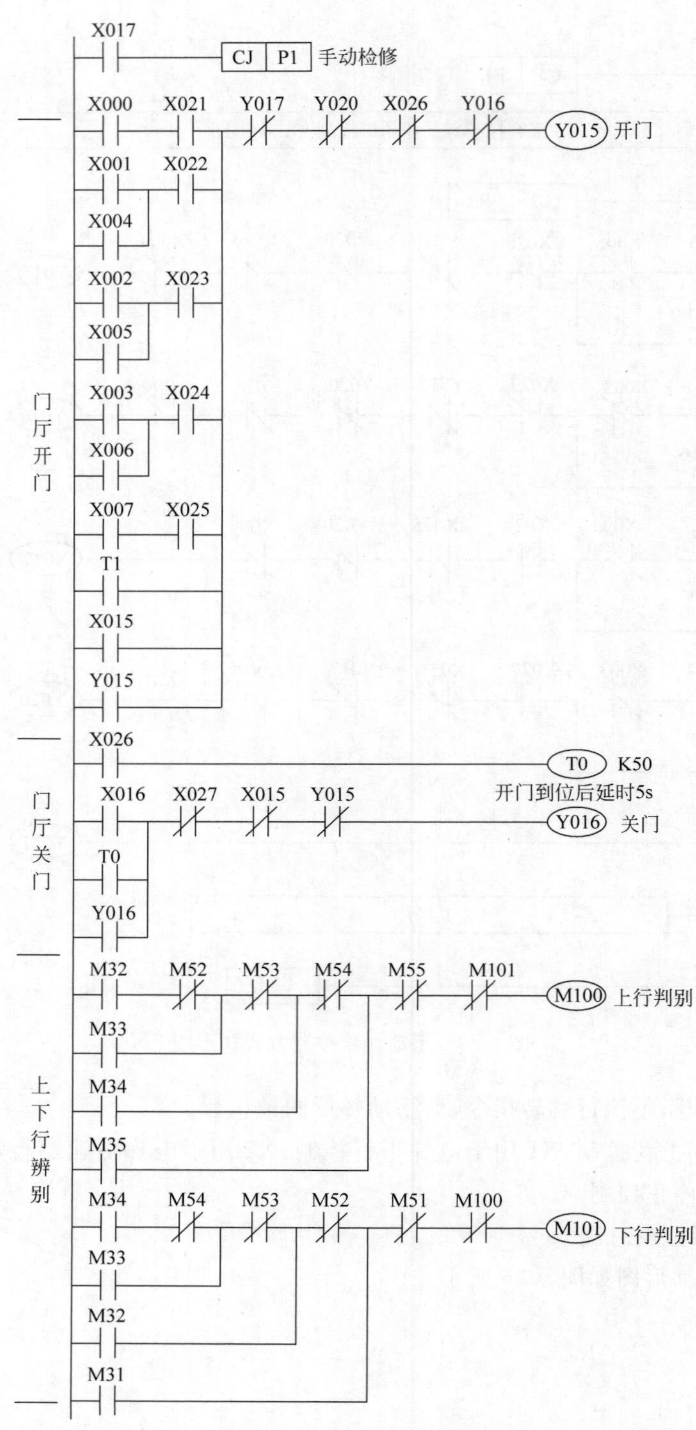

图 9-26 电梯控制梯形图

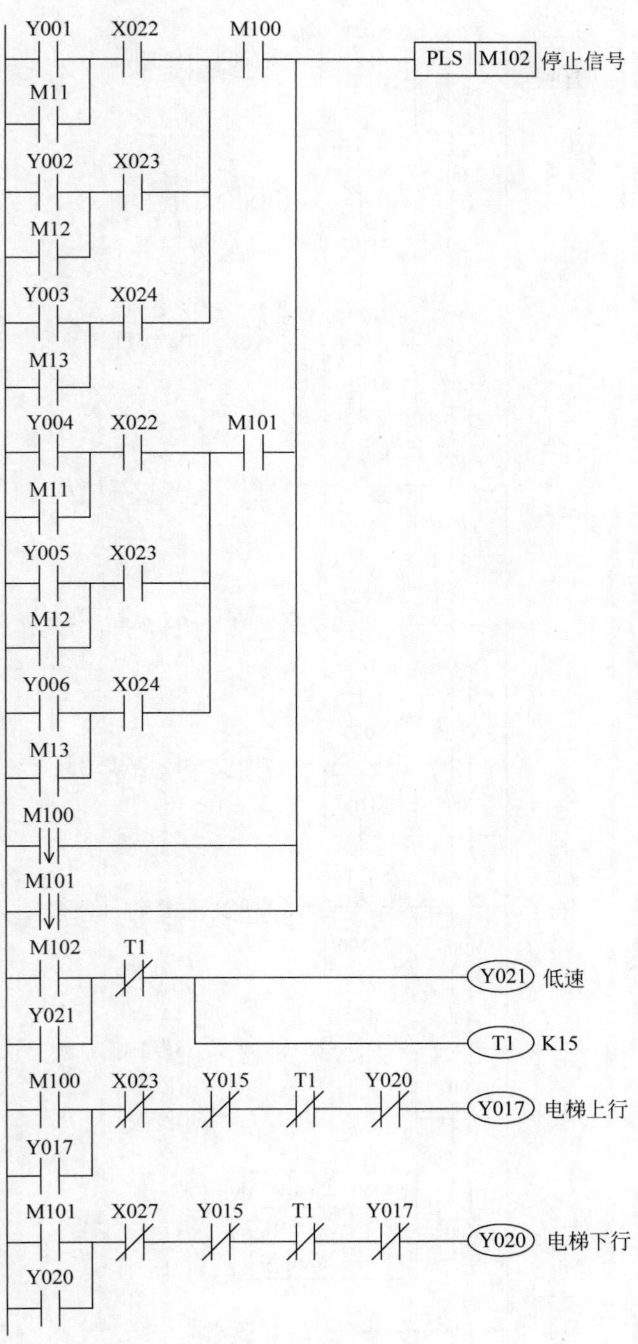
Y001
X022
M100
PLS
M102
停止信号
M11
Y002
X023
M12
Y003
X024
M13
Y004
X022
M101
M11
Y005
X023
M12
Y006
X024
M13
M100
M101
M102
T1
Y021
低速
Y021
T1
K15
M100
X023
Y015
T1
Y020
Y017
电梯上行
Y017
M101
X027
Y015
T1
Y017
Y020
电梯下行
Y020

图 9-26 （续）

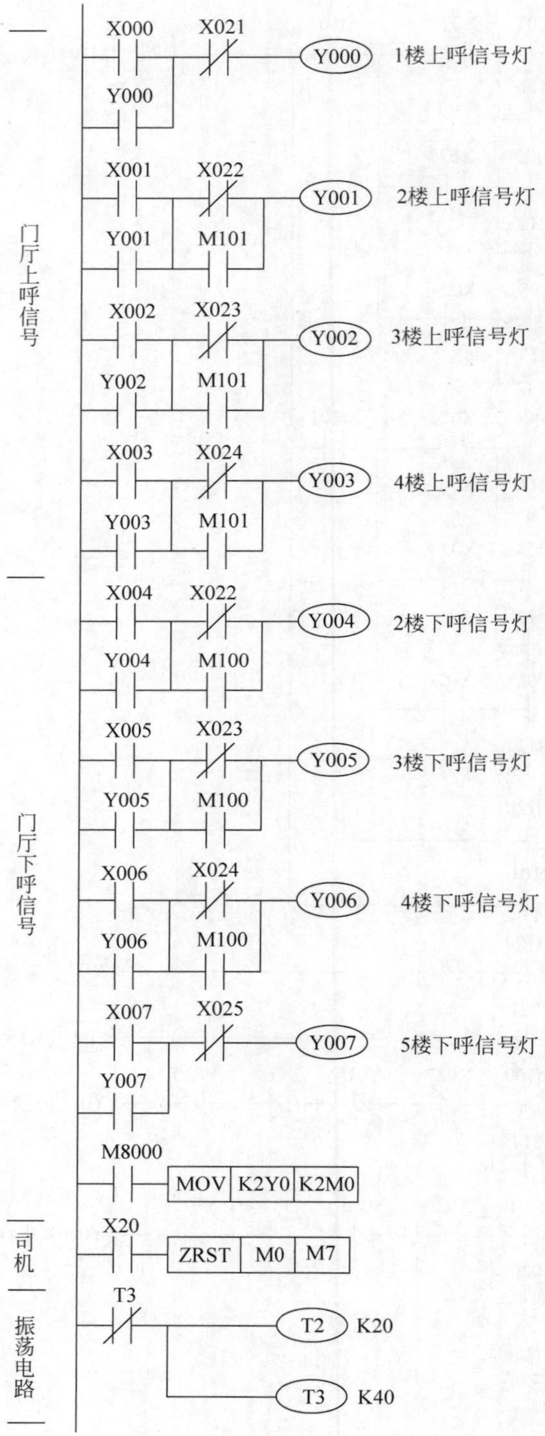

门厅上呼信号

X000 X021 Y000 1楼上呼信号灯
Y000

X001 X022 Y001 2楼上呼信号灯
Y001 M101

X002 X023 Y002 3楼上呼信号灯
Y002 M101

X003 X024 Y003 4楼上呼信号灯
Y003 M101

门厅下呼信号

X004 X022 Y004 2楼下呼信号灯
Y004 M100

X005 X023 Y005 3楼下呼信号灯
Y005 M100

X006 X024 Y006 4楼下呼信号灯
Y006 M100

X007 X025 Y007 5楼下呼信号灯
Y007

M8000 MOV K2Y0 K2M0

司机

X20 ZRST M0 M7

振荡电路

T3 T2 K20
T3 K40

图 9-26 （续）

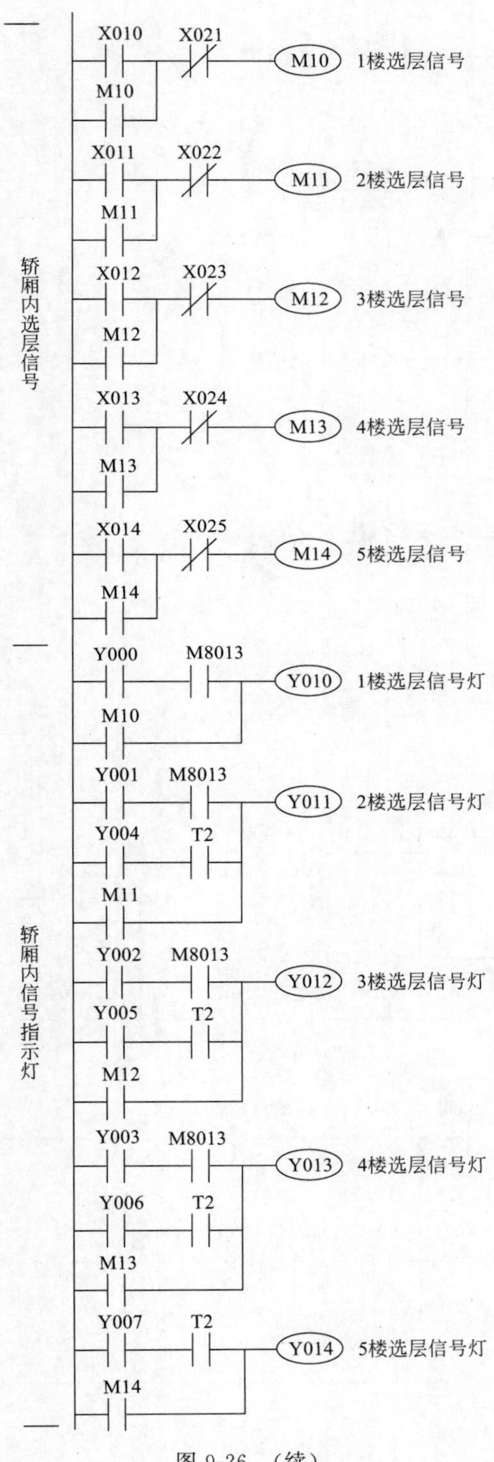

轿厢内选层信号
X010
X021
M10
1楼选层信号
M10
X011
X022
M11
2楼选层信号
M11
X012
X023
M12
3楼选层信号
M12
X013
X024
M13
4楼选层信号
M13
X014
X025
M14
5楼选层信号
M14
轿厢内信号指示灯
Y000
M8013
Y010
1楼选层信号灯
M10
Y001
M8013
Y011
2楼选层信号灯
Y004
T2
M11
Y002
M8013
Y012
3楼选层信号灯
Y005
T2
M12
Y003
M8013
Y013
4楼选层信号灯
Y006
T2
M13
Y007
T2
Y014
5楼选层信号灯
M14

图 9-26　(续)

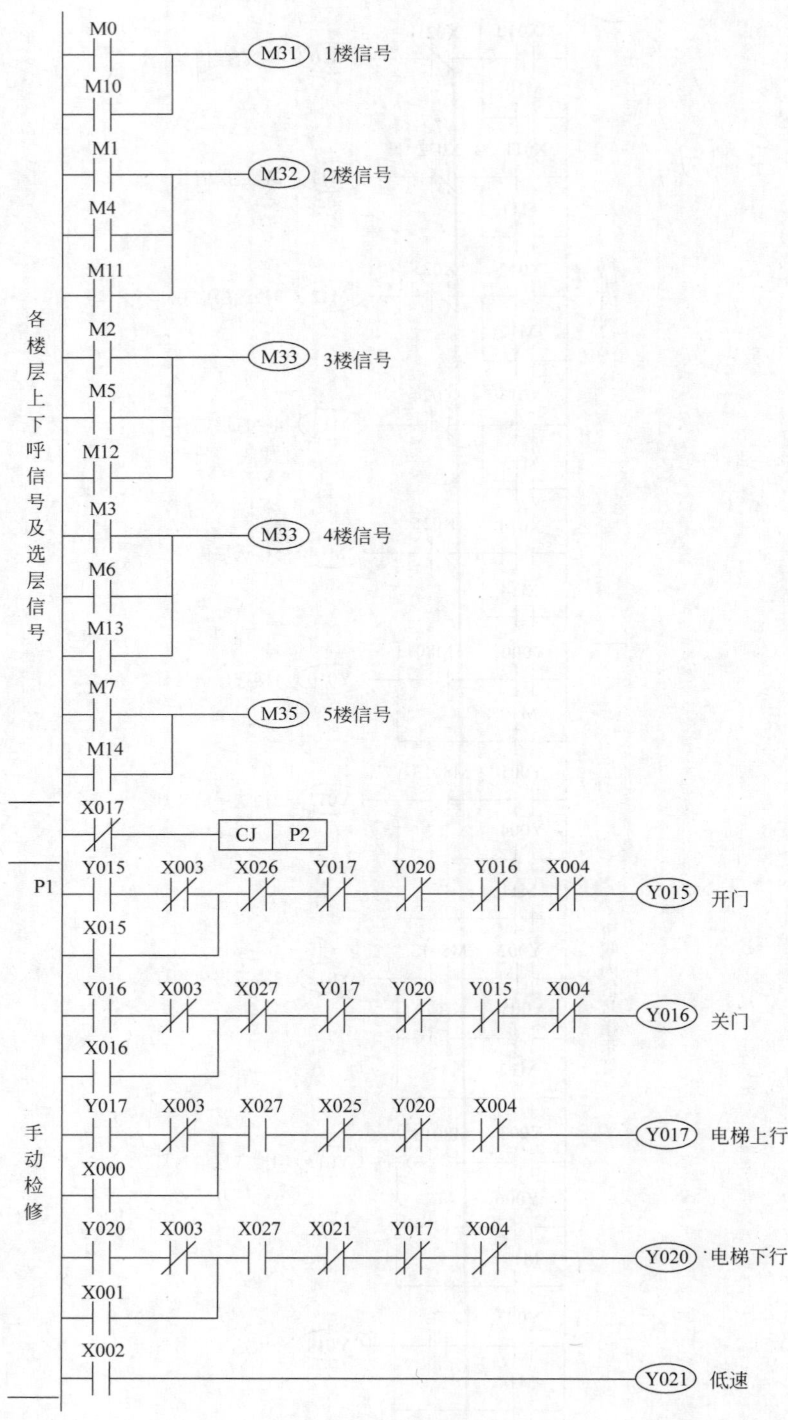
M0
M31
1楼信号
M10
M1
M32
2楼信号
M4
M11
各楼层上下呼信号及选层信号
M2
M33
3楼信号
M5
M12
M3
M33
4楼信号
M6
M13
M7
M35
5楼信号
M14
X017
CJ
P2
P1
Y015
X003
X026
Y017
Y020
Y016
X004
Y015
开门
X015
Y016
X003
X027
Y017
Y020
Y015
X004
Y016
关门
X016
Y017
X003
X027
X025
Y020
X004
Y017
电梯上行
手动检修
X000
Y020
X003
X027
X021
Y017
X004
Y020
电梯下行
X001
X002
Y021
低速

图 9-26 （续）

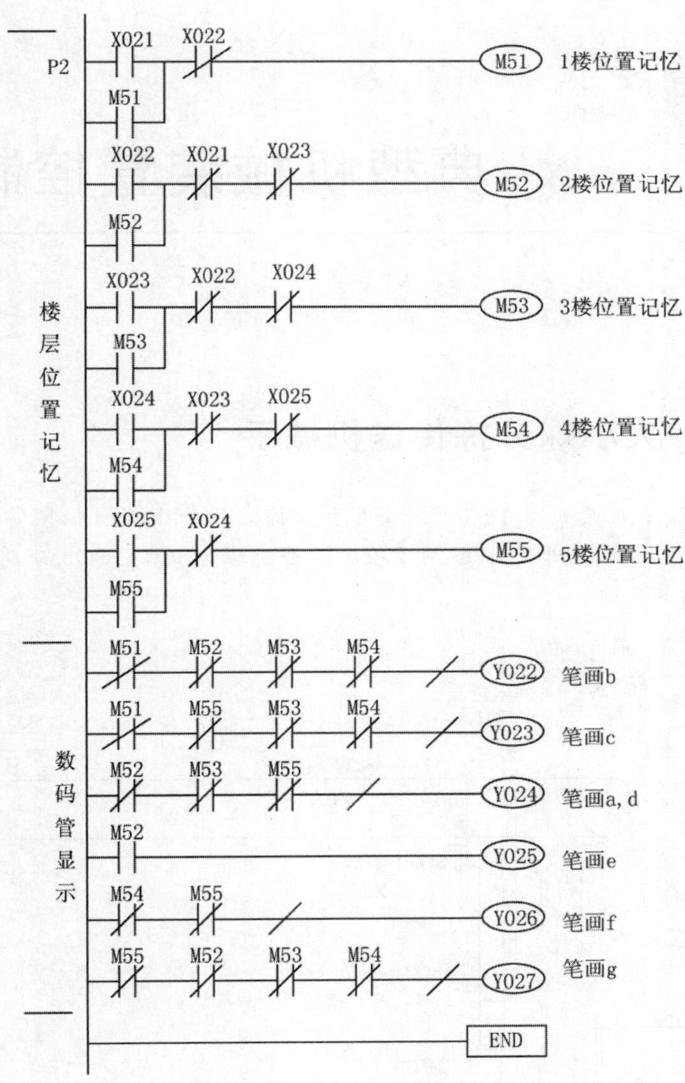
P2
X021
X022
M51
1楼位置记忆
X022
X021
X023
M52
2楼位置记忆
X023
X022
X024
M53
3楼位置记忆
X024
X023
X025
M54
4楼位置记忆
X025
X024
M55
5楼位置记忆
楼层位置记忆
M51 M52 M53 M54
Y022
笔画b
M51 M55 M53 M54
Y023
笔画c
M52 M53 M55
Y024
笔画a, d
M52
Y025
笔画e
M54 M55
Y026
笔画f
M55 M52 M53 M54
Y027
笔画g
数码管显示
END

图 9-26 （续）

第 10 章

典型机械装置控制

实例 10.1　大小球分拣传送机械手

一个传送机械手装置如图 10-1 所示，用于分拣大球和小球。机械臂原始位置在左限位，电磁铁在上限位。接近开关 SQ0 用于检测是否有球。SQ1～SQ5 分别用于传送机械手上、下、左、右运动的定位。

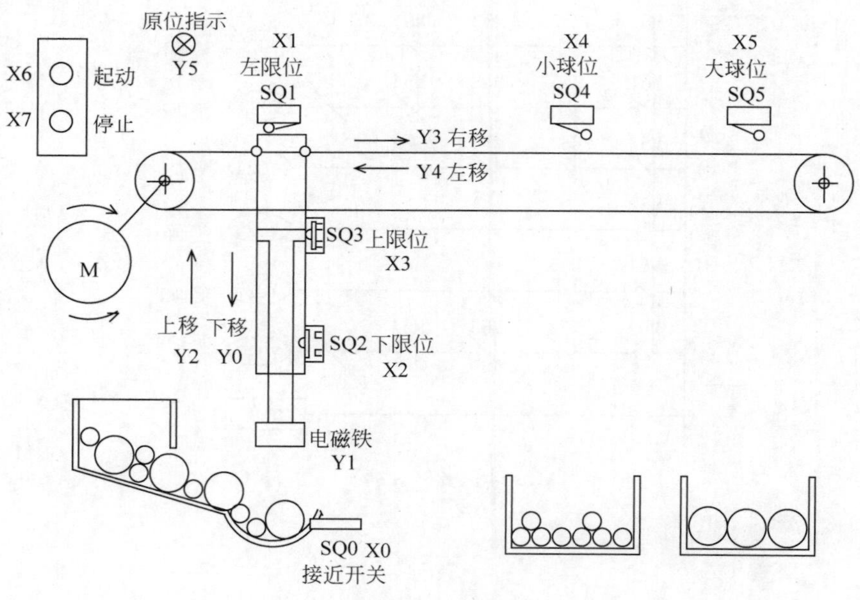

图 10-1　大小球分拣传送机械手装置

起动后，当接近开关 SQ0 检测到有球时电磁杆就下降。如果电磁铁碰到大球，下限位开关 SQ2 不动作；如果电磁铁碰到小球，下限位开关 SQ2 动作。电磁杆下降 2s 后电磁铁吸球，吸球 1s 后上升，到上限位 SQ3 后机械臂右移，如果吸的是小球，则机械臂到小球位，电磁杆下降，碰到下限位开关 SQ2，电磁铁失电释放小球；如果吸的是大球，则机械臂到大球位，电磁杆下降，碰到下限位开关，电磁铁失电释放大球，停留 1s 后上升，到上限位后机械臂左移到左限位 SQ1，并重复上述动作。如果要停止，则必须在完成一次上述动作后到左限位停止。

要求有 3 种操作方式：

(1) 单次操作：起动后，只执行一次分拣球的动作，结束后回到原位后停止。

(2) 连续操作：起动后，执行一次分拣球的动作结束后回到原位连续不断地分拣。

(3) 手动操作：按某个按钮，执行相应动作，如按上升按钮，手臂上升。

控制方案设计

1. 输入/输出元件及控制功能

如表 10-1 所示，介绍了实例 10.1 中用到的输入/输出元件及控制功能。

表 10-1　输入/输出元件及控制功能

输出/输入元件	PLC 软元件	元件文字符号	元件名称	控制功能
输入	X0	SQ0	接近开关	检测是否有球
	X1	SQ1	限位开关 1	左限位
	X2	SQ2	限位开关 2	下限位
	X3	SQ3	限位开关 3	上限位
	X4	SQ4	限位开关 4	小球位
	X5	SQ5	限位开关 5	大球位
	X6	SB1	按钮 1	起动
	X7	SB2	按钮 2	停止
	X10	SA1	选择开关 1 位	断开：连续；闭合：单次
	X11	SA2	选择开关 2 位	手动控制
	X12	SB3	按钮 3	手动左移
	X13	SB4	按钮 4	手动右移
	X14	SB5	按钮 5	手动上移
	X15	SB6	按钮 6	手动下移
	X16	SB7	按钮 7	手动吸球放球
输出	Y0	YV1	电磁阀线圈 1	下移
	Y1	YA	电磁铁	吸引大小球
	Y2	YV2	电磁阀线圈 2	上移
	Y3	KM1	接触器 1	右移
	Y4	KM2	接触器 2	左移
	Y5	HL	信号灯	原位指示

2. 电路设计

大小球分拣 PLC 接线图如图 10-2 所示。

3. 控制原理

如图 10-2 所示，当选择开关 SA 接通 X10 时为连续操作。当选择开关 SA 断开时为单次操作。图中的状态转移图采用选择分支，选择分支的转移条件是下限位开关 X2 是否动作。当 X2=1 时，转移到小球分支；当 X2=0 时，转移到大球分支。

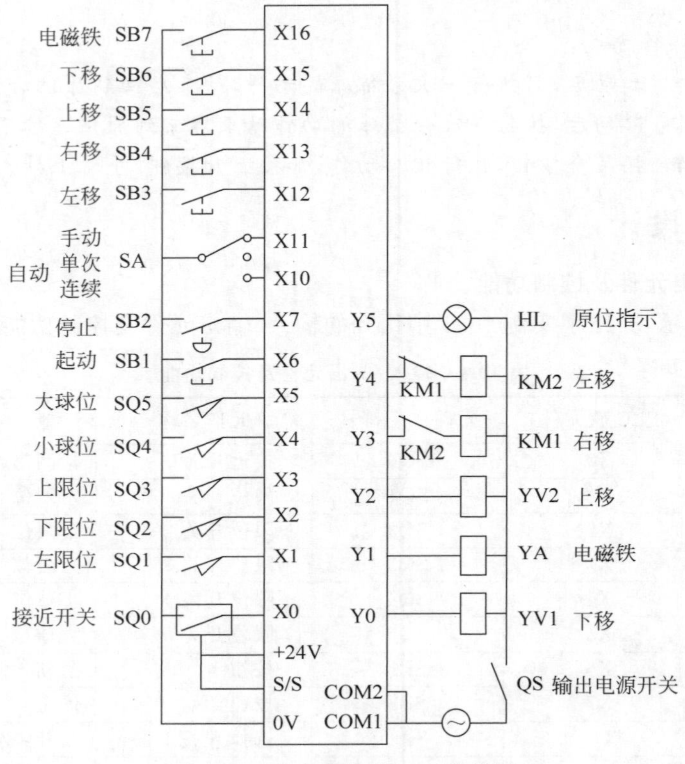

图 10-2 大小球分拣 PLC 接线图

大小球分拣 PLC 自动控制状态转移图如图 10-3 所示。

初始状态，M8002 使初始状态步 S0 置位，如果机械手在原位，则左限位开关 X1 接点闭合，上限位开关 X3 接点闭合，机械手掌松开 Y1 常闭接点闭合，Y5 得电，原位信号灯亮，机械手在原位时按下起动按钮 X6，从 S0 转移到 S21 状态步。

S21 状态步置位时，检测到有球的时候 X0=1，Y0 得电手臂下降 2s，如果碰到小球，下限位开关 X2=1，转移到 S22 状态步，如果碰到大球，下限位开关 X2=0，转移到 S25 状态步。

现在假如吸到的是大球，则碰不到限位开关 X2，X2 常闭接点闭合，则转移到 S25 状态步。S25 状态步置位，Y1 置位，吸大球（Y1 要用 SET 指令不能用 OUT 指令，因为 Y1 在后面的几个状态步中始终要得电吸住球），吸小球时间为 1s，到 1s 时间，转移到 S26 状态步。

S26 状态步置位时 Y2=1，手臂上移，上移到上限位 X3=1，转移到 S27 状态步。Y3=1，右移。右移到大球位，X5=1，转移到 S23 状态步。Y0=1，下移。下移到下限位，X2=1，转移到 S29 状态步。Y1 复位，手松放球。放球 1s 时间到，转移到 S30 状态步。Y2=1，上移。

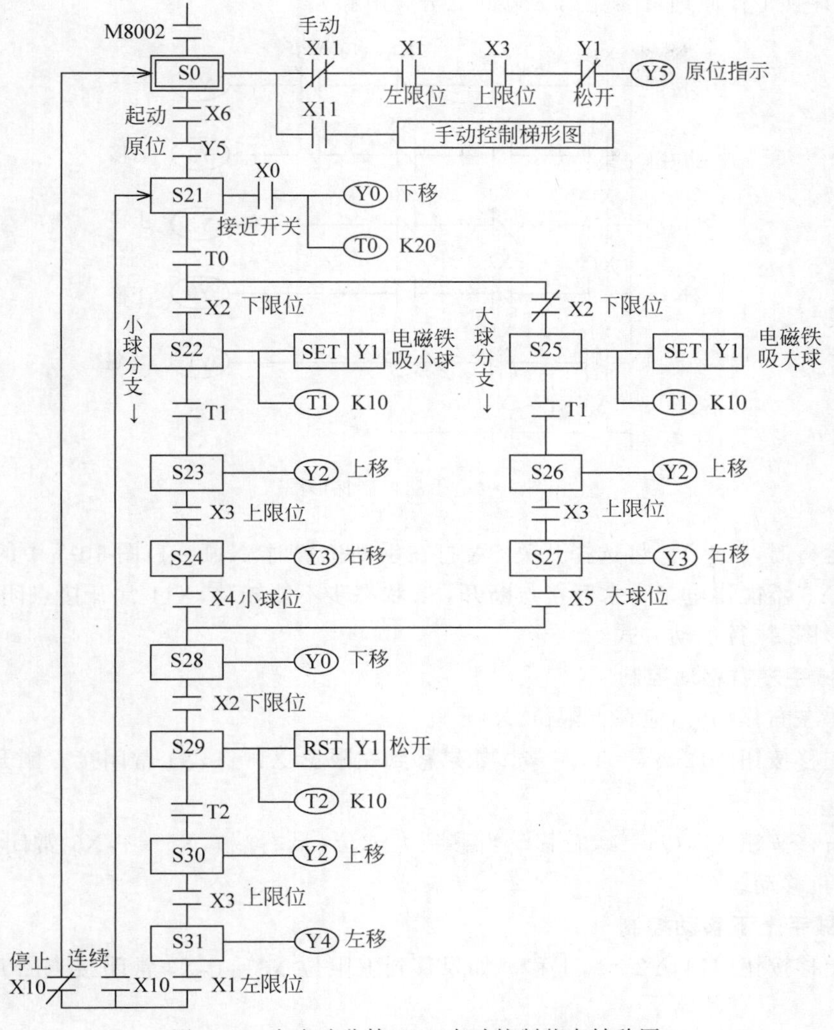

图 10-3 大小球分拣 PLC 自动控制状态转移图

上移到上限位，X3＝1，转移到 S31 状态步。S31 状态步置位，Y4＝1，左移。左移到左限位，X1＝1。如果选择开关 SA 打在连续端，X10＝1，转移到 S21 状态步，机械手连续动作。

如果选择开关 SA 未打在连续端，X10＝0，转移到 S0 状态步，机械手停止。

状态转移图适合于步进顺序控制，对于随机变量的控制一般可单独编制梯形图。在本例中，手动控制就是随机变量对机械手的控制，将手动控制梯形图放在初始状态步 S0。手动控制梯形图如图 10-4 所示。

手动控制一般可以采用按钮点动控制。手动控制应考虑控制条件，如右移控制时，应保证电磁铁在上限位（X3＝1），当移到最右端时碰到限位开关 X5 应停止右移，右移和左移应互锁。电磁铁吸球控制应有自锁功能，为了节约输入接点，简化电路，可采用单按钮起动停止控制梯形图(工作原理可参见第 2 章的二分频电路)。

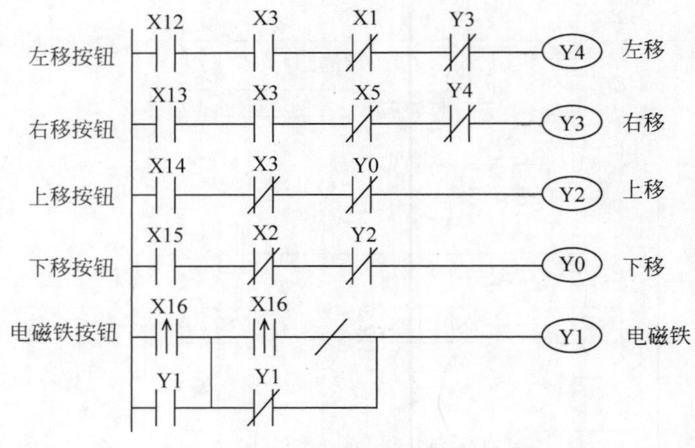

图 10-4　手动控制梯形图

初次运行时，S0＝1。将选择开关 SA 打在手动位置时，X11＝1，图 10-3 中的 X11 常闭接点断开，Y5 不能得电，Y5 常开接点断开，S0 状态步不能转移，X11 常开接点闭合，接通手动控制梯形图，执行手动方式。

1. 机械手左右移动控制

机械手左右移动时，应在上限位，X3＝1。

按下左移按钮 X12，Y4＝1，左移。如果移到左限位 X1＝1，X1 常闭接点断开，Y4 失电停止移动。

按下右移按钮 X3，Q3＝1，右移。当移到大球位(最右端)，X5＝1，X5 常闭接点断开，Y3 失电停止移动。

2. 机械手上下移动控制

按下上移按钮 X14，Y2＝1，上移。如果移到上限位 X3＝1，X3 常闭接点断开，Y2 失电停止移动。

按下下移按钮 X15，Y0＝1，下移。如果移到下限位 X2＝1，X2 常闭接点断开，Y0 失电停止移动。

3. 电磁铁控制

按下按钮 X16，Y1＝1 置位，电磁铁吸球。再按一下按钮 X16，Y1＝0 复位，放球。其控制原理参见第 2 章的二分频电路。

实例 10.2　电镀自动生产线 PLC 控制

电镀自动生产线基本情况如下。

如图 10-5 所示，在电镀生产线一侧(原位)将待加工零件装入吊篮，并发出信号，专用行车便提升前进，到规定槽位自动下降，并停留一段时间(各槽停留时间预先按工艺设定)后自动提升，行至下一个电镀槽，完成电镀工艺规定的每道工序后，自动返回原位，卸下电镀好的工件重新装料，进入下一个电镀循环。

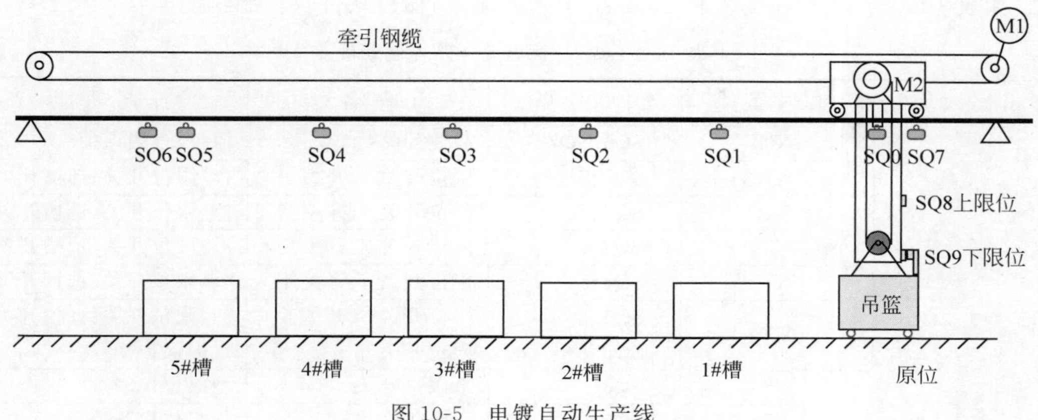

图 10-5　电镀自动生产线

1) 拖动情况

电镀行车采用两台三相异步电动机分别控制行车的升降和进退，采用机械减速装置。

2) 拖动控制要求

(1) 电镀工艺应能实现以下 4 种操作方式。

单周期：起动后，完成一次电镀工作回到原位停止、等待。

连续循环：起动后，完成一次电镀工作回到原位再连续循环工作。

单步操作：每按一次起动按钮，执行一个动作步。

手动操作：用上升、下降、前进、后退 4 个按钮手动控制电镀生产线的上升、下降、前进和后退。

(2) 前后运行和升降运行应能准确停位，前后、升降运行之间有互锁作用。

(3) 该装置采用远距离操作台控制行车运动，要求有暂停控制功能。

(4) 行车运行采用行程开关控制，并要求在 1＃和 5＃槽位有过限位保护。主电路应有短路和过载保护。

(5) 行车升降电动机采用单相电磁抱闸制动，升降电动机和单相电磁抱闸并联接线，不需单独控制。由于每个槽位之间的跨度较小，行车在前后运行停车时要采用能耗制动，以保证准确停位。

进退电动机能耗制动时间为 2s。1＃～5＃槽位的停留时间依次为 11s、12s、13s、14s、15s，原位装卸时间为 10s。

(6) 不同的镀件工艺不同，要求对电镀槽有槽位选择的功能。

(7) 用信号灯显示电镀吊篮所在的槽位及上下限位置。

控制方案设计

1. 输入/输出元件及控制功能

如表 10-2 所示，介绍了实例 10.2 中用到的输入/输出元件及控制功能。

表 10-2　输入/输出元件及控制功能

输出/输入元件	PLC 软元件	元件文字符号	元 件 名 称	控 制 功 能
输入	X0	SQ0、SQ7	限位开关	原位、过限保护
	X1	SQ1、S1	限位开关 1、开关 1	1＃限位开关、选槽开关
	X2	SQ2、S2	限位开关 2、开关 2	2＃限位开关、选槽开关
	X3	SQ3、S3	限位开关 3、开关 3	3＃限位开关、选槽开关
	X4	SQ4、S4	限位开关 4、开关 4	4＃限位开关、选槽开关
	X 5	SQ5、S5	限位开关 5、开关 5	5＃限位开关、选槽开关
		SQ6	限位开关 6	过限保护
	X6	SQ8	上限位开关	上限位检测
	X7	SQ9	下限位开关	下限位检测
	X10	SA1	选择开关触点 1	手动操作方式
	X11	SA	选择开关触点 2	单步操作方式
	X12	SA	选择开关触点 3	连续操作方式
	X13	SB0	按钮 0	手动停止
	X14	SB1	按钮 1	手动前进
	X15	SB2	按钮 2	手动后退
	X16	SB3	按钮 3	手动上升（起动按钮）
	X17	SB4	按钮 4	手动下降（暂停按钮）
输出	Y0	HL0	信号灯 0	原位指示
	Y1	HL1	信号灯 1	1＃位指示
	Y2	HL2	信号灯 2	2＃位指示
	Y3	HL3	信号灯 3	3＃位指示
	Y4	HL4	信号灯 4	4＃位指示
	Y5	HL5	信号灯 5	5＃位指示
	Y6	HL6	信号灯 6	上限位指示
	Y7	HL7	信号灯 7	下限位指示
	Y10	KM1	接触器 1	前进
	Y11	KM2	接触器 2	后退
	Y12	KM3	接触器 3	上升
	Y13	KM4	接触器 4	下降
	Y14	KM5	接触器 5	制动

2. 电路设计

电路设计包括 PLC 输入/输出接线设计、主电路设计、操作面板设计和 PLC 控制程序设计。

1）PLC 输入/输出接线设计

电镀行车 PLC 输入/输出控制接线图如图 10-6 所示。

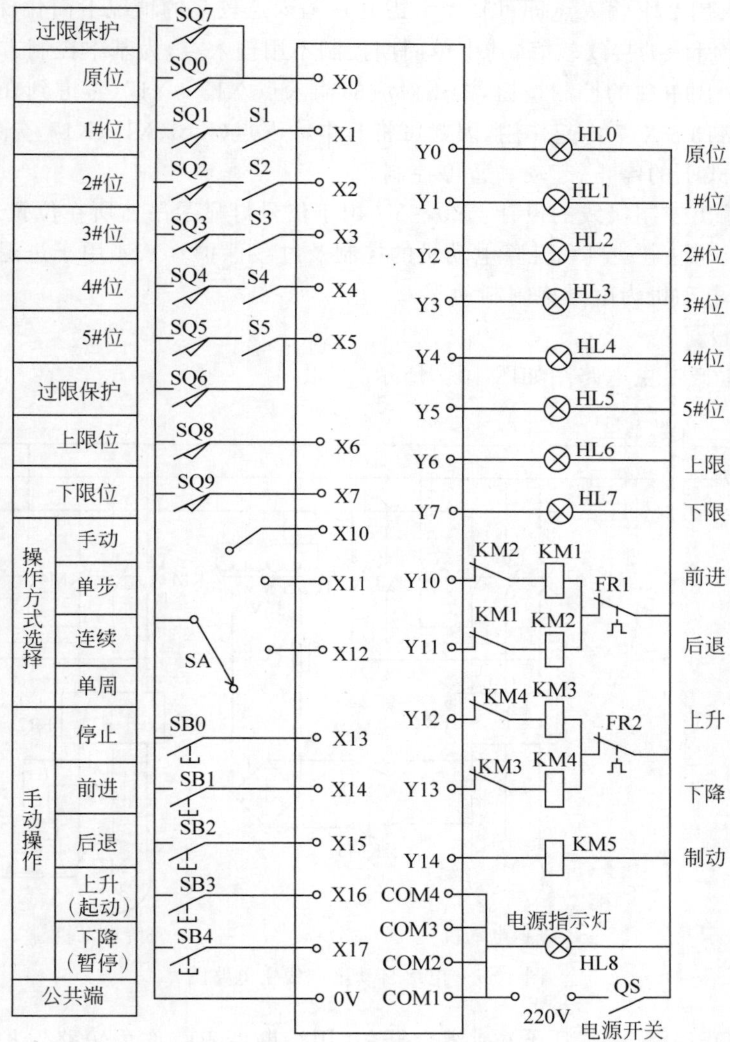

图 10-6　电镀行车 PLC 输入/输出控制接线图

PLC 输入/输出控制接线的设计是整个设计中的重要环节，它和梯形图的设计密切相关，如果忽略，可能造成使用大量不必要的输入/输出点数。

(1) PLC 输入控制接线的设计：在电镀行车控制中，为了防止行车在到达原位和末端 5＃位因限位开关的损坏而越过工作区，设置了过限位保护开关 SQ6 和 SQ7，它们分别与原位和 5＃位限位开关 SQ5、SQ0 并联，以节省输入接点。

根据要求，电镀槽有槽位选择的功能，只需使用 5 个槽位选择开关 S1～S5，分别和

SQ1～SQ5 串联即可达到槽位选择的目的，而不必单独占用输入点。

行车控制有 4 种操作方式，可用 4 个输入点（由于这 4 种操作方式不同时出现，也可以用编码方式输入用 2 个输入点即可），但考虑到在输入点较多的情况下简化梯形图和开关电路，采用图 10-6 所示的接线较好，其中单周期控制不用输入点，为基本控制方式。

手动操作采用单独的控制按钮，占用对应的输入点 X13～X17，考虑到在单步、连续、单周控制方式下 X13～X17 不起作用，因此可将其中输入点（X13、X16、X17）分别用于单步、连续、单周控制方式下的停止、起动和暂停控制。

(2) PLC 输出控制接线的设计：Y0～Y7 用于信号灯显示吊篮所在位置及上下限位置。Y10～Y13 用于进退电动机和升降电动机的控制及过载保护。Y14 用于进退电动机的能耗制动控制，升降电动机为电磁抱闸制动。

2）主电路设计

电镀自动生产线主电路图如图 10-7 所示。

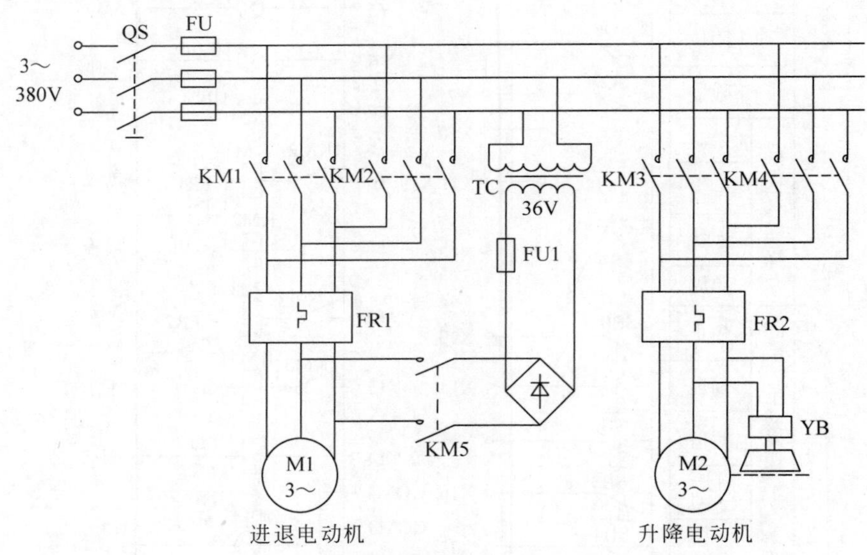

图 10-7 电镀自动生产线主电路图

电源开关 QS 为普通闸刀开关或组合开关，用熔断器 FU 作为短路保护。两台电动机均采用热继电器 FR 作为过载保护，正反转由接触器 KM1～KM4 控制。

进退电动机 M1 的能耗制动电源由控制变压器 TC 降压后整流，由制动接触器 KM5 接到电动机定子绕组上。

3）操作面板设计

操作面板如图 10-8 所示，其用于对自动生产线远距离控制操作。在操作面板上安装有 8 个信号灯，用于电镀行车所到 1＃～5＃槽位和原位，以及上下限位的显示。PLC 的电源开关和电源信号灯安装在一起，按下电源开关时，电源信号灯亮。

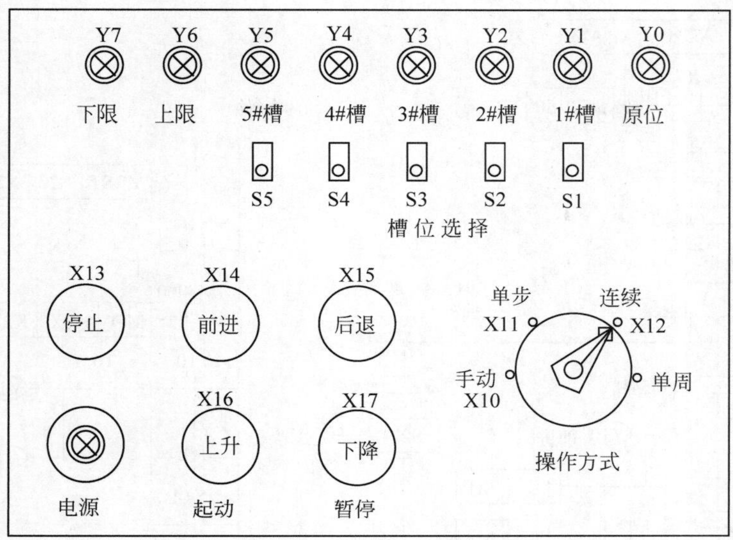

图 10-8　操作面板

操作方式采用选择开关，在手动方式下，使用停止、前进、后退、上升、下降 5 个按钮。在其他方式下，使用起动、暂停（与上升、下降公用）和停止按钮。槽位开关 S1～S5 用于槽位选择。

4）电镀自动生产线 PLC 控制程序设计

（1）自动控制程序设计：包括单周、连续和单步 3 种控制方式。其中单周为最基本的控制方式，为了便于理解，先讲解单周、连续控制方式的程序设计，如图 10-9(a)所示。

单周控制方式设计：单周控制方式即为从装料到各槽位电镀结束退回到原位，完成一个工作循环过程。控制原理如图 10-9(a)所示。当吊篮在原位时，原位 X0 及下限位开关 X7 动作，状态器 S0 置位，等待起动命令。

按下起动按钮 X16，S20 置位，Y12 得电吊篮上升，当上升碰到上限位开关 X6 时，电路经 X5 常闭接点使 S21 置位，Y10 得电行车前进，行至 1＃位时 X1 动作，M2 产生一个脉冲使 S23 置位，Y13 得电吊篮下降。同时由于 Y10 失电，在图 10-9(b)所示公共程序中的 Y10 下降沿接点闭合，使 Y14 得电，对进退电动机 M1 进行能耗制动 2s。

下降到下限位碰到下限位开关 X7，S24 置位，由于这时在 1＃位 X1 接点接通定时器 T1，在 1＃槽位停留 T1 对应的设定时间，停留时间到时，T1 接点闭合，返回到 S20，Y12 得电上升。

需要注意，此时行车在 1＃位，X1 处于动作状态，所以当上升到上限位时，X6 动作后 S21 置位，应该 Y10 得电前进，但是由于 X1 接点的闭合，使得 M2 产生一个脉冲，跳过 S21 到 S23 又下降，结果造成反复上升、下降的死循环现象，这种现象若不通过实验装置运行验证是很难发现的。防止死循环的方法很多（可参阅 3.1.4 节），这里采用 PLS M1 指令，其作

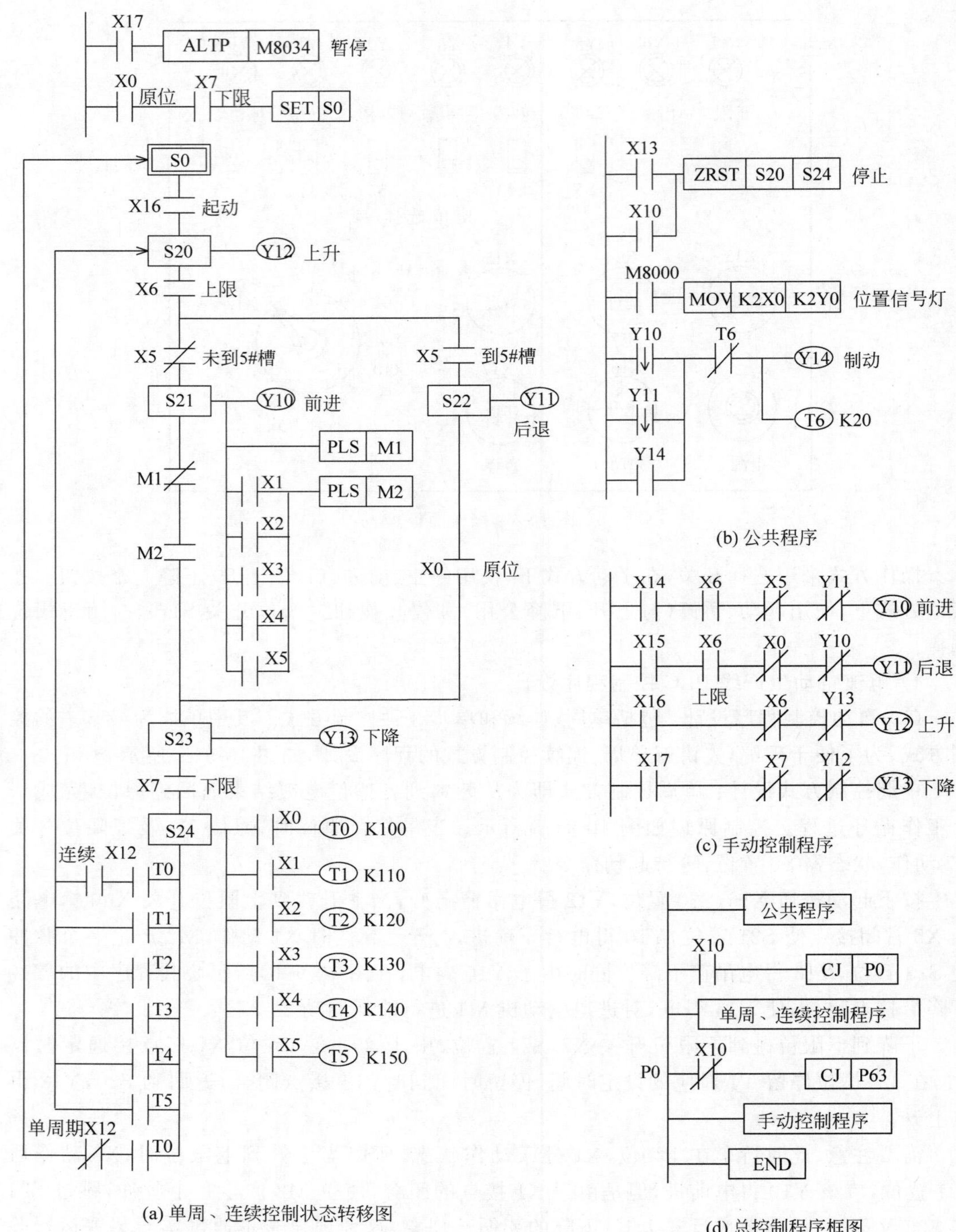

图 10-9　单周、连续、手动程序图

用是当 S21 置位时 M1 常闭接点断开一个扫描周期，使 M2 的脉冲不起作用，从而防止了直接跳过 S21 的现象。

电镀结束后，在 5＃槽位上升到上限位 X6 时，由于 X5 接点已经闭合，使 S22 置位，Y11 得电，行车后退，当退到原位时，X0 动作，S23 置位下降，到下限位 X7 动作，S24 置位，T0 得电延时后，经 X12 常闭接点返回到 S0，全部过程结束，完成一次电镀过程。

连续控制方式设计：连续控制方式就是反复执行单周控制方式，如果不按停止按钮就会一直运行下去。将选择开关 SA 打在连续位置，X12 输入接点闭合，由图 10-9(a)可知，当行车完成一次电镀过程返回到原位时，T0 延时后，经 X12 常开接点返回到 S20，进入下一次电镀过程。

(2) 公共程序设计：公共程序是指不受跳转指令 CJ 控制的程序，如图 10-9(b)所示，其中 ZRST 用于步进指令状态器 S 的全部复位，以达到停止的目的。ALTP 用于暂停，按下暂停按钮 X17，M8034＝1，停止输出，全部 Y 失电，再按下暂停按钮 X17，M8034＝0，全部 Y 又恢复原来的输出状态。MOV 用于位置信号灯的显示，Y14 用于进退电动机停止时的能耗制动控制。

(3) 手动操作方式设计：手动控制方式如图 10-9(c)所示，分别用 4 个点动按钮控制两台电动机的升降和进退，其中进退的能耗制动仍由公共程序中的 Y14 制动电路控制。将选择开关 SA 打在手动位置，X10 接点闭合，如图 10-9(d)所示，由 X10 控制跳步指令 CJ P0 将单周、连续控制程序跳过去，执行手动程序。

在手动程序中，应考虑各种动作之间的互锁和运行条件，如必须在上限位时才能前进和后退，进退到始端和末端必须停止。上升到上限位、下降到下限位必须停止。

如图 10-10 所示为图 10-9 的总梯形图。

(4) 单步控制方式设计：单步控制方式就是每按一次起动按钮，行车每次只完成一个规定动作。例如按起动按钮吊篮上升，当到达上限位时并不前进，只有再按一次起动按钮才前进。

单步控制方式主要是通过控制特殊辅助继电器 M8040 来实现的，如图 10-11 所示。当操作方式开关打在单步位置时，X11 接点闭合，M8040 线圈得电，禁止状态转移。如电镀行车在原位时，状态器 S0 置位，按下起动按钮 X16，S20 置位，Y12 得电吊篮上升，当到达上限位时，X6 动作，满足转移条件，但由于 M8040 线圈得电，状态不能转移，S20 仍置位。这时，为了防止 Y12 得电吊篮继续上升，要由 X6 常闭接点将其断开。其他状态器 S 的输出线圈也应如此。

在 S21 状态步中，当 Y10 得电前进到位时，既要防止前面所述的死循环，又要满足单步控制要求，在电路中增加了 M3 线圈回路，其工作原理自行分析。

如图 10-12 所示为有 4 种操作方式的电镀自动生产线总梯形图。

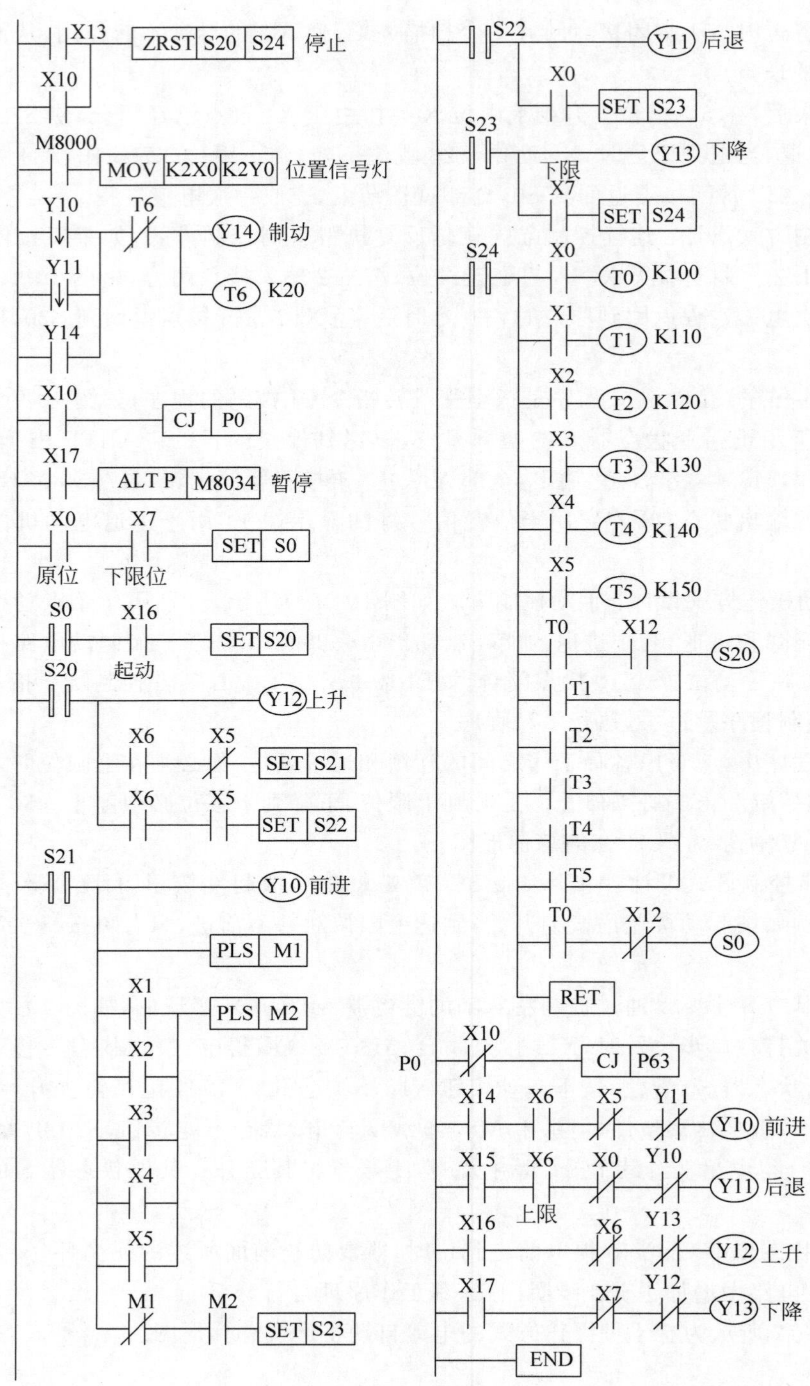

图 10-10 电镀自动生产线总梯形图 1

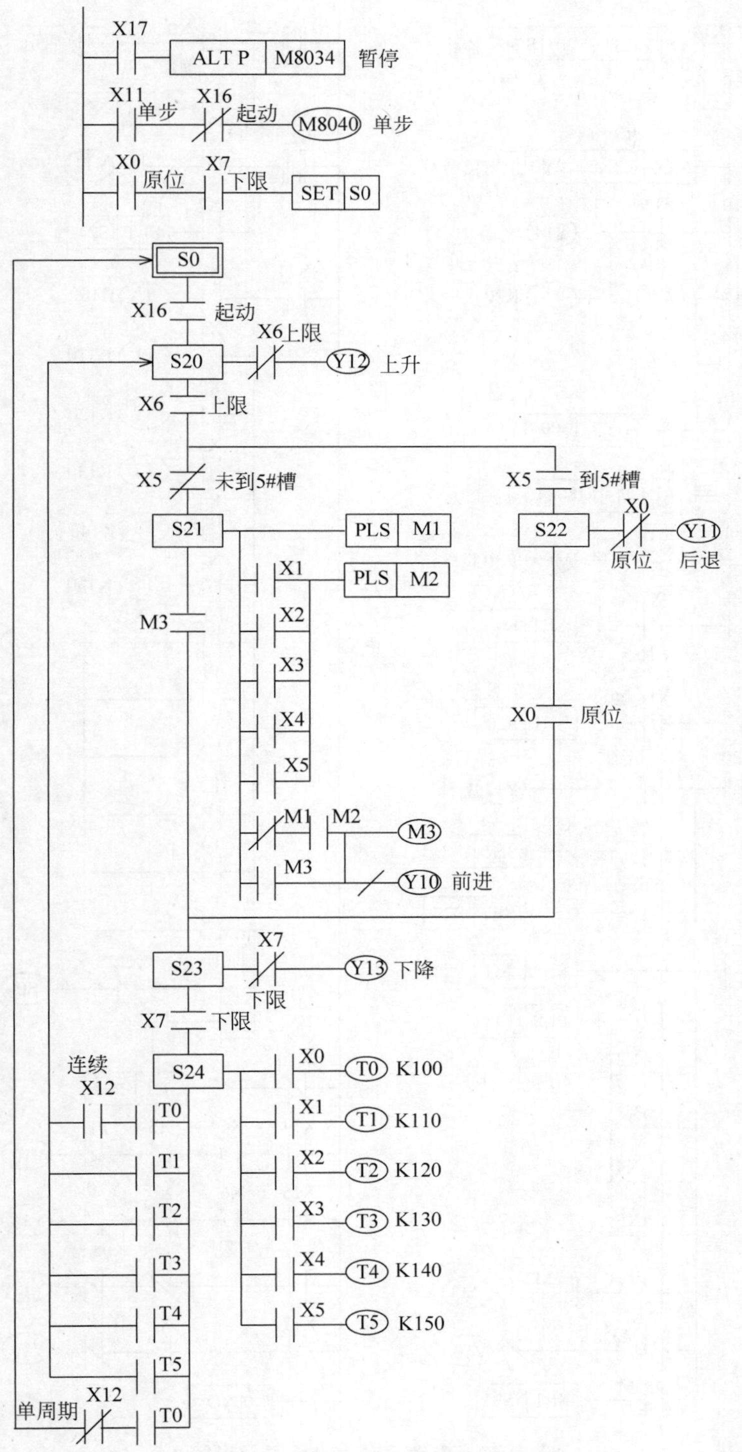

图 10-11　单周、连续、单步控制状态转移图

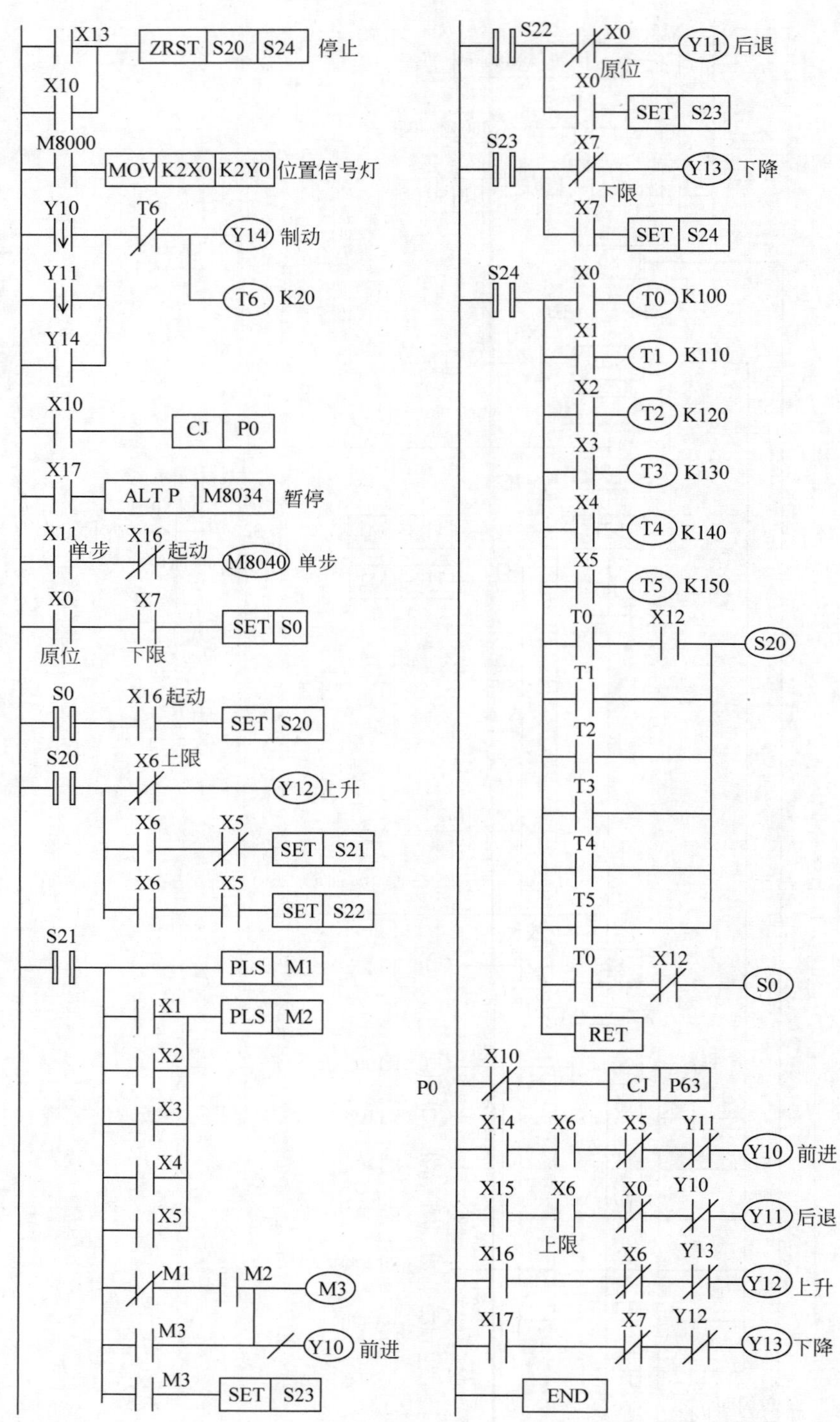

图 10-12　电镀自动生产线总梯形图 2

实例 10.3　传送带机械手控制

在一条自动生产线上，由机械手将传送带 1 上的物品传送到传送带 2 上。机械手的上升、下降、左转、右转、夹紧及放松动作分别由电磁阀控制液压传动系统工作，并用限位开关及光电开关检测机械手动作的状态和物品的位置。传送带 1、2 均由三相鼠笼型异步电动机驱动，电动机应有相应的保护。

机械手初始状态为手臂在下限位（下限位开关 SQ4 受压），手在传送带 1 上（左限位开关 SQ5 受压），手指松开。传送带机械手动作控制如图 10-13 所示。

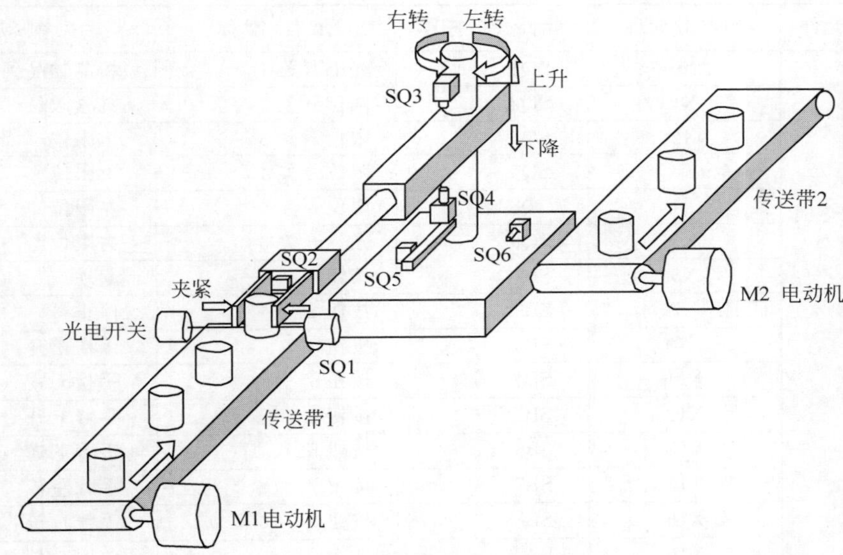

图 10-13　传送带机械手动作控制

控制原理如下：

- 起动时按下起动按钮，传送带 1、2 同时起动。
- 当传送带 1 上的物品到达前端，光电开关 SQ1 检测到物品时，传送带 1 停止。
- 机械手手指夹住物品，夹紧时，夹紧开关 SQ2 动作。
- 机械手手臂上升，升到上限位时碰到上限位开关 SQ3。
- 机械手手臂向右转，同时传送带 1 又起动，直到光电开关 SQ1 检测到物品时停止，手臂转到传送带 2 上时碰到右限位开关 SQ6。
- 机械手手臂下降，到下限位时碰到下限位开关 SQ4。
- 机械手手指松开，物品落到传送带 2 上，手指松开时，夹紧开关 SQ2 复位。
- 机械手手臂上升，到上限位时碰到上限位开关 SQ3。
- 机械手手臂向左转，转到传送带 1 上时碰到左限位开关 SQ5。

- 机械手手臂下降，到下限位时碰到下限位开关 SQ4。
- 在传送带 1 上如果有物品，机械手继续执行上述过程；如果无物品，则等待；如果等待时间超过 10s，则传送带 1、2 停止运行。

机械手要求有 3 种控制方式：手动控制、单周期控制和连续控制。

控制方案设计

1. 输入/输出元件及控制功能

如表 10-3 所示，介绍了实例 10.3 中用到的输入/输出元件及控制功能。

表 10-3 输入/输出元件及控制功能

输出/输入元件	PLC 软元件	元件文字符号	元件名称	控制功能
输入	X0	SQ1	光电开关 1	检测物品到位
	X1	SQ2	限位开关 2	夹紧限位
	X2	SQ3	限位开关 3	上限位
	X3	SQ4	限位开关 4	下限位
	X4	SQ5	限位开关 5	左限位
	X5	SQ6	限位开关 6	右限位
	X6	SB1	按钮 1	起动
	X7	SB2	按钮 2	停止
	X10	SB3	按钮 3	手指松开
	X11	SB4	按钮 4	手指夹紧
	X12	SB5	按钮 5	手臂上升
	X13	SB6	按钮 6	手臂下降
	X14	SB7	按钮 7	手臂左转
	X15	SB8	按钮 8	手臂右转
	X16	SA1	选择开关	单周/连续
	X17	SA2		手动
输出	Y0	YV1、HL1	电磁阀 1、信号灯 1	松开
	Y1	YV2、HL2	电磁阀 2、信号灯 2	夹紧
	Y2	YV3、HL3	电磁阀 3、信号灯 3	上升
	Y3	YV4、HL4	电磁阀 4、信号灯 4	下降
	Y4	YV5、HL5	电磁阀 5、信号灯 5	左转
	Y5	YV6、HL6	电磁阀 6、信号灯 6	右转
	Y6	KM1、HL7	接触器 1、信号灯 7	传送带 1 电机控制
	Y7	KM2、HL8	接触器 2、信号灯 8	传送带 2 电机控制

2. 电路设计

1）传送带机械手控制 PLC 接线图及主电路图设计

根据表 10-3，传送带机械手控制可选用 FX_{3U} 型 PLC，如图 10-14 所示为传送带机械手控制 PLC 接线图及主电路图。

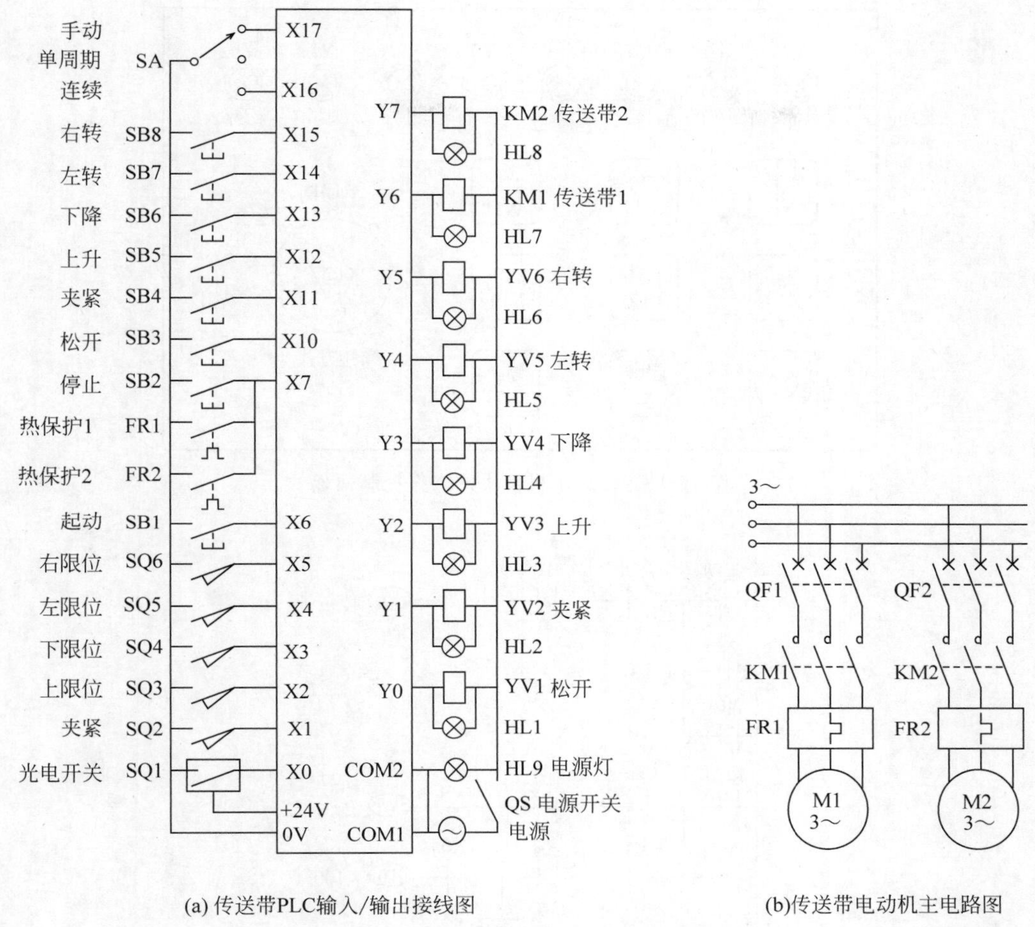

(a) 传送带PLC输入/输出接线图　　(b)传送带电动机主电路图

图 10-14　传送带机械手控制 PLC 接线图及主电路图

2）传送带机械手操作控制面板设计

图 10-15 所示为传送带机械手的操作控制面板。电源开关 QS 和电源指示灯 HL9 采用带灯自锁按压式开关。选择开关采用三挡式，打在中间为单周期操作方式，打在左边为手动操作方式，打在右边为连续操作方式。

8 个信号灯分别用于显示传送带机械手的放松、夹紧、上升、下降、左转、右转、传送带 1 和传送带 2 的运行。6 个手动控制按钮分别控制传送带机械手的松开、夹紧、上升、下降、左转、右转。起动停止控制按钮控制传送带机械手的起动停止。

3）传送带机械手控制程序设计

图 10-16 所示的控制梯形图用于传送带的控制和物品的检测。图 10-17 所示为传送带机械手控制梯形图及总控制程序框图。

初始时，机械手在下限位（X3＝1）、左限位（X4＝1），即在传送带 1 处。

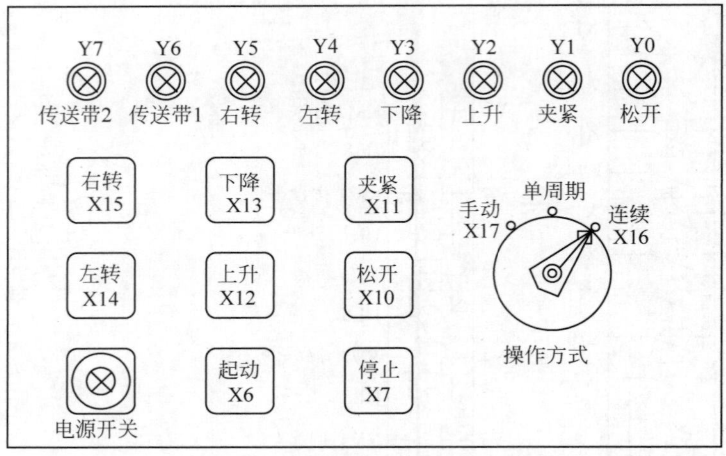

图 10-15　传送带机械手的操作控制面板

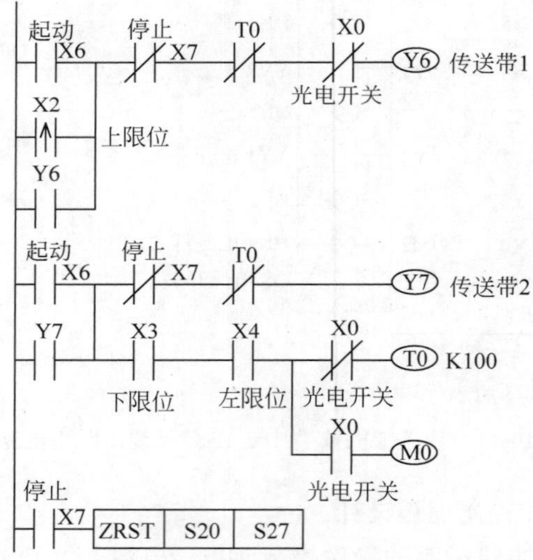

图 10-16　传送带及物品检测梯形图

起动时，按下起动按钮 X6、Y6 和 Y7 同时得电自锁，传送带 1、2 同时起动，传送带 1 上的物品前行。同时，图 10-17(a)中的初始状态步 S0 置位，处于等待状态。

当物品到达光电开关 X0 处时，传送带 1 停止。图 10-16 中的 M0 线圈得电，图 10-17(a)中的初始状态步 S0 复位，S20 置位，Y1 得电，机械手将物品夹紧，夹紧后，限位开关 X1 动作，使状态步 S21 置位，机械手上升，当上升到上限位时，上限位开关 X2 动作，图 10-16 中的 X2 上升沿脉冲再起动传送带 1，传送物品。同时，图 10-17(a)中的状态步 S22 置位，执行右转动作……完成一个循环后，回到原位。

如果操作方式开关打在连续档位，X16 接点动作，回到状态步 S20，机械手连续动作；如果操作方式开关打在单周期档位，则 X16 接点不动作，回到状态步 S0，机械手停止工作。如果机械手在原位，光电开关在 10s 内检测不到物品，则定时器 T0 动作，将传送带 1、2 停止，以避免传送带长时间空转。

输入继电器 X7 用于机械手和传送带的停止和过载保护，在 PLC 的输入端 X7 上接有停止按钮 SB2 和两台电动机的热电器 FR1、FR2 常开接点（为了便于看梯形图的动作原理，这里采用常开接点，实际应用中应改为串联的常闭接点），当任何一台电动机过热时，热电器常开接点动作，使机械手和传送带停止。

机械手手动控制梯形图如图 10-17(b)所示。手动控制采用按钮点动控制方式，在梯形图中应考虑线圈之间的互锁和机械手的限位。

图 10-17(c)为总控制程序框图。手动控制梯形图和自动控制梯形图用跳转指令 CJ 分开。PLC 不能同时读取。当 X17＝0 时，不执行 CJ P0 指令，执行自动控制梯形图；当 X17＝1 时，执行 CJ P0 指令，不执行 CJ P1 指令，执行手动控制梯形图。

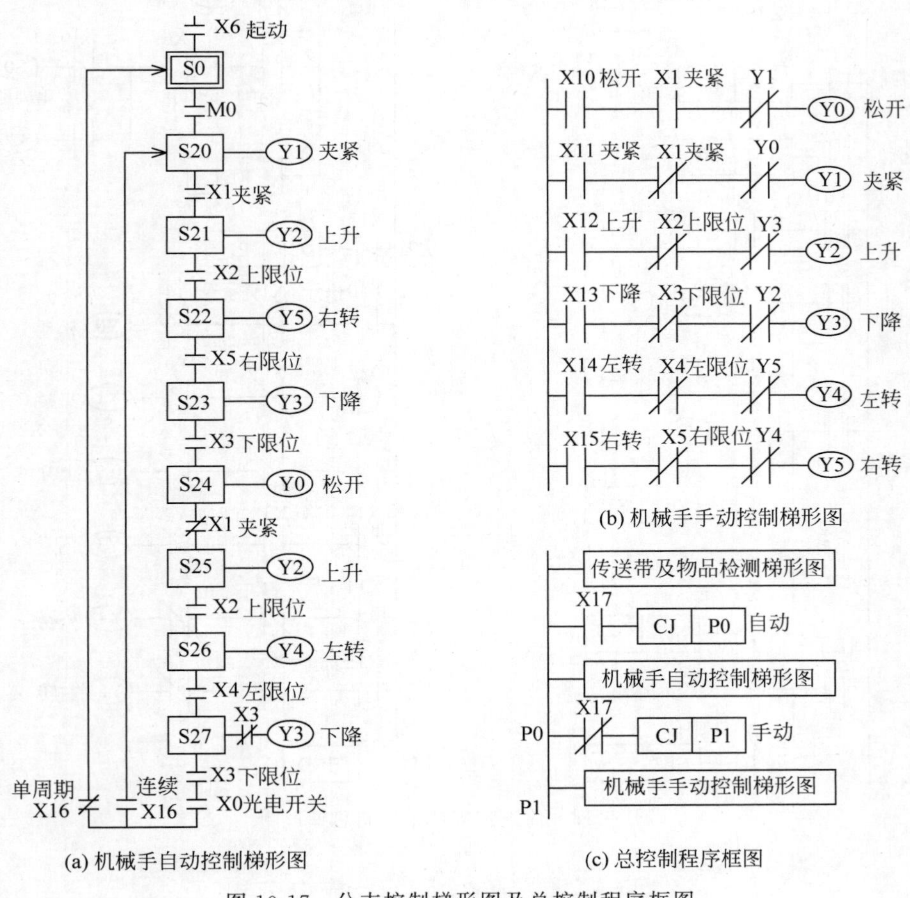

(a) 机械手自动控制梯形图

(b) 机械手手动控制梯形图

(c) 总控制程序框图

图 10-17 分支控制梯形图及总控制程序框图

图 10-18 为传送带机械手控制总梯形图，是由图 10-16 和图 10-17 合并而成的。

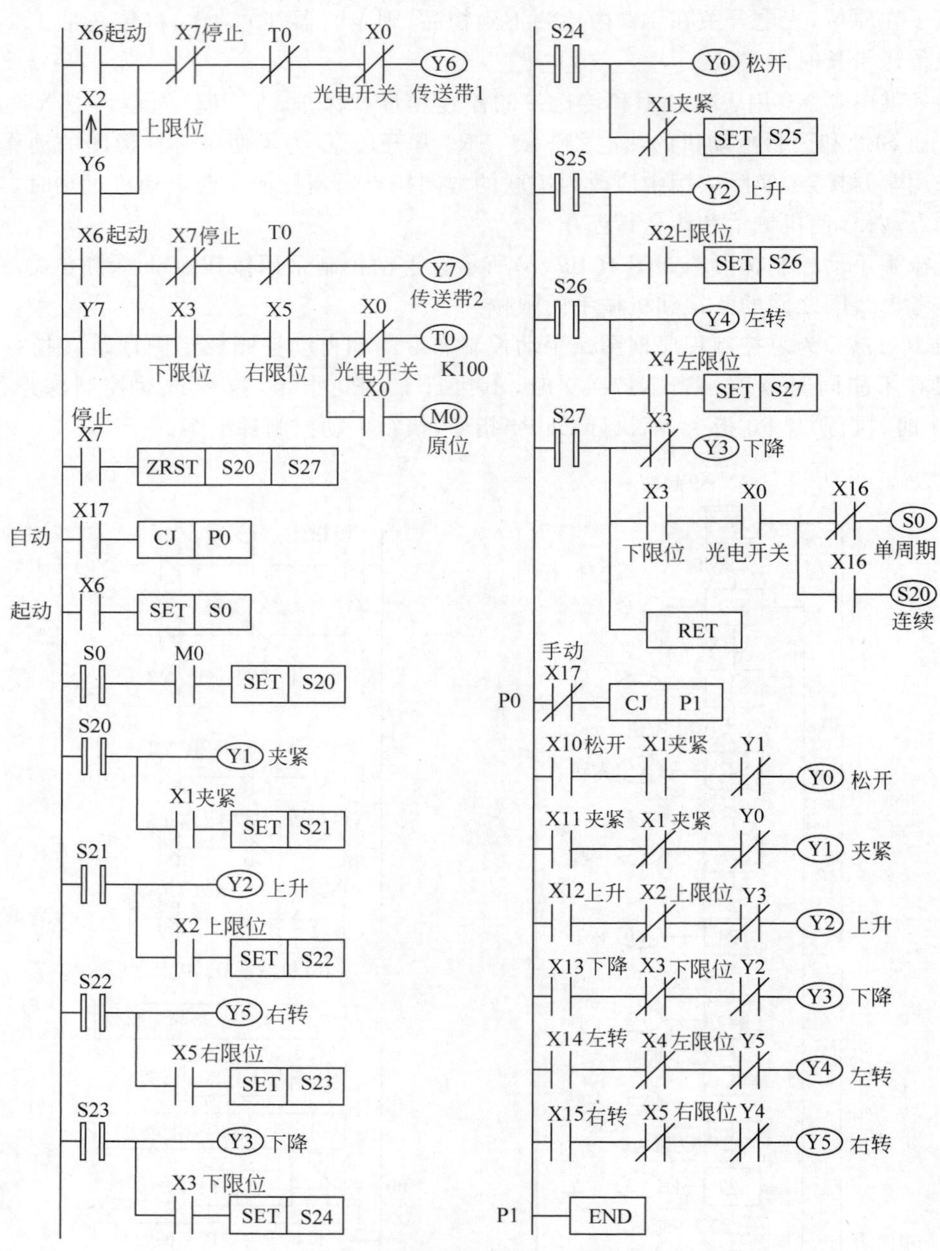

图 10-18　传送带机械手控制总梯形图

实例 10.4　气动机械手控制

一台气动机械手如图 10-19 所示，用于将 A 点上的工件搬运到 B 点。机械手的上升、下降、右行、左行执行机构由双线圈 3 位 4 通电磁阀推动气缸来完成。夹紧放松由单线圈 2 位 2 通电磁阀推动气缸来完成，电磁阀线圈得电夹紧，失电放松。

气缸的运动由 4 个磁性限位开关来控制，机械手的初始状态在左限位、上限位，机械手为放松状态。

机械手的动作过程为：①下降、②夹紧、③上升、④右行、⑤下降、⑥放松、⑦上升、⑧左行，完成一个单循环。

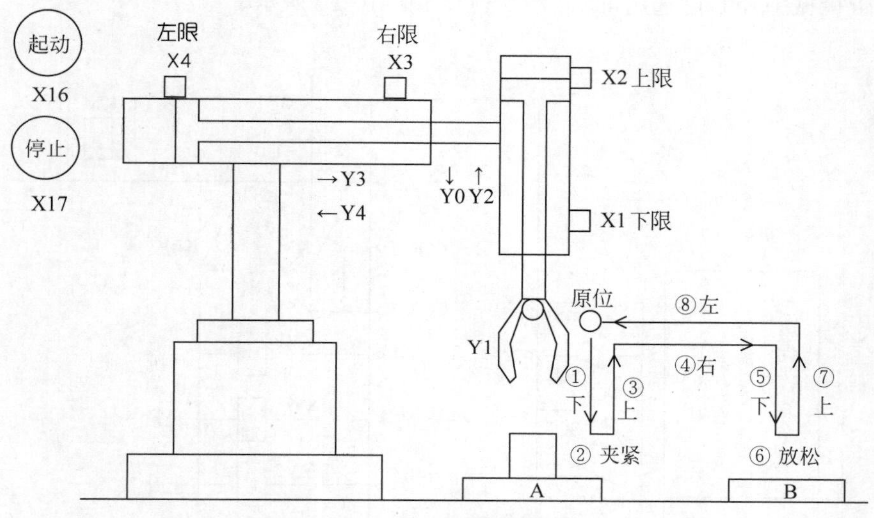

图 10-19　气动机械手动作示意图

控制方案设计

1. 输入/输出元件及控制功能

如表 10-4 所示，介绍了实例 10.4 中用到的输入/输出元件及控制功能。

表 10-4　输入/输出元件及控制功能

输入/输出元件	PLC 软元件	元件文字符号	元件名称	控制功能
输入	X1	SQ1	限位开关 1	下限位
	X2	SQ2	限位开关 2	上限位
	X3	SQ3	限位开关 3	右限位
	X4	SQ4	限位开关 4	左限位
	X16	SB9	按钮	起动
	X17	SB10	按钮	停止

续表

输入/输出元件	PLC 软元件	元件文字符号	元件名称	控制功能
输出	Y0	YV1	电磁阀 1	松开
	Y1	YV5	电磁阀 2	夹紧
	Y2	YV2	电磁阀 3	上升
	Y3	YV3	电磁阀 4	右行
	Y4	YV4	电磁阀 5	左行

2. 电路设计

1）气动机械手控制 PLC 接线图设计

传送带机械手控制可选用 FX_{3U} 型 PLC，如图 10-20 所示。

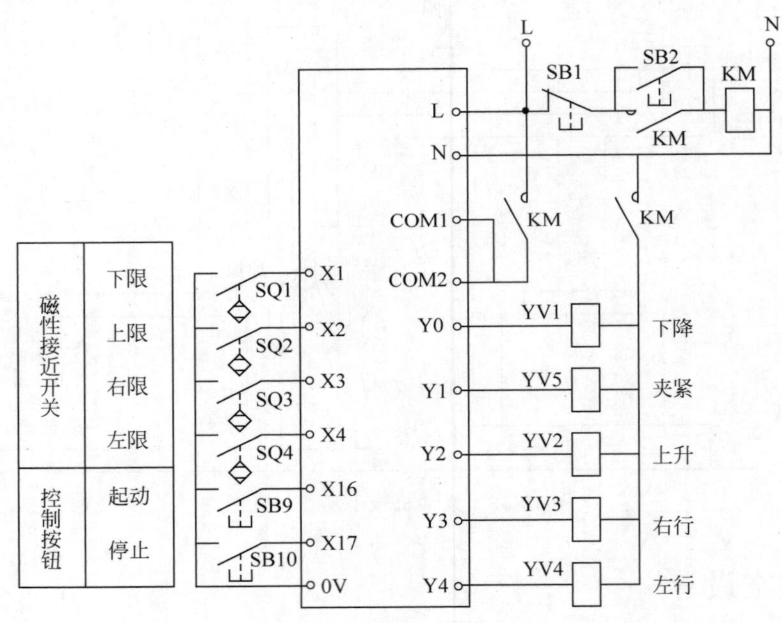

图 10-20　气动机械手控制 PLC 接线图

气动机械手控制 PLC 接线图如图 10-20 所示。PLC 的输出电源有一个接触器 KM、起动按钮 SB2 和停止按钮 KM1 组成的电路控制，其目的一是停电后再来电时，输出电源断开，输出线圈不能得电，防止自起动；二是利用 SB1 作为急停按钮。

2）气动机械手控制程序设计

机械手的动作过程为：①下降、②夹紧、③上升、④右行、⑤下降、⑥放松、⑦上升、⑧左行，共八个工序步，是一种典型的顺序控制。顺序控制的编程方法很多，下面用移位寄存器实行顺序控制，这也是一种简单易行的编程方法。

气动机械手控制梯形图如图 10-21 所示。图中由 SUM 和 SFTL 指令组成了一个 8 位左移位寄存器，其特点是每发送一个移位信号，8 位数据向左移动一位，在 8 位数据中只有一位为 1，如表 10-5 所示。

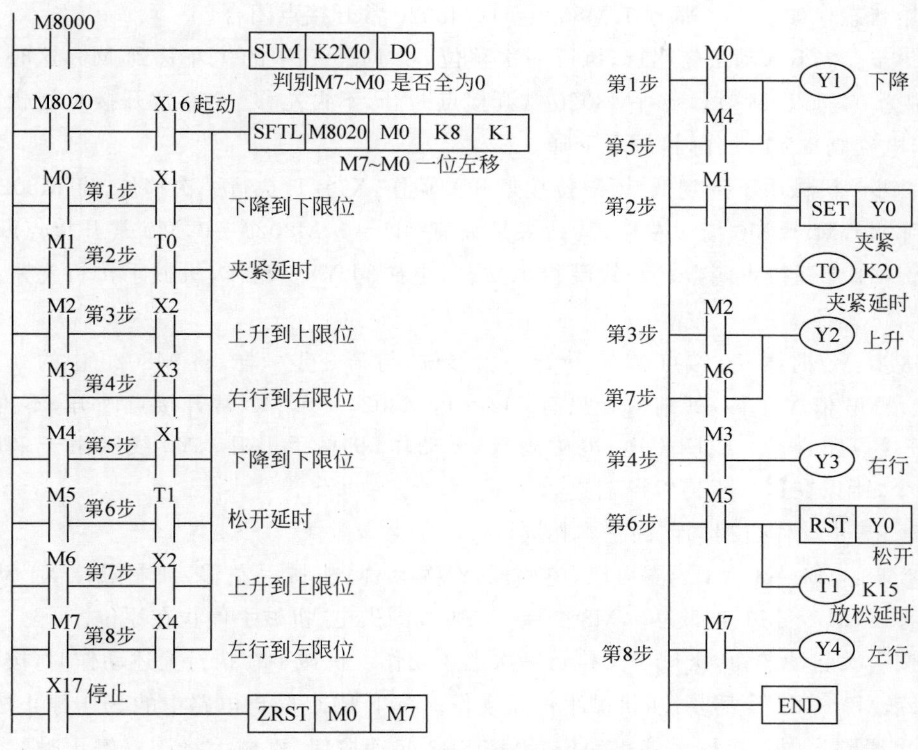

图 10-21　气动机械手控制梯形图

表 10-5　气动机械手动作步骤

工步		8 位移位寄存器(左移)								M8020
		M7	M6	M5	M4	M3	M2	M1	M0	
初始状态	原位	0	0	0	0	0	0	0	0	1
第 1 步	下降	0	0	0	0	0	0	0	1	0
第 2 步	夹紧	0	0	0	0	0	0	1	0	0
第 3 步	上升	0	0	0	0	0	1	0	0	0
第 4 步	右行	0	0	0	0	1	0	0	0	0
第 5 步	下降	0	0	0	1	0	0	0	0	0
第 6 步	松开	0	0	1	0	0	0	0	0	0
第 7 步	上升	0	1	0	0	0	0	0	0	0
第 8 步	左行	1	0	0	0	0	0	0	0	0
初始状态	原位	0	0	0	0	0	0	0	0	1

此处 SUM 指令用于将 M7～M0 中 1 的个数放到数据寄存器 D0 中，如果 M7～M0 都为 0，则 M8020＝1。

初始状态：M7～M0 都为 0，M8020＝1，M8020 常开接点闭合。

第 1 步：按下起动按钮 X16，执行一次移位，将 M8020 中的 1 左移到 M0，这时，M7～M0 不都为 0，所以，M8020＝0，M8020 常开接点断开，不再左移。M0 常开接点闭合，Y1 线圈得电，电磁阀 YV1 动作，机械手下降。

第 2 步：机械手下降到低，下限位接近开关动作，X1＝1，执行一次移位，将 M8020 中的 0 左移到 M0，M7～M0 依次左移，其结果是只有 M1＝1，M8020＝0，M0 常开接点断开，不再左移。M1 常开接点闭合，Y0 线圈得电置位，电磁阀 YV5 动作，机械手执行夹紧。夹紧延时 2s。

第 3 步：定时器 T0 接点动作，执行一次移位，与第 2 步一样，将 M8020 中的 0 左移到 M0，M7～M0 依次左移，其结果是只有 M2＝1，M8020＝0，M1 常开接点断开，不再左移。M2 常开接点闭合，Y2 线圈得电，电磁阀 YV2 动作，机械手上升。Y0 线圈由于采用的是 SET 指令，所以在这一步仍然得电。

第 4～7 步动作过程同前面基本相同。

第 8 步：M7 ＝1，Y4 线圈得电，电磁阀 YV4 动作，机械手左移，到左限位 X4 动作，执行一次移位，M7～M0 全部为 0，M8020＝1，Y4 线圈失电，机械手停止在原位。

再按一次起动按钮，机械手又执行一次上述动作。机械手在执行上述动作时，按下停止按钮 X17，M0～M7 全部复位，机械手停止动作。按下 PLC 输出电路中的 SB1 停止按钮，则 PLC 输出线圈失电。机械手停止动作，再按 SB2 起动按钮，机械手将接着停止时的动作继续动作。

实例 10.5　气动机械手多种操作方式控制

在实例 10.4 中，机械手控制基础上要求如下 4 种操作方式。

（1）手动操作：要求 6 个按钮分别控制机械手的上升、下降、左移、右移、夹紧和松开。

（2）单步操作：每按一次起动按钮，机械手执行下一个顺序的动作，完成后停止。

（3）单循环操作：按一次起动按钮，机械手执行一次抓取动作回到原位后停止。

（4）自动操作：在自动操作方式下，机械手反复不断地执行抓取动作。

气动机械手动作示意图参见图 10-19。

控制方案设计

1. 输入/输出元件及控制功能

如表 10-6 所示，介绍了实例 10.5 中用到的输入/输出元件及控制功能。

表 10-6　输入/输出元件及控制功能

输出/输入元件	PLC 软元件	元件文字符号	元 件 名 称	控 制 功 能
输入	X1	SQ1	限位开关 1	下限位
	X2	SQ2	限位开关 2	上限位
	X3	SQ3	限位开关 3	右限位
	X4	SQ4	限位开关 4	左限位
	X5	SB3	上升按钮	手动上升
	X6	SB4	左行按钮	手动左行
	X7	SB5	松开按钮	手动松开
	X10	SB6	下降按钮	手动下降
	X11	SB7	右行按钮	手动右行
	X12	SB8	夹紧按钮	手动夹紧
	X13	SA-1	多位开关	手动操作方式
	X14	SA-2	多位开关	单步操作方式
	X15	SA-3	多位开关	自动操作方式
		SA-4	多位开关	单循环操作方式
	X16	SB9	按钮	机械手起动
	X17	SB10	按钮	机械手停止
输出	Y0	YV1	电磁阀 1	机械手下降
	Y1	YV5	电磁阀 2	机械手夹紧
	Y2	YV2	电磁阀 3	机械手上升
	Y3	YV3	电磁阀 4	机械手右行
	Y4	YV4	电磁阀 5	机械手左行

2. 电路设计

气动机械手控制 PLC 接线图设计：机械手控制 4 种操作方式 PLC 接线图、梯形图和控制面板如图 10-22 所示。

3. 控制原理

(1) 手动操作：将选择开关 SA 打在手动位置，X13＝1，由图 10-22 可知，X13 常闭接点断开，执行 CJ P0 到 P0 的手动控制程序。X13 常开接点闭合，CJ P63 到 END 的自动控制程序被跳步不执行。

在手动控制程序中，按下夹紧按钮 X12，Y1 线圈得电置位，机械手夹紧，按下松开按钮 X7，Y1 线圈失电，机械手松开。

按下上升按钮 X5，Y2 线圈得电，机械手上升，碰到上限位开关 X2，Y2 线圈失电。按下下降按钮 X10，Y0 线圈得电，机械手下降，碰到下限位开关 X1，Y0 线圈失电。

按下左行按钮 X6，Y4 线圈得电，机械手左行，碰到左限位开关 X4，Y4 线圈失电。按下右行按钮 X11，Y3 线圈得电，机械手右行，碰到右限位开关 X3，Y3 线圈失电。为了防止机械手在下限位左右移动，在机械手左右移动前，应将机械手上升到上限位，在上限位接点 X2 闭合时再左右移动。

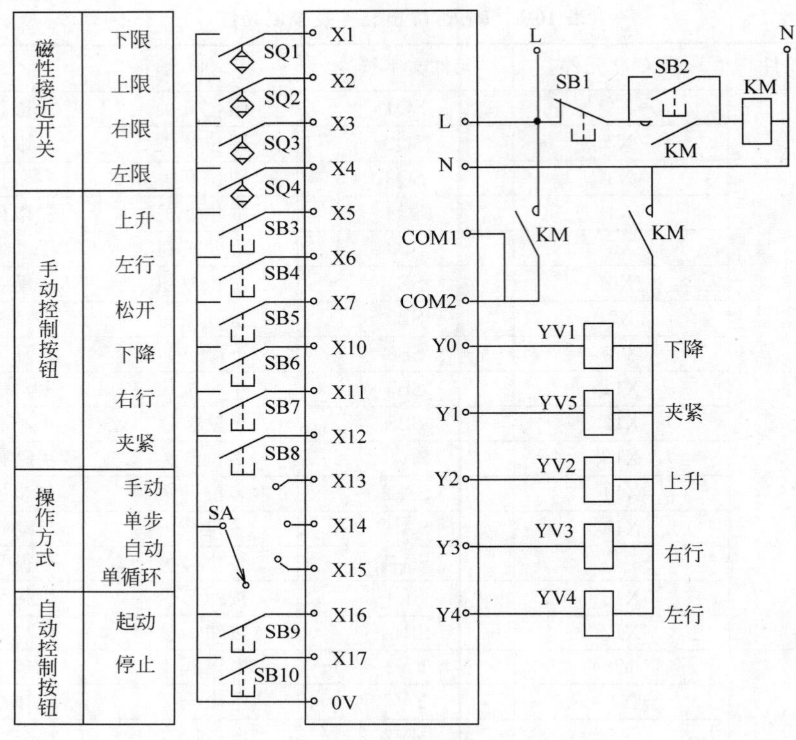

(a) 机械手控制PLC接线图

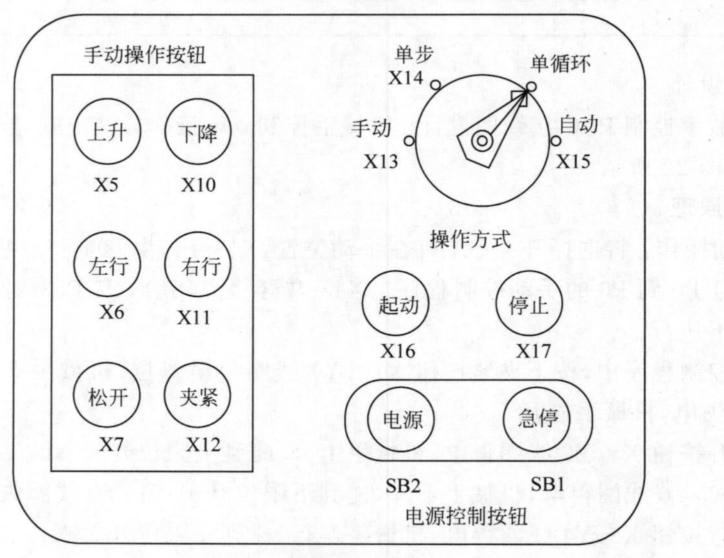

(b) 机械手控制操作面板

图 10-22　气动机械手控制图

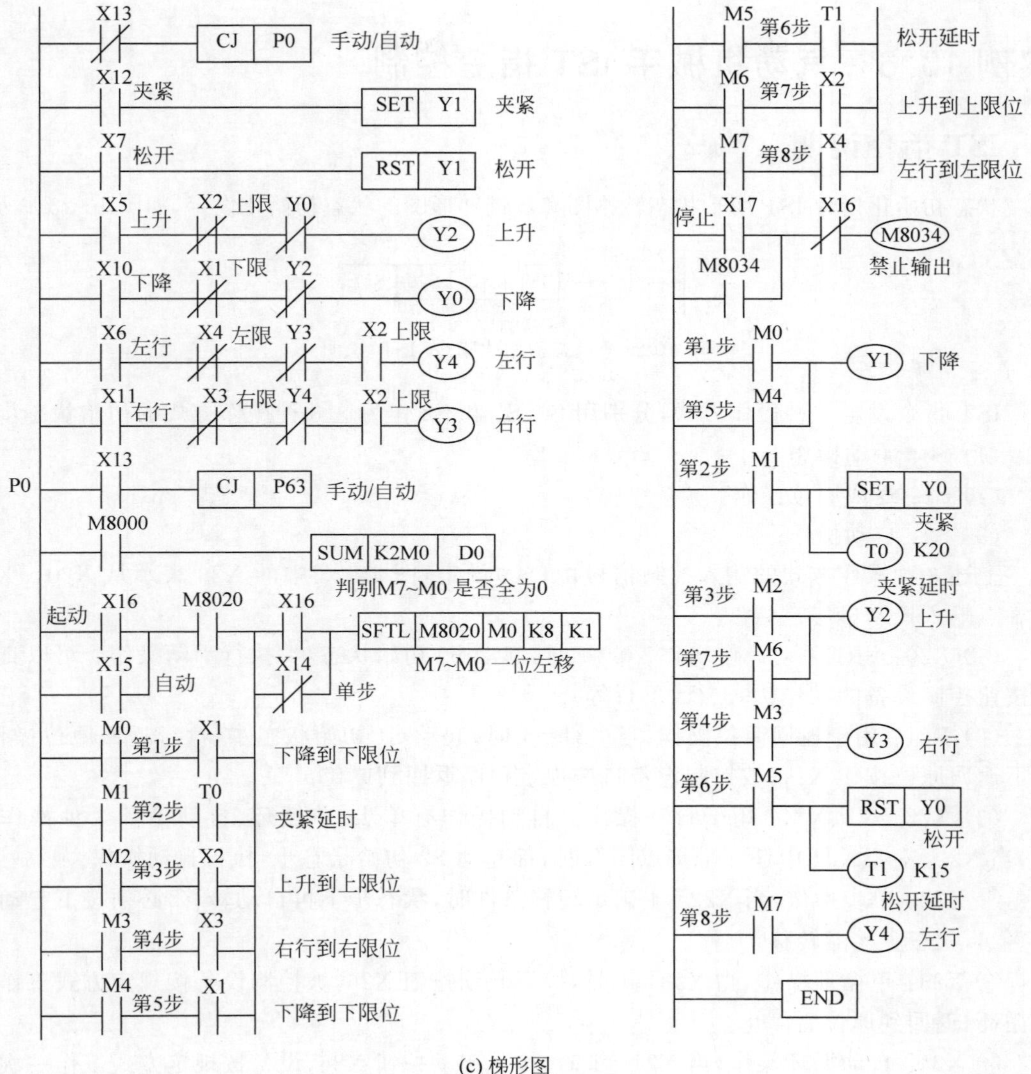

(c) 梯形图

图 10-22 （续）

（2）单步操作：将选择开关 SA 打在单步位置，X14＝1，由梯形图可知，X14 常闭接点断开，断开了与 SFTL 指令的连接，所以机械手在完成每一步时，移位寄存器不再移位，机械手暂时停止，再按一次起动按钮，使移位寄存器移位一次，机械手才执行下一步动作。

（3）单循环操作：将选择开关 SA 打在单循环位置，当完成一次循环动作结束后，M8020＝1，移位寄存器将不再移位。机械手停止待命。

（4）自动操作：将选择开关 SA 打在自动位置，X15＝1，由梯形图可知，X15 常开接点闭合，机械手起动，当完成一次循环动作结束后，M8020＝1，移位寄存器将自动再一次移位，并不断自动循环。

实例 10.6　气动机械手 IST 指令控制

IST 指令说明

状态初始化指令 IST 用于状态转移图和步进梯形图的状态初始化设定,如图 10-23 所示。

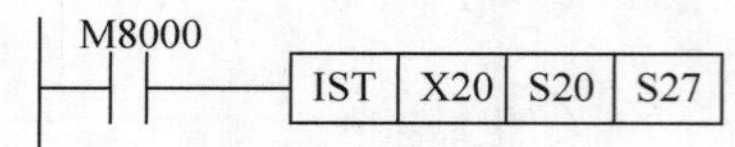

图 10-23　状态初始化指令(IST)说明

IST 指令设定 3 种操作方式,分别用 S0、S1 和 S2 作为这 3 种操作方式的初始状态步。

(1) S0:手动操作。

(2) S1:返回原位操作。

(3) S2:自动操作。

上述 3 种操作方式的输入控制信号由(S.)设定,图 10-23 中的 X20 表示从 X20～X27 共 8 点输入控制信号。

(1) X20:用于手动操作,当 X20=1 时,起动 S0 初始状态步,执行手动操作。可以直接用按钮控制设备的动作(如上行、下行等)。

(2) X21:用于返回原位操作,当 X21=1 时,起动 S1 初始状态步,执行返回原位操作。按下返回原位按钮 X25,被控制设备将按规定程序返回到原位。

(3) X22、X23、X24:用于自动操作。自动操作有单步、单循环、自动循环 3 种操作方式,当 X22、X23、X24 中任一个接点闭合时,都起动 S2 初始状态步,执行自动操作。

① X22:单步操作,当 X22=1 满足转移条件时,状态步不再自动转移,必须按下起动按钮 X26,状态步才能转移。

② X23:单循环操作,当 X23=1 时,按下起动按钮 X26,被控制设备按规定方式工作一次循环,返回到原位后停止。

③ X24:自动循环操作,当 X24=1 时,按下起动按钮 X26,设备按规定方式工作一次循环,返回到原位后继续循环工作,直到按下停止按钮 X27 才停止工作。

④ X25:返回原位按钮。

⑤ X26:起动按钮。

⑥ X27:停止按钮。

(D1.)和(D2.)分别指定自动操作方式所用状态器 S 的范围为 S20～S27。

由 IST 指令生成的 3 种操作方式可用图 10-24 表达,虚线框内的程序是根据控制要求设计的。

由 IST 指令生成的 X20～X27 共 8 点输入控制信号与步进梯形图有关的特殊辅助继电器 M8040～M8047 可用图 10-25 表达。

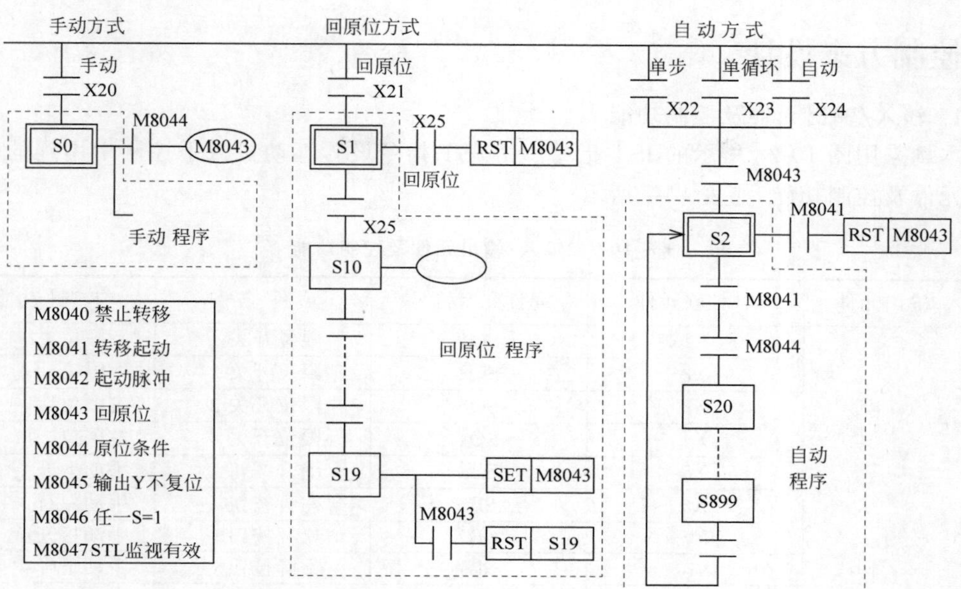

图 10-24 IST 指令设定的 3 种操作方式

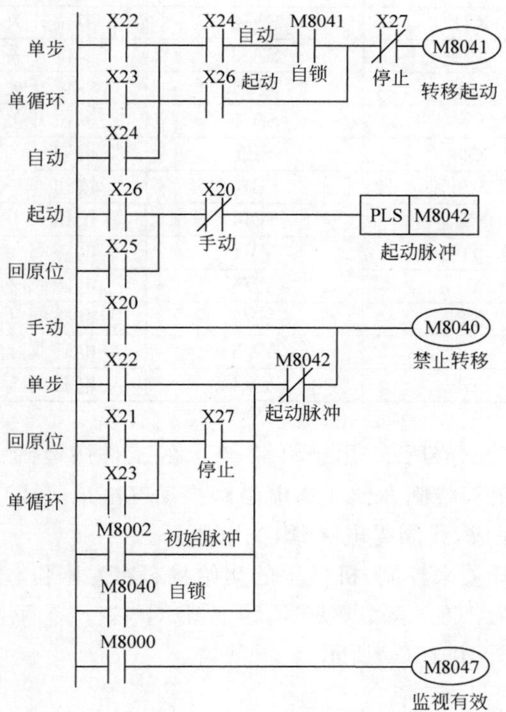

图 10-25 IST 指令生成的控制梯形图

控制方案设计

1. 输入/输出元件及控制功能

本例采用图 10-23 所示的 IST 指令。由 IST 指令设置气动机械手控制中用到的输入/输出元件及控制功能，如表 10-7 所示。

表 10-7 输入/输出元件及控制功能

输入/输出元件	PLC 软元件	元件文字符号	元件名称	控制功能
输入	X1	SQ1	限位开关 1	下限位
	X2	SQ2	限位开关 2	上限位
	X3	SQ3	限位开关 3	右限位
	X4	SQ4	限位开关 4	左限位
	X5	SB3	上升按钮	手动上升
	X6	SB4	左行按钮	手动左行
	X7	SB5	松开按钮	手动松开
	X10	SB6	下降按钮	手动下降
	X11	SB7	右行按钮	手动右行
	X12	SB8	夹紧按钮	手动夹紧
	X20	SA-1	多位开关	手动操作方式
	X21	SA-2	多位开关	回原位操作方式
	X22	SA-3	多位开关	单步操作方式
	X23	SA-4	多位开关	单循环操作方式
	X24	SA-5	多位开关	自动操作方式
	X25	SB9	按钮	机械手回原位
	X26	SB10	按钮	机械手起动
	X27	SB11	按钮	机械手停止
输出	Y0	YV1	电磁阀 1	机械手下降
	Y1	YV5	电磁阀 2	机械手夹紧
	Y2	YV2	电磁阀 3	机械手上升
	Y3	YV3	电磁阀 4	机械手右行
	Y4	YV4	电磁阀 5	机械手左行

气动机械手如图 10-26(a)所示，用于将 A 点上的工件搬运到 B 点。机械手的上升、下降、右行、左行执行机构由双线圈 3 位 4 通电磁阀推动气缸来完成。夹紧松开由单线圈 2 位 2 通电磁阀推动气缸来完成，线圈得电夹紧，失电松开。

气缸的运动由限位开关来控制，机械手的初始状态在左限位、上限位，手为松开状态。

机械手的动作过程为：①下降、②夹紧、③上升、④右行、⑤下降、⑥松开、⑦上升、⑧左行，完成一个单循环，如图 10-26(a)所示。

2. 电路设计

本例采用图 10-23 所示状态初始化指令 IST 的设置，则 X20～X27 的 8 点输入控制信号设置如图 10-26(b)和图 10-27 所示。其中操作方式 X20～X24 应采用选择开关 SA。

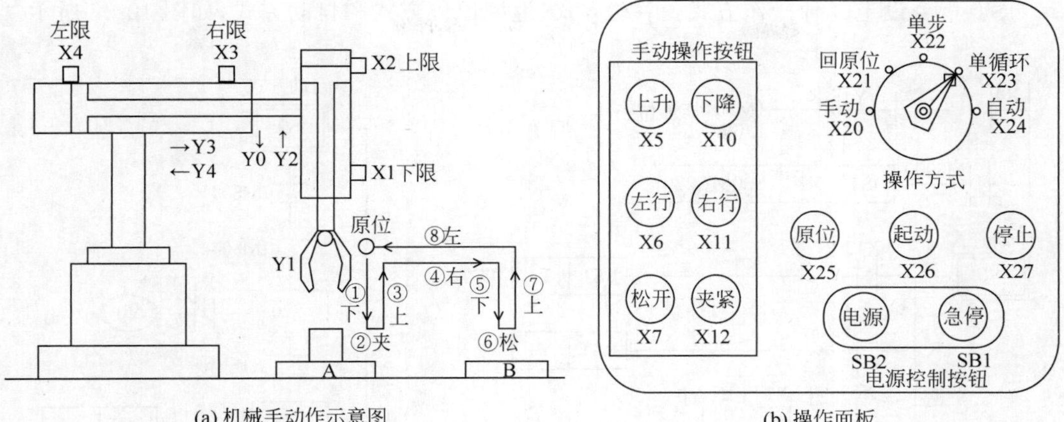

(a) 机械手动作示意图　　(b) 操作面板

图 10-26　机械手动作示意图及操作面板

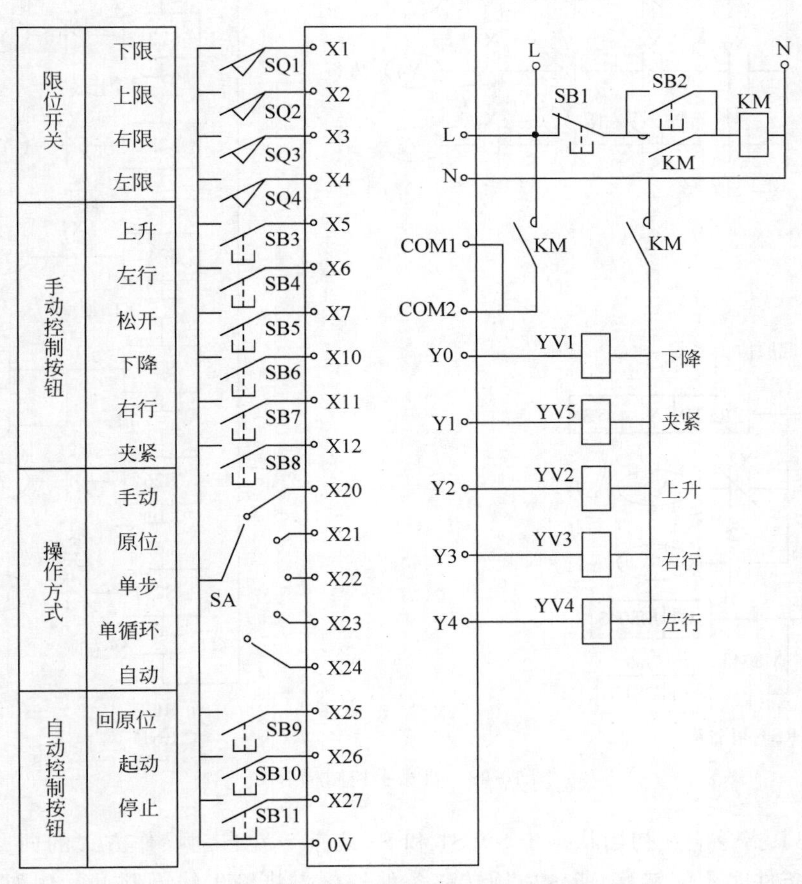

图 10-27　机械手控制 PLC 接线图

IST 指令设定 3 种操作方式：手动方式、返回原位方式和自动方式，如图 10-28 所示。

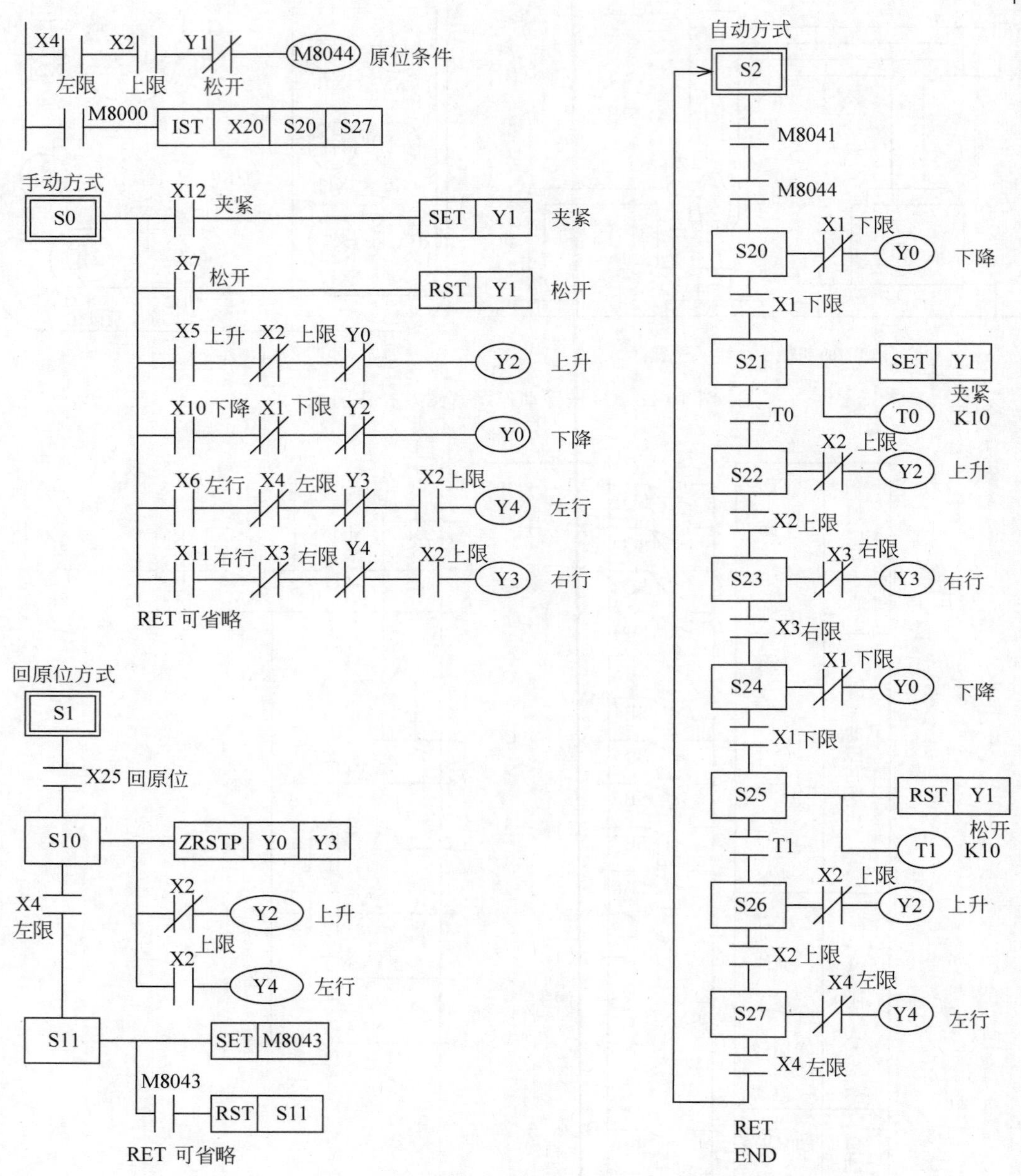

图 10-28　机械手控制梯形图

注意，IST 指令应在初始状态步 S0、S1 和 S2 之前。在自动操作方式的回原位方式下，在满足转移条件时不能转移，所示应用转移条件的接点将输出线圈断开。例如在 S20 状态步时，Y0＝1，机械手下降，当下降到下限位，下限位开关 X1 动作时，用 X1 常闭接点将 Y0

线圈断开，否则 Y0 将继续得电。

图 10-28 机械手控制梯形图的程序如下。

```
0   LD   X4
1   AND  X2
2   ANI  Y1
3   OUT  M8044
5   LD   M8000
6   IST  X20  S20  S27
13  STL  0
14  LD   X12
15  SET  Y1
16  LD   X7
17  RST  Y1
18  LD   X5
19  ANI  X2
20  ANI  Y0
21  OUT  Y2
22  LD   X10
23  ANI  X1
24  ANI  Y2
25  OUT  Y0
26  LD   X6
27  ANI  X4
28  ANI  Y3
29  AND  X2
30  OUT  Y4
31  LD   X11
32  ANI  X3
33  ANI  Y4
34  AND  X2
35  OUT  Y3
(RET)(可不用)
36  STL  S1
37  LD   X25
38  SET  S10
40  STL  S10
41  ZRST  Y0  Y3
46  LDI  X2
47  OUT  Y2
48  LD   X2
49  OUT  Y4
50  LD   X4
51  SET  S11
53  STL  S11
54  SET  M8043
56  LD   M8043
57  RST  S11
(RET)(可不用)
59  STL  S2
60  LD   M8041
61  AND  M8044
62  SET  S20
64  STL  S20
65  LDI  X1
66  OUT  Y0
67  LD   X1
68  SET  S21
70  STL  S21
71  SET  Y1
72  OUT  T0  K10
75  LD   T0
76  SET  S22
78  STL  S22
79  LDI  X2
80  OUT  Y2
81  LD   X2
82  SET  S23
84  STL  S23
85  LDI  X3
86  OUT  Y3
87  LD   X3
88  SET  S24
90  STL  S24
91  LDI  X1
92  OUT  Y0
93  LD   X1
94  SET  S25
96  STL  S25
97  RST  Y1
98  OUT  T1  K10
101 LD   T1
102 SET  S26
104 STL  S26
105 LDI  X2
106 OUT  Y2
107 LD   X2
108 SET  S27
110 STL  S27
111 LDI  X4
112 OUT  Y4
113 LD   X4
114 OUT  S2
116 RET
117 END
```

3．控制原理

机械手控制梯形图如图 10-28 所示，图中的核心指令是 IST　X20　S20　S27。它隐含了图 10-24 和图 10-25 两个梯形图的功能。

1．手动方式

将操作方式开关 SA 打在手动位置，X20＝1，执行手动方式，见图 10-24 所示，手动方式 S0 状态步激活。

再看图 10-28 中的 S0 手动方式梯形图，如图 10-29 所示。

按下按钮 X12，Y1 置位，机械手夹紧。按下按钮 X7，Y1 复位，机械手松开。按下按钮 X5，Y2＝1，机械手上升。到上限位 X2 常闭接点断开，机械手停止。按下按钮 X10，Y0＝1，机械手下降。到下限位 X1 常闭接点断开，机械手停止。按下按钮 X6，Y4＝1，机械手（必须在上限位 X2＝1）左行，到左限位 X4 常闭接点断开，机械手停止。按下按钮 X11，Y3＝1，机械手（必须在上限位 X2＝1）右行，到右限位 X3 常闭接点断开，机械手停止。

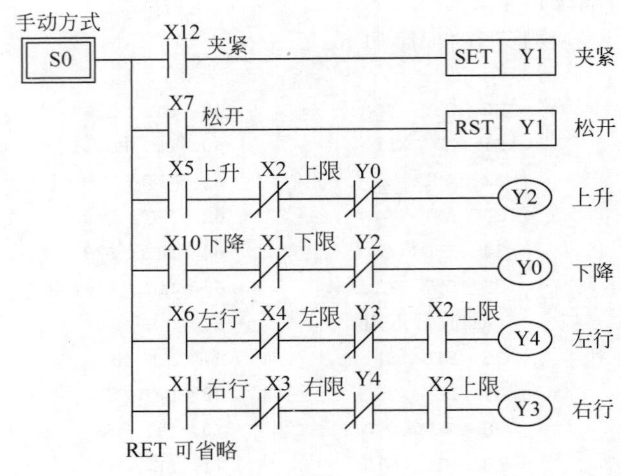

图 10-29　手动方式 SFC 图

2. 回原位方式

将操作方式开关 SA 打在原位位置，X21＝1，执行回原位方式，如图 10-24 所示，回原位方式 S1 状态步激活。

再看图 10-28 中的 S1 回原位梯形图，如图 10-30 所示。

按下回原位按钮 X25，S10 状态步激活，执行 ZRSTP 指令，现将 Y0～Y3 复位一个扫描周期，使原来的动作停下来。接下来是检测手臂是否在上面，如果不在上面，X2 常闭接点接通，上升到上限位。如果在上面，X2 常开接点接通，Y4 得电，左行到左限位，X4＝1，转移到 S11 状态步，使 M8043 置位，再将 S11 状态步复位。结束回原位过程。

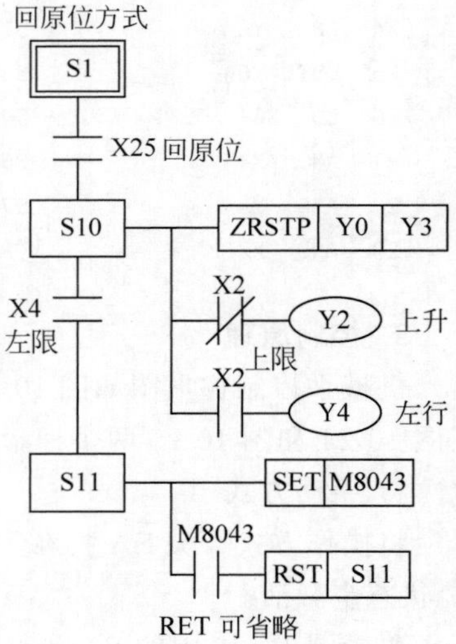

图 10-30　回原位方式 SFC 图

3. 自动方式

自动方式有 3 种形式：单步、单循环和自动循环。

1）单步

将操作方式开关 SA 打在单步位置，X22＝1，执行单步方式，如图 10-24 所示，自动方式 S2 状态步激活。

再看图 10-28 中的 S2 自动方式梯形图，如图 10-31 所示。

在图 10-28 中，如果满足原位条件，则 M8044＝1，在图 10-25 中，M8041＝1。但要注意，状态步 S2 不会转移到 S20。这时因为图 10-25 中的 M8040 得电，禁止转移。这时要按一下起动按钮 X26，使 M8042 发一个脉冲使 M8040 失一下电，才能转移到 S20 状态步。Y0

得电，机械手下降。下降到下限位 X1＝1，满足转移条件，但还是不能转移。

由于不能转移到下一步 S21，Y0 如果继续得电，手臂继续下降，造成故障。为了防止 Y0 继续得电，需要加一个 X1 常闭接点，使 Y0 线圈断开。这时只有再按一下起动按钮 X26，才能转移到下一步。以下从 S20 到 S27，每进一步都要按一下起动按钮，所以称为单步控制。

2）单循环

将选择开关 SA 打在单循环位，X23＝1，执行单循环控制。单循环也是 S2 初始状态步激活。在图 10-28 中，如果满足原位条件，则 M8044＝1，按下起动按钮 X26，图 10-25 中的 M8041 得电，但是 M8040 不得电，就从状态步 S2 转移到 S20。之后每完成一步就转移到下一步，一直从 S20 步到 S27 步，再回到初始步 S2。由于图 10-25 中的 M8041 不得电，完成一个单循环就停止了。

3）自动循环

将选择开关 SA 打在自动循环位，X24＝1，执行自动循环控制。自动循环也是 S2 初始状态步激活。在图 10-28 中，如果满足原位条件，则 M8044＝1，按下起动按钮 X26，图 10-25 中的 M8041 得电，但是 M8040 不得电，就从状态步 S2 转移到 S20。之后每完成一步就转移到下一步，一直从 S20 步到 S27 步，再回到初始步 S2。完成一个单循环之后又自动转移到 S20，进行到下一个循环，并周而复始。

自动循环，由于 X24＝1，按下起动按钮 X26，图 10-25 中的 M8041 得电并自锁，M8041＝1，所以再回到初始步 S2，就会自动转移到下一步。

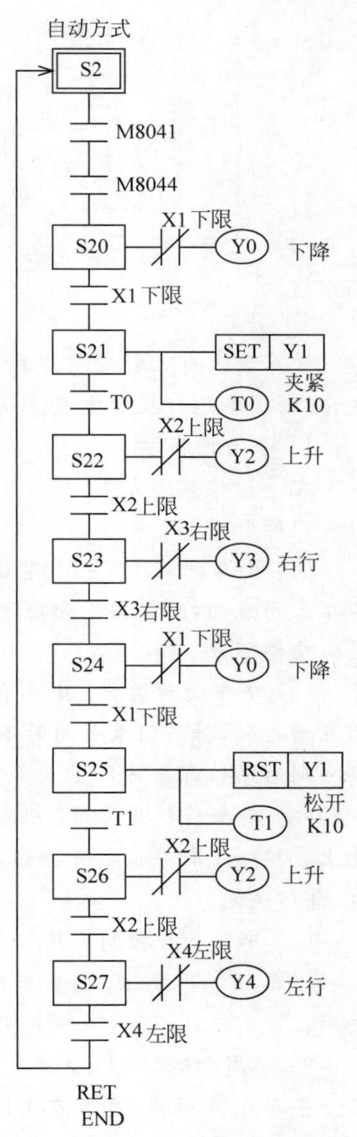

图 10-31　自动方式 SFC 图

实例 10.7　装卸料小车控制

一辆小车在 A、B 两点之间运行，在 A、B 两点各设一个限位开关，如图 10-32 所示。小车的运行由三相异步电动机控制，小车的车门和料斗的车门由电磁铁控制，当电磁铁得电时，料斗门或斗门打开，失电时关闭。

小车在 A 地点，并且在车门关好的情况下，按一下起动运行按钮。小车就从 A 地点向前到 B 地点停下来，然后料斗的斗门打开装料 10s，之后小车自动向后行到 A 地点停止，小车车门打开卸料 4s 后，车门关闭。

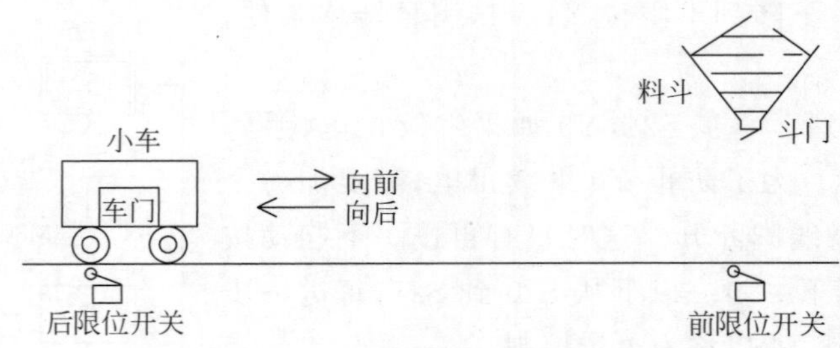

图 10-32　装卸料小车工作示意图

小车要求有 4 种控制方式：手动控制方式，单周期运行控制方式，双周期运行控制方式，自动循环运行控制方式。

1）手动控制方式

在手动控制方式下，可用 4 个控制按钮控制小车的向前、向后运行，以及车门的打开和料斗门的打开。

(1) 小车向前运行：小车在料斗下面时不能向前运行，小车的车门在打开时不能运行，小车采用点动控制，按下向前运行按钮，小车向前运行，当小车行至料斗下时，碰到前限位开关时应停下来。

(2) 小车向后运行：小车在 A 地点时不能后退，小车的车门在打开时不能运行，小车采用点动控制，料斗门未关闭时不能运行，按下向后运行按钮，小车向后运行至 A 地点时，小车碰到后限位开关应停下来。

(3) 料斗门打开控制：小车必须在 B 点料斗门下时，才能打开料斗门，以避免将料卸在地上。按一下料斗门打开按钮，控制料斗门的电磁铁得电，斗门打开，延时 10s 后电磁铁失电，斗门关闭。

(4) 车门打开控制：小车必须在 A 地点时，才能打开车门，以保证将料卸在规定地点。按一下车门打开按钮，控制车门的电磁铁得电，车门打开，延时 10s 后电磁铁失电，车门关闭。

2）单周期运行控制方式

小车在 A 地点，并且在车门关好的情况下，按一下向前运行按钮。小车就从 A 地点运行到 B 地点停下来，然后料斗门打开装料 10s，之后小车自动向后行到 A 地点停止，车门打开卸料 10s 后，车门关闭。

3）双周期运行控制方式

小车在 A 地点时，按一下向前运行按钮，小车将完成两次单周期的运行过程。

4）自动循环控制方式

小车在 A 地点时，按一下向前运行按钮，小车将自动重复单周期运行过程，断开运行开关时，小车将在完成一个循环之后，结束运行。

在手动控制方式下不能运行单周期、双周期和自动运行方式，反之，在单周期、双周期和自动运行方式下也不能进行手动控制。

控制方案设计

1. 输入/输出元件及控制功能

如表 10-8 所示，介绍了例 10.7 中用到的输入/输出元件及控制功能。

表 10-8 输入/输出元件及控制功能

输入/输出元件	PLC 软元件	元件文字符号	元件名称	控制功能
输入	X0	SB0	按钮	起动
	X1	SQ1	限位开关 1	前限位
	X2	SQ2	限位开关 2	后限位
	X3	SA-1	选择开关(1 位)	手动方式
	X4	SA-2	选择开关(2 位)	自动方式
		SA-3	选择开关(空位)	单循环方式
	X6	SA-4	选择开关(4 位)	双循环方式
	X7	SB3	按钮 3	向前运行
	X10	SB4	按钮 4	向后运行
	X11	SB5	按钮 5	车门打开
	X12	SB6	按钮 6	斗门打开
	X13	SB2	按钮 2	停止
输出	Y0	KM1	接触器 1	向前运行
	Y1	KM2	接触器 2	向后运行
	Y2	YV1	电磁铁 1	斗门打开
	Y3	YV2	电磁铁 2	车门打开

2. 电路设计

控制面板如图 10-33 所示，装卸料小车的主电路图和 PLC 接线图如图 10-34 所示。PLC 自动控制步进转移图如图 10-35 所示。手动梯形图如图 10-36 所示，PLC 总程序结构图如图 10-37 所示，总梯形图如图 10-38 所示。

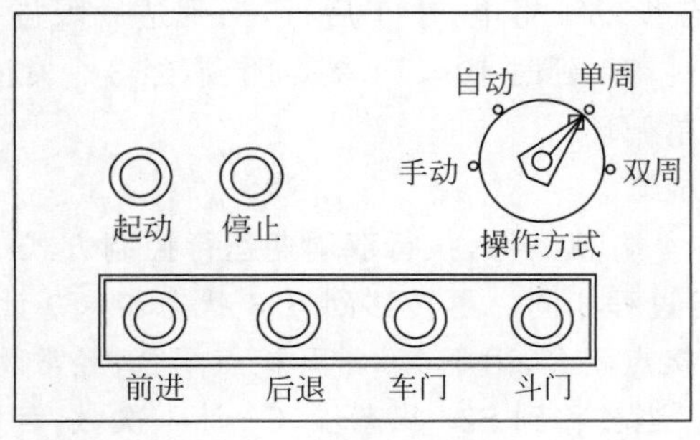

图 10-33 控制面板

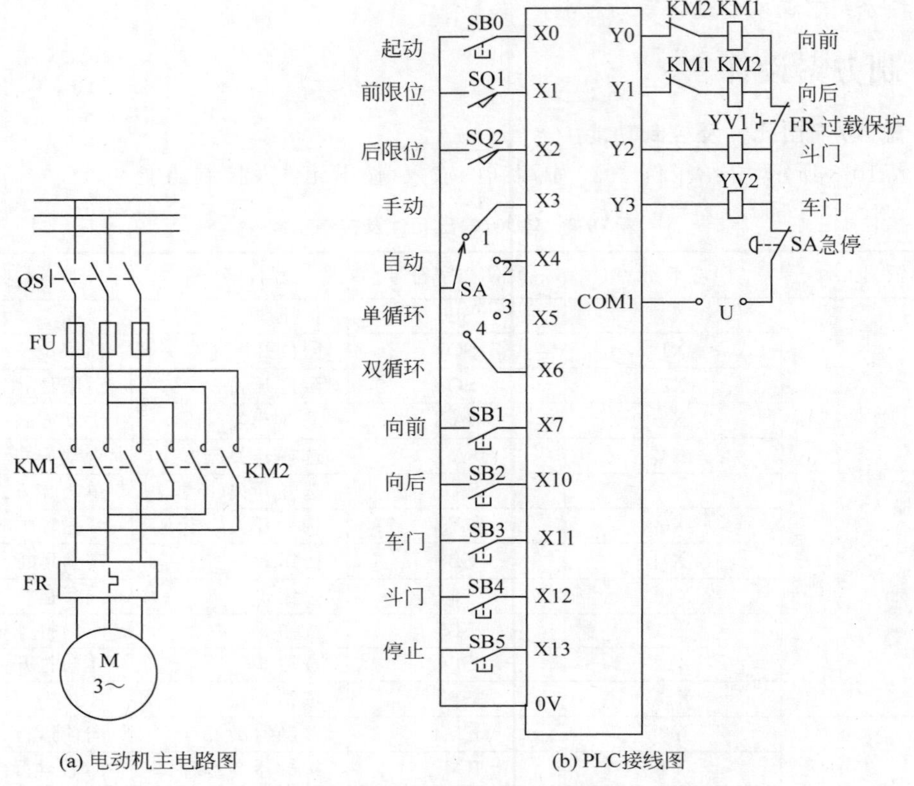

(a) 电动机主电路图　　(b) PLC接线图

图 10-34　主电路图和 PLC 接线图

3. 控制原理

1）单循环运行控制方式

将选择开关 SA 打在 3 端，执行单周期运行控制方式，如图 10-35 所示。按下起动按钮 X0，S0 状态步置位，小车在后限位 X2＝1，车门关闭 Y3＝0，转移到 S20 状态步，Y0 得电，小车前行，当到达前限位，X1＝1 转移到 S21 状态步，Y2 得电，斗门打开装料，T0 延时 10s，T0 接点闭合转移到 S22 状态步，Y1 得电，小车后行，当到达后限位，X2＝1，转移到 S23 状态步，Y3 得电，车门打开卸料，T1 延时 10s，T1 接点闭合，经 3 个常闭接点 M0、X6、X4 转移到初始状态步 S0 完成一个单循环。

2）双循环运行控制方式

将选择开关 SA 打在 4 端，X6＝1，执行双周期运行控制方式。按下起动按钮 X0 后，运行过程与上述单循环运行过程相同。再转移到 S23 状态步，C0 计一次数，Y3 得电，车门打开卸料，T1 延时 10s，T1 接点闭合，由于 X6 常开接点闭合，经常闭接点 M0、C0 转移到状态步 S20，再进行一次循环。当转移到 S23 状态步，C0 计一次数，计数值为 2，达到设定值，C0 常开接点闭合，Y3 得电，车门打开卸料 10s，T31 接点闭合，由于 X6 和 C0 常开接点闭合，经常闭接点 M0 转移到状态步 S0，完成两次循环。

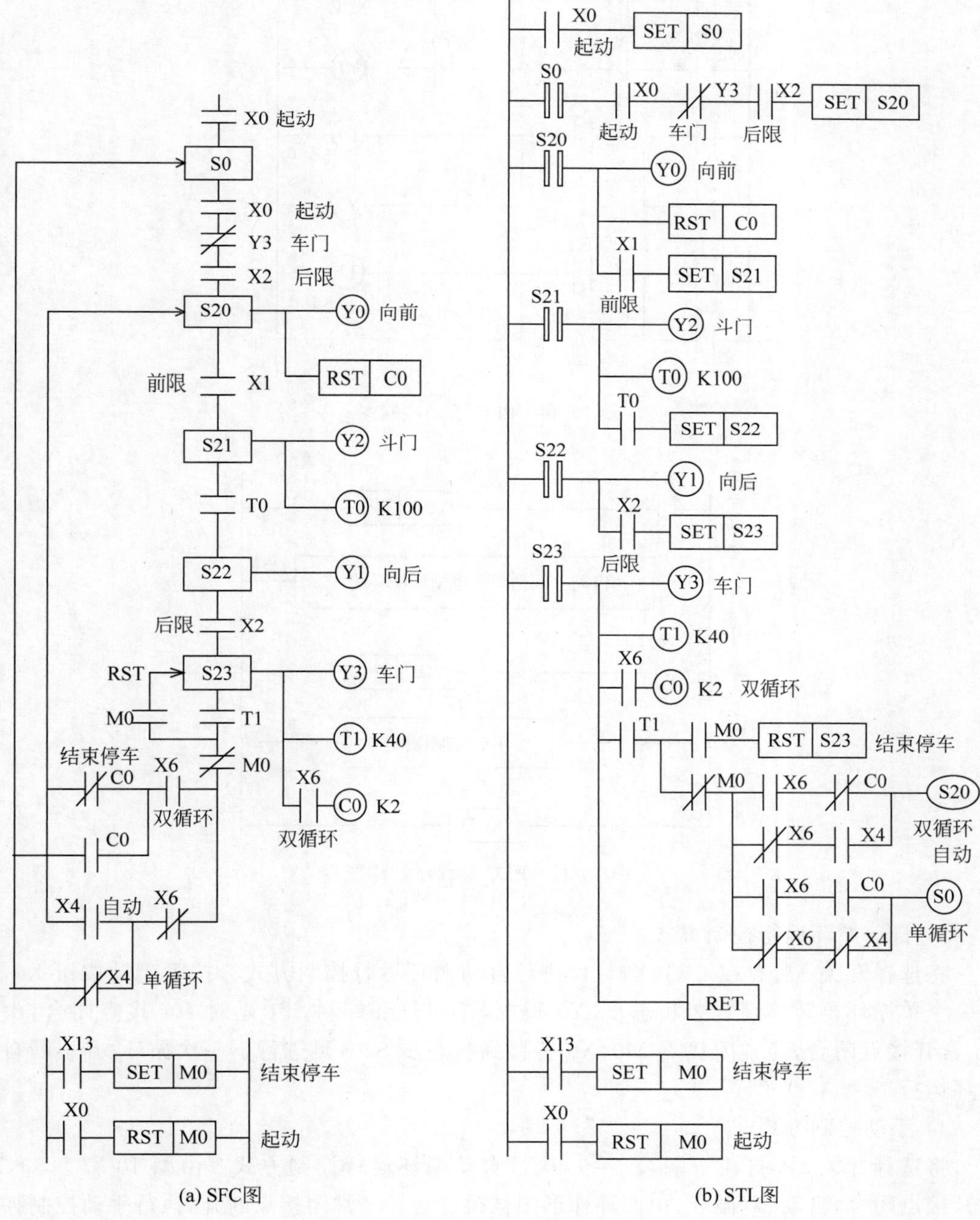

图 10-35 PLC 自动控制图

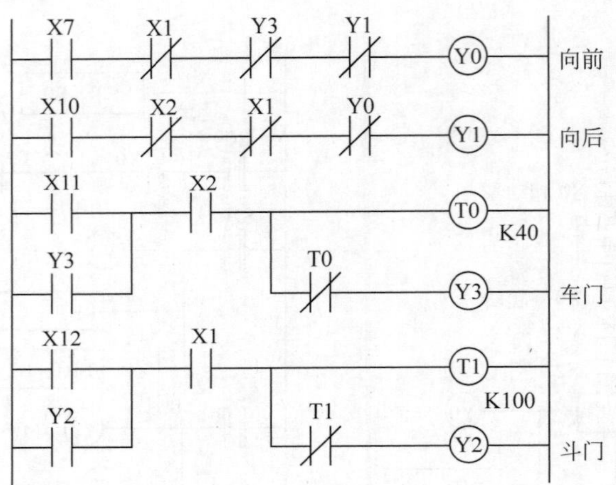

图 10-36　PLC 手动控制图

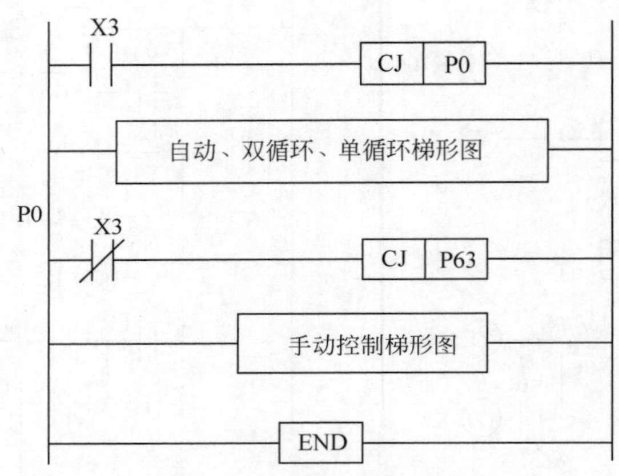

图 10-37　PLC 总程序结构图

3）自动循环运行控制方式

将选择开关 SA 打在 2 端，X4＝1，执行自动循环运行控制方式。按下起动按钮 X0，完成一个单循环再转移到 S23 状态步，Y3 得电，车门打开卸料，T1 延时 10s 接点闭合，由于 X4 常开接点闭合，经常闭接点 M0、X6 转移到状态步 S20，再进行下一次循环，并不断自动循环运行。

4）手动控制方式

将选择开关 SA 打在 1 端，X3＝1，执行自动循环运行控制方式。由图 10-37 可知，X3 常开接点闭合，自动、双循环、单循环梯形图被跳过去，X3 常闭接点断开，执行手动控制梯形图。手动控制梯形图如图 10-36 所示。

在车门关闭 Y3 常闭接点闭合，按下前进按钮 X7，Y0 得电，小车前进，松开前进按钮

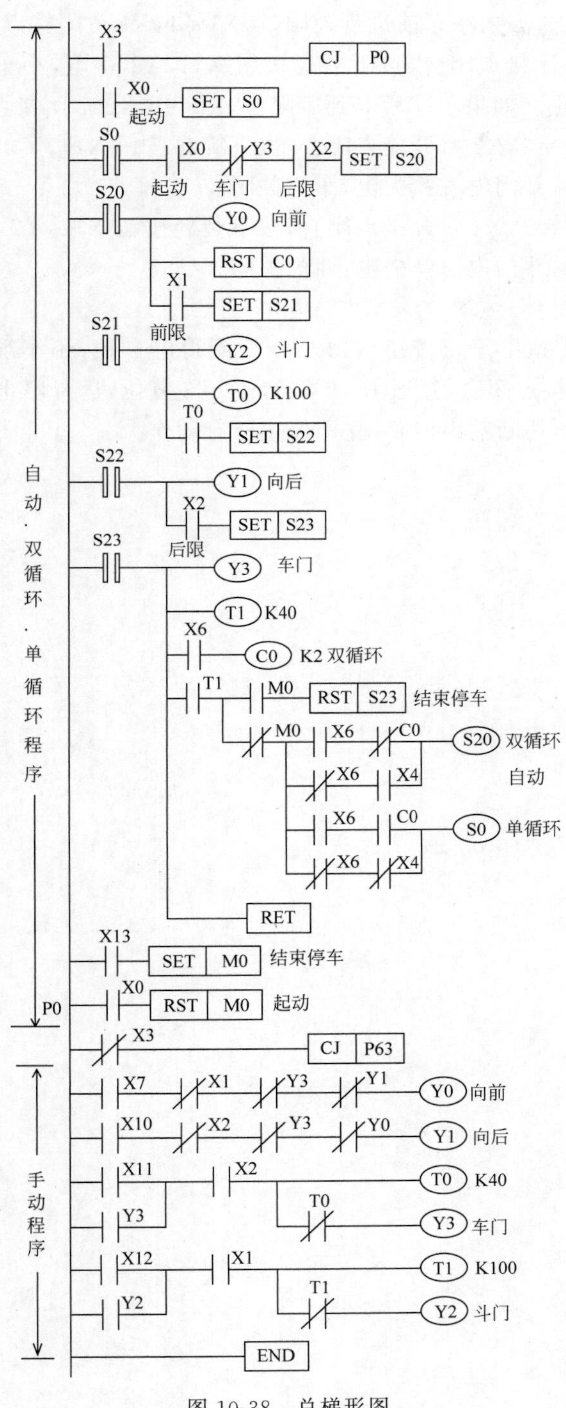

X3
CJ P0
X0
起动
SET S0
S0
X0
Y3
X2
SET S20
起动
车门
后限
S20
Y0 向前
RST C0
X1
SET S21
S21
前限
Y2 斗门
T0 K100
T0
SET S22
S22
Y1 向后
X2
SET S23
S23
后限
Y3 车门
T1 K40
X6
C0 K2 双循环
T1
M0
RST S23 结束停车
M0
X6
C0
S20 双循环
X6
X4
自动
X6
C0
S0 单循环
X6
X4
RET
X13
SET M0 结束停车
X0
RST M0 起动
P0
自动·双循环·单循环程序
X3
CJ P63
X7
X1
Y3
Y1
Y0 向前
X10
X2
Y3
Y0
Y1 向后
X11
X2
T0 K40
Y3
T0
Y3 车门
X12
X1
T1 K100
Y2
T1
Y2 斗门
手动程序
END

图 10-38 总梯形图

X7，Y0 失电，小车停止。如果小车前进到前限位，X1＝1，X1 常闭接点断开，小车停止。

在车门关闭 Y3 常闭接点闭合，按下后退按钮 X11，Y1 得电，小车后退，松开后退按钮 X11，Y1 失电，小车停止。如果小车后退到后限位，X2＝1，X2 常闭接点断开，小车停止。

小车在后限位，X2＝1，X2 常开接点闭合，按下卸料按钮 X11，Y3 得电，车门打开卸料，T37 延时 10s，断开 Y3，开门电磁铁失电，车门关闭。

小车在前限位，X1＝1，X1 常开接点闭合，按下装料按钮 X12，Y2 得电，斗门打开装料，T38 延时 10s，断开 Y2，斗门电磁铁失电，斗门关闭。

5）停止操作

小车在运行过程中按下停止按钮 X13，M0 线圈得电自锁，小车继续运行，待完成一个循环后，由于 M0 常开接点闭合，接通 RST S23，使 S23 复位，运行停止。

按下急停按钮 SA，切断输出回路，立即停止所有动作。

附录 A

FX_{3U} · FX_{3UC} 可编程控制器软元件表

<table>
<tr><th>软元件名</th><th>软元件编号</th><th>点数</th><th>说　明</th></tr>
<tr><td colspan="4">输入输出继电器</td></tr>
<tr><td>输入继电器</td><td>X000～X367[*1]</td><td>248 点</td><td rowspan="2">软元件的编号为八进制编号
输入输出合计为 256 点</td></tr>
<tr><td>输出继电器</td><td>Y000～Y367[*1]</td><td>248 点</td></tr>
<tr><td colspan="4">辅助继电器</td></tr>
<tr><td>一般用[可变]</td><td>M0～M499</td><td>500 点</td><td rowspan="2">通过参数可以更改保持/非保持的设定</td></tr>
<tr><td>保持用[可变]</td><td>M500～M1023</td><td>524 点</td></tr>
<tr><td>保持用[固定]</td><td>M1024～M7679[*2]</td><td>6656 点</td><td>失电保持型</td></tr>
<tr><td>特殊用</td><td>M8000～M8511</td><td>512 点</td><td></td></tr>
<tr><td colspan="4">状态继电器</td></tr>
<tr><td>初始化状态(一般用[可变])</td><td>S0～S9</td><td>10 点</td><td rowspan="4">通过参数可以更改保持/非保持的设定</td></tr>
<tr><td>一般用[可变]</td><td>S10～S499</td><td>490 点</td></tr>
<tr><td>保持用[可变]</td><td>S500～S899</td><td>400 点</td></tr>
<tr><td>信号报警器用(保持用[可变])</td><td>S900～S999</td><td>100 点</td></tr>
<tr><td>保持用[固定]</td><td>S1000～S4095</td><td>3096 点</td><td>失电保持型</td></tr>
<tr><td colspan="4">定时器</td></tr>
<tr><td>100ms</td><td>T0～T191</td><td>192 点</td><td>0.1～3276.7s</td></tr>
<tr><td>100ms [子程序、中断子程序用]</td><td>T192～T199</td><td>8 点</td><td>0.1～3276.7s</td></tr>
<tr><td>10ms</td><td>T200～T245</td><td>46 点</td><td>0.01～327.67s</td></tr>
<tr><td>1ms 累计型</td><td>T246～T249</td><td>4 点</td><td>0.001～32.767s</td></tr>
<tr><td>100ms 累计型</td><td>T250～T255</td><td>6 点</td><td>0.1～3276.7s</td></tr>
<tr><td>1ms</td><td>T256～T511</td><td>256 点</td><td>0.001～32.767s</td></tr>
</table>

续表

软元件名	软元件编号	点数	说　明
计数器			
一般用增计数(16 位)[可变]	C0～C99	100 点	0～32 767 的计数器通过参数可以更改保持/非保持的设定
保持用增计数(16 位)[可变]	C100～C199	100 点	
一般用双方向(32 位)[可变]	C200～C219	20 点	－2 147 483 648 ～＋2 147 483 647 的计数器通过参数可以更改保持/非保持的设定
保持用双方向(32 位)[可变]	C220～C234	15 点	
高速计数器			
单相单计数的输入双方向(32 位)	C235～C245	C235～C255 中最多可以使用 8 点[保持用] 通过参数可以更改保持/非保持的设定 －2 147 483 648～＋2 147 483 647 的计数器 硬件计数器 单相：100kHz×6 点，10kHz×2 点 双相：50kHz(1 倍)、50kHz(4 倍) 软件计数器 单相：40kHz 双相：40kHz(1 倍)、10kHz(4 倍)	
单相双计数的输入双方向(32 位)	C246～C250		
双相双计数的输入双方向(32 位)	C251～C255		
数据寄存器(成对使用时 32 位)			
一般用(16 位)[可变]	D0～D199	200 点	通过参数可以更改保持/非保持的设定
保持用(16 位)[可变]	D200～D511	312 点	
保持用(16 位)[固定] ＜文件寄存器＞	D512～D7999 ＜D1000～D7999＞	7488 点 ＜7000 点＞	通过参数可以将寄存器 7488 点中 D1000 以后的软元件以每 500 点为单位设定为文件寄存器
特殊用(16 位)	D8000～D8511	512 点	
变址用(16 位)	V0～V7，Z0～Z7	16 点	
扩展寄存器，扩展文件寄存器			
扩展寄存器(16 位)	R0～R32767	32768 点	通过电池进行停电保持
扩展文件寄存器(16 位)	ER0～ER32767	32768 点	仅在安装存储器盒时可用
指针			
JUMP、CALL 分支用	P0～P4095	4096 点	CJ 指令、CALL 指令用
输入中断输入延迟中断	I0□□～I5□□	6 点	
定时器中断	I6□□～I8□□	3 点	
计数器中断	I010～I060	6 点	HSCS 指令用
嵌套			
主控用	N0～N7	8 点	MC 指令用

续表

软元件名	软元件编号	点数	说　明
常数			
十进制数(K)	16 位	－32 768～ ＋32 767	
	32 位	－2 147 483 648～ ＋2 147 483 647	
十六进制数(H)	16 位	0～FFFF	
	32 位	0～FFFFFFFF	
实数(E)	32 位	-1.0×2^{128}～ -1.0×2^{-126}，0，1.0×2^{-126}～ 1.0×2^{128}可以用小数点和指数形式表示	
字符串(" ")	字符串	用" "框起来的字符进行指定。指令上的常数中,最多可以使用到半角的 32 个字符	

附录 B

应用指令一览表

FNC No	指　令	指令功能	FX_{3S}	FX_{3G}	FX_{3GC}	FX_{3U}	FX_{3UC}	FX_{1S}	FX_{1N}	FX_{1NC}	FX_{2N}	FX_{2NC}
程序流程												
00	CJ(P)	条件跳转	○	○	○	○	○	○	○	○	○	○
01	CALL(P)	子程序调用	○	○	○	○	○	○	○	○	○	○
02	SRET	子程序返回	○	○	○	○	○	○	○	○	○	○
03	IRET	中断返回	○	○	○	○	○	○	○	○	○	○
04	EI※	允许中断	○	○	○	○	○	○	○	○	○	○
05	DI(P)※	禁止中断	○	○	○	○	○	○	○	○	○	○
06	FEND	主程序结束	○	○	○	○	○	○	○	○	○	○
07	WDT(P)※	看门狗定时器	○	○	○	○	○	○	○	○	○	○
08	FOR	循环范围的开始	○	○	○	○	○	○	○	○	○	○
09	NEXT	循环范围的结束	○	○	○	○	○	○	○	○	○	○
传送・比较												
10	(D)CMP(P)	比较	○	○	○	○	○	○	○	○	○	○
11	(D)ZCP(P)	区间比较	○	○	○	○	○	○	○	○	○	○
12	(D)MOV(P)	传送	○	○	○	○	○	○	○	○	○	○
13	SMOV(P)	位移动	○	○	○	○	○	—	—	—	○	○
14	(D)CML(P)	反转传送	○	○	○	○	○	—	—	—	○	○
15	BMOV(P)	成批传送	○	○	○	○	○	○	○	○	○	○
16	(D)FMOV(P)	多点传送	○	○	○	○	○	—	—	—	○	○
17	(D)XCH(P)	交换	—	—	—	○	○	—	—	—	○	○
18	(D)BCD(P)	BCD 转换	○	○	○	○	○	○	○	○	○	○
19	(D)BIN(P)	BIN 转换	○	○	○	○	○	○	○	○	○	○
四则・逻辑运算												
20	(D)ADD(P)	BIN 加法运算	○	○	○	○	○	○	○	○	○	○
21	(D)SUB(P)	BIN 减法运算	○	○	○	○	○	○	○	○	○	○

续表

FNC №	指 令	指令功能	FX_{3S}	FX_{3G}	FX_{3GC}	FX_{3U}	FX_{3UC}	FX_{1S}	FX_{1N}	FX_{1NC}	FX_{2N}	FX_{2NC}
22	(D)M(D)UL(P)	BIN 乘法运算	○	○	○	○	○	○	○	○	○	○
23	(D)DIV(P)	BIN 除法运算	○	○	○	○	○	○	○	○	○	○
24	(D)INC(P)	BIN 加一	○	○	○	○	○	○	○	○	○	○
25	(D)DEC(P)	BIN 减一	○	○	○	○	○	○	○	○	○	○
26	(D)WAND(P)	逻辑与	○	○	○	○	○	○	○	○	○	○
27	(D)WOR(P)	逻辑或	○	○	○	○	○	○	○	○	○	○
28	(D)WXOR(P)	逻辑异或	○	○	○	○	○	○	○	○	○	○
29	(D)NEG(P)	补码	—	—	—	○	○	—	—	—	○	○
循环·移位												
30	(D)ROR(P)	循环右移	○	○	○	○	○	—	—	—	○	○
31	(D)ROL(P)	循环左移	○	○	○	○	○	—	—	—	○	○
32	(D)RCR(P)	带进位循环右移	—	—	—	○	○	—	—	—	○	○
33	(D)RCL(P)	带进位循环左移	—	—	—	○	○	—	—	—	○	○
34	SFTR(P)	位右移	○	○	○	○	○	○	○	○	○	○
35	SFTL(P)	位左移	○	○	○	○	○	○	○	○	○	○
36	WSFR(P)	字右移	○	○	○	○	○	—	—	—	○	○
37	WSFL(P)	字左移	○	○	○	○	○	—	—	—	○	○
38	SFWR(P)	移位写入[先入先出/先入后出控制用]	○	○	○	○	○	○	○	○	○	○
39	SFRD(P)	移位读出[先入先出控制用]	○	○	○	○	○	○	○	○	○	○
数据处理												
40	ZRST(P)	成批复位	○	○	○	○	○	○	○	○	○	○
41	DECO(P)	译码	○	○	○	○	○	○	○	○	○	○
42	ENCO(P)	编码	○	○	○	○	○	○	○	○	○	○
43	(D)SUM(P)	1 的个数	○	○	○	○	○	—	—	—	○	○
44	(D)BON(P)	置 1 位的判断	○	○	○	○	○	—	—	—	○	○
45	(D)MEAN(P)	平均值	○	○	○	○	○	—	—	—	○	○
46	ANS	信号报警器置位	—	○	○	○	○	—	—	—	○	○
47	ANR(P)	信号报警器复位	—	○	○	○	○	—	—	—	○	○
48	(D)SQR(P)	BIN 开方运算	—	—	—	○	○	—	—	—	○	○
49	(D)FLT(P)	BIN 整数→二进制浮点数转换	○	⑥	○	○	○	—	—	—	○	○
高速处理												
50	REF(P)※	输入/输出刷新	○	○	○	○	○	○	○	○	○	○

续表

FNC №	指　　令	指令功能	FX_{3S}	FX_{3G}	FX_{3GC}	FX_{3U}	FX_{3UC}	FX_{1S}	FX_{1N}	FX_{1NC}	FX_{2N}	FX_{2NC}
51	REFF(P)※	输入刷新（带滤波器设定）	—	—	—	○	○	—	—	—	○	○
52	MTR※	矩阵输入	○	○	○	○	○	○	○	○	○	○
53	D HSCS ※	比较置位（高速计数器用）	○	○	○	○	○	○	○	○	○	○
54	D HSCR ※	比较复位（高速计数器用）	○	○	○	○	○	○	○	○	○	○
55	D HSZ ※	区间比较（高速计数器用）	○	○	○	○	○	—	—	—	○	○
56	SPD※	脉冲密度	○	○	○	○	○	○	○	○	○	○
57	(D)PLSY ※	脉冲输出	○	○	○	○	○	○	○	○	○	○
58	PWM ※	脉宽调制	○	○	○	○	○	○	○	○	○	○
59	(D)PLSR ※	带加减速的脉冲输出	○	○	○	○	○	○	○	○	○	○
方便指令												
60	IST	初始化状态	○	○	○	○	○	○	○	○	○	○
61	(D)SER(P)	数据查找	○	○	○	○	○	—	—	—	○	○
62	(D)ABSD	凸轮顺控绝对方式	○	○	○	○	○	○	○	○	○	○
63	INCD	凸轮顺控相对方式	○	○	○	○	○	○	○	○	○	○
64	TTMR	示教定时器	—	—	—	○	○	—	—	—	○	○
65	STMR	特殊定时器	—	—	—	○	○	—	—	—	○	○
66	ALT(P)	交替输出	○	○	○	○	○	○	○	○	○	○
67	RAMP	斜坡信号	○	○	○	○	○	○	○	○	○	○
68	ROTC ※	旋转工作台控制	—	—	—	○	○	—	—	—	○	○
69	SORT	数据排序	—	—	—	○	○	—	—	—	○	○
外部设备 I/O												
70	TKY ※	数字键输入	—	—	—	○	○	—	—	—	○	○
71	HKY ※	十六进制数字键输入	—	—	—	○	○	—	—	—	○	○
72	DSW ※	数字开关	○	○	○	○	○	○	○	○	○	○
73	SEGD(P)※	七段解码器	—	—	—	○	○	—	—	—	○	○
74	SEGL※	7SEG 时分显示	○	○	○	○	○	○	○	○	○	○
75	ARWS※	箭头开关	—	—	—	○	○	—	—	—	○	○
76	ASC	ASCII 数据输入	—	—	—	○	○	—	—	—	○	○
77	PR※	ASCII 码打印	—	—	—	○	○	—	—	—	○	○
78	(D)FROM(P)	BFM 的读出	—	○	○	○	○	—	○	○	○	○
79	(D)TO(P)	BFM 的写入	—	○	○	○	○	—	○	○	○	○

续表

FNC No	指 令	指令功能	FX_{3S}	FX_{3G}	FX_{3GC}	FX_{3U}	FX_{3UC}	FX_{1S}	FX_{1N}	FX_{1NC}	FX_{2N}	FX_{2NC}
外部设备(选件设备)												
80	RS※	串行数据传送	○	○	○	○	○	○	○	○	○	○
81	(D)PRUN(P)※	八进制位传送	○	○	○	○	○	○	○	○	○	○
82	ASCI(P)	HEX→ASCII 的转换	○	○	○	○	○	○	○	○	○	○
83	HEX(P)	ASCII→HEX 的转换	○	○	○	○	○	○	○	○	○	○
84	CCD(P)※	校验码	○	○	○	○	○	○	○	○	○	○
85	VRRD(P)※	电位器读出	○	⑥	—	⑨	⑨	○	○	—	○	—
86	VRSC(P)※	电位器刻度	○	⑥	—	⑨	⑨	○	○	—	○	—
87	RS2※	串行数据传送 2	○	○	○	○	○	—	—	—	—	—
88	PID※	PID 运算	○	○	○	○	○	○	○	○	○	○
数据传送 2												
102	ZPUSH(P)	变址寄存器的成批保存	—	—	—	○	⑤	—	—	—	—	—
103	ZPOP(P)	变址寄存器的恢复	—	—	—	○	⑤	—	—	—	—	—
二进制浮点数运算												
110	D ECMP(P)	二进制浮点数比较	○	⑥	○	○	○	—	—	—	○	○
111	D EZCP(P)	二进制浮点数区间比较	—	—	—	○	○	—	—	—	○	○
112	D EMOV(P)	二进制浮点数数据传送	○	⑥	○	○	○	—	—	—	—	—
116	D ESTR(P)	二进制浮点数→字符串的转换	—	—	—	○	○	—	—	—	—	—
117	D EVAL(P)	字符串→二进制浮点数的转换	—	—	—	○	○	—	—	—	—	—
118	D EBCD(P)	二进制浮点数→十进制浮点数的转换	—	—	—	○	○	—	—	—	○	○
119	D EBIN(P)	十进制浮点数→二进制浮点数的转换	—	—	—	○	○	—	—	—	○	○
120	D EADD(P)	二进制浮点数加法运算		⑥	○	○	○	—	—	—	○	○
121	D ESUB(P)	二进制浮点数减法运算		⑥	○	○	○	—	—	—	○	○
122	D EMUL(P)	二进制浮点数乘法运算		⑥	○	○	○	—	—	—	○	○
123	D EDIV(P)	二进制浮点数除法运算		⑥	○	○	○	—	—	—	○	○
124	D EXP(P)	二进制浮点数指数运算	—	—	—	○	○	—	—	—	—	—
125	D LOGE(P)	二进制浮点数自然对数运算	—	—	—	○	○	—	—	—	—	—
126	D LOG10(P)	二进制浮点数常用对数运算	—	—	—	○	○	—	—	—	—	—
127	D ESQR(P)	二进制浮点数开方运算	○	⑥	○	○	○	—	—	—	○	—
128	D ENEG(P)	二进制浮点数符号翻转	—	—	—	○	○	—	—	—	—	—

续表

FNC No	指　　令	指令功能	FX_{3S}	FX_{3G}	FX_{3GC}	FX_{3U}	FX_{3UC}	FX_{1S}	FX_{1N}	FX_{1NC}	FX_{2N}	FX_{2NC}
129	(D)INT(P)	二进制浮点数→BIN 整数的转换	○	⑥	○	○	○	—	—	—	○	○
130	D SIN(P)	二进制浮点数 SIN 运算	—	—	—	○	○	—	—	—	○	○
131	D COS(P)	二进制浮点数 COS 运算	—	—	—	○	○	—	—	—	○	○
132	D TAN(P)	二进制浮点数 TAN 运算	—	—	—	○	○	—	—	—	○	○
133	D ASIN(P)	二进制浮点数 SIN-1 运算	—	—	—	○	○	—	—	—	—	—
134	D ACOS(P)	二进制浮点数 COS-1 运算	—	—	—	○	○	—	—	—	—	—
135	D ATAN(P)	二进制浮点数 TAN-1 运算	—	—	—	○	○	—	—	—	—	—
136	D RAD(P)	二进制浮点数角度→弧度的转换	—	—	—	○	○	—	—	—	—	—
137	D DEG(P)	二进制浮点数弧度→角度的转换	—	—	—	○	○	—	—	—	—	—
数据处理 2												
140	(D)WSUM(P)	算出数据合计值	—	—	—	○	⑤	—	—	—	—	—
141	WTOB(P)	字节单位的数据分离	—	—	—	○	⑤	—	—	—	—	—
142	BTOW(P)	字节单位的数据结合	—	—	—	○	⑤	—	—	—	—	—
143	UNI(P)	16 数据位的 4 位结合	—	—	—	○	⑤	—	—	—	—	—
144	DIS(P)	16 数据位的 4 位分离	—	—	—	○	⑤	—	—	—	—	—
147	(D)SWAP(P)	高低字节互换	—	—	—	○	○	—	—	—	○	
149	(D)SORT2	数据排序 2	—	—	—	○	⑤	—	—	—	—	—
定位控制												
150	DSZR※	带 DOG 搜索的原点回归	○	○	○	○	④	—	—	—	—	—
151	(D)DVIT ※	中断定位	—	—	—	○	② ④	—	—	—	—	—
152	D TBL ※	表格设定定位	—	○	○	○	⑤	—	—	—	—	—
155	D ABS ※	读出 ABS 当前值	○	○	○	○	○	○	○	○	①	①
156	(D)ZRN ※	原点回归	○	○	○	○	④	○	○	○	—	—
157	(D)PLSV ※	可变速脉冲输出	○	○	○	○	○	○	○	○	—	—
158	(D)DRVI ※	相对定位	○	○	○	○	○	○	○	○	—	—
159	(D)DRVA ※	绝对定位	○	○	○	○	○	○	○	○	—	—
时钟运算												
160	TCMP(P)	时钟数据比较	○	○	○	○	○	○	○	○	○	○

续表

FNC No	指 令	指令功能	FX_{3S}	FX_{3G}	FX_{3GC}	FX_{3U}	FX_{3UC}	FX_{1S}	FX_{1N}	FX_{1NC}	FX_{2N}	FX_{2NC}
161	TZCP(P)	时钟数据区间比较	○	○	○	○	○	○	○	○	○	○
162	TADD(P)	时钟数据加法运算	○	○	○	○	○	○	○	○	○	○
163	TSUB(P)	时钟数据减法运算	○	○	○	○	○	○	○	○	○	○
164	(D)HTOS(P)	时、分、秒数据的秒转换	—	—	—	○	○	—	—	—	—	—
165	(D)STOH(P)	秒数据的[时、分、秒]转换	—	—	—	○	○	—	—	—	—	—
166	TRD(P)	读出时钟数据	○	○	○	○	○	○	○	○	○	○
167	TWR(P)※	写入时钟数据	○	○	○	○	○	○	○	○	○	○
169	(D)HOUR	计时表	○	○	○	○	○	○	○	○	①	①
外部设备												
170	(D)GRY(P)	格雷码的转换	○	○	○	○	○	—	—	—	○	○
171	(D)GBIN(P)	格雷码的逆转换	○	○	○	○	○	—	—	—	○	○
176	RD3A※	模拟量模块的读出	—	○	○	○	○	—	○	○	①	①
177	WR3A※	模拟量模块的写入	—	○	○	○	○	—	○	○	①	①
替换指令												
180	EXTR※	变频器控制替代指令(FX_{2N}/FX_{2NC}用)	—	—	—	—	—	—	—	—	①	①
其他指令												
182	COMRD(P)※	读出软元件的注释数据	—	—	—	○	⑤	—	—	—	—	—
184	RND(P)※	产生随机数	—	—	—	○	○	—	—	—	—	—
186	DUTY※	产生定时脉冲	—	—	—	○	⑤	—	—	—	—	—
188	CRC(P)※	CRC 运算	—	—	—	○	○	—	—	—	—	—
189	D HCMOV ※	高速计数器传送	—	—	—	○	④	—	—	—	—	—
数据块处理												
192	(D)BK+(P)	数据块的加法运算	—	—	—	○	⑤	—	—	—	—	—
193	(D)BK-(P)	数据块的减法运算	—	—	—	○	⑤	—	—	—	—	—
194	(D)BKCMP=(P)	数据块比较 S1= S2	—	—	—	○	⑤	—	—	—	—	—
195	(D)BKCMP>(P)	数据块比较 S1> S2	—	—	—	○	⑤	—	—	—	—	—
196	(D)BKCMP<(P)	数据块比较 S1< S2	—	—	—	○	⑤	—	—	—	—	—
197	(D)BKCMP<>(P)	数据块比较 S1≠ S2	—	—	—	○	⑤	—	—	—	—	—
198	(D)BKCMP≤(P)	数据块比较 S1≤S2	—	—	—	○	⑤	—	—	—	—	—
199	(D)BKCMP≥(P)	数据块比较 S1≥S2	—	—	—	○	⑤	—	—	—	—	—
字符串控制												
200	(D)STR(P)	BIN→字符串的转换	—	—	—	○	⑤	—	—	—	—	—
201	(D)VAL(P)	字符串→BIN 的转换	—	—	—	○	⑤	—	—	—	—	—
202	$+(P)	字符串的结合	—	—	—	○	○	—	—	—	—	—

续表

FNC No	指　　令	指令功能	FX_{3S}	FX_{3G}	FX_{3GC}	FX_{3U}	FX_{3UC}	FX_{1S}	FX_{1N}	FX_{1NC}	FX_{2N}	FX_{2NC}
203	LEN(P)	检测出字符串的长度	—	—	—	○	○	—	—	—	—	—
204	RIGHT(P)	从字符串的右侧开始取出	—	—	—	○	○	—	—	—	—	—
205	LEFT(P)	从字符串的左侧开始取出	—	—	—	○	○	—	—	—	—	—
206	MIDR(P)	从字符串中的任意取出	—	—	—	○	○	—	—	—	—	—
207	MIDW(P)	字符串中的任意替换	—	—	—	○	○	—	—	—	—	—
208	INSTR(P)	字符串的检查	—	—	—	○	⑤	—	—	—	—	—
209	$MOV(P)	字符串的传送	—	—	—	○	○	—	—	—	—	—
数据处理3												
210	FDEL(P)	数据表的数据删除	—	—	—	○	⑤	—	—	—	—	—
211	FINS(P)	数据表的数据插入	—	—	—	○	⑤	—	—	—	—	—
212	POP(P)	读取后入的数据[先入后出控制用]	—	—	—	○	○	—	—	—	—	—
213	SFR(P)	16位数据n位右移（带进位）	—	—	—	○	○	—	—	—	—	—
214	SFL(P)	16位数据n位左移（带进位）	—	—	—	○	○	—	—	—	—	—
触点比较指令												
224	LD(D)＝	触点比较 LD S1＝ S2	○	○	○	○	○	○	○	○	○	○
225	LD(D)＞	触点比较 LD S1＞ S2	○	○	○	○	○	○	○	○	○	○
226	LD(D)＜	触点比较 LD S1＜ S2	○	○	○	○	○	○	○	○	○	○
228	LD(D)＜＞	触点比较 LD S1≠S2	○	○	○	○	○	○	○	○	○	○
229	LD(D)≤	触点比较 LD S1≤S2	○	○	○	○	○	○	○	○	○	○
230	LD(D)≥	触点比较 LD S1≥S2	○	○	○	○	○	○	○	○	○	○
232	AND(D)＝	触点比较 AND S1＝ S2	○	○	○	○	○	○	○	○	○	○
233	AND(D)＞	触点比较 AND S1＞ S2	○	○	○	○	○	○	○	○	○	○
234	AND(D)＜	触点比较 AND S1＜ S2	○	○	○	○	○	○	○	○	○	○
236	AND(D)＜＞	触点比较 AND S1≠S2	○	○	○	○	○	○	○	○	○	○
237	AND(D)≤	触点比较 AND S1≤S2	○	○	○	○	○	○	○	○	○	○
238	AND(D)≥	触点比较 AND S1≥S2	○	○	○	○	○	○	○	○	○	○
240	OR(D)＝	触点比较 OR S1＝ S2	○	○	○	○	○	○	○	○	○	○
241	OR(D)＞	触点比较 OR S1＞ S2	○	○	○	○	○	○	○	○	○	○
242	OR(D)＜	触点比较 OR S1＜ S2	○	○	○	○	○	○	○	○	○	○
244	OR(D)＜＞	触点比较 OR S1≠S2	○	○	○	○	○	○	○	○	○	○
245	OR(D)≤	触点比较 OR S1≤S2	○	○	○	○	○	○	○	○	○	○

续表

FNC No	指　令	指令功能	FX_{3S}	FX_{3G}	FX_{3GC}	FX_{3U}	FX_{3UC}	FX_{1S}	FX_{1N}	FX_{1NC}	FX_{2N}	FX_{2NC}
246	OR(D)≥	触点比较 OR S1≥S2	○	○	○	○	○	○	○	○	○	○
数据表处理												
256	(D)LIMIT(P)	上下限限位控制	—	—	—	○	○	—	—	—	—	—
257	(D)BAND(P)	死区控制	—	—	—	○	○	—	—	—	—	—
258	(D)ZONE(P)	区域控制	—	—	—	○	○	—	—	—	—	—
259	(D)SCL(P)	定坐标(不同点坐标数据)	—	—	—	○	○	—	—	—	—	—
260	(D)DABIN(P)	十进制 ASCII→BIN 的转换	—	—	—	○	⑤	—	—	—	—	—
261	(D)BINDA(P)	BIN→十进制 ASCII 的转换	—	—	—	○	⑤	—	—	—	—	—
269	(D)SCL2(P)	定坐标 2(X/Y 坐标数据)	—	—	—	○	③	—	—	—	—	—
外部设备通信												
270	IVCK	变换器的运转监视	○	⑥	○	○	○	—	—	—	—	—
271	IVDR	变频器的运行控制	○	⑥	○	○	○	—	—	—	—	—
272	IVRD	读取变频器的参数	○	⑥	○	○	○	—	—	—	—	—
273	IVWR	写入变频器的参数	○	⑥	○	○	○	—	—	—	—	—
274	IVBWR	成批写入变频器的参数	—	—	—	○	○	—	—	—	—	—
275	IVMC	变频器的多个命令	○	⑧	○	⑨	⑨	—	—	—	—	—
276	ADPRW	MODBUS 读出・写入	○	⑩	○	⑪	⑪	—	—	—	—	—
数据传送 3												
278	RBFM	BFM 分割读出	—	—	—	○	⑤	—	—	—	—	—
279	WBFM	BFM 分割写入	—	—	—	○	⑤	—	—	—	—	—
高速处理 2												
280	D HSCT ※	高速计数器表比较	—	—	—	○	○	—	—	—	—	—
扩展文件寄存器控制												
290	LOADR(P)※	读出扩展文件寄存器	—	○	○	○	○	—	—	—	—	—
291	SAVER(P)※	成批写入扩展文件寄存器	—	—	—	○	○	—	—	—	—	—
292	INITR(P)※	扩展寄存器的初始化	—	—	—	○	○	—	—	—	—	—
293	LOGR(P)※	登录到扩展寄存器	—	—	—	○	○	—	—	—	—	—
294	RWER(P)※	扩展文件寄存器的删除・写入	—	○	○	○	③	—	—	—	—	—
295	INITER(P)※	扩展文件寄存器的初始化	—	—	—	○	③	—	—	—	—	—

续表

FNC No	指　令	指令功能	FX_{3S}	FX_{3G}	FX_{3GC}	FX_{3U}	FX_{3UC}	FX_{1S}	FX_{1N}	FX_{1NC}	FX_{2N}	FX_{2NC}
FX_{3U}-CF-ADP 用应用指令												
300	FLCRT※	文件的制作·确认	—	—	—	⑦	⑦	—	—	—	—	—
301	FLDEL※	文件的删除·CF 卡格式化	—	—	—	⑦	⑦	—	—	—	—	—
302	FLWR※	写入数据	—	—	—	⑦	⑦	—	—	—	—	—
303	FLRD※	数据读出	—	—	—	⑦	⑦	—	—	—	—	—
304	FLCMD※	FX_{3U}-CF-ADP 的动作指示	—	—	—	⑦	⑦	—	—	—	—	—
305	FLSTRD※	FX_{3U}-CF-ADP 的状态读出	—	—	—	⑦	⑦	—	—	—	—	—

※：表示该指令不能用 GX Simulator 仿真软件仿真。

(D)：表示该指令前加 D 是 32 位指令，不加 D 是 16 位指令。

D：表示该指令是 32 位指令，该指令前必须加 D。

(P)：表示该指令后加 P 是脉冲执行型指令，不加 P 是连续执行型指令。

○：表示该型号 PLC 可以使用的指令。

—：表示该型号 PLC 不能使用的指令。

①：FX_{2N}/FX_{2NC} 系列 Ver. 3.00 以上产品中支持。

②：FX_{3UC} 系列 Ver. 1.30 以上产品中可以更改功能。

③：FX_{3UC} 系列 Ver. 1.30 以上产品中支持。

④：FX_{3UC} 系列 Ver. 2.20 以上产品中可以更改功能。

⑤：FX_{3UC} 系列 Ver. 2.20 以上产品中支持。

⑥：FX_{3G} 系列 Ver. 1.10 以上产品中支持。

⑦：FX_{3U}/FX_{3UC} 系列 Ver. 2.61 以上产品中支持。

⑧：FX_{3G} 系列 Ver. 1.40 以上产品中支持。

⑨：FX_{3U}/FX_{3UC} 系列 Ver. 2.70 以上产品中支持。

⑩：FX_{3G} 系列 Ver. 1.30 以上产品中支持。

⑪：FX_{3U}/FX_{3UC} 系列 Ver. 2.40 以上产品中支持。

附录 C

特殊辅助继电器

特殊辅助继电器如表 C-1～表 C-32 所示。

表　C-1

编号·名称	动作·功能	FX_{3S}	FX_{3G}	FX_{3GC}	FX_{3U}	FX_{3UC}	特殊软元件	FX_{1S}	FX_{1N}	FX_{1NC}	FX_{2N}	FX_{2NC}
	PLC 模式											
[M]8000 RUN 监控 a 触点	RUN 输入 M8061错误发生 M8000 M8001 M8002 M8003 扫描时间	○	○	○	○	○	—	○	○	○	○	○
[M]8001 RUN 监控 b 触点		○	○	○	○	○	—	○	○	○	○	○
[M]8002 初始脉冲 a 触点		○	○	○	○	○	—	○	○	○	○	○
[M]8003 初始脉冲 b 触点		○	○	○	○	○	—	○	○	○	○	○
[M]8004 错误发生	FX_{3S}、FX_{3G}、FX_{3GC}、FX_{3U}、FX_{3UC} M8067 中任意一个为 ON 时接通 FX_{1S}、FX_{1N}、FX_{1NC}、FX_{2N}、FX_{2NC} M8060、M8061、M8064、M8065、M8066、M8060、M8061、M8063、M8064、M8065、M8066、M8067 中任意一个为 ON 时接通	○	○	○	○	○	D8004	○	○	○	○	○
[M]8005 电池电压低	当电池处于电压异常低时接通	—	○	○	○	○	D8005	—	—	—	○	○

续表

编号·名称	动作·功能	FX_{3S}	FX_{3G}	FX_{3GC}	FX_{3U}	FX_{3UC}	特殊软元件	FX_{1S}	FX_{1N}	FX_{1NC}	FX_{2N}	FX_{2NC}
[M]8006 电池电压低锁存	检测出电池电压异常低时置位	—	○	○	○	○	D8006	—	—	—	○	○
[M]8007 检测出瞬间停止	检测出瞬间停止时,1个扫描为ON 即使M8007接通,如果电源电压降低的时间在D8008的时间以内时,可编程控制器的运行继续	—	—	—	○	○	D8007 D8008	—	—	—	○	○
[M]8008 检测出停电中	检测出瞬时停电时为ON 如果电源电压降低的时间超出D8008的时间,则M8008复位,可编程控制器的运行STOP(M8000=OFF)	—	—	—	○	○	D8008	—	—	—	○	○
[M]8009 DC24V掉电	输入/输出扩展单元、特殊功能模块/单元中任意一个DC24V掉电时接通	—	○	○	○	○	D8009	—	—	—	○	○
[M]8010	不可以使用	—	—	—	—	—	—	—	—	—	—	—
[M]8011 10ms时钟	10ms周期的ON/OFF(ON:5ms,OFF:5ms)	○	○	○	○	○	—	○	○	○	○	○
[M]8012 100ms时钟	100ms周期的ON/OFF(ON:50ms,OFF:50ms)	○	○	○	○	○	—	○	○	○	○	○
[M]8013 1s时钟	1s周期的ON/OFF(ON:500ms,OFF:500ms)	○	○	○	○	○	—	○	○	○	○	○
[M]8014 1min时钟	1min周期的ON/OFF(ON:30s,OFF:30s)	○	○	○	○	○	—	○	○	○	○	○
M8015	停止计时以及预置 实时时钟用	○	○	○	○	○	—	○	○	○	○	③
M8016	时间读出后的显示被停止 实时时钟用	○	○	○	○	○	—	○	○	○	○	③

续表

编号·名称	动作·功能	FX_{3S}	FX_{3G}	FX_{3GC}	FX_{3U}	FX_{3UC}	特殊软元件	FX_{1S}	FX_{1N}	FX_{1NC}	FX_{2N}	FX_{2NC}
M8017	±30s 的修正 实时时钟用	○	○	○	○	○	—	○	○	○	○	③
[M]8018	检测出安装(一直为 ON) 实时时钟用	○	○	○	○	○	—	○(一直为 ON)③				
M8019	实时时钟(RTC)错误 实时时钟用	○	○	○	○	○	—	○	○	○	○	③
[M]8020 零位	加减法运算结果为 0 时接通	○	○	○	○	○	—	○	○	○	○	○
[M]8021 借位	减法运算结果超过最大的负值时接通	○	○	○	○	○	—	○	○	○	○	○
M8022 进位	加法运算结果发生进位时,或者移位结果发生溢出时接通	○	○	○	○	○	—	○	○	○	○	○
[M]8023	不可以使用	—	—	—	—	—	—	—	—	—	—	—
M8024①	指定 BMOV 方向(FNC 15)	○	○	○	○	○	—	—	○	○	○	○
M8025②	HSC 模式(FNC 53~55)	—	—	—	○	○	—	—	—	—	○	○
M8026②	RAMP 模式(FNC 67)	—	—	—	○	○	—	—	—	—	○	○
M8027②	PR 模式(FNC 77)	—	—	—	○	○	—	—	—	—	○	○
M8028	100ms/ 10ms 的定时器切换	○	—	—	—	—	—	○	—	—	—	—
	FROM/TO(FNC 78、79)指令执行过程中允许中断	—	○	○	○	○	—	—	—	—	○	○
[M]8029 指令执行结束	DSW(FNC 72)等的动作结束时接通	○	○	○	○	○	—	○	○	○	○	○

① 根据可编程控制器如下所示。

- FX_{1N}、FX_{1NC}、FX_{2N}、FX_{2NC} 可编程控制器中不被清除。
- FX_{3S}、FX_{3G}、FX_{3GC}、FX_{3U}、FX_{3UC} 可编程控制器中,从 RUN 到 STOP 时被清除。

② 根据可编程控制器如下所示。

- FX_{2N}、FX_{2NC} 可编程控制器中不被清除。
- FX_{3U}、FX_{3UC} 可编程控制器中,从 RUN 到 STOP 时被清除。

③ FX_{2NC} 可编程控制器需要选件的内存板(带实时时钟)。

表 C-2

编号·名称	动作·功能	FX_{3S}	FX_{3G}	FX_{3GC}	FX_{3U}	FX_{3UC}	特殊软元件	FX_{1S}	FX_{1N}	FX_{1NC}	FX_{2N}	FX_{2NC}
	PLC 模式											
M8030① 电池 LED 灭灯指示	驱动 M8030 后，即使电池电压低，可编程控制器面板上的 LED 也不亮灯	—	○	○	○	○	—	—	—	—	○	○
M8031① 非保持内存全部清除	驱动该特殊 M 后，Y/M/S/T/C 的 ON/OFF 映像区，以及 T/C/D/特殊 D③，R②的当前值被清除。但是，文件寄存器(D)、扩展文件寄存器(ER)②不清除	○	○	○	○	○	—	○	○	○	○	○
M8032① 保持内存全部清除		○	○	○	○	○	—	○	○	○	○	○
M8033 内存保持停止	从 RUN 到 STOP 时，映像存储区和数据存储区的内容按照原样保持	○	○	○	○	○	—	○	○	○	○	○
M8034① 禁止所有输出	可编程控制器的外部输出触点全部断开	○	○	○	○	○	—	○	○	○	○	○
M8035 强制 RUN 模式	用外部接点控制 PLC 的 RUN 和 STOP。需通过编程软件设定参数，指定 X0～X17 中的一点控制 M8035 M8036，使 PLC 运行或停止，用任意输入点控制 PLC 强制停止	○	○	○	○	○	—	○	○	○	○	○
M8036 强制 RUN 指令		○	○	○	○	○	—	○	○	○	○	○
M8037 强制 STOP 指令		○	○	○	○	○	—	○	○	○	○	○
[M]8038 参数的设定	通信参数设定的标志位(设定简易 PC 之间的链接用) →请参考通信控制手册	○	○	○	○	○	D8176～D8180	○	○	○	④	○
M8039 恒定扫描模式	M8039 接通后，一直等待到 D8039 中指定的扫描时间到可编程控制器执行这样的循环运算。	○	○	○	○	○	D8039	○	○	○	○	○

① 在执行 END 指令时处理。

② R、ER 仅对应 FX_{3G}、FX_{3GC}、FX_{3U}、FX_{3UC} 可编程控制器。

③ FX_{1S}、FX_{1N}、FX_{1NC}、FX_{2N}、FX_{2NC} 可编程控制器中，特殊 D 不被清除。

④ Ver. 2.00 以上版本支持。

表 C-3

编号·名称	动作·功能	FX_{3S}	FX_{3G}	FX_{3GC}	FX_{3U}	FX_{3UC}	特殊软元件	FX_{1S}	FX_{1N}	FX_{1NC}	FX_{2N}	FX_{2NC}
步进梯形图·信号报警器 [详细内容参考 ANS(FNC 46)、ANR(FNC 47)、IST(FNC 60)]												
M8040 禁止转移	驱动 M8040 时，禁止状态之间的转移	○	○	○	○	○	—	○	○	○	○	○
[M]8041① 转移开始	自动运行时，可以从初始状态开始转移。	○	○	○	○	○	—	○	○	○	○	○
[M]8042 启动脉冲	对应启动输入的脉冲输出	○	○	○	○	○	—	○	○	○	○	○
M8043① 原点回归结束	在原点回归模式的结束状态中置位	○	○	○	○	○	—	○	○	○	○	○
M8044① 原点条件	在检测出机械原点时驱动	○	○	○	○	○	—	○	○	○	○	○
M8045 禁止所有输出复位	切换模式时，不执行所有输出的复位	○	○	○	○	○	—	○	○	○	○	○
[M]8046② STL 状态动作	当 M8047 接通时，S0～S899、S1000～S4095③中任意一个为 ON 则接通	○	○	○	○	○	M8047	○	○	○	○	○
M8047② STL 监控有效	驱动了这个特 M 后，D8040～D8047 有效	○	○	○	○	○	D8040～D8047	○	○	○	○	○
[M]8048② 信号报警器动作	当 M8049 接通时，S900～S999 中任意一个为 ON 则接通	—	○	○	○	○	—	—	—	—	○	○
M8049① 信号报警器有效	驱动了这个特 M 时，D8049 的动作有效	—	○	○	○	○	D8049 M8048	—	—	—	○	○

① 从 RUN 到 STOP 时清除。

② 在执行 END 指令时处理。

③ S1000～S4095 仅对应 FX_{3G}、FX_{3GC}、FX_{3U}、FX_{3UC}。

表 C-4

<table>
<tr><th>编号·名称</th><th>动作·功能</th><th>FX_{3S}</th><th>FX_{3G}</th><th>FX_{3GC}</th><th>FX_{3U}</th><th>FX_{3UC}</th><th>特殊软元件</th><th>FX_{1S}</th><th>FX_{1N}</th><th>FX_{1NC}</th><th>FX_{2N}</th><th>FX_{2NC}</th></tr>
<tr><td></td><td>禁止中断</td><td></td><td></td><td></td><td></td><td></td><td></td><td></td><td></td><td></td><td></td><td></td></tr>
<tr><td>M8050（输入中断）
I00□禁止①</td><td rowspan="9">禁止输入中断或定时器中断的特 M 接通时即使发生输入中断和定时器中断，由于禁止了相应的中断的接收，所以不处理中断程序
例如，M8050 接通时，由于禁止了中断 I00□的接收，所以即使是在允许中断的程序范围内，也不处理中断程序
禁止输入中断或定时器中断的特 M 断开时
• 发生输入中断或定时器中断时，接收中断
• 如果是用 EI（FNC 04）指令允许中断时，会即刻执行中断程序
但是，如用 DI（FNC 05）指令禁止中断时，一直到用 EI（FNC 04）指令允许中断为止，等待中断程序的执行</td><td>○</td><td>○</td><td>○</td><td>○</td><td>○</td><td>—</td><td>○</td><td>○</td><td>○</td><td>○</td><td>○</td></tr>
<tr><td>M8051（输入中断）
I10□禁止①</td><td>○</td><td>○</td><td>○</td><td>○</td><td>○</td><td>—</td><td>○</td><td>○</td><td>○</td><td>○</td><td>○</td></tr>
<tr><td>M8052（输入中断）
I20□禁止①</td><td>○</td><td>○</td><td>○</td><td>○</td><td>○</td><td>—</td><td>○</td><td>○</td><td>○</td><td>○</td><td>○</td></tr>
<tr><td>M8053（输入中断）
I30□禁止①</td><td>○</td><td>○</td><td>○</td><td>○</td><td>○</td><td>—</td><td>○</td><td>○</td><td>○</td><td>○</td><td>○</td></tr>
<tr><td>M8054（输入中断）
I40□禁止①</td><td>○</td><td>○</td><td>○</td><td>○</td><td>○</td><td>—</td><td>○</td><td>○</td><td>○</td><td>○</td><td>○</td></tr>
<tr><td>M8055（输入中断）
I50□禁止①</td><td>○</td><td>○</td><td>○</td><td>○</td><td>○</td><td>—</td><td>○</td><td>○</td><td>○</td><td>○</td><td>○</td></tr>
<tr><td>M8056（定时器中断）
I6□□禁止①</td><td>○</td><td>○</td><td>○</td><td>○</td><td>○</td><td>—</td><td>—</td><td>—</td><td>—</td><td>○</td><td>○</td></tr>
<tr><td>M8057（定时器中断）
I7□□禁止①</td><td>○</td><td>○</td><td>○</td><td>○</td><td>○</td><td>—</td><td>—</td><td>—</td><td>—</td><td>○</td><td>○</td></tr>
<tr><td>M8058（定时器中断）
I8□□禁止①</td><td>○</td><td>○</td><td>○</td><td>○</td><td>○</td><td>—</td><td>—</td><td>—</td><td>—</td><td>○</td><td>○</td></tr>
<tr><td>M8059
计数器中断禁止①</td><td>使用 I010～I060 的中断禁止</td><td>—</td><td>—</td><td>—</td><td>○</td><td>○</td><td>—</td><td>—</td><td>—</td><td>—</td><td>○</td><td>○</td></tr>
</table>

① 从 RUN 到 STOP 时清除。

表 C-5

编号·名称	动作·功能	FX_{3S}	FX_{3G}	FX_{3GC}	FX_{3U}	FX_{3UC}	特殊软元件	FX_{1S}	FX_{1N}	FX_{1NC}	FX_{2N}	FX_{2NC}
	错误检测											
[M]8060	I/O 构成错误	—	○	○	○	○	D8060	—	—	—	○	○
[M]8061	PLC 硬件错误	○	○	○	○	○	D8061	—	—	—	○	○
[M]8062	PLC/PP 通信错误	①	—	—	①	①	D8062	○	○	○	○	○
	串行通信错误 0[通道 0]②	—	○	○	—	—	D8062	—	—	—	—	—
[M] 8063③④	串行通信错误 1[通道 1]	○	○	○	○	○	D8063	○	○	○	○	○
[M]8064	参数错误	○	○	○	○	○	D8064	○	○	○	○	○
[M]8065	语法错误	○	○	○	○	○	D8065 D8069 D8314 D8315	○	○	○	○	○
[M]8066	回路错误	○	○	○	○	○	D8066 D8069 D8314 D8315	○	○	○	○	○
[M]8067⑤	运算错误	○	○	○	○	○	D8067 D8069 D8314 D8315	○	○	○	○	○
M8068	运算错误锁存	○	○	○	○	○	D8068 D8312 D8313	○	○	○	○	○
M8069⑥	I/O 总线检测	—	○	○	○	○	—	—	—	—	○	○

① FX_{3S}、FX_{3U}、FX_{3UC} 可编程控制器只有在发生存储器访问错误(6230)时会变为 ON。

② 电源从 OFF 变为 ON 时清除。

③ 根据可编程控制器如下所示。

- FX_{1S}、FX_{1N}、FX_{1NC}、FX_{2N}、FX_{2NC} 可编程控制器中，从 STOP 到 RUN 时被清除。
- FX_{3S}、FX_{3G}、FX_{3GC}、FX_{3U}、FX_{3UC} 可编程控制器时，电源从 OFF 变为 ON 时清除。

④ FX_{3G}、FX_{3GC}、FX_{3U}、FX_{3UC} 可编程控制器串行通信错误 2[通道 2]为 M8438。

⑤ 从 STOP 到 RUN 时清除。

⑥ 驱动 M8069 后，执行 I/O 总线检测。

表　C-6

编号・名称	动作・功能	FX_{3S}	FX_{3G}	FX_{3GC}	FX_{3U}	FX_{3UC}	特殊软元件	FX_{1S}	FX_{1N}	FX_{1NC}	FX_{2N}	FX_{2NC}
	并联连接											
M8070①	并联连接　在主站时驱动	○	○	○	○	○	—	○	○	○	○	○
M8071①	并联连接　在子站时驱动	○	○	○	○	○	—	○	○	○	○	○
[M]8072	并联连接 运行过程中接通	○	○	○	○	○	—	○	○	○	○	○
[M]8073	并联连接 当 M8070/M8071 设定错误时接通	○	○	○	○	○	—	○	○	○	○	○

① 从 STOP 到 RUN 时清除。

表　C-7

采样跟踪[FX_{3U}・FX_{3UC}・FX_{2N}・FX_{2NC} 用]		FX_{3S}	FX_{3G}	FX_{3GC}	FX_{3U}	FX_{3UC}	特殊软元件	FX_{1S}	FX_{1N}	FX_{1NC}	FX_{2N}	FX_{2NC}
[M]8074	不可以使用	—	—	—	—	—	—	—	—	—	—	—
[M]8075	采样跟踪准备开始指令	—	—	—	○	○	D8075～D8098	—	—	—	○	○
[M]8076	采样跟踪执行开始指令	—	—	—	○	○		—	—	—	○	○
[M]8077	采样跟踪执行中监控	—	—	—	○	○		—	—	—	○	○
[M]8078	采样跟踪执行结束监控	—	—	—	○	○		—	—	—	○	○
[M]8079	采样跟踪系统区域	—	—	—	○	○		—	—	—	○	○
[M]8080～[M]8089	不可以使用	—	—	—	—	—	—	—	—	—	—	—

表　C-8

编号・名称	动作・功能	FX_{3S}	FX_{3G}	FX_{3GC}	FX_{3U}	FX_{3UC}	特殊软元件	FX_{1S}	FX_{1N}	FX_{1NC}	FX_{2N}	FX_{2NC}
脉宽/周期测量功能[FX_{3G}・FX_{3GC} 用]												
[M]8074	不可以使用	—	—	—	—	—	—	—	—	—	—	—
[M]8075	脉宽/周期测量设定标志位	—	①	○	—	—	—	—	—	—	—	—
[M]8076	X000 脉宽/周期测量标志位	—	①	○	—	—	D8074～D8079	—	—	—	—	—
[M]8077	X001 脉宽/周期测量标志位	—	①	○	—	—	D8080～D8085	—	—	—	—	—

续表

编号·名称	动作·功能	FX_{3S}	FX_{3G}	FX_{3GC}	FX_{3U}	FX_{3UC}	特殊软元件	FX_{1S}	FX_{1N}	FX_{1NC}	FX_{2N}	FX_{2NC}
[M]8078	X003 脉宽/周期测量标志位	—	①	○	—	—	D8086～D8091	—	—	—	—	—
[M]8079	X004 脉宽/周期测量标志位	—	①	○	—	—	D8092～D8097	—	—	—	—	—
M 8080	X000 脉冲周期测量模式	—	①	○	—	—	D8074～D8079	—	—	—	—	—
M 8081	X001 脉冲周期测量模式	—	①	○	—	—	D8080～D8085	—	—	—	—	—
M 8082	X003 脉冲周期测量模式	—	①	○	—	—	D8086～D8091	—	—	—	—	—
M 8083	X004 脉冲周期测量模式	—	①	○	—	—	D8092～D8097	—	—	—	—	—
[M]8084～[M]8089	不可以使用	—	—	—	—	—	—	—	—	—	—	—

① Ver. 1. 10 以上版本支持。

表　C-9

标　志　位		FX_{3S}	FX_{3G}	FX_{3GC}	FX_{3U}	FX_{3UC}	特殊软元件	FX_{1S}	FX_{1N}	FX_{1NC}	FX_{2N}	FX_{2NC}
[M]8090	BKCMP(FNC 194～199)指令 块比较信号	—	—	—	○	①	—	—	—	—	—	—
M8091	COMRD（ FNC 182）、BINDA(FNC 261)指令输出字符数切换信号	—	—	—	○	①	—	—	—	—	—	—
[M]8092～[M]8098	不可以使用	—	—	—	—	—	—	—	—	—	—	—
高速环形计数器												
M8099②	高速环形计数器(0.1ms 单位,16 位)动作	—	—	—	○	○	D8099	—	—	—	○	○
[M]8100	不可以使用	—	—	—	—	—	—	—	—	—	—	—

① Ver. 2. 20 以上版本支持。

② 在 FX_{2N}、FX_{2NC} 中，M8099 驱动后，执行 END 指令，0. 1ms 的高速环形计数器 D8099 动作。

在 FX_{3U}、FX_{3UC} 中，M8099 驱动后，0. 1ms 的高速环形计数器 D8099 动作。

表 C-10

内存信息		FX_{3S}	FX_{3G}	FX_{3GC}	FX_{3U}	FX_{3UC}	特殊软元件	FX_{1S}	FX_{1N}	FX_{1NC}	FX_{2N}	FX_{2NC}
[M]8101	不可以使用	—	—	—	—	—	—	—	—	—	—	—
[M]8102		—	—	—	—	—	—	—	—	—	—	—
[M]8103		—	—	—	—	—	—	—	—	—	—	—
[M]8104	安装有功能扩展存储器时接通	—	—	—	—	—	D8104 D8105	—	—	—	②	②
[M]8105	在 RUN 状态写入时接通①	○	○	○	○	○	—	—	—	—	—	—
[M]8106	不可以使用	—	—	—	—	—	—	—	—	—	—	—
[M]8107	软元件注释登录的确认	—	—	—	○	○	D8107	—	—	—	—	—
[M]8108	不可以使用	—	—	—	—	—	—	—	—	—	—	—

① FX_{3U}、FX_{3UC} 仅在安装了存储器盒时有效。

② Ver. 3. 00 以上版本支持。

表 C-11

输出刷新错误		FX_{3S}	FX_{3G}	FX_{3GC}	FX_{3U}	FX_{3UC}	特殊软元件	FX_{1S}	FX_{1N}	FX_{1NC}	FX_{2N}	FX_{2NC}
[M]8109	输出刷新错误	—	○	○	○	○	D8109	—	—	—	○	○
[M]8110	不可以使用	—	—	—	—	—	—	—	—	—	—	—
[M]8111		—	—	—	—	—	—	—	—	—	—	—
功能扩展板[FX_{3S} · FX_{3G} 用]												
[M]8112	FX_{3G}-4EX-B D：BX0 的输入	①	②	—	—	—	—	—	—	—	—	—
[M]8113	FX_{3G}-4EX-B D：BX1 的输入	①	②	—	—	—	—	—	—	—	—	—
[M]8114	FX_{3G}-4EX-B D：BX2 的输入	①	②	—	—	—	—	—	—	—	—	—
[M]8115	FX_{3G}-4EX-B D：BX3 的输入	①	②	—	—	—	—	—	—	—	—	—
M8116	FX_{3G}-2EYT-BD：BY0 的输出	①	②	—	—	—	—	—	—	—	—	—
M8117	FX_{3G}-2EYT-BD：BY1 的输出	①	②	—	—	—	—	—	—	—	—	—
[M]8118	不可以使用	—	—	—	—	—	—	—	—	—	—	—
[M]8119		—	—	—	—	—	—	—	—	—	—	—

① Ver. 1. 10 以上版本对应。

② Ver. 2. 20 以上版本对应。

表 C-12

功能扩展板[FX_{1S}·FX_{1N} 用]		FX_{3S}	FX_{3G}	FX_{3GC}	FX_{3U}	FX_{3UC}	特殊软元件	FX_{1S}	FX_{1N}	FX_{1NC}	FX_{2N}	FX_{2NC}
M8112	FX_{1N}-4EX-B D：BX0 的输入	—	—	—	—	—	—	○	○	—	—	—
	FX_{1N}-2AD-B D：通道 1 的输入模式切换	—	—	—	—	—	D8112	○	○	—	—	—
M8113	FX_{1N}-4EX-B D：BX1 的输入	—	—	—	—	—	—	○	○	—	—	—
	FX_{1N}-2AD-B D：通道 2 的输入模式切换	—	—	—	—	—	D8113	○	○	—	—	—
M8114	FX_{1N}-4EX-B D：BX2 的输入	—	—	—	—	—	—	○	○	—	—	—
	FX_{1N}-1DA-B D：输出模式的切换	—	—	—	—	—	D8114	○	○	—	—	—
M8115	FX_{1N}-4EX-B D：BX3 的输入	—	—	—	—	—	—	○	○	—	—	—
M8116	FX_{1N}-2EYT-BD： BY0 的输出	—	—	—	—	—	—	○	○	—	—	—
M8117	FX_{1N}-2EYT-BD： BY1 的输出	—	—	—	—	—	—	○	○	—	—	—
[M]8118	不可以使用	—	—	—	—	—	—	—	—	—	—	—
[M]8119		—	—	—	—	—	—	—	—	—	—	—
RS(FNC 80)·计算机链接[通道 1]（详细内容参考通信控制手册）												
[M]8120	不可以使用	—	—	—	—	—	—	—	—	—	—	—
[M]8121①	RS(FNC 80)指令 发送待机标志位	○	○	○	○	○	—	○	○	○	○	○
M8122①	RS(FNC 80)指令 发送请求	○	○	○	○	○	D8122	○	○	○	○	○
M8123①	RS(FNC 80)指令 接收结束标志位	○	○	○	○	○	D8123	○	○	○	○	○
[M]8124	RS(FNC 80)指令 载波的检测标志位	○	○	○	○	○	—	○	○	○	○	○
[M]8125	不可以使用	—	—	—	—	—	—	—	—	—	—	—

续表

功能扩展板[FX_{1S} · FX_{1N} 用]		FX_{3S}	FX_{3G}	FX_{3GC}	FX_{3U}	FX_{3UC}	特殊软元件	FX_{1S}	FX_{1N}	FX_{1NC}	FX_{2N}	FX_{2NC}
[M]8126	计算机链接[通道 1]	○	○	○	○	○		○	○	○	○	○
[M]8127	计算机链接[通道 1]下位通信请求（ON Demand）发送中	○	○	○	○	○		—	—	—	○	○
M8128	计算机链接[通道 1]下位通信请求（ON Demand）错误标志位	○	○	○	○	○	D8127 D8128 D8129	○	○	○	○	○
M8129	计算机链接[通道 1]下位通信请求（ON Demand）字/字节的切换 RS（FNC 80）指令 判断超时的标志位	○	○	○	○	○		○	○	○	○	○

① 从 RUN 到 STOP 时，或是 RS 指令 OFF 时清除。

表 C-13

高速计数器比较 · 高速表格 · 定位[定位为 FX_{3S}、FX_{3G}、FX_{3GC}、FX_{1S}、FX_{1N}、FX_{1NC} 用]		FX_{3S}	FX_{3G}	FX_{3GC}	FX_{3U}	FX_{3UC}	特殊软元件	FX_{1S}	FX_{1N}	FX_{1NC}	FX_{2N}	FX_{2NC}
M8130	HSZ（FNC 55）指令 表格比较模式	—	—	—	○	○	D8130	—	—	—	○	○
[M]8131	同上的执行结束标志位	—	—	—	○	○	—	—	—	○	○	
M8132	HSZ（FNC 55）、PLSY（FNC 57）指令 速度模型模式	—	—	—	○	○	D8131 ～ D8134	—	—	—	○	○
[M]8133	同上的执行结束标志位	—	—	—	○	○		—	—	—	○	○
[M]8134～[M]8137	不可以使用	—	—	—	—	—	—	—	—	—	—	—
[M]8138	HSCT（FNC 280）指令执行结束标志位	—	—	—	○	○	D8138	—	—	—	—	—
[M]8139	HSCS（FNC 53）、HSCR（FNC 54）、HSZ（FNC55）、HSCT（FNC 280）指令 高速计数器比较指令执行中	—	—	—	○	○	D8139	—	—	—	—	—
M8140	ZRN（FNC 156）指令 CLR 信号输出功能有效	—	—	—	—	—	—	○	○	○	—	—
[M]8141～[M]8144	不可以使用	—	—	—	—	—	—	—	—	—	—	—

续表

高速计数器比较·高速表格·定位[定位为 FX_{3S}、FX_{3G}、FX_{3GC}、FX_{1S}、FX_{1N}、FX_{1NC} 用]		FX_{3S}	FX_{3G}	FX_{3GC}	FX_{3U}	FX_{3UC}	特殊软元件	FX_{1S}	FX_{1N}	FX_{1NC}	FX_{2N}	FX_{2NC}
M8145	[Y000]脉冲输出停止指令	○	○	○	—	—	—	○	○	○	—	—
M8146	[Y001]停止脉冲输出指令	○	○	○	—	—	—	○	○	○	—	—
[M]8147	[Y000]脉冲输出中的监控(BUSY/READY)	○	○	○	—	—	—	○	○	○	—	—
[M]8148	[Y001]脉冲输出中的监控(BUSY/READY)	○	○	○	—	—	—	○	○	○	—	—
[M]8149	不可以使用	—	—	—	—	—	—	—	—	—	—	—
变频器通信功能 (详细内容,参考通信控制手册)												
[M]8150	不可以使用	—	—	—	—	—	—	—	—	—	—	—
[M]8151	变频器通信中[通道 1]	○	③	○	○	○	D8151	—	—	—	—	—
[M]8152①	变频器通信错误[通道 1]	○	③	○	○	○	D8152	—	—	—	—	—
[M]8153①	变频器通信错误的锁定[通道 1]	○	③	○	○	○	D8153	—	—	—	—	—
[M]8154①	IVBWR(FNC 274)指令错误[通道 1]	—	—	—	○	○	D8154	—	—	—	—	—
[M]8154	在每个 EXTR(FNC 180)指令中被定义	—	—	—	—	—	—	—	—	—	②	②
[M]8155	通过 EXTR(FNC 180)指令使用通信端口时	—	—	—	—	—	D8155	—	—	—	②	②
[M]8156	变频器通信中[通道 2]	—	③	○	○	○	D8156	—	—	—	—	—
[M]8156	EXTR(F NC 180)指令中,发生通信错误或是参数错误	—	—	—	—	—	D8156	—	—	—	②	②
[M]8157①	变频器通信错误[通道 2]	—	③	○	○	○	D8157	—	—	—	—	—
	在 EXTR(FNC 180)指令中发生过的通信错误被锁定	—	—	—	—	—	D8157	—	—	—	②	②
[M]8158①	变频器通信错误的锁存[通道 2]	—	③	○	○	○	D8158	—	—	—	—	—
[M]8159①	IVBWR(FNC 274)指令错误[通道 2]	—	—	—	○	○	D8159	—	—	—	—	—

① 从 STOP 到 RUN 时清除。

② Ver. 3.00 以上版本支持。

③ Ver. 1.10 以上版本支持。

表 C-14

扩 展 功 能		FX_{3S}	FX_{3G}	FX_{3GC}	FX_{3U}	FX_{3UC}	特殊软元件	FX_{1S}	FX_{1N}	FX_{1NC}	FX_{2N}	FX_{2NC}
M8160①	XCH（FN C 17）的SWAP功能	—	—	—	○	○	—	—	—	—	○	○
M8161①②	8位处理模式	○	○	○	○	○	—	○	○	○	○	○
M8162	高速并联连接模式	○	○	○	○	○	—	○	○	○	○	○
[M]8163	不可以使用	—	—	—	—	—	—	—	—	—	—	—
M8164①	FROM（FNC 78）、TO（FNC 79）指令传送点数可改变模式	—	—	—	—	—	D8164	—	—	—	③	○
M8165①	SORT2（FNC 149）指令降序排列	—	—	—	○	④	—	—	—	—	—	—
[M]8166	不可以使用	—	—	—	—	—	—	—	—	—	—	—
M8167①	HKY(FN C 71)指令处理HEX数据的功能	—	—	—	○	○	—	—	—	—	○	○
M8168①	SMOV(F NC 13)处理HEX数据的功能	○	○	○	○	○	—	—	—	—	○	○
[M]8169	不可以使用	—	—	—	—	—	—	—	—	—	—	—

① 从RUN到STOP时清除。

② 适用于ASC(FNC 76)、RS(FNC 80)、ASCI(FNC 82)、HEX(FNC 83)、CCD(FNC 84)、CRC(FNC 188)指令(CRC(FNC 188)指令仅支持FX_{3U}、FX_{3UC}可编程控制器)。

③ Ver. 2.00以上版本支持。

④ Ver. 2.20以上版本支持。

表 C-15

脉 冲 捕 捉		FX_{3S}	FX_{3G}	FX_{3GC}	FX_{3U}	FX_{3UC}	特殊软元件	FX_{1S}	FX_{1N}	FX_{1NC}	FX_{2N}	FX_{2NC}
M8170①	输入X000脉冲捕捉	○	○	○	○	○	—	○	○	○	○	○
M8171①	输入X001脉冲捕捉	○	○	○	○	○	—	○	○	○	○	○
M8172①	输入X002脉冲捕捉	○	○	○	○	○	—	○	○	○	○	○
M8173①	输入X003脉冲捕捉	○	○	○	○	○	—	○	○	○	○	○
M8174①	输入X004脉冲捕捉	○	○	○	○	○	—	○	○	○	○	○
M8175①	输入X005脉冲捕捉	○	○	○	○	○	—	○	○	○	○	○
M8176①	输入X006脉冲捕捉	—	—	—	○	○	—	—	—	—	—	—
M8177①	输入X007脉冲捕捉	—	—	—	○	○	—	—	—	—	—	—

① 从STOP→RUN时清除。

FX_{3U}、FX_{3UC}、FX_{2N}、FX_{2NC}可编程控制器需要EI(FNC 04)指令。

FX_{3S}、FX_{3G}、FX_{3GC}、FX_{1S}、FX_{1N}、FX_{1NC}可编程控制器不需要EI(FNC 04)指令。

表 C-16

通信端口的通道设定（详细内容，参考通信控制手册）		FX_{3S}	FX_{3G}	FX_{3GC}	FX_{3U}	FX_{3UC}	特殊软元件	FX_{1S}	FX_{1N}	FX_{1NC}	FX_{2N}	FX_{2NC}
M8178	并联连接 通道切换（OFF：通道 1，ON：通道 2）	—	○	○	○	○	—	—	—	—	—	—
M8179	简易 PC 间链接 通道切换①	—	○	○	○	○	—	—	—	—	—	—

① 通过判断是否需要在设定用程序中编程，指定要使用的通道。

通道 1：不编程。

通道 2：编程。

表 C-17

简易 PC 间链接（详细内容，参考通信控制手册）		FX_{3S}	FX_{3G}	FX_{3GC}	FX_{3U}	FX_{3UC}	特殊软元件	FX_{1S}	FX_{1N}	FX_{1NC}	FX_{2N}	FX_{2NC}
[M]8180	不可以使用	—	—	—	—	—	—	—	—	—	—	—
[M]8181		—	—	—	—	—	—	—	—	—	—	—
[M]8182		—	—	—	—	—	—	—	—	—	—	—
[M]8183①	数据传送顺控错误（主站）	○	○	○	○	○	D8201～D8218	(M504)	○	○	②	○
[M]8184①	数据传送顺控错误（1 号站）	○	○	○	○	○		(M505)	○	○	②	○
[M]8185①	数据传送顺控错误（2 号站）	○	○	○	○	○		(M506)	○	○	②	○
[M]8186①	数据传送顺控错误（3 号站）	○	○	○	○	○		(M507)	○	○	②	○
[M]8187①	数据传送顺控错误（4 号站）	○	○	○	○	○		(M508)	○	○	②	○
[M]8188①	数据传送顺控错误（5 号站）	○	○	○	○	○		(M509)	○	○	②	○
[M]8189①	数据传送顺控错误（6 号站）	○	○	○	○	○		(M510)	○	○	②	○
[M]8190①	数据传送顺控错误（7 号站）	○	○	○	○	○		(M511)	○	○	②	○
[M]8191①	数据传送顺控的执行中	○	○	○	○	○		(M503)	○	○	②	○
[M]8192～[M]8197	不可以使用	—	—	—	—	—	—	—	—	—	—	—

① FX_{1S} 可编程控制器使用( )内的编号。

② Ver. 2.00 以上版本支持。

表 C-18

高速计数器倍增的指定		FX_{3S}	FX_{3G}	FX_{3GC}	FX_{3U}	FX_{3UC}	特殊软元件	FX_{1S}	FX_{1N}	FX_{1NC}	FX_{2N}	FX_{2NC}
M8198①②	C251、C252、C254 用 1 倍/4 倍的切换	—	—	—	○	○	—	—	—	—	—	—
M8199①②	C253、C255、C253(OP)用 1 倍/4 倍的切换	—	—	—	○	○	—	—	—	—	—	—

① OFF：1 倍，ON：4 倍。

② 从 RUN 到 STOP 时清除。

表 C-19

计数器增/减计数的计数方向			FX_{3S}	FX_{3G}	FX_{3GC}	FX_{3U}	FX_{3UC}	特殊软元件	FX_{1S}	FX_{1N}	FX_{1NC}	FX_{2N}	FX_{2NC}
M8200	C200	M8□□□动作后，与其支持的 C□□□变为递减模式 • ON：减计数动作 • OFF：增计数动作	○	○	○	○	○	—	—	○	○	○	○
M8201	C201		○	○	○	○	○	—	—	○	○	○	○
M8202	C202		○	○	○	○	○	—	—	○	○	○	○
M8203	C203		○	○	○	○	○	—	—	○	○	○	○
M8204	C204		○	○	○	○	○	—	—	○	○	○	○
M8205	C205		○	○	○	○	○	—	—	○	○	○	○
M8206	C206		○	○	○	○	○	—	—	○	○	○	○
M8207	C207		○	○	○	○	○	—	—	○	○	○	○
M8208	C208		○	○	○	○	○	—	—	○	○	○	○
M8209	C209		○	○	○	○	○	—	—	○	○	○	○
M8210	C210		○	○	○	○	○	—	—	○	○	○	○
M8211	C211		○	○	○	○	○	—	—	○	○	○	○
M8212	C212		○	○	○	○	○	—	—	○	○	○	○
M8213	C213		○	○	○	○	○	—	—	○	○	○	○
M8214	C214		○	○	○	○	○	—	—	○	○	○	○
M8215	C215		○	○	○	○	○	—	—	○	○	○	○
M8216	C216		○	○	○	○	○	—	—	○	○	○	○
M8217	C217		○	○	○	○	○	—	—	○	○	○	○
M8218	C218		○	○	○	○	○	—	—	○	○	○	○
M8219	C219		○	○	○	○	○	—	—	○	○	○	○
M8220	C220		○	○	○	○	○	—	—	○	○	○	○
M8221	C221		○	○	○	○	○	—	—	○	○	○	○
M8222	C222		○	○	○	○	○	—	—	○	○	○	○
M8223	C223		○	○	○	○	○	—	—	○	○	○	○
M8224	C224		○	○	○	○	○	—	—	○	○	○	○
M8225	C225		○	○	○	○	○	—	—	○	○	○	○
M8226	C226		○	○	○	○	○	—	—	○	○	○	○
M8227	C227		○	○	○	○	○	—	—	○	○	○	○
M8228	C228		○	○	○	○	○	—	—	○	○	○	○
M8229	C229		○	○	○	○	○	—	—	○	○	○	○
M8230	C230		○	○	○	○	○	—	—	○	○	○	○
M8231	C231		○	○	○	○	○	—	—	○	○	○	○
M8232	C232		○	○	○	○	○	—	—	○	○	○	○
M8233	C233		○	○	○	○	○	—	—	○	○	○	○
M8234	C234		○	○	○	○	○	—	—	○	○	○	○

续表

计数器增/减计数的计数方向			FX_{3S}	FX_{3G}	FX_{3GC}	FX_{3U}	FX_{3UC}	特殊软元件	FX_{1S}	FX_{1N}	FX_{1NC}	FX_{2N}	FX_{2NC}
高速计数器增/减计数的计数方向													
M8235	C235		○	○	○	○	○	—	—	○	○	○	○
M8236	C236		○	○	○	○	○	—	—	○	○	○	○
M8237	C237		○	○	○	○	○	—	—	○	○	○	○
M8238	C238	M8□□□动作后，	○	○	○	○	○	—	—	○	○	○	○
		与其支持的	○	○	○	○	○	—	—	○	○	○	○
M8239	C239	C□□□ 变为递减	○	○	○	○	○	—	—	○	○	○	○
M8240	C240	模式	○	○	○	○	○	—	—	○	○	○	○
M8241	C241	ON：减计数动作	○	○	○	○	○	—	—	○	○	○	○
M8242	C242	OFF：增计数动作	○	○	○	○	○	—	—	○	○	○	○
M8243	C243		○	○	○	○	○	—	—	○	○	○	○
M8244	C244		○	○	○	○	○	—	—	○	○	○	○
M8245	C245		○	○	○	○	○	—	—	○	○	○	○
高速计数器增/减计数器的监控													
[M]8246	C246		○	○	○	○	○	—	—	○	○	○	○
[M]8247	C247	单相双输入计数	○	○	○	○	○	—	—	○	○	○	○
[M]8248	C248	器，双相双输入计	○	○	○	○	○	—	—	○	○	○	○
[M]8249	C249	数器的 C □□□为	○	○	○	○	○	—	—	○	○	○	○
[M]8250	C250	递减模式时，与其	○	○	○	○	○	—	—	○	○	○	○
[M]8251	C251	支持的 M8 □□□	○	○	○	○	○	—	—	○	○	○	○
[M]8252	C252	为 ON	○	○	○	○	○	—	—	○	○	○	○
[M]8253	C253	ON：减计数动作	○	○	○	○	○	—	—	○	○	○	○
[M]8254	C254	OFF：增计数动作	○	○	○	○	○	—	—	○	○	○	○
[M]8255	C255		○	○	○	○	○	—	—	○	○	○	○
[M]8256～[M]8259	不可以使用		—	—	—	—	—	—	—	—	—	—	—
模拟量特殊适配器[FX_{3U}・FX_{3UC}]													
M8260～M8269	第 1 台的特殊适配器①		—	—	—	○	②	—	—	—	—	—	—
M8270～M8279	第 2 台的特殊适配器①		—	—	—	○	②	—	—	—	—	—	—
M8280～M8289	第 3 台的特殊适配器①		—	—	—	○	②	—	—	—	—	—	—
M8290～M8299	第 4 台的特殊适配器①		—	—	—	○	②	—	—	—	—	—	—

续表

计数器增/减计数的计数方向		FX_{3S}	FX_{3G}	FX_{3GC}	FX_{3U}	FX_{3UC}	特殊软元件	FX_{1S}	FX_{1N}	FX_{1NC}	FX_{2N}	FX_{2NC}
模拟量特殊适配器[FX_{3S} · FX_{3G} · FX_{3GC}]、模拟功能扩展板[FX_{3S} · FX_{3G}]												
M8260~M8269	第1台功能扩展板③	○	⑥	—	—	—	—	—	—	—	—	—
M8270~M8279	第2台功能扩展板④⑤	—	⑥	—	—	—	—	—	—	—	—	—
M8280~M8289	第1台特殊适配器①	○	○	○	—	—	—	—	—	—	—	—
M8290~M8299	第2台特殊适配器①⑤	—	○	○	—	—	—	—	—	—	—	—
标志位												
[M]8300~[M]8303	不可以使用	—	—	—	—	—	—	—	—	—	—	—
[M]8304 零位	乘除运算结果为0时,置ON	○	○	○	⑦	⑦	—	—	—	—	—	—
[M]8305	不可以使用	—	—	—	—	—	—	—	—	—	—	—
[M]8306 进位	除法运算结果溢出时,置ON	○	○	○	⑦	⑦	—	—	—	—	—	—
[M]8307~[M]8311	不可以使用	—	—	—	—	—	—	—	—	—	—	—

① 从基本单元侧计算连接的模拟量特殊适配器的台数。

② Ver.1.20以上版本支持。

③ 变成已连接 FX_{3G} 可编程控制器(40点、60点型)的BD1连接器或者 FX_{3G} 可编程控制器(14点、24点型)、FX_{3S} 可编程控制器的BD连接器的功能扩展板。

④ 变成已连接 FX_{3G} 可编程控制器(40点、60点型)的BD2连接器的功能扩展板。

⑤ 只能连接 FX_{3G} 可编程控制器(40点、60点型)。

⑥ Ver.1.10以上版本支持。

⑦ Ver.2.30以上版本支持。

表 C-20

I/O非实际安装指定错误		FX_{3S}	FX_{3G}	FX_{3GC}	FX_{3U}	FX_{3UC}	特殊软元件	FX_{1S}	FX_{1N}	FX_{1NC}	FX_{2N}	FX_{2NC}
M8312①	实时时钟时间数据丢失错误	○	○	○	—	—	—	—	—	—	—	—
[M]8313~[M]8315	不可以使用	—	—	—	—	—	—	—	—	—	—	—

续表

I/O 非实际安装指定错误		FX_{3S}	FX_{3G}	FX_{3GC}	FX_{3U}	FX_{3UC}	特殊软元件	FX_{1S}	FX_{1N}	FX_{1NC}	FX_{2N}	FX_{2NC}
[M]8316②	I/O 非实际安装指定错误	—	—	—	○	○	D8316 D8317	—	—	—	—	—
[M]8317	不可以使用	—	—	—	—	—	—	—	—	—	—	—
[M]8318	BFM 的初始化失败从 STOP 到 RUN 时，对于用 BFM 初始化功能指定的特殊扩展单元/模块，发生针对其的 FROM/TO 错误时接通，发生错误的单元号被保存在 D8318 中，BFM 号被保存在 D8319 中	—	—	—	○	③	D8318 D8319	—	—	—	—	—
[M]8319～[M]8321	不可以使用	—	—	—	—	—	—	—	—	—	—	—
[M]8322	辨别 FX_{3UC}-32MT-LT 与 FX_{3UC}-32MT-LT-2 的机型 1：FX_{3UC}-32MT-LT-2 0：FX_{3UC}-32MT-LT	—	—	—	—	④	—	—	—	—	—	—

① 通过 EEPROM 进行停电保持。执行清除 M8312 操作或重设时间数据，将自动清除。

② 在 LD、AND、OR、OUT 指令等的软元件编号中直接指定以及通过变址间接指定时，在输入/输出的软元件编号未安装的情况下为 ON。

③ 0. Ver. 2. 20 以上版本支持。

④ 仅 FX_{3UC}-32MT -LT-2 可使用。

表 C-21

编号·名称	动作·功能	FX_{3S}	FX_{3G}	FX_{3GC}	FX_{3U}	FX_{3UC}	特殊软元件	FX_{1S}	FX_{1N}	FX_{1NC}	FX_{2N}	FX_{2NC}
I/O 非实际安装指定错误		—	—	—	—	—	—	—	—	—	—	—
[M]8323	要求内置 CC-Link/LT 配置	—	—	—	—	①	—	—	—	—	—	—
[M]8324	内藏 CC-Link/LT 配置结束	—	—	—	—	①—	—	—	—	—	—	—
[M]8325～[M]8327	不可以使用	—	—	—	—	—	—	—	—	—	—	—
[M]8328	指令不执行	—	—	—	○	②	—	—	—	—	—	—
[M]8329	指令执行异常结束	○	○	○	○	○	—	—	—	—	—	—

① 仅 FX_{3UC}-32MT -LT-2 可使用。

② Ver. 2. 20 以上版本支持。

表 C-22

定时时钟・定位[FX_{3S}・FX_{3G}・FX_{3GC}・FX_{3U}・FX_{3UC}]		FX_{3S}	FX_{3G}	FX_{3GC}	FX_{3U}	FX_{3UC}	特殊软元件	FX_{1S}	FX_{1N}	FX_{1NC}	FX_{2N}	FX_{2NC}
[M]8330	DUTY(FNC 186)指令定时时钟的输出 1	—	—	—	○	①	D8330	—	—	—	—	—
[M]8331	DUTY(FNC 186)指令定时时钟的输出 2	—	—	—	○	①	D8331	—	—	—	—	—
[M]8332	DUTY(FNC 186)指令定时时钟的输出 3	—	—	—	○	①	D8332	—	—	—	—	—
[M]8333	DUTY(FNC 186)指令定时时钟的输出 4	—	—	—	○	①	D8333	—	—	—	—	—
[M]8334	DUTY(FNC 186)指令定时时钟的输出 5	—	—	—	○	①	D8334	—	—	—	—	—
[M]8335	不可以使用	—	—	—	—	—	—	—	—	—	—	—
M8336②	DVIT(FNC 151)指令中断输入指定功能有效	—	—	—	○	③	D8336	—	—	—	—	—
[M]8337	不可以使用	—	—	—	—	—	—	—	—	—	—	—
M8338	PLSV(FNC 157)指令加减速动作	○	○	○	○	③	—	—	—	—	—	—
[M]8339	不可以使用	—	—	—	—	—	—	—	—	—	—	—
[M]8340	[Y000]脉冲输出中监控(ON：BUSY/OFF：READY)	○	○	○	○	○	—	—	—	—	—	—
M8341②	[Y000]清除信号输出功能有效	○	○	○	○	○	—	—	—	—	—	—
M8342②	[Y000]指定原点回归方向	○	○	○	○	○	—	—	—	—	—	—
M8343	[Y000]正转限位	○	○	○	○	○	—	—	—	—	—	—
M8344	[Y000]反转限位	○	○	○	○	○	—	—	—	—	—	—
M8345②	[Y000]近点 DOG 信号逻辑反转	○	○	○	○	○	—	—	—	—	—	—
M8346②	[Y000]零点信号逻辑反转	○	○	○	○	○	—	—	—	—	—	—
M8347②	[Y000]中断信号逻辑反转	—	—	—	○	○	—	—	—	—	—	—
[M]8348	[Y000]定位指令驱动中	○	○	○	○	○	—	—	—	—	—	—
M8349②	[Y000]脉冲输出停止指令	○	○	○	○	○	—	—	—	—	—	—
[M]8350	[Y001]脉冲输出中监控(ON：BUSY/OFF：READY)	○	○	○	○	○	—	—	—	—	—	—

续表

定时时钟·定位[FX_{3S}·FX_{3G}·FX_{3GC}·FX_{3U}·FX_{3UC}]		FX_{3S}	FX_{3G}	FX_{3GC}	FX_{3U}	FX_{3UC}	特殊软元件	FX_{1S}	FX_{1N}	FX_{1NC}	FX_{2N}	FX_{2NC}
M8351②	[Y001]清除信号输出功能有效	○	○	○	○	○	—	—	—	—	—	—
M8352②	[Y001]指定原点回归方向	○	○	○	○	○	—	—	—	—	—	—
M8353	[Y001]正转限位	○	○	○	○	○	—	—	—	—	—	—
M8354	[Y001]反转限位	○	○	○	○	○	—	—	—	—	—	—
M8355②	[Y001]近点DOG信号逻辑反转	○	○	○	○	○	—	—	—	—	—	—
M8356②	[Y001]零点信号逻辑反转	○	○	○	○	○	—	—	—	—	—	—
M8357②	[Y001]中断信号逻辑反转	—	—	—	○	○	—	—	—	—	—	—
[M]8358	[Y001]定位指令驱动中	○	○	○	○	○	—	—	—	—	—	—
M8359②	[Y001]停止脉冲输出的指令	○	○	○	○	○	—	—	—	—	—	—
[M]8360	[Y002]脉冲输出中监控(ON：BUSY/OFF：READY)	—	○	—	○	○	—	—	—	—	—	—
M8361②	[Y002]清除信号输出功能有效	—	○	—	○	○	—	—	—	—	—	—
M8362②	[Y002]指定原点回归方向	—	○	—	○	○	—	—	—	—	—	—
M8363	[Y002]正转限位	—	○	—	○	○	—	—	—	—	—	—
M8364	[Y002]反转限位	—	○	—	○	○	—	—	—	—	—	—
M8365②	[Y002]近点DOG信号逻辑反转	—	○	—	○	○	—	—	—	—	—	—
M8366②	[Y002]零点信号逻辑反转	—	○	—	○	○	—	—	—	—	—	—
M8367②	[Y002]中断信号逻辑反转	—	○	—	○	○	—	—	—	—	—	—
[M]8368	[Y002]定位指令驱动中	—	○	—	○	○	—	—	—	—	—	—
M8369②	[Y002]脉冲输出停止指令	—	○	—	○	○	—	—	—	—	—	—

① Ver.2.20以上版本支持。

② 从RUN到STOP时清除。

③ Ver.1.30以上版本支持。

表 C-23

定位(FX_{3U} 可编程控制器) (详细内容参考定位控制手册)		FX_{3S}	FX_{3G}	FX_{3GC}	FX_{3U}	FX_{3UC}	特殊软元件	FX_{1S}	FX_{1N}	FX_{1NC}	FX_{2N}	FX_{2NC}
[M]8370	[Y003]脉冲输出中监控(ON：BUSY/OFF：READY)	—	—	—	②	—	—	—	—	—	—	—
M8371①	[Y003]清除信号输出功能有效	—	—	—	②	—	—	—	—	—	—	—
M8372①	[Y003]指定原点回归方向	—	—	—	②	—	—	—	—	—	—	—
M8373	[Y003]正转限位	—	—	—	②	—	—	—	—	—	—	—
M8374	[Y003]反转限位	—	—	—	②	—	—	—	—	—	—	—
M8375①	[Y003]近点 DOG 信号逻辑反转	—	—	—	②	—	—	—	—	—	—	—
M8376①	[Y003]零点信号逻辑反转	—	—	—	②	—	—	—	—	—	—	—
M8377①	[Y003]中断信号逻辑反转	—	—	—	②	—	—	—	—	—	—	—
[M]8378	[Y003]定位指令驱动中	—	—	—	②	—	—	—	—	—	—	—
M8379	[Y003]脉冲输出停止指令①	—	—	—	②	—	—	—	—	—	—	—
RS2(FNC 87)[通道 0](FX_{3G}・FX_{3GC} 可编程控制器) (详情参考通信控制手册)					②							
[M]8370	不可以使用	—	—	—	—	—	—	—	—	—	—	—
[M]8371①	RS2(FNC 87)[通道 0]发送待机标志位	—	○	○	—	—	—	—	—	—	—	—
M8372①	RS2(FNC 87)[通道 0]发送要求	—	○	○	—	—	D8372	—	—	—	—	—
M8373①	RS2(FNC 87)[通道 0]接收结束标志位	—	○	○	—	—	D8374	—	—	—	—	—
[M]8374～[M]8378	不可以使用	—	—	—	—	—	—	—	—	—	—	—
M8379	RS2(FNC 87)[通道 0]超时的判断标志位	—	○	○	—	—	—	—	—	—	—	—

① 从 RUN 到 STOP 时，或是 RS 指令[ch0]OFF 时清除。

② 仅当 FX_{3U} 可编程控制器中连接了 2 台 FX_{3U}-2HSY-ADP 时可以使用。

表　C-24

高速计数器功能		FX_{3S}	FX_{3G}	FX_{3GC}	FX_{3U}	FX_{3UC}	特殊软元件	FX_{1S}	FX_{1N}	FX_{1NC}	FX_{2N}	FX_{2NC}
[M]8380①	C235、C241、C244、C246、C247、C249、C251、C252、C254 的动作状态	—	—	—	○	○	—	—	—	—	—	—
[M]8381①	C236 的动作状态	—	—	—	○	○	—	—	—	—	—	—
[M]8382①	C237、C242、C245 的动作状态	—	—	—	○	○	—	—	—	—	—	—
[M]8383①	C238、C248、C248(OP)、C250、C253、C255 的动作状态	—	—	—	○	○	—	—	—	—	—	—
[M]8384①	C239、C243 的动作状态	—	—	—	○	○	—	—	—	—	—	—
[M]8385①	C240 的动作状态	—	—	—	○	○	—	—	—	—	—	—
[M]8386①	C244(O P)的动作状态	—	—	—	○	○	—	—	—	—	—	—
[M]8387①	C245(O P)的动作状态	—	—	—	○	○	—	—	—	—	—	—
[M]8388	高速计数器的功能变更用触点	○	○	○	○	○	—	—	—	—	—	—
M8389	外部复位输入的逻辑切换	—	—	—	○	○	—	—	—	—	—	—
M8390	C244 用功能切换软元件	—	—	—	○	○	—	—	—	—	—	—
M8391	C245 用功能切换软元件	—	—	—	○	○	—	—	—	—	—	—
M8392	C248,C 253 用功能切换软元件	○	○	○	○	○	—	—	—	—	—	—

① 从 STOP 到 RUN 时清除。

表　C-25

中断程序		FX_{3S}	FX_{3G}	FX_{3GC}	FX_{3U}	FX_{3UC}	特殊软元件	FX_{1S}	FX_{1N}	FX_{1NC}	FX_{2N}	FX_{2NC}
[M]8393	设定延迟时间用的触点	—	—	—	○	○	D8393	—	—	—	—	—
[M]8394	HCMOV(FNC 189)中断程序用驱动触点	—	—	—	○	○	—	—	—	—	—	—
[M]8395	C254 用功能切换软元件	—	○	○	—	—	—	—	—	—	—	—
[M]8396	不可以使用	—	—	—	—	—	—	—	—	—	—	—
[M]8397		—	—	—	—	—	—	—	—	—	—	—
	环形计数器											
M8398	1ms 的环形计数(32 位)动作①	○	○	○	○	○	D8398 D8399	—	—	—	—	—
[M]8399	不可以使用					—	—	—	—	—	—	—

① M8398 驱动后的 END 指令执行之后,1ms 的环形计数[D8399,D8398]动作。

表 C-26

RS2(FNC 87)[通道 1] (详细内容参考通信控制手册)		FX_{3S}	FX_{3G}	FX_{3GC}	FX_{3U}	FX_{3UC}	特殊软元件	FX_{1S}	FX_{1N}	FX_{1NC}	FX_{2N}	FX_{2NC}
[M]8400	不可以使用	—	—	—	—	—	—	—	—	—	—	—
[M]8401①	RS2(FNC 87)[通道 1]发送待机标志位	○	○	○	○	○		—	—	—	—	—
M8402①	RS2(FNC 87)[通道 1]发送请求	○	○	○	○	○	D8402	—	—	—	—	—
M8403①	RS2(FNC 87)[通道 1]接收结束标志位	○	○	○	○	○	D8403	—	—	—	—	—
[M]8404	RS2(FNC 87)[通道 1]载波的检测标志位	○	○	○	○	○		—	—	—	—	—
[M]8405	RS2(FNC 87)[通道 1]数据设定准备就绪(DSR)标志位	○	○	○	③	③		—	—	—	—	—
[M]8406～[M]8408	不可以使用	—	—	—	—	—	—	—	—	—	—	—
M8409	RS2(FNC 87)[通道 1]判断超时的标志位	○	○	○	○	○		—	—	—	—	—
RS2(FNC 87)[通道 2]计算机链接[通道 2] (详细内容参考通信控制手册)												
[M]8410～[M]8420	不可以使用	—	—	—	—	—	—	—	—	—	—	—
[M]8421②	RS2(FNC 87)[通道 2]发送待机标志位	—	○	○	○	○	—	—	—	—	—	—
M8422②	RS2(FNC 87)[通道 2]发送请求	—	○	○	○	○	D8422	—	—	—	—	—
M8423②	RS2(FNC 87)[通道 2]接收结束标志位	—	○	○	○	○	D8423	—	—	—	—	—
[M]8424	RS2(FNC 87)[通道 2]载波的检测标志位	—	○	○	○	○	—	—	—	—	—	—
[M]8425	RS2(FNC 87)[通道 2]数据设定准备就绪(DSR)标志位	—	○	○	③	③	—	—	—	—	—	—

续表

RS2(FNC 87)[通道 1](详细内容参考通信控制手册)		FX_{3S}	FX_{3G}	FX_{3GC}	FX_{3U}	FX_{3UC}	特殊软元件	FX_{1S}	FX_{1N}	FX_{1NC}	FX_{2N}	FX_{2NC}
[M]8426	计算机链接[通道 2]全局 ON	—	○	○	○	○		—	—	—	—	—
[M]8427	计算机链接[通道 2]下位通信请求(On Demand)发送中	—	○	○	○	○		—	—	—	—	—
M8428	计算机链接[通道 2]下位通信请求(On Demand)错误标志位	—	○	○	○	○	D8427 D8428 D8429	—	—	—	—	—
M8429	计算机链接[通道 2]下位通信请求(On Demand)字/字节的切换 RS2(FNC 87)[通道 2]判断超时的标志位	—	○	○	○	○		—	—	—	—	—

① 从 RUN→STOP 时,或是 RS2 指令[通道 1]OFF 时清除。

② 从 RUN→STOP 时,或是 RS2 指令[通道 2]OFF 时清除。

③ Ver. 2. 30 以上的产品支持。

表 C-27

MODBUS 通信用[通道 1](详细内容参考 MODBUS 通信手册)		FX_{3S}	FX_{3G}	FX_{3GC}	FX_{3U}	FX_{3UC}	特殊软元件	FX_{1S}	FX_{1N}	FX_{1NC}	FX_{2N}	FX_{2NC}
[M]8401	MODBUS 通信中	○	①	○	②	②	—	—	—	—	—	—
[M]8402	MODBUS 通信错误	○	①	○	②	②	D8402	—	—	—	—	—
[M]8403	MODBUS 通信错误锁	○	①	○	②	②	D8403	—	—	—	—	—
[M]8404	只接收模式(脱机状态)	—	—	—	②	②	—	—	—	—	—	—
[M]8405～[M]8407	不可以使用	—	—	—	—	—	—	—	—	—	—	—
[M]8408	发生重试	○	①	○	②	②	—	—	—	—	—	—
[M]8409	发生超时	○	①	○	②	②	—	—	—	—	—	—
[M]8410	不可以使用	—	—	—	—	—	—	—	—	—	—	—
MODBUS 通信用[通道 2](详细内容参考 MODBUS 通信手册)												
[M]8421	MODBUS 通信中	—	①	○	②	②	—	—	—	—	—	—
[M]8422	MODBUS 通信错误	—	①	○	②	②	D8422	—	—	—	—	—
[M]8423	MODBUS 通信错误锁	—	①	○	②	②	D8423	—	—	—	—	—
[M]8424	只接收模式(脱机状态)	—	—	—	②	②	—	—	—	—	—	—
[M]8425～[M]8427	不可以使用	—	—	—	—	—	—	—	—	—	—	—

续表

MODBUS通信用[通道1]（详细内容参考MODBUS通信手册）		FX_{3S}	FX_{3G}	FX_{3GC}	FX_{3U}	FX_{3UC}	特殊软元件	FX_{1S}	FX_{1N}	FX_{1NC}	FX_{2N}	FX_{2NC}
[M]8428	发生重试	—	①	○	②	②	—	—	—	—	—	—
[M]8429	发生超时	—	①	○	②	②	—	—	—	—	—	—
[M]8430	不可以使用	—	—	—	—	—	—	—	—	—	—	—
MODBUS通信用[通道1、通道2]（详细内容参考MODBUS通信手册）												
M 8411	设定MODBUS通信参数的标志位	○	①	○	②	②	—	—	—	—	—	—

① Ver. 1.30以上的产品支持。

② Ver. 2.40以上的产品支持。

表 C-28

FX_{3U}-CF-ADP用[通道1]（详细内容参考CF-ADP手册）		FX_{3S}	FX_{3G}	FX_{3GC}	FX_{3U}	FX_{3UC}	特殊软元件	FX_{1S}	FX_{1N}	FX_{1NC}	FX_{2N}	FX_{2NC}
[M]8400～[M]8401	不可以使用	—	—	—	—	—	—	—	—	—	—	—
[M]8402	正在执行CF-ADP用应用指令	—	—	—	②	②	—	—	—	—	—	—
[M]8403	不可以使用	—	—	—	—	—	—	—	—	—	—	—
[M]8404	CF-ADP单元就绪	—	—	—	②	②	—	—	—	—	—	—
[M]8405	CF卡安装状态	—	—	—	②	②	—	—	—	—	—	—
[M]8406～[M]8409	不可以使用	—	—	—	—	—	—	—	—	—	—	—
M8410	利用END指令停止状态更新的标志位	—	—	—	②	②	—	—	—	—	—	—
[M]8411～[M]8417	不可以使用	—	—	—	—	—	—	—	—	—	—	—
M8418	CF-ADP用应用指令错误①	—	—	—	②	②	—	—	—	—	—	—
[M]8419	不可以使用	—	—	—	—	—	—	—	—	—	—	—
FX_{3U}-CF-ADP用[通道2]（详细内容参考CF-ADP手册）												
[M]8420～[M]8421	不可以使用	—	—	—	—	—	—	—	—	—	—	—
[M]8422	正在执行CF-ADP用应用指令	—	—	—	②	②	—	—	—	—	—	—
[M]8423	不可以使用	—	—	—	—	—	—	—	—	—	—	—
[M]8424	CF-ADP单元就绪	—	—	—	②	②	—	—	—	—	—	—

续表

FX_{3U}-CF-ADP 用[通道 1]（详细内容参考 CF-ADP 手册）		FX_{3S}	FX_{3G}	FX_{3GC}	FX_{3U}	FX_{3UC}	特殊软元件	FX_{1S}	FX_{1N}	FX_{1NC}	FX_{2N}	FX_{2NC}
[M]8425	CF 卡安装状态	—	—	—	②	②	—	—	—	—	—	—
[M]8426～[M]8429	不可以使用	—	—	—	—	—	—	—	—	—	—	—
M8430	利用 END 指令停止状态更新的标志位	—	—	—	②	②	—	—	—	—	—	—
[M]8431～[M]8437	不可以使用	—	—	—	—	—	—	—	—	—	—	—
M8438	CF-ADP 用应用指令错误①	—	—	—	②	②	—	—	—	—	—	—
[M]8439	不可以使用	—	—	—	—	—	—	—	—	—	—	—

① 从 STOP 到 RUN 时清除。

② Ver. 2. 61 以上版本支持。

表 C-29

FX_{3U}-ENET-ADP 用[通道 1]（详细内容参考 ENET-ADP 手册）		FX_{3S}	FX_{3G}	FX_{3GC}	FX_{3U}	FX_{3UC}	特殊软元件	FX_{1S}	FX_{1N}	FX_{1NC}	FX_{2N}	FX_{2NC}
[M]8400～[M]8403	不可以使用	—	—	—	—	—	—	—	—	—	—	—
[M]8404	FX_{3U}-ENET-ADP 单元就绪	○	②	②	③	③	—	—	—	—	—	—
[M]8405	不可以使用	—	—	—	—	—	—	—	—	—	—	—
[M]8406①	正在执行时间设定	○	②	②	③	③	—	—	—	—	—	—
[M]8407～[M]8410	不可以使用	—	—	—	—	—	—	—	—	—	—	—
M 8411①	执行时间设定	○	②	②	③	③	—	—	—	—	—	—
[M]8412～[M]8415	不可以使用	—	—	—	—	—	—	—	—	—	—	—
FX_{3U}-ENET-ADP 用[通道 2]（详细内容参考 ENET-ADP 手册）												
[M]8420～[M]8423	不可以使用	—	—	—	—	—	—	—	—	—	—	—
[M]8424	FX_{3U}-ENET-ADP 单元就绪	—	②	②	③	③	—	—	—	—	—	—
[M]8425	不可以使用	—	—	—	—	—	—	—	—	—	—	—
[M]8426①	正在执行时间设定	—	②	②	③	③	—	—	—	—	—	—

续表

FX_{3U}-ENET-ADP 用[通道 1]（详细内容参考 ENET-ADP 手册）		FX_{3S}	FX_{3G}	FX_{3GC}	FX_{3U}	FX_{3UC}	特殊软元件	FX_{1S}	FX_{1N}	FX_{1NC}	FX_{2N}	FX_{2NC}
[M]8427～[M]8430	不可以使用	—	—	—	—	—	—	—	—	—	—	—
M8431③	执行时间设定	—	②	②	③	③	—	—	—	—	—	—
[M]8432～[M]8435	不可以使用	—	—	—	—	—	—	—	—	—	—	—
FX_{3U}-ENET-ADP 用[通道 1、通道 2]（详细内容参考 ENET-ADP 手册）												
[M]8490～[M]8491	不可以使用	—	—	—	—	—	—	—	—	—	—	—
M8492	IP 地址保存区域写入要求	○	④	④	—	—	—	—	—	—	—	—
[M]8493	IP 地址保存区域写入结束	○	④	④	—	—	—	—	—	—	—	—
[M]8494	IP 地址保存区域写入错误	○	④	④	—	—	—	—	—	—	—	—
M8495	IP 地址保存区域清除要求	○	④	④	—	—	—	—	—	—	—	—
[M]8496	IP 地址保存区域清除结束	○	④	④	—	—	—	—	—	—	—	—
[M]8497	IP 地址保存区域清除错误	○	④	④	—	—	—	—	—	—	—	—
[M]8498	变更 IP 地址功能运行中标志位	○	④	④	—	—	—	—	—	—	—	—

① 在参数的时间设置中，SNTP 功能设定为「使用」时动作。

② Ver. 2.00 以上的产品支持。

③ Ver. 3.10 以上的产品支持。

④ Ver. 2.10 以上的产品支持。

表 C-30

定位[FX_{3S} · FX_{3G} · FX_{3GC} · FX_{3U} · FX_{3UC}]（详细内容，参考定位手册）		FX_{3S}	FX_{3G}	FX_{3GC}	FX_{3U}	FX_{3UC}	特殊软元件	FX_{1S}	FX_{1N}	FX_{1NC}	FX_{2N}	FX_{2NC}
[M]8430～[M]8437	不可以使用	—	—	—	—	—	—	—	—	—	—	—
M8438	串行通信错误 2[通道 2]①	—	○	○	○	○	D8438	—	—	—	—	—

续表

定位[FX_{3S}・FX_{3G}・FX_{3GC}・FX_{3U}・FX_{3UC}](详细内容,参考定位手册)		FX_{3S}	FX_{3G}	FX_{3GC}	FX_{3U}	FX_{3UC}	特殊软元件	FX_{1S}	FX_{1N}	FX_{1NC}	FX_{2N}	FX_{2NC}
[M]8439～[M]8448	不可以使用	—	—	—	—	—	—	—	—	—	—	—
[M]8449	特殊模块错误标志位	—	○	○	○	②	D8449	—	—	—	—	—
[M]8450～[M]8459	不可以使用	—	—	—	—	—	—	—	—	—	—	—

① 电源从 OFF 变为 ON 时清除。
② Ver. 2.20 以上版本支持。

表 C-31

定位[FX_{3S}・FX_{3G}・FX_{3GC}・FX_{3U}・FX_{3UC}](详细内容,参考定位手册)		FX_{3S}	FX_{3G}	FX_{3GC}	FX_{3U}	FX_{3UC}	特殊软元件	FX_{1S}	FX_{1N}	FX_{1NC}	FX_{2N}	FX_{2NC}
M8460	DVIT(FNC 151)指令[Y000]用户中断输入指令	—	—	—	○	①	D8336	—	—	—	—	—
M8461	DVIT(FNC 151)指令[Y001]用户中断输入指令	—	—	—	○	①	D8336	—	—	—	—	—
M8462	DVIT(FNC 151)指令[Y002]用户中断输入指令	—	—	—	○	①	D8336	—	—	—	—	—
M8463	DVIT(FNC 151)指令[Y003]用户中断输入指令	—	—	—	②	—	D8336	—	—	—	—	—
M8464	DSZR(FNC 150)指令、ZRN(FNC 156)指令[Y000]清除信号软元件指定功能有效	○	○	○	○	①	D8464	—	—	—	—	—
M8465	DSZR(FNC 150)指令、ZRN(FNC 156)指令[Y001]清除信号软元件指定功能有效	○	○	○	○	①	D8465	—	—	—	—	—
M8466	DSZR(FNC 150)指令、ZRN(FNC 156)指令[Y002]清除信号软元件指定功能有效	—	○	—	○	①	D8466	—	—	—	—	—

续表

定位[FX_{3S}·FX_{3G}·FX_{3GC}·FX_{3U}·FX_{3UC}]（详细内容，参考定位手册）		FX_{3S}	FX_{3G}	FX_{3GC}	FX_{3U}	FX_{3UC}	特殊软元件	FX_{1S}	FX_{1N}	FX_{1NC}	FX_{2N}	FX_{2NC}
M8467	DSZR（FNC 150）指令、ZRN（FNC 156）指令[Y003]清除信号软元件指定功能有效	—	—	—	②	—	D8467	—	—	—	—	—

① Ver. 2.20 以上版本支持。

② 仅当 FX_{3U} 可编程控制器中连接了 2 台 FX_{3U}-2HSY-ADP 时可以使用。

表 C-32

错误检测		FX_{3S}	FX_{3G}	FX_{3GC}	FX_{3U}	FX_{3UC}	特殊软元件	FX_{1S}	FX_{1N}	FX_{1NC}	FX_{2N}	FX_{2NC}
[M]8468～[M]8488	不可以使用	—	—	—	—	—	—	—	—	—	—	—
[M]8487	USB 通信错误	○	—	—	—	—	D8487	—	—	—	—	—
[M]8488	不可以使用	—	—	—	—	—	—	—	—	—	—	—
[M]8489	特殊参数错误	○	②	②	①	①	D8489	—	—	—	—	—
[M]8490～[M]8511	不可以使用	—	—	—	—	—	—	—	—	—	—	—

① Ver. 3.10 以上版本支持。

② Ver. 2.00 以上版本支持。

附录 D

特殊数据寄存器

特殊数据寄存器如表 D-1～表 D-30 所示。

表　D-1

编号・名称	寄存器的内容	FX_{3S}	FX_{3G}	FX_{3GC}	FX_{3U}	FX_{3UC}	特殊软元件	FX_{1S}	FX_{1N}	FX_{1NC}	FX_{2N}	FX_{2NC}
	PLC 状态											
D8000 看门狗定时器	初始值如右侧所示(1ms 单位) (电源 ON 时从系统 ROM 传送过来) 通过程序改写的值,在执行了 END、WDT 指令后生效	200	200	200	200	200	—	200	200	200	200	200
[D]8001 PLC 类型以及系统版本	2 4 1 0 0 └如右侧所示 └版本V1.00	28	26	26	24	24	D8101 ①					
[D]8002 内存容量	2：2K 步 4：4K 步 8：8K 步 16K 步以上，D8002 为[8]，在 D8102 中输入[16]、[32]、[64]	4②	○ 8	○ 8	○ 8	○ 8	D8102	○ 2	○ 8	○ 8	○ 4 8	○ 4 8
[D]8003 内存种类	保存内置存储器、RAM/EEPROM/EPROM 存储器盒的种类以及保护开关的 ON/OFF 状态，具	○	○	○	○	○	—	○	○	○	○	○

续表

编号·名称	寄存器的内容	FX_{3S}	FX_{3G}	FX_{3GC}	FX_{3U}	FX_{3UC}	特殊软元件	FX_{1S}	FX_{1N}	FX_{1NC}	FX_{2N}	FX_{2NC}
[D]8003 内存种类	体列表如下： 内容 | 内存的种类 | 保护开关 00H | RAM存储器盒 | — 01H | EPROM存储器盒 | — 02H | EEPROM或是快闪存储器盒 | OFF 0AH | EEPROM或快闪存储器盒 | ON 10H | 可编程控制器内置存储器 | —											
[D]8004 错误M编号	| |8|0|6|0| 8060~8068(M8004ON时)	○	○	○	○	○	D8104	○	○	○	○	○
[D]8005 电池电压	| | | |3|0| (0.1V单位) 电池电压的当前值(例如，3.0V)	—	○	○	○	○	D8105	—	—	—	○	○
[D]8006 检测出电池电压低的等级	初始值 • FX_{2N}、FX_{2NC}可编程控制器：3.0V(0.1V单位) • FX_{3G}、FX_{3GC}、FX_{3U}、FX_{3UC}可编程控制器：2.7V(0.1V单位) (电源ON时从系统ROM传送过来)	—	○	○	○	○	D8106	—	—	—	○	○
[D]8007 检测出瞬间停止	保存M8007的动作次数 电源断开时清除	—	○	○	○	○	M8007				○	○

续表

编号・名称	寄存器的内容	FX_{3S}	FX_{3G}	FX_{3GC}	FX_{3U}	FX_{3UC}	特殊软元件	FX_{1S}	FX_{1N}	FX_{1NC}	FX_{2N}	FX_{2NC}
D8008 检测出停电的时间	初始值③ • FX_{3U}、FX_{2N} 可编程控制器： 10ms(AC 电源型) • $FX3_{UC}$、FX_{2NC} 可编程控制器： 5ms(DC 电源型)	—	—	—	○	○	M8008	—	—	—	○	○
[D]8009 DC24V 掉电单元号	掉电的输入/输出扩展单元中最小的输入软元件编号	—	○	—	○	—	M8009				○	○

① 支持特殊软元件的 D8101 仅指 FX_{3S}、FX_{3G}、FX_{3GC}、FX_{3U}、FX_{3UC} 可控制编程器。

FX_{1S}、FX_{1N}、FX_{1NC}、FX_{2N}、FX_{2NC} 可编程控制器中没有支持的特殊软元件。

② 利用参数设定将存储器容量设定为 16K 步时，也显示为"4"。

③ FX_{2N}、FX_{2NC} 可编程控制器的停电检测时间如下所示。

- FX_{2N} 可编程控制器的 AC 电源型使用的是 AC100V 的电源时，允许的瞬时停电时间为 10ms。保持初始值不变使用。
- FX_{2N}可编程控制器的 AC 电源型使用的是 AC200V 的电源时，允许的瞬时停电时间最大为 100ms。可以在 10～100ms 更改停电检测时间 D8008。
- FX_{2N} 可编程控制器的 DC 电源型的允许瞬时停电时间为 5ms。在停电检测时间 D8008 中写入"K－1"做修正。
- FX_{2NC}可编程控制器的允许瞬时停电时间为 5ms。系统会在停电检测时间 D8008 中写入"K－1"做修正。勿用顺控程序更改。

表　D-2

<table>
<tr><th>编号・名称</th><th>寄存器的内容</th><th>FX_{3S}</th><th>FX_{3G}</th><th>FX_{3GC}</th><th>FX_{3U}</th><th>FX_{3UC}</th><th>特殊软元件</th><th>FX_{1S}</th><th>FX_{1N}</th><th>FX_{1NC}</th><th>FX_{2N}</th><th>FX_{2NC}</th></tr>
<tr><td colspan="13">时钟</td></tr>
<tr><td>[D]8010
扫描当前值</td><td>0 步开始的指令累计执行时间(0.1 ms 单位)</td><td rowspan="3">○
同右</td><td rowspan="3">○
同右</td><td rowspan="3">○
同右</td><td rowspan="3">○
同右</td><td rowspan="3">○
同右</td><td>—</td><td colspan="5" rowspan="3">○
在显示值中，还包括了驱动 M8039 时的恒定扫描运行的等待时间</td></tr>
<tr><td>[D]8011
MIN 扫描时间</td><td>扫描时间的最小值(0.1 ms 单位)</td><td>—</td></tr>
<tr><td>[D]8012
MAX 扫描时间</td><td>扫描时间的最大值(0.1 ms 单位)</td><td>—</td></tr>
<tr><td>D8013 秒</td><td>0～59 秒(实时时钟用)</td><td>○</td><td>○</td><td>○</td><td>○</td><td>○</td><td>—</td><td>○</td><td>○</td><td>○</td><td>○</td><td>①</td></tr>
<tr><td>D8014 分</td><td>0～59 分(实时时钟用)</td><td>○</td><td>○</td><td>○</td><td>○</td><td>○</td><td>—</td><td>○</td><td>○</td><td>○</td><td>○</td><td>①</td></tr>
<tr><td>D8015 时</td><td>0～23 小时(实时时钟用)</td><td>○</td><td>○</td><td>○</td><td>○</td><td>○</td><td>—</td><td>○</td><td>○</td><td>○</td><td>○</td><td>①</td></tr>
</table>

续表

编号·名称	寄存器的内容	FX_{3S}	FX_{3G}	FX_{3GC}	FX_{3U}	FX_{3UC}	特殊软元件	FX_{1S}	FX_{1N}	FX_{1NC}	FX_{2N}	FX_{2NC}
D8016 日	1～31 日(实时时钟用)	○	○	○	○	○	—	○	○	○	○	①
D8017 月	1～12 月(实时时钟用)	○	○	○	○	○	—	○	○	○	○	①
D8018 年	西历 2 位数(0～99)(实时时钟用)	○	○	○	○	○	—	○	○	○	○	①
D8019 星期	0(日)～6(六)(实时时钟用)	○	○	○	○	○	—	○	○	○	○	①

① FX_{2NC} 可编程控制器时，需要使用带实时时钟功能的内存板。

表 D-3

编号·名称	寄存器的内容	FX_{3S}	FX_{3G}	FX_{3GC}	FX_{3U}	FX_{3UC}	特殊软元件	FX_{1S}	FX_{1N}	FX_{1NC}	FX_{2N}	FX_{2NC}
输入滤波器												
D 8020 输入滤波器的调节	X000～X017① 输入滤波器值(初始值：10ms)											
[D]8021～[D]8026	不可以使用	—	—	—	—	—	—	—	—	—	—	—
变址寄存器 Z0,V0												
[D]8028	Z0(Z)寄存器的内容②	○	○	○	○	○	—	○	○	○	○	○
[D]8029	V0(V)寄存器的内容②	○	○	○	○	○	—	○	○	○	○	○

① FX_{3G}·FX_{3GC}·FX_{1N}·FX_{1NC} 基本单位可达 X000～X007。

② Z1～Z7、V1～V7 的内容保存在 D8182～D8195 中。

表 D-4

模拟电位器[FX_{3S}·FX_{3G}·FX_{1S}·FX_{1N}]		FX_{3S}	FX_{3G}	FX_{3GC}	FX_{3U}	FX_{3UC}	特殊软元件	FX_{1S}	FX_{1N}	FX_{1NC}	FX_{2N}	FX_{2NC}
[D]8030	模拟电位器 VR1 的值(0～255 的整数值)	①	○	—	—	—	—	○	○	—	—	—
[D]8031	模拟电位器 VR2 的值(0～255 的整数值)	①	○	—	—	—	—	○	○	—	—	—
恒定扫描												
[D]8032～[D]8038	不可以使用	—	—	—	—	—	—	—	—	—	—	—
D8039 恒定扫描时间	初始值：0ms(1ms 单位)(电源 ON 时从系统 ROM 传送过来)可以通过程序改写	○	○	○	○	○	M8039	○	○	○	○	○

① 不适用于 FX_{3S}-30M□/E□-2AD。

表 D-5

编号·名称	寄存器的内容	FX_{3S}	FX_{3G}	FX_{3GC}	FX_{3U}	FX_{3UC}	特殊软元件	FX_{1S}	FX_{1N}	FX_{1NC}	FX_{2N}	FX_{2NC}
步进梯形图·信号报警器												
[D]8040① ON状态编号1	状态S0～S899、S1000～S4095②中为ON的状态的最小编号保存到D8040中，其次为ON的状态 编号保存到D8041中 以下依次将运行的状态（最大8点）保存到D8047为止	○	○	○	○	○	M8047	○	○	○	○	○
[D]8041① ON状态编号2		○	○	○	○	○		○	○	○	○	○
[D]8042① ON状态编号3		○	○	○	○	○		○	○	○	○	○
		○	○	○	○	○		○	○	○	○	○
[D]8043① ON状态编号4		○	○	○	○	○		○	○	○	○	○
[D]8044① ON状态编号5		○	○	○	○	○		○	○	○	○	○
[D]8045① ON状态编号6		○	○	○	○	○		○	○	○	○	○
[D]8046① ON状态编号7		○	○	○	○	○		○	○	○	○	○
[D]8047① ON状态编号8		○	○	○	○	○		○	○	○	○	○
[D]8048	不可以使用	—	—	—	—	—	—	—	—	—	—	—
[D]8049① ON状态最小编号	M8049为ON时，保存信号报警继电器S900～S999中为ON的状态的最小编号						M8049					
[D]8050～[D]8059	不可以使用	—	—	—	—	—	—	—	—	—	—	—

① 在执行END指令时处理。

② S1000～S4095仅指FX_{3G}、FX_{3GC}、FX_{3U}、FX_{3UC}可编程控制器。

表　D-6

错误检测		FX_{3S}	FX_{3G}	FX_{3GC}	FX_{3U}	FX_{3UC}	特殊软元件	FX_{1S}	FX_{1N}	FX_{1NC}	FX_{2N}	FX_{2NC}
[D]8060	I/O 构成错误的非实际安装 I/O 的起始编号被编程的输入、输出软元件没有被安装时，写入其起始的软元件编号 (例如)X020 未安装时 1 0 2 0　BCD转换值 0 2 0：软元件编号① 1：1输入X 0：输入Y	—	○	○	○	○	M8060	—	—	—	○	○
[D]8061	PLC 硬件错误的错误代码编号	○	○	○	○	○	M8061	—	—	—	○	○
[D]8062	PLC/ PP 通信错误的错误代码编号	○	○	○	○	○	M8062	○	○	○	○	○
	串行通信错误 0[通道 0]的错误代码编号②	—	○	○	—	—	M8062	—	—	—	—	—
[D]8063③	串行通信错误 1[通道 1]的错误代码编号	○	○	○	○	○	M8063	○	○	○	○	○
[D]8064	参数错误的错误代码编号	○	○	○	○	○	M8064	○	○	○	○	○
[D]8065	语法错误的错误代码编号	○	○	○	○	○	M8065	○	○	○	○	○
[D]8066	梯形图错误的错误代码编号	○	○	○	○	○	M8066	○	○	○	○	○
[D]8067④	运算错误的错误代码编号	○	○	○	○	○	M8067	○	○	○	○	○
D8068	发生运算错误步编号的锁存	○	○	○	⑤	⑤	M8068	○	○	○	○	○
[D]8069④	M806 5～M8067 的错误步编号	○	○	○	⑥	⑥	M8065 ～ M8067	○	○	○	○	○

① FX_{3U}、FX_{3UC}、FX_{2N}、FX_{2NC} 可编程控制器可达 10～337。FX_{3G}、FX_{3GC} 可编程控制器可达 10～177。

② 电源从 OFF 变为 ON 时清除。

③ 根据可编程控制器，如下所示。

- FX_{1S}、FX_{1N}、FX_{1NC}、FX_{2N}、FX_{2NC} 可编程控制器中，从 STOP 到 RUN 时被清除。
- FX_{3S}、FX_{3G}、FX_{3GC}、FX_{3U}、FX_{3UC} 可编程控制器中，电源从 OFF 变为 ON 时清除。

④ 从 STOP 到 RUN 时清除。

⑤ 32K 步以上时，在[D8313，D8312]中保存步编号。

⑥ 32K 步以上时，在[D8315，D8314]中保存步编号。

表 D-7

编号·名称	寄存器的内容	FX_{3S}	FX_{3G}	FX_{3GC}	FX_{3U}	FX_{3UC}	特殊软元件	FX_{1S}	FX_{1N}	FX_{1NC}	FX_{2N}	FX_{2NC}
并联连接(详细内容参考通信控制手册)												
[D]8070	判断并联连接错误的时间 500ms	○	○	○	○	○	—	○	○	○	○	○
[D]8071		—	—	—	—	—	—	—	—	—	—	—
[D]8072		—	—	—	—	—	—	—	—	—	—	—
[D]8073		—	—	—	—	—	—	—	—	—	—	—
采样跟踪①[FX_{3U}·FX_{3UC}·FX_{2N}·FX_{2NC} 用]												
[D]8074	在计算机中使用了采样跟踪功能时，这些软元件是被可编程控制器系统占用的区域①	—	—	—	○	○	M8075～M8079	—	—	—	○	○
[D]8075		—	—	—	○	○		—	—	—	○	○
[D]8076		—	—	—	○	○		—	—	—	○	○
[D]8077		—	—	—	○	○		—	—	—	○	○
[D]8078		—	—	—	○	○		—	—	—	○	○
[D]8079		—	—	—	○	○		—	—	—	○	○
[D]8080		—	—	—	○	○		—	—	—	○	○
[D]8081		—	—	—	○	○		—	—	—	○	○
[D]8082		—	—	—	○	○		—	—	—	○	○
[D]8083		—	—	—	○	○		—	—	—	○	○
[D]8084		—	—	—	○	○		—	—	—	○	○
[D]8085		—	—	—	○	○		—	—	—	○	○
[D]8086		—	—	—	○	○		—	—	—	○	○
[D]8087		—	—	—	○	○		—	—	—	○	○
[D]8088		—	—	—	○	○		—	—	—	○	○
[D]8089		—	—	—	○	○		—	—	—	○	○
[D]8090		—	—	—	○	○		—	—	—	○	○
[D]8091		—	—	—	○	○		—	—	—	○	○
[D]8092		—	—	—	○	○		—	—	—	○	○
[D]8093		—	—	—	○	○		—	—	—	○	○
[D]8094		—	—	—	○	○		—	—	—	○	○
[D]8095		—	—	—	○	○		—	—	—	○	○
[D]8096		—	—	—	○	○		—	—	—	○	○
[D]8097		—	—	—	○	○		—	—	—	○	○
[D]8098		—	—	—	○	○		—	—	—	○	○

① 采样跟踪是外围设备使用的软元件。

表 D-8

编号·名称		寄存器的内容	FX_{3S}	FX_{3G}	FX_{3GC}	FX_{3U}	FX_{3UC}	特殊软元件	FX_{1S}	FX_{1N}	FX_{1NC}	FX_{2N}	FX_{2NC}
脉宽/周期测量功能[FX_{3G} · FX_{3GC} 用]													
D8074①	低位	X000 上升沿环形计数器值[1/6μs 单位]	—	②	○	—	—	M8076 M8080	—	—	—	—	—
D8075①	高位												
D8076①	低位	X000 下降沿环形计数器值[1/6μs 单位]	—	②	○	—	—		—	—	—	—	—
D8077①	高位												
D8078①	低位	X000 脉宽[10μs 单位]/X00 0 脉冲周期[10μs 单位]	—	②	○	—	—		—	—	—	—	—
D8079①	高位												
D8080①	低位	X001 上升沿环形计数器值[1/6μs 单位]	—	②	○	—	—	M8077 M8081	—	—	—	—	—
D8081①	高位												
D8082①	低位	X001 下降沿环形计数器值[1/6μs 单位]	—	②	○	—	—		—	—	—	—	—
D8083①	高位												
D8084①	低位	X001 脉宽[10μs 单位]/X00 1 脉冲周期[10μs 单位]	—	②	○	—	—		—	—	—	—	—
D8085①	高位												
D8086①	低位	X003 上升沿环形计数器值[1/6μs 单位]	—	②	○	—	—	M8078 M8082	—	—	—	—	—
D8087①	高位												
D8088①	低位	X003 下降沿环形计数器值[1/6μs 单位]	—	②	○	—	—		—	—	—	—	—
D8089①	高位												
D8090①	低位	X003 脉宽[10μs 单位]/X00 3 脉冲周期[10μs 单位]	—	②	○	—	—		—	—	—	—	—
D8091①	高位												
D8092①	低位	X004 上升沿环形计数器值[1/6μs 单位]	—	②	○	—	—	M8079 M8083	—	—	—	—	—
D8093①	高位												
D8094①	低位	X004 下降沿环形计数器值[1/6μs 单位]	—	②	○	—	—		—	—	—	—	—
D8095①	高位												
D8096①	低位	X004 脉宽[10μs 单位]/X00 4 脉冲周期[10μs 单位]	—	②	○	—	—		—	—	—	—	—
D8097①	高位												
[D]8098	不可以使用		—	—	—	—	—	—	—	—	—	—	—

① 从 STOP 到 RUN 时清除。

② Ver. 1. 10 以上版本支持。

表 D-9

高速环形计数器		FX_{3S}	FX_{3G}	FX_{3GC}	FX_{3U}	FX_{3UC}	特殊软元件	FX_{1S}	FX_{1N}	FX_{1NC}	FX_{2N}	FX_{2NC}
D8099	0～32767(0.1ms 单位，16 位)的递增动作的环形计数器①	—	—	—	○	○	M8099	—	—	—	○	○
[D]8100	不可以使用	—	—	—	—	—	—	—	—	—	—	—

① 驱动 M8099 后，随着 END 指令的执行，0.1ms 的高速环形计数器 D8099 动作。

表 D-10

编号·名称	寄存器的内容	FX_{3S}	FX_{3G}	FX_{3GC}	FX_{3U}	FX_{3UC}	特殊软元件	FX_{1S}	FX_{1N}	FX_{1NC}	FX_{2N}	FX_{2NC}
	内存信息											
[D]8101		28	26	26	16	16	—	—	—	—	—	—
[D]8102 内存容量	2、2K 步 4、4K 步 8、8K 步 16、16K 步 32、32K 步 64、64K 步	○ 4①	○ 32	○ 32	○ 16②、 64	○、 16②、 64	—	○ 2	○ 8	○ 8	○ 4 8 16	○ 4 8 16
[D]8103	不可以使用	—	—	—	—	—	—	—	—	—	—	—
[D]8104	功能扩展内固有的机型代码	—	—	—	—	—	M8104	—	—	—	③	③
[D]8105	功能扩展内存的版本(Ver.1.00=100)	—	—	—	—	—	—	—	—	③	③	
[D]8106	不可以使用	—	—	—	—	—	—	—	—	—	—	—
[D]8107	软元件注释登录数	—	—	—	○	○	M8107	—	—	—	—	—
[D]8108	特殊模块的连接台	—	○	○	○	○	—	—	—	—	—	—

① 即使在参数设定中将内存容量设定成 16K 步的情况下也会显示“4”。

② 安装有 FX_{3U}-FLROM-16 时。

③ Ver.3.00 以上版本支持。

表 D-11

输出刷新错误		FX_{3S}	FX_{3G}	FX_{3GC}	FX_{3U}	FX_{3UC}	特殊软元件	FX_{1S}	FX_{1N}	FX_{1NC}	FX_{2N}	FX_{2NC}
[D]8109	发生输出刷新错误的 Y 编号	—	○	○	○	○	M8109	—	—	—	○	○
[D]8110	不可以使用	—	—	—	—	—	—	—	—	—	—	—
[D]8111	—	—	—	—	—	—	—	—	—	—	—	—

续表

输出刷新错误		FX_{3S}	FX_{3G}	FX_{3GC}	FX_{3U}	FX_{3UC}	特殊软元件	FX_{1S}	FX_{1N}	FX_{1NC}	FX_{2N}	FX_{2NC}
功能扩展板 FX_{1S} · FX_{1N} 专用												
[D]8112	FX_{1N}-2AD -BD：通道 1 的数字值	—	—	—	—	—	M8112	○	○	—	—	—
[D]8113	FX_{1N}-2AD -BD：通道 2 的数字值	—	—	—	—	—	M8113	○	○	—	—	—
D8114	FX_{1N}-1DA -BD：要输出的数字值	—	—	—	—	—	M8114	○	○	—	—	—
[D]8115～[D]8119	不可以使用	—	—	—	—	—	—	—	—	—	—	—
RS(FNC 80)·计算机链接[通道 1]（详细内容参考通信控制手册）												
D8120①	RS(FNC 80)指令·计算机链接[通道 1]设定通信格式	○	○	○	○	○	—	○	○	○	○	○
D8121①	计算机链接[通道 1]设定站号	○	○	○	○	○	—	○	○	○	○	○
[D]8122②	RS(FNC 80)指令 发送数据的剩余点数	○	○	○	○	○	M8122	○	○	○	○	○
[D]8123②	RS(FNC 80)指令 接收点数的监控	○	○	○	○	○	M8123	○	○	○	○	○
D8124	RS(FNC 80)指令 报头＜初始值：STX＞	○	○	○	○	○	—	○	○	○	○	○
D8125	RS(FNC 80)指令 报尾＜初始值：ETX＞	○	○	○	○	○	—	○	○	○	○	○
[D]8126	不可以使用	—	—	—	—	—	—	—	—	—	—	—
D8127	计算机链接[通道 1]指定下位通信请求（ON Demand)的起始编号	○	○	○	○	○		○	○	○	○	○
D8128	计算机链接[通道 1]指定下位通信请求（ON Demand)的数据数	○	○	○	○	○	M8126～M8129	○	○	○	○	○
D8129①	RS(FNC 80)指令·计算机链接[通道 1]设定超时时间	○	○	○	○	○		○	○	○	○	○

① 通过电池或 EEPROM 停电保持。

② 从 RUN 到 STOP 时清除。

表 D-12

编号·名称	寄存器的内容	FX_{3S}	FX_{3G}	FX_{3GC}	FX_{3U}	FX_{3UC}	特殊软元件	FX_{1S}	FX_{1N}	FX_{1NC}	FX_{2N}	FX_{2NC}
高速计数器比较·高速表格·定位[定位为 FX_{3S}、FX_{3G}、FX_{3GC}、FX_{1S}、FX_{1N}、FX_{1NC} 用]												
[D]8130	HSZ(FNC 55)指令高速比较表格计数器	—	—	—	○	○	M8130	—	—	—	○	○
[D]8131	HSZ(FNC 55)、PLSY(FNC 57)指令速度形式表格计数器	—	—	—	○	○	M8132	—	—	—	○	○
[D]8132 低位 [D]8133 高位	HSZ(FNC 55)、PLSY(FNC 57)指令速度形式频率	—	—	—	○	○	M8132	—	—	—	○	○
[D]8134 低位 [D]8135 高位	HSZ(FNC 55)、PLSY(FNC 57)指令速度形式目标脉冲数	—	—	—	○	○	M8132	—	—	—	○	○
D8136 低位 D8137 高位	PLSY(FNC 57)、PLSR(FNC 59)指令输出到Y000和Y001的脉冲合计数的累计	○	○	○	○	○	—	○	○	○	○	○
[D]8138	HSCT(FNC 280)指令表格计数器	—	—	—	○	○	M8138	—	—	—	—	—
[D]8139	HSCS(FNC 53)、HSCR(FNC 54)、HSZ(FNC 55)、HSCT(FNC 280)指令执行中的指令数	—	—	—	○	○	M8139	—	—	—	—	—
D8140 低位 D8141 高位	PLSY(FNC 57)、PLSR(FNC 59)指令输出到Y000的脉冲数的累计	○	○	○	○	○	—	○	○	○	○	○
D8142 低位 D8143 高位	PLSY(FNC 57)、PLSR(FNC 59)指令输出到Y001的脉冲数的累计	○	○	○	○	○	—	○	○	○	○	○
[D]8144	不可以使用	—	—	—	—	—	—	—	—	—	—	—

续表

编号·名称	寄存器的内容		FX_{3S}	FX_{3G}	FX_{3GC}	FX_{3U}	FX_{3UC}	特殊软元件	FX_{1S}	FX_{1N}	FX_{1NC}	FX_{2N}	FX_{2NC}
D8145	ZRN(FNC 156)、DRVI(FNC 158)、DRVA(FNC159)指令偏差速度初始值：0		—	—	—	—	—	—	○	○	○	—	—
D8146	低位	ZRN(FNC 156)、DRVI(FNC 158)、DRVA(FNC 159)指令最高速度 • FX1S、FX1N 初始值：100000 • FX1NC 初始值：100000①	—	—	—	—	—	—	○	○	①	—	—
D8147	高位												
D8148	ZRN(FNC156)、DRVI(FNC158)、DRVA(FNC159)指令加减速时间(初始值：100)		—	—	—	—	—	—	○	○	○	—	—
[D]8149	不可以使用		—	—	—	—	—	—	—	—	—	—	—

① 用顺控程序更改为 10000 以下的值。

表 D-13

编号·名称	寄存器的内容	FX_{3S}	FX_{3G}	FX_{3GC}	FX_{3U}	FX_{3UC}	特殊软元件	FX_{1S}	FX_{1N}	FX_{1NC}	FX_{2N}	FX_{2NC}
变频器通信功能(详细内容,参考通信控制手册)												
D8150①	变频器通信的响应等待时间[通道 1]	○	④	○	○	○	—	—	—	—	—	—
[D]8151	变频器通信的通信中的步编号[通道 1]初始值：−1	○	④	○	○	○	M8151	—	—	—	—	—
[D]8152②	变频器通信的错误代码[通道 1]	○	④	○	○	○	M8152	—	—	—	—	—
[D]8153②	变频器通信的错误步的锁存[通道 1]初始值：−1	○	④	○	○	○	M8153	—	—	—	—	—
[D]8154②	IVBWR(FN C 274)指令中发生错误的参数编号[通道 1]初始值：−1	—	—	—	○	○	M8154	—	—	—	—	—
	EXTR (FNC 180)指令的响应等待时间	—	—	—	—	—	—	—	—	③	③	

续表

编号·名称	寄存器的内容	FX_{3S}	FX_{3G}	FX_{3GC}	FX_{3U}	FX_{3UC}	特殊软元件	FX_{1S}	FX_{1N}	FX_{1NC}	FX_{2N}	FX_{2NC}
D8155①	变频器通信的响应等待时间[通道 2]	—	④	○	○	○	—	—	—	—	—	—
[D]8155	EXTR(FNC 180)指令的通信中的步编号	—	—	—	—	—	M8155	—	—	—	③	③
[D]8156	变频器通信的通信中的步编号[通道 2]初始值：−1	—	④	○	○	○	M8156	—	—	—	—	—
	EXTR(FNC 180)指令的错误代码	—	—	—	—	—	M8156	—	—	—	③	③
[D]8157②	变频器通信的错误代码[通道 2]	—	④	○	○	○	M8157	—	—	—	—	—
[D]8157	EXTR(FNC 180)指令的错误步(锁存)初始值：−1	—	—	—	—	—	M8157	—	—	—	③	③
[D]8158②	变频器通信的错误步锁存[通道 2]初始值：−1	—	④	○	○	○	M8158	—	—	—	—	—
[D]8159②	IVBWR(FNC 274)指令中发生错误的参数编号[通道 2]初始值：−1	—	—	—	○	○	M8159	—	—	—	—	—

① 电源从 OFF 变为 ON 时清除。

② 从 STOP 到 RUN 时清除。

③ Ver. 3. 00 以上版本支持。

④ Ver. 1. 10 以上版本支持。

表 D-14

显示模块功能[FX_{1S},FX_{1N}]		FX_{3S}	FX_{3G}	FX_{3GC}	FX_{3U}	FX_{3UC}	特殊软元件	FX_{1S}	FX_{1N}	FX_{1NC}	FX_{2N}	FX_{2NC}
D8158	FX_{1N}-5DM 用控制软元件(D)初始值：−1	—	—	—	—	—	—	○	○	—	—	—
D8159	FX_{1N}-5DM 用控制软元件(M)初始值：−1	—	—	—	—	—	—	○	○	—	—	—
FX_{1N}-BAT 用[FX_{1N}](详细内容参考 FX_{1N}-BAT 手册)												
D8159	FX_{1N}-BAT 用电池电压过低检测标志位的指定初始值：−1	—	—	—	—	—	—	—	○	—	—	—

表 D-15

<table>
<tr><th>编号·名称</th><th>寄存器的内容</th><th>FX_{3S}</th><th>FX_{3G}</th><th>FX_{3GC}</th><th>FX_{3U}</th><th>FX_{3UC}</th><th>特殊软元件</th><th>FX_{1S}</th><th>FX_{1N}</th><th>FX_{1NC}</th><th>FX_{2N}</th><th>FX_{2NC}</th></tr>
<tr><td></td><td>扩展功能</td><td></td><td></td><td></td><td></td><td></td><td></td><td></td><td></td><td></td><td></td><td></td></tr>
<tr><td>[D]8160
～
[D]8163</td><td>不可以使用</td><td>—</td><td>—</td><td>—</td><td>—</td><td>—</td><td>—</td><td>—</td><td>—</td><td>—</td><td>—</td><td>—</td></tr>
<tr><td>D8164</td><td>指定 FROM(FNC 78)、TO (FNC 79)传送点数</td><td>—</td><td>—</td><td>—</td><td>—</td><td>—</td><td>M8164</td><td>—</td><td>—</td><td>—</td><td>①</td><td>○</td></tr>
<tr><td>[D]8165</td><td>不可以使用</td><td>—</td><td>—</td><td>—</td><td>—</td><td>—</td><td>—</td><td>—</td><td>—</td><td>—</td><td>—</td><td>—</td></tr>
<tr><td>[D]8166</td><td>特殊模块错误情况</td><td>—</td><td>—</td><td>—</td><td>⑤</td><td>⑤</td><td>—</td><td>—</td><td>—</td><td>—</td><td>—</td><td>—</td></tr>
<tr><td>[D]8167</td><td rowspan="2">不可以使用</td><td>—</td><td>—</td><td>—</td><td>—</td><td>—</td><td>—</td><td>—</td><td>—</td><td>—</td><td>—</td><td>—</td></tr>
<tr><td>[D]8168</td><td>—</td><td>—</td><td>—</td><td>—</td><td>—</td><td>—</td><td>—</td><td>—</td><td>—</td><td>—</td><td>—</td></tr>
<tr><td>[D]8169</td><td>限制存取的状态
<table>
<tr><th rowspan="2">当前值</th><th rowspan="2">存取的限制状态</th><th colspan="2">程序</th><th rowspan="2">监控</th><th rowspan="2">更改当前值</th></tr>
<tr><th>读出</th><th>写入</th></tr>
<tr><td>H** 00
②</td><td>第 2 关键字未</td><td>③</td><td>③</td><td>③</td><td>③</td></tr>
<tr><td>H** 10
②</td><td>禁止写入</td><td>○</td><td>×</td><td>○</td><td>○</td></tr>
<tr><td>H** 11
②</td><td>禁止读出/写入</td><td>×</td><td>×</td><td>○</td><td>○</td></tr>
<tr><td>H** 12
②</td><td>禁止所有的在线操作</td><td>×</td><td>×</td><td>×</td><td>×</td></tr>
<tr><td>H** 20
②</td><td>解除关键字</td><td>○</td><td>○</td><td>○</td><td>○</td></tr>
</table></td><td>○</td><td>○</td><td>○</td><td>○</td><td>○</td><td>④</td><td>—</td><td>—</td><td>—</td><td>—</td><td>—</td></tr>
</table>

① Ver. 2.00 以上版本支持。

② ** 在系统中使用时被清除。

③ 通过关键字的设定状态，未限制存取。

④ Ver. 2.20 以上版本支持。

⑤ Ver. 3.00 以上版本支持。

表 D-16

变址寄存器 Z1～Z7、V1～V7		FX_{3S}	FX_{3G}	FX_{3GC}	FX_{3U}	FX_{3UC}	特殊软元件	FX_{1S}	FX_{1N}	FX_{1NC}	FX_{2N}	FX_{2NC}
[D]8170～[D]8172	不可以使用	—	—	—	—	—	—	—	—	—	—	—
[D]8173	相应的站号的设定状态	○	○	○	○	○	—	○	○	○	①	○
[D]8174	通信子站的设定状态	○	○	○	○	○	—	○	○	○	①	○
[D]8175	刷新范围的设定状态	○	○	○	○	○	—	○	○	○	①	○
D8176	设定相应站号	○	○	○	○	○		○	○	○	①	○
D8177	设定通信的子站数	○	○	○	○	○		○	○	○	①	○
D8178	设定刷新范围	○	○	○	○	○	M8038	○	○	○	①	○
D8179	重试的次数	○	○	○	○	○		○	○	○	①	○
D8180	监视时间	○	○	○	○	○		○	○	○	①	○
[D]8181	不可以使用	—	—	—	—	—	—	—	—	—	—	—

① Ver. 2. 00 以上版本支持。

表 D-17

编号·名称	寄存器的内容	FX_{3S}	FX_{3G}	FX_{3GC}	FX_{3U}	FX_{3UC}	特殊软元件	FX_{1S}	FX_{1N}	FX_{1NC}	FX_{2N}	FX_{2NC}
变址寄存器 Z1～Z7、V1～V7												
[D]8182	Z1 寄存器的内容	○	○	○	○	○	—	○	○	○	○	○
[D]8183	V1 寄存器的内容	○	○	○	○	○	—	○	○	○	○	○
[D]8184	Z2 寄存器的内容	○	○	○	○	○	—	○	○	○	○	○
[D]8185	V2 寄存器的内容	○	○	○	○	○	—	○	○	○	○	○
[D]8186	Z3 寄存器的内容	○	○	○	○	○	—	○	○	○	○	○
[D]8187	V3 寄存器的内容	○	○	○	○	○	—	○	○	○	○	○
[D]8188	Z4 寄存器的内容	○	○	○	○	○	—	○	○	○	○	○
[D]8189	V4 寄存器的内容	○	○	○	○	○	—	○	○	○	○	○
[D]8190	Z5 寄存器的内容	○	○	○	○	○	—	○	○	○	○	○
[D]8191	V5 寄存器的内容	○	○	○	○	○	—	○	○	○	○	○
[D]8192	Z6 寄存器的内容	○	○	○	○	○	—	○	○	○	○	○
[D]8193	V6 寄存器的内容	○	○	○	○	○	—	○	○	○	○	○
[D]8194	Z7 寄存器的内容	○	○	○	○	○	—	○	○	○	○	○
[D]8195	V7 寄存器的内容	○	○	○	○	○	—	○	○	○	○	○
[D]8196～[D]8199	不可以使用	—	—	—	—	—	—	—	—	—	—	—
简易 PC 间链接(监控)(详细内容参考通信控制手册)												
[D]8200	不可以使用	—	—	—	—	—	—	—	—	—	—	—
[D]8201①	当前的链接扫描时间	○	○	○	○	○	—	(D201)	○	○	②	○

续表

编号・名称	寄存器的内容	FX_{3S}	FX_{3G}	FX_{3GC}	FX_{3U}	FX_{3UC}	特殊软元件	FX_{1S}	FX_{1N}	FX_{1NC}	FX_{2N}	FX_{2NC}
[D]8202①	最大的链接扫描时间	○	○	○	○	○	—	(D202)	○	○	②	○
[D]8203①	数据传送顺控错误计数数(主站)	○	○	○	○	○	M8183～M8191	(D203)	○	○	②	○
[D]8204①	数据传送顺控错误计数数(站1)	○	○	○	○	○		(D204)	○	○	②	○
[D]8205①	数据传送顺控错误计数数(站2)	○	○	○	○	○		(D205)	○	○	②	○
[D]8206①	数据传送顺控错误计数数(站3)	○	○	○	○	○		(D206)	○	○	②	○
[D]8207①	数据传送顺控错误计数数(站4)	○	○	○	○	○		(D207)	○	○	②	○
[D]8208①	数据传送顺控错误计数数(站5)	○	○	○	○	○		(D208)	○	○	②	○
[D]8209①	数据传送顺控错误计数数(站6)	○	○	○	○	○		(D209)	○	○	②	○
[D]8210①	数据传送顺控错误计数数(站7)	○	○	○	○	○		(D210)	○	○	②	○
[D]8211①	数据传送错误代码(主站)	○	○	○	○	○		(D211)	○	○	②	○
[D]8212①	数据传送错误代码(站1)	○	○	○	○	○		(D212)	○	○	②	○
[D]8213①	数据传送错误代码(站2)	○	○	○	○	○		(D213)	○	○	②	○
[D]8214①	数据传送错误代码(站3)	○	○	○	○	○		(D214)	○	○	②	○
[D]8215①	数据传送错误代码(站4)	○	○	○	○	○		(D215)	○	○	②	○
[D]8216①	数据传送错误代码(站5)	○	○	○	○	○		(D216)	○	○	②	○
[D]8217①	数据传送错误代码(站6)	○	○	○	○	○		(D217)	○	○	②	○
[D]8218①	数据传送错误代码(站7)	○	○	○	○	○		(D218)	○	○	②	○
[D]8219～[D]8259	不可以使用	—	—	—	—	—	—	—	—	—	—	—

① FX_{1S} 可编程控制器使用( )内的编号。

② Ver. 2.00 以上版本支持。

表 D-18

编号·名称	寄存器的内容	FX_{3S}	FX_{3G}	FX_{3GC}	FX_{3U}	FX_{3UC}	特殊软元件	FX_{1S}	FX_{1N}	FX_{1NC}	FX_{2N}	FX_{2NC}
模拟量特殊适配器[FX_{3U}、FX_{3UC}]												
D8260～D8269	第1台的特殊适配器①	—	—	—	○	②	—	—	—	—	—	—
D8270～D8279	第2台的特殊适配器①	—	—	—	○	②	—	—	—	—	—	—
D8280～D8289	第3台的特殊适配器①	—	—	—	○	②	—	—	—	—	—	—
D8290～D8299	第4台的特殊适配器①	—	—	—	○	②	—	—	—	—	—	—
模拟量特殊适配器[FX_{3S}、FX_{3G}、FX_{3GC}]、模拟功能扩展板[FX_{3S}、FX_{3G}]												
D8260～D8269	第1台功能扩展板③	○	⑥	—	—	—	—	—	—	—	—	—
D8270～D8279	第2台功能扩展板④⑤	—	⑥	—	—	—	—	—	—	—	—	—
D8280～D8289	第1台特殊适配器①	○	○	○	—	—	—	—	—	—	—	—
D8290～D8299	第2台特殊适配器①⑤	—	○	○	—	—	—	—	—	—	—	—
内置模拟量功能[FX_{3S}-30M□/E□-2AD]（详情参考FX_{3S}硬件篇手册）												
[D]8270	通道1模拟量输入数据(0～1020)	⑦	—	—	—	—	—	—	—	—	—	—
[D]8271	通道2模拟量输入数据(0～1020)	⑦	—	—	—	—	—	—	—	—	—	—
[D]8272	不可以使用	—	—	—	—	—	—	—	—	—	—	—
[D]8273		—	—	—	—	—	—	—	—	—	—	—
D8274	通道1平均次数(1～4095)	⑦	—	—	—	—	—	—	—	—	—	—
D8275	通道2平均次数(1～4095)	⑦	—	—	—	—	—	—	—	—	—	—
[D]8276	不可以使用	—	—	—	—	—	—	—	—	—	—	—
[D]8277		—	—	—	—	—	—	—	—	—	—	—

续表

编号·名称	寄存器的内容	FX_{3S}	FX_{3G}	FX_{3GC}	FX_{3U}	FX_{3UC}	特殊软元件	FX_{1S}	FX_{1N}	FX_{1NC}	FX_{2N}	FX_{2NC}
[D]8278	错误状态 b0：通道 1 上限刻度超出检测 b1：通道 2 上限刻度超出检测 b2：未使用 b3：未使用 b4：EEPROM 错误 b5：平均次数设定错误（通道 1、通道 2 通用）b6～b15：未使用	⑦	—	—	—	—	—	—	—	—	—	—
[D]827	机型代码＝5	⑦	—	—	—	—	—	—	—	—	—	—

① 从基本单元侧计算连接的模拟量特殊适配器的台数。

② Ver. 1.20 以上版本支持。

③ 变成已连接 FX_{3G} 可编程控制器(40 点、60 点型)的 BD1 连接器或者 FX_{3G} 可编程控制器(14 点、24 点型)、FX_{3S} 可编程控制器的 BD 连接器的功能扩展板。

④ 变成已连接 FX_{3G} 可编程控制器(40 点、60 点型)的 BD2 连接器的功能扩展板。

⑤ 只能连接 FX_{3G} 可编程控制器(40 点、60 点型)。

⑥ Ver. 1.10 以上版本支持。

⑦ 仅适用于 FX_{3S}-30M□/E□-2AD。

表 D-19

显示模块（FX_{3G}-5DM，FX_{3U}-7DM）功能（详细内容参考可编程控制器主机的硬件篇手册）		FX_{3S}	FX_{3G}	FX_{3GC}	FX_{3U}	FX_{3UC}	特殊软元件	FX_{1S}	FX_{1N}	FX_{1NC}	FX_{2N}	FX_{2NC}
D8300	显示模块用 控制软元件（D）初始值：K－1	—	①	—	○	○	—	—	—	—	—	—
D8301	显示模块用 控制软元件（M）初始值：K－1	—	①	—	○	○	—	—	—	—	—	—
[D]8302②	设定显示语言日语：K0 英语：K0 以外	—	①	—	○	○	—	—	—	—	—	—
[D]8303	LCD 对比度设定值初始值：K0	—	①	—	○	○	—	—	—	—	—	—
[D]8304～[D]8309	不可以使用	—	—	—	—	—	—	—	—	—	—	—

① Ver. 1.10 以上版本支持。

② 通过电池或 EEPROM 停电保持。

表 D-20

编号·名称		寄存器的内容	FX_{3S}	FX_{3G}	FX_{3GC}	FX_{3U}	FX_{3UC}	特殊软元件	FX_{1S}	FX_{1N}	FX_{1NC}	FX_{2N}	FX_{2NC}
RND(FNC 184)													
[D]8310	低位	RND(FNC 184)生成随机数用的数据初始值：K1	—	—	—	○	○	—	—	—	—	—	—
[D]8311	高位												
语法·回路·运算·I/O 非实际安装的指定的错误步编号													
[D]8310	低位	发生运算错误步编号的锁存(32位)	—	—	—	○	○	M8068	—	—	—	—	—
[D]8311	高位												
[D]8310	低位	M 8065～M8067 的错误步编号(32 位)	—	—	—	○	○	M8065～M8067	—	—	—	—	—
[D]8311	高位												
[D]8310	低位	指定(直接/通过变址的间接指定)了未安装的 I/O 编号的指令的步编号	—	—	—	○	○	M8316	—	—	—	—	—
[D]8311	高位												
[D]8318		BFM 初始化功能发生错误的单元号	—	—	—	○	②	M8318	—	—	—	—	—
[D]8319		BFM 初始化功能发生错误的 BFM 号	—	—	—	○	②	M8318	—	—	—	—	—
[D]8320～[D]8328		不可以使用	—	—	—	—	—	—	—	—	—	—	—

① 从 STOP 到 RUN 时清除

② Ver. 2. 20 以上版本支持。

表 D-21

编号·名称	寄存器的内容	FX_{3S}	FX_{3G}	FX_{3GC}	FX_{3U}	FX_{3UC}	特殊软元件	FX_{1S}	FX_{1N}	FX_{1NC}	FX_{2N}	FX_{2NC}
定时时钟定位[FX_{3S}·FX_{3G}·FX_{3GC}·FX_{3U}·FX_{3UC}](详情参考定位控制手册)												
[D]8329	不可以使用	—	—	—	—	—	—	—	—	—	—	—
[D]8330	DUTY (FNC 186)指令定时时钟输出 1 用扫描数的计数器	—	—	—	○	①	M8330	—	—	—	—	—

续表

编号·名称	寄存器的内容		FX3S	FX3G	FX3GC	FX3U	FX3UC	特殊软元件	FX1S	FX1N	FX1NC	FX2N	FX2NC
[D]8331	DUTY（FNC 186）指令定时时钟输出 2 用扫描数的计数器		—	—	—	○	①	M8331	—	—	—	—	—
[D]8332	DUTY（FNC 186）指令定时时钟输出 3 用扫描数的计数器		—	—	—	○	①	M8332	—	—	—	—	—
[D]8333	DUTY（FNC 186）指令定时时钟输出 4 用扫描数的计数器		—	—	—	○	①	M8333	—	—	—	—	—
[D]8334	DUTY（FNC 186）指令定时时钟输出 5 用扫描数的计数器		—	—	—	○	①	M8334	—	—	—	—	—
D8336	DVIT（FNC 151）用中断输入的指定初始值：—		—	—	—	○	②	M8336	—	—	—	—	—
[D]8337～[D]8339	不可以使用		—	—	—	—	—	—	—	—	—	—	—
D8340	低位	[Y000]当前值寄存器初始值：0	○	○	○	○	○	—	—	—	—	—	—
D8341	高位												
D8342	[Y00 0]偏差速度初始值：0		○	○	○	○	○	—	—	—	—	—	—
D8343	低位	[Y000]最高速度初始值：100000	○	○	○	○	○	—	—	—	—	—	—
D8344	高位												
D8345	[Y00 0]爬行速度初始值：1000		○	○	○	○	○	—	—	—	—	—	—
D8346	低位	[Y000]原点回归速度初始值：50000	○	○	○	○	○	—	—	—	—	—	—
D8347	高位												
D8348	[Y00 0]加速时间初始值：100		○	○	○	○	○	—	—	—	—	—	—
D8349	[Y00 0]减速时间初始值：100		○	○	○	○	○	—	—	—	—	—	—
D8350	低位	[Y001]当前值寄存器初始值：0	○	○	○	○	○	—	—	—	—	—	—
D8351	高位												
D8352	[Y00 1]偏差速度初始值：0		○	○	○	○	○	—	—	—	—	—	—
D8353	低位	[Y001]最高速度初始值：100000	○	○	○	○	○	—	—	—	—	—	—
D8354	高位												

续表

编号·名称		寄存器的内容	FX_{3S}	FX_{3G}	FX_{3GC}	FX_{3U}	FX_{3UC}	特殊软元件	FX_{1S}	FX_{1N}	FX_{1NC}	FX_{2N}	FX_{2NC}
D8355		[Y00 1]爬行速度初始值：1000	○	○	○	○	○	—	—	—	—	—	—
D8359		[Y00 1]减速时间初始值：100	○	○	○	○	○	—	—	—	—	—	—
D8360	低位	[Y002]当前值寄存器初始值：0	—	○	—	○	○	—	—	—	—	—	—
D8361	高位												
D8362		[Y00 2]偏差速度初始值：0	—	○	—	○	○	—	—	—	—	—	—
D8363	低位	[Y002]最高速度初始值：100000	—	○	—	○	○	—	—	—	—	—	—
D8364	高位												
D8365		[Y00 2]爬行速度初始值：1000	—	○	—	○	○	—	—	—	—	—	—
D8366	低位	[Y002]原点回归速度初始值：50000	—	○	—	○	○	—	—	—	—	—	—
D8367	高位												
D8368		[Y00 2]加速时间初始值：100	—	○	—	○	○	—	—	—	—	—	—
D8369		[Y00 2]减速时间初始值：100	—	○	—	○	○	—	—	—	—	—	—

① Ver. 2. 20 以上版本支持。

② Ver. 1. 30 以上版本支持。

表 D-22

编号·名称		寄存器的内容	FX_{3S}	FX_{3G}	FX_{3GC}	FX_{3U}	FX_{3UC}	特殊软元件	FX_{1S}	FX_{1N}	FX_{1NC}	FX_{2N}	FX_{2NC}
定位(FX_{3U})(详细内容参考定位控制手册)													
D8370	低位	[Y003]当前值寄存器初始值：0	—	—	—	②	—	—	—	—	—	—	—
D8371	高位												
D8372		[Y00 3]偏差速度初始值：0	—	—	—	②	—	—	—	—	—	—	—
D8373	低位	[Y003]最高速度初始值：100000	—	—	—	②	—	—	—	—	—	—	—
D8374	高位												
D8375		[Y00 3]爬行速度初始值：1000	—	—	—	②	—	—	—	—	—	—	—

续表

编号·名称	寄存器的内容	FX_{3S}	FX_{3G}	FX_{3GC}	FX_{3U}	FX_{3UC}	特殊软元件	FX_{1S}	FX_{1N}	FX_{1NC}	FX_{2N}	FX_{2NC}
D8376	低位 [Y003]原点回归速度 初始值：50000	—	—	—	②	—	—	—	—	—	—	—
D8377	高位											
D8378	[Y00 3]加速时间初始值：100	—	—	—	②	—	—	—	—	—	—	—
D8379	[Y00 3]减速时间初始值：100	—	—	—	②	—	—	—	—	—	—	—
[D]8380～[D]8392	不可以使用	—	—	—	—	—	—	—	—	—	—	—
RS2(FNC 87)[通道 0](FX_{3G}、FX_{3GC})(详情参考通信控制手册)												
D8370	RS2(FNC 87)[通道 0]设定通信格式	—	○	○	—	—	—	—	—	—	—	—
D8371	不可以使用	—	—	—	—	—	—	—	—	—	—	—
[D]8372①	RS2(FNC 87)[通道 0]发送数据的剩余点数	—	○	○	—	—	—	—	—	—	—	—
[D]8373①	RS2(FNC 87)[通道 0]接收点数的监控	—	○	○	—	—	—	—	—	—	—	—
[D]8374～[D]8378	不可以使用	—	—	—	—	—	—	—	—	—	—	—
D8379	RS2(FNC 87)[通道 0]设定超时时间	—	○	○	—	—	—	—	—	—	—	—
D8380	RS2(FNC 87)[通道 0]报头 1,2＜初始值：STX＞	—	○	○	—	—	—	—	—	—	—	—
D8381	RS2(FNC 87)[通道 0]报头 3,4	—	○	○	—	—	—	—	—	—	—	—
D8382	RS2(FNC 87)[通道 0]报尾 1,2＜初始值：ETX＞	—	○	○	—	—	—	—	—	—	—	—
D8383	RS2(FNC 87)[通道 0]报尾 3,4	—	○	○	—	—	—	—	—	—	—	—
[D]8384	RS2(FNC 87)[通道 0]接收求和(接收数据)	—	○	○	—	—	—	—	—	—	—	—
[D]8385	RS2(FNC 87)[通道 0]接收求和(计算结果)	—	○	○	—	—	—	—	—	—	—	—

续表

编号·名称	寄存器的内容	FX_{3S}	FX_{3G}	FX_{3GC}	FX_{3U}	FX_{3UC}	特殊软元件	FX_{1S}	FX_{1N}	FX_{1NC}	FX_{2N}	FX_{2NC}
[D]8386	RS2(FNC 87)[通道 0]发送求和	—	○	○	—	—	—	—	—	—	—	—
[D]8387～[D]8388	不可以使用	—	—	—	—	—	—	—	—	—	—	—
[D]8389	显示动作模式[通道 0]	—	○	○	—	—	—	—	—	—	—	—
[D]8390～[D]8392	不可以使用	—	—	—	—	—	—	—	—	—	—	—

① 从 RUN 到 STOP 时清除。

② 仅当 FX_{3U} 可编程控制器中连接了 2 台 FX_{3U}-2HSY-ADP 时可以使用。

表 D-23

中断程序		FX_{3S}	FX_{3G}	FX_{3GC}	FX_{3U}	FX_{3UC}	特殊软元件	FX_{1S}	FX_{1N}	FX_{1NC}	FX_{2N}	FX_{2NC}
D8393	延迟时间	—	—	—	○	○	M8393	—	—	—	—	—
[D]8394	不可以使用	—	—	—	—	—	—	—	—	—	—	—
[D]8395 程序的源代码信息、块口令状态	源代码信息的保存以及利用块口令进行执行程序的保护设定 当前值 / 源代码信息的保存 / 执行程序的保护 H ** 00① / 无 / 无 H ** 01① / 无 / 有 H ** 10① / 有 / 无 H ** 11① / 有 / 有	—	—	—	②	②	—	—	—	—	—	—
[D]8396	CC-Link/LT 设定信息	—	—	—	—	③	—	—	—	—	—	—
[D]8397	不可以使用	—	—	—	—	—	—	—	—	—	—	—

① ** 表示在系统中使用的区域。

② Ver. 3.00 以上版本支持。

③ 仅 FX_{3UC}-32MT-LT-2 可使用。

表 D-24

编号·名称		寄存器的内容	FX_{3S}	FX_{3G}	FX_{3GC}	FX_{3U}	FX_{3UC}	特殊软元件	FX_{1S}	FX_{1N}	FX_{1NC}	FX_{2N}	FX_{2NC}
环形计数器													
D8398	低位	0 ～ 2147483647(1ms 单位)的递增动作的环形计数①	○	○	○	○	○	M8398	—	—	—	—	—
D8399	高位												

① M8398 驱动后,随着 END 指令的执行,1ms 的环形计数器[D8399,D8398]动作。

表 D-25

RS2(FNC 87)[通道 1](详细内容参考通信控制手册)		FX_{3S}	FX_{3G}	FX_{3GC}	FX_{3U}	FX_{3UC}	特殊软元件	FX_{1S}	FX_{1N}	FX_{1NC}	FX_{2N}	FX_{2NC}
D8400	RS2(FNC 87)[通道 1]设定通信格式	○	○	○	○	○	—	—	—	—	—	—
[D]8401	不可以使用	—	—	—	—	—	—	—	—	—	—	—
[D]8402①	RS2(FNC 87)[通道 1]发送数据的剩余点数	○	○	○	○	○	M8402	—	—	—	—	—
[D]8403①	RS2(FNC 87)[通道 1]接收点数的监控	○	○	○	○	○	M8403	—	—	—	—	—
[D]8404	不可以使用	—	—	—	—	—	—	—	—	—	—	—
[D]8405	显示通信参数[通道 1]	○	○	○	○	○	—	—	—	—	—	—
[D]8406～[D]8408	不可以使用	—	—	—	—	—	—	—	—	—	—	—
D8409	RS2(FNC 87)[通道 1]设定超时时间	○	○	○	○	○	—	—	—	—	—	—
D8410	RS2(FNC 87)[通道 1]报头 1,2 <初始值:STX>	○	○	○	○	○	—	—	—	—	—	—
D8411	RS2(FNC 87)[通道 1]报头 3,4	○	○	○	○	○	—	—	—	—	—	—
D8412	RS2(FNC 87)[通道 1]报尾 1,2 <初始值:ETX>	○	○	○	○	○	—	—	—	—	—	—
D8413	RS2(FNC 87)[通道 1]报尾 3,4	○	○	○	○	○	—	—	—	—	—	—
[D]8414	RS2(FNC 87)[通道 1]接收求和(接收数据)	○	○	○	○	○	—	—	—	—	—	—
[D]8415	RS2(FNC 87)[通道 1]接收求和(计算结果)	○	○	○	○	○	—	—	—	—	—	—

续表

RS2(FNC 87)[通道 1]（详细内容参考通信控制手册）		FX_{3S}	FX_{3G}	FX_{3GC}	FX_{3U}	FX_{3UC}	特殊软元件	FX_{1S}	FX_{1N}	FX_{1NC}	FX_{2N}	FX_{2NC}
[D]8416	RS2(FNC 87)[通道 1]发送求和	○	○	○	○	○	—	—	—	—	—	—
[D]8417～[D]8418	不可以使用	—	—	—	—	—	—	—	—	—	—	—
[D]8419	显示动作模式[通道 1]	○	○	○	○	○	—	—	—	—	—	—
RS2(FNC 87)[通道 2]计算机链接[通道 2]（详细内容，参考通信控制手册）												
D8420	RS2(FNC 87)[通道 2]设定通信格式	—	○	○	○	○	—	—	—	—	—	—
D8421	计算机链接[通道 2]设定站号	—	○	○	○	○	—	—	—	—	—	—
[D]8422①	RS2(FNC 87)[通道 2]发送数据的剩余点数	—	○	○	○	○	M8422	—	—	—	—	—
[D]8423①	RS2(FNC 87)[通道 2]接收点数的监控	—	○	○	○	○	M8423	—	—	—	—	—
[D]8424	不可以使用	—	—	—	—	—	—	—	—	—	—	—
[D]8425	显示通信参数[通道 2]	—	○	○	○	○	—	—	—	—	—	—
[D]8426	不可以使用	—	—	—	—	—	—	—	—	—	—	—
D8427	计算机链接[通道 2]指定下位通信请求(On Demand)的起始编号	—	○	○	○	○	M8426～M8429	—	—	—	—	—
D8428	计算机链接[通道 2]指定下位通信请求(On Demand)的数据数	—	○	○	○	○	—	—	—	—	—	—
D8429	RS2(FNC 87)[通道 2]计算机链接[通道 2]设定超时时间	—	○	○	○	○	—	—	—	—	—	—
D8430	RS2(FNC 87)[通道 2]报头 1,2＜初始值:STX＞	—	○	○	○	○	—	—	—	—	—	—
D8431	RS2(FNC 87)[通道 2]报头 3,4	—	○	○	○	○	—	—	—	—	—	—
D8432	RS2(FNC 87)[通道 2]报尾 1,2＜初始值:ETX＞	—	○	○	○	○	—	—	—	—	—	—

续表

RS2(FNC 87)[通道 1](详细内容参考通信控制手册)		FX_{3S}	FX_{3G}	FX_{3GC}	FX_{3U}	FX_{3UC}	特殊软元件	FX_{1S}	FX_{1N}	FX_{1NC}	FX_{2N}	FX_{2NC}
D8433	RS2(FNC 87)[通道 2]报尾 3,4	—	○	○	○	○	—	—	—	—	—	—
[D]8434	RS2(FNC 87)[通道 2]接收求和(接收数据)	—	○	○	○	○	—	—	—	—	—	—
[D]8435	RS2(FNC 87)[通道 2]接收求和(计算结果)	—	○	○	○	○	—	—	—	—	—	—
[D]8436	RS2(FNC 87)[通道 2]发送求和	—	○	○	○	○	—	—	—	—	—	—
[D]8437	不可以使用	—	—	—	—	—	—	—	—	—	—	—

① 从 RUN 到 STOP 时清除。

表 D-26

编号·名称	寄存器的内容	FX_{3S}	FX_{3G}	FX_{3GC}	FX_{3U}	FX_{3UC}	特殊软元件	FX_{1S}	FX_{1N}	FX_{1NC}	FX_{2N}	FX_{2NC}
MODBUS 通信用[通道 1](详细内容参考 MODBUS 通信手册)												
D8400	通信格式设定	○	①	○	②	②	—	—	—	—	—	—
D8401	协议	○	①	○	②	②	—	—	—	—	—	—
D8402	通信出错代码	○	①	○	②	②	M8402	—	—	—	—	—
D8403	出错详细内容	○	①	○	②	②	M8403	—	—	—	—	—
D8404	发生通信出错的步	○	①	○	②	②	—	—	—	—	—	—
[D]8405	显示通信参数	○	①	○	②	②	—	—	—	—	—	—
D8406	接收结束代码的第 2 字节	—	—	—	○②	②	—	—	—	—	—	—
[D]8407	通信中的步编号	○	①	○	②	②	—	—	—	—	—	—
[D]8408	当前的重试次数	○	①	○	②	②	—	—	—	—	—	—
D8409	从站响应超时	○	①	○	②	②	—	—	—	—	—	—
D8410	播放延迟	○	①	○	②	②	—	—	—	—	—	—
D8411	请求间延迟(帧间延迟)	○	①	○	②	②	—	—	—	—	—	—
D8412	重试次数	○	①	○	②	②	—	—	—	—	—	—
D8414	从站本站号	○	①	○	②	②	—	—	—	—	—	—
D8415	通信计数器·通信事件日志存储软元件	—	—	—	②	②	—	—	—	—	—	—
D8416	通信计数器·通信事件日志储存位置	—	—	—	②	②	—	—	—	—	—	—
[D]8419	动作方式显示	○	①	○	②	②	—	—	—	—	—	—

续表

编号・名称	寄存器的内容	FX_{3S}	FX_{3G}	FX_{3GC}	FX_{3U}	FX_{3UC}	特殊软元件	FX_{1S}	FX_{1N}	FX_{1NC}	FX_{2N}	FX_{2NC}
MODBUS 通信用[通道 2]（详细内容参考 MODBUS 通信手册）												
D8420	通信格式设定	—	①	○	②	②	—	—	—	—	—	—
D8421	协议	—	①	○	②	②	—	—	—	—	—	—
D8422	通信出错代码	—	①	○	②	②	M8422	—	—	—	—	—
D8423	出错详细内容	—	①	○	②	②	M8423	—	—	—	—	—
D8424	发生通信出错的步	—	①	○	②	②	—	—	—	—	—	—
[D]8425	显示通信参数	—	①	○	②	②	—	—	—	—	—	—
D8426	接收结束代码的第 2 字节	—	—	—	②	②	—	—	—	—	—	—
[D]8427	通信中的步编号	—	①	○	②	②	—	—	—	—	—	—
[D]8428	当前的重试次数	—	①	○	②	②	—	—	—	—	—	—
D8429	从站响应超时	—	①	○	②	②	—	—	—	—	—	—
D8430	播放延迟	—	①	○	②	②	—	—	—	—	—	—
D8431	请求间延迟(帧间延迟)	—	①	○	②	②	—	—	—	—	—	—
D8432	重试次数	—	①	○	②	②	—	—	—	—	—	—
D8434	从站本站号	—	①	○	②	②	—	—	—	—	—	—
D8435	通信计数器・通信事件日志存储软元件	—	—	—	②	②	—	—	—	—	—	—
D8436	通信计数器・通信事件日志储存位置	—	—	—	②	②	—	—	—	—	—	—
[D]8439	动作方式显示	—	①	○	②	②	—	—	—	—	—	—

① Ver. 1. 30 以上的产品支持。

② Ver. 2. 40 以上的产品支持。

表 D-27

编号・名称		寄存器的内容	FX_{3S}	FX_{3G}	FX_{3GC}	FX_{3U}	FX_{3UC}	特殊软元件	FX_{1S}	FX_{1N}	FX_{1NC}	FX_{2N}	FX_{2NC}
MODBUS 通信用[通道 1、通道 2]（详细内容参考 MODBUS 通信手册）													
D8470	低位	MODBUS 软元件分配信息 1	—	—	—	①	①	—	—	—	—	—	—
D8471	高位												
D8472	低位	MODBUS 软元件分配信息 2	—	—	—	①	①	—	—	—	—	—	—
D8473	高位												
D8474	低位	MODBUS 软元件分配信息 3	—	—	—	①	①	—	—	—	—	—	—
D8475	高位												

续表

编号·名称	寄存器的内容		FX_{3S}	FX_{3G}	FX_{3GC}	FX_{3U}	FX_{3UC}	特殊软元件	FX_{1S}	FX_{1N}	FX_{1NC}	FX_{2N}	FX_{2NC}
D8476	低位	MODBUS 软元件分配信息 4	—	—	—	①	①	—	—	—	—	—	—
D8477	高位												
D8478	低位	MODBUS 软元件分配信息 5	—	—	—	①	①	—	—	—	—	—	—
D8479	高位												
D8480	低位	MODBUS 软元件分配信息 6	—	—	—	①	①	—	—	—	—	—	—
D8481	高位												
D8482	低位	MODBUS 软元件分配信息 7	—	—	—	①	①	—	—	—	—	—	—
D8483	高位												
D8484	低位	MODBUS 软元件分配信息 8	—	—	—	①	①	—	—	—	—	—	—
D8485	高位												

① Ver. 2.40 以上的产品支持。

表 D-28

编号·名称	寄存器的内容		FX_{3S}	FX_{3G}	FX_{3GC}	FX_{3U}	FX_{3UC}	特殊软元件	FX_{1S}	FX_{1N}	FX_{1NC}	FX_{2N}	FX_{2NC}
FX_{3U}-CF-ADP 用[通道 1]（详细内容参考 CF-ADP 手册）													
[D]8400～[D]8401	不可以使用		—	—	—	—	—	—	—	—	—	—	—
[D]8402	低位	执行中指令步编号②	—	—	—	①	①	—	—	—	—	—	—
[D]8403	高位												
[D]8404～[D]8405	不可以使用		—	—	—	—	—	—	—	—	—	—	—
[D]8406	CF-ADP 状态		—	—	—	①	①	—	—	—	—	—	—
[D]8407	不可以使用		—	—	—	—	—	—	—	—	—	—	—
[D]8408	CF-ADP 的版本		—	—	—	①	①	—	—	—	—	—	—
[D]8409～[D]8413	不可以使用		—	—	—	—	—	—	—	—	—	—	—
[D]8414	低位	CF-ADP 用应用指令错误发生步编号②	—	—	—	①	①	—	—	—	—	—	—
[D]8415	高位												
[D]8416	不可以使用		—	—	—	—	—	—	—	—	—	—	—
[D]8417	CF-ADP 用应用指令错误代码详细内容②③		—	—	—	①	①	—	—	—	—	—	—
[D]8418	CF-ADP 用应用指令错误代码②③		—	—	—	①	①	—	—	—	—	—	—

续表

编号・名称	寄存器的内容		FX_{3S}	FX_{3G}	FX_{3GC}	FX_{3U}	FX_{3UC}	特殊软元件	FX_{1S}	FX_{1N}	FX_{1NC}	FX_{2N}	FX_{2NC}
[D]8419	动作模式的显示		—	—	—	①	①	—	—	—	—	—	—
FX_{3U}-CF-ADP 用[通道 2]（详细内容参考 CF-ADP 手册）													
[D]8420～[D]8421	不可以使用		—	—	—	—	—	—	—	—	—	—	—
[D]8422	低位	执行中指令步编号②	—	—	—	①	①	—	—	—	—	—	—
[D]8423	高位												
[D]8424～[D]8425	不可以使用		—	—	—	—	—	—	—	—	—	—	—
[D]8426	CF-ADP 状态		—	—	—	①	①	—	—	—	—	—	—
[D]8427	不可以使用		—	—	—	—	—	—	—	—	—	—	—
[D]8428	CF-ADP 的版本		—	—	—	①	①	—	—	—	—	—	—
[D]8429～[D]8433	不可以使用		—	—	—	—	—	—	—	—	—	—	—
[D]8434	低位	CF-A DP 用应用指令错误发生步编号②	—	—	—	①	①	—	—	—	—	—	—
[D]8435	高位												
[D]8436	不可以使用		—	—	—	—	—	—	—	—	—	—	—
[D]8437	CF-ADP 用应用指令错误代码详细内容②③		—	—	—	①	①	—	—	—	—	—	—
[D]8438	CF-ADP 用应用指令错误代码②③		—	—	—	①	①	—	—	—	—	—	—
[D]8439	动作模式的显示		—	—	—	①	①	—	—	—	—	—	—

① Ver. 2. 61 以上版本支持。

② 从 STOP 到 RUN 时清除。

③ 关于所保存的错误代码的详细内容，参考 CF-ADP 手册。

表 D-29

编号・名称	寄存器的内容	FX_{3S}	FX_{3G}	FX_{3GC}	FX_{3U}	FX_{3UC}	特殊软元件	FX_{1S}	FX_{1N}	FX_{1NC}	FX_{2N}	FX_{2NC}
FX_{3U}-CF-ADP 用[通道 1]（详细内容参考 CF-ADP 手册）												
[D]8400	IP 地址（低位）	○	①	①	②	②	—	—	—	—	—	—
[D]8401	IP 地址（高位）	○	①	①	②	②	—	—	—	—	—	—
[D]8402	子网掩码（低位）	○	①	①	②	②	—	—	—	—	—	—
[D]8403	子网掩码（高位）	○	①	①	②	②	—	—	—	—	—	—

续表

编号·名称	寄存器的内容	FX_{3S}	FX_{3G}	FX_{3GC}	FX_{3U}	FX_{3UC}	特殊软元件	FX_{1S}	FX_{1N}	FX_{1NC}	FX_{2N}	FX_{2NC}
[D]8404	默认路由器 IP 地址(低位)	○	①	①	②	②	—	—	—	—	—	—
[D]8405	默认路由器 IP 地址(高位)	○	①	①	②	②	—	—	—	—	—	—
[D]8406	状态信息	○	①	①	②	②	—	—	—	—	—	—
[D]8407	以太网端口的连接状态	○	①	①	②	②	—	—	—	—	—	—
[D]8408	FX_{3U}-ENET-ADP 版本	○	①	①	②	②	—	—	—	—	—	—
D 8409	通信超时时间	○	①	①	②	②	—	—	—	—	—	—
D 8410	连接强制无效化	○	①	①	②	②	—	—	—	—	—	—
[D]8411	时间设置功能动作结果	○	①	①	②	②	—	—	—	—	—	—
[D]8412～[D]8414	本站 MAC 地址	○	①	①	②	②	—	—	—	—	—	—
[D]8415	不可以使用	—	—	—	—	—	—	—	—	—	—	—
[D]8416	机型代码	○	①	①	②	②	—	—	—	—	—	—
[D]8417	以太网适配器的错误代码	○	①	①	②	②	—	—	—	—	—	—
[D]8418	不可以使用	—	—	—	—	—	—	—	—	—	—	—
[D]8419	显示动作模式	○	①	①	②	②	—	—	—	—	—	—
FX_{3U}-ENET-ADP 用[通道 2]（详细内容参考 ENET-ADP 手册）												
[D]8420	IP 地址(低位)	—	①	①	②	②	—	—	—	—	—	—
[D]8421	IP 地址(高位)	—	①	①	②	②	—	—	—	—	—	—
[D]8422	子网掩码(低位)	—	①	①	②	②	—	—	—	—	—	—
[D]8423	子网掩码(高位)	—	①	①	②	②	—	—	—	—	—	—
[D]8424	默认路由器 IP 地址(低位)	—	①	①	②	②	—	—	—	—	—	—
[D]8425	默认路由器 IP 地址(高位)	—	①	①	②	②	—	—	—	—	—	—
[D]8426	状态信息	—	①	①	②	②	—	—	—	—	—	—
[D]8427	以太网端口的连接状态	—	①	①	②	②	—	—	—	—	—	—
[D]8428	FX_{3U}-ENET-ADP 版本	—	①	①	②	②	—	—	—	—	—	—
D 8429	通信超时时间	—	①	①	②	②	—	—	—	—	—	—
D 8430	连接强制无效化	—	①	①	②	②	—	—	—	—	—	—
[D]8431	时间设置功能动作结果	—	①	①	②	②	—	—	—	—	—	—
[D]8432～[D]8434	本站 MAC 地址	—	①	①	②	②	—	—	—	—	—	—
[D]8435	不可以使用	—	①	①	②	②	—	—	—	—	—	—

续表

编号・名称	寄存器的内容	FX_{3S}	FX_{3G}	FX_{3GC}	FX_{3U}	FX_{3UC}	特殊软元件	FX_{1S}	FX_{1N}	FX_{1NC}	FX_{2N}	FX_{2NC}
[D]8436	机型代码	—	①	①	②	②	—	—	—	—	—	—
[D]8437	以太网适配器的错误代码	—	①	①	②	②	—	—	—	—	—	—
[D]8438	不可以使用	—	①	①	②	②	—	—	—	—	—	—
[D]8439	显示动作模式	—	①	①	②	②	—	—	—	—	—	—
FX_{3U}-ENET-ADP 用[通道 1、通道 2]（详细内容参考 ENET-ADP 手册）												
[D]8490～[D]8491	不可以使用	—	—	—	—	—	—	—	—	—	—	—
D 8492	IP 地址设置(低位)	○	③	③	—	—	—	—	—	—	—	—
D 8493	IP 地址设置(高位)	○	③	③	—	—	—	—	—	—	—	—
D 8494	子网掩码设置(低位)	○	③	③	—	—	—	—	—	—	—	—
D 8495	子网掩码设置(高位)	○	③	③	—	—	—	—	—	—	—	—
D 8496	默认路由器 IP 地址设置(低位)	○	③	③	—	—	—	—	—	—	—	—
D 8497	默认路由器 IP 地址设置(高位)	○	③	③	—	—	—	—	—	—	—	—
[D]8498	IP 地址保存区域写入错误代码	○	③	③	—	—	—	—	—	—	—	—
[D]8499	IP 地址保存区域清除错误代码	○	③	③	—	—	—	—	—	—	—	—

① Ver. 2.00 以上的产品支持。

② Ver. 3.10 以上的产品支持。

③ Ver. 2.10 以上的产品支持。

表 D-30

编号・名称	寄存器的内容	FX_{3S}	FX_{3G}	FX_{3GC}	FX_{3U}	FX_{3UC}	特殊软元件	FX_{1S}	FX_{1N}	FX_{1NC}	FX_{2N}	FX_{2NC}
	错误检测											
[D]8438①	串行通信错误 2[通道 2] 的错误代码编号	—	○	○	○	○	M8438	—	—	—	—	—
RS2(FNC 87)[通道 2]计算机链接[通道 2]（详细内容,参考通信控制手册）												
[D]8439	显示动作模式[通道 2]	—	○	○	○	○	—	—	—	—	—	—

续表

编号・名称	寄存器的内容	FX_{3S}	FX_{3G}	FX_{3GC}	FX_{3U}	FX_{3UC}	特殊软元件	FX_{1S}	FX_{1N}	FX_{1NC}	FX_{2N}	FX_{2NC}
	错误检测											
[D] 8440 ～ [D]8448	不可以使用	—	—	—	—	—	—	—	—	—	—	—
[D]8449	特殊模块错误代码	—	○	○	○	②	M8449	—	—	—	—	—
[D] 8450 ～ [D]8459	不可以使用	—	—	—	—	—	—	—	—	—	—	—
定位[FX_{3G} ・ FX_{3U} ・ FX_{3GC} ・ FX_{3UC}]（详情参考定位控制手册）												
[D] 8460 ～ [D]8463	不可以使用	—	—	—	—	—	—	—	—	—	—	—
D8464	DSZR（FNC 150）、ZRN（FNC 156）指令[Y000]指定清除信号软元件	○	○	○	○	③	M8464	—	—	—	—	—
D8465	DSZR（FNC 150）、ZRN（FNC 156）指令[Y001]指定清除信号软元件	○	○	○	○	③	M8465	—	—	—	—	—
D8466	DSZR（FNC 150）、ZRN（FNC 156）指令[Y002]指定清除信号软元件	—	○	—	○	③	M8466	—	—	—	—	—
D8467	DSZR（FNC 150）、ZRN（FNC 156）指令[Y003]指定清除信号软元件	—	—	—	④	—	M8467	—	—	—	—	—
	错误检测											
[D] 8468 ～ [D]8488	不可以使用	—	—	—	—	—	—	—	—	—	—	—
[D]8487	USB 通信错误	○	—	—	—	—	M8487	—	—	—	—	—
[D]8488	不可以使用	—	—	—	—	—	—	—	—	—	—	—
[D]8489	特殊参数错误的错误代码编号	○	⑥	⑥	⑤	⑤	M8489	—	—	—	—	—
[D] 8490 ～ [D]8511	不可以使用	—	—	—	—	—	—	—	—	—	—	—

① 电源从 OFF 变为 ON 时清除。

② Ver. 2. 20 以上版本支持。

③ Ver. 2. 20 以上版本支持。

④ 仅当 FX_{3U} 可编程控制器中连接了 2 台 FX_{3U}-2HSY-ADP 时可以使用。

⑤ Ver. 3. 10 以上版本支持。

⑥ Ver. 2. 00 以上版本支持。

说明：

- 不同型号的可编程控制器，"○"表示可以使用，"—"表示不可以使用。①～⑩表示使用时应注意使用条件。
- 同一编号的软元件，在不同型号的可编程控制器中，定义可能不同，务必注意。
- 未定义以及未记载的特殊辅助继电器和特殊数据寄存器勿在程序中使用。
- 用[ ]框起的软元件，如[M]8000、[D]8001，不要在程序中执行驱动以及写入。

参考文献

[1] 王阿根.电气可编程控制原理与应用[M].4版.北京：清华大学出版社，2018.

[2] 王阿根.PLC控制程序精编108例[M].修订版.北京：电子工业出版社，2015.

[3] 王阿根.PLC应用指令编程实例与技巧[M].北京：中国电力出版社，2015.

[4] 王阿根.电气可编程控制原理与应用(S7-200PLC)[M].北京：电子工业出版社，2013.

[5] 王阿根.西门子S7-200PLC编程实例精解[M].北京：电子工业出版社，2011.

[6] 三菱公司.FX_{3S} FX_{3G} FX_{3U} FX_{3GC} FX_{3UC} 系列微型可编程控制器编程手册[基本·应用指令说明书]，2014.

[7] 三菱公司.FX_{3G} FX_{3U} FX_{3GC} FX_{3UC} 系列微型可编程控制器用户手册[模拟量控制篇]，2012.

[8] 三菱公司.FX_{3S} FX_{3G} FX_{3U} FX_{3GC} FX_{3UC} 系列微型可编程控制器用户手册[定位控制篇]，2014.

[9] 三菱公司.GX Developer 版本8操作手册，2013.

[10] 阎石.数字电子技术基础[M].北京：高等教育出版社，1998.

[11] 刘明亮，绕敏.实用数字逻辑[M].北京：北京航空航天大学出版社，2009.

[12] 国家标准局.电气制图及图形符号国家标准汇编[M].北京：中国标准出版社，1989.

图书资源支持

感谢您一直以来对清华大学出版社图书的支持和爱护。为了配合本书的使用，本书提供配套的资源，有需求的读者请扫描下方的“书圈”微信公众号二维码，在图书专区下载，也可以拨打电话或发送电子邮件咨询。

如果您在使用本书的过程中遇到了什么问题，或者有相关图书出版计划，也请您发邮件告诉我们，以便我们更好地为您服务。

我们的联系方式：

地　　址：北京市海淀区双清路学研大厦 A 座 701

邮　　编：100084

电　　话：010-83470236　010-83470237

资源下载：http://www.tup.com.cn

客服邮箱：tupjsj@vip.163.com

QQ：2301891038（请写明您的单位和姓名）

教学资源·教学样书·新书信息

人工智能科学与技术
人工智能|电子通信|自动控制

资料下载·样书申请

书圈

用微信扫一扫右边的二维码，即可关注清华大学出版社公众号。